谨呈本书纪念叶企孙先生诞辰
120 周年和逝世 40 周年！

国家科学技术学术著作出版基金资助出版

铁磁学（第二版）

（上册）

戴道生　钱昆明　编著

科学出版社

北京

内 容 简 介

本书基于理论和实际相结合的思想，系统地介绍铁磁学的物理图像和基本知识．全书分上、下两册出版．上册专门讨论物质磁性的起源及其随温度的变化；下册介绍技术磁化理论与磁路设计原理，交流磁化理论和磁共振理论．本书为上册，共分六章（即第 1 章至第 6 章），前两章主要介绍磁性的一般现象和理论，后四章介绍自发磁化的量子理论．每章之后附有参考文献．

本书可作为高等院校“铁磁学”课程本科生教材和研究生的参考书，也可供从事磁性材料研究和生产及有关专业的科技人员参考．

图书在版编目(CIP)数据

铁磁学．上册/戴道生，钱昆明编著．—2 版．—北京：科学出版社，2017.6

ISBN 978-7-03-053039-4

Ⅰ.①铁…　Ⅱ.①戴…②钱…　Ⅲ.①铁磁学　Ⅳ.①TG111.92

中国版本图书馆 CIP 数据核字（2017）第 117784 号

责任编辑：钱　俊　周　涵/责任校对：彭　涛

责任印制：赵　博/封面设计：无极书装

科学出版社 出版

北京东黄城根北街 16 号

邮政编码：100717

http://www.sciencep.com

北京凌奇印刷有限责任公司印刷

科学出版社发行　各地新华书店经销

*

1987 年 6 月第　一　版　开本：720×1000　1/16

2017 年 6 月第　二　版　印张：25 1/4

2024 年 4 月第七次印刷　字数：510 000

定价：128.00 元

（如有印装质量问题，我社负责调换）

第二版前言

叶企孙（1898.7.16—1977.1.13）先生是我国开展现代磁学研究的第一位学者，是北京大学现代磁学学科的奠基人*．作者戴道生是他执教的我国第一届磁学毕业的本科生之一（第一届共五人），谨呈本书纪念叶企孙老师诞辰120周年和逝世40周年！

《铁磁学》的初版分上、中、下三册，于1987年出版，距今已三十年．期间上册和中册已重印了五次，特别是中册，是《磁性材料和器件》期刊论文作者引用最多的专著（该刊1993～1997年统计）．由于高等院校学制的变化、专业的调整和学科内容的发展，《铁磁学》内容需作必要的调整和补充．新版《铁磁学》分上、下两册出版．

上册内容除保留全部原有的章节和极少量文字修改外，增加了三方面的内容：一是比较系统地从微观角度分析磁晶各向异性的机制；二是基于分子场理论，讨论非晶态金属合金具有自发磁化的可能和随温度变化的特点；三是基于能带理论，讨论半金属合金和氧化物铁磁体的能带结构和磁性．比初版上册的篇幅增加1/4左右．考虑到便于读者扩大对本学科基本理论和实验技术的了解，在本书的第一版前言之后列出了不同时期的重要专著．本书最后列出了“几个常用磁学单位的由来和换算”．有关“磁晶各向异性的微观机制”部分与李伯臧教授作了详细讨论．

下册内容为静态和动态的技术磁化理论以及磁路设计．篇幅比初版中册要增加3/4，详细内容请看第二版内容简介．

虽然作者对书中的一些不妥之处作了改正，但书中还会有错误和遗漏之处，欢迎广大读者批评指正．

《铁磁学》（第二版）的出版得到“国家科学技术学术著作出版基金”的资助，以及编辑钱俊的努力安排，在此深表感谢．

作　者

2016年9月

---

* 钟文定：北大磁学学科的奠基人——叶企孙，见萧超然主编《巍巍上庠，百里星辰——名人与北大》，北京大学出版社，1998年，第694页．

第一版前言

我们在 1976 年编写出版了《铁磁学》，目的是使具有中专以上水平的、有实践经验的读者通过学习该书，能对一些与生产实践有密切联系的基本理论有一个初步的全面了解，并用来指导实践，所以重点讨论了磁化的基本机制及其物理概念，略去了复杂的数学推导．由于铁磁学是研究物质磁性的来源及在外界因素（如磁场、温度、应力等）作用下磁性发生变化的基本规律的学科，因此，本书应以阐述铁磁体磁性的实验规律、基本理论和磁化机制为主，并在物理图像和概念上，以及主要理论分析上给予简明的叙述和数学推导，考虑到近几年来教学、科研和生产水平的提高，以及社会上对本学科的需求，我们在多次教学实践的基础上，对 1976 年出版的《铁磁学》一书进行了全面的修改．在修改时注意保留了原书的一些特点，同时增补了较大的篇幅，希望做到在内容上能反映近代比较成熟的磁性理论和实验结果．

修改后的内容分为三部分，即自发磁化的基本现象和理论、技术磁化的机制和理论、交流磁化与磁共振的基本现象和理论．这三部分内容互有联系，又具有相对独立性，而且各自都有相当大的篇幅，所以分为上、中、下三册出版．

上册专门讨论物质磁性的起源及其随温度的变化，分别从经典和量子力学原理由浅入深地讨论了铁磁物质自发磁化的原因；详细地分析了局域电子模型和巡游电子模型的物理基础，并给出了各种理论结果的具体推导；最后介绍了格林函数方法及其对铁磁性的讨论．

中册主要介绍技术磁化理论与磁路设计原理．前者主要是在磁畴理论* 的框架内，论述磁性材料的静态磁化和反磁化过程，即从唯象理论的角度对磁性材料的技术特性给予阐述；后者属于磁性材料的应用问题．将磁性材料技术性能的理论阐述与材料的使用设计放在铁磁学内，这是一种尝试，其目的就是为使研制与设计人员都能掌握这两部分内容．此外，关于磁晶各向异性的微观理论、矫顽力新理论、低温下的特异磁性和非晶态磁性等磁学和磁性材料方面的一些新进展，在本书中也有所论述．

下册主要介绍交流磁化理论和磁共振理论．在交流磁化部分，主要阐述铁磁物质在交变电磁场中的性质、磁化机制和理论分析方法．在磁共振部分，对以磁矩一致进动为基础的铁磁共振理论、磁矩非一致进动为基础的自旋波激发和共振

---

* 从前，技术磁化理论只有磁畴理论；现在，却有另一分支，称为微磁学（micromagnetics）．后者在原则上比前者进了一步，但许多实际问题仍无法处理，因此，就目前情况而言，它们是相互补充的．

理论，以及亚铁磁共振和反铁磁共振理论均有详细讨论．最后阐述了在雷达技术中广泛应用的主要器件的工作原理．

书中均采用国际通用的米、千克、秒、安培（SI）单位制．为了便于对比，有些公式还列出了在 C. G. S. 电磁单位制中的表示式．书末还附有两种单位制中一些磁学量的数值关系表、磁学公式对照表和常用的物理常数表，以便查对．

本书上册由戴道生、钱昆明执笔，中册由钟文定执笔，下册由廖绍彬执笔．全书经郭贻诚教授审阅，并提出了许多宝贵意见，特此致谢．

《铁磁学》上册分工如下：第四、六章由钱昆明执笔，并经章立源同志读了手稿；其余四章由戴道生执笔，并经李伯芷、方瑞宜读了手稿；钟文定同志允许采用其编写的《铁磁性和反铁磁性唯象理论》讲义的部分内容；此外，有关的同志对本书的内容提出了许多宝贵的意见，在此一并表示感谢．此外，我们还感谢天津磁性材料总厂对本书第二次印刷的大力支持．

著　者

《铁磁学》《磁性理论》教科书和有关专著的参考书目

1. 铁磁学．郭贻诚编著．人民教育出版社，1965；北京大学出版社，2015 年重印
2. 铁磁学（上册）．C. B. 冯索夫斯基，Я. C. 舒尔著．廖莹译．科学出版社，1965
3. 金属磁性材料．戴礼智编著．上海人民出版社，1973
4. 铁磁性物理．近角聪信编著．葛世慧译，张寿恭校．兰州大学出版社，2002
5. 铁磁性理论．姜寿亭编著．科学出版社，1993
6. 金属磁性．翟宏如编著．见《金属物理学》丛书第四卷《超导电性和磁性》．科学出版社，1998
7. 现代磁性材料原理和应用．R. C. O'Handley 编著．周永洽等译．化学工业出版社，2002
8. 技术磁学(上、下册）．钟文定编著．科学出版社，2009
9. 磁性物理．金汉民编著．科学出版社，2013
10. *Ferromagnetism*. R. M. Bozorth. Nostrand Company Inc.，1951
11. *The Physical Principles of Magnetism*. A. H. Morrish. John Wiley & Sons Inc.，1965
12. *Effictive Field Theory of Magnetism*. J. S. Smart，W. B. Saunders Company. Philadelphia，1966
13. *Magnetism*. S. V. Vonsovskii. John Wiley & Sons Inc.，1974
    原书是俄文，于 1971 年苏联莫斯科科学出版社出版，由 Israel Program for Scientific Tranlations 翻译，在 Jerusalem，London 出版
14. *Magentic Interaction in Solids*. H. J. Zeiger，G. W. Pratt. Clarwndon Press，1973
15. *The Theory of Magnetism I*. D. C. Mattis. Springer-Verlag，1981
16. *Electron Correlation and Magnetism*. P. Fazekas. World Science，1999
17. *Magnetism (I-Foundamentals，II-Materials and Applications)*. Edited by Etienne du Tremolet de Lacheisserie，Damien Gignoux，Mischel Schlenker，2002

18. *Magnetism*. J. Stohr, H. C. Siegmann, Springer-Verlag, 2006
19. *Magnetism and magnetic Materials*. J. M. O. Coey. Cambridge University Press, 2006
20. *Quantum Theory of Magnetism*. W. Nolting, A. Ramakanth. Springer, 2009
21. 磁性测量原理．周文生编．电子工业出版社，1988

目　录

上　册

下 册

绪　论

磁性是物质的基本属性之一.

外磁场发生改变时，系统的能量也随之改变，这时就表现出系统的宏观磁性.从微观的角度来看，物质中带电粒子的运动形成了物质的元磁矩，当这些元磁矩取向部分有序或有序时，物质便表现出磁性.

物质的磁性根据其不同的特点，可以分为弱磁性和强磁性两大类.

弱磁性仅在具有外磁场的情况下才能表现出来，并随磁场增大而增强.按照磁化方向与磁场的异同，弱磁性又分为抗磁性和顺磁性.前者起因于电磁感应和电子运动的特性，后者则由于元磁矩在外磁场下的取向.

强磁性主要表现为在无外加磁场时仍存在自发磁化.为使体系能量减小，有限大的物质通常被分成若干小的区域，不同区域的自发磁化方向则不相同.在无外加磁场的情况下，系统总的磁矩趋向于相互抵消.这些小的区域称为磁畴.在外磁场下，由于畴壁的移动或者畴内自发磁化方向的改变而通常表现出很强的磁性.

强磁性的另一个重要特点是存在一个临界温度，即居里点 T_c（或奈尔点 T_N）.在 T_c 以上，由于热运动较强，自发磁化消失，因此，居里温度是衡量引起自发磁化的微观作用大小的量度.

由于自发磁化方式的不同，又可分为铁磁性、反铁磁性、亚铁磁性和螺磁性等.除反铁磁性外，这些磁性通常又广义地称为铁磁性.

铁磁学就是研究强磁性物质中自发磁化的成因及在不同外加条件下各种物质的微观磁性和宏观磁性的变化规律.这些问题的研究不仅有重要的理论意义，而且对于材料的改进和应用也是不可缺少的.

早在公元前 4 世纪，人们就发现了天然的磁石（磁铁矿 Fe_3O_4），我国古代人民最早用磁石和钢针制成了指南针，并将它用于军事和航海，但近代物质磁性研究的先驱者，当推居里（Curie，1894）[1]的工作，他不仅发现了居里点，还确立了顺磁磁化率与温度成反比的实验规律（居里定律）.

20 世纪初，朗之万（Langevin，1905）[2]将经典统计力学应用到具有一定大小的原子磁矩系统上，推导出居里定律；接着，外斯（Weiss，1907）[3]假设铁磁性物质中存在分子场，这种分子场驱使原子磁矩有序排列，形成自发磁化，从而推导出铁磁性物质满足的居里-外斯定律.朗之万和外斯的理论出色地从唯象的角度说明了铁磁性和顺磁性.

然而，上述理论也存在两个根本性的困难，首先，原子具有一定大小磁矩的假设，这是经典物理所无法解释的．由于磁场只能改变电子的运动方向，而不能改变运动的能量，但经典统计物理指出，粒子是按能量呈指数分布的，因而在热平衡时根本不应当显示出磁性．其次，经典理论也不能说明分子场的起因．按照居里点计算的分子场要比磁偶极相互作用大三个数量级．这些困难只有在量子力学建立以后才可能得到解决．

根据量子力学可知，电子具有量子化的轨道运动和自旋运动，那些未成对的核外电子形成了原子的固有磁矩．在原子相互结合时，由于外层的 s，p 电子总是趋向于成对的，因此主宰物质磁性的主要是处于原子内层的未满 d 壳层或 f 壳层电子．这就是铁磁性物质总是与过渡族和稀土族离子联系在一起的原因．

海特勒（Heitler）和伦敦（London，1927）[4]在用量子力学研究氦原子和氢分子的结合能时发现，当电子波函数交叠时，由于泡利不相容原理和电子交换不变性，会出现一项新的静电作用项，这一能量附加项导致了电子自旋在相对取向不同时能量会有所差别．正是这种差别，导致了电子自旋取向的有序．这一附加能量被称为交换作用能．

弗兰克尔（Френкель，1928）[5]和海森伯（Heisenberg，1928）[6]独立地以交换能作为出发点，建立了局域电子自发磁化的理论模型．这一模型通常又称为海森伯交换作用模型．若用 $\boldsymbol{S}_i$ 和 $\boldsymbol{S}_j$ 表示第 i 和第 j 个格点原子的自旋算符，则交换作用哈密顿可以写成

$$\mathscr{H}=-\sum_{ij}A_{ij}\boldsymbol{S}_i\cdot\boldsymbol{S}_j.$$

当交换积分 A 为正时，自旋趋于相互平行而呈现铁磁性；当 A 为负时，自旋趋于反平行而呈现反铁磁或亚铁磁性；如果 A 的符号和大小是变化的，还可得到螺磁性和其他自旋结构．交换作用模型唯象地解释了自发磁化的成因，对铁磁理论的发展起了决定性的作用．

从交换作用模型看来，所谓分子场不过是各原子中电子自旋相互作用的平均效果，因此分子场实质上是交换作用哈密顿取了一级近似．也正由于分子场理论忽略了交换作用的细节，因此在讨论低温和临界点附近的磁行为时便出现了较大的偏差．一个很自然的想法是取更高级的近似，即稍微多考虑一下最近邻自旋的作用，这就是小口（Oquchi，1955）[7]方法和 BPW（Beche-Peierls-Weiss，1948）[8]方法的基本思想．由于计入了近程作用，在临界点附近的相变行为给出了更好的结果；在另一方面，若把自旋结构看成是整体激发，即考虑到交换作用的远程效果，则又可对接近 0K 的磁行为给出正确的解释，这就是由布洛赫（Bloch，1931）[9]开创的自旋波理论．为了更好地描述整个温度范围的磁行为，以海森伯交换作用哈密顿出发，利用量子场论技术，即格林函数的方法也得到了很好的结果．

交换积分 A 仅当电子波函数有所交叠时才不为零，因此这是一种近距作用．为了解释下述各种物质的磁性，在海森伯交换作用模型的基础上，人们进一步地做了如下工作：

(1) 在绝缘磁性化合物（通常称为铁氧体）中，磁性离子为非磁性的阴离子所分开，并且几乎不存在自由电子，磁性壳层之间不存在直接的交叠．克拉默斯(Kramers，1934)[10]提出了超交换模型来解释这些物质的磁性；此后，安德森(Anderson，1950)[11]等对理论又作了改进．这一理论认为，磁性离子的磁性壳层通过交换作用引起非磁性离子的极化，这种极化又通过交换作用影响到另一个磁性离子，从而使两个并不相邻的磁性离子，通过中间非磁性离子的极化而相互关联起来，于是便产生了磁有序．

(2) 稀土金属和合金的磁性壳层中的 4f 电子深埋在原子内层，波函数是相当局域的，相邻的磁性壳层也几乎不存在交叠．这种情况下的磁关联则是通过传导电子为媒介而产生的，这种间接交换作用称为 RKKY（Ruderman and Kittel，1954；Kasuya，1956；Yosida，1957）[12]作用．计算表明，在 RKKY 作用中交换积分 A 的符号和大小随位置而异，从而解释了稀土金属中磁性的多样性．RKKY 作用在研究稀释合金的磁性时，也获得了相当的成功．

在上述两类物质中，无论是定性还是定量上，采用局域电子模型均得到了满意的结果．然而，在对 Fe，Ni，Co 这些过渡金属进行定量计算时却出现了新的困难．实验表明，在低温下，上述金属的磁矩不是玻尔磁子的整数倍，并且电子的比热又比一般金属的要大得多等，这些事实表明，承担磁性的 d 电子并非是完全局域的．20 世纪 60 年代对 d 电子费米面的观察更证明了这一点．

几乎在局域电子模型发展的同时，另一个重要的学派，即巡游电子模型也发展起来了．这两个学派从完全不同的角度出发来研究铁磁性．前者把实空间（坐标空间）中的局域电子态作为出发点，而后者则把倒格子空间（动量空间）中的局域电子态作为出发点．这两个理论在解释实验事实时是相互补充的．

巡游电子模型认为，d 电子既不像 f 电子那样局域，也不像 s 电子那样自由，而是在各个原子的 d 轨道上依次巡游，形成了窄能带．因此，需采用能带理论方法进行处理．

布洛赫（1929）[13]采用哈特里（Hartree）-福克（Fock）近似方法讨论了电子气的铁磁性．继之，维格纳（Wigner，1934）[14]指出了电子关联的重要性．在此基础上，斯托纳（Stoner，1936）[15]、斯莱特（Slater，1936）[16]和莫特(Mott，1935)[17]做了一系列开创性的工作．为了计入激发态电子与空穴间的相互作用，赫林（Herring，1951）[18]等提出无规相近似（RPA）方法，成功地描述了基态附近的元激发以及自旋临界涨落现象．然而，由于这一方法是在斯托纳平衡态的假定下进行的涨落讨论，它忽略了自旋涨落对热平衡态的影响，同时没有计入涨落不同模式之间的相互作用，因此只能应用于很低的温度．60 年代对 $ZrZn_2$ 和 Sc_3In 磁性的研究进一步表明，斯托纳理论即使在弱铁磁性极限下所产生的偏差也甚大．这些事实表明，需采用因交换作用而增大的自旋涨落，寻求新的热平衡态．

之后，守谷（Moriya，1973）[19]等提出了自洽的重整化理论（SCR）．这比传统的 RPA 理论更进了一步．它从弱铁磁和反铁磁极限出发，考虑了各种自旋涨落模式之间的耦合，同时自洽地求出自旋涨落和计入自旋涨落的热平衡态，从而在自洽地描述弱铁磁性、近铁磁性和反铁磁性的许多特性上获得了新的突破．按照这一理论，居里常数是由费米能级附近的能带结构所决定，而与基态的饱和磁矩无关，从而对居里-外斯定律的物理实质提出了新的解释．这一理论的成功预示着在海森伯理论中被认为是局域的系统，实际上应当用联结局域矩和弱铁磁性这两个极限之间更一般化的自旋涨落加以描述．Fe，Co，Ni，Mn 和 Cr 等金属应当想象为如上述两个极限的中间状态．这一工作开拓了在局域模型和巡游电子模型之间寻求一种统一磁性理论的研究，使之成为当今固体理论研究中一个十分活跃的领域．

50 多年来，在解释 Fe，Co，Ni 及其合金的磁性基本问题方面，两个对立的模型都有了很大的发展，但是在强磁性这一基本问题上仍很难趋向统一，任何一种模型都很难单独地对自发磁发的全部内容（主要是自发磁化强度或是原子磁矩大小、自发磁化和温度的关系，磁相转变点的温度值及其附近的规律性）给出较满意或合适的结果．总的看来，局域电子模型在自发磁化与温度的关系以及对居里点高低的估计上比较成功；而巡游电子模型在给出过渡金属原子磁矩非整数的特性上比较成功．

两种模型在长期相互对立又相互补充地说明物质磁性的内在规律的同时，都在不断的发展和深化．这种情况在物理学中的其他问题上也是常见的，其根本原因在于人们对客观世界的认识仅是开始，还有很多工作要做．例如，在理论处理上还存在很多近似性、电子相互作用的多体性质近似为两体作用来处理、磁性壳层中电子运动的局域和自由的相对性、波函数的近似性等．正是由于这些理论上所采用的近似处理，结果存在许多限制，这样必然很难具有普适性．在另一方面，人们认识微观世界的手段、方法也有待于更多的深入和发展，怎样从实验上确定金属中对磁性有贡献的电子的运动特征（例如，铁原子中 3d 电子的局域性和巡游性各占多少，每个电子是否具两重性），目前尚无法确知．

总的说来，在铁磁学已建立的理论中，大部分仍落后于实验和应用的现状和发展要求，也许这是长期存在的矛盾，因为磁性理论是固体物理学中比较困难和比较复杂的一个领域．这是我们磁性实验和理论研究工作者和探索者所面临的艰巨任务，相信这些问题在人们认识世界的过程中，将会得到很好的解决．

参考文献

[1] Curie P. Compt. Rend. ,1894,118:796,859,1134;J. de Phys. ,1895,4:197,263;Ann. de Chem. Phys. ,1895,5(7):289

[2] Langevin P. J. Phys. ,1905,4:678;Ann. de Chem. Phys. ,1905,5(8):70

[3] Weiss P. J. Phys. Redium,1970,6:661

[4] Heitler W,London F. Z. Physik,1927,44:455

[5] Фленкель Я И. Z. Physik,1928,49:31

[6] Heisenberg W. Z. Physik,1928,49:619

[7] Oquchi T. Prog. Theor. Phys. ,1955,13:148

[8] Beche H A. Proc. Phys. Soc. ,1935,A150:552
Peierls R G. Proc. Carnb. Phil. Soc. ,1936,32:477

[9] Bloch F. Z. Physik,1931,61:206

[10] Kramers H A. Physica,1934,1:182

[11] Anderson P W. Phys. Rev. ,1950,79:350

[12] Ruderman M A,Kittel C. Phys. Rev. ,1954,98:99
Kasuya T. Prog. Theor. Phys. Japan,1956
Yosida K. Phys. Rev. ,1957,106:839

[13] Bloch F. Z. Physik,1929,57:545

[14] Wigner E P. Phys. Rev. ,1934,46:1002;Trans. Faraday Soc. ,1938,34:678

[15] Stoner E C. Proc. Phys. Soc. ,1936,A154:656;1938,A165:372

[16] Slater J C. Phys. Rev. ,1936,49:537

[17] Mott N F. Proc. Phys. Soc. ,1935,47:57

[18] Herring C,Kittel C. Phys. Rev. ,1951,81:869
Herring C. Phys. Rev. ,1952,87:60

[19] Moriya T,Kawabata A. J. Phys. Soc. Japan,1973,34:639;1973,35:669
Moriya T,Takabashi Y. J. Phys. Soc. Japan,1978,45:397;J. de Phys. ,1973,39:C6－1466

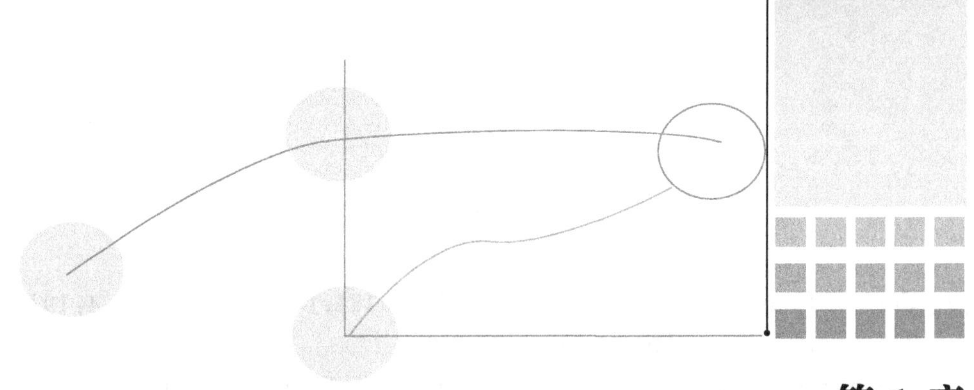

第 1 章 物质的抗磁性和顺磁性

按传统的习惯，物质磁性以它对磁场的反应，即以磁化率的特点来进行分类[1]. 抗磁性物质的磁化率 χ 是负的，其数值在 $10^{-6}\sim10^{-3}$；顺磁性物质的 χ 大于零，数值在 $10^{-6}\sim10^{-2}$. 比起铁磁性来，它们的磁性要弱得多. 研究抗磁性和顺磁性的成因和规律，无论在理论上或是实际上都是十分重要的.

由于电子的轨道磁矩和自旋磁矩远比原子核的磁矩大 1835 倍，因此电子是物质磁性的主要元负载者. 本章将首先讨论原子中电子的分布规律及对原子磁矩的影响，然后考虑当原子组成物质后，产生抗磁性和顺磁性的主要机理及与实验结果的比较. 最后讨论晶场引起的电子轨道冻结现象和磁晶各向异性产生的微观机制. 这是影响固体磁性的十分重要的因素.

1.1 原子的壳层结构及其磁性

原子由带正电荷的原子核和带负电荷的电子组成. 电子在核四周的分布呈现壳层结构. 经典量子论（玻尔理论）认为，电子作为一个粒子绕原子核作椭圆轨道运动. 量子力学理论认为，电子具有波粒二象性，电子在核外的运动可看成概率波，不可能有确定的（即按经典那样理解的）轨道，只能用概率分布的概念来描写电子所处的“位置”. 下面根据量子力学理论的结果，辅以玻尔原子轨道模型，来介绍电子在核外的分布规律.

1.1.1 原子的壳层结构

1.1.1.1 电子分布所遵循的两个原则

(1) 能量最低原理. 量子力学给出氢原子的电子波函数和能量分别为

$$\psi_{nlm}=R_{nl}Y_{lm_l}, \tag{1.1}$$

$$E_n=-\frac{me^4}{2\hbar^2n^2}, \tag{1.2}$$

其中，$|R_{nl}|^2$ 为电子径向分布概率，R_{nl} 为径向分布波函数，$Y_{lm_l}(\theta,\varphi)$ 为电子角分布波函数，n，l，m_l 为空间量子数．图 1.1 和图 1.2 分别示出了电子在核外的径向和角分布．在式（1.2）中 m 为电子质量．当 $n=1$ 时，氢原子基态能量 $E_1=-13.6\text{eV}$，能量最低；当 $n>1$，则为能量较高的激发态．

能量最低原理指出，在无外界干扰的情况下，电子总是处在能量较低的状态．

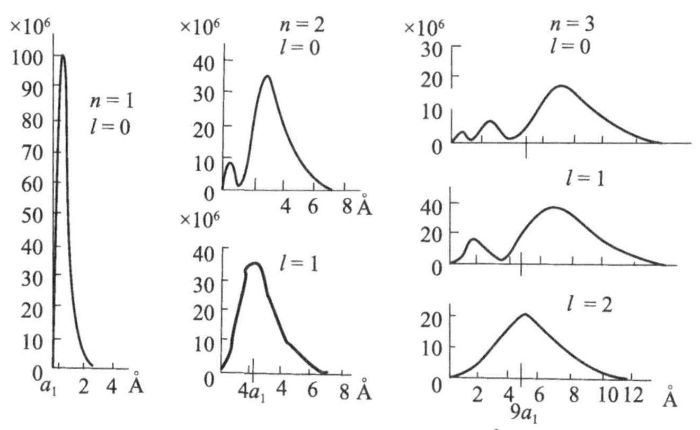

图 1.1　电子概率的径向分布，$a_1\approx0.52$Å 称为玻尔半径

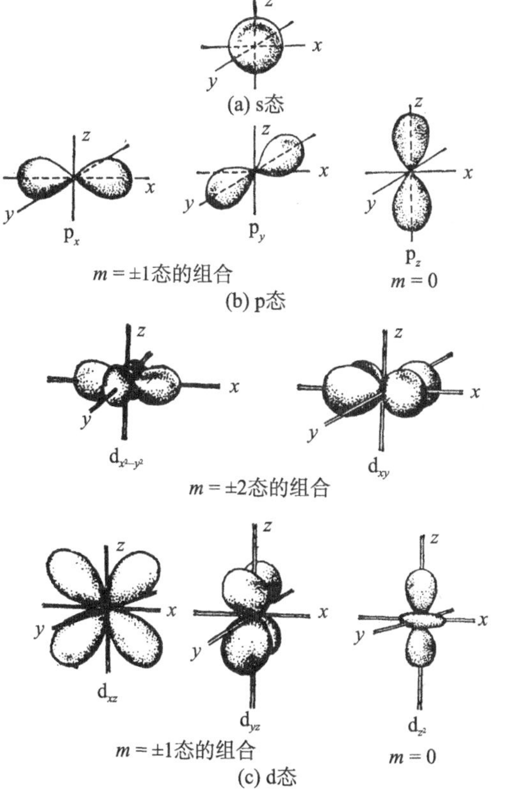

图 1.2　s，p 和 d 态的电子云角度分布

(2) 泡利 (Pauli) 原理．电子的波函数具有反对称性，在空间中电子分布服从泡利原理．按照泡利原理，如果已有一个电子占据了最低能量状态，则第二个电子就不能再占据这个态了，只能占据除这个态以外的最低能量状态．

大量事实证明，电子具有自旋角动量和自旋磁矩，其自旋量子数为$\frac{1}{2}$，它在空间的量子化方向只有两个．这样，在同一空间状态中可以有两个不同自旋状态的电子存在．如果一个原子核的外围有 z 个电子，其分布是依次“填布”到不同能量状态的话，则先填入的电子占据相对较低能量状态，而后填入的电子就处在相对较高的能量状态，电子的能量由低向高逐步增大，构成能量壳层结构．

1.1.1.2 原子中基态电子的分布

量子力学理论用四个量子数 n，l，m_l，m_s 来规定原子中每个电子的状态，每一组量子数只代表一个状态，只允许有一个电子处于该状态．从能量的观点来看，对于氢原子来说，一组 n，l 量子数相同的电子的状态是简并的．不同的 n 和 l 的电子态通常用 ns，np，…，表示，其中 $n=1$，2，3，…，表示第一、二、三…主壳层，由于同一个 n 值中的 $l=0$，1，…，$(n-1)$ 个可能值，而用 s，p，d，f，g，H，I，…表示相应 $l=0$，1，2，3，4，5，6，…的状态．按上面讨论的两个原理，电子由少到多的填充方式为 1s，2s，2p，3s，3p，…，表 1.1 列出了原子基态的电子壳层分布．注意，在填到 3p 后是先填 4s，后填 3d；对 Cr 和 Cu 则有些不同．对于 4f 情况将发现在 5p，6s 填满后再填 4f，而且 5d 分别有一个或零个电子．按式 (1.2) 的结果是不能解释的．

表 1.1 原子基态的电子分布

元素	电子壳层																		
	K	L		M			N				O				P			Q	
	1s	2s	2p	3s	3p	3d	4s	4p	4d	4f	5s	5p	5d	5f	6s	6p	6d	7s	7p
1 H	1																		
2 He	2																		
3 Li	2	1																	
4 Be	2	2																	
5 B	2	2	1																
6 C	2	2	2																
7 N	2	2	3																
8 O	2	2	4																
9 F	2	2	5																
10 Ne	2	2	6																
11 Na	2	2	6	1															
12 Mg	2	2	6	2															

续表

元素	电子壳层																		
	K	L		M			N				O				P			Q	
	1s	2s	2p	3s	3p	3d	4s	4p	4d	4f	5s	5p	5d	5f	6s	6p	6d	7s	7p
13 Al	2	2	6	2	1														
14 Si				2	2														
15 P				2	3														
16 S				2	4														
17 Cl				2	5														
18 Ar				2	6														
19 K	2	2	6	2	6		1												
20 Ca	2	2	6	2	6		2												
21 Sc	2	2	6	2	6	1	2												
22 Ti						2	2												
23 V						3	2												
24 Cr						5	1												
25 Mn						5	2												
26 Fe						6	2												
27 Co						7	2												
28 Ni						8	2												
29 Cu						10	1												
30 Zn						10	2												
31 Ga	2	2	6	2	6	10	2	1											
32 Ge								2											
33 As								3											
34 Se								4											
35 Br								5											
36 Kr								6											
37 Rb								6			1								
38 Sr								6			2								
39 Y	2	2	6	2	6	10	2	6	1		2								
40 Zr									2		2								
41 Nb									4		1								
42 Mo									5		1								
43 Tc									6		1								
44 Ru									7		1								
45 Rh									8		1								
46 Pd									10										
47 Ag									10		1								
48 Cd									10		2								
49 In	2	2	6	2	6	10	2	6	10		2	1							
50 Sn												2							
51 Sb												3							
52 Te												4							
53 I												5							

续表

元素	电子壳层																	
	K	L		M			N				O				P			Q
	1s	2s	2p	3s	3p	3d	4s	4p	4d	4f	5s	5p	5d	5f	6s	6p	6d	7s	7p
54 Xe												6							
55 Cs	2	2	6	2	6	10	2	6	10		2	6			1				
56 Ba											2	6			2				
57 La											2	6	1		2				
58 Ce										2	2	6			2				
59 Pr									2	3	2	6			2				
60 Nd										4	2	6			2				
61 Pm									5	5	2	6			2				
62 Sm									6	6	2	6			2				
63 Eu										7	2	6			2				
64 Gb										7	2	6	1		2				
65 Tb										8	2	6	1		2				
66 Dy										10	2	6			2				
67 Ho										11	2	6			2				
68 Er										12	2	6			2				
69 Tm										13	2	6			2				
70 Yb										14	2	6			2				
71 Lu													1		2				
72 Hf													2		2				
73 Ta													3		2				
74 W													4		2				
75 Re													5		2				
76 Os													6		2				
77 Ir													9						
78 Pt													9		1				
79 Au													10		1				
80 Hg													10		2				
81 Tl	2	2	6	2	6	10	2	6	10	14	2	6	10		2	1			
82 Pb															2	2			
83 Bi															2	3			
84 Po															2	4			
85 At															2	5			
86 Rn															2	6			
87 Fr															2	6		1	
88 Ra															2	6		2	
89 Ac	2	2	6	2	6	10	2	6	10	14	2	6	10		2	6	1	2	
90 Th															2	6	2	2	
91 Pa														2	2	6	1	2	
92 U														3	2	6	1	2	
93 Np														4	2	6	1	2	
94 Pu														6	2	6		2	

续表

元素	电子壳层																		
	K	L		M			N				O				P			Q	
	1s	2s	2p	3s	3p	3d	4s	4p	4d	4f	5s	5p	5d	5f	6s	6p	6d	7s	7p
95 Am														7	2	6		2	
96 Cm														7	2	6	1	2	
97 Bk														9	2	6		2	
98 Cf														10	2	6		2	
99 Es														11	2	6		2	
100 Fm														12	2	6		2	
101 Md														13	2	6		2	
102 No														14	2	6		2	
103 Lr														14	2	6	1	2	

式 (1.2) 对于氢原子的电子状态是正确的，但对于电子较多的原子就不合适了，这主要是由于电子之间存在相互作用．从静电作用来看，对外层电子来说，内层电子起着静电屏蔽作用，使外层电子受到原子核电场的作用变弱．因此，外壳层电子能量变为

$$E_n=\frac{(Z-\sigma)^2}{n^2}E_{\mathrm{H}}, \tag{1.3}$$

其中，$E_{\mathrm{H}}=-\frac{me^4}{2\hbar^2}\approx-13.6\mathrm{eV}$ 为氢原子基态的能量．σ 为屏蔽系数．理论和实验表明，σ 与量子数 n 和 l 有关．l 较大的轨道伸展较远，受到内层电子的屏蔽比较大；相反，低 l 轨道上的电子处在中心的概率大，受到的屏蔽小，因而能量增加比较小．

内层电子的静电屏蔽导致了 l 轨道能级的分裂，产生了像 4s 轨道能量低于 3d 轨道这样的情况．为方便记忆，上述结果可以近似表示为能量与 $n+0.7l$ 成正比的关系，由此得到的各轨道能量按顺序列表见表 1.2.

表 1.2　不同电子组态能量相对高低顺序

电子组态	$n+0.7l$	电子组态	$n+0.7l$	电子组态	$n+0.7l$
1s	1.0	4p	4.7	6p	6.7
2s	2.0	5s	5.0	7s	7.0
2p	2.7	4d	5.4	5f	7.1
3s	3.0	5p	5.7	6d	7.4
3p	3.7	6s	6.0		
4s	4.0	4f	6.1		
3d	4.4	5d	6.4		

1.1.1.3　离子中电子分布的规律

上面的近似比例关系只是对孤立原子才是正确的，当原子结合成晶体后，外

层电子因受周围原子核场的作用，基态能级将有所变化．例如，对金属Mn，Fe，其外层4s电子已公有化，不再属于Mn，Fe；对氧化物则形成离子Mn^{2+}，Fe^{3+}．这种现象说明4s电子比较容易脱离原子，而3d电子主要被束缚在原子上，有别于自由原子．对于离子情况，外层电子的能量相对较高，可以近似地与（$n+0.4l$）成比例[2]，由此得到各n，l电子组态的能量的相对高低，见表1.3.

表1.3 离子中电子组态的能量相对高低顺序

电子组态	$n+0.4l$	电子组态	$n+0.4l$
1s	1	5s	5.0
2s	2	4f	5.2
2p	2.4	5p	5.4
3s	3.0	5d	5.8
3p	3.4	6s	6.0
3d	3.8	5f	6.2
4s	4.0	6p	6.4
4p	4.4	6d	6.8
4d	4.8	7s	7.0

1.1.2 原子磁性及其磁矩的大小

物质的磁性来源于原子的磁性．对原子磁性的了解是研究物质磁性的基础，

原子的磁矩来源于原子中的电子及原子核，由于原子核的质量远大于电子，因此原子核的磁矩远小于电子的磁矩，故核磁矩在我们考虑的问题中可以忽略．电子的磁矩又分为轨道磁矩和自旋磁矩两部分，原子的总磁矩是这两部分磁矩的总和．

1.1.2.1 电子轨道角动量和轨道磁矩

根据量子力学的讨论，一个电子的轨道角动量p_l和轨道磁矩μ_l，具有一定的关系，如轨道角动量

$$p_l=\sqrt{l(l+1)}\,\hbar, \tag{1.4}$$

轨道磁矩

$$\mu_l=\sqrt{l(l+1)}\,\mu_B, \tag{1.5}$$

l为轨道量子数；$\mu_B=\frac{\mu_0 e\hbar}{2m}$称为玻尔磁子，其大小为$9.27\times10^{-24}$ J/T（9.27×10^{-21} erg/Gs）．$\boldsymbol{\mu}_l$和$\boldsymbol{p}_l$之间的关系为

$$\boldsymbol{\mu}_l=-\gamma_l\boldsymbol{p}_l, \tag{1.6}$$

$$\gamma_l=\frac{\mu_0 e}{2m}, \tag{1.7}$$

对于高斯单位制，$\gamma_l=\frac{e}{2mc}$，γ_l 称为轨道旋磁比；μ_0 为真空磁导率（$4\pi\times10^{-7}$ H/m），c 为光速．由于角动量和磁矩在空间是量子化的，如外磁场 H 平行 z 轴，则它们在 H 方向的可能值为

$$p_{lz}=m_l\hbar, \tag{1.8}$$

$$\mu_{lz}=m_l\mu_B, \tag{1.9}$$

$\hbar=\frac{h}{2\pi}$，h 为 Plank 常数；m_l 为磁量子数，$m_l=0$，±1，±2，…，$\pm l$，因而有 $(2l+1)$ 个可能取向（或叫投影），具体见图 1.3 所示的例子．

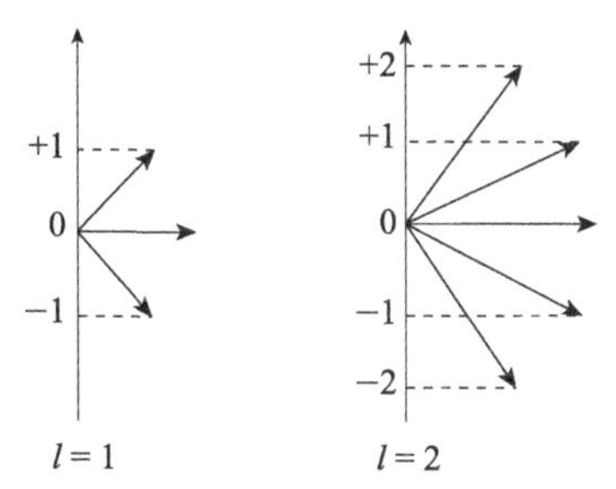

图 1.3　轨道角动量和磁矩的量子化取向示意图

$l=1$，2 的情况，$\boldsymbol{p}_l$ 的绝对值为 $\sqrt{2}\hbar$ 和 $\sqrt{6}\hbar$

如果原子中有多个电子，则总轨道角动量等于各个电子轨道角动量的矢量和，即总轨道角动量等于

$$\boldsymbol{p}_L=\sum\boldsymbol{p}_l,$$

其数值是

$$P_L=\sqrt{L(L+1)}\hbar, \tag{1.10}$$

L 为总轨道角量子数，它是 l 值一定的组合．例如，对于两个电子的情况，$L=l_1+l_2$，l_1+l_2-1，…，$|l_1-l_2|$.

总的轨道磁矩可以证明为

$$\boldsymbol{\mu}_L=-\frac{\mu_0 e}{2m}\boldsymbol{p}_L, \tag{1.11}$$

其绝对值等于

$$\mu_L=\sqrt{L(L+1)}\mu_B. \tag{1.12}$$

总轨道磁矩在外磁场方向上的分量为

$$\mu_{L_z}=m_L\mu_B,$$

式中，$m_L=L$，$L-1$，…，$-L$.

在填满了电子的次壳层中，各电子的轨道运动分别占据了所有的可能方向，形成一个球形对称体系，因此合成的总轨道角动量等于零．所以计算原子的总轨

道角动量时，只需考虑未填满的那些次壳层中电子的贡献．

1.1.2.2 电子自旋角动量和自旋磁矩

电子具有自旋运动，一个电子的自旋量子数 $s=\frac{1}{2}$，相应的角动量为

$$p_s=\sqrt{s(s+1)}\,\hbar=\sqrt{\frac{3}{4}}\,\hbar. \tag{1.13}$$

自旋磁矩为

$$\mu_s=2\sqrt{s(s+1)}\,\mu_B=\sqrt{3}\,\mu_B.$$

两者的关系为

$$\boldsymbol{\mu}_s=-\frac{\mu_0 e}{m}\boldsymbol{p}_s=-\gamma_s\boldsymbol{p}_s, \tag{1.14}$$

γ_s 为自旋旋磁比，它是 γ_p 的两倍，

$$\gamma_s=\frac{\mu_0 e}{m}, \tag{1.15}$$

对于高斯单位制，$\gamma_s=\frac{e}{mc}$．因为电子自旋角动量在空间只有两个量子化方向，故有

$$p_{s_z}=\pm\frac{1}{2}\hbar=m_s\hbar, \tag{1.16}$$

$m_s=\pm\frac{1}{2}$，相应的 μ_{s_z} 为

$$\mu_{s_z}=\pm\mu_B=\pm\frac{\mu_0 e}{m}\frac{\hbar}{2}=2m_s\mu_B, \tag{1.17}$$

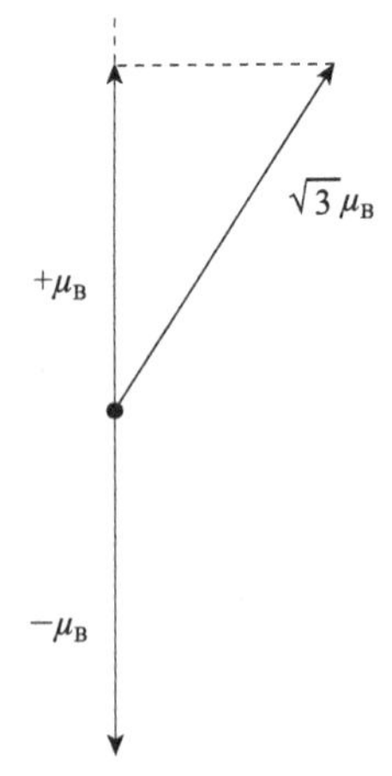

图 1.4 自旋磁矩的量子化

m_s 只有两个值$\left(\pm\frac{1}{2}\right)$，即表示只能有两个可能的量子化方向，如图 1.4 所示．

如果一个原子具有多个电子，则总自旋角动量和总自旋磁矩是各电子的组合，其大小分别为

$$p_s=\sqrt{S(S+1)}\,\hbar, \tag{1.18}$$

$$\mu_s=-\gamma_s p_s=-\gamma_s\sqrt{S(S+1)}\,\hbar, \tag{1.19}$$

其中，$S=s_1+s_2+\cdots$为总自旋量子数，总自旋磁矩 $\boldsymbol{\mu}_s$ 在外磁场方向上的投影可能值为

$$\mu_{s_z}=2m_s\mu_B, \tag{1.20}$$

$m_s=-S，-S+1，\cdots，S-1，S$ 共有（$2S+1$）个可能取向，S 可能是整数或半整数．

在填满电子的次壳层中，电子自旋角动量也互相抵消了．因此，计算原子的

总自旋磁矩和总角动量时，只需要考虑未填满的次壳层中的各电子的自旋角动量的组合即可．

1.1.2.3　原子的总角动量和总磁矩

原子的总角动量是由电子的轨道角动量和自旋角动量以矢量叠加方式合成的，合成有两种方式，即 L-S 耦合和 j-j 耦合．

当原子中各个电子的轨道角动量之间有较强的耦合，先自身合成一个总轨道角动量 $\boldsymbol{P}_L$ 和总自旋角动量 $\boldsymbol{P}_S=\sum\boldsymbol{p}_s$，然后两者再合成为原子的总角动量．这一耦合方式称为 L-S 耦合，一般原子序数较小的原子总角动量属于这种耦合方式．

在 j-j 耦合中，各电子的轨道运动和电子本身的自旋相互作用较强，因而先合成该电子的总角动量，然后各电子的总角动量再合成原子的总角动量．

在铁磁物体中，原子的总角动量大都属于 L-S 耦合方式，所以下面只讨论以 L-S 耦合所得到的原子总角动量和总磁矩．

原子的总角动量 $\boldsymbol{P}_J$ 是总轨道角动量 $\boldsymbol{P}_L$ 和总自旋角动量 $\boldsymbol{P}_S$ 的矢量和

$$\boldsymbol{P}_J=\boldsymbol{P}_L+\boldsymbol{P}_S. \tag{1.21}$$

矢量 $\boldsymbol{P}_J$ 的绝对值与 $\boldsymbol{P}_L$ 及 $\boldsymbol{P}_S$ 的绝对值有相似的表达形式，即

$$P_J=\sqrt{J(J+1)}\hbar, \tag{1.22}$$

式中，总角量子数 $J=L+S$，$L+S-1$，…，$|L-S|$．

由于满壳层中的电子的总角动量等于零，所以计算原子的总角动量和总磁矩时只需考虑未填满壳层中的电子．

原子总角动量在外磁场方向的分量是

$$P_{J_z}=m_J\hbar, \tag{1.23}$$

m_J 为总磁量子数$=J$，$J-1$，…，$-J$.

原子的总磁矩可以从图1.5中所示出的关系中求得，从图1.5上可以看到，$\boldsymbol{\mu}_L$ 与 $\boldsymbol{P}_L$ 的方向相反，$\boldsymbol{\mu}_S$ 与 $\boldsymbol{P}_S$ 的方向相反，它们的数值关系分别由式（1.11）和式（1.19）给出．

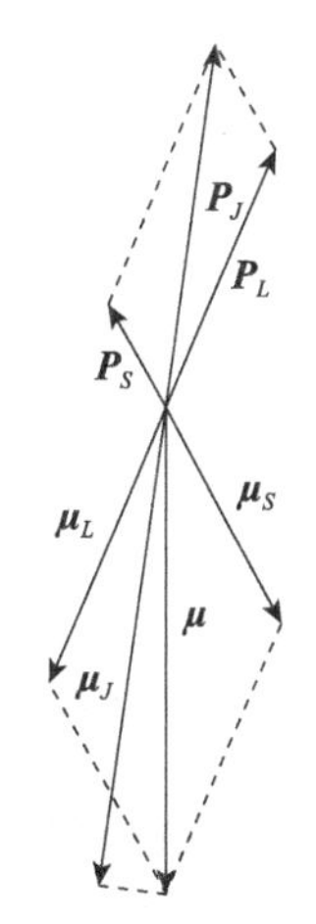

图1.5　原子的轨道角动量和自旋角动量的叠加

对比式（1.7）和式（1.15），可以看出，其比例系数是不同的，即

$$\gamma_s\neq\gamma_l.$$

按照原子矢量模型的理论，角动量 $\boldsymbol{P}_L$ 和 $\boldsymbol{P}_S$ 都绕着总角动量 $\boldsymbol{P}_J$ 进动，所以 $\boldsymbol{\mu}_L$ 和 $\boldsymbol{\mu}_S$ 也应绕着 $\boldsymbol{P}_J$ 进动．$\boldsymbol{\mu}_L$ 和 $\boldsymbol{\mu}_S$ 在垂直于 $\boldsymbol{P}_J$ 方向的分量为 $(\boldsymbol{\mu}_L)_\perp$ 和 $(\boldsymbol{\mu}_S)_\perp$，它们在一个进动周期中的平均值等于零，因此，原子的有效磁偶极矩等于 $\boldsymbol{\mu}_L$ 和

$\boldsymbol{\mu}_S$ 平行于 $\boldsymbol{P}_J$ 的分量之和：

$$\mu_J=\mu_L\cos(\boldsymbol{P}_L,\ \boldsymbol{P}_J)+\mu_S\cos(\boldsymbol{P}_S,\ \boldsymbol{P}_J)\ . \tag{1.24}$$

由图 1.5 示出的 $\boldsymbol{P}_L$，$\boldsymbol{P}_S$，$\boldsymbol{P}_J$ 组成的三角关系可求得

$$\left.\begin{aligned}\cos(\boldsymbol{P}_L,\ \boldsymbol{P}_J)&=\frac{L(L+1)+J(J+1)-S(S+1)}{2\sqrt{L(L+1)}\cdot\sqrt{J(J+1)}},\\ \cos(\boldsymbol{P}_S,\ \boldsymbol{P}_J)&=\frac{S(S+1)+J(J+1)-L(L+1)}{2\sqrt{S(S+1)}\sqrt{J(J+1)}}.\end{aligned}\right\} \tag{1.25}$$

将式（1.25）代入式（1.24），即得

$$\begin{aligned}\mu_J&=\left[1+\frac{J(J+1)+S(S+1)-L(L+1)}{2J(J+1)}\right]\times\sqrt{J(J+1)}\mu_B\\ &=g_J\sqrt{J(J+1)}\mu_B,\end{aligned} \tag{1.26}$$

其中

$$g_J=1+\frac{J(J+1)+S(S+1)-L(L+1)}{2J(J+1)} \tag{1.27}$$

称为朗德因子，其值一般在 1 至 2 之间．现在讨论两种特殊情况：

（1）当 $L=0$ 时，$J=S$，即原子总磁矩都是由自旋磁矩贡献的．由式（1.27）得 $g_J=2$，代入式（1.26）就得到式（1.19）．

（2）当 $S=0$ 时，$J=L$，即原子总磁矩都是由轨道磁矩贡献的．由式（1.27）得 $g_J=1$，代入式（1.26）就得式（1.12）．

这两种特殊的情况同我们前面讨论的结论是符合的．因此，g_J 的大小实际上反映了在原子轨道磁矩和自旋磁矩对总磁矩贡献的大小．g_J 是可以由实验精确测定的．如果测得的 g_J 等于 1 或接近于 1，说明原子总磁矩的绝大部分是由轨道磁矩贡献的；如果测得的 g_J 等于 2 或接近于 2，说明原子总磁矩的绝大部分是由自旋磁矩贡献的．如果 g_J 为 1 到 2 之间，则两种磁矩的贡献都有．

原子总磁矩 $\boldsymbol{\mu}_J$，在磁场中的取向也是量子化的．由式（1.23）和式（1.26）可以推得 $\boldsymbol{\mu}_J$ 在外磁场方向上的分量

$$\mu_{J_z}=\mu_J\cos(\boldsymbol{J},\ \boldsymbol{H})=\mu_J\frac{P_{J_z}}{P_J}=\mu\frac{m_J}{J\sqrt{J(J+1)}}=g_Jm_J\mu_B, \tag{1.28}$$

共有 $(2J+1)$ 个可能的取值．当 m_J 取最大值 J 时，就得到原子磁矩在磁场方向的最大分量

$$\mu_{J_z}=g_JJ\mu_B. \tag{1.29}$$

从上述讨论中可以看出，原子磁矩的大小取决于原子的总角量子数．

1.1.3 洪德法则

洪德（Hund）研究了光谱项的实验结果，并根据泡利原理，总结出一条法则．含有未满电子壳层的原子（离子）可以用这一法则来确定基态的电子组态和

动量矩．它的表述如下：

（1）在泡利原理许可的条件下，总自旋量子数 S 取最大值；

（2）在满足（1）的条件下，总轨道角动量量子数 L 取最大值；

（3）总角动量量子数 J 有两种取法：在未满壳层中电子数少于一半时，$J=|L-S|$，电子数等于或超过一半时，$J=L+S$.

第一条法则来源于电子间的库仑排斥作用，按泡利原理，每个轨道只能容纳两个自旋相反的电子．如果电子处于同一轨道，由于波函数交叠特别厉害，将产生大的库仑排斥势使体系能量增大，因此电子倾向于占据不同的轨道，并取相同的自旋方向．

法则第三条则起因于轨道-自旋（L-S）耦合．考虑一个单个电子，由于自旋而具有自旋磁矩，由于绕核旋转又具有轨道磁矩．从相对论的观点来看，若取电子为参考系，则表现为带正电的核绕电子旋转．换言之，电子处于核绕电子旋转而形成的磁场中．自然当自旋磁矩取向同这一磁场方向一致时，能量比较低．注意到电子和核所带电的符号，不难看出自旋和轨道磁矩倾向于取相反的方向．

当原子（离子）处在磁场中时，由于磁矩和磁场的相互作用，不同自旋取向和处于不同轨道的电子能量有所区别，电子将优先占据那些能量较低的状态．

上述几个原因就导致了洪德法则的产生．显然，它应当只适用于轨道-自旋耦合的情况．下面举几个例子说明它的应用．

（1）Pr^{3+}．未满壳层为 $4f^2$，有两个 f 电子．在基态时，按照洪德法则，这两个电子自旋是相互平行的，总自旋量子数

$$S=2\times\frac{1}{2}=1.$$

这两个电子优先占据了 $l=3$ 和 2 两个轨道，总轨道量子数为 $L=5$. 由于壳层不足半满，$J=|L-S|=5-1=4$. 由式（1.27）可得，$g_J=\frac{4}{5}$. 由此得到离子磁矩为

$$\mu_J=g_J\sqrt{J(J+1)}\mu_B=3.58\mu_B.$$

实测值为（3.20～3.51）μ_B.

（2）Tb^{3+}．未满壳层为 $4f^8$，可以得到 $S=3$，$L=3$，$J=L+S=6$，$g_J=\frac{3}{2}$，由此得到离子磁矩为 $9.72\mu_B$，相应的实测值为（9.0～9.8）μ_B.

（3）Cr^{2+}．未满壳层为 $3d^4$，由洪德法则可求得，$S=2$，$L=2$，$J=0$. 计算得到，$\mu_J=0$. 本章 1.5 节将指出，过渡元素在形成金属和化合物时将发生轨道“冻结”，即轨道磁矩被晶场所遏制而对磁性没有贡献．因此，在 Cr 金属和 Cr^{2+} 形成的化合物中，只需要考虑电子自旋的作用．这样，实际的有效离子总磁矩为 $\mu_S=g_S\sqrt{S(S+1)}\mu_B=4.9\mu_B$，这个结果与实测值是一致的．

(4) Fe 原子和 Fe^{2+}. 虽然核外电子数不同，但未满壳层均为 $3d^6$，考虑到轨道冻结，取 $L=0$，则由洪德法则得到 $S=2$. 同样，有 $\mu_S=4.9\mu_B$. 在磁场方向的最大磁矩为 $\mu_{S_z}=4\mu_B$. 实际上，对于非导电晶体中的 Fe^{2+}，上述结果符合得很好 . 对于金属中的 Fe，测得值为 $2.22\mu_B$，这一差异将在第 5 章中加以讨论 .

当把洪德法则应用于确定固体中原子或离子的电子轨道角动量、自旋角动量耦合时，绝大多数情况下是正确的 . 由于晶场作用，d 电子或 f 电子的简并态分裂，因而影响了电子填充方式 . 一般在晶场作用不太强时，洪德法则仍是正确的 . 只有在强场情况下，洪德法则要有一些变化 . 例如，对于 Mn^{3+} 或 Cr^{3+} 的情况，其晶场分裂如图 1.6 所示，在强场作用下，基态 ^5D 分裂成 Γ_3 和 Γ_5 两个裂距较大的态 . Γ_3 态中的电子因能量较大，而转填 Γ_5 的态，在 Γ_5 态中电子轨道角动量和自旋角动量的耦合仍可按洪德法则决定 .

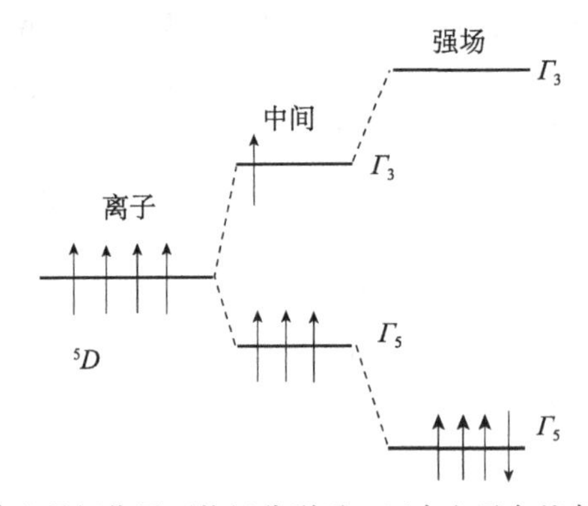

图 1.6 Mn^{3+} 在晶场作用下能级分裂后，四个电子在基态中的填充情况

1.2 物质的抗磁性

所有物质都无例外地具有抗磁性，这是物质中运动着的电子在外磁场作用下，受电磁感应而表现出的特性 . 抗磁磁化率都是负值，而且很小 . 由于大多数物质的抗磁性被该物质中较强的顺磁性所掩盖，从而未能表现出来 . 这样，真正的抗磁物质并不是普遍存在的 .

根据 1.1 节对原子磁性的讨论可知，原子的各壳层中如充满了电子，则不表现出原子固有磁性 . 例如，惰性气体元素以及某些原子因失去或得到电子而形成满壳层分布状态的离子或形成分子等（基态为 S_0 或 $\sum_0$），都不具有原子磁矩（不考虑原子核磁矩）. 只有这一类原子、离子和分子在外磁场作用下，抗磁性表现得比较明显 .

抗磁性就其与温度和磁场的依赖关系又可以分成两类：一是经典抗磁性，另一是反常抗磁性 . 前者的磁化率基本不随温度和磁场改变，后者的磁化率与温度和磁场有明显的依赖关系．

1.2.1　抗磁性的基本实验事实

1.2.1.1　经典抗磁体的实验结果

只有惰性气体原子的抗磁磁化率可以直接测出，在一些离子晶体中，离子的抗磁磁化率多是用间接方法测出的[3]．例如，通过测出分子磁化率（对象是气体分子）、溶液的磁化率或固态晶体的磁化率后推算出来．虽然测量有不够准确的地方，但用不同方法所得的结果基本上是一致的．从理论上计算离子抗磁磁化率时，拉莫尔（Larmor）定则对单个离子仍是正确的，哈特里和斯莱特等做了计算．图 1.7 给出了一些原子、离子的抗磁磁化率 $\chi_{抗}$，其数值参见表 1.4.

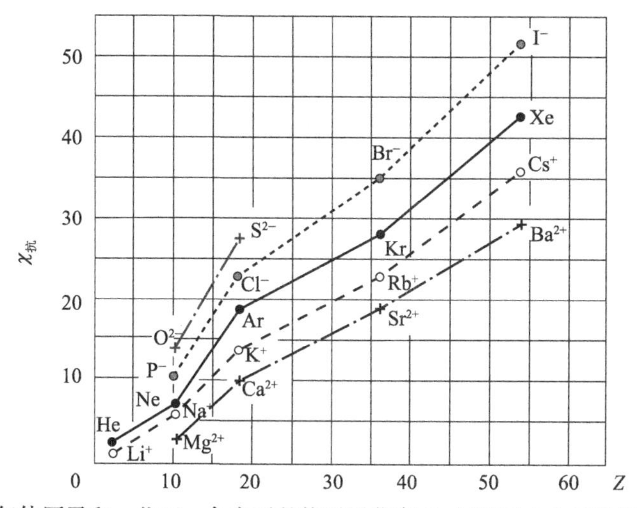

图 1.7　惰性气体原子和一些正、负离子的抗磁磁化率 $\chi_{抗}$ 与原子中电子数目 Z 的依赖关系

表 1.4　一些原子、离子的抗磁磁化率

原子或离子	z	电子组态	$\chi_{抗}\times10^6$（实）	$\chi_{抗}\times10^6$（理）	
氦（He）	2	$1s^2$	−2.02	−1.86	
氖（Ne）	10	$2p^6$	−6.96	−(5.8−7.48)	
氩（Ar）	18	$3p^6$	−19.23	−18.8	
氪（Kr）	36	$4p^6$	−28.02	−31.7，−42.0	
氙（Xe）	54	$4f^0 5p^6$	−42.02，−44.4	−42.9，−48.0	
	$z+1$			Hartree	Slater
氟（F^-）	10	$2p^6$	−9.5	−7.0	−8.1
氯（Cl^-）	18	$3p^6$	−24.2	−41.3	−25.2
溴（Br^-）	36	$4p^6$	−34.5		−39.2
碘（I^-）	54	$4f^0 5p^6$	−50.6		−58.5

续表

原子或离子	$z-1$	电子组态	$\chi_{抗}\times10^6$（实）	$\chi_{抗}\times10^6$（理）	
锂（Li^+）	2	$2s^0$	-7.0	-0.7	-0.7
钠（Na^+）	10	$3s^0$	-6.1	-5.6	-4.1
钾（K^+）	18	$3d^04s^0$	-15	-17.4	-14.1
铷（Rb^+）	36	$4p^65s^0$	-22	-29.5	-25.1
铯（Cs^+）	54	$5p^66s^0$	-35.1	-47.7	-38.1

注：惰性气体元素数据引自 Vonsovskii S V，Magnetism，Wiley，Israel（1974）.
离子数据引自 Kittel，固体物理引论，第 2 版，附录七（科学出版社）.

从图 1.7 和表 1.4 中可以看到，$\chi_{抗}$的绝对值都与 z 成比例地增大．在电子数 z 相同的情况下，离子与原子中电子轨道的半径不同，正离子中电子轨道半径比较小，负离子中电子轨道半径比较大．这样，前者的$|\chi_{抗}|$比较小，后者的$|\chi_{抗}|$比较大．在惰性气体原子的情况下$|\chi_{抗}|$居中．

水分子的抗磁性研究得比较详细，因为在很多情况下都是用水作溶剂，所以要弄清水的抗磁磁化率的数值及其随温度变化的规律．水的 $\chi_{抗}=-(0.7128\pm0.0007)\times10^{-6}$，如以

$$\frac{d\chi_{抗}}{dT}\cdot\frac{1}{\chi_{抗}}$$

为抗磁磁化率的温度系数，则在 5℃和 70℃时分别为 2.9×10^{-4}和 0.62×10^{-4}.

对于同一种元素，分别测量它在原子状态与离子状态的抗磁磁化率 $\chi_{抗}$的差别，便可以了解到离子之间的键接合力以及价电子在抗磁性中的作用，例如，水银蒸气的原子抗磁磁化率

$$\chi_{抗}=-78.2\times10^{-6},$$

而水银离子 Hg^{2+}的 $\chi_{抗}=-40.4\times10^{-6}$. 两者相差近一倍，这表明价电子对抗磁性贡献很大．

1.2.1.2 反常抗磁性的实验结果[4]

一些金属的抗磁磁化率与温度和磁场关系密切，与经典的特性不同，它主要是导电电子受周期性晶格场的作用而引起的．

一些金属的抗磁磁化率在熔点以下随温度的变化比较明显，熔点以上就小得多．图 1.8 示出锑（Sb）的 $\chi_{抗}$随温度变化的情况．

在极低温度下，金属的抗磁磁化率随磁场的增大存在波动的关系．德哈斯-范阿尔芬（de Haas-van Alphen）首先在金属 Bi 中发现了这一现象，并命名为德哈斯-范阿尔芬效应，它对研究导电电子的能带结构具有十分重要的意义．所得的结果表明，绝大多数金属都具有这一效应．图 1.9(a)示出了金属铋（Bi）的实

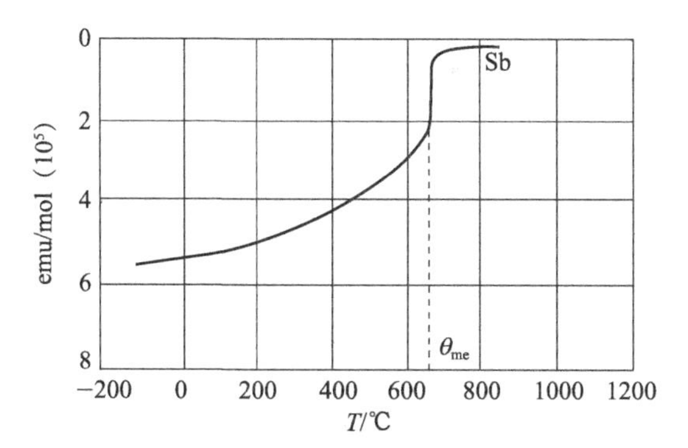

图 1.8　在熔点附近 Sb 的 $\chi_{抗}$ 的陡降变化

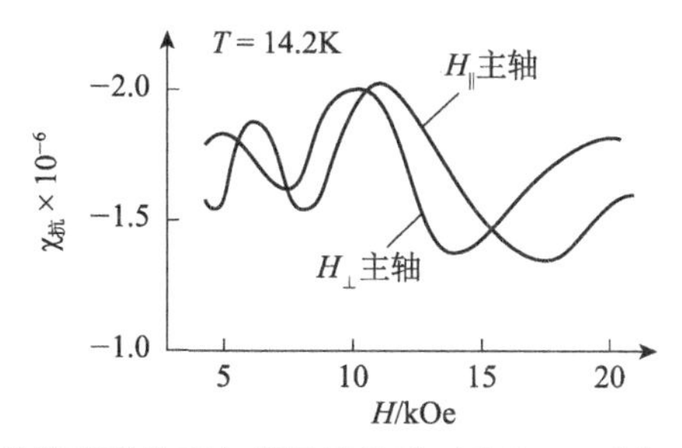

(a) Bi 的抗磁磁化率与磁场的关系 (1kOe=$10^6/4\pi$ A・m)

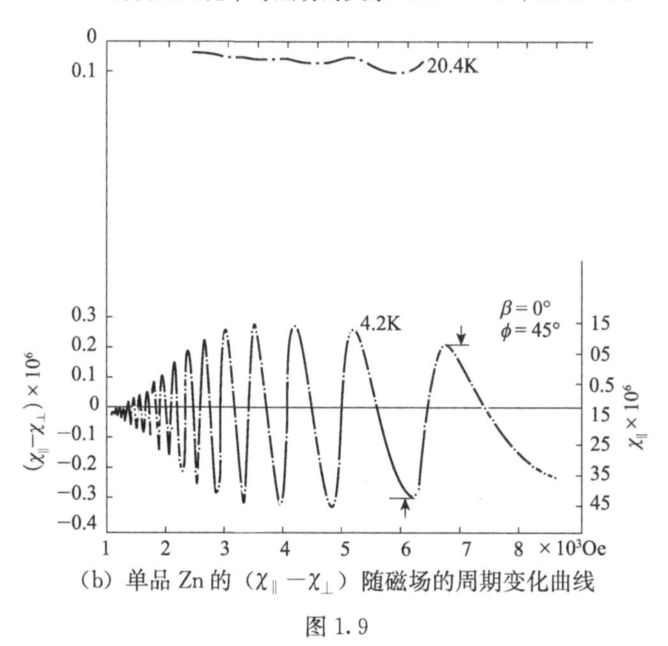

(b) 单晶 Zn 的 ($\chi_{\parallel} - \chi_{\perp}$) 随磁场的周期变化曲线

图 1.9

验结果．可以看到，$\chi_{抗}$与外加磁场的方向有关．一般这种关系多用 $\Delta\chi = \chi_{\parallel} - \chi_{\perp}$ 与 H^{-1}的变化表示．图 1.9(b) 示出了单晶锌 (Zn) 的 $\Delta\chi = \chi_{\parallel} - \chi_{\perp}$ 在不同温度下随磁场的变化情况．它具有明显的周期性和只在极低温下才显现的特性．

1.2.2 正常抗磁性的理论解释

1.2.2.1 半经典理论

将电子看成载有电荷（$-e$）的质点，并绕原子核运动．每个原子内有 z 个电子．每个电子具有一定的运动轨道，在外磁场作用下，轨道面绕 $\boldsymbol{H}$ 进动，进动频率为 ω，称为拉莫尔进动频率．由于轨道面绕磁场 $\boldsymbol{H}$ 进动，使电子运动速度有一个变化（见图 1.10）．进动着的轨道面在垂直 $\boldsymbol{H}$ 方向的平面上的投影是圆，半径设为 ρ. 图 1.10 所示的情况是使电子运动速度增大 Δv. 这样使电子的轨道磁矩增加 $\Delta\mu$，但方向与 $\boldsymbol{H}$ 相反，所以得到的磁化率是负值．

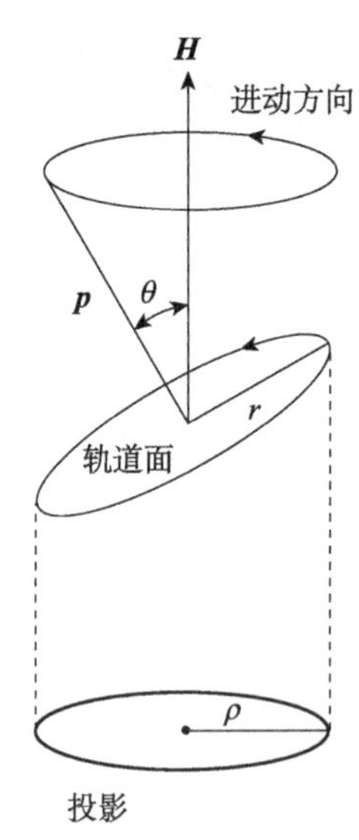

图 1.10 电子运动轨道面进动及投影示意图

如果电子运动的轨道面方向与 $\boldsymbol{H}$ 的交角 $\theta>\frac{\pi}{2}$，则进动使电子运动速度减小 Δv，这样在 $\boldsymbol{H}$ 方向的磁矩减小 $\Delta\mu$；所得磁化率仍是负值．总之，由于磁场作用引起电子轨道磁矩减小 $\Delta\mu$，从而表现出抗磁性．

在定量分析时，认为电子在核场中受力为 $\boldsymbol{F}(x,y,z)$，在外磁场 $\boldsymbol{H}$ 作用下受洛伦兹（Lorentz）力 $\boldsymbol{f}=-e[\boldsymbol{v}\times\mu_0\boldsymbol{H}]$，力 $\boldsymbol{f}$ 并不改变电子在磁场中的势能，但使电子运动状态发生改变．取直角坐标系，设外磁场沿 z 方向是均匀的，则电子的经典运动方程为

$$\left.\begin{aligned} m\dot{v}_x&=-e\mu_0 Hv_y+F_x,\\ m\dot{v}_y&=-e\mu_0 Hv_x+F_y,\end{aligned}\right\}\qquad(1.30)$$
$$m\dot{v}_z=F_z.$$

可以得到式（1.30）的解为

$$\left.\begin{aligned}x&=x_0\cos\omega t+y_0\sin\omega t,\\y&=-x_0\sin\omega t+y_0\cos\omega t,\\z&=z_0,\end{aligned}\right\}\tag{1.31}$$

其中，x_0，y_0，z_0 是 $H=0$ 时式（1.30）的解，并仍为时间的函数．解式（1.31）的意义在于，在均匀磁场 $\boldsymbol{H}$ 的作用下，电子除原来的运动外，还要加上以恒定角速度 ω 绕磁场方向（z 轴）的进动．将式（1.31）代入式（1.30），并令

$$\omega=\mu_0\frac{eH}{2m}\tag{1.32}$$

$\left(\text{在高斯单位制中，}\omega=\frac{eH}{2mc}\right)$，则所选择的解实际上满足问题的原始方程，式（1.32）给出的 ω 即为拉莫尔进动频率．由于外加磁场 $\boldsymbol{H}$ 比原子核势场小得多，所以在解方程时忽略了 H^2 和 ωH 项．

根据原子中电子轨道磁矩和轨道角动量的关系，由于进动使电子轨道角动量改变了 $\Delta\boldsymbol{p}$，$\Delta p=m\omega\rho^2$，所以得到电子轨道磁矩的改变量

$$\Delta\mu=-\gamma_l\Delta p=-\frac{\mu_0^2e^2}{4m}H\rho^2,\tag{1.33}$$

其中，ρ 是轨道面在垂直于磁场 $\boldsymbol{H}$ 的平面上投影所成的圆半径（见图 1.10）．如取 r_i^2 表示原子中第 i 个电子的轨道半径平方平均值，在电子轨道为球对称的情况下，有 $\overline{r_i^2}=\frac{3}{2}\overline{\rho^2}$. 这样，一个原子磁矩在外磁场 $\boldsymbol{H}$ 作用下的改变量为

$$\mu=\sum_{i=1}^{Z}\Delta\mu_i=-\frac{e^2H\mu_0^2}{6m}\sum_{i=1}^{Z}\overline{r_i^2}.$$

一克分子的物质有 N 个原子（$N=6.023\times10^{23}$），相应的磁化率为

$$\chi_{抗}=\frac{N\mu}{H}=-\frac{Ne^2\mu_0^2}{6m}\sum_{i=1}^{Z}\overline{r_i^2}.\tag{1.34}$$

若取 $e=1.6\times10^{-19}\mathrm{C}$，$m=9.1\times10^{-31}\mathrm{kg}$，$\overline{r}^2\sim10^{-20}\mathrm{m}^2$，则有 $\chi_{抗}\sim-10^{-6}z$，即抗磁磁化率与核外电子数 z 成正比，且与 $\overline{r_i^2}$ 有关．

1.2.2.2　抗磁性的量子理论

范弗莱克（van Vleck）首先用量子理论研究了物质的抗磁性．按量子力学，一个原子具有 z 个电子，在磁场作用下，此电子体系的哈密顿量为[5]*

$$\hat{\mathscr{H}}=\sum_i\frac{1}{2m}\left(\hat{\boldsymbol{p}}_i+\frac{e}{c}\boldsymbol{A}_i\right)^2+V+\sum_i\frac{e}{mc}\hat{\boldsymbol{H}}\cdot\hat{\boldsymbol{\sigma}}_i,\tag{1.35}$$

* 考虑到量子力学理论计算多用 CGS 制，以下凡用量子理论讨论一些问题时均用 CGS 制．

其中，$\hat{\boldsymbol{p}}_i=\frac{\hbar}{i}\nabla_i$ 为电子的动量算符，$\boldsymbol{A}$ 为磁场势矢量（$\hat{\boldsymbol{H}}=\nabla\times\boldsymbol{A}$），$\hat{\boldsymbol{\sigma}}$ 为电子自旋算符，V 为电子在核场中的电势能．设 $\boldsymbol{H}$ 平行于 z 轴，因此有 $H_x=H_y=0$，$H_z=H$，则磁场势矢量为

$$\boldsymbol{A}=\frac{1}{2}\hat{\boldsymbol{H}}\times\bar{\boldsymbol{r}},$$

$$A_x=-\frac{1}{2}Hy,\quad A_y=\frac{1}{2}Hx,\quad A_z=0,$$

这样

$$\left(\hat{\boldsymbol{p}}+\frac{e}{C}\boldsymbol{A}\right)^2=-\hbar\,\nabla^2-\frac{eH}{c}\mathrm{i}\hbar\left(x\frac{\partial}{\partial y}-y\frac{\partial}{\partial x}\right)+\frac{e^2}{4c^2}H^2\ (x^2+y^2),$$

因此，式（1.35）可以写成

$$\begin{aligned}\mathscr{H}&=\sum_i-\frac{\hbar^2}{2m}\nabla_i^2+V+\sum_i\frac{eH}{2mc}(\hat{\mathbf{L}}_{iz}+2\hat{\sigma}_{iz})+\sum_i\frac{e^2H^2}{8mc^2}(x_i^2+y_i^2)\\&=\hat{\mathscr{H}}_0+\hat{\mathscr{H}}_1,\end{aligned}$$

其中

$$\left.\begin{aligned}\hat{\mathscr{H}}_0&=\sum_i-\frac{\hbar^2}{2m}\nabla_i^2+V,\\\hat{\mathscr{H}}_1&=\sum_i\frac{eH}{2mc}(\hat{\mathbf{L}}_{iz}+2\hat{\boldsymbol{\sigma}}_{iz})+\sum_i\frac{e^2H^2}{8mc^2}(x_i^2+y_i^2),\end{aligned}\right\}\tag{1.36}$$

$\hat{\mathscr{H}}_0$ 为电子体系的非微扰态哈密顿量，$\hat{\mathscr{H}}_1$ 为磁场作用下的微扰哈密顿量．由于

$$-\hat{\boldsymbol{\mu}}_{Jz}^{(i)}=\frac{e}{2mc}\ (\hat{\mathbf{L}}_{iz}+2\hat{\boldsymbol{\sigma}}_{iz}),$$

则

$$\hat{\mathscr{H}}_1=-\sum_i\hat{\boldsymbol{\mu}}_{Jz}^{(i)}H+\frac{e^2H^2}{8mc^2}\sum_i(x_i^2+y_i^2).$$

用微扰法求体系的能量本征值，得

$$E=E_0+E^{(1)}+E^{(2)}+\cdots,$$

其中，E_0 为非微扰项能量本征值，而一、二级微扰能

$$E^{(1)}=-\sum_i\langle n|\hat{\boldsymbol{\mu}}_{Jz}^{(i)}|n\rangle H+\frac{e^2H^2}{8mc^2}\sum_i\langle n|x_i^2+y_i^2|n\rangle,$$

$$E^{(2)}=-H^2\sum_{n'\neq n}\sum_i\frac{|\langle n'|\hat{\boldsymbol{\mu}}_{Jz}^{(i)}|n\rangle|^2}{E_{n'}^{(o)}-E_n^{(o)}}.$$

一个原子磁矩在 z 方向的分量 m_z 为

$$m_z=\sum_i\hat{\boldsymbol{\mu}}_{Jz}^{(i)},$$

$$\langle n|m_z|m\rangle=\frac{1}{3}m_{\mathrm{A}},$$

m_A 为原子的磁矩，在闭壳层情况 $m_A=0$，所以

$$E^{(1)}=\frac{e^2H^2}{8mc^2}\sum_i\langle n|x_i^2+y_i^2|n\rangle,$$

$$E^{(2)}=-\frac{H^2}{3}\sum_{n'\neq n}\frac{|\langle n'|\hat{\boldsymbol{m}}_A|n\rangle|^2}{E_{n'}^{(o)}-E_n^{(o)}},$$

其中，n 和 n' 分别代表 n，J，m_J 和 n'，J'，m_J' 两个不同的态 .

如果考虑物质具有 N 个原子，在磁场 $\boldsymbol{H}$ 作用下，此物质的能量变化为

$$\mathscr{E}=E-E_0=\frac{Ne^2H^2}{8mc^2}\sum_{i=1}^{Z}\langle n|x_i^2+y_i^2|n\rangle-\frac{NH^2}{3}\sum_{n'\neq n}\frac{|\langle n'|\hat{\boldsymbol{m}}_A|n\rangle}{E_{n'}^{(o)}-E_n^{(o)}}.$$

在磁场作用下，物体的磁化强度为

$$M=-\frac{\partial\mathscr{E}}{\partial H},$$

所以

$$M=-\frac{Ne^2H}{4mc^2}\sum_{i=1}^{Z}\langle n|x_i^2+y_i^2|n\rangle+\frac{2NH}{3}\sum_{n'}{}'\frac{|\langle n'|\hat{\boldsymbol{m}}_A|n\rangle|^2}{E_{n'}^{(o)}-E_n^{(o)}},$$

$$\chi=-\frac{Ne^2}{4mc^2}\sum_{i=1}^{Z}\langle n|x_i^2+y_i^2|n\rangle+\frac{2N}{3}\sum_{n'}{}'\frac{|\langle n'|\hat{\boldsymbol{m}}_A|n\rangle|^2}{E_{n'}^{(o)}-E_n^{(o)}}. \tag{1.37}$$

式 (1.37) 中第一项为抗磁磁化率，如电子在核外分布是球对称的，则 $\overline{x_i^2}=\overline{y_i^2}=\frac{1}{3}\overline{r_i^2}$，则

$$\chi_{抗}=-\frac{Ne^2}{6mc^2}\sum_{i=1}^{Z}\overline{r_i^2}. \tag{1.38}$$

式 (1.37) 中第二项为激发态引起的顺磁磁化率，如 $(E_{n'}^{(o)}-E_n^{(o)})\gg kT$，则可以认为此项贡献很小，因此式 (1.38) 就是我们得到的理论结果，其形式与式 (1.34) 完全一致（c^2 和 μ_0 是单位不同引起的差别）.

式 (1.37) 或 (1.38) 可以用来计算任何原子或离子的抗磁性，但是只能对氢原子的情况才能给出准确的定量计算值，实际上这个准确值很难直接用实验来验证，因为在正常情况下氢是以分子 H_2 状态存在 . 如成为原子氢，其正常态是 ^2S，存在很强的自旋顺磁性，而把抗磁效应掩盖了 .

对 $\overline{r_i^2}$ 的计算不那么容易，即 $\sum_i\langle n|x_i^2+y_i^2|n\rangle$ 对其他原子和离子都不能计算出准确数值，但在数量级上是正确的 . 而最有价值的是量子力学给出了抗磁性和顺磁性之间的密切关系以及明显的物理图像 .

1.2.3　金属中电子的抗磁性[6]

一些金属表现出抗磁性，一般说比它自身处于正离子状态下的抗磁性要小，表 1.5 列出了 Cu、Ag、Au 原子和离子的抗磁磁化率 . 离子抗磁磁化率比较大是

由于价电子具有顺磁性，一部分抗磁性被抵消，使“原子态”金属抗磁磁化率变小．实际上价电子在金属中是自由运动的，它同时具有抗磁性和顺磁性，但后者一般情况较大，所以使不少金属的抗磁性不大，而铋和锑则例外．表1.6列出了一些金属的抗磁磁化率的实验值．

表1.5　金属的抗磁磁化率和电子磁化率（单位：emu/mol）

金属	$\chi_{抗}$(原子态)	$\chi_{抗}$(离子态)	χ(价电子)
铜 Cu	-5.4×10^{-6}	-18.0×10^{-6}	$+12.4\times10^{-6}$
银 Ag	-21.56	-31.0	$+4\sim9$
金 Au	-29.59	-45.8	$+14$

表1.6　一些金属原子的抗磁磁化率 $\chi_{抗}$（$\times10^6$）

ⅠB	ⅡB	ⅢB	ⅣB	ⅤB	ⅥB
Cu -5.5	Zn -10	Ca -22	Ge -7.6	As -5.5	Se -22
Ag -20	Cd -20	In -10	Sn α，-37 β，$+3.1$	Sb -72	Te -37
Au -28	Hg -33.5	Tl -51	Pb -23	Bi -280	Po

在经典理论看来，电子运动是不可能出现抗磁性的，在没有外磁场时，每个电子有各自的运动轨道，形成了相应的磁矩，但对所有的电子求和，其总磁矩为零．若外加磁场，则由于洛伦兹力的作用，电子的运动将发生变化，于是自然也会产生附加磁矩；但另一方面，由于洛伦兹力垂直电子的运动方向，对电子不做功，电子的能量并不改变．而经典统计指出，热平衡时体系中粒子状态的分布是由玻尔兹曼因子 $\exp(-E/kT)$ 所决定，即仅与能量 E 有关．因此，当体系重新达到热平衡时，磁场所引起的附加运动将通过粒子之间的相互碰撞而完全消失．

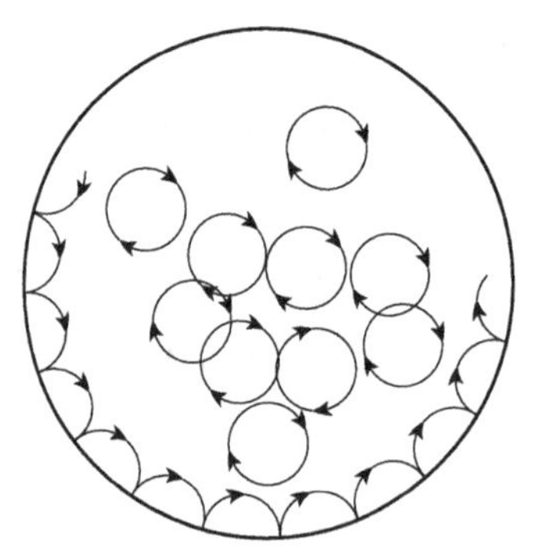

图1.11　导电电子经典抗磁性抵消原因的示意图

图1.11对导电电子无抗磁性给出了另一种经典的图像．在外磁场作用下形成的环形电流在金属的边界上反射，因而使金属体内的抗磁性磁矩为表面“破折轨道”的反向磁矩所抵消．

按照量子力学理论，磁场引起的螺旋运动能量是量子化的．正是这种量子化引起了导体能量随磁场的变化，从而导致了抗磁性．

为简单起见，考虑电子绕 z 轴运动（即 $H/\!/z$），在垂直 z 轴的平面上的投影是圆形的．把圆周运动分解成两个相互垂直的线偏振周期运动（设分别沿 x 轴和 y 轴的周期线性振动，动量 $p_{\perp}^2=p_x^2+p_y^2$），这样的线性振子所具有的分立能谱为

$$E_{nv}=\left(n_v+\frac{1}{2}\right)\hbar\omega_{\mathrm{H}}, \tag{1.39}$$

其中，n_v 为整数，ω_{H} 为回旋共振频率，可以求出 $\hbar\omega_{\mathrm{H}}=2\mu_{\mathrm{B}}H$，正是拉莫尔进动频率的两倍（$|\omega_{\mathrm{H}}|=2|\omega_{\mathrm{L}}|$）[1].

由于电子沿 z 轴的运动不受磁场影响，所以总动能

$$E=\frac{p_z^2}{2m}+2\mu_{\mathrm{B}}H\left(n_v+\frac{1}{2}\right), \tag{1.40}$$

这种部分量子化，相当于把 $H=0$ 的连续谱变成带宽为 $2\mu_{\mathrm{B}}H$ 的“窄带”（或是能级，称为朗道能级）．每两个能级之间的距离为 $2\mu_{\mathrm{B}}H$（由窄带中心计算）．具体的变化由图 1.12 示意地给出．由于知道了电子气在磁场作用下的分立能谱，因而可以求出系统的抗磁磁化率．

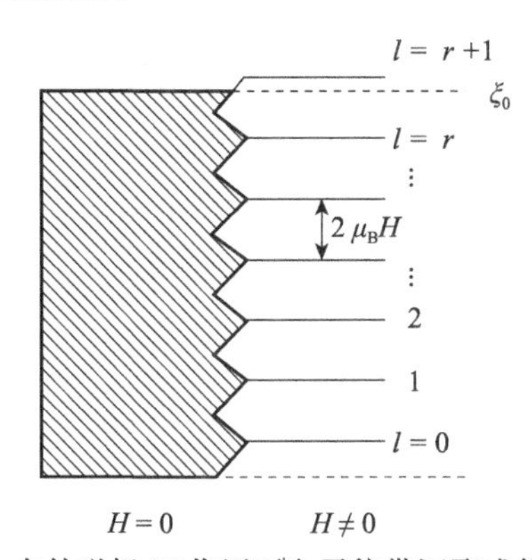

图 1.12　在外磁场 H 作用下电子能带汇聚成能级的情况

根据统计物理，能量为 E_n 的态的数目为 g_n 个，因而相和为

$$z=\sum_n g_n \mathrm{e}^{E_n/kT},$$

其中，E_n 为总能，如式（1.40）所示．下面来计算 g_n. 考虑动量空间，g_n 可表示为

$$g_n=2\pi p_{\perp}\mathrm{d}p_{\perp}\mathrm{d}p_z\frac{2V}{h^3},$$

其中，V 为金属样品的体积，h^3 表示为一个态的体积，$2\pi p_{\perp}\mathrm{d}p_{\perp}$ 是一个薄壳圆柱体的截面积，$\mathrm{d}p_z$ 为此柱体的一段高度（见图 1.13）．由于在垂直 z 轴的平面上的电子动能为

$$\frac{p_{\perp}^2}{2m}=E_n-\frac{p_z^2}{2m}=2\mu_{\mathrm{B}}H\left(n_v+\frac{1}{2}\right),$$

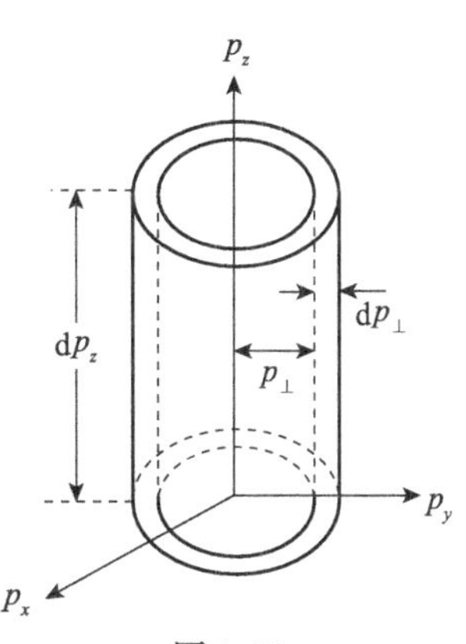

图 1.13

所以

$$p_{\perp}\mathrm{d}p_{\perp}=2m\mu_{\mathrm{B}}H\Delta n_{v}.$$

由于量子跃迁 $\Delta n_v=\pm1$，取 $\Delta n_v=1$，则 $p_{\perp}\mathrm{d}p_{\perp}=2m\mu_{\mathrm{B}}H$. 代入 g_n，

$$g_n=\frac{2eV}{h^2c}H\mathrm{d}p_z, \tag{1.41}$$

这样，将 z 的求和改成在动量空间中积分，即

$$\begin{aligned} z&=\sum_{n_v=0}^{\infty}\int_{-\infty}^{\infty}\mathrm{d}p_z\,\frac{2eV}{h^2c}\mathrm{e}^{-\left[\mu_{\mathrm{B}}H(2n_v+1)+\frac{p_z^2}{2m}\right]/kT} \\ &=\sum_{n_v=0}^{\infty}\frac{2eVH}{h^2c}\mathrm{e}^{-\mu_{\mathrm{B}}H(2n_v+1)/kT}\int_{-\infty}^{\infty}\mathrm{e}^{-p_z^2/2mkT}\mathrm{d}p_z. \end{aligned}$$

设 $a^2=\frac{1}{2mkT}$，以及 $\int_0^{\infty}\mathrm{e}^{-a^2x^2}\mathrm{d}x=\frac{\sqrt{\pi}}{2a}$,因此积分

$$\int_{-\infty}^{\infty}\mathrm{e}^{-p_z^2/2mkT}\mathrm{d}p_z=\sqrt{2\pi mkT},$$

所以

$$z=A\sum_{n_v=0}^{\infty}\mathrm{e}^{-\mu_{\mathrm{B}}H(2n_v+1)/kT},$$

其中

$$A=\frac{2eV\sqrt{2m\pi kT}}{h^2c}.$$

因为

$$\begin{aligned} \sum_{n_v=0}^{\infty}\mathrm{e}^{-\frac{\mu_{\mathrm{B}}H}{kT}(2n_v+1)}&=\mathrm{e}^{-\frac{\mu_{\mathrm{B}}H}{kT}}\left[1+\mathrm{e}^{-\frac{2\mu_{\mathrm{B}}H}{kT}}+\mathrm{e}^{-\frac{4\mu_{\mathrm{B}}H}{kT}}+\mathrm{e}^{-\frac{6\mu_{\mathrm{B}}H}{kT}}+\cdots\right] \\ &=\frac{\mathrm{e}^{-\frac{\mu_{\mathrm{B}}H}{kT}}}{1-\mathrm{e}^{-\frac{2\mu_{\mathrm{B}}H}{kT}}}=\frac{1}{2\sinh\frac{\mu_{\mathrm{B}}H}{kT}}, \end{aligned}$$

这就得到

$$z=\frac{eVH}{h^2c}\frac{\sqrt{2\pi mkT}}{\sinh\frac{\mu_{\mathrm{B}}H}{kT}}. \tag{1.42}$$

由于热力学势 $\mathrm{d}\phi=-M\mathrm{d}H-S\mathrm{d}T$，

$$\phi=NkT\ln z,$$

所以从式（1.42）可得

$$M=-\frac{\partial\phi}{\partial H}=NkT\frac{\mathrm{d}}{\mathrm{d}H}\ln z,$$

$$\ln z=\ln H-\ln\sinh\frac{\mu_{\mathrm{B}}H}{kT}+\ln\frac{\sqrt{2\pi mkT}}{h^2c},$$

$$M=-N\mu_{\mathrm{B}}\left[\coth\left(\frac{\mu_{\mathrm{B}}H}{kT}\right)-\frac{kT}{\mu_{\mathrm{B}}H}\right]. \tag{1.43}$$

由于 $kT \gg \mu_B H$，所以将式（1.43）展开，取两项，可以得到抗磁磁化率

$$\chi_{抗} = \frac{M}{H} = -\frac{1}{3}\frac{N}{V}\frac{\mu_B^2}{kT} = -\frac{1}{3}\frac{n\mu_B^2}{kT}, \tag{1.44}$$

n 为单位体积电子数，或电子气密度．式（1.44）给出的 $\chi_{抗}$ 与 T 有密切关系，这与实际不符，原因是电子气不遵从玻尔兹曼统计，而是服从费米（Fermi）统计．在整个单位体积中并不是所有电子都参与了抗磁性的作用，只有费米面附近的电子对抗磁性有贡献．因而，在式（1.44）中 n 应用 n' 替换，得

$$n' = \frac{3nT}{2\theta_F}, \tag{1.45}$$

$$\theta_F = \frac{\hbar^2}{2mk}\left(\frac{3n}{8\pi}\right)^{\frac{2}{3}},$$

其中，θ_F 为费米面能级 E_F 决定的费米温度．将式（1.45）代替式（1.44）中的 n，可以得到

$$\chi_{抗} = -\frac{4m\mu_B^2}{h^2}\left(\frac{\pi}{3}\right)^{\frac{2}{3}} n^{\frac{1}{3}}. \tag{1.46}$$

式（1.46）给出的抗磁磁化率与温度无关．它是朗道首先得到的[7]，故称朗道抗磁性．它表明金属中导电电子抗磁磁化率的大小，但由于导电电子还具有顺磁性，在一般情况下，其顺磁磁化率比它大三倍，而且两者不可能分开，因而式（1.46）的结果观测不出来．更详细的情况将在下一节中讨论．

1.2.4　反常抗磁性的简单介绍

这里以二维自由电子体系为例，说明抗磁磁化率随磁场增大而呈现周期性振荡的原因．这个现象通常称为德哈斯-范阿尔芬效应．

金属中的自由电子构成了导带，在绝对零度时，导带中的自由电子按照总能量最低和泡利不相容原理这两个原则由低到高依次填充，直至费米能级 E_F.

图 1.12 表明，施加外磁场 H 使原来几乎连续的能带分裂为朗道能级，能级的间距为 $2\mu_B H$. 换言之，宽度为 $2\mu_B H$ 的能带收缩为一个能级，这一能级所能容纳的电子数与收缩前相同，其能量大小恰为此段能带的能量重心处．因此，若此段能带是被电子填满的，加上磁场后，此段能带中电子的总能量不改变．

然而，在费米面附近情况就不同了．例如，在某磁场 H_1 下，收缩的某一个能级正好与费米能级 E_F 相同（如图 1.14 所示），那么，由于施加磁场将致使能量增大．在另一个磁场 H_2 下，费米能级 E_F 正好在两个收缩的能级之间，这时，施加磁场并不改变总能量．因此，随着磁场的增加，体系总能量将周期性地发生变化，相应地抗磁率也呈现周期性变化．

图 1.14 示出了二维自由电子体系朗道能级随磁场变化的情况．图 1.15 示出这种变化引起体系总能量的变化．结果表明，只要满足 $E_F = 2n\mu_B H$（n 为正整

数）体系总能量为最大，例如，图 1.15 中的 H_1，H_3，H_5，…. 如果满足 $E_F=(2n+1)\mu_B H$，则体系总能量最低，与磁场为零时相同，如图 1.15 中的 H_2，H_4，H_6，….

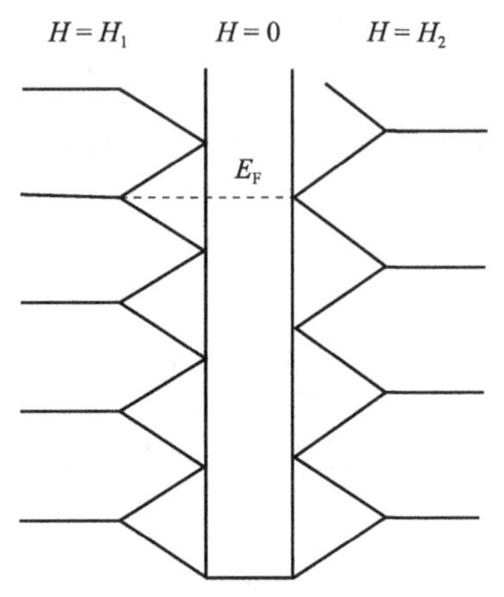

图 1.14 磁场中二维自由电子系统的朗道能级变化

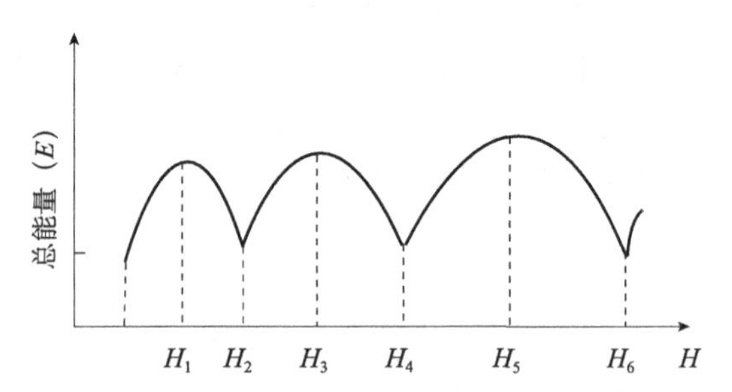

图 1.15 二维自由电子体系能量随磁场的变化

从上述结果不难求出磁矩的变化周期. 设 0K 对的费米能级为 E_F^0，两个相邻的能量最大的磁场为 H_m 和 H_n（$H_m>H_n$），则

$$E_F^0=2n_m\mu_B H_m, \qquad E_F^0=2n_n\mu_B H_n,$$

根据选择定则，有 $n_m=n_n+1$，则可以得出

$$\frac{E_F^0}{2\mu_B}\left(\frac{1}{H_n}-\frac{1}{H_m}\right)=\frac{E_F^0}{2\mu_B}\Delta\left(\frac{1}{H}\right)=1, \tag{1.47}$$

从而得到

$$\Delta\left(\frac{1}{H}\right)=\frac{2\mu_B}{E_F^0},$$

这一结果说明磁矩变化与 $1/H$ 成比例. 从上述的讨论中还可以看到，周期随磁场增加而变大.

由于磁矩 $M=-\frac{\partial E}{\partial H}$，从图 1.15 的总能示意图中可以导出 M 随磁场变化的

关系也具有周期性，如图1.16所示．这样，就说明了抗磁磁化率具有振荡的特性．

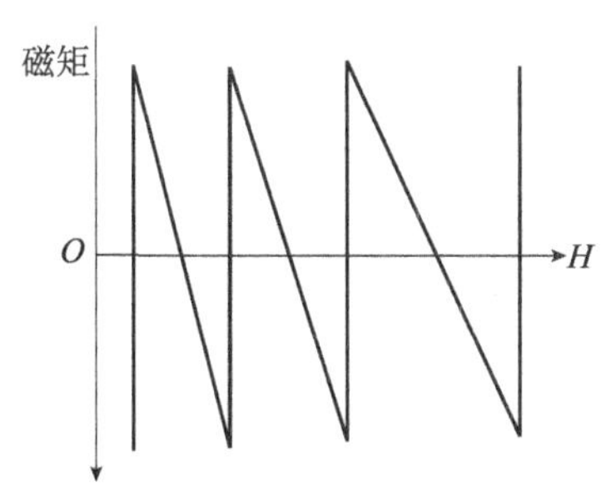

图1.16　二维自由电子体系磁矩随磁场变化示意图

对于三维的自由电子体系就复杂得多，在实际的导电晶体中，电子和声子的作用以及在磁场很强情况下的自旋-轨道耦合等都必须考虑．对德哈斯-范阿尔芬效应的研究具有十分重大的意义，它是测量物质中载流子的费米面的很有效的方法，所以近年来这方面的工作仍十分活跃[8]．

1.3　物质的顺磁性

在显示出顺磁性的物质中，原子或分子必须具有稳定的固有磁矩．换言之，这些原子、离子和分子的电子壳层中具有奇数个电子，以致电子体系的总自旋不为零，例如，碱金属的原子、氧化氮分子、有机化合物中的自由基等．对于d和f电子壳层中未填满电子的原子，如过渡金属、稀土元素、锕系元素等，当它们处于自由状态和溶液状态，以及在一些晶体中，都具有顺磁性，甚至具有偶数电子的分子或化合物，有的仍具有顺磁性，如氧分子．几乎所有的金属都有顺磁性.

顺磁物质的共同特点是，当外磁场为零时，由于热运动的作用，原子磁矩的取向是无规的．在外磁场作用下，原子磁矩有沿磁场方向取向的趋势，从而可能出现弱的磁性．即使在温度比较低的情况下，原子磁矩在磁场中所具有的能量$\mu_B H \ll kT$. 其磁化率χ与外加磁场强度无依赖关系．

在本节中，我们先介绍有关顺磁性的实验规律，接着介绍对这些规律的理论解释；最后对稀土和过渡族离子的磁性以及金属的顺磁性加以说明．

1.3.1　顺磁性的实验规律和数据

总磁矩不为零的自由原子、离子或分子都具有正常顺磁性，典型的代表为氧分子O_2、氧化氮分子（NO）、稀土元素和铁族元素的顺磁性盐类以及高温情况下铁磁物质的顺磁性．通常用顺磁磁化率χ来表征顺磁物质的基本特性，它对温度的依赖关系具有一定规律性．从这一规律中可以直接测出各种顺磁离子或原子的磁矩．对这些实验结果的分析，可以了解顺磁离子能级的性质、晶体的对称性、晶体电场对能级的作用，此外，还可以了解这些物质内部电子与电子或离子的相互作用．所以研究顺磁磁化率的温度特性是研究物质磁性的必要知识，同时对化学上的许多研究也具有很重要的意义．

一般顺磁物质的 $\chi(T)$ 关系曲线有两种类型，第一类遵从居里（Curie）定律，即

$$\chi=\frac{C}{T}, \tag{1.48}$$

其中，C 称为居里常数．实际上只有小部分物质的 $\chi(T)$ 遵从这一规律，图 1.17 示出 $EuSiO_3$ 的 $\chi(T)$ 实验曲线[9].

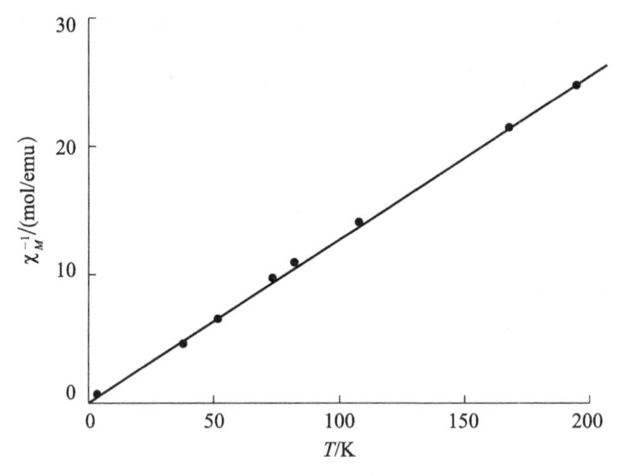

图 1.17　$EuSiO_3$ 的顺磁磁化率 $\chi(T)$的实验曲线

第二类遵从居里-外斯（Weiss）定律，即

$$\chi=\frac{C}{T-\theta_p}, \tag{1.49}$$

其中，θ_p 称为顺磁居里温度．铁磁性物质在高于居里温度时，其 $\chi(T)$多符合这个规律．图 1.18 示出 Fe，Co，Ni 金属在居里温度以上的 $\chi(T)$的实验结果[10].

表 1.7～表 1.9 分别列出了室温下各种元素的原子磁化率 χ_{mol}，下标 mol 表示一个摩尔*，其中绝大多数元素的原子磁化率大于零，呈现顺磁性，少数是负值，呈现抗磁性．表 1.10 列出了一些顺磁盐类的 θ_p 的实验结果，表明式（1.49）在温度相当低的情况下仍然是适用的．θ_p 越小，式（1.49）与式（1.48）越接近；当 $\theta_p=0$ 时，表明该盐类服从居里定律．

---

* 摩尔（mol）过去称为克分子．

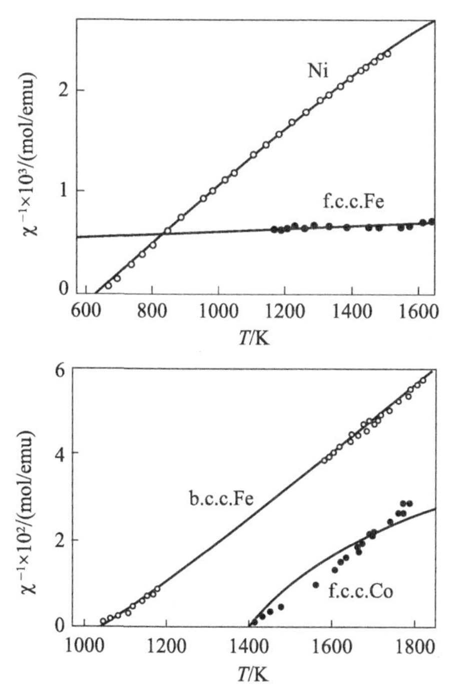

图 1.18　Fe，Ni，Co 高温顺磁磁化率与 T 关系的实验结果，fcc-Fe 是反铁磁性

表 1.7　主族金属 χ_{mol}（×10^6）

ⅠA	ⅡA	ⅢA
Li	Be	B
+24	−10	−6.7
Na	Mg	Al
+14	+10	+17
K	Ca	Sc
+18	+50	+260
Rb	Sr	Y
+18	+85	+190
Cs	Ba	La
+29	+23	+112

表 1.8　过渡族金属 χ_{mol}（×10^6）

Ⅳ	Ⅴ	Ⅵ	Ⅶ	Ⅷ		
Ti	V	Cr	Mn	Fe	Co	Ni
+160	+290	+165	+530	铁	磁	性
Zr	Nb	Mo	Tc	Ru	Rh	Pd
+120	+210	+85	+270	+43	+105	+560
Hf	Ta	W	Re	Os	Ir	Pt
+72	+154	+53	+65	+10	+26	+190
Th	U	Pu				
+130	+410	+600				

表 1.9 稀土族金属 χ_{mol}（$\times 10^6$）

Ce	Pr	Nd	Sm	Eu	Gd	Tb
2430	5320	5650	1275	33100	356000	193000
Dy	Ho	Er	Tm	Yb	Lu	
99800	70200	44100	26100	71	17.9	

表 1.10 一些顺磁盐类的 θ_p 值

顺磁盐	θ_p/K
$MnSO_4 \cdot 4H_2O$	0
$MnCl_2$	0
$MnSO_4 \cdot (NH_4)_2SO_4 \cdot 6H_2O$	0
$NH_4Fe(SO_4)_2 \cdot 12H_2O$	0
$Gd_2(SO_4)_3 \cdot 8H_2O$	0
$KCr(SO_4)_2 \cdot 12H_2O$	0.2
$FeCl_2$	20
$CoCl_2$	33
$CrCl_3$	32.5
$NiSO_4 \cdot 7H_2O$	59
$NiCl_2$	67

1.3.2 顺磁性朗之万理论

1.3.2.1 朗之万理论

1905 年，朗之万（Langevin）在经典统计理论的基础上，首先给出了第一个顺磁性理论，说明了第一类顺磁性规律［式（1.48）］. 他的理论要点如下：

（1）设顺磁物质中每个原子（或磁离子）的固有磁矩为 μ，而且原子之间没有相互作用.

（2）当外磁场 $H=0$，各原子磁矩 μ 受热扰动的影响，在平衡态时，其方向是无规分布的，所以体系的总磁矩 $M=0$.

（3）当外加磁场 H 作用在物质上时，某原子磁矩 μ_i 与磁场 H 的交角为 θ_i，在磁场中的能量（如上所述，各原子磁矩相同）为

$$E_i=-\mu H\cos\theta_i.$$

按经典统计理论，设有 N 个原子，由于原子磁矩的取向是无规分布的，所以在磁场 H 作用下，能量 E_i 是连续变化的. 这样，整个体系的相和为

$$z=\left[\int_0^{2\pi}\mathrm{d}\varphi\int_0^{\pi}\mathrm{e}^{\mu H\cos\theta/kT}\sin\theta\mathrm{d}\theta\right]^N.$$

令 $x=\cos\theta$，$\alpha=\dfrac{\mu H}{kT}$，经过积分后则有

$$z=\left[\frac{4\pi}{a}\sinh\alpha\right]^N.$$

根据 M 和 z 的关系（M 为磁化强度）

$$M=kT\frac{\partial}{\partial H}(\ln z) \tag{1.50}$$

可以得到

$$M=N\mu L(\alpha), \tag{1.51}$$

其中

$$L(\alpha)=\coth\alpha-\frac{1}{\alpha} \tag{1.52}$$

称为朗之万函数．根据式（1.51），讨论下述两种情况：

（1）高温情况．在高温时，$kT\gg\mu H$，所以 $\alpha\ll1$，把式（1.52）展开成级数，只取一项

$$L(\alpha)=\frac{1}{3}\alpha,$$

并代入式（1.51），得到磁化强度与温度的关系

$$M=\frac{C}{T}H,$$

其中，居里常数

$$C=\frac{N\mu^2}{3k}, \tag{1.53}$$

这样就得到了

$$\chi=\frac{C}{T},$$

此式和前面给出的式（1.48）相同．

根据图 1.17 所示的实验曲线斜率的倒数，便可从实验上测出居里常数．再代入式（1.53）就得到每个原子磁矩的大小．

（2）在低温情况下或在磁场非常强的条件下，$\mu H\gg kT$. 这时

$$L(\alpha)=1,$$

因而得到 $M=N\mu$，称为饱和磁化．

朗之万是最早从理论上推导出居里定律的，他开创了从微观出发，用统计方法研究物质磁性的道路．然而，他的理论没有考虑到磁矩在空间的量子化，因而与实验相比时在定量上有较大的差别．

1.3.2.2　顺磁性半经典理论

根据式（1.26）可得出，原子的总磁矩为

$$\mu_J=g_J\sqrt{J(J+1)}\,\mu_B,$$

J 为总量子数．在外磁场作用下，磁矩对 H 的可能取向有（$2J+1$）个．这时，可能的磁矩为

$$\mu_{Jz}=m_J g_J \mu_B,$$
$$m_J=J,\ (J-1),\ \cdots,\ -(J-1),\ -J, \tag{1.54}$$
因而在磁场中的能量不是连续变化，而是量子化的：
$$E_{m_J}=-\mu_{Jz}H,$$
这样体系的相和为
$$Z=\left[\sum_{m_J=-J}^{J}\exp\left(\frac{m_J g_J \mu_B H}{kT}\right)\right]^N$$
$$=\left[\sum_{m_J=-J}^{J}\exp\left(\frac{m_J}{J}\alpha\right)\right]^N, \tag{1.55}$$
其中
$$\alpha=\frac{g_J J \mu_B H}{kT}=\frac{\mu_z H}{kT}, \tag{1.56}$$
$\mu_z=Jg_J\mu_B$ 表示 μ_J 在 H 方向最大的投影值，这是原子对外能显示的最大磁矩值．根据式（1.50），得到
$$M=N\mu_z B_J(\alpha), \tag{1.57}$$
其中
$$B_J(\alpha)=\frac{2J+1}{2J}\coth\left(\frac{2J+1}{2J}\alpha\right)-\frac{1}{2J}\coth\frac{\alpha}{2J} \tag{1.58}$$
称为布里渊函数（或叫广义朗之万函数）．同样可以根据式（1.57）讨论两种情况下的磁化率．

（1）在高温情况下，$\alpha\ll 1$（即 $\mu_z H\ll kT$）．将 $B_J(\alpha)$ 展开成级数，只取到第二项
$$B_J(\alpha)=\frac{2J+1}{2J}\left[\frac{1}{\frac{2J+1}{2J}\alpha}+\frac{1}{3}\,\frac{2J+1}{2J}\alpha\right]-\frac{1}{2J}\left[\frac{1}{\frac{\alpha}{2J}}+\frac{1}{3}\,\frac{\alpha}{2J}\right]=\frac{\alpha}{3}\,\frac{J+1}{J},$$
代入到式（1.57）中，得
$$M=N\mu_z\,\frac{J+1}{3J}\alpha=\frac{Ng_J^2 J(J+1)\mu_B^2}{3kT}H. \tag{1.59}$$
由此得到
$$\chi=\frac{M}{H}=\frac{C}{T}$$
和居里常数
$$C=\frac{Ng_J^2 J(J+1)\mu_B^2}{3k}=\frac{N\mu_J^2}{3k}. \tag{1.60}$$
将式（1.59）与式（1.53）比较可以看到，原子磁矩 μ 即为 μ_J，这是考虑了量子效应后的结果．将式（1.59）的结果与实验值进行比较，可以得到有关磁性离子

或原子的许多有意义的情况[11].

(2) 在低温情况或外磁场 H 很强时的情况下，$\alpha \gg 1$，即 $\mu_z H \gg kT$. 这时，$B_J(\alpha)=1$. 因此，$M=N\mu_z$，达到饱和磁化状态．因 $\mu_z=g_J J\mu_B$，这说明磁矩与量子数 J 成正比，图 1.19 示出了 Gd^{3+}，Fe^{3+} 和 Cr^{3+} 的磁化强度与 H/T 的关系曲线，得到实验上与理论上比较一致的结果．

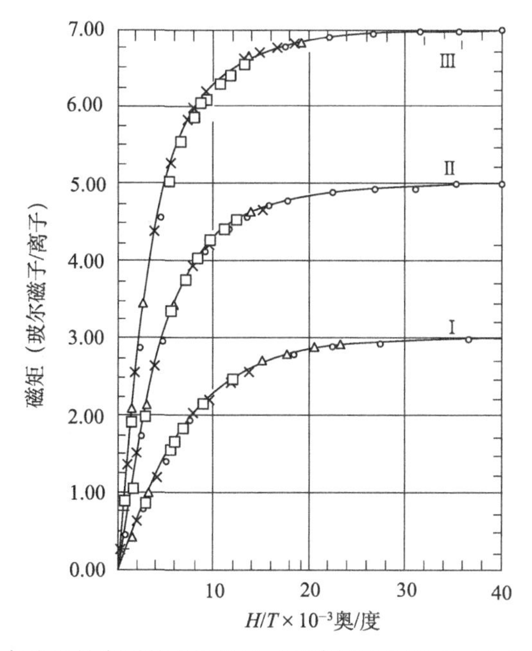

图 1.19 每个磁性离子的磁化强度（以玻尔磁子表示）对 H/T 的关系

（Ⅰ）铬钾矾 $\left(J=\frac{3}{2}\right)KCr(SO_4)_2 \cdot 12H_2O$；（Ⅱ）铁铵矾 $\left(J=\frac{5}{2}\right)NH_4Fe(SO_4)_2 \cdot 12H_2O$

（Ⅲ）钆酸盐 $\left(J=\frac{7}{2}\right)Gd_2(SO_4)_3 \cdot 8H_2O$ ［实验引自 W. H. Henry，*Phy. Rev.*，88，559 (1952)］

对比高温和低温两种情况可以看到，在考虑量子效应前后所得的饱和磁化强度不一样，其差别在于，经典情况时 $M/N\mu=1$，但在量子情况下则为

$$\frac{M}{N\mu_J}=\sqrt{\frac{J}{J+1}},$$

这里 $M=N\mu_z$. 产生差别的原因是量子力学测不准关系．

1.3.3 顺磁盐中金属离子的磁性

严格说来，前面得到的理论公式只限于原子间相互作用非常小的场合，这种情况对于惰性气体和单原子气体比较符合．对于金属单原子气体只在较高温度时才存在，例如，钠、钾的气体状态在 500℃ 以上才具有一定的数量，所以实验比较难于进行，目前所得结果尚不充分．

由于稀土元素的离子磁性来源于 4f 电子的合磁矩不等于零，4f 电子在 $5s^2 5p^6 6s^2$ 壳层的内层，受到较好的屏蔽，因而 4f 电子与近邻的原子核和电子的相互作用较小．就磁性的相互作用而言，好像是“理想气体”，所得的实验结果和上述理论讨论的情况就比较一致．对于过渡金属盐类的情况就有较大的不同．

1.3.3.1 稀土元素的离子顺磁性

稀土元素的电子组态为

$$4f^{0\sim14}5s^2 5p^6 5d^{0\sim1}6s^2,$$

其中，4f 壳层和 5d 壳层电子数目未填满．就 15 个稀土元素来说，5d 壳层都空着或有一个电子，从 $Z=57$ 的镧到 $Z=71$ 的镥（Lu）共有 15 个性质相近的元素，随着原子序数的增大，4f 中电子数目相应增多．在大多数情况下，顺磁盐中的稀土离子总是三价的，这就是说外层的 5d 和 6s 电子都不再属于单个稀土原子；而 $5s^2$ 和 $5p^6$ 是闭壳层，使得 4f 电子受外界原子或电子的影响小，所以稀土元素具有化学性质上的相似性．当从一种化合物变到另一种化合物，或由溶液变到固态盐类时，其光谱线的吸收带和磁化率都与离子所处的环境的变化很少联系．这样所得的实验结果是比较可靠的．表 1.11 列出了稀土顺磁盐离子的磁化率的实验值和理论值．实验值是根据

$$n_{\text{eff}}=\left[\frac{3\chi kT}{N\mu_B^2}\right]^{1/2}$$

得出的，理论值是根据 $g_J\sqrt{J(J+1)}$ 计算的，其中量子数由光谱项的基态决定．

从表 1.11 中可以看出，只有钐（Sm^{3+}）和铕（Eu^{3+}）的实验值和理论值相差较大，其他的结果相符较好．这说明大多数稀土离子的磁矩是 4f 电子轨道磁矩和自旋磁矩之和，其中两个元素的离子 Sm^{3+} 和 Eu^{3+} 可能处于激发态，而不是基态．激发态和基态的能级差 $\Delta E=h\nu(J, J')$ 比较小，即 $kT\gtrsim\Delta E$. 严格的理论可以得到与实验一致的结果．具体情况将在 1.4 节讨论．

表 1.11 稀土族元素三价离子的有效磁子数*

离子	电子组态	光谱项	H	L	S	g_J	$g_J\sqrt{J(J+1)}$	实验值 μ_B^{**}
镧 La^{3+}	$4f^0$	$^1S_0$	0	0	0	—	0	O 抗磁
铈 Ce^{3+}	$4f^1$	$^2F_{5/2}$	5/2	3	1/2	6/7	2.54	2.37～2.77
镨 Pr^{3+}	$4f^2$	$^3H_4$	4	5	1	4/5	3.58	3.20～3.51
钕 Nd^{3+}	$4f^3$	$^4I_{9/2}$	9/2	6	3/2	8/11	3.02	3.45～3.62
钷 Pm^{3+}	$4f^4$	$^5I_4$	4	6	2	3/5	2.68	—
钐 Sm^{3+}	$4f^5$	$^6H_{5/2}$	5/2	5	5/2	2/7	0.84	1.32～1.63
铕 Eu^{3+}	$4f^6$	$^7F_0$	0	3	3	—	0	3.6～3.7
钆 Gd^{3+}	$4f^7$	$^8S_{7/2}$	7/2	0	7/2	2	7.94	7.81～8.2
铽 Tb^{3+}	$4f^8$	$^7F_6$	6	3	3	3/2	9.72	9.0～9.8

续表

离子	电子组态	光谱项	H	L	S	g_J	$g_J\sqrt{J(J+1)}$	实验值 μ_B^{**}
镝 Dy^{3+}	$4f^9$	$^6H_{15/2}$	15/2	5	5/2	4/3	10.63	10.5～10.9
钬 Ho^{3+}	$4f^{10}$	$^5I_8$	8	6	2	5/4	10.60	10.3～10.5
铒 Er^{3+}	$4f^{11}$	$^4I_{15/2}$	15/2	6	3/2	6/5	9.59	9.4～9.5
铥 Tm^{3+}	$4f^{12}$	$^3H_6$	6	5	1	7/6	7.57	7.2～7.6
镱 Yb^{3+}	$4f^{13}$	$^2F_{7/2}$	7/2	3	1/2	8/7	4.54	4.0～4.6
镥 Lu^{3+}	$4f^{14}$	$^1S_0$	0	0	0	—	0	O 抗磁

* 引自 C. Kittel，固体物理引论，1962 中译文版（科学出版社）．

** 引自 R. Kubo，*Solid State Physics*，McGraw-Hill，New York，p. 453(1968).

1.3.3.2 过渡族元素的离子磁性

过渡族元素有铁族（3d 壳层未填满电子）、钯族（4d 壳层未满）、铂族（5d 壳层未满）和锕族（6d 壳层未满）．我们将重点讨论第一过渡族（即铁族）的离子磁性．它们的特点与稀土元素不同．因为 d 壳层电子，特别是 3d 壳层电子比较靠近最外壳层，受到外界电子和原子的影响要大得多，当这些元素与其他元素形成固体时，由于晶场的作用致使电子的轨道角动量“冻结”，离子的磁矩主要来源于电子的自旋运动．

由于铁族元素在使用上非常广泛，故研究得比较充分，在理论上和技术上都有巨大的意义．下面介绍铁族元素的顺磁性．

表 1.12 列出了 3d 族元素的离子的有效磁子数，其中理论值的计算采用了两种公式($2\sqrt{S(S+1)}$ 和 $g_J\sqrt{J(J+1)}$)．实验值与前一种式子计算的结果基本相同，这表明铁族元素离子的磁矩主要由电子自旋磁矩贡献，而轨道磁矩贡献很小．这种轨道磁矩基本无贡献是由于轨道角动量“冻结”的缘故，冻结的原因是晶场作用，将在本书的 1.5 节中详细讨论．

表 1.12 3d 过渡族元素离子的有效磁子数*

离子	电子组态	光谱项	J	L	S	$g_J\sqrt{J(J+1)}$	$2\sqrt{S(S+1)}$	实验值	
V^{5+}	$3d^0$	$^1S_0$	0	0	0	0	0	相当抗磁体	
Sc^+ Ti^{3+}	$3d^1$	$^2D_{3/2}$	3/2	2	1/2	1.55	1.73	—	—
V^{4+}	$3d^1$	$^2D_{3/2}$	3/2	2	1/2	1.55	1.73	1.75～1.79	1.8**
Ti^{2+}	$3d^2$	$^3F_2$	2	3	1	1.63	2.83	—	—
V^{3+}	$3d^2$	$^3F_2$	2	3	1	1.63	2.83	2.76～2.85	2.8
V^{2+}	$3d^3$	$^4F_{3/2}$	3/2	3	3/2	0.77	3.87	3.81～3.86	3.8
Cr^{3+}	$3d^3$	$^4F_{3/2}$	3/2	3	3/2	0.77	3.87	3.68～3.86	3.7
Mn^{4+}	$3d^3$	$^4F_{3/2}$	3/2	3	3/2	0.77	3.87	4.00	4.00
Cr^{2+}	$3d^4$	$^5D_0$	0	2	2	0	4.90	4.80	4.8

续表

离子	电子组态	光谱项	J	L	S	$g_J\sqrt{J(J+1)}$	$2\sqrt{S(S+1)}$	实验值	
Mn^{3+}	$3d^4$	$^5D_0$	0	2	2	0	4.90	5.05	5.0
Mn^{2+}	$3d^5$	$^6S_{5/2}$	5/2	0	5/2	5.92	5.92	5.2～5.96	5.9
Fe^{3+}	$3d^5$	$^6S_{5/2}$	5/2	0	5/2	5.92	5.92	5.4～6.0	5.9
Co^{3+} Fe^{2+}	$3d^6$	$^5D_4$	4	2	2	6.70	4.90	5.0～5.5	5.4
Co^{2+}	$3d^7$	$^4F_{9/2}$	9/2	3	3/2	6.64	3.87	4.4～5.2	4.8
Ni^{2+}	$3d^8$	$^3F_4$	4	3	1	5.59	2.83	2.9～3.4	3.2
Cu^{2+}	$3d^9$	$^2D_{5/2}$	5/2	2	1/2	3.55	1.73	1.8～2.2	1.9
Zn^{2+} Cu^{+}	$3d^{10}$	$^1S_0$	0	0	0	0	0	O 抗磁	

*，**见表 1.11.

总的说来，理论和实验相符合，但两者情况不同；稀土元素离子的磁矩与总角动量相联系，而 3d 元素离子的磁矩则与自旋角动量联系，与轨道角动量基本无关.

1.3.4 金属中电子的顺磁性

在讨论抗磁性时，曾指出金属中导电电子的顺磁性比抗磁性强三倍，并与温度基本无关. 而导电电子的顺磁性只能用量子力学理论得到正确的解释. 泡利首先发现这一结果，所以金属导电电子的顺磁性又称为泡利顺磁性.

量子理论指出，金属中导电电子可作为“自由电子”来处理，应服从费米统计. 为简单起见，设金属中每个原子只具有一个导电电子. 当温度为 0K 时，电子将从最低的能量状态开始依次排布. 在相空间中，每个体积为 h^3 的相格只能有两个电子，因此电子将占据相空间中一个球形体积. 球表面相当于最大能量 E_F 的等能面，即费米面，E_F 通常称为费密能级，大小为 $10^4\sim10^5$K. 单位体积内的电子数目 n 与 E_F 有关.

考虑动量空间情况，在 0K 时，在动量空间中电子的数目用最大动量 $p_F=(2mE_F)^{1/2}$ 为半径的球包围的体积表示，如在单位体积金属中有 n 个电子，则

$$n=2\times\frac{4}{3}\pi p_F^3/h^3=\frac{8\pi}{3h^3}(2mE_F)^{3/2}, \tag{1.61}$$

m 为电子质量. 考虑具有能量为 E 和 $(E+\mathrm{d}E)$ 间的电子数目

$$\mathrm{d}n=\frac{4\pi}{h^3}(2m)^{3/2}E^{1/2}\mathrm{d}E=N(E)\mathrm{d}E,$$

其中

$$N(E)=\frac{4\pi}{h^3}(2m)^{3/2}E^{1/2} \tag{1.62}$$

表示电子按能量分布的密度，通称态密度. 由于电子自旋取向不同（用+、－表

示正和负两种取向)，在 $N(E)$ 中分成电子不同取向的态密度 $N_+(E)$ 和 $N_-(E)$．在 $H=0$ 和 0K 时，

$$N_+(E)=N_-(E).$$

自由电子的态密度 $N(E)$ 与 E 的关系为抛物线型函数，如图 1.20(a) 所示．当 $H\neq 0$ 时，自旋取向与磁场方向相反的电子具有较高的能量，反之能量较低．正、负自旋取向的电子的态密度分布有些改变，如图 1.20(b) 所示．由于自旋取向为负的电子在磁场中能量较高，一部分电子将转移到与磁场取向一致的方向上去，这样就使正、负两种取向的电子数产生差别，从而导致总磁矩不为零．

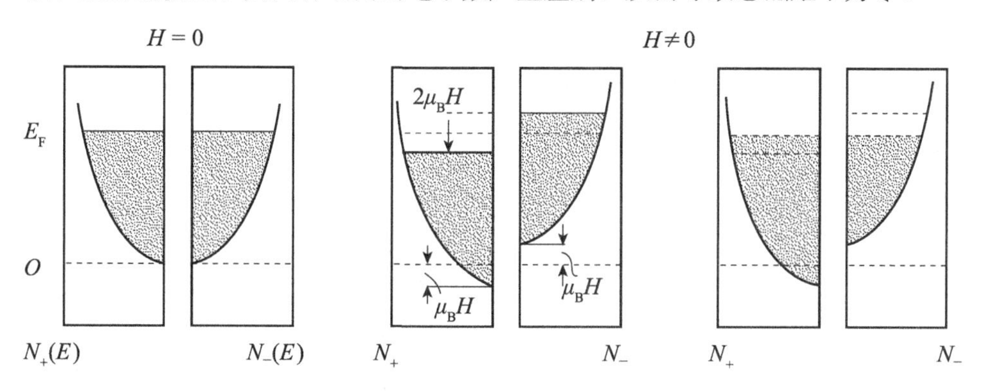

(a) $H=0$，$T=0$K时，$N_+=N_-$　(b) $H\neq 0$后，能量的差别$2\mu_BH$　(c) $H\neq 0$，平衡后，$N_+\neq N_-$

图 1.20　导电电子状态密度和能量的函数关系

$E_F\sim 10^{-11}$尔格，即使磁场加到 10^4 奥斯特，$\mu_BH\sim 10^{-16}$远小于 E_F. 而磁场引起的能量变化为 μ_BH，因此只有费米面附近很少的电子才参与上述转移，则正、负自旋电子的增量分别为

$$\delta N_+\cong N_+(E_F)\mu_BH=\frac{1}{2}N(E_F)\mu_BH,$$

$$\delta N_-\cong -N_-(E_F)\mu_BH=-\frac{1}{2}N(E_F)\mu_BH.$$

相应的磁化强度为

$$M=(\delta N_+-\delta N_-)\mu_B=N(E_F)\mu_B^2H.$$

将式 (1.61) 和式 (1.62) 代入上式，得到顺磁磁化率

$$\chi_{顺}^{电子}=\frac{12m\mu_B^2}{h^2}\left(\frac{\pi}{3}\right)^{2/3}n^{1/3}, \tag{1.63}$$

这一结果恰是导电电子抗磁磁化率 (1.46) 的三倍．再利用式 (1.61)，式 (1.63) 可改写为

$$\chi_{顺}^{电子}=\frac{3n\mu_B^2}{2E_F}=\frac{3n\mu_B^2}{2k\theta_{电子}}, \tag{1.64}$$

其中，$\theta_{电子}$具有温度量纲，它表征了电子跃迁到费米面所需要的温度．通常

$\theta_{电子} \gg$金属熔点 $T_{熔}$，因此在一般温度下，导电电子的顺磁和抗磁磁化率均与温度无关.

温度较高时，费米分布函数 $f(E)$ 在 $E>E_F$ 时不为零（图 1.21）. 严格的计算表明，这时$\chi_{顺}^{电子}$将呈现 T^2 的变化规律. 下面来证明这一点. 温度为 T 时的费米分布为

$$f(E)=\frac{1}{e^{(E-E_m)/kT}+1},$$

$T\neq 0$K 时的费米面能量 E_m 和 E_F 略有差别. 这样，在磁场 H 作用下，不同自旋电子的分布函数变为 $f(E-\mu_B H)$ 和 $f(E+\mu_B H)$，磁化强度

$$M=\mu_B\int[f(E-\mu_B H)-f(E+\mu_B H)]\frac{1}{2}N(E)\mathrm{d}E.$$

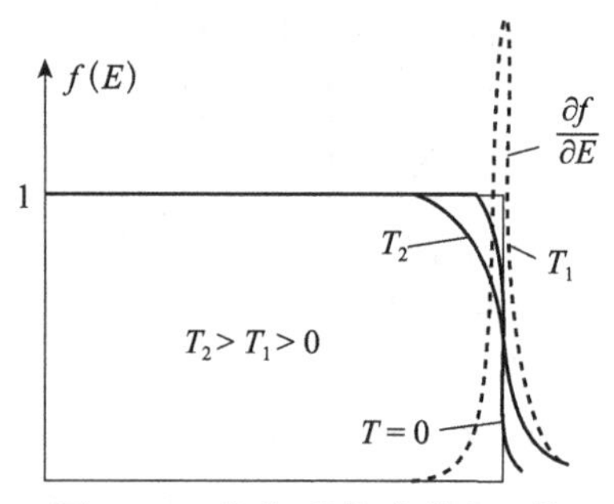

图 1.21 费米-狄拉克分布函数

如 $\mu_B H \ll E_0$，则分布函数可以展开成

$$f(E\pm\mu_B H)=f(E)\pm\frac{\partial f}{\partial E}\mu_B H+\cdots,$$

并代入上式，得

$$M=-\mu_B^2 H\int\frac{\partial f}{\partial E}N(E)\mathrm{d}E+O(H^2).$$

如将 $N(E)$ 展开为 H 的函数，并近似地认为 E_m 与 H 无关. 当只取 H 的一次项，以及由

$$\frac{\partial f}{\partial E}=-\frac{\partial f}{\partial E_m},$$

则得到

$$\begin{aligned}M&\approx H\mu_B^2\int\frac{\partial f}{\partial E_m}N(E)\mathrm{d}E\\&=H\mu_B^2\frac{\partial}{\partial E_m}\int f(E)N(E)\mathrm{d}E\\&=H\mu_B^2\frac{\partial n}{\partial E_m},\end{aligned}$$

其中，n 为两种状态的电子数目的差额，即

$$n=\int N(E)f(E)\mathrm{d}E+O(H^2).$$

从图 1.21 中可以看到，$\frac{\partial f}{\partial E}$近似地为 δ 函数，除在 E_{m} 很窄的范围（$\sim kT$ 宽度）内，$\frac{\partial f}{\partial E}$均为零．在 $E=E_{\mathrm{m}}$ 时，$\frac{\partial f}{\partial E}$有极大值，在 $T\to 0\mathrm{K}$ 时，$\frac{\partial f}{\partial E}\to\infty$. 这样

$$\int_0^{\infty}N(E)\frac{\partial f}{\partial E}\mathrm{d}E=N(E)+\sum_{n=1}^{\infty}C_{2n}(kT)^{2n}\frac{\mathrm{d}^{2n}N(E)}{\mathrm{d}E^{2n}},$$

其中，系数

$$C_{2n}=\sum_{s=1}^{\infty}(-1)^{S+1}/S^{2n},$$

例如 $n=1$ 时，$C_2=\pi^2/12$. 考虑到 $kT\ll E_0$，只取到 T^2 项（相当 $n=1$），在一级近似情况，得出

$$M=H\mu_{\mathrm{B}}^2\left[N(E_{\mathrm{m}})+\frac{\pi^2}{6}k^2T^2\frac{\mathrm{d}^2N(E_m)}{\mathrm{d}E_m^{2n}}\right]. \tag{1.65}$$

再考虑 E_{m} 与 T 的关系[32]，即

$$E_{\mathrm{m}}=E_0-\frac{\pi^2}{6}k^2T^2\frac{1}{N(E_{\mathrm{m}})}\frac{\mathrm{d}N(E_{\mathrm{m}})}{\mathrm{d}E_{\mathrm{m}}}$$

以及 $N(E_{\mathrm{m}})$ 与 $N(E_0)$ 的关系

$$N(E_{\mathrm{m}})=N(E_0)+(E_{\mathrm{m}}-E_0)\left[\frac{\mathrm{d}N(E_{\mathrm{m}})}{\mathrm{d}E_{\mathrm{m}}}\right]_{E_{\mathrm{m}}=E_0}.$$

在将这两个式子代入式（1.65）时，只取 T^2 项，即

$$\begin{aligned}M&=\mu_{\mathrm{B}}^2H\left\{N(E_0)+(E_{\mathrm{m}}-E_0)\left[\frac{\mathrm{d}N(E_{\mathrm{m}})}{\mathrm{d}E_{\mathrm{m}}}\right]_{E_{\mathrm{m}}=E_0}+\frac{\pi^2}{6}k^2T^2\frac{\mathrm{d}^2N(E_{\mathrm{m}})}{\mathrm{d}E_{\mathrm{m}}^2}\right\}\\&=\mu_{\mathrm{B}}^2HN(E_0)\left\{1-\frac{\pi^2k^2T^2}{6N(E_0)}\left[\frac{\mathrm{d}N(E_{\mathrm{m}})}{\mathrm{d}E_{\mathrm{m}}}\right]^2_{E_{\mathrm{m}}=E_0}+\frac{\pi^2}{6}\frac{k^2T^2}{N(E_0)}\frac{\mathrm{d}^2N(E_{\mathrm{m}})}{\mathrm{d}E_{\mathrm{m}}^2}\right\}\\&=\mu_{\mathrm{B}}^2HN(E_0)\left\{1+\frac{\pi^2k^2T^2}{6}\left[\frac{1}{N(E_{\mathrm{m}})}\frac{\mathrm{d}^2N(E_{\mathrm{m}})}{\mathrm{d}E_{\mathrm{m}}^2}\right.\right.\\&\qquad\left.\left.-\left(\frac{1}{N(E_{\mathrm{m}})}\frac{\mathrm{d}N(E_{\mathrm{m}})}{\mathrm{d}E_{\mathrm{m}}}\right)^2\right]_{E_{\mathrm{m}}=E_0}\right\}.\end{aligned}$$

$N(E)$ 对于自由电子是已知的（即式（1.61）），得到

$$\begin{aligned}M&=\mu_{\mathrm{B}}^2HN(E_0)\left\{1+\frac{\pi^2K^2T^2}{6}\left[-\frac{1}{4}E_0^{-2}-\frac{1}{4}E_0^{-2}\right]\right\}\\&=\mu_{\mathrm{B}}^2HN(E_0)\left\{1-\frac{\pi^2}{12}K^2T^2E_0^{-2}\right\}.\end{aligned}$$

根据前面的讨论可知

$$\chi_{\text{顺}}^{\text{电子}}=\frac{3n\mu_{\mathrm{B}}^{2}}{2E_{0}}\left\{1-\frac{\pi^{2}}{12}\left(\frac{kT}{E_{0}}\right)^{2}\right\}. \tag{1.66}$$

由式（1.66）可以看到，在温度不太高时，$\chi_{\text{顺}}^{\text{电子}}$ 中的温度项可以忽略，因此与 T 无关．

1.4 顺磁性量子理论

前面用半经典理论讨论了原子或离子体系的顺磁磁化率，得到的式（1.59）与居里定律相符．量子力学方法计算的顺磁磁化率与式（1.59）基本一致，并进一步从理论上说明了半经典理论未能解决的问题．顺磁性量子理论首先由范弗莱克（van Vleck）给出[13]，下面介绍这个理论的要点．

1.4.1 哈密顿量

在讨论抗磁性量子理论时，已给出原子中电子体系的哈密顿量（Hamiltonian）式（1.36），现改写成与 H 有关的幂级数形式*

$$\left.\begin{aligned}\hat{\mathscr{H}}&=\hat{\mathscr{H}}_{0}+H\hat{\mathscr{H}}_{1}+H^{2}\hat{\mathscr{H}}_{2}+\cdots,\\ \hat{\mathscr{H}}_{1}&=\hat{m}_{z}=\sum_{i}\frac{e}{2mc}(\hat{L}_{iz}+2\hat{\sigma}_{iz}),\\ \hat{\mathscr{H}}_{2}&=-\sum_{i}\frac{e^{2}}{8mc^{2}}(x_{i}^{2}+y_{i}^{2}).\end{aligned}\right\} \tag{1.67}$$

当外磁场 H 不十分强时，可用微扰理论方法计算出体系的能量，保留到 H^2 项（二级塞曼效应项），$\hat{m}_z$ 是原子的磁矩，于是有

$$\left.\begin{aligned}E_{n}&=E_{n}^{(0)}+HE_{n}^{(1)}+H^{2}E_{n}^{(2)}+\cdots,\\ E_{n}^{(1)}&=-\langle n|m_{z}|n\rangle,\\ E_{n}^{(2)}&=-\sum_{n'}{}'\frac{|\langle n'|\hat{m}_{z}|n\rangle|^{2}}{E_{n'}^{(0)}-E_{n}^{(0)}}+\sum_{i}\frac{e^{2}}{8mc^{2}}\langle n|x_{i}^{2}+y_{i}^{2}|n\rangle,\end{aligned}\right\} \tag{1.68}$$

$\sum{}'$ 表示求和时不计及 $n'=n$ 的项，$|n\rangle$ 和 $|n'\rangle$ 均表示量子态，实际为三个量子数 $|n,J,m_J\rangle$ 和 $|n',J',m_J'\rangle$. 式(1.68) 给出了体系的能量，这样就可以求体系的相和．考虑到求原子中电子体系的相和时，取 $g_n=1$，则

$$\begin{aligned}Z(H,T)&=\sum_{n}\exp\left\{\frac{-E_{n}}{kT}\right\}\\ &=\sum_{n}\exp\left\{-\frac{E_{n}^{(0)}}{kT}-\frac{E_{n}^{(1)}}{kT}H-\frac{E_{n}^{(2)}}{kT}H^{2}-\cdots\right\}.\end{aligned} \tag{1.69}$$

* 公式中的量取 CGS 单位制．

由于 $HE_n^{(1)}$ 和 $H^2E_n^{(2)}\cdots$是微扰项，在一般情况下，磁场作用能为 $\mu_B H \ll kT$，这样可以将式（1.69）中指数项展成级数，只取到 H^2 项，则有

$$\begin{aligned} Z(H,T) &= \sum_n \mathrm{e}^{-E_n^{(0)}/kT}\left[1-\frac{E_n^{(1)}}{kT}H+\frac{1}{2}\left(\frac{E_n^{(1)}}{kT}H\right)^2+\cdots\right]\left[1-\frac{E_n^{(2)}H^2}{kT}\cdots\right] \\ &= \sum_n \mathrm{e}^{-E_n^{(0)}/kT}\left[1-\frac{E_n^{(1)}}{kT}H+\frac{1}{2}\left(\frac{E_n^{(1)}}{kT}\right)^2H^2-\frac{E_n^{(2)}}{kT}H^2\cdots\right] \\ &= \sum_n \mathrm{e}^{-\frac{E_n^0}{kT}}\left[1+\frac{H\langle n|\hat{m}_z|n\rangle}{kT}+\frac{H^2}{kT}\sum_{n'}\frac{|\langle n'|\hat{m}_z|n\rangle|^2}{E_{n'}^{(0)}-E_n^{(0)}}\right. \\ &\quad \left.-\frac{H^2e^2}{8mc^2}\sum_i\langle n|\hat{x}_i^2+\hat{y}_i^2\Big|n\rangle+\frac{1}{2}\frac{H^2}{(kT)^2}|\langle n|\hat{m}_z|n\rangle|^2+\cdots\right]. \end{aligned} \tag{1.70}$$

现将 $\hat{m}_z^0$ 代替 $\hat{m}_z$，这种代替是因 $\mu_{Jz}^{(i)}$ 是第 i 个电子的磁矩，

$$m_z^0 = \sum_i \mu_{Jz}^{(i)}$$

与磁场无关．在外界磁场作用下也很少受它的影响，因此，m_z^0 和 m_z 差别很小．再考虑到简单的对称性，式（1.70）中第二项变为

$$\sum_n \mathrm{e}^{-\frac{E_n^{(0)}}{kT}}\langle n|\hat{m}_z^0|n\rangle = 0. \tag{1.71}$$

$E_n^{(0)}$ 为与 $\hat{m}_z^0$ 取向无关的基态能量，符号“0”表示与外磁场 H 无关的项．从对称性中看到，$\hat{m}_z^0$ 在各方向上取向的概率 $\mathrm{e}^{-E_n^0/kT}$ 相等，否则出现能量同为 $E_n^{(0)}$ 而取向概率不同的定态．式（1.71）表明范弗莱克顺磁体不存在任何自发磁化．式（1.70）中第三项是激发产生的顺磁性，其大小与 $E_{n'}^{(0)}-E_n^{(0)}=h\nu(n', n)$ 有关．第四项是抗磁性．第五项是磁矩平方平均值的和，所以不为零，它是对顺磁性的主要贡献项．

令 $H=0$ 时原子或离子的磁矩为 $\hat{m}^0$，以及 z 轴的分量为 $\hat{m}_z^0$，并用

$$z_0 = \sum_n \mathrm{e}^{-E_n^0/kT}$$

表示零级能（无微扰）的相和，则对 N 个原子或离子系统的相和，在不考虑它们之间的相互作用时，可以写成

$$\begin{aligned} z(H,T) = z_0^N\left\{1+\frac{H^2}{kTz_0}\sum_n \mathrm{e}^{-E_n^0/kT}\left[\frac{|\langle n|\hat{m}_z^0|n\rangle|^2}{2kT}\right.\right. \\ \left.\left.+\sum_{n'}{}'\frac{|\langle n|\hat{m}_z^0|n\rangle|^2}{h\nu(n',n)}-\sum_i\frac{e^2}{8mc^2}\langle n|x_i^2+y_i^2|n\rangle\right]\right\}^N. \end{aligned} \tag{1.72}$$

1.4.2 顺磁磁化率

根据磁化强度 M 与相和 $z(H, T)$ 的关系，利用当 $y\ll1$ 时 $\ln(1+y)\approx y$ 的

关系式，这里的 y 相当于式（1.72）中的求和项，这样

$$M = kT \frac{\partial}{\partial H}\left\{ \ln z_0^N + \ln\left[1 + \frac{H^2}{kTz_0}\sum_n e^{-E_n^{(0)}/kT}\left(\frac{|\langle n|\hat{m}_z^0|n\rangle|^2}{2kT}\right.\right.\right.$$

$$\left.\left.\left. + \sum_{n'}{}' \frac{|\langle n'|\hat{m}_z^0|n\rangle|^2}{h\nu(n',n)} - \sum_i \frac{e^2}{8m_c^2}\langle n|x_i^2 + y_i^2|n\rangle\right)\right]^N\right\}$$

$$= kT \cdot \frac{2H}{kT}\frac{N}{z^0}\sum_n e^{-E_n^{(0)}/kT}\left\{\frac{|\langle n|\hat{m}_z^0|n\rangle|^2}{2kT}\right.$$

$$\left. + \sum_{n'}{}' \frac{|\langle n'|\hat{m}_z^0|n\rangle|^2}{h\nu(n',n)} - \frac{e^2}{8m_c^2}\sum_i\langle n|x_i^2 + y_i^2|n\rangle\right\}.$$

由此得到顺磁磁化率

$$\chi = \frac{N}{z_0 kT}\sum_n |\langle n|\hat{m}_z^0|n\rangle|^2 e^{-E_n^{(0)}/kT}$$
$$+ \frac{2N}{z_0}\sum_n\sum_{n'}{}' \frac{|\langle n'|\hat{m}_z^0|n\rangle|^2}{h\nu(n',n)} e^{-E_n^{(0)}/kT}$$
$$- \frac{N}{z_0}\frac{e^2}{4m_c^2}\sum_n\sum_i \langle n|x_i^2 + y_i^2|n\rangle e^{-E_n^{(0)}/kT}. \tag{1.73}$$

式（1.73）是原子或离子系统的顺磁磁化率的普遍表示，称之为朗之万-德拜(Debye）公式．第一项是代表取向顺磁性的项，这和经典理论结果相似，并与温度有密切关系．第二项代表激发态对顺磁性的贡献，与温度基本无关，其大小由 $h\nu(n', n)$ 的大小决定，一般比第一项小得多．第三项是前面已讨论过的抗磁性项．下面给出前两项的计算值，但必须做一些简化．

1.4.3 与温度有关的顺磁磁化率

在求微扰项时所用的态 $|n\rangle$ 和 $|n'\rangle$ 是 $|n, J, m_J\rangle$ 和 $|n', J', m_J'\rangle$ 的简单表示，这里，我们先限于讨论基态顺磁性项，以及能量不依赖 m_J 的 $E_{n,J}^0$ 项，这样，式（1.73）中第一项为

$$\sum_{n,J,m_J} |\langle nJm_J|\hat{m}_z^0|n'J'm_J'\rangle|^2 e^{-E_{n,J}^{(0)}/kT}. \tag{1.74}$$

在 $H=0$ 时，磁矩 $\hat{m}^0$ 对 z 轴取向的几率与 $\hat{m}^0$ 对 x，y 轴取向的几率相等，因而

$$\sum_{m_J, m_J'} |\langle nJm_J|\hat{m}_z^0|n'J'm_J'\rangle|^2 = \frac{1}{3}\sum_{n,J,m_J'} |\langle nJm_J|\hat{m}^0|n'J'm_J'\rangle|^2,$$

这样，式（1.74）变为

$$\frac{1}{3}\sum_{n,J,m_J} |\langle nJm_J|\hat{m}^0|nJm_J\rangle|^2 e^{-E_n^{(0)}/kT}. \tag{1.74$'$}$$

另外，要考虑式（1.73）中第二项在求和时存在 $n=n'$ 的项，它们可以通过

变换而具有与式（1.74′）相关的内容．因此，要考虑 $h\nu(n'J', nJ)=E^{(0)}_{n'J'}-E^{(0)}_{nJ}$ 的两种情况：

(1)　$|h\nu(n'J', nJ)|\gg kT$，$n'\neq n$；　(1.75a)

(2)　$|h\nu(n'J', nJ)|\ll kT$，$n'=n$.　(1.75b)

第一个情况是不同主能级的差值，$h\nu$ 比较大，属于高频情况；第二个情况是在同一主能级中不同次能级差值产生的，属于低频情况．由于在晶体中 3d 或 4f 族的金属离子要受到周围的离子作用（称为晶场作用），同时还存在自旋-轨道耦合作用，因而使 3d 或 4f 电子的简并能级分裂．这样就可能存在 $n'=n$，$J'\neq J$ 的激发态．

在对式（1.73）中第二项求和时，可以把 $n=n'$ 和 $n\neq n'$ 两种情况分开来，考虑到条件（1.75b），令 $n=n'$，$J=J_1$，$m_J=m_1$，$J'=J_2$，$m'_J=m_2$，这时有如下两项：

$$\frac{2|\langle nJ_1m_1|\hat{m}^0|nJ_2m_2\rangle|^2}{h\nu(nJ_2, nJ_1)}e^{-E^{(0)}_{nJ_1}/kT}+\frac{2|\langle nJ_2m_2|\hat{m}^0|nJ_1m_1\rangle|^2}{h\nu(nJ_1, nJ_2)}e^{-E^{(0)}_{nJ_2}/kT}$$

可以并入式（1.73）的第一项中．由于

$$E^{(0)}_{nJ_2}=E^{(0)}_{nJ_1}+h\nu(nJ_2, nJ_1),$$

和条件（1.75b）（主要是窄多重态），并令

$$\omega=\frac{h\nu(nJ_1, nJ_2)}{kT}\ll 1.$$

这样，上述两项可以改写成

$$\begin{aligned}&\frac{2|\langle nJ_1m_1|\hat{m}^0|nJ_2m_2\rangle|^2}{\omega kT}e^{-E^{(0)}_{nJ_2}/kT}+\frac{2|\langle nJ_2m_2|\hat{m}^0|nJ_1m_1\rangle|^2}{\omega kT}\\&\times\exp\left[-\frac{E^{(0)}_{nJ_1}+h\nu(nJ_1,nJ_2)}{kT}\right]\\&=\frac{2|\langle nJ_1m_1|\hat{m}^0|nJ_2m_2\rangle|^2}{\omega kT}e^{-E^{(0)}_{nJ_1}/kT}[1-e^{-\omega}]^*\\&=\frac{2|\langle nJ_1m_1|\hat{m}^0|nJ_2m_2\rangle|^2}{\omega kT}e^{-E^{(0)}_{nJ_1}/kT}[1-(1-\omega\cdots)]\\&=\frac{1}{kT}[|\langle nJ_1m_1|\hat{m}^0|nJ_2m_2\rangle|^2+|\langle nJ_2m_2|\hat{m}^0|nJ_1m_1\rangle|^2]e^{\frac{-E^0_{nJ}}{kT}}.\end{aligned}\tag{1.76}$$

式（1.76）原属式（1.73）中 $n=n'$ 的项，现将它并入到式（1.73）的第一项中，于是式（1.73）变成

* $h\nu(nJ_1,nJ_2)=-h\nu(nJ_2,nJ_1)$.

$$\chi = \frac{N}{3kTz_0}\sum_{\substack{Jm\\J'm'}} |\langle Jm \mid \hat{m}^0 \mid J'm' \rangle|^2 \mathrm{e}^{-E_{nJ}^{(0)}/kT} + \frac{2N}{3z_0}\sum_{\substack{nJm,\\n'J'm'}} \frac{|\langle nJm \mid \hat{m}^0 \mid n'J'm' \rangle|^2}{h\nu(n',n)} \mathrm{e}^{-E_{nJ}^{(0)}/kT} - \frac{Ne^2}{z_0 4m_c^2}\sum_{Jm}\sum_{i=1}^{z} \langle Jm \mid x_i^2 + y_i^2 \mid J'm' \rangle \mathrm{e}^{-E_{nJ}^{(0)}/kT}. \tag{1.77}$$

式 (1.77) 中第二项 $h\nu(n', n)$ 主要由于 $n' \neq n$ 起作用，而 J 和 J' 不同所引起的影响比较小，所以只考虑 $h\nu$ 作为 n' 和 n 的函数. 由于 $h\nu(n', n)$ 比 kT 大得多，这样先考虑式 (1.77) 中第一项的贡献，然后再全面考虑式 (1.77) 的情况.

(1) 式 (1.77) 中第一项为取向顺磁性项，通常属于低频磁化率部分. 根据矩阵乘法规则

$$\sum_{J'm'} |\langle Jm | \hat{m}^0 | J'm' \rangle|^2 = \sum_{J'm'} \langle Jm | \hat{m}^0 | J''m'' \rangle \langle J''m'' | \hat{m}^0 | J'm' \rangle = \langle Jm | \hat{m}_x^{0^2} + \hat{m}_y^{0^2} + \hat{m}_z^{0^2} | Jm \rangle = \langle J | \hat{m}^{0^2} | J \rangle . \tag{1.78}$$

这里最后的式子中未对 m' 求和，因磁矩的绝对值与空间取向无关，这样取向顺磁磁化率为

$$\chi^{取向} = \frac{N}{3kTz_0}\sum_{Jm} \langle J | \hat{m}^{0^2} | J \rangle \mathrm{e}^{-E_{nJ}^{(0)}/kT} = \frac{N\bar{\bar{\mu}}}{3kT}, \tag{1.79}$$

其中，$\bar{\bar{\mu}}$ 上的两横表示两次平均，即量子状态的平均以及对不同原子状态的平均 $(\sum\limits_{n,J,m})$.

(2) 式 (1.77) 的第二项属于高频部分，由于 J，m 对它影响较小，略去这一部分求和，则第二项为

$$\frac{2N}{3z_0}\sum_{n\neq n'} \frac{|\langle n | \hat{m}^0 | n' \rangle|^2}{h\nu(n',n)} \mathrm{e}^{-E_{nJ}^{(0)}/kJ} = \frac{2N}{3}\sum_{n\neq n'} \frac{|\langle n | \hat{m}^0 | n' \rangle|^2}{h\nu(n',n)}, \tag{1.80}$$

加上抗磁性项式 (1.34)，则第二项和第三项的和可用 $N\bar{\alpha}$ 表示

$$N\bar{\alpha} = \frac{2N}{3}\sum_{n'\neq n} \frac{|\langle n | \hat{m}^0 | n' \rangle|^2}{h\nu(n',n)} - \frac{Ne^2}{6mc^2}\sum_{i=1}^{z} \langle r_i^2 \rangle, \tag{1.81}$$

这样得到的顺磁磁化率为

$$\chi = \frac{N\bar{\bar{\mu}}}{3kT} + N\bar{\alpha},$$

其中，$\bar{\bar{\mu}}$ 可以写成

$$\bar{\bar{\mu}} = p_{\mathrm{eff}}^2 \mu_{\mathrm{B}}^2.$$

最后得到

$$\chi = N\left(\frac{p_{\text{eff}}^2 \mu_{\text{B}}^2}{3kT} + \bar{\alpha}\right), \tag{1.82}$$

p_{eff}为原子或离子的有效磁矩在低频部分的数值．为了将理论上得到的式（1.82）与实验进行比较，将式（1.82）写得更具体些．p_{eff}的具体表示要根据具体情况才能得出．

1.4.4　讨论三个具体情况下式（1.82）的结果

（1）前面已经指出 $h\nu(J, J') \ll kT$ 是窄多重线情况．这时原子中电子处于 J'激发态的几率较大（因统计因子 $\mathrm{e}^{-E/kT}$ 差别不大）．另外因 $h\nu(J, J')$ 很小，矢量 L 和 S 的耦合比它们单独与磁场的作用要小得多，使得 $\boldsymbol{L}\cdot\boldsymbol{S}$ 项能量可忽略．在弱场中轨道磁矩和自旋磁矩对磁场的量子化是独立的，因而场能具有

$$(m_L + 2m_s) \times \mu_{\text{B}} H$$

的形式．由此磁化率可以通过两个独立的统计计算得出

$$\chi = \frac{\partial}{\partial H}\left\{N\mu_{\text{B}} \frac{\sum\limits_{m_L=-L}^{L} m_L \mathrm{e}^{-m_L\mu_{\text{B}}H/kT}}{\sum\limits_{m_L=-L}^{L} \mathrm{e}^{-m_L\mu_{\text{B}}H/kT}} + N\mu_{\text{B}} \frac{\sum\limits_{m_S=-S}^{S} 2m_S \mathrm{e}^{-2m_S\mu_{\text{B}}H/kT}}{\sum\limits_{m_S=-S}^{S} \mathrm{e}^{-2m_S\mu_{\text{B}}H/kT}}\right\}.$$

由于 $\mu_{\text{B}} H \ll kT$，$\mathrm{e}^{-A\mu_{\text{B}}H/kT}$ 可以展开为$\dfrac{\mu_{\text{B}}H}{kT}$的级数，取前两项，得

$$\chi = \frac{N\mu_{\text{B}}^2}{kT}\left[\frac{\sum\limits_{m_L=-L}^{L} m_L^2}{2L+1} + \frac{\sum\limits_{m_S=-S}^{S} 4m_S^2}{2S+1}\right].$$

由于

$$\sum_{m_L=-L}^{L} m_L^2 = 2\sum_{n=0}^{L} n^2 = \frac{1}{3}(2L+1)L(L+1),$$

$$\sum_{m_S=-S}^{S} m_S^2 = \frac{1}{3}(2S+1)S(S+1),$$

所以

$$\begin{aligned}\chi &= \frac{N\mu_{\text{B}}^2}{3kT}[4(S+1)S + L(L+1)] \\ &= \frac{Np_{\text{eff}}^2\mu_{\text{B}}^2}{3kT},\end{aligned} \tag{1.83}$$

$$p_{\text{eff}} = [4S(S+1) + L(L+1)]^{1/2}. \tag{1.84}$$

式（1.83）与经典理论所得的结果形式相同，但有效磁矩 p_{eff}的大小有所区别．式（1.84）给出的磁子数对 3d 族元素的情况比较符合．

（2）$n = n'$而 $h\nu(J, J') \gg kT$，这是宽多重线情况，绝大多数的原子都处于

最低的能态．第一受激的状态（即 J' 态）的统计因子非常小，因此，磁化率的低频部分仍具有式（1.59）的经典形式，但高频部分的磁化率也不等于零．忽略抗磁部分后，有

$$N\bar{\alpha}=\frac{N\mu_{\mathrm{B}}}{6(2J+1)}\left[\frac{F(J+1)}{h\nu(J-1,J)}+\frac{F(J)}{h\nu(J-1,J)}\right],$$

其中

$$F(J)=\frac{1}{J}[(S+L+1)^2-J^2][J^2-(S-L)^2].$$

这样顺磁磁化率的第一项取式（1.54），加上高频项 $N\bar{\alpha}$，得出

$$\chi=\frac{N\mu_{\mathrm{B}}^2g_J^2}{3kT}J(J+1)+N\bar{\alpha}. \tag{1.85}$$

此式适用于大多数稀土元素的离子磁性．

（3）$n=n'$，$h\nu(J, J')\approx kT$ 的中间情况，多重线具有中等宽度．在这一情况下，可以认为 N 个原子可以分成几组具有量子数 J 的给定数值，即 $N=N_{J_1}+N_{J_2}+\cdots$；可以认为

$$N_J=N(2J+1)\mathrm{e}^{-E_J^{(0)}/kT},$$

其中，$(2J+1)$ 是多重线的分支数目，而在 $H=0$ 时给定 J 的状态的能量为 $E_J^{(0)}$．最后，可以得到顺磁磁化率

$$\chi=\frac{N\sum\limits_{J=(L-S)}^{L+S}\{[g_S^2\mu_{\mathrm{B}}^2J(J+1)/3kT]+\bar{\alpha}_J\}(2J+1)\mathrm{e}^{-E_J^{(0)}/kT}}{\sum(2J+1)\mathrm{e}^{-E_J^{(0)}/kT}}. \tag{1.86}$$

可以证明，在窄多重线情况下，式（1.86）可以变成式（1.83）．

一般说从式（1.86）推得的 $\chi(T)$ 的温度依赖关系与经典式（1.59）不同．为了要与实验比较，必须定量地决定能级差 $h\nu(J,J\pm1)$．原则上，它们可以直接从原子光谱的精细结构得出．但是很多情况在实验上得不到这些数据，特别是在液态和固态溶液中的顺磁离子情况更不易求得．

1.5 晶场作用和轨道角动量冻结

根据实验结果和理论分析，3d 族元素的磁性主要来自电子自旋磁矩，轨道磁矩贡献很小，这种现象称为轨道角动量冻结．这是过渡金属及其合金磁性很重要的特点，在以往的不少著作和文章中都提到过．但是，这个重要的物理问题在铁磁学的书中很少进行过系统讨论．为此，在本节将用较多的篇幅介绍其物理图像和给出简单的理论分析，以便对轨道角动量冻结的实质有比较系统的了解．

1.5.1 轨道角动量冻结的物理图像

众所周知，在球对称的中心力场中，角动量是守恒的．因此，在自由原子

（离子）中，核外电子的能量由主量子数 n 和轨道角动量量子数 l 来决定，而与磁量子数 m_l 无关．

我们现讨论 d 壳层电子，先不计入自旋的影响．由于 $l=2$，角动量可有 $(2l+1)=5$ 个不同的取向，它们具有相同的能量．d 电子波函数的五个轨道的空间角分布分量为

$$Y_{20} \sim 2\cos^2\theta \sim \sin^2\theta = \frac{3z^2-r^2}{r^2},$$

$$Y_{2\pm1} \sim \cos\theta\sin\theta\ \mathrm{e}^{\pm\mathrm{i}\varphi} = \frac{z(x\pm\mathrm{i}y)}{r^2},$$

$$Y_{2\pm2} \sim \frac{1}{2}\sin^2\theta\ \mathrm{e}^{\pm\mathrm{i}2\varphi} = \frac{(x\pm\mathrm{i}y)^2}{r^2},$$

电子云相应的空间分布如图 1.22 所示．这五个轨道都是角动量 L 的本征态．既然它们的能量是简并的，也可以用它们的线性组合加以描述，例如，写成实波函数的如下形式：

$$\mathrm{d}_{z^2} = Y_{20} \sim \frac{3z^2-r^2}{r^2},$$

$$\left.\begin{aligned}
\mathrm{d}_{zx} &= \frac{1}{2}(Y_{21}+\mathrm{i}Y_{2-1}) \sim \cos\theta\ \sin\theta\ \cos\varphi = \frac{zx}{r^2},\\
\mathrm{d}_{yz} &= \frac{1}{2}(Y_{21}-\mathrm{i}Y_{2-1}) \sim \cos\theta\ \sin\theta\ \sin\varphi = \frac{zy}{r^2},\\
\mathrm{d}_{xy} &= \frac{1}{2}(Y_{22}-\mathrm{i}Y_{2-2}) \sim \frac{1}{2}\sin^2\theta\ \sin2\varphi = \frac{xy}{r^2},\\
\mathrm{d}_{x^2-y^2} &= \frac{1}{2}(Y_{22}+\mathrm{i}Y_{2-2}) \sim \frac{1}{2}\sin^2\theta\ \cos^2\varphi = \frac{x^2-y^2}{r^2}.
\end{aligned}\right\} \tag{1.87}$$

这里所描述的电子云空间分布如图 1.2 中的 $l=2$ 所示．

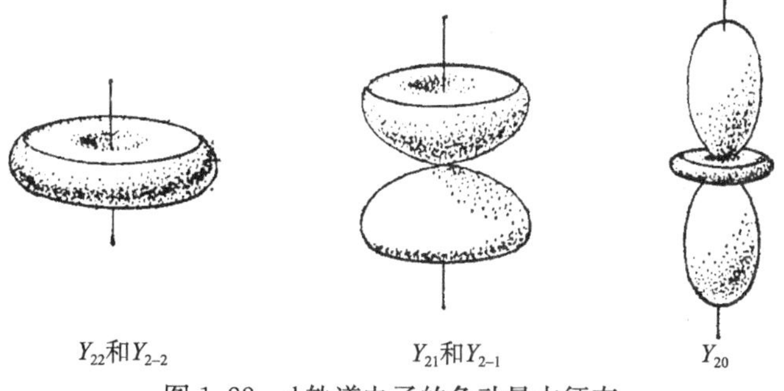

图 1.22　d 轨道电子的角动量本征态

对于自由原子（离子），这两组波函数的描述是等价的．如果外加一个磁场，则由于不同的角动量相应于不同的磁矩，不同的磁矩在磁场中又具有不同的能量，因此，原来简并的能级将按照角动量的本征态分裂为五个不同的能级，如

图 1.23 所示，如果 d 壳层中电子未填满，这些电子将优先选择能量有利的状态，从而使体系的能量发生变化．这就是电子轨道角动量对磁性的贡献．按照洪德法则，在低温下只有电子数等于 5 或 10 时轨道磁矩才可能为零．

现在考虑晶体中的情况．在金属和化合物晶体中，原子（离子）被固定在晶格上，核外的电子除了受到核和原子（离子）中其他电子的作用外，还受到近邻格点的核和电子的库仑作用．这种附加的非均匀电场的作用称为晶场作用．

为简便起见，先讨论一个简单立方晶格，并假设在所考虑的格点周围最近邻的格点上，全部由相同的正离子所占据．这些离子对中心格点所产生的库仑作用称为立方晶场作用．这一晶场破坏了原来中心场的对称性，而表现为立方对称．从这一对称性出发，波函数将按照式（1.87）和图 1.2 中 $l=2$ 的形式杂化，并发生分裂．由于近邻离子带正电，电子的分布将倾向于靠近这些离子．这时，$d_{x^2-y^2}$ 和 d_{z^2} 两个轨道态和近邻的相互作用较强，因而能量较低，电子将优先选择此类轨道．而 d_{xy}，d_{yz} 和 d_{zx} 三个轨道的能量相对要增高．换言之，原来简并的 d 壳层在立方晶场作用下，能级分裂为一个二重态（记作 Γ_3）* 和一个三重态（记作 Γ_5）*，如图 1.24 所示．

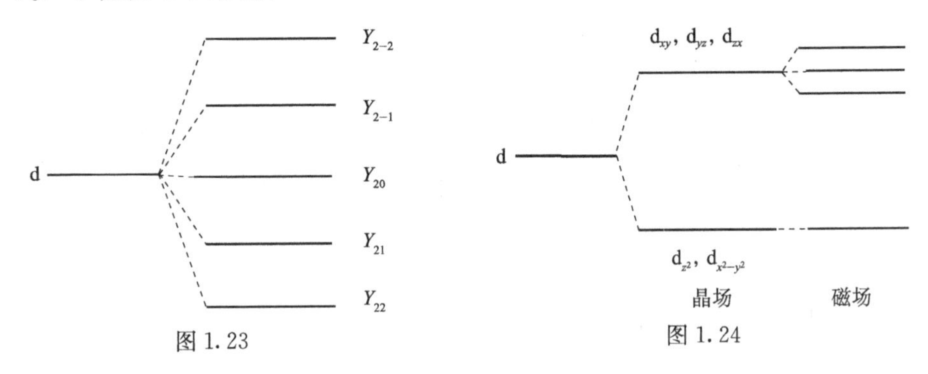

图 1.23　　图 1.24

如果将此晶体放入磁场中，则对于二重简并的能级，一个是角动量为零的 d_{z^2} 态，磁场对它没有影响；另一个是 $d_{x^2-y^2}$ 态，其角动量分别为 ±2 的两个态的等量线性叠加．按照量子力学叠加原理，电子将等几率地处于这两个角动量的本征态，而呈现平均角动量为零．由于这一能级不再继续分裂（无其他作用情况），所以对磁性也没有贡献．如果电子仅占据这两个态，则轨道角动量被完全“冻结”了．

对于三重简并的能级，态 d_{xy} 同态 $d_{x^2-y^2}$ 一样，在磁场中能量不改变．态 d_{yz} 和 d_{zx} 则仍然可以从线性组合态还原为角动量本征态 Y_{21} 和 Y_{2-1} 态．因此，在磁场中仍将发生分裂．如果三重态被部分电子占据而未填满，则体系的能量仍将随磁

---

* 参看本书 1.6.3 节中的 d 电子的能级分裂标示方法（87 页）二重分裂常用 Γ_3，E_{2g}，e_{2g}；三重分裂用 Γ_5，T_{2g}，t_{2g}．本书在引用不同文献的论述和图示中的符号时会有不同，本书只作说明，不作统一．

场改变．这种轨道角动量仍有部分贡献的情况，被称为轨道角动量部分“冻结”．

如果将上述简单立方晶体在某个方向拉伸，或者更换其中某几个近邻原子（离子），晶场的对称性会进一步降低，d壳层的五个轨道重新杂化，能级则继续分裂，一般地说，轨道角动量的“冻结”现象将更为完全．

通过上述简单的讨论，关于轨道角动量冻结的问题归纳为以下几点：

（1）晶场降低了体系的对称性，致使能级发生分裂．如果分裂的能级不再是角动量的本征态，则其在磁场下不会进一步分裂，将造成轨道角动量的冻结．

（2）角动量不为零的本征态总是成对地出现，因此，在单态中轨道角动量对磁性不可能有贡献．

（3）晶场影响的是电子波函数的空间分布，对电子自旋没有影响．因此，在晶场作用下不存在自旋角动量的“冻结”．

（4）对于稀土元素，磁性由f壳层电子贡献，但因沉埋在原子壳层内部和由于外层电子的屏蔽，受晶场作用要小得多，轨道冻结效应通常就比较小．所以轨道冻结主要表现在含有未满d电子壳层的过渡族金属中．

1.5.2　晶体对称性和晶场类型

过渡金属化合物以及合金大多具有较高的晶体对称性．因为离子都处于晶格的格点上，电子基本上分布在所属的原子核周围．近邻离子的库仑场对该电子的运动的影响与晶体的对称性有密切关系．如果用自由原子中电子波函数作为晶体中束缚原子的电子波函数的近似，即使在晶场作用很强的情况下，这种近似对处理晶体的物理和化学特性也是很有用的．以某原子或离子为中心，考虑其电子受周围核库仑场的作用．为方便起见，把这一作用看成最近邻原子或离子的作用效果，并且把这一作用等价为某一势场，称之为晶场（晶体电场）或配位场．这样就把晶场与对称性密切联系起来．不同的对称性就有不同类型的晶场．在不同晶场作用下，电子的轨道能级具有不同的能量，以致使原来简并的能级发生分裂．分裂的情况与晶场类型有关．这种具体处理晶体场作用的理论称为晶场理论，或配位场理论．

如果原子或离子的未满壳层中只有一个电子，它在晶体中的哈密顿量

$$\hat{\mathscr{H}}=\hat{\mathscr{H}}_0+eV(\boldsymbol{r}),$$

$$\hat{\mathscr{H}}_0=-\frac{h^2}{2m}\nabla^2+\frac{Ze^2}{\boldsymbol{r}}+\frac{e^2}{\boldsymbol{r}_{ij}},$$

其中，$V(\boldsymbol{r})$ 为晶场．可以看成微扰，$\hat{\mathscr{H}}_0$ 为电子在其原子核周围的动能、势能和电子相互作用能的哈密顿量，设金属原子或离子在格点 O 处．电子距核为 $\boldsymbol{r}$，第 j 个近邻原子（离子）的位置为 R_j，带有 q_j 电荷．电子和 j 核所在位置的坐

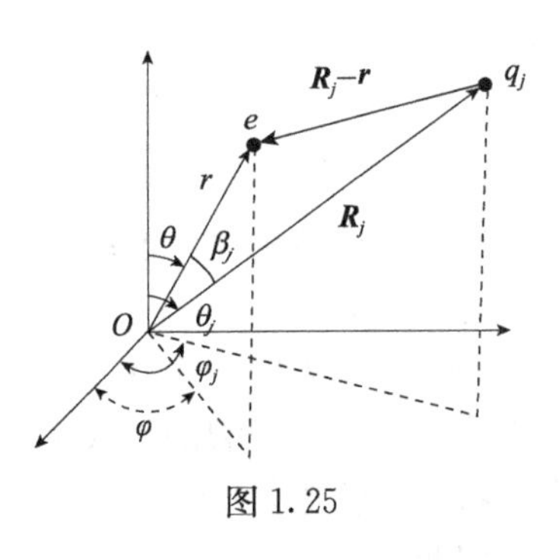

图 1.25

标分别为 (r, θ, φ) 和 $(R_j, \theta_j, \varphi_j)$. 见图 1.25. 电子受到周围离子作用的势（晶场）大小为

$$V(\boldsymbol{r})=\sum_j \frac{q_j}{|\boldsymbol{R}_j-\boldsymbol{r}|}. \tag{1.88}$$

如将

$$|\boldsymbol{R}_j-\boldsymbol{r}|^{-1}$$

展开成勒让德（Legendra）多项式，当 $r/R_j<1$ 时，有

$$\begin{aligned}\frac{1}{|\boldsymbol{R}_j-\boldsymbol{r}|}&=\frac{1}{R_j}(1+a_j^2-2a_j\cos\beta_j)^{\frac{1}{2}}\\&=\sum_{k=0}^{\infty}\frac{r^k}{R_j^{k+1}}P_k(\cos\beta_j),\end{aligned}$$

k 为勒让德函数的阶. 由于

$$\cos\beta_j=\cos\theta\cos\theta_j+\sin\theta\sin\theta_j\cos(\varphi-\varphi_j),$$

可以得到

$$P_k(\cos\beta_j)=\sum_{m=-k}^{k}\left(\frac{k-|m|}{k+|m|}\right)P_k^{|m|}(\cos\theta)P_k^{|m|}(\cos\theta_j)\times \mathrm{e}^{\mathrm{i}m\varphi}\mathrm{e}^{-\mathrm{i}m\varphi_j},$$

代入 $V(\boldsymbol{r})$ 中得到

$$V(\boldsymbol{r})=\sum_{k=0}^{\infty}\sum_{m=-k}^{k}A_{km}r^kY_{km}(\theta,\varphi), \tag{1.89}$$

其中

$$A_{km}=\frac{4\pi}{2k+1}\sum_j\frac{q_j}{R_j^{k+1}}Y_{km}^*(\theta_j,\varphi_j), \tag{1.90}$$

这里 $Y_{km}(\theta,\varphi)$ 为球谐函数，$k=1$，2，3，…. 在实际晶体的情况下，只有少数几项才起作用.

由于 $V(\boldsymbol{r})$ 为单电子算符，所以在计算矩阵元时涉及的只是单电子波函数

$$\psi_{nlm_l}=R_{nl}(r)\ Y_{lm_l}(\theta,\ \varphi).$$

$V(\boldsymbol{r})$ 作为微扰，微扰能相应的矩阵元为

$$\langle\psi_{nlm_l}|V(\boldsymbol{r})|\psi_{nlm_l'}\rangle=\sum_{k=0}^{\infty}\sum_{m=-k}^{k}\langle R_{nl}|r^k|R_{nl}\rangle A_{km}\langle Y_{lm_l}|Y_{km}|Y_{lm_l'}\rangle,$$

积分 $\langle Y_{lm_l}|Y_{km}|Y_{lm_l'}\rangle$ 不为零的条件为 $k\leqslant 2l$ 和 $m_l'+m\neq m_l$. 这一点只要将球谐函数的展开式代入积分即可证明.

从上述条件得到，对 d 电子，$k\leqslant 4$；对 f 电子，则有 $k\leqslant 6$. 又根据球谐函数的奇偶性，不难看出，无论 l 是偶数还是奇数，乘积 $Y_{lm_l}Y_{lm_l'}$ 必为偶函数. 因此，被积函数的奇偶性取决于 Y_{km} 的奇偶性，即 k 的取值. 由于积分是对整个空间进行的，要使积分不为零，唯有要求 k 为偶数. 从以上讨论，实际上，式 (1.89)

只剩下有限的几项．对于 d 电子，有

$$V(\boldsymbol{r})=A_{00}Y_{00}+\sum_{m=-2}^{2}A_{2m}r^2Y_{2m}+\sum_{m=-4}^{4}A_{4m}r^4Y_{4m}. \tag{1.89'}$$

对于 f 电子，有

$$V(\boldsymbol{r})=A_{00}Y_{00}+\sum_{m=-2}^{2}A_{2m}r^2Y_{2m}+\sum_{m=-4}^{4}A_{4m}r^4Y_{4m}+\sum_{m=-6}^{6}A_{6m}r^6Y_{6m}. \tag{1.89''}$$

A_{km} 是由原子配位情况决定的系数，在 k 决定之后就比较容易计算出具体的晶场 $V(\boldsymbol{r})$ 的表达式．在计算的过程中只讨论常见的磁性晶体的对称性所决定的晶场．

1.5.2.1　O_h 群晶场势

O_h 群共有 48 个对称操作，八面体和立方体均属于此群，其 48 个对称操作具体如下．

E：全同操作，一个；

$8C_3$：三重旋转对称轴，八个；轴是顶角对角线（相当于立方体的 [111] 晶轴）；

$3C_2$：二重旋转对称轴，三个；连接六个顶角原子的轴；

$6C_4$：四重旋转对称轴，六个；垂直于立方体六个面的轴；

$6C_2'$：二重旋转对称轴，六个；垂直于各相邻原子连线（即 12 个棱边）的轴．以上共二十四个操作，加上反演对称 iE，$8iC_3$，$3iC_2$，$6iC_4$，$6iC'_2$ 共有 48 个对称操作．再考虑对 z 轴（某一四重轴）旋转 $\frac{\pi}{2}$，则式（1.89）应不变，这样有

$$C_4Y_{km}(\theta,\ \varphi)=Y_{km}(\theta',\ \varphi'),$$

其中，$\theta'=\theta$，$\varphi'=\varphi-\frac{\pi}{2}$，因此

$$C_4Y_{k^m}(\theta,\ \varphi)\ =Y_{k^m}\left(\theta,\ \varphi-\frac{\pi}{2}\right)=\mathrm{e}^{-\mathrm{i}m\frac{\pi}{2}}Y_{k^m}(\theta,\ \varphi)\ .$$

根据上述作用关系，对 d 电子有

$$\begin{aligned}C_4V(r,\theta,\varphi)&=A_{00}Y_{00}+\sum_{m=-2}^{2}A_{2m}Y_{2m}\mathrm{e}^{-\mathrm{i}m\frac{\pi}{2}}r^z+\sum_{m=-4}^{4}A_{4m}r^4Y_{4m}\mathrm{e}^{-\mathrm{i}m\frac{\pi}{2}}\\&=V(r,\theta,\varphi),\end{aligned}$$

这就要求

$$\mathrm{e}^{-\mathrm{i}m\frac{\pi}{2}}=1,$$

得

$$m\frac{\pi}{2}=2n\pi,$$

$$m=4n,\ n=0,\ \pm1,\ \pm2,\ \cdots,$$

由此得 $V(\boldsymbol{r})$ 的表示为

$$V(\boldsymbol{r})=A_{00}Y_{00}+A_{20}r^2Y_{20}+A_{4-4}r^4Y_{4-4}+A_{40}r^4Y_{40}+A_{44}r^4Y_{44}.$$

再考虑 σ_{xz} 对称操作，即 $x'=x$，$z'=z$，$y'=-y$.

$$\sigma_{xz}Y_{00}=Y_{00},$$
$$\sigma_{xz}Y_{20}=Y_{20},$$
$$\sigma_{xz}Y_{40}=Y_{40},$$
$$\sigma_{xz}Y_{44}=Y_{4-4},$$
$$\sigma_{xz}Y_{4-4}=Y_{44},$$

这样

$$\begin{aligned}\sigma_{xz}V(r,\theta,\varphi)&=A_{00}Y_{00}+A_{20}r^2Y_{20}+A_{4-4}r^4Y_{44}+A_{40}r^4Y_{40}+A_{44}r^4Y_{4-4}\\&=V(r,\theta,\varphi).\end{aligned}$$

由此得到

$$A_{44}=A_{4-4}.$$

再考虑 C_3 对称操作，即 $x'=y$，$y'=z$，$z'=x$，并将 $V(\boldsymbol{r})$ 用直角坐标表示，则得到

$$\begin{aligned}V(\boldsymbol{r})=&A_{00}Y_{00}+A_{20}\sqrt{\frac{5}{4\pi}}\sqrt{\frac{5}{4}}\ (-x^2-y^2+2z^2)\\&+A_{40}\sqrt{\frac{9}{4\pi}}\sqrt{\frac{1}{64}}\ (3x^4+3y^4+8z^4+6x^2y^2-24x^2z^2-24y^2z^2)\\&+A_{44}\sqrt{\frac{9}{4\pi}}\sqrt{\frac{35}{128}}\ (2x^4-12x^2y^2+2y^4),\end{aligned}$$

$$\begin{aligned}C_3V(\boldsymbol{r})=&A_{00}Y_{00}+A_{20}\sqrt{\frac{5}{4\pi}}\sqrt{\frac{1}{4}}\ (-y^2-z^2+2x^2)\\&+A_{40}\sqrt{\frac{9}{4\pi}}\sqrt{\frac{1}{64}}\ (3y^4+3z^4+8x^4+6y^2z^2-24x^2y^2-24z^2x^2)\\&+A_{44}\sqrt{\frac{9}{4\pi}}\sqrt{\frac{35}{128}}\ (2y^4-12y^2z^2+2z^4).\end{aligned}$$

由于 $C_3V(\boldsymbol{r})=V(\boldsymbol{r})$，即要求 x，y，z 的幂次相同的项的系数应相等．例如，对 x^2，y^2，z^2 各项对应的关系表明

$$A_{20}\sqrt{\frac{5}{4\pi}}\sqrt{\frac{1}{4}}2x^2=A_{20}\sqrt{\frac{5}{4\pi}}\sqrt{\frac{1}{4}}\ (-x^2),$$

所以要求 $A_{20}=0$. 对 x^4，y^4，z^4 各项对应的关系表明

$$3A_{40}\sqrt{\frac{9}{4\pi}}\sqrt{\frac{1}{64}}+2A_{44}\sqrt{\frac{3}{4\pi}}\sqrt{\frac{35}{128}}=8A_{40}\sqrt{\frac{9}{4\pi}}\sqrt{\frac{1}{64}}.$$

由此解出

$$A_{44}=\frac{5}{2}A_{40}\frac{\sqrt{\frac{9}{4\pi}}\sqrt{\frac{1}{64}}}{\sqrt{\frac{3}{4\pi}}\sqrt{\frac{35}{128}}}=\sqrt{\frac{5}{14}}A_{40}.$$

这样经过几次对称操作后 $V(\boldsymbol{r})$ 的表示已大为简化，可以表示为

$$V(r,\ \theta,\ \varphi)=A_{00}Y_{00}+A_{40}r^4\left[Y_{40}+\sqrt{\frac{5}{14}}\ (Y_{44}+Y_{4-4})\right]. \tag{1.91}$$

由于立方体和八面体的配位情况不同，所以晶场势的系数 A_{00} 和 A_{40} 不同，要具体分别计算．

(1) 八面体晶场．原子配位情况如图1.26所示．一个原子为中心，周围有六个原子，如无晶格畸变，这六个原子与中心原子距离相同．设距离为 R，式 (1.91) 中 A_{00} 为常数，只是 A_{40} 与六个原子的坐标有关．六个原子的位置如下：

$$\theta_1=0,\ \varphi_1=0;\ \theta_4=\frac{\pi}{2},\ \varphi_4=\frac{\pi}{2};$$

$$\theta_2=\pi,\ \varphi_2=0;\ \theta_5=\frac{\pi}{2},\ \varphi_5=\pi;$$

$$\theta_3=\frac{\pi}{2},\ \varphi_3=0;\ \theta_6=\frac{\pi}{2},\ \varphi_6=\frac{3}{2}\pi.$$

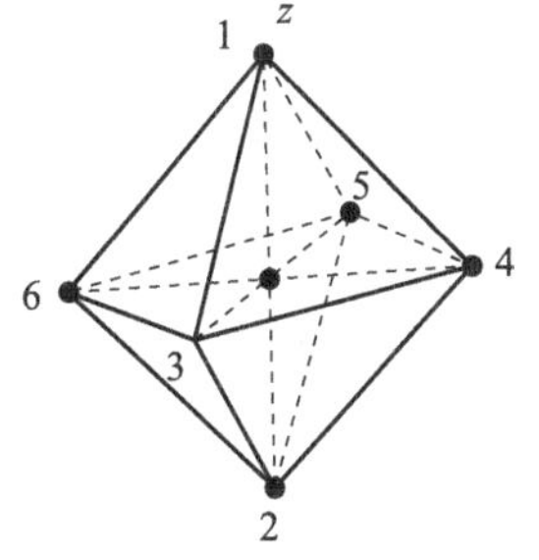

图1.26　八面体配位示意图

从 A_{km} 的式 (1.90) 以及

$$\left.\begin{aligned}
&Y_{00}=\sqrt{\frac{1}{4\pi}}Y_{20}=\sqrt{\frac{5}{16\pi}}(3\cos^2\theta-1),\\
&Y_{40}=\frac{9}{16}\frac{1}{\sqrt{\pi}}\left(\frac{35}{3}\cos^4\theta-10\cos^2\theta+1\right),\\
&Y_{4\pm4}=\frac{3\sqrt{35}}{16\sqrt{2\pi}}\sin^4\theta e^{\pm i4\varphi},\\
&Y_{44}+Y_{4-4}=\frac{3\sqrt{35}}{8\sqrt{2\pi}}\sin^4\theta\cos4\varphi,
\end{aligned}\right\} \tag{1.92}$$

得到

$$\left.\begin{aligned}
A_{00}&=-\frac{4\pi q}{R}6\sqrt{\frac{1}{4\pi}}=-\frac{12\sqrt{\pi}}{R}q,\\
A_{40}&=-\frac{4\pi}{9}\frac{q}{R^5}\ [Y_{40}^*(\theta_1,\ \varphi_1)+Y_{40}^*(\theta_2,\ \varphi_2)+\cdots]\\
&=-\frac{4\pi}{9}\frac{q}{R^5}\sqrt{\frac{1}{2\pi}}\sqrt{\frac{9}{128}}\ (12+16)\ =-\frac{7\sqrt{\pi}}{3}\frac{q}{R^5}.
\end{aligned}\right\} \tag{1.93}$$

(2) 立方对称晶场．图1.27示出立方晶体内原子配位的一种形式（体心立方），中心原子的最近邻有八个原子，与 O 点距离相同，设为 R，则有 $R=\sqrt{3}a/2$，a 为点阵常数．这时八个顶点上原子的位置分别为

$$\theta_1=\theta_2=\theta_3=\theta_4=\cos^{-1}\frac{1}{\sqrt{3}};$$

$$\varphi_1=0,\ \varphi_2=\frac{\pi}{2};\ \varphi_3=\pi;\ \varphi_4=\frac{3}{2}\pi;$$

$$\theta_6=\theta_7=\theta_8=\theta_5=\cos^{-1}\left(\frac{-1}{\sqrt{3}}\right);$$

$$\varphi_5=0;\ \varphi_6=\frac{\pi}{2};\ \varphi_7=\pi;\ \varphi_8=\frac{3}{2}\pi.$$

晶场势 $V(r,\theta,\varphi)$ 仍与式（1.91）形式一样，但因（θ_j，φ_j）不同于八面体，所以 A_{00} 和 A_{40} 与式（1.92）不同，即

$$\left.\begin{aligned}A_{00}&=-\frac{16\sqrt{\pi}}{R}q,\\A_{40}&=\frac{56\sqrt{\pi}}{27}\frac{q}{R^5}.\end{aligned}\right\}\qquad(1.94)$$

1.5.2.2 T_d 群晶场势

T_d 群是 O_h 群的一个子群，有二十四个对称操作，主要代表是四面体结构，如图 1.28 所示．中心原子有四个近邻，相当于一个体心立方结构的晶胞，但少了四个位于顶角的原子．不难得到 $V(r,\theta,\varphi)$ 的表达式仍为式（1.91），但系数

$$\left.\begin{aligned}A_{00}&=-\frac{8\sqrt{\pi}}{R}q,\\A_{40}&=\frac{28\sqrt{\pi}}{27}\frac{q}{R^5}.\end{aligned}\right\}\qquad(1.95)$$

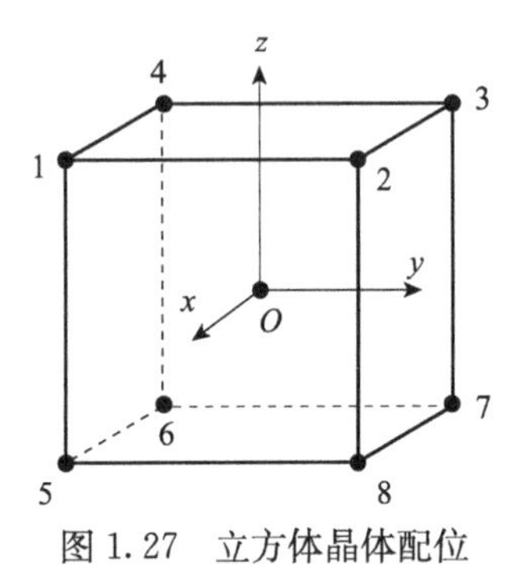

图 1.27 立方体晶体配位

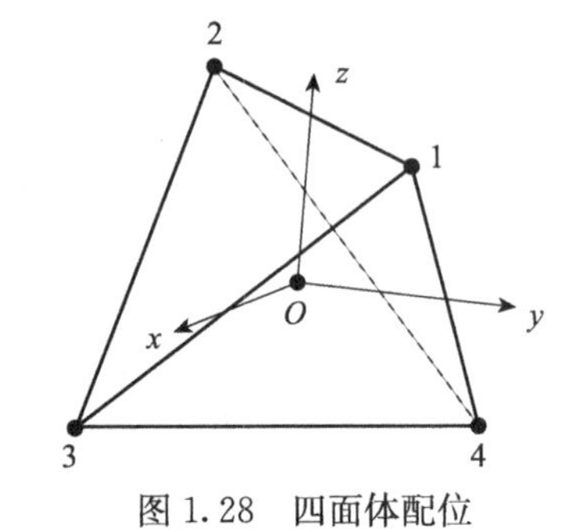

图 1.28 四面体配位

1.5.2.3 D_{4h} 群晶场势

D_{4h} 群是 O_h 群的一个子群，具有十六个对称操作，当正八面体在某方向受到压力或张力时，在该方向要缩短或伸长，这样就降低了对称性，而具有的对称操作属于 D_{4h} 群．在这种压缩或伸长的八面体中原子的配位情况和图 1.26 完全一样，但对称性降低，其晶场势要考虑 $A_{20}r^2Y_{20}$ 项的作用，这时

$$V(D_{4h})=A_{00}Y_{00}+A_{20}r^2Y_{20}+A_{40}r^4Y_{40}+A_{44}r^4(Y_{44}+Y_{4-4}).\qquad(1.96)$$

设 z 方向因压缩（拉伸）而变短（或变长），在此方向上两个顶点原子与中心原

子距离为 R_1，在 xy 平面上四个顶点原子与中心原子的距离为 R_0，则得到

$$
\left.\begin{aligned}
A_{00}&=\left(-\frac{4\pi q}{R_0}\frac{4}{\sqrt{4\pi}}-\frac{4\pi q}{R_1}\frac{2}{\sqrt{4\pi}}\right)\\
&=-4\sqrt{\pi}\left(\frac{2}{R_0}+\frac{1}{R_1}\right)q,\\
A_{20}&=-\frac{4\pi}{5}q\left[\frac{4}{R_0^3}Y_{20}^*\left(\frac{\pi}{2},\ \varphi\right)+\frac{1}{R_1^3}\left(Y_{20}^*(0,\ 0)\ +Y_{20}^*(\pi,\ 0)\right)\right]\\
&=4\sqrt{\frac{\pi}{5}}\left(\frac{1}{R_0^3}-\frac{1}{R_1^3}\right)q,\\
A_{40}&=-\frac{4\pi q}{9}\left[\frac{4}{R_0^5}Y_{40}^*\left(\frac{\pi}{2},\ \varphi\right)+\frac{4}{R_1^5}\left(Y_{40}^*(0,\ 0)+Y'_{40}(\pi,\ 0)\right)\right]\\
&=-\frac{\sqrt{\pi}}{3}\left(\frac{3}{R_0^5}+\frac{4}{R_1^5}\right)q,\\
A_{44}&=-\frac{4\pi}{9}q\left\{\frac{1}{R_0^5}\left[Y_{44}^*\left(\frac{\pi}{2},\ 0\right)+Y_{44}^*\left(\frac{\pi}{2},\ \frac{\pi}{2}\right)+Y_{44}^*\left(\frac{\pi}{2},\ \pi\right)\right.\right.\\
&\qquad\left.\left.+Y_{44}^*\left(\frac{\pi}{2},\ \frac{3\pi}{2}\right)\right]+\frac{1}{R_1^5}\ \left[Y_{44}^*(0,\ 0)+Y_{44}^*(\pi,\ 0)\right]\right\}\\
&=-\frac{7}{3}\sqrt{\frac{5\pi}{14}}\frac{q}{R_0^5}.
\end{aligned}\right\}\tag{1.97}
$$

1.5.2.4　D_{3h}群晶场势

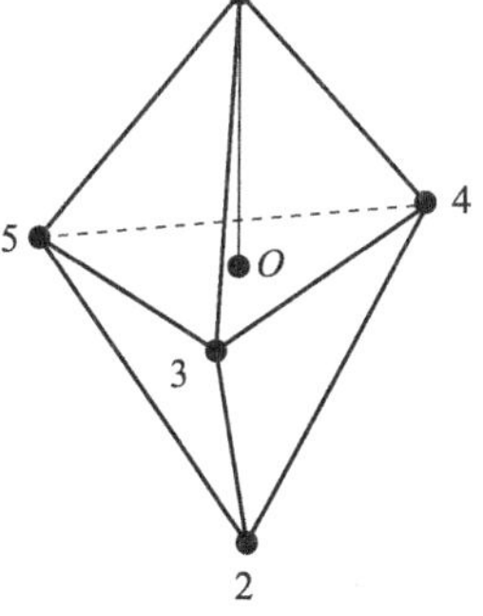

图 1.29　六面体配位

D_{3h}群具有十二个对称操作，图 1.29 给出属于D_{3h}群的例子，它是六面体配位结构．具体的对称操作如下．

E：全同操作一个；

$2C_3$：绕 z 轴旋转 $2\pi/3$ 或$-\frac{2\pi}{3}$角操作两个；

$3C_2$：绕六面体中心到 xy 平面上三个顶点连线转 180°，三个；

σ_h：水平（xy）面反射一个；

$2S_3$：绕 z 轴转 $2\pi/3$ 或$-2\pi/3$ 角，再对 xy 平面反射．

3σ：通过六面体中心及图中 3，4，5 三个顶点之一的垂直于 xy 面的反射面操作．

通过上述对称操作得到 D_{3h}的晶场势为

$$V(D_{3h})\ =A_{00}Y_{00}+A_{20}r^2Y_{20}+A_{40}r^4Y_{40}.\tag{1.98}$$

设各项点的原子彼此距离相等（除 1 和 2），并记为 R，则五个顶点相对中心点 O 的位置为

$$R_1=\sqrt{\frac{2}{3}}R,\quad R_2=\sqrt{\frac{2}{3}}R,\quad R_3=\frac{1}{\sqrt{3}}R,$$

$$\theta_1=0,\quad \theta_2=\pi,\quad \theta_3=\frac{\pi}{2},$$

$$\varphi_1=0,\quad \varphi_2=0,\quad \varphi_3=0,$$

$$R_4=\frac{1}{\sqrt{3}}R,\quad R_5=\frac{1}{\sqrt{3}}R,$$

$$\theta_4=\frac{\pi}{2},\quad \theta_5=\frac{\pi}{2},$$

$$\varphi_4=\frac{2}{3}\pi,\quad \varphi_5=\frac{4\pi}{3}.$$

由此得到

$$\left.\begin{aligned}
A_{00}&=-\sqrt{4\pi}q\left(\frac{3\sqrt{3}}{R}+\frac{2\sqrt{\frac{3}{2}}}{R}\right)\\
&=-\sqrt{4\pi}\left(3\sqrt{3}+\sqrt{6}\right)\frac{q}{R},\\
A_{20}&=-\frac{4\pi}{5}q\left[\sqrt{\frac{5}{16\pi}}(-3)\left(\frac{\sqrt{3}}{R}\right)^3+\sqrt{\frac{5}{16\pi}}4\left(\sqrt{\frac{3}{2}}\frac{1}{R}\right)^3\right]\\
&=\sqrt{\frac{\pi}{5}}\left(9\sqrt{3}-3\sqrt{6}\right)q/R^3,\\
A_{40}&=-\frac{\sqrt{\pi}}{4}\left(2\sqrt{6}+27\sqrt{3}\right)q/R^5.
\end{aligned}\right\}\tag{1.99}$$

1.5.3 晶场作用下 3d 电子的能级分裂

为简单起见，只考虑每个原子具有一个 3d 电子（$3d^1$ 系统）. 在前面我们讨论晶场势 V 的具体表达式和对称性关系时，只考虑将 V 作为微扰项，这里要综合考虑几项作用对能级分裂的贡献，具体有三项，因此微扰哈密顿量:

$$\hat{\mathscr{H}}_1=\frac{e^2}{r_{ij}}-eV(\boldsymbol{r})+\lambda\boldsymbol{L}\cdot\boldsymbol{S},$$

其中，第一项为电子之间互作用，第二项为晶场作用，第三为轨道-自旋耦合作用，这三项引起的能级分裂大小分别用 Δ_e，Δ_V，和 Δ_L 表示. 对于不同结构和轨道状态的电子来说，这三个量的大小可以分成以下三种具体情况.

(1) 强晶场作用. $\Delta_V>\Delta_e\gg\Delta_L$，这一情况主要适合于 4d 和 5d 电子组态. 一般 $\Delta_L\sim10^2\,\mathrm{cm}^{-1}$，$\Delta_V\approx\Delta_e\sim10^4\,\mathrm{cm}^{-1}$，对于部分 3d 电子组态也是合适的. 但这种情况下，洪德法则有一些修改: 与以前情况一样，电子首先处于低自旋态，如在八面体晶场作用下，电子轨道态分裂成 Γ_5 和 Γ_3 两个不同能级的态，电子先填到

Γ_5 态，因是三重简并的，所以在填满六个电子后，再填入能量较高的 Γ_3 态（即高自旋态）.

（2）中等强度晶场情况．$\Delta_e \gg \Delta_V \gg \Delta_L$，3d 电子组态多具有这一特点．

（3）弱晶场情况．$\Delta_V \ll \Delta_L$，4f 电子组态具有这一特性．

我们将重点讨论 3d 电子组态的简并能级分裂问题，过渡元族属第二种情况，所以忽略 L-S 耦合作用，电子互作用项很强，可以归并到核的作用上去．它的效果只是改变了核的等效电荷，而不改变场的对称性，因而基态的能级仍是五重简并的．对 $3d^1$ 电子，基态用 $^2D_{3/2}$ 表示，在具体计算能级分裂时，不必再考虑电子相互作用项的影响．这样使哈密顿量简化为

$$\hat{\mathscr{H}}_1 = -eV(\boldsymbol{r}),$$

同时只需求一级能量修正 ΔE_1 即可，一级微扰项为

$$\langle \psi_{nlm_l'} | \hat{\mathscr{H}}_1 | \psi_{nlm_l} \rangle = \Delta E_1 \delta_{m_l m_l'},$$

其中，$n=3$，$l=2$，m_l，$m_l'=0$，±1，±2；由于自旋态对 ΔE_1 无贡献，故未计入．久期方程为

$$\sum_{m_l m_l'} (H_{m_l m_l'} - \Delta E_1 \delta_{m_l m_l'}) = 0,$$

其中，$\hat{\mathscr{H}}_{m_l, m_l'}$ 为 $\hat{\mathscr{H}}_1$ 在零级电子波函数组成的本征态中的积分（即矩阵元）．为求出 ΔE_1 值，要使矩阵对角化，在 O_h 群对称晶体中有如下组合态：

$$\left.\begin{aligned}
\varphi_1 &= d\varepsilon_z = R_{32}\frac{Y_{22}-Y_{2-2}}{\sqrt{2}\,i} = R_{32}\sqrt{\frac{15}{4\pi}}\times\frac{1}{2}\sin^2\theta\,\sin 2\varphi,\\
\varphi_2 &= d\varepsilon_x = -R_{32}\frac{Y_{21}+Y_{2-1}}{\sqrt{2}\,i} = R_{32}\sqrt{\frac{15}{4\pi}}\cos\theta\,\sin\theta\,\sin\varphi,\\
\varphi_3 &= d\varepsilon_y = R_{32}\frac{-Y_{21}+Y_{2-1}}{\sqrt{2}} = R_{32}\sqrt{\frac{15}{4\pi}}\cos\theta\,\sin\theta\,\sin\varphi,\\
\varphi_4 &= d\gamma_{x-y} = R_{32}\frac{Y_{22}+Y_{2-2}}{\sqrt{2}} = R_{32}\sqrt{\frac{15}{4\pi}}\frac{1}{2}\sin^2\theta\,\cos^2\varphi,\\
\varphi_5 &= d\gamma_z = R_{32}Y_{20} = R_{32}\frac{\sqrt{5}}{4\sqrt{\pi}}(3\cos^2\theta-1).
\end{aligned}\right] \tag{1.100}$$

上述组合态为 $\hat{\mathscr{H}}_1$ 的本征态．$\hat{V}$ 取式（1.91）的形式，这样就有矩阵元

$$\begin{aligned}
\mathscr{H}_{55} &= \langle \varphi_5 | -eV | \varphi_5 \rangle\\
&= -e\iint R_{32}^* Y_{20}^* \left\{ A_{00}Y_{00} + A_{40}r^4\left[Y_{40} + \sqrt{\frac{5}{14}}\left(Y_{44}+Y_{4-4}\right)\right]\right\}\\
&\quad \times R_{32}Y_{20}r^2\sin\theta\,dr d\theta d\varphi,\\
\mathscr{H}_{11} &= \langle \varphi_1 | -eV | \varphi_1 \rangle
\end{aligned}$$

$$=-e\iint R_{32}^{*}\frac{Y_{22}-Y_{2-2}}{-\sqrt{2}\mathrm{i}}\left\{A_{00}Y_{00}+A_{40}r^{4}\left[Y_{40}+\sqrt{\frac{5}{14}}\left(Y_{44}+Y_{4-4}\right)\right]\right\}$$

$$\times R_{32}\frac{Y_{22}-Y_{2-2}}{\sqrt{2}\mathrm{i}}r^{2}\mathrm{d}r\sin\theta\mathrm{d}\theta\mathrm{d}\varphi.$$

对于$Y_{20}^{*}Y_{4\pm4}Y_{20}$的积分为零，所以

$$\begin{aligned}\mathscr{H}_{55}&=-A_{00}e\int_{0}^{\infty}R_{32}^{*}R_{32}r^{2}\mathrm{d}r\int_{0}^{\pi}\int_{0}^{2\pi}Y_{20}^{*}Y_{00}Y_{20}\sin\theta\,\mathrm{d}\theta\,\mathrm{d}\varphi\\&\quad-A_{40}e\int_{0}^{\infty}R_{32}^{*}r^{4}R_{32}r^{2}\mathrm{d}r\int_{0}^{\pi}\int_{0}^{2\pi}Y_{20}^{*}Y_{40}Y_{20}\sin\theta\,\mathrm{d}\theta\,\mathrm{d}\varphi\\&=-\frac{e}{2\sqrt{\pi}}A_{00}-\frac{90eA_{40}}{256}\sqrt{\frac{1}{\pi}}\int_{0}^{\pi}(3\cos^{2}\theta-1)^{2}\\&\quad\times\left(\frac{35}{3}\cos^{4}\theta-10\cos^{2}\theta+1\right)\sin\theta\,\mathrm{d}\theta\\&=-\frac{e}{2\sqrt{\pi}}A_{00}-\frac{90eA_{40}}{256\sqrt{\pi}}\overline{r^{4}}\\&=\varepsilon_{0}-\frac{3e}{7\sqrt{\pi}}A_{40}\overline{r^{4}},\end{aligned}$$

其中

$$\overline{r^{4}}=\int_{0}^{\infty}R_{32}^{*}(r)r^{4}R_{32}(r)r^{2}\mathrm{d}r$$

$$\varepsilon_{0}=-\frac{e}{2\sqrt{\pi}}A_{00}.$$

同样，可以计算得

$$\mathscr{H}_{11}=\varepsilon_{0}+\frac{2e}{7\sqrt{\pi}}A_{40}\overline{r^{4}}$$

以及其他各矩阵元（用到的积分项见表 1.13）

$$\mathscr{H}_{44}=H_{55},\quad \mathscr{H}_{22}=\mathscr{H}_{33}=\mathscr{H}_{11}.$$

表 1.13

矩阵元中的积分项	$k=0$	$k=2$	$k=4$
$\langle Y_{20}\mid Y_{k0}\mid Y_{20}\rangle$	$\frac{1}{2\sqrt{\pi}}$	$\frac{\sqrt{5}}{7\sqrt{\pi}}$	$\frac{3}{7\sqrt{\pi}}$
$\langle Y_{2\pm1}\mid Y_{k0}\mid Y_{2\pm1}\rangle$	$\frac{1}{2\sqrt{\pi}}$	$\frac{\sqrt{5}}{14\sqrt{\pi}}$	$-\frac{2}{7\sqrt{\pi}}$
$\langle Y_{2\pm2}\mid Y_{k0}\mid Y_{2\pm2}\rangle$	$\frac{1}{2\sqrt{\pi}}$	$-\frac{\sqrt{5}}{7\sqrt{\pi}}$	$\frac{1}{14\sqrt{\pi}}$
$\langle Y_{2\pm2}\mid Y_{k\pm4}\mid Y_{2\mp2}\rangle$	0	0	$\frac{\sqrt{70}}{14\sqrt{\pi}}$

由结果知$\mathscr{H}_{11}$和$\mathscr{H}_{55}$两矩阵元之差为

$$\Delta V=\frac{5}{7\sqrt{\pi}}eA_{40}\overline{r^4},$$

e为电子的电荷，是负值，如取八面体晶场势的系数式（1.93），则A_{00}和A_{40}均为负值，因为晶场引起的能级分裂ΔV总是取大于零的值．所以在解久期方程时要注意$\mathscr{H}_{jj}$各元的正负．对于八面体晶场引起的能级分裂可以写成

$$\left.\begin{aligned}&\Delta E_1(\Gamma_5)=\varepsilon_0-\frac{2}{5}\Delta V,\\&\Delta E_1(\Gamma_3)=\varepsilon_0+\frac{3}{5}\Delta V,\\&\Delta V=-\frac{5eq}{3R^5}\overline{r^4}.\end{aligned}\right\}\tag{1.101}$$

如果考虑立方晶场的作用，则只要将式（1.94）中的A_{00}、A_{40}代入ε_0和ΔV，即可得到

$$\left.\begin{aligned}&\Delta E_1(\Gamma_5)=\frac{4}{3}\varepsilon_0+\frac{8}{9}\times\frac{2}{5}\Delta V,\\&\Delta E_1(\Gamma_3)=\frac{4}{3}\varepsilon_0-\frac{8}{9}\times\frac{3}{5}\Delta V.\end{aligned}\right\}\tag{1.102}$$

这一结果正好与式（1.101）相反．Γ_5态能量较高，而Γ_3态能量较低．分裂的绝对值也比较小一点，只有$\frac{8}{9}\Delta V$，从上述结果可以看出，在一级近似下，d壳层的能量重心在晶场作用下不变．

当八面体经受一定的作用发生畸变，例如，z方向受压力或张力作用，这样O_h对称性变为D_{4h}群对称性，这时Γ_3态和Γ_5态能级将进一步分裂．由于畸变很小，主要作用仍是八面体晶场势，但要加上四方晶场势的修正项$\Delta V(D_{4h})$．这一点可以从波函数的对称性得到明确的物理说明．从图1.2所示的d态波函数组合后的五种分布可以看出，d_{xy}，d_{yz}，d_{zx}是等价的态，另一组d_{z^2}和$d_{x^2-y^2}$是等价的态，前者用Γ_5，后者用Γ_3表示．当在z方向受力后，由于R_z（中心原子到z方向的八面体顶点原子的距离）变化而偏离原来的R值，所以d_{xy}，d_{z^2}，$d_{x^2-y^2}$态能量发生变化，d_{yz}和d_{zx}态能量也发生变化．这样可以得到Γ_3进一步分裂成两个单态，Γ_5分裂成一个单态和一个双态．

根据D_{4h}群晶场势$V(D_{4h})$（见式（1.96）），以及用式（1.97）与式（1.93）之差表示修正项的系数，则四方晶场修正项可表示为

$$\Delta V(D_{4h})=PY_{00}+Sr^2Y_{20}+Tr^4Y_{40}+Ur^4(Y_{44}+Y_{4-4}),$$

其中（$R_2=R_1$，$R=R_0$）

$$\begin{aligned}P&=A_{00}(D_{4h})-A_{00}(O_{ct})\\&=-4\sqrt{\pi}q\left(\frac{2}{R_0}+\frac{1}{R_1}\right)+12\sqrt{\pi}\frac{q}{R_0}\end{aligned}$$

$$=4\sqrt{\pi}q\left(\frac{1}{R_0}-\frac{1}{R_1}\right),$$

$$S=A_{20}(\mathrm{D_{4h}})=4\sqrt{\frac{\pi}{5}}q\left(\frac{1}{R_0^3}-\frac{1}{R_1^3}\right),$$

$$T=A_{40}(\mathrm{D_{4h}})-A_{40}(\mathrm{O_{ct}})$$

$$=-\frac{\sqrt{3}\pi}{3}q\left(\frac{3}{R_0^5}+\frac{4}{R_0^5}\right)+\frac{7\sqrt{\pi}}{3}\frac{q}{R_0^5}$$

$$=\frac{4\sqrt{\pi}}{3}q\left(\frac{1}{R_0^5}-\frac{1}{R_1^5}\right),$$

$$U=A_{44}(\mathrm{D_{4h}})-A_{44}(\mathrm{O_{ct}})=0.$$

同样可以用上述方法计算出$\mathscr{H}_{jj}$和求出 ΔE_1 值，这时微扰哈密顿变为

$$\mathscr{H}_1=-e\ [V(\mathrm{O_{ct}})+\Delta V(\mathrm{D_{4h}})]\ .$$

而 Γ_3 态和 Γ_5 态分裂成单态和双态，其具体表示分别如下．

Γ_3 态分裂为

$\mathrm{A_{1g}}$单态：$\mathrm{d}\gamma_z=\psi_{320}$；

$\mathrm{B_{1g}}$单态：$\mathrm{d}\gamma_{x-y}=\frac{1}{\sqrt{2}}(\psi_{322}+\psi_{32-2})$；

Γ_5 态分裂为

$\mathrm{B_{2g}}$单态：$\mathrm{d}\varepsilon_z=\frac{1}{\mathrm{i}\sqrt{2}}(\psi_{322}-\psi_{32-2})$；

$\mathrm{E_g}$双态：$\mathrm{d}\varepsilon_y=-\frac{1}{\sqrt{2}}(\psi_{321}-\psi_{32-1})$，

$$\mathrm{d}\varepsilon_x=-\frac{1}{\mathrm{i}\sqrt{2}}\left(\psi_{321}+\psi_{32-1}\right).$$

上述结论只是在具体计算出各个态的能量，经过比较后才能得出是怎样的态（即单态或双态）．具体计算结果如下：

$$\Delta E(A_{1g})=-\int\psi_{320}^*[V(\mathrm{O_{ct}})+\Delta V(\mathrm{D_{4h}})]\psi_{320}\,\mathrm{d}\tau$$

$$=-\int\psi_{320}^*V(\mathrm{O_{ct}})\psi_{320}\,\mathrm{d}\tau-\int\psi_{320}^*\Delta V(\mathrm{D_{4h}})\psi_{320}\,\mathrm{d}\tau,$$

第一项前面已经计算过，它为

$$\varepsilon_0+\frac{3}{5}\Delta V;$$

第二项为

$$-e\int R_{32}^*Y_{20}[PY_{00}+Sr^2Y_{20}+Tr^4Y_{40}]R_{32}Y_{20}\,\mathrm{d}\tau$$

$$=-\frac{Pe}{2\sqrt{\pi}}-\frac{eS^2}{14}\sqrt{\frac{5}{\pi}}\,\overline{r^2}-\frac{6eT}{14\sqrt{\pi}}\,\overline{r^4}$$

$$= \Delta\varepsilon_0(\mathrm{D_{4h}}) - 2\mathrm{D_s} - 6\mathrm{D_t},$$

其中

$$\mathrm{D_s} = \frac{e}{14}\sqrt{\frac{5}{\pi}}S\int_0^\infty R_{32}^* r^2 R_{32} r^2 \mathrm{d}r,$$

$$\mathrm{D_t} = \frac{eT}{14\sqrt{\pi}}\int_0^\infty R_{32}^* r^4 R_{32} r^2 \mathrm{d}r,$$

$$\Delta E(\mathrm{A_{1g}}) = \varepsilon_0 + \frac{3}{5}\Delta V + \Delta\varepsilon_0(\mathrm{D_{4h}}) - 2\mathrm{D_s} - 6\mathrm{D_t}$$

$$\begin{aligned}\Delta \mathrm{E}(\mathrm{B_{1g}}) &= -\int \frac{1}{\sqrt{2}}\left(\psi_{322} + \psi_{32-2}^*\right)[V(\mathrm{O_{ct}}) + \Delta V(\mathrm{D_{4h}})] \\ &\quad \times \frac{1}{\sqrt{2}}\left(\psi_{222} + \psi_{32-2}\right) r^2 \sin\theta \, \mathrm{d}r\mathrm{d}\theta\mathrm{d}\varphi \\ &= \varepsilon_0 + \frac{3}{5}\Delta V - \frac{1}{2}\int\left(\psi_{322}^* + \psi_{32-2}\right)[\Delta V(\mathrm{D_{4h}})]\left(\psi_{322} + \psi_{32-2}\right)\mathrm{d}\tau \\ &= \varepsilon_0 + \frac{3}{5}\Delta V - \frac{pe}{2\sqrt{\pi}} + \frac{2es}{14\sqrt{\pi}}\overline{r^2} - \frac{eT}{14\sqrt{\pi}}\overline{r^4} \\ &= \varepsilon_0 + \frac{3}{5}\Delta V + \Delta\varepsilon_0(\mathrm{D_{4h}}) + 2\mathrm{D_s} - \mathrm{D_t}.\end{aligned}$$

相应可以计算出

$$\Delta E(\mathrm{B_{2g}}) = \varepsilon_0 - \frac{2}{5}\Delta V + \Delta\varepsilon_0(\mathrm{D_{4h}}) + 2\mathrm{D_s} - \mathrm{D_t},$$

$$\Delta E(\mathrm{E_g}) = \varepsilon_0 - \frac{2}{5}\Delta V + \Delta\varepsilon_0(\mathrm{D_{4h}}) - \mathrm{D_s} + 4\mathrm{D_t}.$$

$\mathrm{B_{1g}}$和 $\mathrm{A_{1g}}$之间的能量差别为

$$4\mathrm{D_s} + 5\mathrm{D_t}.$$

$\mathrm{E_g}$ 和 $\mathrm{B_{2g}}$之间的能量差别为

$$3\mathrm{D_s} - 3\mathrm{D_t}.$$

经过畸变的八面体晶场势作用后，$3\mathrm{d}^1$ 电子能级的分裂如图 1.30 所示 .

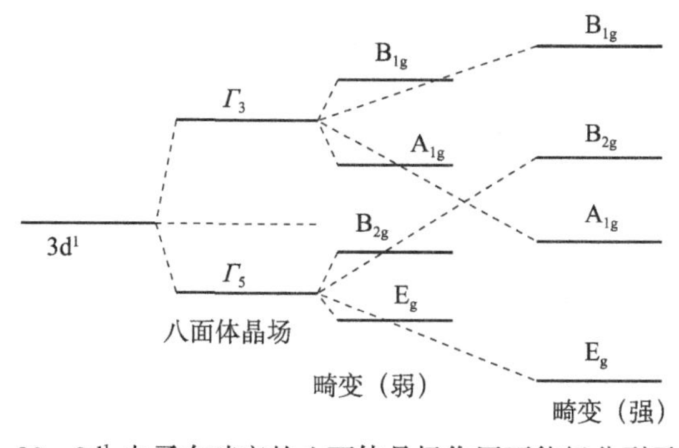

图 1.30　$3\mathrm{d}^1$ 电子在畸变的八面体晶场作用下能级分裂示意图

对于 $3d^1$ 电子在其他类型晶场作用下的能级分裂情况，以及 $3d^2$，$3d^3$，…电子的情况，在这里就不再详细讨论．具体分裂的示意情况可参考图 1.31[16]，详细计算可参考有关专门著作[12].

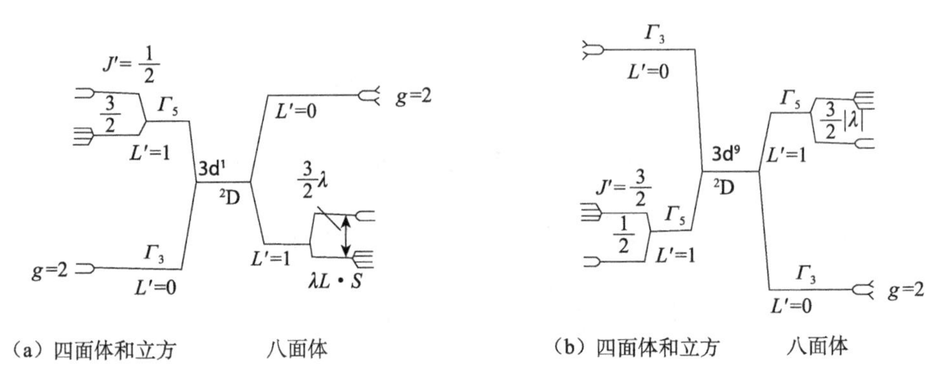

（a）四面体和立方　　八面体　　（b）四面体和立方　　八面体

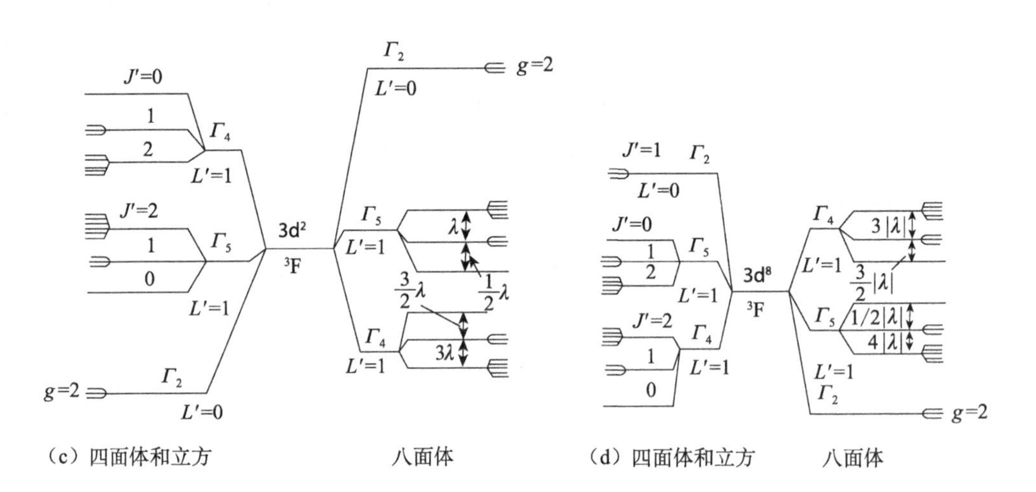

（c）四面体和立方　　八面体　　（d）四面体和立方　　八面体

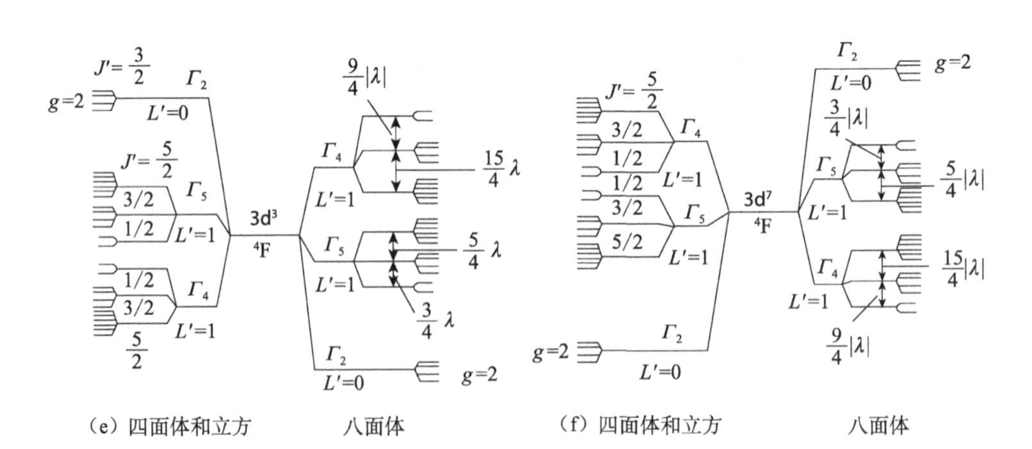

（e）四面体和立方　　八面体　　（f）四面体和立方　　八面体

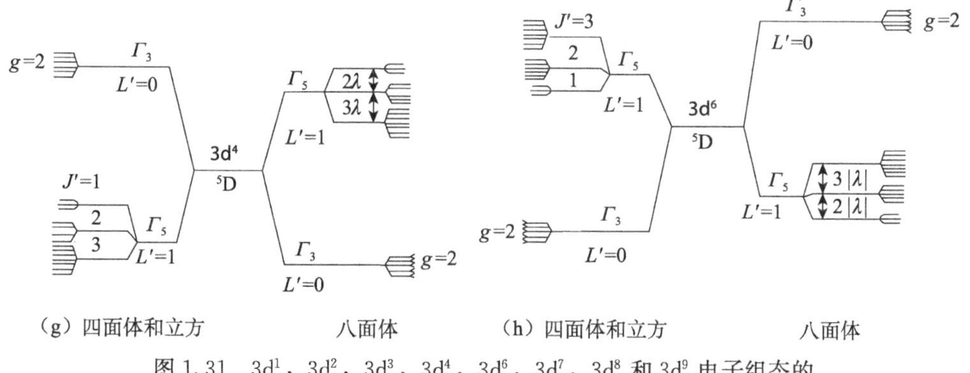

图 1.31　$3d^1$，$3d^2$，$3d^3$，$3d^4$，$3d^6$，$3d^7$，$3d^8$ 和 $3d^9$ 电子组态的能级在不同晶场作用下的分裂

以上我们只讨论了过渡族金属原子或离子形成晶体后，晶场对 3d 电子组态能级的分裂情况，对于稀土元素组成晶体后，由于 4f 电子受外层电子屏蔽而很少受周围环境的影响．所以晶场作用能比较小．相反，4f 电子的自旋-轨道耦合作用要比晶场作用强得多．因此，在讨论 4f 电子组态能级分裂时，要先考虑自旋-轨道耦合

$$\hat{\mathscr{H}}_L=\lambda \boldsymbol{L}\cdot\boldsymbol{S}$$

作用项，它使 4f 电子组态的基态能级发生分裂．例如，Ce^{3+} 取代 CaF_2 晶体中的 Ca^{2+} 后，考虑到 Ce^{3+} 具有 $4f^1$ 电子组态，能量相同的态有七个，即 ^2F 态，在 $\hat{\mathscr{H}}_L$ 作用下分裂成 $^2F_{7/2}$ 态和 $^2F_{5/2}$ 态．前者是四重简并态，后者为三重简并态（不考虑自旋），而且能量较低．因此，在自旋-轨道耦合作用下，$4f^1$ 电子的基态为 $^2F_{5/2}$，处于八面体中心的 Ce^{3+}，在八面体晶场作用下，$^2F_{5/2}$ 态将进一步分裂．由于 $^2F_{7/2}$ 态与 $^2F_{5/2}$ 态之间能级差大约为 $2200cm^{-1}$，它比晶场作用强得多，这样可以不考虑两个态之间的相互影响．因而在立方晶场作用下，$^2F_{5/2}$ 分裂成单态 E 和双态 G. 前者能量较低，为基态．具体的 $4f^1$ 电子组态能级分裂情况如图 1.32 所示．

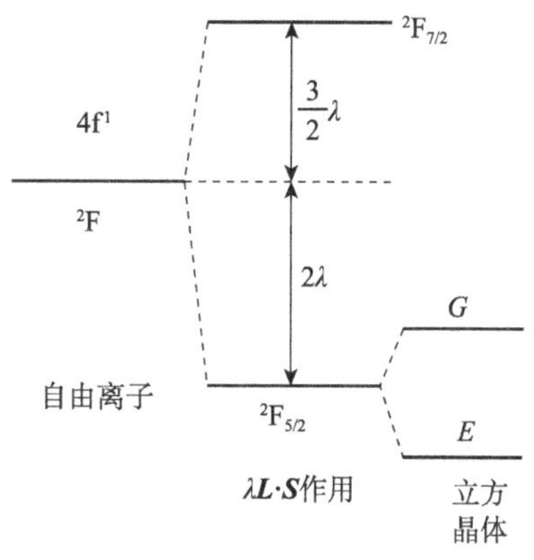

图 1.32　Ce^{3+} 的 ^2F 能级分裂

由于稀土离子的 4f 电子轨道角动量并未冻结，晶场作用对原子的磁性的影响远比过渡元素的 3d 电子情况要小得多，但对各向异性的影响却不能忽视．稀土原子或离子的能级情况的详细讨论请参考有关专门著作[12].

1.5.4 轨道角动量冻结

晶体中原子或离子中电子轨道角动量是否完全冻结的条件如下：①在 n 相同情况下，多重线宽 $h\nu(J, J')$ 必须比 kT 大；②轨道态能量简并度完全解除．如果简并度未完全解除，并且基态能量是简并的，则可能发生角动量部分冻结的情况，其冻结的程度要具体分析．

由于 3d 壳层中电子之间相互作用$\mathscr{H}_{电子}$比晶场作用强，所以讨论的问题称为弱晶场作用，这在上面已经详细介绍过．$3d^1$，$3d^2$，$3d^3$，…的电子组态基态为^2D,^3F,^4F，…．这些基态在晶场作用下发生分裂，可能完全解除简并．我们所要讨论的主要问题是，基态简并解除的程度对 3d 电子轨道角动量本征值 L'的影响.

1.5.4.1 基态完全解除简并情况（单态）

这时基态波函数必然是实数，设为 φ_0. 又设轨道角动量为 L，它是复数，且 $L=-L^*$. 这样 L 在基态中的本征值

$$
\begin{aligned}
\langle L\rangle &= \langle\phi_0|\hat{L}|\phi_0\rangle = \langle\phi_0|\hat{L}^*|\phi_0\rangle \\
&= \langle\phi_0|-\hat{L}|\phi_0\rangle = 0.
\end{aligned}
$$

$\langle L\rangle=0$ 表明 $\langle L\rangle$ 的矩阵元为零，由此知 $L=0$，即角动量完全冻结．

1.5.4.2 基态简并度未完全解除

$3d^1$ 电子的基态^2D为五重简并态，由于八面体晶场作用，而分裂成 Γ_5 和 Γ_3 两个态，基态 Γ_5 是三重态．我们知道，自由原子中 3d 电子的 $L=2$，$\hat{\boldsymbol{L}}_z$ 和 $\hat{\boldsymbol{L}}^2$ 算符的本征函数为 Y_{lm_l}，$m_l=0$，±1，±2；但在晶体中的原子的 $3d^1$ 电子组态的本征函数为 φ_1，φ_2，…，如式（1.100）所示，当分裂成 Γ_5 和 Γ_3 态后，Γ_5 的态函数为 φ_1，φ_2，φ_3，Γ_3 的态函数为 φ_4 和 φ_5. 这样，L 在基态中的平均值就不等于 2 了，相应 L_x，L_y，L_z 的矩阵元分别为

$$
\langle\varphi_n|\hat{L}_x|\varphi_m\rangle = \begin{pmatrix} 0 & 0 & 0 \\ 0 & 0 & \mathrm{i} \\ 0 & -\mathrm{i} & 0 \end{pmatrix},
$$

$$
\langle\varphi_n|\hat{L}_y|\varphi_m\rangle = \begin{pmatrix} 0 & 0 & -\mathrm{i} \\ 0 & 0 & 0 \\ \mathrm{i} & 0 & 0 \end{pmatrix},
$$

$$
\langle\varphi_n|\hat{L}_z|\varphi_m\rangle = \begin{pmatrix} 0 & \mathrm{i} & 0 \\ -\mathrm{i} & 0 & 0 \\ 0 & 0 & 0 \end{pmatrix}.
$$

其中，n，$m=1$，2，3；考虑到这组矩阵元与自由原子中 p^1 电子组态情况对应的 $l=1$ 的矩阵元只差一个负号，可以证明

$$\langle \varphi_p \mid l_x \mid \varphi_q \rangle = \begin{pmatrix} 0 & 0 & 0 \\ 0 & 0 & -\mathrm{i} \\ 0 & \mathrm{i} & 0 \end{pmatrix},$$

$$\langle \varphi_p \mid l_y \mid \varphi_q \rangle = \begin{pmatrix} 0 & 0 & \mathrm{i} \\ 0 & 0 & 0 \\ -\mathrm{i} & 0 & 0 \end{pmatrix},$$

$$\langle \varphi_p \mid l_z \mid \varphi_q \rangle = \begin{pmatrix} 0 & -\mathrm{i} & 0 \\ \mathrm{i} & 0 & 0 \\ 0 & 0 & 0 \end{pmatrix},$$

其中，p，$q=x$，y，z；

$$\varphi_x = -\frac{1}{\sqrt{2}}\left(Y_{11} - Y_{1-1}\right)R_{21} = \frac{1}{2}\sqrt{\frac{3}{\pi}}\frac{x}{r}R_{21},$$

$$\varphi_y = -\frac{1}{\sqrt{2}\mathrm{i}}\left(Y_{11} + Y_{1-1}\right)R_{21} = \frac{1}{2}\sqrt{\frac{3}{\pi}}\frac{y}{r}R_{21},$$

$$\varphi_z = R_{21}Y_{10} = \frac{\sqrt{5}}{2}\frac{z}{r}R_{21}.$$

我们知道，自由原子中 p^1 电子的轨道角动量 $l=1$，这表明 L 在 Γ_5 为基态的平均值 $|L|=1$，比自由原子情况下小了一倍．说明角动量变小了，这种变小的现象称之为角动量部分冻结．如果 Γ_5 态进一步分裂成单态和双态，则角动量变得更小，或为零．这种情况称之为角动量完全冻结．

1.5.4.3　关于 $3d^2$ 电子组态

$3d^2$ 电子组态的基态是 ^3F，在晶场作用下分裂成 Γ_2（单态）、Γ_4（三重态）和 Γ_5（三重态）三个能级．在八面体晶场作用下，Γ_4 为基态．^3F 为基态的本征波函数为（不考虑 $R(r)$）

$$\left.\begin{aligned} \varphi_1 &= \frac{1}{4}[\sqrt{5}(-Y_{33} + Y_{3-3}) + \sqrt{3}(Y_{31} + Y_{3-1})] \\ &= \sqrt{\frac{7}{\pi}}\frac{1}{4r^3}x(2x^2 - 3y^2 - 3z^2), \\ \varphi_2 &= Y_{30} = \sqrt{\frac{7}{\pi}}\frac{1}{4r^3}z(2z^2 - 3x^2 - 3y^2), \\ \varphi_3 &= -\frac{\mathrm{i}}{4}[\sqrt{5}(Y_{33} + Y_{3-3}) + \sqrt{3}(Y_{31} + Y_{3-1})] \\ &= \sqrt{\frac{7}{\pi}}\frac{1}{4r^3}y(2y^2 - 3x^2 - 3z^2), \end{aligned}\right\} \tag{1.103}$$

$$\left.\begin{aligned}
\varphi_4 &= -\frac{\mathrm{i}}{4}[-\sqrt{3}(Y_{33}+Y_{3-3})+\sqrt{5}(Y_{31}+Y_{3-1})] \\
&= \sqrt{\frac{105}{\pi}}\frac{1}{4r^3}y(z^2-x), \\
\varphi_5 &= \frac{1}{\sqrt{2}}(Y_{32}+Y_{3-2}) \\
&= \sqrt{\frac{105}{\pi}}\frac{1}{4r^3}z(x^2-y^2), \\
\varphi_6 &= \frac{1}{4}[\sqrt{3}(Y_{33}-Y_{3-3})+\sqrt{5}(Y_{31}-Y_{3-1})] \\
&= \sqrt{\frac{105}{\pi}}\frac{1}{4r^3}x(y^2-z^2),
\end{aligned}\right\} \tag{1.104}$$

$$\varphi_7 = \frac{1}{\sqrt{2}\mathrm{i}}(Y_{32}-Y_{3-2}) = \sqrt{\frac{105}{\pi}}\frac{1}{2r^3}xyz. \tag{1.105}$$

而 Γ_4 态的能量修正为$\left(-\frac{4}{35}\langle A\rangle\right)$. 相应态函数为 φ_1，φ_2，φ_3（如式（1.103）所示），Γ_5 态的能量修正为$\frac{4}{105}\langle A\rangle$，相应的态函数为 φ_4，φ_5，φ_6（如式（1.104）所示），最高能量态为 Γ_2 态，能量修正为

$$\frac{8}{35}\langle A\rangle,$$

相应态函数为 φ_7（如式（1.105）所示）. 其中，$\langle A\rangle$与晶场类型有关，对 O_h 群有

$$\langle A\rangle = -\frac{15e}{4\sqrt{\pi}}A_{40}\int_0^\infty R^*(r)r^4R(r)r^2\,\mathrm{d}r.$$

^{3}F 态的情况 $L=3$，现在 Γ_4 态中求其平均值. 由于 φ_1，φ_2 和 φ_3 不是 Γ_4 的本征态，组成新的函数

$$\begin{aligned}
\psi_1 &= -\frac{1}{\sqrt{2}}(\varphi_1+\mathrm{i}\varphi_3), \\
\psi_2 &= \varphi_2, \\
\psi_3 &= \frac{1}{\sqrt{2}}(\varphi_1-\mathrm{i}\varphi_3),
\end{aligned}$$

成为 Γ_4 的本征态. 因此可以得到 $\hat{L}_z$ 的对角矩阵元及 $\hat{L}_x$ 和 $\hat{L}_y$ 的矩阵分别为

$$\left.\begin{aligned}
\langle\psi_i|\hat{L}_z|\psi_j\rangle &= \begin{pmatrix} -\frac{3}{2} & 0 & 0 \\ 0 & 0 & 0 \\ 0 & 0 & \frac{3}{2} \end{pmatrix}, \\
\langle\psi_i|\hat{L}_x|\psi_j\rangle &= \begin{pmatrix} 0 & \frac{-3}{2\sqrt{2}} & 0 \\ \frac{-3}{2\sqrt{2}} & 0 & \frac{-3}{2\sqrt{2}} \\ 0 & \frac{-3}{2\sqrt{2}} & 0 \end{pmatrix}, \\
\langle\psi_i|\hat{L}_y|\psi_j\rangle &= \begin{pmatrix} 0 & \frac{3\mathrm{i}}{2\sqrt{2}} & 0 \\ \frac{-3\mathrm{i}}{2\sqrt{2}} & 0 & \frac{3\mathrm{i}}{2\sqrt{2}} \\ 0 & \frac{-3\mathrm{i}}{2\sqrt{2}} & 0 \end{pmatrix}.
\end{aligned}\right\} \tag{1.106}$$

如果考虑自由原子离子中 p^1 电子的角动量 $l=1$，基本征态为 $Y_{11}Y_{1-1}Y_{10}$，则 l_z，l_x 和 l_y 的矩阵元分别为（m_l 和 $m_l'=0$，±1）

$$\left.\begin{aligned}
\langle Y_{1m_l}|\hat{l}_z|Y_{1m_l'}\rangle &= \begin{pmatrix} 1 & 0 & 0 \\ 0 & 0 & 0 \\ 0 & 0 & -1 \end{pmatrix}, \\
\langle Y_{1m_l}|\hat{l}_x|Y_{1m_l'}\rangle &= \begin{pmatrix} 0 & \frac{1}{\sqrt{2}} & 0 \\ \frac{1}{\sqrt{2}} & 0 & \frac{1}{\sqrt{2}} \\ 0 & \frac{1}{\sqrt{2}} & 0 \end{pmatrix}, \\
\langle Y_{1m_l}|\hat{l}_y|Y_{1m_l'}\rangle &= \begin{pmatrix} 0 & \frac{-\mathrm{i}}{\sqrt{2}} & 0 \\ \frac{\mathrm{i}}{\sqrt{2}} & 0 & \frac{-\mathrm{i}}{\sqrt{2}} \\ 0 & \frac{\mathrm{i}}{\sqrt{2}} & 0 \end{pmatrix},
\end{aligned}\right\} \tag{1.107}$$

从上述两组矩阵元（1.106）和（1.107）中可以看到，L 的平均值 L' 与 p^1 电子的 l 的平均值相差 $\frac{3}{2}$ 倍，并且是负的，这表明

$$|L'|=\frac{3}{2},$$

比原来$L=3$小了一倍，与$3d^1$的情况相似，角动量被部分冻结了．实际上Γ_4态将进一步分裂成单态和双态，或分裂成三个单态，因而使角动量完全冻结．

$3d^3$电子组态的基态为^4F，是七重简并的．在晶场作用下能级发生分裂的过程与^3F态相似，但在能量修正上不同，从图1.31中可看出差别之处．因为$3d^3$电子组态在晶场作用下的能级分裂，可以等价为两个空位（即正电荷）在晶场作用下能级发生分裂的情况来处理，不过，这时空位电荷为正，所以能量修正值的大小相同，但符号相反．

对于$3d^5$电子组态，因$L=0$时是球对称的，所以不受晶场的影响，对于$3d^6$，$3d^7$，…电子组态，可以用$3d^1$，$3d^2$，…相应的情况来处理，因五个半满壳层的电子组态不受影响．

1.5.4.4 关于轨道角动量

轨道角动量发生冻结，相应原子的磁矩要发生变化，设未冻结前原子磁矩为$\boldsymbol{\mu}$

$$\boldsymbol{\mu}=-(\boldsymbol{L}+2\boldsymbol{S})\mu_B=-g_J\boldsymbol{J}\mu_B,$$

$$\boldsymbol{J}=\boldsymbol{L}+\boldsymbol{S},$$

$$g_J=\frac{3}{2}+\frac{S(S+1)-L(L+1)}{2J(J+1)}.$$

由于轨道角动量发生冻结，L值变成L'，这样原子磁矩变为μ'，

$$\boldsymbol{\mu}'=-(\boldsymbol{L}'+2\boldsymbol{S})\mu_B=-g_{J'}\boldsymbol{J}'\mu_B,$$

$$\boldsymbol{J}'=\boldsymbol{L}'+\boldsymbol{S},$$

$$g_{J'}=\frac{3}{2}+\frac{S(S+1)-L'(L'+1)}{2J'(J'+1)}.$$

对比上述两组结果可以看到，g_J随L减小而增大．当$L'=0$时，$g_1=2$，这时$J=S$. 总的说来，原子的总磁矩μ比μ'要大，通过对g值的测量可以得到有关3d电子轨道角动量冻结情况的知识，或从实验上测出晶体的顺磁磁化率，用理论分析得出有效磁矩的大小，也可以了解角动量冻结的情况．表1.14列出了用回转磁方法和共振方法测得的g值．

表1.14 实验测出的g值[15]

物质	g'(回转磁法)	g(共振法)
Fe	1.93	2.12～2.17
Co	1.87	2.22
Ni	1.92	2.2
Fe_3O_4	1.93	2.2
Cu_2MnAl	2.00	2.01
78Ni22Fe	1.91	2.07～2.14
$NiFe_2O_4$	1.94	2.19
MnSb	1.91	2.10

1.6　磁晶各向异性微观机制简介

凡是强磁性材料都具有磁晶各向异性，1931 年 Bloch 和 Gentile[16] 提出自旋-轨道耦合机制来解释磁晶各向异性，但是他们忽视了整个晶场作用，计算的结果比实际要小得多．

1937 年 van Vleck 认为在晶场作用下离子间的轨道耦合和自旋轨道耦合是产生磁晶各向异性的原因[17]．由于这类耦合作用很复杂，很难用一个精确的数学公式来表达，他就采用了赝偶极矩和赝四极矩互作用来近似的表达：

$$\sum\sum_{i<j} C_{ij}[\boldsymbol{S}_i \cdot \boldsymbol{S}_j - 3(\boldsymbol{S}_i \cdot \boldsymbol{r}_{ij})(\boldsymbol{S}_j \cdot \boldsymbol{r}_{ij})/r_{ij}{}^2] + \sum\sum_{i<j} \gamma_{ij}(\boldsymbol{S}_i \cdot \boldsymbol{r}_{ij})^2(\boldsymbol{S}_j \cdot \boldsymbol{r}_{ij})^2/r_{ij}^4,$$

其中，引入的耦合系数 C_{ij} 比普通的偶极矩要大 100 倍．这里引入的自旋耦合具有相对论效应的性质．经过理论计算得出的各向异性结果与 Ni 的实验值基本符合，但对 Fe 的结果的解释尚缺乏严格的论证．由于 van Vleck 给出的磁晶各向异性是相对论效应的自旋轨道耦合、交换作用和晶场的联合效应的合作用结果，这一概念和理论模式一直被后来的研究者采用．

1940 年，Brooks[18] 和 Fletch[19] 分别在 van Vleck 提出的机制基础上，考虑了 3d 电子的能带结构，计算了 Fe 和 Ni 的磁晶各向异性，这将有助于磁晶各向异性理论的发展．总的说来，将上述三个效应联合起来进行理论表述和计算很不易于把握，而且计算也很复杂和烦琐，更因为对过渡金属的 3d 电子结构了解不很深入，所以关于磁晶各向异性的理论研究进展比较缓慢．20 世纪 40 年代，氧化物磁性材料的研究和应用的巨大进展，60 年代稀土永磁研究和应用的突飞猛进，以及相应的磁性基本理论研究的巨大成就，一直在推动着对磁晶各向异性机制的研究．从已有研究成果和基本模型来看，可以分成两个体系：一是基于局域电子模型、以研究金属氧化物为主的单粒子各向异性模型；二是在研究金属及其合金的磁晶各向异性时，要立足于巡游电子模型，将自旋-轨道耦合和 3d 或 4f 电子的能带结构结合的模型．

在这一节中，先简单地介绍一下磁晶各向异性的实验结果和宏观表述，再比较系统地给出立方对称性为主的固体中晶场的具体数学表示和磁电子基态能级分裂的结果；然后，讨论自旋轨道耦合作用引起晶场基态进一步分裂的问题；最后，将晶场、自旋-轨道耦合和交换作用三者结合起来讨论具体磁性离子（或原子）在合金和氧化物中可能产生的磁晶各向异性的大小．由于本节内容涉及的基本理论基础内容比较广，在内容的选取和论述上很难掌握，甚至会出现偏差和错误．好在本节的基础部分大多取自文献 [20，21]，而有关铁氧体的单离子模型的磁晶各向异性的计算和讨论主要取自文献 [29]，其他内容也注明来源，如有需要可进一步查阅相关的资料．

1.6.1 磁晶各向异性的宏观表述

1.6.1.1 立方晶系

在不同方向将磁体磁化时所做的功不同，因而所需的能量不同，称之为磁各向异性，在某个方向的磁化的难易程度可以用各向异性能 E_K 来表示．由磁性晶体中的对称性引起的磁化做功不同的现象称为磁晶各向异性．根据立方晶体的对称性，在任一方向磁化时，在取前两项的近似情况下，各向异性能 E_K 与磁矩的方向（常用方向余弦表示）关系可表示如下：

$$E_K=E_0+K_1(\alpha_1^2\alpha_2^2+\alpha_2^2\alpha_3^2+\alpha_3^2\alpha_1^2)+K_2\alpha_1^2\alpha_2^2\alpha_3^2+\cdots, \tag{1.108}$$

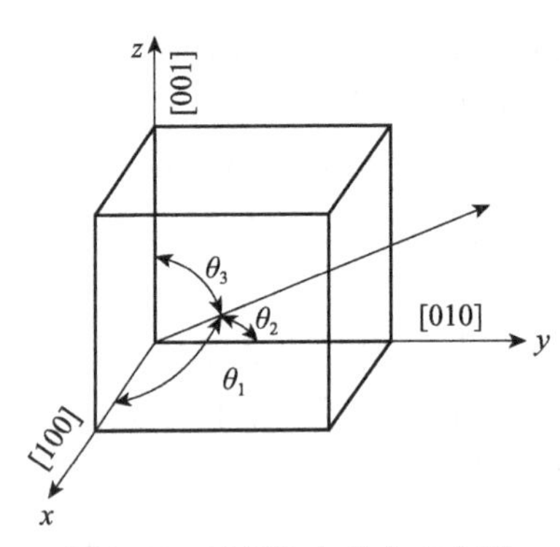

图 1.33　磁矩取向的方向余弦

其中，K_1 和 K_2 为磁晶各向异性常数，E_0 是常量，与角度无关，可以不计入．α_1，α_2，α_3 为饱和磁化强度 M_S 的方向余弦（采用直角坐标作参照系），其中，$\alpha_1=\sin\theta\cos\varphi$，$\alpha_2=\sin\theta\sin\varphi$，$\alpha_3=\cos\theta$（图 1.33），$\theta$ 为 M 与 z（某一易磁化轴）的交角，φ 为 M 在 xy 平面上投影方向与 x 轴的交角．上述各向异性的宏观表述是 20 世纪 30 年代阿库洛夫提出的，一直沿用至今．下面简单解释式（1.108）是如何导出的．

磁化的难易与晶体的对称性有密切关系，即与晶体中心对称的方向磁化是等价的，也就是只存在 α_i，$\alpha_i\alpha_j(i, j=1, 2, 3)$ 和 $\alpha_1\alpha_2\alpha_3$ 的偶次项，下面先写出可能的有关项，具体为

$$\begin{aligned}E_K=&B_0+B_1(\alpha_1^2+\alpha_2^2+\alpha_3^2)+B_2(\alpha_1^2\alpha_2^2+\alpha_2^2\alpha_3^2+\alpha_3^2\alpha_1^2)+B_3(\alpha_1^4+\alpha_2^4+\alpha_3^4)\\&+B_4\alpha_1^2\alpha_2^2\alpha_3^2+B_5(\alpha_1^4\alpha_2^2+\alpha_1^2\alpha_2^4+\alpha_2^4\alpha_3^2+\alpha_2^2\alpha_3^4+\alpha_3^4\alpha_1^2+\alpha_3^2\alpha_1^4)\\&+B_6(\alpha_1^6+\alpha_2^6+\alpha_3^6)+\cdots\end{aligned} \tag{1.109}$$

可以作一些化简及合并项的运算：

（1）由方向余弦的特性有 $\alpha_1^2+\alpha_2^2+\alpha_3^2=1$；

（2）$(\alpha_1^4+\alpha_2^4+\alpha_3^4)=(\alpha_1^2+\alpha_2^2+\alpha_3^2)^2-2(\alpha_1^2\alpha_2^2+\alpha_2^2\alpha_3^2+\alpha_3^2\alpha_1^2)=1-2(\alpha_1^2\alpha_2^2+\alpha_2^2\alpha_3^2+\alpha_3^2\alpha_1^2)$；

（3）$(\alpha_1^4\alpha_2^2+\alpha_1^2\alpha_2^4+\alpha_2^4\alpha_3^2+\alpha_2^2\alpha_3^4+\alpha_3^4\alpha_1^2+\alpha_3^2\alpha_1^4)=\alpha_1^2\alpha_2^2(\alpha_1^2+\alpha_2^2)+\alpha_2^2\alpha_3^2(\alpha_2^2+\alpha_3^2)+\alpha_3^2\alpha_1^2(\alpha_3^2+\alpha_1^2)=\alpha_1^2\alpha_2^2(1-\alpha_3^2)+\alpha_2^2\alpha_3^2(1-\alpha_1^2)+\alpha_3^2\alpha_1^2(1-\alpha_2^2)+\cdots=\alpha_1^2\alpha_2^2+\alpha_2^2\alpha_3^2+\alpha_3^2\alpha_1^2-3\alpha_1^2\alpha_2^2\alpha_3^2$；

（4）$(\alpha_1^6+\alpha_2^6+\alpha_3^6)=1-3(\alpha_1^2\alpha_2^2+\alpha_2^2\alpha_3^2+\alpha_3^2\alpha_1^2)+3\alpha_1^2\alpha_2^2\alpha_3^2$.

将各个项的系数合并，对比式（1.108）和（1.109）中相应的系数，结果有

$$E_0 = B_0 + B_1 + B_3 + B_6,\quad K_1 = B_2 - 2B_3 + B_5 - 3B_6,\quad K_2 = B_4 - 3B_5 + 3B_6$$

实际情况是 Fe 的 K_1 和 K_2 为正值，可以看出，在 $\theta=0$ 时能量最小，即 [100] 方向能量最低，是 Fe 的易磁化方向．对于 Ni 来说情况正相反，K_1 和 K_2 为负值时在〈111〉方向能量最低，是 Ni 的易磁化方向．由此可认为式（1.108）可以正确表示立方晶系磁体的磁晶各向异性能的变化特点．

1.6.1.2　六角晶系

六角结构晶体，如 Co 的情况，磁晶各向异性而引起的磁化能量与角度的关系表示为

$$E_K = K_{u1}\sin^2\theta + K_{u2}\sin^4\theta + K_{u3}\sin^6\theta + K_{u4}\sin^6\theta\cos6\varphi + \cdots, \qquad (1.110)$$

θ 为磁化方向与 c 晶轴的交角，φ 是磁化强度 M 在与 c 轴垂直的平面内的方位角．K_u 称为单轴（磁晶）各向异性常数，如认为不存在面上各向异性，只是有易磁化轴或易磁化面之分，这时 K_{u4} 项可不计入．

如只考虑第一项，当磁性物质中存在自发磁化时，其取向总在易磁化轴方向（$K_{u1}>0$），或在面上（$K_{u1}<0$）．如 $K_{u1}<0$，而 $K_{u2}>0$，则磁矩可能在一个锥面上具有稳定的取向．部分重稀土金属在一定的温度区间就具有这种特性．

1.6.2　各种对称结构晶体电场的数学表示和能级分裂

在 1.5 节中为了说明 3d 电子轨道角动量冻结对晶场做了初步的讨论．这里将进一步介绍晶场在直角坐标系和球坐标系中的数学表示及之间的换算关系．再进一步给出它们与 Stevens 等效算符的变换关系，以及引起过渡金属 d 电子轨道分裂的结果．这里给出的都是计算的基本方法和计算结果，而详细的计算过程请参阅文献[20，21]．

1.6.2.1　直角和球坐标系中晶场的数学表示

晶场作用、自旋-轨道耦合作用和自旋交换耦合三种作用的联合效应是目前公认的产生磁晶各向异性的微观机制，但具体要了解这三者的各自作用以及它们是如何联合起来产生磁晶各向异性的，是一个很复杂的问题，即使是理论上认识明确了，以此模型为基础和进行理论计算时，发现这是一件非常烦琐和冗长工作．由于大型计算机的出现和有了较为方便的计算程序，计算的难度有了很大的改善，但是对各向异性的研究仍然存在一些困难，将在讨论具体问题时有进一步的了解．

下面先简要介绍晶场作用，再讨论自旋轨道耦合和自旋交换耦合的作用，进而对这三种作用下形成磁晶各向异性的机制做具体讨论．

(1) 立方结构中八重、六重和四重配位晶场在直角坐标系中的表示.

根据图 1.25 和式 (1.88), 与原点 O 距离为 r 的点电荷 e 受到周围离子(或原子) 核的电荷 q 产生的晶场势 $V(r)$ 可表示为

$$\boldsymbol{V}(\boldsymbol{r}) = \sum_j \frac{q_j}{|\boldsymbol{R}_j - \boldsymbol{r}|}. \tag{1.88}$$

这种表述的方法通称晶场的点电荷模型. 假定有一个八重立方配位空间, 它相当于一个体心立方结构单胞. 设中心原子处在坐标的原点 O 位置, 八个立方顶角上的原子均带有电荷 q, 具体如图 1.34 所示. 与中心点原子核相距为 r 的 3d 电子受到与原点距离为 R_i 的 A 和其他七个原子核上的电荷 q 的作用, 这时式 (1.88) 中以 A 点为例, 可以得到

$$\begin{aligned}|\boldsymbol{R}_j - \boldsymbol{r}| &= [(a-x)^2 + (a-y)^2 + (a-z)^2]^{1/2} \\ &= [C - 2a(x+y+z)]^{1/2} = C^{1/2}(1+S)^{1/2},\end{aligned}$$

其中, (a, a, a)为顶角 A 的坐标. 上式中令 $C=3a^2+r^2$, $S=-2a(x+y+z)/C$, 这样就得到 A 位的离子对 $p(x, y, z)$ 电子作用的晶场势

$$V_A=(q/C^{1/2})(1+S)^{-1}, \tag{1.111}$$

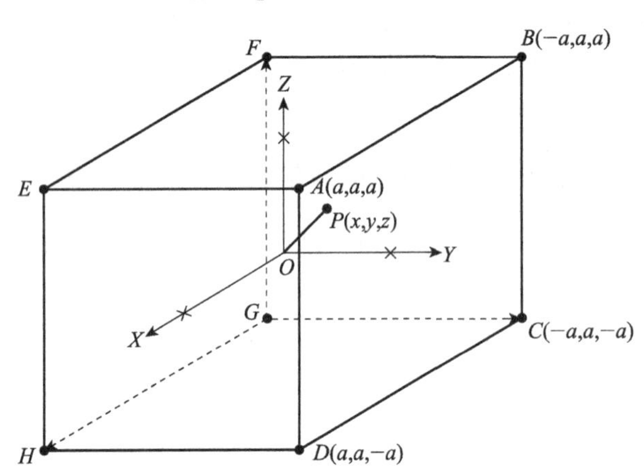

图 1.34 立方八重配位, P 点为 3d 电子位置 (x, y, z), 与原点间距为 r, 八个顶角与原点的距离为 $R_j (j=A, B, \cdots, H)$

将 $(1+S)^{-1}$展开为级数, 最多取到六次方项

$$(1+S)^{-1}=1-S/2+3S^2/2^3-5S^3/2^4+35S^4/2^7-63S^5/2^8+231S^6/2^{10}\cdots,$$

由此得到

$$\begin{aligned}V_A =q\Big\{&[C^{-1/2}+a(x+y+z)/C^{3/2} \\ &+3a^2[(x+y+z)^2/2C^{5/2}]+5a^2[(x+y+z)^2/2C^{7/2}] \\ &+35a^4[(x+y+z)^4/2^3C^{9/2}]+63a^5[(x+y+z)^5/2^3C^{11/2}] \\ &+231a^6[(x+y+z)^6/2^4C^{13/2}]+\cdots\Big\}.\end{aligned}$$

如令 $X=r^2/3a^2$，则有 $C=3a^2(1+X)$，再考虑到 $r^2=x^2+y^2+z^2$，上式中 V_A/q 共有七项 C^{-n}，即要将 V_A 中包含的 $(1+X)^{-n}$ 项，即 $n=1/2$，3/2，5/2，7/2，9/2，11/2 和 13/2 等七项展开成级数，每项只取到 x，y，z 的六次方项即可．这样有

$$
\begin{aligned}
V_{-1/2}/q &= (3a^2)^{-1}(1+X)^{-1/2} \\
&= (3a^2)^{-1}\{1-(1/2)(x^2+y^2+z^2)/(3a^2) \\
&\quad +(3/8)(x^2+y^2+z^2)^2/(9a^4) \\
&\quad +(5/2^4)(x^2+y^2+z^2)^3/(27a^6)-\cdots\}, \\
V_{-3/2}/q &= [a/(3a^2)^{3/2}](x+y+z)(1+X)^{-3/2} \\
&= [a/(3a^2)^{3/2}]\{(x+y+z)-(x^2+y^2+z^2)(x+y+z)/(2a^2) \\
&\quad +(5/24a^4)(x^2+y^2+z^2)^2(x+y+z)-\cdots\}, \\
V_{-5/2}/q &= [(3/2)a^2/(3a^2)^{5/2}](x+y+z)^2(1+X)^{-5/2} \\
&= [(3/2)a^2/(3a^2)^{5/2}]\{(x+y+z)^2 \\
&\quad -5(x^2+y^2+z^2)(x+y+z)^2/(6a^2) \\
&\quad +(35/8\cdot 9a^4)(x^2+y^2+z^2)^2(x+y+z)+\cdots\}, \\
V_{-7/2}/q &= [(5/2)a^3/(3a^2)^{7/2}](x+y+z)^3(1+X)^{-7/2} \\
&= [(5/2)a^3/(3a^2)^{7/2}]\{(x+y+z)^3 \\
&\quad -7(x^2+y^2+z^2)(x+y+z)^3/(6a^2)+\cdots\}, \\
V_{-9/2}/q &= [(35/8)a^4/(3a^2)^{9/2}](x+y+z)^4(1+X)^{-9/2} \\
&= [(35/8)a^4/(3a^2)^{9/2}]\{(x+y+z)^4 \\
&\quad -9(x^2+y^2+z^2)(x+y+z)^2/(6a^2) \\
&\quad +(9/6a^4)(x^2+y^2+z^2)(x+y+z)^4+\cdots\}, \\
V_{-11/2}/q &= [(63/8)a^5/(3a^2)^{11/2}](x+y+z)^5(1+X)^{-11/2} \\
&= [(63/8)a^2/(3a^2)^{11/2}][(x+y+z)^5+\cdots\}, \\
V_{-13/2}/q &= [(231/2^4)a^6/(3a^2)^{13/2}](x+y+z)^6(1+X)^{-11/2} \\
&= [(231/2^4)a^6/(3a^2)^{11/2}][(x+y+z)^6+\cdots\},
\end{aligned}
$$

将上述七项结果都加在一块，只取偶数项，可以得到顶点 A 的晶场势的具体表示

$$
\begin{aligned}
V_A &= q(3a^2)^{-1/2}(1+X)^{-1} \\
&= [q/(3a^2)^{1/2}][1-(1/2)(x^2+y^2+z^2)/3a^2+(3/8)(x^2+y^2+z^2)^2/9a^4 \\
&\quad +(5/2^4)(x^2+y^2+z^2)^3/27a^6+\cdots].
\end{aligned}
\tag{1.111}
$$

同样可以得到 V_B，V_C，…，V_H 等七个类似于 V_A 的具体表示，之后将这八个位置上的晶场势加起来就得到立方八配位晶场 $V(r)$ 的表示，在总加起来的许多项中，可能出现 yz，x^2yz 等项，这些应属于奇次项，不要计入．最后给出（其中 $d=a\sqrt{3}$）

$$V(x,y,z) = 8q/d + (-70q/9d^5)[(x^4+y^4+z^4) - 3r^4/5] + (-224q/9d^7)[(x^6+y^6+z^6) + (115/4)(x^2y^4+x^2z^4+y^2x^4+y^2z^4+z^2x^4+z^2y^4 - 14r^6/15].$$

在立方晶场框架中有八重配位，六重配位（即正八面体结构），四重配位（正四面体结构），它们的晶场势均可用上述结果表示，但系数不同，其中第一项为常数，可不计入，它们的共同表达形式中只是系数不同，具体为

$$V(x,y,z) = C_4[(x^4+y^4+z^4) - 3r^4/5] + D_6[(x^6+y^6+z^6) + (115/4)(x^2y^4+x^2z^4+y^2x^4+y^2z^4+z^2x^4+z^2y^4 - 14r^6/15], \tag{1.112}$$

其中，C_4 和 D_6 对不同配位分别为：

八重配位（O_h 群）　$C_4 = (-70q/9d^5)$，　$D_6 = (-224q/9d^7)$．

六重配位（D_{4h}群）　$C_4 = (+35q/4d^5)$，　$D_6 = (-21q/2d^7)$．

四重配位（T_d 群）　$C_4 = (-35q/9d^5)$，　$D_6 = (-112q/9d^7)$．

(2) 不同配位的晶场势在球坐标系中的表示．

将式 (1.90) 改写为在球坐标系中的表示，其中有关 r，θ，φ 和 R ($=d$) 的具体意义在 1.5 节的图 1.25 中已有明确的说明，立方结构中的八重、六重和四重配位的晶场表示为

$$V(r) = D_4'[(Y_{4,0}(\theta,\varphi) + (5/14)^{1/2}(Y_{4,4}Y_{4,-4})] + D_6'[Y_{6,0}(\theta,\varphi) - (7/2)^{1/2}(Y_{6,6}+Y_{6,-6})], \tag{1.113}$$

其中，系数 D_4' 和 D_6' 对不同的配位有所不同，具体为

八重配位(O_h 群) $D_4' = -(56/27)\pi^{1/2}qr^4/d^5$，　$D_6' = +(32/9)(\pi/13)^{1/2}qr^6/d^7$.

六重配位(D_{4h}群) $D_4' = (7/3)\pi^{1/2}qr^4/d^5$，　$D_6' = +(3/2)(\pi/13)^{1/2}qr^6/d^7$.

四重配位(T_d 群) $D_4' = -(28/27)\pi^{1/2}qr^4/d^5$，　$D_6' = +(316/9)(\pi/13)^{1/2}qr^6/d^7$.

对于六面体中心的 3d 电子受到五个配位晶场势（D_{3h}群），如下所示

$$V(r) = (-2\sqrt{\pi})(\sqrt{6}+3\sqrt{3})qY_{0,0}/d + [(\sqrt{\pi}/5)(9\sqrt{3}+3\sqrt{6})qr^2/d^3]Y_{2,0} - [(\sqrt{\pi}/2)(2\sqrt{6}+27\sqrt{3})qr^4/d^5]Y_{4,0}, \tag{1.114}$$

如正八面体在某一对顶角方向受压或拉伸而形变后的晶场势，其中 d_0 为八面体中心与其他四个原子同在一个非形变的平面上的间距，d_1 为与形变方向对顶角原子的间距

$$V(r,\theta,\varphi) = (-12\sqrt{\pi})qY_{0,0}(2/d_0+1/d_1) + (4\sqrt{\pi}/5)qr^2(1/d_0{}^3+1/d_1^3)Y_{2,0} - (\sqrt{\pi}/3)qr^2\,Y_{4,0}(3/d_0^5+4/d_1^5) - (7/3)(\pi/14)^{1/2}\,qr^4(Y_{4,4}+Y_{4,-4})/d_0^5. \tag{1.115}$$

对于比较复杂的结构的晶场表示形式可参看文献 [22]．

1.6.2.2　晶场势的 Stevens 等价算符表示

在计算晶场的微扰能时，如用直角坐标系的晶场势能 $eV(x, y, z)$ 为微扰哈密顿量，不容易计算，即使用球坐标系中的球谐函数来计算也很烦琐，如用计算机来算，工作量也很大，为简便起见，采用 Stevens 等价算符来表示，相对说来要简便一些．下面简单地给出用 J_x，J_y 和 J_z 代换 x，y 和 z 后晶场的表示结果．有关替代变换的推算过程请见 Hutchings 的文章[21]，以及该文所引用的参考文献和材料．

为了便于换算和避免在表述晶场函数中出现虚数，引入田谐函数 $Z_{n,m}$，在直角坐标系中的表示见表 1.15，它与球谐函数的关系如下：

$$Z_{n,0} = Y_{n,0},$$

$$Z_{n,m}^{c} = (1/\sqrt{2})[Y_{n,-m}(\theta,\varphi) + (-1)^m Y_{n,-m}(\theta,\varphi)],$$

$$Z_{n,m}^{s} = (\mathrm{i}/\sqrt{2})[Y_{n,-m}(\theta,\varphi) - (-1)^m Y_{n,-m}(\theta,\varphi)],$$

$$Z_{n,m}^{c} = \left[\frac{(2n+1)(n-m)!}{2(n+m)!}\right]^{\frac{1}{2}} P_n^m \cos\theta \frac{\cos m\varphi}{\sqrt{\pi}},$$

$$Z_{n,m}^{s} = \left[\frac{(2n+1)(n-m)!}{2(n+m)!}\right]^{\frac{1}{2}} P_n^m \cos\theta \frac{\sin m\varphi}{\sqrt{\pi}}.$$

表 1.15　直角坐标系中表述的一些常见的田谐函数[21]

$Z_{20}=\frac{1}{4}\left(\frac{5}{\pi}\right)^{\frac{1}{2}}[(3z^2-r^2)/r^2]$	$Z_{44}^{s}=\frac{3}{16}\left(\frac{35}{\pi}\right)^{\frac{1}{2}}[4(x^3y-y^3x)/r^4]$
$Z_{22}^{c}=\frac{1}{4}\left(\frac{15}{\pi}\right)^{\frac{1}{2}}[(x^2-y^2)/r^2]$	$Z_{60}=\frac{1}{32}\left(\frac{13}{\pi}\right)^{\frac{1}{2}}[(231z^6-315z^4r^2+105z^2r^4-5r^6)/r^6]$
$Z_{40}^{c}=\frac{3}{16}\left(\frac{1}{\pi}\right)^{\frac{1}{2}}[(35z^4-30z^2r^2+3r^4)/r^4]$	$Z_{62}^{c}=\frac{1}{64}\left(\frac{2730}{\pi}\right)^{\frac{1}{2}}[(16z^4-16(x^2+y^2)z^2+(x^2+y^2)^2)(x^2-y^2)/r^6]$
$Z_{42}^{c}=\frac{3}{8}\left(\frac{5}{\pi}\right)^{\frac{1}{2}}[(7z^2-r^2)(x^2-y^2)/r^4]$	$Z_{63}^{c}=\frac{1}{32}\left(\frac{2730}{\pi}\right)^{\frac{1}{2}}[(11z^3-3zr^2)(x^3-3xy^3)/r^6]$
$Z_{43}^{c}=\frac{3}{8}\left(\frac{70}{\pi}\right)^{\frac{1}{2}}[z(x^3-3xy^2)/r^4]$	$Z_{64}^{c}=\frac{21}{32}\left(\frac{13}{7\pi}\right)^{\frac{1}{2}}[(11z^2-r^2)(x^4-6x^2y^2+y^4)/r^6]$
$Z_{43}^{s}=\frac{3}{8}\left(\frac{70}{\pi}\right)^{\frac{1}{2}}[z(3x^2y-y^3)/r^4]$	$Z_{66}^{c}=\frac{231}{64}\left(\frac{26}{231\pi}\right)^{\frac{1}{2}}[(x^6-15x^4y^2+15x^2y^4-y^6)/r^6]$
$Z_{44}^{c}=\frac{3}{16}\left(\frac{35}{\pi}\right)^{\frac{1}{2}}[(x^4-6x^2y^2+y^4)/r^4]$	

其中，$m>0$，c 和 s 分别表示在 $Y_{n,m}\pm Y_{n,-m}$ 计算中取＋号和取－号的标记，由上

式给出

$$P_{n,0}(\cos\omega)=[(2n+1)(n-m)!/2(n+m)!]^{1/2}\sum_{\alpha}Z_{n,\alpha}(r)Z_{n,\alpha}(R),\quad(1.116)$$

其中，ω 为 r 与 R 之间的夹角．这样晶场 $V(r,\theta,\varphi)$ 与田谐函数的关系可写成

$$V(r,\theta,\varphi)=q_j\sum_{n=0}^{\infty}\frac{r^n}{R^{(n+1)}}\left[\sum_{\alpha}4\pi(2n+1)^{-1}Z_{n,\alpha}(\theta_i,\varphi_i)Z_{n,\alpha}(\theta_j,\varphi_j)\right],$$

(1，117)

其中，（θ_i，φ_i）和（θ_j，φ_j）分别是电子 i 和晶格上离子 j 的方位角，具体见图 1.25. 一般电子的周围有 k 个电荷，可以将晶场表示为

$$V(r,\theta,\varphi)=\sum_{n=0}^{\infty}r^n\sum_{\alpha}\gamma_{n,\alpha}Z_{n,\alpha}(\theta,\varphi),\quad(1.118)$$

实际上由于晶场的对称性 $n\leqslant 6$. 其中

$$\gamma_{n,\alpha}=\sum_{j=1}^{k}\frac{4\pi q_j}{2n+1}Z_{n,\alpha}(\theta,\varphi)\frac{1}{R^{n+1}}.\quad(1.119)$$

通常在计算磁性物质的磁晶各向异性常数时，对于氧化物（如铁氧体）常用直角坐标形式的晶场势 $V(x, y, z)$ 进行计算，对于稀土合金或金属常利用 Stevens 算符来计算．因此 Stevens 算符与 $V(x, y, z)$ 的换算是通过函数 $f_{n\alpha}$ 表示，见表 1.16. 具体过程简单介绍如下．

如果受晶场作用的磁离子中有一个电子，则在直角坐标系中晶场势可以表示为

$$V(x,y,z)=\sum_{n,\alpha}r^n\gamma_{n,\alpha}Z_{n,\alpha}(x,y,z),$$

再引入函数 $f_{n,\alpha}(x, y, z)=Cr^nZ_{n,\alpha}(x, y, z)$，其中 C 为常数，而

$$f_{n,\alpha}(x,y,z)\equiv b_n\langle r^n\rangle O_{n,m},\quad(1.120)$$

其中，$\langle r^n\rangle$ 为 d（或 f）电子与坐标原点的距离 n 次方的平均，通常 r 的数值很不易确定，所以这个平均值只是一个近似结果．而系数 b_n 在 $n=2$，4，6 时分别写成：$\alpha_J=b_2$，$\beta_J=b_4$，$\gamma_J=b_6$. 而 $O_{n,m}$ 为等价算符 J 的函数，可参见表 1.16[21].

实际在用 J_x，J_y 和 J_z 来替代 x，y 和 z 时，从表 1.15 和表 1.16 可以看出，只有个别二次方项比较直接，例如

$$\sum_i(3z_i^2-r_i^2)=\alpha_J\langle r^2\rangle[3J_z^2-J(J+1)]=\alpha_J\langle r^2\rangle O_{2,0},$$

$$\sum_i(x_i^2-y_i^2)=\alpha_J\langle r^2\rangle[J_x^2-J_y^2]=\alpha_J\langle r^2\rangle O_{2,2}.$$

但是，在进行 4 次方项的替代时就要考虑到 J，J_x，J_y 和 J_z 的对易关系，和相应的本征值的情况．$f_{4,0}$ 和 $f_{4,4}$ 两项（即对应为 $O_{n,0}$ 和 $O_{n,4}$），其中 $f_{4,4}$ 为

$$\sum_i(x_i^4-6x_i^2y_i^2+y_i^4)=\sum_i[(x_i+\mathrm{i}y_i)^4+(x_i-\mathrm{i}y_i)^4]$$
$$=\beta_J\langle r^4\rangle[J_+^4-J_-^4]=\beta_J\langle r^4\rangle O_{4,4},$$

其中，$J_\pm=J_x\pm\mathrm{i}J_y$. 这样，在耦合态 $|LSJJ_z\rangle$ 中求 $\sum_i(3z_i^2-r_i^2)$ 的本征值时，可以有

表 1.16 一些常见函数与各种给定 J 的等价算符，$\sum$ 是对磁电子位置的求和[21]

$\sum f_{n\alpha}$	等价算符	标准表示
$\sum(3z^2-r^2)$	$\equiv \alpha_J\langle r^2\rangle[3J_z^2-J(J+1)]$	$=\alpha_J\langle r^2\rangle O_2^0$
$\sum(x^2-y^2)$	$\equiv \alpha_J\langle r^2\rangle \frac{1}{2}[J_+^2+J_-^2]$	$=\alpha_J\langle r^2\rangle O_2^2$
$\sum(35z^4-30r^2z^2+3r^4)$	$\equiv \beta_J\langle r^4\rangle[35J_z^4-30J(J+1)J_z^2+25J_z^2-6J(J+1)+3J^2(J+1)^2]$	$=\beta_J\langle r^4\rangle O_4^0$
$\sum(7z^2-r^2)(x^2-y^2)$	$\equiv \beta_J\langle r^4\rangle \frac{1}{4}[(7J_z^2-J(J+1)-5)(J_+^2+J_-^2)$ $+(J_+^2+J_-^2)(7J_z^2-J(J+1)-5)]$	$=\beta_J\langle r^4\rangle O_4^2$
$\sum z(x^3-3xy^2)$	$\equiv \beta_J\langle r^4\rangle \frac{1}{4}[J_z(J_+^3+J_-^3)+(J_+^3+J_-^3)J_z]$	$=\beta_J\langle r^4\rangle O_4^3$
$\sum z(3x^2y-y^3)$	$\equiv -\mathrm{i}\beta_J\langle r^4\rangle \frac{1}{4}[J_z(J_+^3-J_-^3)+(J_+^3-J_-^3)J_z]$	$=\beta_J\langle r^4\rangle O_4^3(s)^b$
$\sum(x^4-6x^2y^2+y^4)$	$\equiv \beta_J\langle r^4\rangle \frac{1}{2}[J_+^4+J_-^4]$	$=\beta_J\langle r^4\rangle O_4^4$
$\sum 4(x^3y-xy^3)$	$\equiv -\mathrm{i}\beta_J\langle r^4\rangle \frac{1}{2}[J_+^4-J_-^4]$	$=\beta_J\langle r^4\rangle O_4^4(s)^b$
$\sum(231z^6-315z^4r^2+105z^2r^4-5r^6)$	$\equiv \gamma_J\langle r^6\rangle[231J_z^6-315J(J+1)J_z^4+735J_z^4$ $+105J^2(J+1)^2J_z^2-525J(J+1)J_z^2+294J_z^2$ $-5J^3(J+1)^3+40J^2(J+1)^2-60J(J+1)]$	$=\gamma_J\langle r^6\rangle O_6^0$
$\sum\{16z^4-16(x^2+y^2)z^2+(x^2+y^2)^2\}(x^2-y^2)$	$\equiv \gamma_J\langle r^6\rangle \frac{1}{4}\{[33J_z^4-(18J(J+1)+123)J_z^2+J^2(J+1)^2$ $+10J(J+1)+102](J_+^2+J_-^2)+(J_+^2+J_-^2)[33J_z^4-\text{etc.}]\}$	$=\gamma_J\langle r^6\rangle O_6^2$

续表

$\sum f_{n\alpha}$	等价算符	标准表示
$\sum(11z^3-3zr^2)(x^3-3xy^2)$	$\equiv \gamma_J\langle r^6\rangle \frac{1}{4}[(11J_z^3-3J(J+1)J_z-59J_z)(J_+^3+J_z^3)$ $+(J_+^3+J_-^3)(11J_z^3-3J(J+1)J_z-59J_z)]$	$=\gamma_J\langle r^6\rangle O_6^2$
$\sum(11z^2-r^2)(x^4-6x^2y^2+y^4)$	$\equiv \gamma_J\langle r^6\rangle \frac{1}{4}[(11J_z^2-J(J+1)-38)(J_+^4+J_-^4)$ $+(J_+^4+J_-^4)(11J_z^2-J(J+1)-38)]$	$=\gamma_J\langle r^6\rangle O_6^4$
$\sum(x^6-15x^4y^2+15x^2y^4-y^6)$	$\equiv \gamma_J\langle r^6\rangle \frac{1}{2}[J_+^6+J_-^6]$	$=\gamma_J\langle r^6\rangle O_6^6$

b：这里用 O_n^m（s）来表示算符等价于 f_{nm}^s，而 O_n^m 算符习惯上与 f_{nm}^c 算符等价．
其中 s，c 已在表 1.15 下面一行处作了说明．

$$\langle LSJJ'_z | \sum_i (3z_i^2 - r_i^2) | LSJJ_z \rangle \equiv \alpha_J \langle r^2 \rangle \langle LSJJ'_z | [3J_z^2 - J(J+1)] | LSJJ_z \rangle,$$

实际上这种一一对应的变换情况并不多，由于立方晶场势对称性高，多出现 4 次和 6 次式，可参见式（1. 112）. 这样就有 $[(x_i^4+y_i^4+z_i^4)-3r_i^4/5]$ 为 $f_{4,0}$项，而无法将 x，y，z 和 J_x，J_y，J_z 一一对应变换．于是要将用 x，y，z 为变量表示的晶场势变换成以电子总角动量 J 的表示形式，即 Stevens 等价算符的表示形式．变换的过程：例如，$[(x_i^4+y_i^4+z_i^4)-3r_i^4/5]$ 先表示为

$$(1/30)[(35z_i^4 - 30r_i^2z_i^2 + 3r_i^4) + 5(x_i^4 - 6x_i^2y_i^2 + y_i^4)].$$

因为上式中的右边的第二项已在前面得出了变换的关系，相当于 $\beta_J\langle r^4\rangle O_{4,4}$. 而第一项可以表示为

$$\sum_i f_{40} = \sum_i (35z_i^4 - 30r_i^2z_i^2 + 3r_i^4),$$

其中，第一项 z^4 可直接换成 J_z^4，而第二项 r^2z^2 须要作如下的变换：

$$r^2z^2 = x^2z^2 + y^2z^2 + z^4.$$

其中，x^2z^2 和 y^2z^2 分别写成与 J_x，J_y 和 J_z 可对应的关系

$$x^2z^2 \to (1/6)[J_x^2J_z^2 + J_z^2J_x^2 + J_xJ_zJ_xJ_z + J_xJ_zJ_zJ_x + J_zJ_xJ_zJ_x + J_zJ_xJ_xJ_z],$$

$$y^2z^2 \to (1/6)[J_y^2J_z^2 + J_z^2J_y^2 + J_yJ_zJ_yJ_z + J_yJ_zJ_zJ_y + J_zJ_yJ_zJ_y + J_zJ_yJ_yJ_z],$$

考虑到角动量算符 J_x，J_y和 J_z之间的对易关系：

$$J_xJ_y - J_yJ_x = \mathrm{i}J_z,\quad J_yJ_z - J_zJ_y = \mathrm{i}J_x,\quad J_zJ_x - J_xJ_z = \mathrm{i}J_y,$$

通过计算使 x^2z^2 的后面四项可以写成：

$$J_xJ_zJ_xJ_z = J_x(\mathrm{i}J_y + J_xJ_z)J_z = \mathrm{i}J_xJ_yJ_z + J_x^2J_z^2,$$

$$J_xJ_zJ_zJ_x = 2\mathrm{i}J_xJ_yJ_z + J_z^2 + J_x^2J_z^2,$$

$$J_zJ_xJ_zJ_x = J_z^2J_x^2 - \mathrm{i}J_xJ_yJ_z - J_x^2 + J_y^2 - J_z^2,$$

$$J_zJ_xJ_xJ_z = J_z^2J_x^2 - 2\mathrm{i}J_xJ_yJ_z - 2J_x^2 + 2J_y^2 - J_z^2,$$

把这四项和另外两项加起来得到

$$x^2z^2 = (1/6)[3J_x^2J_z^2 + 3J_x^2J_z^2 - 2J_x^2 + 3J_y^2 - 2J_z^2],$$

同样可以计算出

$$y^2z^2 = (1/6)[3J_y^2J_z^2 + 3J_z^2J_y^2 + 3J_x^2 - 2J_y^2 - 2J_z^2].$$

考虑到 $J_x^2+J_y^2+J_z^2=J^2$，或是用 J^2 的本征值为 $J(J+1)$，最后求出来

$$r^2z^2 \to (1/6)[6J(J+1)J_z^2 + J(J+1) - 5J_z^2],$$

其中，r^2 与 J^2 对应．总之要经过逐步的换算可以得到晶场势式（1. 112）的 Stevens 等价算符的表示形式：

$$q'V(x,y,z) = B_{4,0}[O_{4,0} + 5O_{4,4}] + B_{6,0}[O_{6,0} - 21O_{6,6}], \tag{1.121}$$

其中，q'为单电子电荷（$q'=-|e|$），B_{40}和 B_{60}对于立方八重、六重和四重配位的晶场势分别为

立方八重配位　$B_{4,0}=(7/18)qq'\beta_J\langle r^4\rangle/d^5$，　$B_{6,0}=qq'\gamma_J\langle r^6\rangle/(9d^7)$.

立方六重配位　$B_{4,0}=(7/16)qq'\beta_J\langle r^4\rangle/d^5$，　$B_{6,0}=(3/16)qq'\gamma_J\langle r^6\rangle/d^7$.

立方四重配位　$B_{4,0}=(7/35)qq'\beta_J\langle r^4\rangle/d^5$，　$B_{6,0}=qq'\gamma_J\langle r^6\rangle/(18d^7)$.

如要将在球坐标系的晶场势 $V(r,\theta,\varphi)$，即式（1.113）用 Stevens 等价算符表示，这时要将该式用 $Z_{n,m}$ 来替代 $Y_{n,m}$，并用 $D_4'=r^4D_4''$ 和 $D_6'=r^6D_6''$ 作为系数，则有

$$V(r,\theta,\varphi)=\sum_i\{D_4''r^4[Z_{4,0}+(5.7)^{1/2}Z_{4,4}^c]+D_6'r^6[Z_{6,0}-7^{1/2}Z_{6,4}].$$

由于 $f_{n,\alpha}(x,y,z)=Cr^nZ_{n,\alpha}(x,y,z)$，从表 1.16 中得到 $\sum f_{n,\alpha}(x,y,z)$ 和等价算符的关系，于是得到在球坐标系中的立方晶场势转为 Stevens 等价算符表示的形式

$$\begin{aligned}q'V(r,\theta,\varphi)&=(3/16\sqrt{\pi})D_4''\beta_J\langle r^4\rangle[O_{4,0}+5O_{4,4}]\\&\quad+(13/\pi)(D_6''/32)\gamma_J\langle r^6\rangle[O_{6,0}-21O_{6,4}].\end{aligned}\tag{1.122}$$

对比（1.121）和（1.122）两式的形式可以看出等价算符的形式完全相同，而两个式子同时表示了一个晶场势能，因此，它们相应的系数是相等的，即

$$B_{4,0}=(3/16\sqrt{\pi})D_4''\beta_J\langle r^4\rangle,\quad B_{6,0}=(13/\pi)(D_6''/32)\gamma_J\langle r^6\rangle,$$

其中，β_J 和 γ_J 的数值可以从表 1.17 或表 1.18 给出.

在一些书或文献中将式（1.122）写成

$$V(r,\theta,\varphi)=\sum_{n,m}B_{n,m}O_{n,m},\tag{1.122'}$$

或写成

$$V(r,\theta,\varphi)=\sum_{n,m}b_n\langle r^n\rangle A_{n,m}O_{n,m},\tag{1.122''}$$

其中，$n=0$，2，4，6；$|m|\leqslant n$，b_n 为系数，$b_2=\alpha_2$，$b_4=\beta_4$，$b_6=\gamma_6$，可从表 1.17 和表 1.18 中查出. $O_{n,m}$ 为 Stevens 等价算符，$B_{n,m}$ 和 $A_{n,m}$ 均为晶场作用参数，与晶体中点电荷 $q_j/R_j^{\ n+1}$ 对晶体求和密切有关，在巡游电子模型中与晶场电荷分布 $\rho(R)/R_j^{\ n+1}$ 对晶体的积分有关，这些问题在计算金属及其合金的各向异性能的章节中将详细讨论.

表 1.17　3d 族离子的 Stevens 等价算符式中系数 α_J 和 β_J 的数值和计算公式[21]

$\alpha=-\frac{2}{21}$，	$\beta=\frac{2}{63}$	用于 $\begin{cases}3d^1\ ^2D\\3d^6\ ^5D\end{cases}$	$\alpha=\frac{2}{21}$，	$\beta=-\frac{2}{63}$	用于 $\begin{cases}3d^4\ ^5D\\3d^2\ ^2D\end{cases}$
$\alpha=-\frac{2}{105}$，	$\beta=-\frac{2}{315}$	用于 $\begin{cases}3d^1\ ^2F\\3d^7\ ^4F\end{cases}$	$\alpha=\frac{2}{105}$，	$\beta=\frac{2}{315}$	用于 $\begin{cases}3d^3\ ^4F\\3d^2\ ^3F\end{cases}$

$$\alpha=\mp\frac{2(2l+1-4S)}{(2l-1)(2l+3)(2L-1)}$$

$$\beta=\mp\frac{3(2l+1-4S)[-7(l-2S)(l-2S+1)+3(l-1)(l+2)]}{(2l-3)(2l-1)(2l+3)(2l+5)(L-1)(2L-1)(2L-3)}$$

正负号在未半满壳层取负号，半满及以上取正号

表 1.18　稀土离子的 Stevens 等价算符式中的系数 α_J，β_J 和 γ_J，以及 g_J 的数值[21]

	Ce^{3+} $4f^1\,{}^2F_{5/2}$	Pr^{3+} $4f^3\,{}^3H_4$	Nd^{3+} $4f^2\,{}^4I_{5/2}$	Pm^{3+} $4f^4\,{}^5I_4$	Sm^{3+} $4f^5\,{}^6H_{\frac{5}{2}}$	Tb^{3+} $4f^8\,{}^7F_6$
$g_J=\langle J\|\Delta\|J\rangle$	$\frac{6}{7}$	$\frac{4}{5}$	$\frac{8}{11}$	$\frac{3}{5}$	$\frac{2}{7}$	$\frac{3}{2}$
$\alpha_J=\langle J\|\alpha\|J\rangle$	$\frac{-2}{5\cdot 7}$	$\frac{-2^2\cdot 13}{3^2\cdot 5^2\cdot 11}$	$\frac{-7}{3^2\cdot 11^2}$	$\frac{2\cdot 7}{3\cdot 5\cdot 11^2}$	$\frac{13}{3^2\cdot 5\cdot 7}$	$\frac{-1}{3^2\cdot 11}$
$\beta_J=\langle J\|\beta\|J\rangle$	$\frac{2}{3^2\cdot 5\cdot 7}$	$\frac{-2^2}{3^2\cdot 5\cdot 11^2}$	$\frac{-2^3\cdot 17}{3^2\cdot 11^3\cdot 13}$	$\frac{2^3\cdot 7\cdot 17}{3^2\cdot 5\cdot 11^3\cdot 13}$	$\frac{2\cdot 13}{3^2\cdot 5\cdot 7\cdot 11}$	$\frac{2}{3^2\cdot 5\cdot 11^2}$
$\gamma_J=\langle J\|\gamma\|J\rangle$	0	$\frac{2^4\cdot 17}{3^4\cdot 5\cdot 7\cdot 11^2\cdot 13}$	$\frac{-5\cdot 17\cdot 19}{3^3\cdot 7\cdot 11^3\cdot 13^2}$	$\frac{2^3\cdot 17\cdot 19}{3^2\cdot 7\cdot 11^3\cdot 13^3}$	0	$\frac{-1}{3^4\cdot 7\cdot 11^2\cdot 13}$
	Dy^{3+} $4f^3\,{}^4H_{11/2}$	Ho^{3+} $4f^{14}\,{}^5I_5$	Er^{3+} $4f^{11}\,{}^4I_{11/2}$	Tm^{3+} $4f^{15}\,{}^3H_5$	Yb^{3+} $4f^{15}\,{}^2F_{7/2}$	
$g_J=\langle J\|\Delta\|J\rangle$	$\frac{4}{3}$	$\frac{5}{4}$	$\frac{6}{5}$	$\frac{7}{6}$	$\frac{8}{7}$	
$\alpha_J=\langle J\|\alpha\|J\rangle$	$\frac{-2}{3^2\cdot 5\cdot 7}$	$\frac{-1}{2\cdot 3^2\cdot 5^2}$	$\frac{2^2}{3^2\cdot 5^2\cdot 7}$	$\frac{1}{3^2\cdot 11}$	$\frac{2}{3^2\cdot 7}$	
$\beta_J=\langle J\|\beta\|J\rangle$	$\frac{-2^3}{3^2\cdot 5\cdot 7\cdot 11\cdot 13}$	$\frac{-1}{2\cdot 3\cdot 5\cdot 11\cdot 13}$	$\frac{2}{3^2\cdot 5\cdot 7\cdot 11\cdot 13}$	$\frac{2^1}{3^4\cdot 5\cdot 11^3}$	$\frac{-2}{3\cdot 5\cdot 7\cdot 11}$	
$\gamma_J=\langle J\|\gamma\|J\rangle$	$\frac{2^2}{3^2\cdot 7\cdot 11^2\cdot 13^2}$	$\frac{-5}{3^3\cdot 7\cdot 11^2\cdot 13^2}$	$\frac{2^3}{3^3\cdot 7\cdot 11^2\cdot 13^2}$	$\frac{-5}{3^4\cdot 7\cdot 11^2\cdot 13}$	$\frac{2^3}{3^3\cdot 7\cdot 11\cdot 13}$	

1.6.3 过渡金属中 d 电子的能级结构

在晶场作用下讨论原子中电子的运动状态时，一开始总是以自由原子中电子为对象，在只有一个电子时，在式（1.123）哈密顿量中没有第三项：

$$\hat{H}_0 = \sum_i \left[-\frac{\hbar^2}{2m} \nabla_i^2 - \frac{ze^2}{r_i} \right] + \sum_{i\neq j} \frac{e^2}{r_{ij}}. \tag{1.123}$$

如果有两个或更多的电子，在式（1.123）中要加上电子之间的库仑作用能项 $\sum_{i\neq j}(e^2/r_{ij})$. 由于在讨论过渡金属的晶场作用以及其他微扰能的影响时，总是将自由原子或离子态的 d 电子能量看作主要的能量参量，而在形成晶体后的晶场能作为微扰能来考虑．由于过渡金属中的晶场势能比较强，一般在 $1\sim4\times10^4\text{cm}^{-1}$量级（因只对一个电子来计量的，所以能量很小，常用此单位来表示：$1\text{cm}^{-1}=1.24\times10^{-4}\text{eV}=1.986\times10^{-23}\text{J}$)，比交换作用能和自旋-轨道耦合作用要强得多，所以在讨论过渡金属的晶场对 d 电子的能量影响时，其能量的哈密顿量写为

$$\hat{H}=\hat{H}_0+\hat{H}_1(=eV), \tag{1.124}$$

其中，V 为晶场势，具体的形式可根据晶体的结构从前面给出的公式得到．

1.6.3.1 $3d^1$ 电子的 T_d（四面体）或 D_{4h}（八面体）晶场中的基态能级分布

我们已知自由离子的 $3d^1$ 电子的组态为^2D，轨道的本征波函数为 ϕ_{n,L,m_L}. 其中 $n=3$，$L=2$，$m_L=0$，±1，±2，$S=\pm1/2$. ϕ_{n,L,m_L} 常用$|L, m_L\rangle$表示．在不考虑自旋取向的情况下，就有五个本征波函数和对应的本征值，能量是五重简并的.

在晶场作用下，得到一级微扰能

$$E_{l,l}=\langle L, m_L'|eV|L, m_L\rangle$$

是一个 5×5 的矩阵，由于选用的是基态波函数，所以矩阵是对角化的．对于不同对称性的晶场得到的能级分裂不同，具体结果如下：

T_d（四面体） 晶场作用结果使五重简并能级分为两组：E_g 态和 T_{2g}态．其中，基态为 E_g 态是双重态，对应的波函数为 $d_{x^2-y^2}$ 和 $d_{3z^2-r^2}$ 态．另一个是 T_{2g}态，对应的能量较高（$10D_g\approx2.5\text{eV}$)，波函数为 d_{xy}，d_{yz}和 d_{zx}.

O_h（立方或正八面体） 晶场作用结果与 T_d（四面体）作用结果相反，T_{2g}态对应的能量较低，对应的轨道态为 d_{xy}，d_{yz} 和 d_{zx}. 而 E_g 态能量较高．如正八面体在某个（假定为 z 轴）方向受到拉或压力的作用，而出现 C_{4h}的对称特性，会使 d 电子的能级进一步劈裂．不过 T_d 态分裂成一个单态（能量最低）和一个双态（能量相对高一些）．E_g态也分裂为两个单态，如在 x 或 y 方向有变化，则会产生 C_{4v}对称性，也会使 d 电子的能级进一步劈裂．不过 T_{2g}态分裂出来的双态为

基态.

附带说明一下：电子的能态的多重结构的表示主要有 Bethe 和 Mulliken 两种方式，具体为：

Bethe 符号	Γ_1，	Γ_2，	Γ_3，	Γ_4，	Γ_5，	Γ_6，	Γ_7，	Γ_8，
Mulliken 符号	A_1，	A_2，	E，	T_1，	T_2，	$E_{1/2}$，	$E_{5/2}$，	G
简并态数目	1	1	2	3	3	2	2	4

3d 电子态常见的符号　　$E_g(e_g)$　　$T_{2g}(t_{2g})$

1.6.3.2　$3d^2$ 电子和多个 d^n 电子在晶场中的基态能级分布

具有两个电子的自由离子中，电子波函数（包含自旋取向）有 45 个简并度. 但其基态的组态为^3F，它具有七重简并度，在晶场作用下劈裂为一个单态，两个三重态. 在八面体晶场中基态为 T_1(三重态)，中间的为 T_2(三重态)，能量较高的为单态 A. 如受到四面体晶场作用，能态也劈裂成两个三重态和一个单态. 而单态 A 为基态，能量最低.

对于 $3d^n$（$n=1$，2，3，4，…，10）等电子轨道能级在八面体晶场中劈裂的详细计算请参见文献［20，23］. 它们的基态能级分布见图 1.35. 在图中可看到用 A_1，A_2，E，T_1，T_2 等符号标记的能级状态. A 为单轨道态，E 为双态，T 为三态. 为了标志出高自旋态离子中 $3d^n$ 电子在占据基态轨道态中的过程，可参见表 1.19[23]. 在表中给出了自由电子的最低能级为$^{(2S+1)}L$ 谱项（L 为 d 电子轨道量子数)，以及在八面体晶场中基态能级进一步分裂的结果. A，E，T 分别为 1，2，3 不可约群的表象数. t_{2g}和 e_g表示为三重和二重能级结构. 箭头表示电子自旋在态中的取向，括号外右上角的数字为电子数.

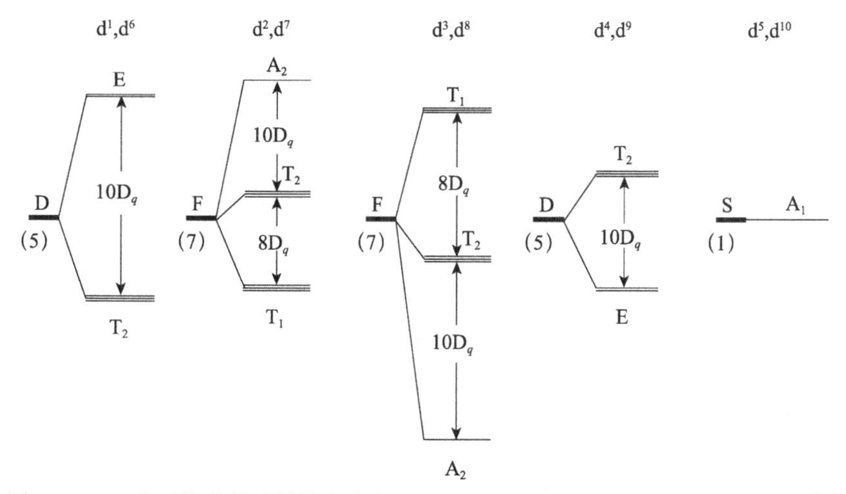

图 1.35　d^n 电子轨道的最低能态分布和晶场作用使能级进一步劈裂的示意结果[23]

表 1.19 过渡金属离子 d 电子基态轨道能级和在晶场中分裂的状态，以及电子在这些轨道态中分布的高自旋态的组态结果[23]

态	自由离子谱项	八面体结构基态	电子组态
$3d^1$	^2D	$^2T_2$	$(t_{2g}^{\uparrow})^1$
$3d^2$	^3F	$^3T_1$	$(t_{2g}^{\uparrow})^2$
$3d^3$	^4F	$^4A_2$	$(t_{2g}^{\uparrow})^3$
$3d^4$	^5D	^5E	$(t_{2g}^{\uparrow})^3\ (e_g^{\uparrow})^1$
$3d^5$	^6S	$^6A_1$	$(t_{2g}^{\uparrow})^3\ (e_g^{\uparrow})^2$
$3d^6$	^5D	$^5T_2$	$(t_{2g}^{\uparrow})^3\ (e_g^{\uparrow})^2\ (t_{2g}^{\downarrow})^1$
$3d^7$	^4F	$^4T_1$	$(t_{2g}^{\uparrow})^3\ (e_g^{\uparrow})^2\ (t_{2g}^{\downarrow})^2$
$3d^8$	^3F	$^3A_2$	$(t_{2g}^{\uparrow})^3\ (e_g^{\uparrow})^2\ (t_{2g}^{\downarrow})^3$
$3d^9$	^2D	^2E	$(t_{2g}^{\uparrow})^3\ (e_g^{\uparrow})^2\ (t_{2g}^{\downarrow})^3\ (e_g^{\downarrow})^1$
$3d^{10}$	^1S	$^1A_1$	$(t_{2g}^{\uparrow})^3\ (e_g^{\uparrow})^2\ (t_{2g}^{\downarrow})^3\ (e_g^{\downarrow})^2$

四面体晶场对 d^n 自由电子轨道态的作用结果正好与八面体晶场作用相反．以 d^1 电子的情况为例，可以看到，三重态 d_{xy}，d_{yz} 和 d_{zx} 波函数与四面体的顶角上的四个配位离子的距离相对八面体来说要远一些，因此相应的能量要负得小一些，而另外两个态的能量却要负得多一些，即相对要低一些．因此对四面体晶场作用结果来说，E 为二重简并基态．

实际上所有晶体都不是理想的结构，总会存在某些不完整性，使得基态能级进一步分裂．另外由于其他作用，如自旋-轨道耦合作用，也会使能级进一步分裂．下面讨论过渡金属中自旋-轨道耦合对基态能级的作用．

由于晶场作用的强度对于 3d 离子和 4f 离子差别较大，必须分两种情况来考虑：

(1) 3d 离子的情况是晶场作用强度为 $10^4\,\text{cm}^{-1}$，而自旋-轨道耦合作用只有 $10^2\,\text{cm}^{-1}$．这样，将晶场归并到零级哈密顿量中，自旋-轨道耦合是它的微扰态．

(2) 4f 离子情况与 3d 离子的情况正好相反，自旋-轨道耦合作用有 $10^4\,\text{cm}^{-1}$，要比晶场作用强度大 1～2 个量级．另外需要考虑不同磁性离子之间的交换能．因为自旋-轨道耦合很强，这时基态哈密顿正好成为 $H_{\text{L-S}}$ 表象的哈密顿量，本征函数为 $|LSJM_J\rangle$．这时 4f 离子的总角动量 J 变为好量子数，不同的 J 值对应不同的能量．因此可以将自旋-轨道耦合作为基态，而晶场和交换能看作微扰项来处理和计算磁晶各向异性能的问题．

实际上前面都是以过渡金属为对象来进行讨论和计算的．下面仍以 d 电子为对象继续讨论能级分裂的问题．

1.6.4 自旋-轨道耦合和自旋算符

在一开始就指出自旋-轨道耦合是产生磁晶各向异性的主要因素，下面将比较详细地对这种看法进行分析．对于过渡金属来说，基态情况下轨道角动量是基本上或完全淬灭的，如只考虑基态情况，是不会存在自旋-轨道耦合的，因为在基态的 L 平均值等于零，只有考虑了激发态（作为微扰）后这种耦合作用才不为零．这一特性表明过渡金属的磁晶各向异性相对稀土金属要小得多．

在过渡金属中自由 3d 电子的哈密顿量如式（1.123）所示，在晶体中存在晶场作用则常表示为式（1.124）．对于单电子的自旋-轨道的哈密顿量可写成

$$H_{\text{L-S}} = (2m^2c^2)^{-1}\left[\int \psi^*(r)(1/r)(\partial U/\partial r)\psi(r)\mathrm{d}r\right]\boldsymbol{L}\cdot\boldsymbol{S}, \tag{1.125}$$

其中，m 为电子质量，c 为光速，U 为电子受到的库仑势．在有心力场中，U 仅是 r 的函数，$\psi(r)$ 为归一化电子波函数．上式可以写成

$$H_{\text{L-S}} = \frac{1}{2m^2c^2}\frac{1}{r}\frac{\partial U}{\partial r}\boldsymbol{L}\cdot\boldsymbol{S}.$$

一般说来，我们遇到的问题都是具有几个磁电子的离子，所以还要考虑电子之间的耦合作用．如一个原子或离子为 n 电子组成的体系，整个与磁有关的哈密顿量为

$$H_{\text{m}} = (ze^2/2m^2c^2)\sum_i(1/r_i^3)\boldsymbol{L}\cdot\boldsymbol{S} - (e^2/2m^2c^2)\sum_{i\neq j}[(\boldsymbol{r}_{ij}/r_i^3)\times\boldsymbol{p}_i]\cdot(\boldsymbol{S}_i+2\boldsymbol{S}_j)$$
$$+(e^2/2m^2c^2)\sum_{i\neq j}(1/r_i^3)[(\boldsymbol{S}_i\cdot\boldsymbol{S}_j)-3(\boldsymbol{S}_i\cdot\boldsymbol{r}_{ij})(\boldsymbol{S}_j\cdot\boldsymbol{r}_{ij})/r_{ij}^2],$$

式中，$\boldsymbol{p}_i$ 为电子的动量，第一和三两项在求和时，只有未满壳层的结果不为零，第二项由两部分组成，第一项为自旋与自身轨道的耦合部分，第二项为电子自旋与另一个电子轨道的耦合．对满电子壳层求和时这种自旋轨道耦合并不为零，但满壳层的屏蔽作用使形成的自旋-轨道耦合比未满壳层所产生的自旋-轨道耦合小得多．这样，对所有求和运算可变成只对未满壳层中电子来运作，这样 H_{m} 可以用 H_1 表示

$$H_1 = H_{\text{L-S}} + H_{\text{S-S}}.$$

令 λ 为自旋-轨道耦合系数．如要考虑满壳层的自旋-轨道耦合部分的结果，为简单起见，可归并到系数 λ 中，下面给出的算式中哈密顿量未计入满壳层中电子的自旋-轨道耦合影响

$$H_{\text{L-S}} = \lambda\sum_i l_i\cdot s_i - (e^2/2m^2c^2)\sum{}'_{i\neq j}[(\boldsymbol{r}_{ij}/r_i^3)\times\boldsymbol{p}_i]\cdot(\boldsymbol{S}_i+2\boldsymbol{S}_j), \tag{1.126}$$

$$H_{\text{S-S}} = (e^2/2m^2c^2)\sum{}'_{i\neq j}(1/r_i^3)\cdot[(\boldsymbol{s}_i\cdot\boldsymbol{s}_j)-3(\boldsymbol{s}_i\cdot\boldsymbol{r}_{ij})(\boldsymbol{s}_j\cdot\boldsymbol{r}_{ij})/r_{ij}^3]. \tag{1.127}$$

在过渡金属中晶场要比自旋-轨道耦合的能量大 10～100 倍，可用 L-S 表象来计算，在考虑晶场作用情况下得到基态波函数和本征能量后，在基态为单重态时，式（1.125）的 $H_{\text{L-S}}$为（包含了两部分，即上面给出的 H_1）

$$H_1 = H_{\text{L-S}} + H_{\text{S-S}} = \lambda\boldsymbol{L}\cdot\boldsymbol{S} - \rho[(\boldsymbol{L}\cdot\boldsymbol{S})^2+(\boldsymbol{L}\cdot\boldsymbol{S})/2]. \tag{1.128}$$

现以过渡金属氧化物晶体为讨论对象（$\lambda \approx 10^1 \mathrm{cm}^{-1}$，$\rho \approx 10^0 \mathrm{cm}^{-1}$），将晶场作用后的结果看成基态，其能量作为零级哈密顿量 H_0. 进而就可以在 L-S 表象中计算微扰能. 这里有两种情况，一是离子基态的轨道角动量 $L=0$，例如，3d 电子为 S 态（可以是没有电子和 5 个电子，为 Mn^{2+}，Fe^{3+}，但在激发态可以有 $L\neq 0$ 的情况）；另外一种是 $L\neq 0$（如 Fe^{2+} 有 $3d^6$ 电子，自由电子属于 ^2D 态）. 一般可以将前者看成后者的特例，所以只讨论 $L\neq 0$ 情况下 $H_{L\text{-}S}$ 的微扰问题.

下面可以证明，在基态情况下，虽然 $L\neq 0$，但算符的 L_x，L_y，L_z 的平均值为零，所以不会使原来的基态进一步分裂，即使在一级微扰的影响下也不会进一步分裂. 可以证明如下：

如果晶场作用的基态波函数为 $|0, S_z\rangle$，$L=0$ 表示轨道为单态，而 S_z 可以是多重态. 因此得到

$$
\begin{aligned}
&\langle S_z' \mid \langle 0 \mid \lambda \boldsymbol{L} \cdot \boldsymbol{S} \mid 0\rangle \mid S_z\rangle \\
&= \lambda\langle 0 \mid L \mid 0\rangle\langle S_z' \mid S_z \mid S_z\rangle + \lambda\langle 0 \mid L \mid 0\rangle\langle S_z' \mid S_y \mid S_z\rangle + \lambda\langle 0 \mid L \mid 0\rangle\langle S_z' \mid S_x \mid S_z\rangle \\
&= 0.
\end{aligned}
$$

由此知，要计算自旋-轨道耦合作用对基态能级引起的分裂，必须考虑激发态的影响. 为了考虑和计算引起的分裂情况，就要考虑晶场和自旋-轨道耦合的联合作用.

1.6.4.1 在晶场作用下自旋-轨道耦合对能级分裂的影响

下面将应用布里渊-维格纳（Brillouin-Wigner）微扰方法来计算微扰项 $H_{L\text{-}S}$ 的影响. 由于已知微扰哈密顿量 H_1 为式（1.128）. 假定其零级哈密顿量满足下述本征方程：

$$
H^{(0)}\varphi_n = \varepsilon_n^{(0)}\varphi_n, \tag{1.129}
$$

其中，$\varepsilon_n^{(0)}$ 和 φ_n 分别为基态本征能量和本征波函数. 考虑到在晶场作用中 3d 电子轨道基态（如前面的讨论）是简并的，这时选定基态波函数为 φ_i，φ_j，…系列；而令微扰态波函数为 φ_α，φ_β，…系列，则含微扰哈密顿量为（$H^{(0)}+H_1$），其薛定谔方程为

$$
(H^{(0)}+H_1)\Phi = \varepsilon\Phi, \tag{1.130}
$$

其中，波函数 Φ 写成

$$
\Phi = \sum_i a_i\varphi_i + \sum_\alpha a_\alpha\varphi_\alpha, \tag{1.131}
$$

式（1.130）可以写成

$$
(H^{(0)}-\varepsilon)\sum_i a_i\varphi_i + (H^{(0)}-\varepsilon)\sum_\alpha a_\alpha\varphi_\alpha = -H_1\Phi, \tag{1.132}
$$

ε 为考虑微扰后体系的能量. 如在式（1.132）两边均乘以 φ_β^*，并进行积分. 由于 φ_β^* 与 φ_j 正交，于是得到

$$\int\varphi_\beta^*(H^{(0)}-\varepsilon)\sum_i a_i\varphi_i\mathrm{d}v+\int\varphi_\beta^*(H^{(0)}-\varepsilon)\sum_\alpha a_\alpha\varphi_\alpha\mathrm{d}v=-\int\varphi_\beta^* H_1\Phi\mathrm{d}v,$$

$$a_\beta(\varepsilon_\beta^{(0)}-\varepsilon)=-\langle\beta|H_1|\Phi\rangle,$$

由此得到系数

$$a_\beta=\langle\beta|H_1|\Phi\rangle/(\varepsilon-\varepsilon_\beta^{(0)}), \tag{1.133}$$

其中，β代表φ_β^*，为了比较严格地计算出微扰项的影响，采取迭代方法来确定系数a_β，a_γ，a_δ，…. 将式（1.131）代入式（1.133），再借助式（1.132），可以得到

$$\begin{aligned}a_\beta&=\langle\beta|H_1|\Phi\rangle/(\varepsilon-\varepsilon_\beta^{(0)})\\&=\sum_i\langle\beta|H_1|i\rangle a_i/(\varepsilon-\varepsilon_\beta^{(0)})+\sum_\gamma\langle\beta|H_1|\gamma\rangle a_\gamma/(\varepsilon-\varepsilon_\beta^{(0)})\\&=\sum_i\langle\beta|H_1|i\rangle a_i/(\varepsilon-\varepsilon_\beta^{(0)})\\&\quad+\sum_\gamma\langle\beta|H_1|\gamma\rangle\langle\gamma|H_1|\Phi\rangle/[(\varepsilon-\varepsilon_\beta^{(0)})(\varepsilon-\varepsilon_\gamma^{(0)})],\end{aligned} \tag{1.134}$$

其中

$$a_\gamma=\langle\gamma|H_1|\Phi\rangle/(\varepsilon-\varepsilon_\gamma^{(0)}).$$

再将式（1.131）代入式（1.134），可以得到

$$\begin{aligned}a_\beta=&\sum_i\langle\beta|H_1|i\rangle a_i/(\varepsilon-\varepsilon_\beta^{(0)})+\sum_\gamma\langle\beta|H_1|\gamma\rangle\langle\gamma|H_1|i\rangle a_i/(\varepsilon-\varepsilon_\beta^{(0)})(\varepsilon-\varepsilon_\gamma^{(0)})\\&+\sum_\gamma\langle\beta|H_1|\gamma\rangle\langle\gamma|H_1|\delta\rangle a_\delta/(\varepsilon-\varepsilon_\beta^{(0)})(\varepsilon-\varepsilon_\gamma^{(0)}),\end{aligned} \tag{1.135}$$

其中

$$a_\delta=\langle\delta|H_1|\Phi\rangle/(\varepsilon-\varepsilon_\delta^{(0)}),$$

将a_δ代入a_β的式中，按上述迭代方法，可以得到a_β与a_j的关系表示

$$\begin{aligned}a_\beta=\Bigg\{&\sum_i\frac{\langle\beta|H_1|i\rangle}{\varepsilon-\varepsilon_\beta^{(0)}}+\sum_\gamma\frac{\langle\beta|H_1|\gamma\rangle\langle\gamma|H_1|i\rangle}{[(\varepsilon-\varepsilon_\beta^{(0)})(\varepsilon-\varepsilon_\gamma^{(0)})]}\\&+\sum_\gamma\sum_\delta\frac{\langle\beta|H_1|\gamma\rangle\langle\gamma|H_1|\delta\rangle\langle\delta|H_1|i\rangle}{(\varepsilon-\varepsilon_\beta^{(0)})(\varepsilon-\varepsilon_\gamma^{(0)})(\varepsilon-\varepsilon_\delta^{(0)})}+\cdots\Bigg\}a_j.\end{aligned} \tag{1.136}$$

于是式（1.131）变为

$$\begin{aligned}\Phi=\sum_i a_i\Big\{&\varphi_i+\sum_\alpha\varphi_\alpha\langle\alpha|H_1|i\rangle/(\varepsilon-\varepsilon_\alpha^{(0)})\\&+\sum_\beta\sum_\gamma\langle\alpha|H_1|\beta\rangle\langle\beta|H_1|i\rangle/[(\varepsilon-\varepsilon_\alpha^{(0)})(\varepsilon-\varepsilon_\beta^{(0)})]\\&+\sum_\alpha\sum_\beta\sum_\gamma\langle\alpha|H_1|\beta\rangle\langle\beta|H_1|\gamma\rangle\langle\gamma|H_1|i\rangle/[(\varepsilon-\varepsilon_\beta^{(0)})(\varepsilon-\varepsilon_\gamma^{(0)})(\varepsilon-\varepsilon_\delta^{(0)})]\\&+\cdots\Big\},\end{aligned} \tag{1.137}$$

用 φ_j^* 乘式（1.132）的两边，并分别进行计算，左边有

$$\int\varphi_j^*(H^{(0)}-\varepsilon)\sum_i a_i\varphi_i\mathrm{d}v+\int\varphi_j^*(H^{(0)}-\varepsilon)\sum_\alpha a_\alpha\varphi_\alpha\mathrm{d}v=-\int\varphi_j^* H_1\Phi\mathrm{d}v,$$

$$\varphi_j^* H^{(0)}\sum_i a_i\varphi_i-\varphi_j^*\varepsilon\sum_i a_i\varphi_i+0=-\langle j|H_1|\Phi\rangle,$$

得到

$$\sum(\varepsilon_i^{(0)}-\varepsilon)\delta_{ji}a_i=-\langle j|H_1|\Phi\rangle.$$

将式（1.137）中的 Φ 代入上式中，可以得到

$$\sum_j[\langle j|H_{\mathrm{eff}}|i\rangle-\varepsilon\delta_{ji}]a_i=0,\tag{1.138}$$

其中，H_{eff}为考虑激发态影响后的有效微扰哈密顿，具体表示为

$$\begin{aligned}\langle j|H_{\mathrm{eff}}|i\rangle=&\ \varepsilon_i^{(0)}\delta_{ji}+\langle j|H_1|i\rangle+\sum_\alpha\langle j|H_1|\alpha\rangle\langle\alpha|H_1|i\rangle/(\varepsilon-\varepsilon_\alpha^{(0)})\\&+\sum_\alpha\sum_\beta\langle j|H_1|\alpha\rangle\langle\alpha|H_1|\beta\rangle\langle\beta|H_1|i\rangle/(\varepsilon-\varepsilon_\alpha^{(0)})(\varepsilon-\varepsilon_\beta^{(0)})+\cdots.\end{aligned}\tag{1.139}$$

以上讨论的是 Brullouin-Wigner 微扰理论方法，下面具体地来计算自旋-轨道耦合（$H_1=\lambda\boldsymbol{L}\cdot\boldsymbol{S}$）对 3d 电子轨道态进一步分裂的影响 .

1.6.4.2 电子自旋哈密顿量

在式（1.139）的分母中存在一个未知能量 ε，它是基态能与激发态所需能量之和 . 由于过渡金属的晶场能比微扰哈密顿 H_1 的作用能大两个量级，所以可以近似地认为 $\varepsilon=\varepsilon_j^{(0)}$. 这样从（1.138）和（1.139）两式可以计算出微扰能量 . 对式（1.139）中保留的项数越多（如有 n 项），就可以使计算的近似程度越高（为 $n-1$ 级近似）.

由于已经证明一级近似下 $H_1=\lambda\boldsymbol{L}\cdot\boldsymbol{S}$ 的影响为零，现在计算二级微扰，只需要对式（1.139）取右边的前三项，第一项为常数，第二项为零，均不计入，则具体有

$$\begin{aligned}\langle j|H_{\mathrm{eff}}|i\rangle&=\sum_\alpha\langle j|H_1|\alpha\rangle\langle\alpha|H_1|i\rangle/(\varepsilon-\varepsilon_\alpha^{(0)})\\&=\sum_\alpha\langle j|\lambda\boldsymbol{L}\cdot\boldsymbol{S}|\alpha\rangle\langle\alpha|\lambda\boldsymbol{L}\cdot\boldsymbol{S}|i\rangle/(\varepsilon-\varepsilon_\alpha^{(0)}).\end{aligned}\tag{1.140}$$

在以上讨论过程中，i，j，k，…代表单重轨道态，其基态的区别在于自旋的不同，可以用

$$|0\rangle|S_i\rangle,|0\rangle|S_j\rangle,|0\rangle|S_k\rangle,\cdots$$

表示 . 而激发态为 α，β，γ，…；分别由

$$|\alpha\rangle|S_m\rangle,|\beta\rangle|S_n\rangle,|\gamma\rangle|S_p\rangle,\cdots$$

来表示 . 这样式（1.140）可以分别对轨道和自旋求和

$$
\begin{aligned}
\langle j|H_{\mathrm{eff}}|i\rangle = &\sum\nolimits_{\alpha}\sum\nolimits_{m}\langle 0|\langle S_j|\lambda L_x S_x|\alpha\rangle|S_m\rangle\langle S_m|\langle\alpha|\lambda L_x S_x|0\rangle|S_i\rangle/(\varepsilon-\varepsilon_\alpha^{(0)}) \\
&+\sum\nolimits_{\alpha}\sum\nolimits_{m}\langle 0|\langle S_j|\lambda L_y S_y|\alpha\rangle|S_m\rangle\langle S_m|\langle\alpha|\lambda L_y S_y|0\rangle|S_i\rangle/(\varepsilon-\varepsilon_\alpha^{(0)}) \\
&+\sum\nolimits_{\alpha}\sum\nolimits_{m}\langle 0|\langle S_j|\lambda L_z S_z|\alpha\rangle|S_m\rangle\langle S_m|\langle\alpha|\lambda L_z S_z|0\rangle|S_i\rangle/(\varepsilon-\varepsilon_\alpha^{(0)}) \\
&+\sum\nolimits_{\alpha}\sum\nolimits_{m}\langle 0|\langle S_j|\lambda L_x S_x|\alpha\rangle|S_m\rangle\langle S_m|\langle\alpha|\lambda L_y S_y|0\rangle|S_i\rangle/(\varepsilon-\varepsilon_\alpha^{(0)}) \\
&+\sum\nolimits_{\alpha}\sum\nolimits_{m}\langle 0|\langle S_j|\lambda L_x S_x|\alpha\rangle|S_m\rangle\langle S_m|\langle\alpha|\lambda L_z S_z|0\rangle|S_i\rangle/(\varepsilon-\varepsilon_\alpha^{(0)}) \\
&+\sum\nolimits_{\alpha}\sum\nolimits_{m}\langle 0|\langle S_j|\lambda L_y S_y|\alpha\rangle|S_m\rangle\langle S_m|\langle\alpha|\lambda L_x S_x|0\rangle|S_i\rangle/(\varepsilon-\varepsilon_\alpha^{(0)}) \\
&+\sum\nolimits_{\alpha}\sum\nolimits_{m}\langle 0|\langle S_j|\lambda L_y S_y|\alpha\rangle|S_m\rangle\langle S_m|\langle\alpha|\lambda L_z S_z|0\rangle|S_i\rangle/(\varepsilon-\varepsilon_\alpha^{(0)}) \\
&+\sum\nolimits_{\alpha}\sum\nolimits_{m}\langle 0|\langle S_j|\lambda L_z S_z|\alpha\rangle|S_m\rangle\langle S_m|\langle\alpha|\lambda L_x S_x|0\rangle|S_i\rangle/(\varepsilon-\varepsilon_\alpha^{(0)}) \\
&+\sum\nolimits_{\alpha}\sum\nolimits_{m}\langle 0|\langle S_j|\lambda L_z S_z|\alpha\rangle|S_m\rangle\langle S_m|\langle\alpha|\lambda L_y S_y|0\rangle|S_i\rangle/(\varepsilon-\varepsilon_\alpha{}^{(0)}),
\end{aligned}
\tag{1.141}
$$

以式（1.141）中第一项为例进行计算，由于在完备集中

$$\sum\nolimits_{m}|S_m\rangle\langle S_m|=1,$$

先计算式（1.141）中的第一项，得到

$$
\begin{aligned}
&\sum\nolimits_{\alpha}\sum\nolimits_{m}\langle 0|\langle S_j|\lambda L_x S_x|\alpha\rangle|S_m\rangle\langle S_m|\langle\alpha|\lambda L_x S_x|0\rangle|S_i\rangle/(\varepsilon-\varepsilon_\alpha^{(0)}) \\
=&\sum\nolimits_{\alpha}\sum\nolimits_{m}\langle S_j|S_x|S_m\rangle\langle S_m|S_x|S_i\rangle\langle 0|\lambda L_x|\alpha\rangle\langle\alpha|\lambda L_x|0\rangle/(\varepsilon-\varepsilon_\alpha{}^{(0)}) \\
=&\sum\nolimits_{\alpha}\langle S_j|S_x S_x|S_i\rangle\langle 0|\lambda L_x|\alpha\rangle\langle\alpha|\lambda L_x|0\rangle/(\varepsilon-\varepsilon_\alpha{}^{(0)}) \\
=&\langle S_j|S_x^2|S_i\rangle D_{xx},
\end{aligned}
$$

其中

$$D_{xx}=\sum\nolimits_{\alpha}\langle 0|\lambda L_x|\alpha\rangle\langle\alpha|\lambda L_x|0\rangle/(\varepsilon-\varepsilon_\alpha^{(0)}).$$

对式（1.141）中其他八项计算后，依次相加可以得到

$$
\begin{aligned}
H_{\mathrm{eff}}=H_{\mathrm{S}}=&D_{xx}S_x^2+D_{yy}S_y^2+D_{zz}S_z^2+D_{xy}S_xS_y+D_{xz}S_xS_z+D_{yx}S_yS_x \\
&+D_{yz}S_yS_z+D_{zx}S_zS_x+D_{zy}S_zS_y,
\end{aligned}
$$

计算结果显示 H_{eff}所包含的全是电子自旋算符，而 D 表示能量，因此将 H_{eff}改为自旋哈密顿量 H_{S}，得到

$$
\begin{aligned}
\langle j|H_{\mathrm{S}}|i\rangle=&D_{xx}\langle S_j|S_x^2|S_i\rangle+D_{xy}\langle S_j|S_xS_y|S_i\rangle+D_{xz}\langle S_j|S_xS_z|S_i\rangle \\
&+D_{yx}\langle S_j|S_yS_x|S_i\rangle+D_{yy}\langle S_j|S_yS_y|S_i\rangle+D_{yz}\langle S_j|S_yS_z|S_i\rangle \\
&+D_{zx}\langle S_j|S_zS_x|S_i\rangle+D_{zy}\langle S_j|S_zS_y|S_i\rangle+D_{zz}\langle S_j|S_zS_z|S_i\rangle,
\end{aligned}
$$

其中，H_{S} 称为电子自旋哈密顿量，可以将上式写成

$$H_{\mathrm{S}}=S_p\cdot D_{pq}\cdot S_q,\quad p,\ q=x,\ y,\ z. \tag{1.142}$$

由上述表示可以看出 D_{pq}是一个二阶张量，有九个张量元．D_{pq}与电子轨道对晶体

主轴的取向有关，并具有能量量纲，常用来表示能级分裂的大小．

由于晶体的对称性可以使九个 D_{pq} 张量元经过晶体的对称操作而减少，可以证明，D 在立方晶体中可以简化为只有对角元的张量，并且 $D_{xx}=D_{yy}=D_{zz}=D$. 这时自旋哈密顿量可写成

$$H_S = D(S_x^2 + S_y^2 + S_z^2) = DS(S+1). \tag{1.143}$$

在 1.5.2 节中已经介绍了立方晶体中可能存在的对称结构有四角对称、三角对称、单轴对称等子结构．在四角和三角对称结构情况，经过一定的对称操作可以将二阶张量 D 中九个张量元简化为两个不为零的独立元 D_{xx} 和 D_{zz}. 具体的做法为

$$D'_{pq} = \sum_i \sum_j R_{pi} D_{ij} R_{qj},$$

其中，R_{mn} 为二阶坐标变换矩阵．对于四角对称则有

$$R_{mn} = \begin{vmatrix} 0 & 1 & 0 \\ -1 & 0 & 0 \\ 0 & 0 & 1 \end{vmatrix},$$

D'可以简化为

$$D' = \begin{vmatrix} D_{11} & 0 & 0 \\ 0 & D_{22} & 0 \\ 0 & 0 & D_{33} \end{vmatrix},$$

这样可将式（1.142）简化为

$$H_S = D_{xx}S_x^2 + D_{yy}S_y^2 + D_{zz}S_z^2,$$

由于 $D_{xx}=D_{yy}$，得到

$$D_{xx}S^2 + D_{zz}S_z^2 - D_{xx}S_z^2 = D_1 S_z^2 + \text{常数},$$

其中，$D_1=D_{zz}-D_{xx}$. 略去常数，则有

$$H_S = D_1 S_z^2. \tag{1.144}$$

对于三角对称，则

$$R_{mn} = \begin{vmatrix} -\cos60^\circ & \cos30^\circ & 0 \\ -\cos30^\circ & \sin30^\circ & 0 \\ 0 & 0 & 1 \end{vmatrix},$$

经过计算，同样可以得到式（1.144）的结果．

上面比较详细地讨论了二级微扰情况下自旋-轨道耦合作用对过渡金属中 d 电子的能级分裂的作用，从立方对称得到的式（1.143）可看出，二级微扰给出的自旋-轨道耦合与自旋哈密顿量为常数，因而无法进一步去计算各向异性的结果．实际是要进行四级微扰的计算才能得到立方对称结构的磁晶各向异性的正确结果．

对于立方晶体，需要计算四级微扰，由于是晶场和自旋-轨道耦合共同作用，

结果给出哈密顿量只与自旋算符有关，具体为

$$H_S = D_2(S_x^4 + S_y^4 + S_z^4),$$

其中

$$D_2 = D_{1111} - 3D_{1122} \tag{1.145}$$

与自旋-轨道耦合常数有关，具有能量量纲，在计算磁晶各向异性时要用到它，这时它实际上以自旋算符的形式出现．下面将考虑交换作用能项的作用，也是与自旋算符密切相关，这也可以从式（1.128）中 H_1 主要由自旋算符构成得到．有关自旋-轨道耦合四级微扰的计算过程请参看本章的附录．

1.6.4.3 自旋-轨道耦合和分子场的联合作用

上面基于局域电子模型，对过渡金属的 d 电子在晶场作用给出的基态情况下，讨论了自旋-轨道耦合作用对过渡金属基态能级可能产生分裂的结果．在实际的磁性晶体中，总是存在比较强的自发磁化，相当于存在一个较强的交换作用等效场，通称为分子场，其强度为 10^2cm^{-1}量级，并使电子自旋磁矩在空间的取向基本一致．而交换作用是各向同性的，在 3d 族过渡金属中自旋-轨道耦合的强度也在 10^2cm^{-1}量级．两者的共同作用使自发磁化的取向总是沿着某些晶轴方向，因而形成磁晶各向异性．

下面先讨论磁场和自旋-轨道耦合结合作用下，基态为单重态情况的能级分裂．根据式（1.125）的情况，在 H_1 微扰项中增加一项磁场作用能，这样有

$$H_1 = \sum\nolimits_n H_{\text{L-S}}(n) + \mu_B \boldsymbol{H}_f(\boldsymbol{L} + 2\boldsymbol{S}), \tag{1.146}$$

式中，$\boldsymbol{H}_f$ 为分子场，n 表示第 n 个电子轨道．同样可以利用 Brullouin-Wigner 微扰理论方法来计算式（1.146）的一级微扰、二级微扰、…的自旋哈密顿量的结果．一级微扰结果中因自旋-轨道耦合项等于零，只得到

$$\begin{aligned}\langle j|H_1|i\rangle &= \langle S_j|\langle 0|\mu_B H_f L|0\rangle|S_i\rangle + \langle S_j|\langle 0|\mu_B H_f 2S|0\rangle|S_i\rangle \\ &= \langle S_j|2\mu_B(H_{fx}S_x + H_{fy}S_y + H_{fz}S_z)|S_i\rangle.\end{aligned}$$

下面对 $\langle j|H_1|i\rangle$ 计算二级微扰：

$$\begin{aligned}\langle j|H_1|i\rangle &= \sum\nolimits_\alpha \langle j|H_1|\alpha\rangle\langle\alpha|H_1|i\rangle/(\varepsilon - \varepsilon_\alpha^{(0)}) \\ &= \sum\nolimits_\alpha \langle j|H_{\text{L-S}} + \mu_B H_f(L+2S)|\alpha\rangle\langle\alpha|H_{\text{L-S}} + \mu_B H_f(L+2S)|i\rangle/(\varepsilon - \varepsilon_\alpha^{(0)}) \\ &= \sum\nolimits_\alpha \langle j|H_{\text{L-S}}|\alpha\rangle\langle\alpha|H_{\text{L-S}}|i\rangle/(\varepsilon - \varepsilon_\alpha^{(0)}) \\ &\quad + \sum\nolimits_\alpha \langle j|H_{\text{L-S}}|\alpha\rangle\langle\alpha|\mu_B H_f(L+2S)|i\rangle/(\varepsilon - \varepsilon_\alpha^{(0)}) \\ &\quad + \sum\nolimits_\alpha \langle j|\mu_B H_f(L+2S)|\alpha\rangle\langle\alpha|H_{\text{L-S}}|i\rangle/(\varepsilon - \varepsilon_\alpha^{(0)}) \\ &\quad + \sum\nolimits_\alpha \langle j|\mu_B H_f(L+2S)|\alpha\rangle\langle\alpha|\mu_B H_f(L+2S)|i\rangle/(\varepsilon - \varepsilon_\alpha^{(0)}),\end{aligned} \tag{1.147}$$

第一项 $\sum_{\alpha}\langle j|H_{\text{L-S}}|\alpha\rangle\langle\alpha|H_{\text{L-S}}|i\rangle/(\varepsilon-\varepsilon_{\alpha}^{(0)})$ 前面已计算过，等于 $\langle S_j|S\cdot D\cdot S|S_i\rangle$. 将式（1.147）中第二项展开成两项，即

$$\begin{aligned}&\sum_{\alpha}\langle j|H_{\text{L-S}}|\alpha\rangle\langle\alpha|\mu_{\text{B}}H_{\text{f}}(L+2S)|i\rangle/(\varepsilon-\varepsilon_{\alpha}^{(0)})\\&=\sum_{\alpha}\sum_{k}\langle S_j|\langle 0|\lambda(L_xS_x+L_yS_y+L_zS_z)|\alpha\rangle|S_k\rangle\langle S_k|\langle\alpha|\mu_{\text{B}}(H_{\text{f}x}L_x\\&\quad+H_{\text{f}y}L_y+H_{\text{f}z}L_z)|0\rangle|S_i\rangle/(\varepsilon-\varepsilon_{\alpha}^{(0)})\\&\quad+\sum_{\alpha}\sum_{k}\langle S_j|\langle 0|\lambda(L_xS_x+L_yS_y+L_zS_z)|\alpha\rangle|S_k\rangle\langle S_k|\langle\alpha|\mu_{\text{B}}(H_{\text{f}x}S_x\\&\quad+H_{\text{f}y}S_y+H_{\text{f}z}S_z)|0\rangle|S_i\rangle/(\varepsilon-\varepsilon_{\alpha}^{(0)}).\end{aligned}\tag{1.148}$$

式（1.148）中第二项因 $|\alpha\rangle$ 与 $|0\rangle$ 正交，故 $\langle\alpha|0\rangle=0$. 所以式（1.148）中第二项为零，而第一项展开后共有九项，其中第一项为

$$\begin{aligned}&\sum_{\alpha}\sum_{k}\langle S_j|\langle 0|\lambda L_xS_x|\alpha\rangle|S_k\rangle\langle S_k|\langle\alpha|\mu_{\text{B}}H_{\text{f}x}L_x|0\rangle|S_i\rangle/(\varepsilon-\varepsilon_{\alpha}^{(0)})\\&=\sum_{\alpha}\sum_{k}\langle S_j|\langle 0|\lambda L_xS_x|\alpha\rangle|S_k\rangle\langle S_k|\langle\alpha|\mu_{\text{B}}H_{\text{f}x}L_x|0\rangle|S_i\rangle/(\varepsilon-\varepsilon_{\alpha}^{(0)})\\&=\sum_{\alpha}(\mu_{\text{B}}H_{\text{f}x}/\lambda)\langle S_j|S_x|S_i\rangle\langle 0|\lambda L_x|\alpha\rangle\langle\alpha|\lambda L_x|0\rangle/(\varepsilon-\varepsilon_{\alpha}^{(0)})\\&=(\mu_{\text{B}}/\lambda)D_{xx}H_{\text{f}x}\langle S_j|S_x|S_i\rangle,\end{aligned}$$

$$D_{xx}=\langle 0|\lambda L_x|\alpha\rangle\langle\alpha|\lambda L_x|0\rangle/(\varepsilon-\varepsilon_{\alpha}^{(0)}),$$

将其他八项计算结果与第一项结果加起来，就得到与式（1.142）相似的结果，这样式（1.147）中的第二项为

$$\sum_{\alpha}\langle j|H_{\text{L-S}}|\alpha\rangle\langle\alpha|\mu_{\text{B}}\boldsymbol{H}_{\text{f}}(\boldsymbol{L}+2\boldsymbol{S})|i\rangle/(\varepsilon-\varepsilon_{\alpha}^{(0)})=(\mu_{\text{B}}/\lambda)\sum_{ij}D_{ij}H_{\text{f}i}S_j,$$

式（1.147）中第三项计算结果与第二项结果相同.

下面计算式（1.147）中第四项

$$\sum_{\alpha}\langle j|\mu_{\text{B}}\boldsymbol{H}_{\text{f}}(\boldsymbol{L}+2\boldsymbol{S})|\alpha\rangle\langle\alpha|\mu_{\text{B}}\boldsymbol{H}_{\text{f}}(\boldsymbol{L}+2\boldsymbol{S})|i\rangle/(\varepsilon-\varepsilon_{\alpha}^{(0)}),$$

展开后有四项，其中两项分别只有 L 或 S 算符，计算结果均为常数，另外两项均含有 L 和 S 算符，结果为零. 综合一级和二级微扰的计算结果，略去常数，得到自旋哈密顿量

$$H_{\text{S}}=2\mu_{\text{B}}\sum_{i}H_{\text{f}i}S_i+2\mu_{\text{B}}/\lambda\sum_{i}\sum_{j}D_{ij}H_{\text{f}i}S_j+\sum_{i}\sum_{j}D_{ij}S_iS_j,\tag{1.149}$$

i，$j=x$，y，z. 将式（1.149）写成

$$H_{\text{S}}=\mu_{\text{B}}\boldsymbol{H}_{\text{f}}\cdot g\cdot\boldsymbol{S}+\boldsymbol{S}\cdot D\cdot\boldsymbol{S},\tag{1.149′}$$

其中

$$g=2(\delta_{ij}+D_{ij}/\lambda),\tag{1.150}$$

对于自由电子 $g=2$. 在晶体中因自旋-轨道耦合和晶场作用使 g 偏离 2. λ 为自旋轨道耦合系数，在 3d 壳层中电子半满或更多时 $\lambda<0$，反之 $\lambda>0$. 由于 D_{ij} 的对称

性会造成 g 是各向异性，见式（1.150）.

对于四角对称和三角对称的结构情况，前面已经给出 D_{ij} 只有 $D_{xx}=D_{yy}$ 和 D_{zz} 三个不为零的量.

$$\begin{aligned} H_S &= \mu_B(2+2D_{xx}/\lambda)(H_{fx}S_x+H_{fy}S_y)+\mu_B(2+2D_{zz}/\lambda)(H_{fz}S_z) \\ &\quad +D_{xx}(S_x^2+S_y^2)+D_{zz}S_z^2 \\ &= g_{\perp}\mu_B(H_{fx}S_x+H_{fy}S_y)+g_{/\!/}\mu_B H_{fz}S_z+DS_z^2, \end{aligned} \tag{1.151}$$

其中

$$\begin{gathered} D=D_{zz}-D_{xx}, \\ g_{/\!/}=2+2D_{zz}/\lambda, \quad g_{\perp}=2+2D_{xx}/\lambda. \end{gathered} \tag{1.152}$$

对于立方对称结构，$D=D_{xx}=D_{yy}=D_{zz}$，则有

$$\begin{aligned} H_S &= \mu_B(2+2D_{zz}/\lambda)(H_{fx}S_x+H_{fy}S_y+H_{fz}S_z)+D_2(S_x^4+S_y^4+S_z^4) \\ &= 2\mu_B g H_f\cdot S+D_2(S_x^4+S_y^4+S_z^4), \end{aligned}$$

其中

$$g=2+2D_{zz}/\lambda.$$

前面早已指出，van Vleck 等提出产生各向异性的主要原因是晶场作用、自旋-轨道耦合和交换作用的联合作用的结果. 总结上述讨论的过程和结果可以概括地看出，对过渡金属及其合金的磁体来说，晶场是一个基础性的因素，即讨论问题立足点是基态能，然后是自旋-轨道耦合作用，因为晶场的作用是确定轨道在晶轴的特定取向，则自旋-轨道耦合作用使磁矩在晶体中不能随意取向，再加上交换作用使所有的 3d 电子的磁矩彼此平行或有一定规律的排列，这样三者结合就确定了磁矩在晶体中的取向是各向异性的.

这样一来，过渡金属 3d 电子轨道在基态时冻结（即 $L=0$，或很小），即自旋-轨道耦合效应很小或等于零，过渡金属的各向异性能就比较小. 如果要具体计算其能量的数值，就要将自旋-轨道耦合与交换作用等效场结合进行二级或四级（或有更高）微扰作用的计算，得到在高阶微扰可以使基态能级进一步分裂的结果，这样才能从理论上来计算磁晶各向异性能的大小.

1.6.5　氧化物中 3d 金属 Fe^{3+} 和合金中稀土离子的磁晶各向异性

磁性金属氧化物（如铁氧体、反铁磁体）的各向异性的理论工作是比较成功的. 在这类磁体中的磁性离子（Fe，Co，Mn，Y 和稀土离子）均处在氧（O^{2-}）离子的包围之中，不大可能存在赝耦极矩和赝四极矩. 铁氧体的各向异性理论最早由 Yosida 等[24]提出，以后由 Wolf[25]和 Slonczewski[26]等作了进一步研究和发展. 他们也认为各向异性的机制是由自旋-轨道耦合和晶场的联合效应引起的，有些类似 van Vleck 的理论.

在研究铁氧体的各向异性能的起因时，人们注意到 3d 金属离子都被体积比

较大的氧离子隔离，金属离子之间不可能存在波函数的交叠，而 van Vleck 所认为的赝耦极矩的作用变得很弱，这一点可由 White 的铁磁共振实验证实[27]．另外，Rado 等的实验结果指出[28]，整个铁氧体的磁晶各向异性常数 K 可以由铁氧体中各单个磁性离子各向异性的代数总和给出．因此，铁氧体的磁晶各向异性的起因就常用“单离子模型”来处理．在计算时，常用以下的近似方法：以单个磁性离子为中心，将其近邻离子和次近邻等离子的核电荷当作点电荷看待，于是磁性离子便处于这些离子所产生的晶场中，这个晶场具有一定的对称性，它改变了 3d 电子的轨道动量矩的状态，使得轨道动量矩在空间的取向呈现各向异性．若用经典的图像来描述，即通常所说的晶场将轨道动量矩“冻结”在某个方向，并通过自旋-轨道耦合而影响到自旋动量矩的取向，使自旋磁矩的取向不再是各向同性了．这样，铁氧体等氧化物磁性物体的磁晶各向异性的微观机制是“单个磁性离子的自旋-轨道耦合和晶场的联合效应”，详细讨论可查看文献[20，29]．

众所周知，自 20 世纪 60 年代起稀土永磁材料得到了长足的发展，磁体的永磁特性不断提高，有关稀土元素对磁晶各向异性的研究也做了很多工作，主要是在原有的晶场理论的基础上，用能带理论可以得到 Bloch 波函数来描写电荷的分布，将晶场势与能带理论结合，进而可以计算晶场参数 $B_{n,m}$（或 $A_{n,m}$），对了解稀土永磁材料磁晶各向异性很有意义．而最关键的是如何将点电荷 q_i 变换为在晶体中的分布，即给出整个晶体中的电荷密度 $\rho(R)$．其基本的办法是通过能带理论的计算来解决．由于有很多作者采用了不同的方法来进行能带计算，总的看来结果并不理想，下面只概括地介绍两个具体例子，以便了解上面所说的理论计算方法．

1.6.5.1 钡铁氧体的六面体中 Fe^{3+} 的磁晶各向异性

我们以 $BaFe_{12}O_{19}$ 中 Fe^{3+} 为例，讨论它在该晶体中的各向异性．钡铁氧体属六角晶体结构，以六角晶体 c 轴为轴对称的 1/3 体积为一个晶胞，它含有 2 个 $BaFe_{12}O_{19}$ 分子式的离子．其中有 4 个 Fe^{3+} 占据四面体中心位置，属于 T_d 群晶场势，有 18 个对称操作．18 个 Fe^{3+} 占据八面体中心，属于立方晶场势，有 24 个对称操作．2 个 Fe^{3+} 占据六面体中心，属于三角对称晶场，为 D_{3h} 晶场势，有 12 个对称操作．钡铁氧体中的晶位有五种，其中六面体中 Fe^{3+} 受到的三角晶场势对称性相对最低，可能具有较大的各向异性，实验测出其 $K_{u1}=4.4\times10^5 J/m^3$．故以六面体中 Fe^{3+} 受到的晶场作用来讨论．这样总哈密顿量为

$$H=H_0+H_1+H_2+H_S,$$

其中，H_0，H_1，H_2，H_S 分别为自由 Fe 离子、立方和三角晶场、库仑作用、自旋-轨道耦合加分子场的哈密顿量．当 Fe^{3+} 处在自由离子态时，基态为 ^6S，

是五重简并的 . Fe^{3+} 处在立方对称晶场作用下分裂成 Γ_3 和 Γ_5 态，基态为 Γ_5 态，是三重简并的 . 但在三角对称结构晶场作用之中 Γ_5 基态再分裂为单态和双重态，基态为双重态 . 由于有五个电子，其具体分布有高能态和低能态的差别；低能态是五个电子都分布在三重态中 . 由于库仑作用，即五个电子分别处在五个轨道上，所以 Fe^{3+} 属于高能态，基态为 $M_S=5/2$. 我们将根据前面讨论的结果，参考式 (1.151)，认为 g 因子各向同性，这样可以给出 H_S 电子自旋的哈密顿量

$$H_S=-g\mu_B H_f S_m+DS_z^2, \tag{1.153}$$

其中，H_f 为分子场，“m”表示分子场方向（z 为自发磁化的量子化方向），S_m 表示分子场方向的平均自旋 . 下面在自旋表象中为计算方便起见，选用新的坐标系 α，β，γ 来标记 H_f，S_m 和 S_z. 其中选定 γ 与 m 是同一个方向，而 $\alpha\gamma$ 平面与 xz 平面重合，β 轴与 y 轴重合，如图 1.36 所示 . θ 角为分子场（即 γ 轴）与 z 轴的交角 .

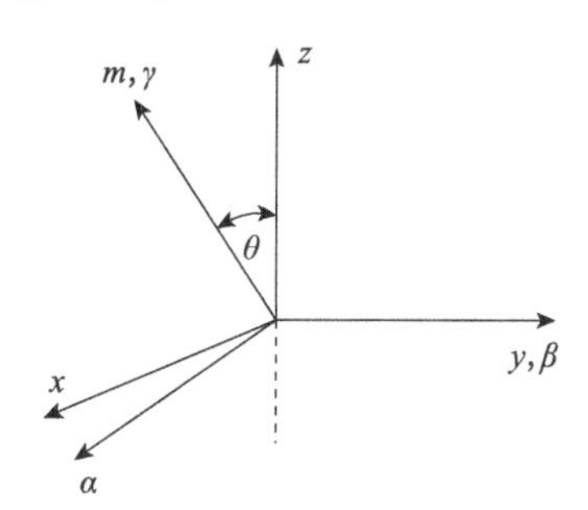

图 1.36　xyz 坐标系与 $\alpha\beta\gamma$ 坐标系的关系，m 为分子场的方向，z 为三重晶场对称轴

从图示的坐标关系可以得到

$$S_z=S_\gamma\cos\theta+S_\alpha\sin\theta,$$

$$S_z^2=S_\gamma^2+(S_x^2-S_\gamma^2)\sin^2\theta,$$

则式 (1.153) 变为

$$\begin{aligned}H_S=&-g\mu_B H_f S_m+DS_\gamma^2-D(S_\gamma^2-S_\alpha^2)\sin^2\theta\\&+(S_zS_x+S_xS_z)\cos\theta\sin\theta=H_0+H_1,\end{aligned}$$

其中

$$H_0=-g\mu_B H_f S_m+DS_\gamma^2,$$

$$H_1=-D(S_\gamma^2-S_\alpha^2)\sin^2\theta+D(S_\gamma S_\alpha+S_\alpha S_\gamma)\cos\theta\sin\theta.$$

由于 H_0 是与角度无关的自旋的能量算符，将六个自旋单态的 M_S（$=\pm1/2$，$\pm3/2$ 和 $\pm5/2$）代入 H_0 可以得到基态能量有两项，因第一项为负值，比第二项大得多，所以基态为 $M_S=+5/2$，它是各向同性的，对产生各向异性能无影响，因此，只要计算出 H_1 的一级微扰能 $E^{(1)}(\theta)$，再用玻尔兹曼统计就可以得出各向异性能的表达式 .

$$\begin{aligned}E^{(1)}(\theta)&=\langle M_S|H_1|M_S\rangle\\&=-D\langle M_S|(S_\gamma^2-S_\alpha^2)|M_S\rangle\sin^2\theta+D\langle M_S|S_\gamma S_\alpha+S_\alpha S_\gamma|M_S\rangle\cos\theta\sin\theta,\end{aligned} \tag{1.154}$$

将 $\langle M_S | S_\gamma S_\alpha + S_\alpha S_\gamma | M_S \rangle$ 换成

$$\langle M_S | S_\gamma (S^+ + S^-)/2 + (S^+ - S^-) S_\gamma /2 | M_S \rangle,$$

其中，$S^+ = S_\alpha + \mathrm{i} S_\gamma$ 为上升算符，$S^- = S_\alpha - \mathrm{i} S_\gamma$ 为下降算符，由于自旋波函数的正交性、上升和下降算符的作用，微扰能的第二项结果为零．这样就得到

$$E^{(1)}(\theta) = -D \sin^2\theta \langle S | (S_\gamma^2 - S_\alpha^2) | S \rangle. \tag{1.155}$$

由于 $S_m = S_\gamma$ 表示自旋在分子场方向的平均量，因而它投影在 α 和 β 方向的自旋分量相等，$S_\alpha = S_\beta$. 于是得到

$$S_\alpha^2 = (S^2 - S_\gamma^2)/2.$$

由于

$$\langle S | S^2 | S \rangle = S(S+1), \quad \langle S | S_\gamma^2 | S \rangle = S^2,$$

于是式（1.155）的结果为

$$\begin{aligned} E^{(1)}(\theta) &= -D \sin^2\theta [-S^2/2 + 3S_\gamma^2/2] \\ &= -D[-S(S+1)/2 + 3S^2/2] \sin^2\theta \\ &= -DS(S-1/2) \sin^2\theta. \end{aligned} \tag{1.156}$$

考虑到钡铁氧体为六角结构，在 $T=0\mathrm{K}$ 时将式（1.156）与式（1.110）中第一项对比，形式上可得到

$$K_{u1} = -NDS(S-1/2),$$

其中，N 为单位体积中占据六面体的 Fe^{3+} 离子数．

由式（1.154）可以看到，如 3d 金属离子的基态为 $S=1/2$，则该离子不具有各向异性，如基态 $S=1/2$，则在铁氧体中对磁晶各向异性无贡献．

严格的说，在温度大于 0K 时，总是可能存在一定的激发态，使得有一部分 $S>1/2$.

用玻尔兹曼统计计算 K_1 就要对（$S_\gamma^2 - S_\alpha^2$）取平均值，由于 0K 时 $\langle S_\gamma^2 \rangle = S^2$，可算得

$$K_{u1} = -ND\langle S_\gamma^2 - S_\alpha^2 \rangle \approx -ND(S^2 - S/2) = -5ND,$$

D 是负数，$S=5/2$. 对 $BaFe_{12}O_{19}$ 中处在三角晶场的 Fe^{3+} 离子数 $N = 2.9 \times 10^{21}$，根据实验得到的 K_{u1} 值可以给出

$$D = -2\mathrm{cm}^{-1},$$

这个数值要比立方晶场给出的 D 值大 $10 \sim 10^2$，比理论计算的结果 $0.9\mathrm{cm}^{-1}$ 要大一倍．原因是晶场的点电荷模型的近似性（如没有考虑波函数交叠、形状等因素），$\langle r^2 \rangle$ 的不精确性等．总的说来，晶场理论计算具体材料的磁晶各向异性都很复杂和烦琐，须要做不少努力以求得改进．

具体计算可采用玻尔兹曼统计，相和为

$$Z = \left[\sum\nolimits_{M_S} \exp(-E^{(1)}(\theta)/kT) \right]^N,$$

得到各向异性自由能 $F=-kT\ln Z$，其中对 $E^{(1)}(\theta)$ 求和是从 $M_S=-5/2$ 到 $+5/2$. 详细的情况可参看文献［19］和 Fuchikami 的计算过程和结果[30]. 其他 3d 金属离子在铁氧体中的磁晶各向异性参数见表 1.20[31].

表 1.20 3d 族离子在尖晶石结构中单个离子的各向异性常数 K_1（0K）

电子结构	离子名称	自由离子基态项	离子所占晶位	晶场基态	单个离子的 K_1(0K)（10^{-17}尔格/离子）
$3d^3$	Cr^{3+}	^4F	八面体	单态	在镍铁氧体中，$K_1<0$ 在 $CdCr_2S_4$ 中，$K_1>0$
$3d^4$	Mn^{3+}	^5D	八面体	单态（扬-特勒效应）	−7.54
$3d^5$	Fe^{3+}	^6S	四面体	单态	0.67（有时为负）
$3d^5$	Fe^{3+}	^6S	八面体	单态	−1.24
$3d^5$	Mn^{2+}	^6S	八面体	单态	−0.0924
$3d^6$	Fe^{2+}	^6D	四面体	双态	<0（非磁性双态）
$3d^6$	Fe^{2+}	^6D	八面体	单态	4.31（在 Fe_3O_4 中为负）
$3d^6$	Co^{3+}	^6D	四面体	双态	−140（非磁性双态）
$3d^7$	Co^{2+}	^4F	四面体	单态	−80
$3d^7$	Co^{2+}	^4F	八面体	双态	850
$3d^7$	Ni^{3+}	^4F	八面体	双态	540
$3d^8$	Ni^{2+}	^3F	四面体	双态	440
$3d^8$	Ni^{2+}	^3F	八面体	单态	～0
$3d^9$	Cu^{3+}	^2D	八面体	单态（扬-特勒效应）	−3.97
$3d^9$	Cu^{3+}	^2D	四面体	双态	−695

1.6.5.2 稀土元素在金属间化合物中的磁晶各向异性

稀土元素的 4f 电子处在核的附近，并受到 5s 和 5p 电子电荷的屏蔽作用，使 4f 电子的自旋-轨道耦合比晶场作用要强得多（表 1.21）. 这样 4f 电子所受晶场作用可看作微扰哈密顿量. 另外，电子的基态波函数用 J 表象表示：$|LSJM_J\rangle$. 因稀土金属及其合金形成晶体后常具有六角结构，因而 4f 电子受到的晶场势用 Stevens 等价算符表示为［参看式（1.118）～式（1.120）］

$$V=\sum\nolimits_{n,m} b_n\langle r^n\rangle A_{n,m}O_{n,m},$$

表 1.21　4f 电子结构，晶场和自旋-轨道耦合参数

元素	电子结构	基态	自旋-轨道耦合能/cm^{-1}	晶场能/cm^{-1}
Sm^{3+}	$4f^5$	$^6H_{5/8}$	1200	245
Gd^{3+}	$4f^7$	$^8S_{7/8}$	—	—
Tb^{3+}	$4f^8$	$^7F_8$	1770	130
Dy^{3+}	$4f^9$	$^8H_{15/2}$	1860	115
Ho^{3+}	$4f^{10}$	$^5I_8$	2000	100
Er^{3+}	$4f^{11}$	$^4I_{15/2}$	2350	90
Tm^{3+}	$4f^{18}$	$^8H_6$	2660	80
Yb^{3+}	$4f^{18}$	$^2F_{7/2}$	2940	70
Co^{3+}	$3d^7$	$^4F_{3/2}$	540	10000

其中，$n=2$，4，6；$m=\pm2$，±4，±6. 稀土元素及其金属间化合物晶体多为六角结构，一般只有 $A_{2,0}$，$A_{4,0}$，$A_{6,0}$ 和 $A_{6,|m|}$ 不为零．对于 Sm，因具有三角对称而有 $A_{4,|3|}$ 和 $A_{6,|6|}$ 均不等于零．V 也可表示为

$$V=B_{2,0}O_{2,0}+B_{4,0}O_{4,0}+B_{4,3}O_{4,3}+B_{6,0}O_{6,0}+B_{6,3}O_{6,3}+B_{6,6}O_{6,6}, \tag{1.157}$$

其中，$O_{n,m}$ 为 Stevens 算符，可从表 1.16 中查出；$A_{n,m}$ 和 $B_{n,m}$ 为晶场参数，与 $\rho(R)$ 密切相关，两者关系可以表示为

$$B_{n,m}=b_n\langle r^n\rangle A_{n,m}, \tag{1.158}$$

b_n 分别为 Stevens 因子 α_J，β_J，γ_J，可从表 1.18 给出．由于 $\langle r^n\rangle$ 和参数 $A_{n,m}$ 可以进行理论计算，再加上对 $O_{n,m}$ 的计算结果，与实验对比，可以检验理论结果和作出有关改进．

基于点电荷模型，比较成功地解释了氧化物磁体的各向异性问题．但在计算稀土金属在金属间化合物的各向异性时，由于外层稀土原子中的 5s，5p，5d，6s 电子可能具有不同的巡游性，而过渡金属原子的 3d 和 4s 电子也是巡游的，故点电荷模型不适用了．某个离子的电子电荷（即 4f）上的晶场势要受到晶体内巡游电子的影响，称为屏蔽效应．另外，还可能存在共价键合的影响．巡游性使晶场中的电荷不能简化为点电荷来处理，而是以能带分布的形式与 4f 电子产生耦合作用．而在金属性磁体中，4f 电子也不能看作只是一个点，或是孤立的球．这样在计算晶场系数 $A_{n,m}$ 时就要用电荷密度 $\rho(R)$ 来表示

$$A_{n,m}=(-1)^m\int C[\rho(R)/R^{n+1}]Y_{n,m}(\theta_j,\varphi_j)\mathrm{d}R, \tag{1.159}$$

其中，C 为常数，θ_j 和 φ_j 为晶场 $V(R)$ 在球坐标体系中的方位角．

Coehoorn[32] 对 $R_2Fe_{14}B$（R=Gd，Tb，Dy，Ho）合金中稀土元素的磁晶各向异性的大小进行了计算．他引用了磁晶各向异性常数 $K_1(T)$ 与 $A_{2,0}$ 之间的关

系式[33]

$$K_1(T=0)=(3/2)\alpha_J\langle r^2\rangle(2J^2-J)A_{2,0},$$

经过计算 $A_{2,0}$ 来得出各个稀土元素的 K_1 值，因 $\alpha_J\langle r^2\rangle$ 可从有关表中查出．

在点电荷模型理论情况，可表示为

$$A_{2,0}=\sum\nolimits_j Cq_j/R^3,$$

其中，C 为常数，求和是表示有 j 个格点上的电荷产生的库仑作用势的平均，而在金属及其合金中，点电荷模型用能带模型代替，电荷在晶体空间中的分布为电荷密度 $\rho(R)$，计算 $A_{2,0}$ 的方法由点电荷的求和改变为对晶体内电荷密度的积分

$$A_{2,0}\sim\int\frac{\rho(R)}{R^3}\mathrm{d}v=\int\frac{\rho(R)}{R^3}\mathrm{d}R\mathrm{d}\cos\theta'\mathrm{d}\varphi',$$

其中，θ' 和 φ' 是 R 的方位角（具体见图 1.25）．这里 $\rho(R)$ 如何确定？作者认为每个稀土离子有价电子，是巡游的，而在晶体中还有其他离子的电子是巡游的．将每个稀土离子和其他离子的电子用 Wigner-Seitz 球（或称元胞）来划分．凡在 Wigner-Seitz 球内的电子电荷就记为价电子，在 Wigner-Seitz 球以外的电子就记为晶格电荷．这样，$A_{2,0}$ 的来源就分成了两部分，分别表示为 $A_{2,0}$(价) 和 $A_{2,0}$(晶)．Wigner-Seitz 球半径大小分别以 R、Fe、B 的原子半径为 1.35∶1.00∶0.74 之比确定．如稀土原子的 Wigner-Seitz 球半径为 0.19nm，则 Fe 原子的 Wigner-Seitz 球半径为 0.14nm. Gd 离子的 Wigner-Seitz 球内的电荷密度来自电子，总波函数 ψ 可由各单电子波函数组合表示

$$\begin{aligned}|\psi|^2=&|a_\mathrm{s}|^2|\psi_\mathrm{s}|^2+|a_{\mathrm{p}_x}|^2|\psi_{\mathrm{p}_x}|^2+\text{其他 6p 的贡献}+|a_{\mathrm{d}_{xy}}|^2|\psi_{\mathrm{d}_{xy}}|^2\\&+\text{其他 5d 的贡献}+a_\mathrm{s}^*a_{\mathrm{p}_x}\psi_\mathrm{s}^*\psi_{\mathrm{p}_x}+a_\mathrm{s}a_{\mathrm{p}_x}^*\psi_\mathrm{s}\psi_{\mathrm{p}_x}^*+\text{其他交叉项},\end{aligned}\tag{1.160}$$

由 $a_i^*a_j$ 系数表征的总电荷密度是对所有的占据态求和．要指出的是，波函数 ψ_i（i=s，p，d，…不同轨道态）的径向部分在 Wigner-Seitz 球内是不确定的，但它与本征态 ψ 的能量有关系．如果式（1.160）中系数的 $i=j$，则有 a_s^2，$a_{p_x}^2$，…等可称为占据态，分别简写为 n_s，n_x，n_y，n_z，n_{xy}，n_{xz}，n_{yz}，…. 在计算时因交叉项（$i\neq j$）对 $A_{2,0}$ 无贡献（sd_{z^2} 忽略），得到 p 和 d 电子电荷对的 $A_{2,0}$ 贡献为

$$\begin{aligned}A_{2,0}(\text{价},\mathrm{p})&=-\frac{e^2}{5(4\pi\varepsilon_0)}\Delta n_\mathrm{p}S_\mathrm{p},\\A_{2,0}(\text{价},\mathrm{d})&=-\frac{e^2}{7(4\pi\varepsilon_0)}\Delta n_\mathrm{d}S_\mathrm{d},\end{aligned}\tag{1.161}$$

其中

$$S_\beta = \frac{1}{\langle r^2 \rangle_{4f}} \iint \frac{\rho_\beta(R)}{R^3} \rho_{4f}(r) \mathrm{d}R \mathrm{d}r, \qquad r < R,$$
$$S_\beta = \frac{1}{\langle r^2 \rangle} \iint R^2 \rho_\beta(R) \rho_{4f}(r) \mathrm{d}R \mathrm{d}r, \qquad r > R, \tag{1.162}$$

其中，β=p，d；Δn_{p} 和 Δn_{d} 表示 p 和 d 壳层是橄榄形还是扁球形，可由占据数确定

$$\Delta n_{\mathrm{p}} = \frac{n_x - n_y}{2} - n_z,$$
$$\Delta n_{\mathrm{d}} = n_{x^2-y^2} + n_{xy} - \frac{n_{xz} - n_{yz}}{2} - n_{z^2}, \tag{1.163}$$

$\rho_{\mathrm{p}}(R)$，$\rho_{\mathrm{d}}(R)$ 和 $\rho_{4f}(r)$ 分别为 5p，5d 和 4f 电子的径向电荷密度对 Wigner-Seitz 球归一化的函数．S_β 积分的单位为 a_0^{-3}，a_0 为玻尔半径．在式（1.161）中右边的系数 $[-e^2/(4\pi\varepsilon_0)]=5\times62.7\times10^3$ 或 $7\times44.8\times10^3$，单位为 Ka_0．式（1.163）中的占据数可以用 ASW（增广球面波）方法计算得出，最后计算了 $Gd_2Fe_{14}B$ 中 Gd 的晶场系数 $A_{2,0}$(价，d）和 $A_{2,0}$(价，p）．实际上与实验对比时，理论结果对 f 晶位 $A_{2,0}=371Ka_0^{-1}$，g 晶位 $A_{2,0}=381Ka_0^{-1}$．而由 $Nd_2Fe_{14}B$ 的实验结果给出的 $A_{2,0}=300Ka_0^{-1}$ 和 $350Ka_0^{-1}$[34]．

由于对 $R_2Fe_{14}B$（R=Nd，Tb，Dy，Ho）磁体，实验给出的 $A_{2,0}$的结果比较接近．这可用稀土离子的 5p，5d 和 6s 电子电荷密度的非球面度相似来解释，也就是 Gd 或是其他稀土离子的电场梯度 V_{zz}受过渡金属的作用基本相同所致．进而作者对 Si 替代 Fe 引起的各向异性场的变化，即由 9T 上升为 12.5T 的实验结果[35]，根据合金的“宏观原子”模型作了简单解释．“宏观原子”模型认为，不同金属的各个原子“单胞”之间，由于内聚力作用而组成合金[36]，之后保有原来金属的基本特性，即各类原子的基本体积，原有的负电性 ϕ^*，以及在 Wigner-Seitz 元胞边界的电荷密度（包括模型中的 n_{ws}参数）．在形成合金后，在两个相邻原子边界处的电荷密度的不连续性必须消除．同时在角动量量子数 L 固定和 M_L 可变情况条件下，就形成了非球形性电荷密度分布。

在 $R_2Fe_{14}B$ 中用 Si 替代 Fe 形成 $R_2Fe_{13}SiB$，Si 替代了 4c 位中的 Fe. 而两个稀土晶位 f 和 g 各有两个最近邻 Fe 均在 c 位，而 Fe 和 Si 在 c 位的 n_{ws}分别为 5.6 和 3.4，差别较大，这对计算 $A_{2,0}$的数值会有较大的差别．因而用 Si 取代 Fe 会增大磁晶各向异性．

作者认为 $A_{2,0}$(晶）的贡献很小，可能是屏蔽效应所致，但并未给出计算结果．

有关稀土钴-5 和稀土钴-17 的磁晶各向异性和 4f 电子结构和参数见表 1.22[31]．

表 1.22　RCo_5 和 R_2Co_{17} 化合物中，稀土离子的磁晶各向异性[31]

化合物名称	稀土离子的贡献 (10^{-14} erg/ion)		单离子理论中各有关参数的值 (K)						稀土离子 0K 时的易磁化方向	
	K_{u1R}	K_{u2R}	B_2^0	$B_4^0\times10^2$	$B_6^0\times10^4$	$B_6^6\times10^4$	$g\mu_B H_m$	$\alpha_J\times10^3$	理论	实验
$PrCo_5$	−2.24	3.32	−2.7	6.6	—	—	70		基面	锥面
			4.5				84	−21		
$SmCo_5$	2.39	—	−11.5	—	—	—	750		c 轴	c 轴
			−7.9					41		
$NdCo_5$	0	−2.0	3.1	−2.2	—	−146	98		基面	基面
			1.3	—	—	—	115	−6.4		
			3.71	0.25	−5.0	−124	123			
$TbCo_{5.1}$	−1.33	−0.91	1.7	−2.6	—	−2.1	117			
$TbCo_5$			1.4				210	−10.1	基面	基面
$DyCo_{5.2}$	−2.92	0.14	1.3	0.13	—	1.1	70			
$DyCo_5$			0.9				140	−6.3	基面	（基面）
$HoCo_{5.5}$	−2.82	1.05	0.65	0.8	—	—	45			
$HoCo_5$			0.3				104	−2.1	基面	基面
$ErCo_6$	1.1	—	−0.51				48			
$ErCo_5$			−0.4				84	2.69	c 轴	c 轴
Th_2Zn_{17} 结构 Pr_2Co_{17}			1.3				84	−21	基面	（基面）
Nd_2Co_{17}			0.4				115	−6.4	基面	基面
Sm_2Co_{17}			−2.4				—	41.2	c 轴	c 轴
Tb_2Co_{17}			0.43				210	−10.1	基面	基面
Th_2Ni_{17} 结构* Ho_2Co_{17}			0.70				104	−2.1	基面	基面
Er_2Co_{17}			−0.90				84	2.69	c 轴	c 轴
Tm_2Co_{17}			−3.20				70	10.1	c 轴	c 轴
Yb_2Co_{17}			−9.5				60	31.8	c 轴	c 轴

* 这种结构中 Th 有两个晶位，这里列的数据是起主要作用的 I 位。

习题

1. 氢原子基态波函数 $\psi=(\pi\alpha_0^3)^{-1/2}\mathrm{e}^{-\frac{r}{\alpha_0}}$，$\alpha_0=\frac{\hbar^2}{mc^2}=0.529\times10^{-8}\mathrm{cm}$，电荷密度 $\rho(x,y,z)=-e|\psi|^2$，根据波函数的统计诠释．

(a) 证明基态 $\langle r^2\rangle=3a_0^2$；

(b) 计算一克分子（mol）氢原子抗磁磁化率 x.

（答案：$x=-2.36\times10^{-6}\mathrm{cm}^3/\mathrm{mol}$）

2. 用洪德法则具体计算出单个离子 Ni^{2+}，Mn^{2+}，Y^{3+}，Eu^{3+}，Sm^{3+} 的磁矩大小，用玻尔磁子为单位．

3. 根据朗之万理论，如展开函数式（1.5），取前面少数项，试证明微分磁化率（其中，H 为外加磁场）

$$\chi_d=\frac{\mathrm{d}M}{\mathrm{d}H}=\frac{N\mu^2}{3kT}\left[1-\frac{1}{5}\left(\frac{\mu H}{kT}\right)^2+\cdots\right].$$

4. 试从式（1.55）出发，导出布里渊函数式（1.58）．

5. 试证明在 $L=0$，$S=\frac{1}{2}$情况下，磁化强度的表达式（1.57）变为

$$M=\frac{Ng\mu_\mathrm{B}}{2}\tanh\frac{g\mu_\mathrm{B}H}{2kT}.$$

6. 试证明在式（1.45）中 $\theta_\mathrm{F}=\frac{\hbar^2}{2mk}\left(\frac{3n}{8\pi}\right)^{2/3}$.

7. 试证明，对于 3d 电子晶场势 V 的阶数 $K\leqslant4$.

8. 在斜方晶场（rhombic field）作用下，运用式（1.89）的晶场势和式（1.100）给出的波函数，试画出 3d 电子的能级分裂情况．

参考文献

[1] Vonsovskii S V. Magnetism. Jerusalem London：John Wiley & Sons Inc.，1974

[2] 徐光宪．物质结构简明教程．北京：高等教育出版社，1956

[3] Myer W R. Rev. Mod. Phys.，1952，24：15

[4] Дорфман Я Г. Магнитые Свойстваи Строение Вещества. 莫斯科国家技术理论文献出版社，1955：243

[5] 周世勋．量子力学．上海：上海科学技术出版社，1962

[6] van Vleck J H. Nuovo Cimento Suppl.，1957，6：101

[7] Landau I. Z. Phys.，1930，64：629

[8] Schizber J E. Phys. Rev. B，1977，16：3230

[9] McGuire T R. Ceramic Age，1952，60(1)：22

[10] Shimizu M. Physica，1977，B91：14
[11] Griffith T S. 过渡金属离子理论 . 上海：上海科学技术出版社
[12] 黄昆原著，韩汝琦改编 . 固体物理学 . 第八章 . 北京：高等教育出版社，1988
[13] van Vleck J H. Theory of Electron and Magnetic Susceptibility. Oxford：Oxford University Press，1932
[14] Scott G G. Rev. Mod. Phys. ，1962，34：102
[15] Goodenough J B. Magnetism and the Chemical Band. New York，London：John Wiley & Sons，1963
[16] Bloch F，Gentile G. Z. Phys. ，1931，70：395
[17] van Vleck J H. Phys. Rev. ，1937，52：1178
[18] Brooks H. Phys. Rev. ，1940，58：909
[19] Fletch G C. Proc. Phys. Soc. ，1954，67：505
[20] 姜寿亭 . 铁磁性理论 . 北京：科学出版社，1993
[21] Hutchings M T. Solid State Physics，1964，16：227-273
Stevens K W H. Proc. Phys. Soc. ，1952，A65：209
[22] Low L. Solid State Physics，1960，Suppl 2，Table 2
[23] Stöhr J，Siegmann H C. Magnetism. Ch. 7. Berlin：Springer-Verlag，2006
[24] Yosida K，Tachiki K. Prog. Theor. Phys. ，1956，17：331
[25] Wolf W P. Phys. Rev. ，1957，108：1152
[26] Slonczewski J C. Phys. Rev. ，1958，110：1341
[27] White R L. Phys. Rev. ，1957，115：1519
[28] Rado G T，Folen V J. Proc. IEEE. London，1957，104B，Suppl(5)：195；J. Appl. Phys. ，1958，29：438
[29] 蔡鲁戈 . 铁氧体磁晶各向异性 . 1964 年磁学讨论会文集 . 北京：科学出版社，1966
翟宏如，杨桂林，徐游 . 物理学进展，1983，3(3)：269
[30] Fuchikami N. J. Phys. Soc. Jpn. ，1965，20：760
[31] 钟文定 . 铁磁学（中册）. 第七章 . 北京：科学出版社，1992
[32] Coehoorn R. J. Mag. Mag. Mat. ，1991，99：55-70
[33] Lindgard P A，Danielsan O. Phys. Rev. B，1975，11：351
[34] Mitchell I V，Coey M P，Givord D，Harris I R，Hanitsch R. Concerted European Action on Magnets. London：Elsevier Appl. Science，1989
[35] Yang Y C，et al. J. de Phys. ，1988，49：C8-597
[36] de Boer F R，et al. Cohesion in Metals，Transition Metal Alloy. Amsterdam，1988

附录

式（1.125）的 $H_{\text{L-S}}$是自旋-轨道耦合和自旋相互作用能量哈密顿量，经微扰计算得到的结果如式（1.139）所示．对立方晶系来说，$H_{\text{L-S}}$的二级微扰仍是常量．计算 $L\cdot S$ 的三级微扰项即式（1.139）的第四项．由于三级微扰的矩阵元 D_{abc}有 27 个，对立方对称情况，其矩阵元均不是对立的，其合结果为零．为此，要计算四次微扰的矩阵元 D. 对式（1.125）取前五项可以计算得四级微扰．可得到四阶矩阵 D 的表示

$$|D| = D_{abcd} = \sum\nolimits_{a,b,c}\lambda^4[\langle 0|L_a|\alpha\rangle\langle\alpha|L_b|\beta\rangle\langle\beta|L_c|\gamma\rangle\langle\gamma|L_d|0\rangle] \\ /[(\varepsilon-\varepsilon_\alpha^{(0)})(\varepsilon-\varepsilon_\beta^{(0)})(\varepsilon-\varepsilon_\gamma^{(0)})], \tag{S-1}$$

其中，a，b，c，d=1，2，3. D 的四个下标中必有两个数是相同的，而使其中的矩阵元相等，可以得

$$D=\begin{vmatrix} D_{1111} & D_{1211} & D_{1311} & D_{2111} & D_{2211} & D_{2311} & D_{3111} & D_{3211} & D_{3311} \\ D_{1112} & D_{1212} & D_{1312} & D_{2112} & D_{2212} & D_{2312} & D_{3112} & D_{3211} & D_{3312} \\ D_{1113} & D_{1213} & D_{1313} & D_{2113} & D_{2213} & D_{2313} & D_{3113} & D_{3213} & D_{3313} \\ D_{1121} & D_{1221} & D_{1321} & D_{2121} & D_{2221} & D_{2321} & D_{3121} & D_{3221} & D_{3321} \\ D_{1122} & D_{1222} & D_{1322} & D_{2122} & D_{2222} & D_{2322} & D_{3122} & D_{3222} & D_{3322} \\ D_{1123} & D_{1223} & D_{1323} & D_{2123} & D_{2223} & D_{2323} & D_{3123} & D_{3223} & D_{3323} \\ D_{1131} & D_{1231} & D_{1331} & D_{2131} & D_{2231} & D_{2331} & D_{3131} & D_{3231} & D_{3331} \\ D_{1132} & D_{1232} & D_{1332} & D_{2132} & D_{2232} & D_{2332} & D_{3132} & D_{3232} & D_{3332} \\ D_{1133} & D_{1233} & D_{1333} & D_{2133} & D_{2233} & D_{2333} & D_{3133} & D_{3233} & D_{3333} \end{vmatrix}. \tag{S-2}$$

由于 a，b，c，d 只能在 1，2，3 三个数中变换，所以 D 中的 81 个矩阵元不全是独立的，而在自旋 S=1/2 时，有 $S_iS_j=-S_jS_i$ 的对易关系．由于 D 张量元有四个下标，但它只能有三个数值可以分别记为下标．这样在一组下标中必然有两个下标相同．如每次要改变一个下标，不管其顺序如何，它们都是线性相关的．在改变的次数为偶次时，该矩阵元数值不变，如有奇次改变，则该矩阵元数值只差一个负号（即绝对值相等）．

由于上述条件的限制，矩阵 D 中只有 15 个完全独立的矩阵元，它们是

$$D_{1111},\ D_{2222},\ D_{3333},\ D_{1112},\ D_{1113},\ D_{1122},\ D_{1123},\ D_{1133}.\ D_{1222}, \\ D_{1223},\ D_{1233},\ D_{1333},\ D_{2223},\ D_{2233},\ D_{2333}.$$

四角对称操作使 D 简化为 D'

将 D 经过四角对称操作 R_{ip}，得到

$$D'_{ijkm} = \sum\nolimits_{pqrt} R_{ip}R_{jq}R_{kr}R_{mt}D_{pqrt}, \tag{S-3}$$

其中，i，j，k，m 和 p，q，r，t 分别为 1，2，3 或 x，y，z 方向．在进行四方对称操作时，R_{ip}，R_{jq}，R_{kr}绕 z 轴旋转 90°的变换矩阵为

$$R_{ip}=\begin{vmatrix} 0 & 1 & 0 \\ -1 & 0 & 0 \\ 0 & 0 & 1 \end{vmatrix}. \tag{S-4}$$

将式（S-4）代入式（S-3），可得到

$$\begin{aligned} D'_{ijkm} &= \sum_{pqrt} R_{ip}R_{jq}R_{kr}(R_{m1}D_{pqr1}+R_{m2}D_{pqr2}+R_{m3}D_{pqr3}) \\ &= R_{i1}\{R_{j1}[R_{k1}(R_{m1}D_{1111}+R_{m2}D_{1112}+R_{m3}D_{1113}) \\ &\quad +R_{k2}(R_{m1}D_{1121}+R_{m2}D_{1122}+R_{m3}D_{1123}) \\ &\quad +R_{k3}(R_{m1}D_{1131}+R_{m2}D_{1132}+R_{m3}D_{1133})] \\ &\quad +R_{j2}[R_{k1}(R_{m1}D_{1211}+R_{m2}D_{1212}+R_{m3}D_{1213}) \\ &\quad +R_{k2}(R_{m1}D_{1221}+R_{m2}D_{1222}+R_{m3}D_{1223}) \\ &\quad +R_{k3}(R_{m1}D_{1231}+R_{m2}D_{1232}+R_{m3}D_{12332})] \\ &\quad +R_{j3}[R_{k1}(R_{m1}D_{1311}+R_{m2}D_{1312}+R_{m3}D_{1313}) \\ &\quad +R_{k2}(R_{m1}D_{1321}+R_{m2}D_{1322}+R_{m3}D_{1323}) \\ &\quad +R_{k3}(R_{m1}D_{1331}+R_{m2}D_{1332}+R_{m3}D_{1333})]\} \\ &\quad +R_{i2}\{R_{j1}[R_{k1}(R_{m1}D_{2111}+R_{m2}D_{2112}+R_{m3}D_{2113}) \\ &\quad +\cdots]\} \\ &\quad +R_{i3}\{R_{j2}[\cdots]+R_{j3}R_{k3}(R_{m1}D_{3331}+R_{m2}D_{3332}+R_{m3}D_{3333})\}. \end{aligned}$$

经过上述对称操作，可以将 D 变换为 D'，由于变换后 $D=D'$，其中 D' 如下所示

$$D'=\begin{vmatrix} D_{2222} & -D_{2122} & D_{2322} & -D_{1222} & D_{1122} & -D_{1322} & D_{3222} & -D_{3122} & D_{3322} \\ -D_{2221} & D_{2121} & -D_{2321} & D_{2112} & -D_{1121} & D_{1321} & -D_{3221} & D_{3121} & -D_{3321} \\ D_{2223} & -D_{2123} & D_{2323} & -D_{2113} & D_{1123} & -D_{1323} & D_{3223} & -D_{3123} & D_{3323} \\ -D_{2212} & D_{2112} & -D_{2312} & D_{1212} & -D_{1112} & D_{1312} & -D_{3212} & D_{3112} & D_{3312} \\ D_{2211} & -D_{2111} & D_{2311} & -D_{1211} & D_{1111} & -D_{1311} & D_{3211} & -D_{3111} & D_{3311} \\ -D_{2213} & D_{2113} & -D_{2313} & D_{1213} & -D_{1113} & D_{1313} & -D_{3213} & D_{3113} & -D_{3313} \\ D_{2232} & -D_{2132} & D_{2332} & -D_{1232} & D_{1132} & -D_{1332} & D_{3232} & -D_{3132} & D_{3332} \\ -D_{2231} & D_{2131} & -D_{2331} & D_{1231} & -D_{1131} & D_{1331} & -D_{3232} & D_{3131} & -D_{3331} \\ D_{2233} & -D_{2133} & D_{2333} & -D_{1233} & D_{1133} & -D_{1333} & D_{3233} & -D_{3133} & D_{3333} \end{vmatrix}, \tag{S-5}$$

在 D' 中的矩阵元有 41 个不等于零，而只有 7 个是独立的，具体为

（1）D_{3333}，（2）D_{1111}，（3）D_{1112}，（4）D_{1122}，（5）D_{1133}，（6）D_{1222}，（7）D_{1233}.

所有 41 个矩阵元可分为七个组

（1）D_{3333}；

（2）$D_{1111}=D_{2222}$；

（3）$D_{1122}=D_{2211}=D_{1221}=D_{2112}=-D_{1212}=-D_{2121}$；

（4）$D_{1133}=D_{2233}=D_{3311}=D_{3322}=D_{1331}=D_{2332}=D_{3113}=D_{3223}$

$= -D_{1313} = -D_{2323} = -D_{3131} = -D_{3232}$；

（5）$D_{1112} = D_{1121} = D_{1211} = D_{1222} = -D_{2111} = -D_{2122} = D_{2212} = -D_{2221}$；

（6）$D_{1233} = D_{1332} = D_{3312} = -D_{2133} = -D_{3312} = -D_{3321}$；

（7）$D_{1323} = D_{2313} = D_{3123} = -D_{3132} = -D_{3212} = -D_{3231}$. （S-6）

三角对称操作

如对立方对称的［111］方向为转轴，进行三角对称操作，即旋转 120°，这时

$$R_{ip} = \begin{vmatrix} 0 & 1 & 0 \\ 0 & 0 & 1 \\ 1 & 0 & 0 \end{vmatrix}, \tag{S-7}$$

将式（S-7）代入式（S-3），经运算后得到

$$D'' = \begin{vmatrix} D_{2222} & D_{2322} & D_{2122} & D_{3222} & D_{3322} & D_{3122} & D_{1222} & D_{1322} & D_{1122} \\ D_{2223} & D_{2323} & D_{2123} & D_{3223} & D_{3323} & D_{3123} & D_{1223} & D_{1323} & D_{1123} \\ D_{2221} & D_{2321} & D_{2121} & D_{3221} & D_{3321} & D_{3121} & D_{1221} & D_{1321} & D_{1121} \\ D_{2232} & D_{2332} & D_{2132} & D_{3232} & D_{3332} & D_{3132} & D_{1232} & D_{1332} & D_{1132} \\ D_{2233} & D_{2333} & D_{2133} & D_{3233} & D_{3333} & D_{3133} & D_{1233} & D_{1333} & D_{1133} \\ D_{2231} & D_{2331} & D_{2131} & D_{3231} & D_{3331} & D_{3131} & D_{1231} & D_{1331} & D_{1131} \\ D_{2212} & D_{2312} & D_{2112} & D_{3212} & D_{3312} & D_{3112} & D_{1212} & D_{1312} & D_{1112} \\ D_{2213} & D_{2313} & D_{2113} & D_{3213} & D_{3313} & D_{3113} & D_{1213} & D_{1313} & D_{1113} \\ D_{2211} & D_{2311} & D_{2111} & D_{3211} & D_{3311} & D_{3111} & D_{1211} & D_{1311} & D_{1111} \end{vmatrix}. \tag{S-8}$$

利用 $D''=D$ 和式（S-6）的结果，可以得到两组独立的矩阵元：

（1）$D_{1111} = D_{2222} = D_{3333}$；

（2）$D_{1122} = D_{2211} = D_{1221} = D_{2112} = -D_{1212} = -D_{2121}$；

$D_{1133} = D_{2233} = D_{3311} = D_{3322} = D_{1331} = D_{2332} = D_{3113} = D_{3223}$

$= -D_{1313} = -D_{2323} = D_{3131} = D_{3232}$.

对于四级微扰，得到的自旋哈密顿量为

$$H_s = \sum_{ijkm} D_{ijkm} S_i S_j S_k S_m, \tag{S-9}$$

将上述两组不为零的矩阵元代入式（S-9），可以得到

$$\begin{aligned} H_s &= D_{1111} S_x^4 + D_{2222} S_y{}^4 + D_{3333} S_z^4 \\ &\quad + D_{1122} S_x^2 S_y^2 + D_{2211} S_y^2 S_x^2 + D_{1221} S_x S_y^2 S_x + D_{2112} S_y S_x^2 S_y + D_{1212} S_x S_y S_x S_y \\ &\quad + D_{2121} S_y S_x S_y S_x + D_{1133} S_x^2 S_y^2 + D_{2233} S_y^2 S_z^2 + D_{3311} S_z^2 S_x^2 + D_{3322} S_z^2 S_y^2 \\ &\quad + D_{1331} S_x S_z^2 S_x + D_{2332} S_y S_z^2 S_y + D_{3113} S_z S_x^2 S_z + D_{3223} S_z S_y^2 S_z \\ &\quad + D_{1313} S_x S_z S_x S_z + D_{2323} S_y S_z S_y S_z + D_{3131} S_z S_x S_z S_x + D_{3232} S_z S_y S_z S_y \\ &= D_{1111} (S_x^4 + S_y{}^4 + S_z^4) \end{aligned}$$

$$+D_{1122}\left[(S_x^2S_y^2+S_y^2S_x^2+S_x^2S_y^2+S_y^2S_z^2+S_z^2S_x^2+S_z^2S_y^2)\right.$$
$$+(S_xS_z^2S_x+S_yS_z^2S_y+S_zS_x^2S_z+S_zS_y^2S_z+S_xS_y^2S_x+S_yS_x^2S_y)$$
$$\left.-(S_xS_yS_xS_y+S_yS_xS_yS_x+S_xS_zS_xS_z+S_yS_zS_yS_z+S_zS_xS_zS_x+S_zS_yS_zS_y)\right].$$

由于 $S_iS_j=-S_jS_i$（i，$j=x$，y，z）成反对易关系，可以得出

$$S_i^2S_j^2=S_j^2S_i^2,\quad S_iS_jS_iS_j=-S_i^2S_j^2,\quad S_iS_j^2S_i=S_jS_i^2S_j. \tag{S-10}$$

考虑到式（S-12）的关系，式（S-11）可以化简为

$$H_s=D_{1111}(S_x^4+S_y{}^4+S_z^4)+6D_{1122}(S_x^2S_y^2+S_y^2S_x^2\ S_z^2S_x^2).$$

因 $2(S_x^2S_y^2+S_y^2S_x^2\ S_z^2S_x^2)$ 可以变换为 $S^2S^2-(S_x^4+S_y{}^4+S_z^4)$，得到

$$H_s=3S^2S^2+D_{1111}(S_x^4+S_y{}^4+S_z^4)-3D_{1122}(S_x^4+S_y^4+S_z^4),$$

因 S^2 为常数，可以不计入，最后得到

$$\begin{aligned}H_s&=D_{1111}(S_x^4+S_y{}^4+S_z^4)-3D_{1122}(S_x^4+S_y^4+S_z^4)\\&=D_2(S_x^4+S_y^4+S_z^4),\end{aligned} \tag{S-11}$$

其中，D_2 为具有能量量纲的常数

$$D_2=D_{1111}-3D_{1122}. \tag{S-12}$$

式（1.144）中 D_1 和式（S-12）即式（1.145）的 D_2 与自旋结合起来相当于与自旋的分布有关的一种能量，实际上就是磁晶各向异性的源头．但要说明各种磁体中各金属原子对磁晶各向异性的贡献，还要结合该材料中磁性离子的占位特点和磁性特点进行讨论才能最后得出合适的结果．

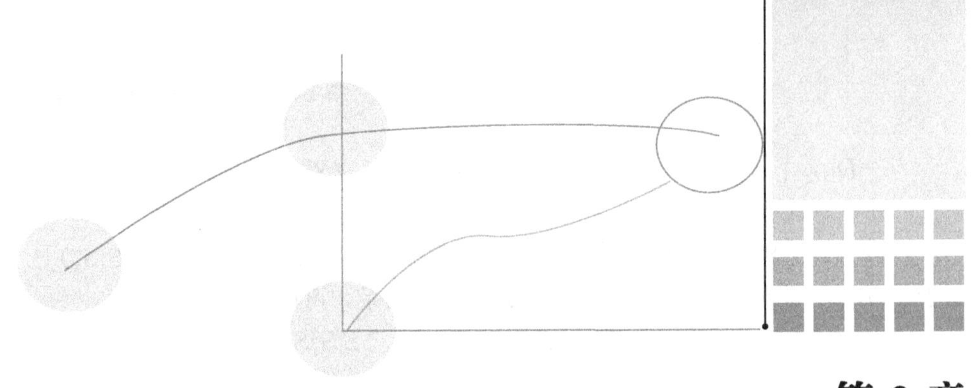

第2章 自发磁化的唯象理论

1907年，外斯提出了分子场的假说来说明铁磁物质的磁性．按照这一假说，在铁磁物质中存在很强的分子场，使原子磁矩有序排列形成自发磁化；而这种自发磁化又局限在一个个被称为畴的小区域中．由于物体存在许许多多这样的小区域，各个小区域的自发磁化方向又不尽相同，因此在无外加磁场时它们相互抵消，而显示不出宏观磁性．当施加磁场时，畴内自发磁化方向的改变或畴壁移动，从而说明了宏观铁磁性的各种表现．这两个假设为后来的理论和实验所证实．存在自发磁化和畴结构这两个事实构成了铁磁物质的基本特点．

随着科学和技术的发展，人们又先后发现了反铁磁性、亚铁磁性等物质．在这些物质中，同样存在着自发磁化和畴结构．

本章将从分子场假设出发，讨论自发磁化的成因和性质．至于分子场的本质留到下一章进行讨论．关于畴的成因和结构则属于本书下册技术磁化理论所涉及的问题．

2.1 铁磁性的基本特点和基本现象

在本节中讨论两类实验问题．第一类是说明存在自发磁化的实验根据，第二类是铁磁物质普遍具有的特性（各向异性，磁致伸缩，退磁效应）．

2.1.1 铁磁物质的基本特点

顺磁物质和铁磁物质在力学、热学、电学等特性上并不具有特定的区别，并且在很多场合下，其化学组分的基本元素是相同的，而且每个原子的磁矩也都不为零，这两种磁性物质的根本区别在于：在一定温度（居里温度）下，铁磁性物质存在自发磁化，大量的实验事实证明了这一特点．

2.1.1.1 *磁化强度与外磁场强度和温度的关系的实验结果*

铁磁物质在外磁场很低的情况下（$H\sim 10\mathrm{Oe}$ 或 $10^3\,\mathrm{A/m}$）就被磁化到饱和（图

2.1)．另外，从饱和磁化强度 M_s 与温度的关系中可以看出，在温度 T_c 以上，$M_s=0$（图2.2）．因此，T_c 是自发磁化消失的临界温度，通称为居里温度（或居里点）．

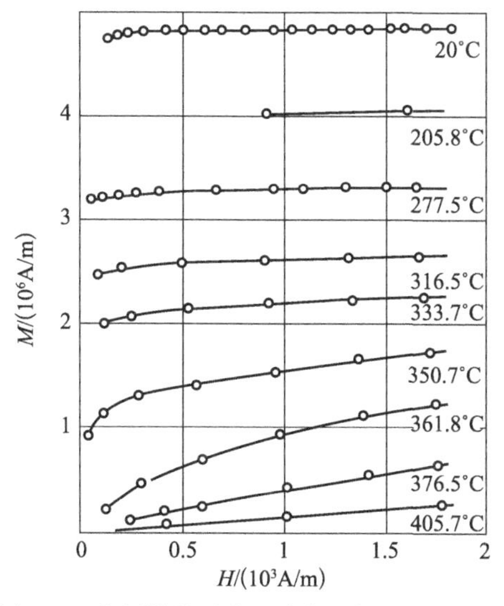

图2.1　金属镍的磁化强度与磁场的关系曲线

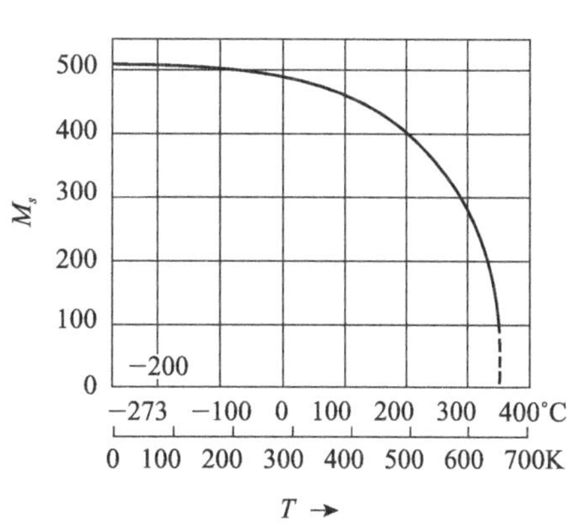

图2.2　金属镍饱和磁化强度与温度的关系，得到 $T_c=358℃$

在提出自发磁化的同时，为了说明在一般情况下，铁磁物质宏观总磁矩为零这个问题，需要进一步假设自发磁化只存在于一个一个小区域内．这种小区域称为畴（或称磁畴），其尺寸在 $10^{-3}\sim10^{-5}$ cm 范围．这一假设在1931年为毕特(Bitter)[1]和稍后的阿库洛夫[2]分别用实验观察到畴后才得到证实．

2.1.1.2　研究非磁的物理现象更能说明铁磁物质中存在自发磁化的事实[3]

一般来说，凡是具有铁磁性的物质，其比热、电导率、热膨胀系数等非磁性的物理量，在磁性转变温度以下和附近会出现较为突出的反常现象．随着温度的升高，这种反常现象的消失总是与铁磁性的消失具有相同的温度；而且，重要的是这种反常现象与铁磁物质是否处于技术磁化状态（饱和磁化，剩磁、退磁等）无关，即反常性对于铁磁物质所受外界磁化状态是不敏感的，这正说明自发磁化起了决定性的作用．所以存在自发磁化的假设在实验上也被这些物理量的反常性所证实．下面所要讨论的几种反常现象都比较明确地说明这一结论是正确的．

（1）比热反常．比热是物质的重要属性．对于固体常用定压比热 c_p，铁磁物质的 c_p 通常要比非铁磁物质的 c_p 要大，而且在某一温度处有一个尖锐的峰．图2.3[4]和图2.4[5]分别示出了过渡金属和稀土金属的 c_p 随温度变化曲线．从曲线上可看到，各金属（除Lu）在特定温度都有 c_p 的极大，而在此温度以上就急剧地下降，超过几十度以后才渐近地趋于正常值．

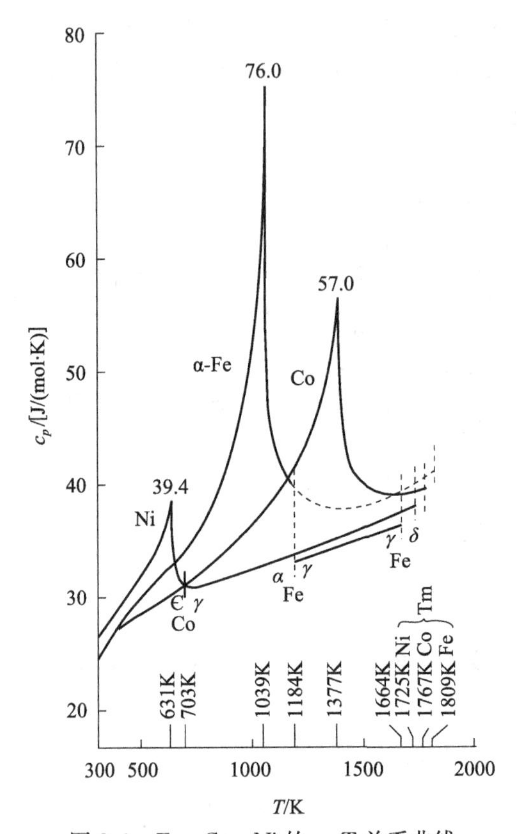

图 2.3　Fe，Co，Ni 的 c_p-T 关系曲线

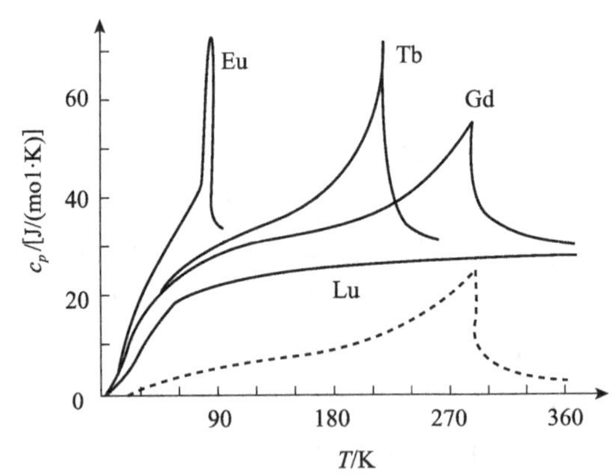

图 2.4　几种稀土元素的 c_p-T 关系曲线，虚线表示由自发磁化贡献的 Gd 的 c_p 值

(2) 电阻反常．所谓电阻反常是指电阻率随温度的变化曲线上在某个特定温度处曲线有一个转折．在低于该温度区域电阻率上升较快，高于该温度区域后电阻率增加较慢．图 2.5[6] 和图 2.6[5] 分别示出了一些金属的电阻率随温度变化的关系曲线．从图 2.5 中可看出，在温度较低范围内，电阻率上升是非线性的；如

用 $d\rho/dT$-T 关系曲线表示，则在转折处有一极大值．Ni 的电阻率的变化在居里温度以下正好与 Pt 的变化情况相反，如图 2.5（b）所示．图 2.6 所给出的 Gd 电阻率是各向异性的，而且在居里温度以下增加很快，这主要是由自旋散射所致，晶格散射（声子部分）占比重较小，在居里温度外没有转折现象，在 c 轴方向、高于居里温度 100K 范围内存在自旋短程序涨落效应[7]．

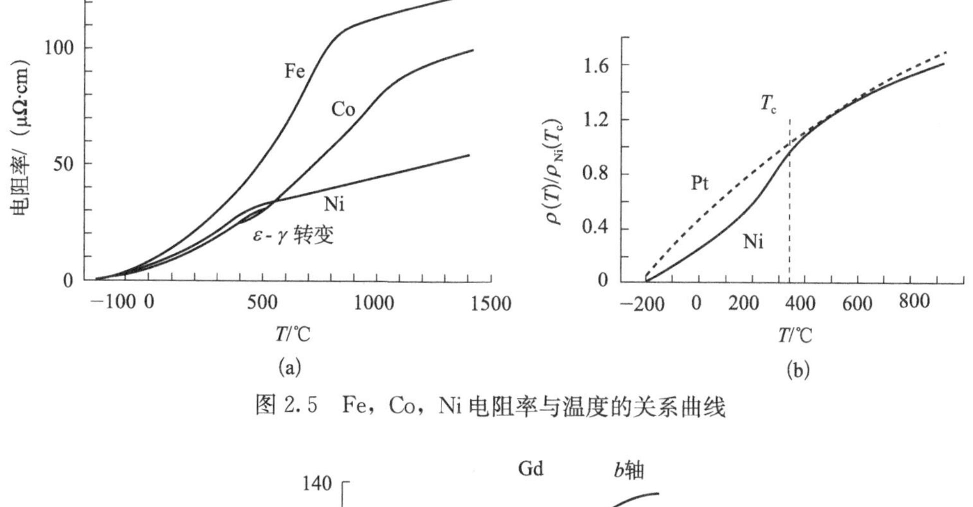

图 2.5　Fe，Co，Ni 电阻率与温度的关系曲线

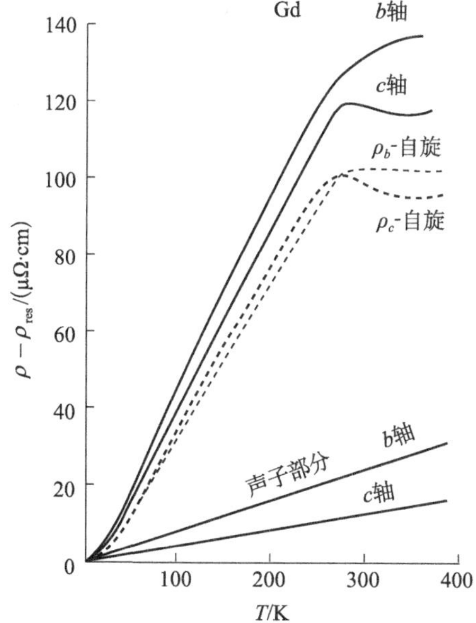

图 2.6　Gd 的电阻率 ρ-ρ_{res} 与温度的关系曲线*，b 轴的 $\rho_{res}=4.9\mu\Omega\cdot cm$，$c$ 轴 $\rho_{res}=3.2\mu\Omega\cdot cm$

* 铁磁性材料中的电阻有三部分：$\rho=\rho_{res}+\rho_e+\rho_m$. ρ_{res} 为剩余电阻率，杂质对导电电子的散射产生，与温度无关；ρ_e 为声子对电子散射所致；ρ_m 为磁散射作用所致．

(3) 磁卡效应．它指磁体在绝热磁化时温度会升高．必须指出，只有在顺磁磁化情况下，$\Delta T \neq 0$. 也就是必须超过饱和磁化（技术磁化不产生这种效应）才能使铁磁物质内自旋平行度有所增加，交换能和外磁场能都降低，这一降低了的能量变成了热能．由于绝热条件，磁体温度升高．相反，在去掉外磁场后，自旋有序程度有所降低，交换作用能增加．这一过程必须依靠降低热能才能发生，所以磁体变冷了．由于铁磁物质在居里温度附近被强磁场磁化时，交换作用能变化较大，因而温度上升也较明显．图 2.7[8] 给出了铁的磁卡效应 ΔT 在不同磁化场作用下的温度关系．

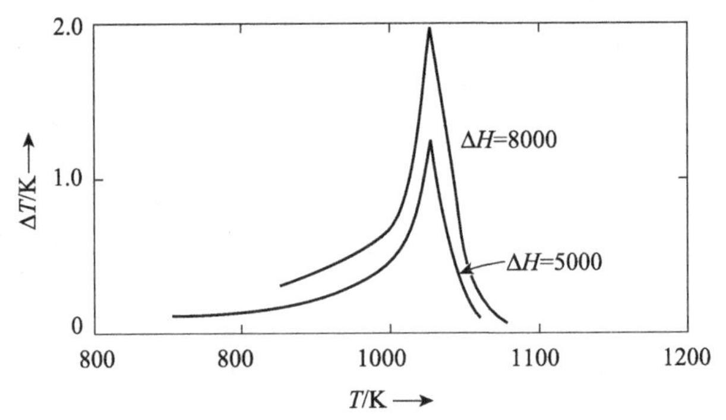

图 2.7　α-Fe 在不同 H 作用下的磁卡效应与温度的关系

根据热力学第一和第二定律以及分子场理论，可以导出 ΔT 与 M^2 成比例，或 ΔT 与 ΔH 成比例，ΔH 表示物体在磁化前后的外加磁场差值．图 2.8 示出了铁的磁卡效应 ΔT 与 M^2 的关系曲线．从曲线上可以看到，在 T_c 附近，H 较小时不满足线性关系．马松（Mathon）等[9]指出，$T=T_c$，$M_0=0$ 时，$\Delta T \sim M^2$，其中 $n=2+(\gamma-1)/\beta$，γ 为磁体的比热与温度关系式中电子贡献项的系数，β 为声子项系数，在经典情况下，$n=2$. 诺克斯（Noakes）等[10]对镍的磁卡效应测

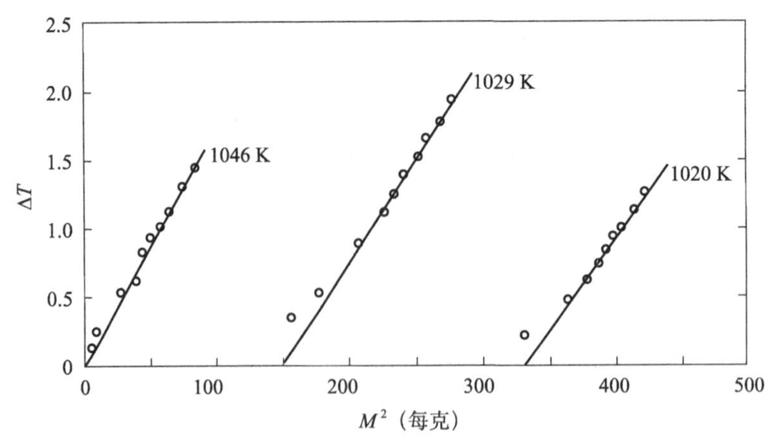

图 2.8　α-Fe 的 ΔT-M^2 关系曲线

量得 $n=2.78$. 罗克尔（Rocker）等[11]分析大量实验结果后得出，铁、钴、镍的 n 值分别为 2.32，2.58，2.82.

其他的效应（如热膨胀系数、磁电阻、杨氏模量等）对温度的依赖关系也具有上述的反常形式，所有这些反常的极值都发生在同一温度 T_c 处．而这个温度与从磁化强度急剧下降到零的温度 T_c 一致．因此，必须把 T_c 看成是铁磁状态的临界温度，即居里点．同时也非常明确地证明了自发磁化的存在．

从上述非磁的物性随温度变化的介绍中可看出，利用这些效应在居里温度存在反常的极大现象，可以准确地测出铁磁物质的居里点．

居里点是铁磁性和顺磁性相互转变的温度，前者具有自发磁化，亦即自旋处于有序状态；后者不具有自发磁化，亦即自旋处于无序状态．这种磁有序和无序相互转变从热力学观点来看，是一种二级相变．表 2.1 列出了一些铁磁物质的饱和磁化强度和居里点的数值．

表 2.1　一些铁磁物质的居里点和饱和磁矩

物质	居里点/K	饱和磁化强度 M_s/G		原子或分子磁矩
		300K	0K	(μ_B)
Fe	1043	1707	1740	2.22
Co	1403	1400	1430	1.72
Ni	631	485	510	0.606
Gd	293.5		2010	7.98*
Tb	219.5			9.77*
Dy	89.0		2920	10.83*
Ho	20.0			11.2*
Er	20.0			9.9*
Tm	32.0			7.61
Cu_2MnAl	710	500		
MnBi	633	620	720	3.84
CrO_2	393	515		2.03
CrTe	339	247		2.5
$MnFe_2O_4$	573	410		5
$NiFe_2O_4$	858	270		2.4
$CoFe_2O_4$	793	400		3.7
$MgFe_2O_4$	713	110		1.1
$Y_3Fe_5O_{12}$	545～570	140	196	5.0△
$Gd_3Fe_5O_{12}$	564	～10	612	16△
Fe-3.2%Si	1018	1590		
AlNiCoV	1163	915		
SmCo	1020	855		

*　摘自参考文献［5］.
△　摘自参考文献［6］.

更有力的直接证明存在自发磁化的实验是中子衍射．随着中子衍射技术在研究磁有序方面的进展，对许多金属和金属氧化物的磁结构的了解更为确切；发现了许多种自旋排列的有序性，例如，Mn 金属自旋是反铁磁性序，稀土元素的磁矩取向有螺旋结构、正弦形波动变化、锥形螺旋性等．

2.1.2 铁磁物质中的基本现象

铁磁性物质具有一些引人注目的磁现象，例如，存在居里温度、磁晶各向异性、磁滞伸缩和退磁现象等．

磁性物质的居里温度在上面已经谈到，它是强磁性和顺磁性转变的温度．任何铁磁物质都具有一定的居里温度，其高低与该物质的化学组分和晶体结构有关，而与其磁历史无关．从使用的角度来看，要求居里温度高比较好，一般应在200℃以上，有时要更高些．

另外，三个基本现象对磁性的影响往往都是通过改变材料内部的磁畴结构及磁畴的运动方式显示出来．磁性材料制造工艺上的许多重大革新都是利用了这些现象．

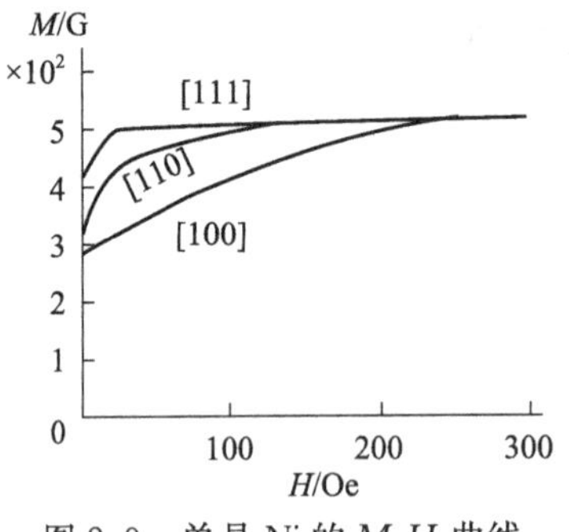

图 2.9　单晶 Ni 的 M-H 曲线

（1）磁晶各向异性．在测量单晶体的磁化曲线（M-H 关系）时，发现磁化曲线的形状与磁场加在单晶体的晶轴方向有关．图 2.9～图 2.11 分别示出了 Ni，Co，Fe 的单晶体在不同晶轴方向上的磁化曲线．从这些图中可看出，磁化曲线随晶轴方向不同而有所差别，即磁性随晶轴方向而异．这种现象存在于铁磁性晶体中，称之为磁晶各向异性，或天然各向异性．

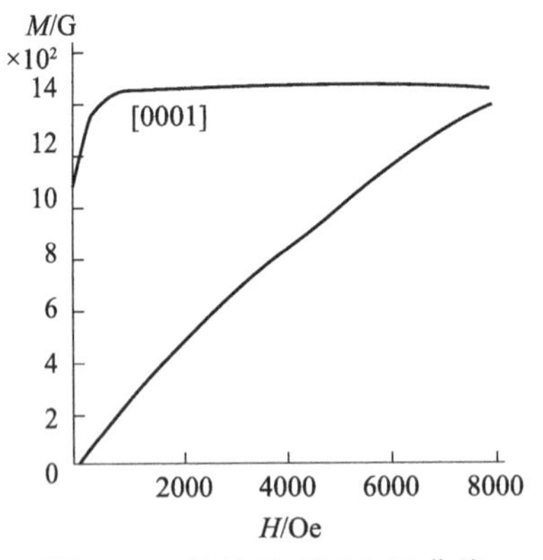

图 2.10　单晶 Co 的 M-H 曲线

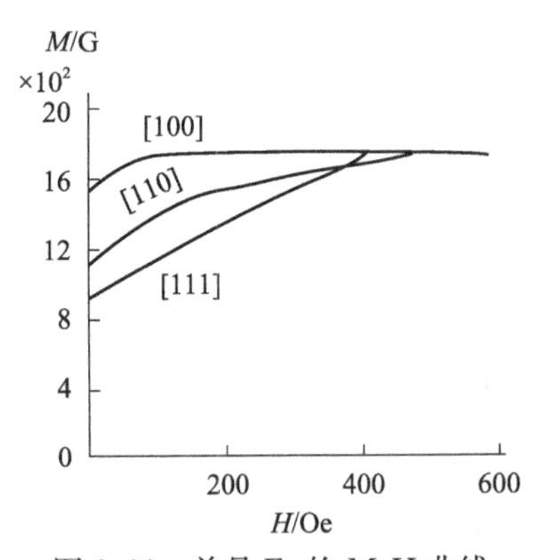

图 2.11　单晶 Fe 的 M-H 曲线

由于磁晶各向异性的存在，在同一单晶体内，磁化强度随磁场的变化因方向不同而有所差异．这就是说，在某些方向容易磁化（达到饱和磁化所需的磁场较小），在另一些方向则不容易磁化．容易磁化的方向称为易磁化方向，或易磁化轴（简称易轴）；最不容易磁化的方向称为难磁化方向，或难磁化轴（简称难轴）. 众所周知，铁单晶体的易磁化方向为〈100〉；难磁化方向为〈111〉；镍单晶体的情况恰巧与铁相反，易轴为〈111〉，难轴为〈100〉；钴单晶的易磁化方向为［0001］，难磁化方向为与易轴垂直的任一方向，实际是一个平面 .

一般常用各向异性常数 K_1，K_2（立方晶系），K_{u1}，K_{u2}（六角晶系或单轴情况）来表示晶体中各向异性的强弱 . 具体材料的 K_1，K_2，K_{u1}，K_{u2} 的大小见表 2.2.

表 2.2　不同材料在室温下的磁晶各向异性常数

材料名称	晶体结构	$K/(10^{-3}\text{J/m}^3)$	
		K_1	K_2
Fe	立方	+42	+15
Ni	立方	−5.7	−2.3
超坡莫合金	立方	+0.15	—
坡莫合金（70%Ni）	立方	+0.70	−1.7
Fe-4%Si	立方	+32	—
Fe_3O_4	立方	−11	−28
$MnFe_2O_4$	立方	−3.4	≈0
$NiFe_2O_4$	立方	−6.5	—
$CuFe_2O_4$	立方	−6.0	—
$CoFe_2O_4$	立方	+270	+300
$MgFe_2O_4$	立方	−3.9	—
$Li_{0.5}Fe_{2.5}O_4$	立方	−8.5	—
Co	六角	+410	+100
$BaFe_{12}O$	六角	+330	—
$Co_2BaFe_{16}O_{27}$	六角	−186	+75
$Co_2Ba_3Fe_{24}O_{41}$	六角	−180	$(K_{u1}+2K_{u2})$
$CoMnO_3$	六角	−1400	$(K_{u1}+2K_{u3})$
$NiMnO_3$	六角	−260	$(K_{u1}+2K_{u2})$
MnBi	六角	+910	+260
YCo_5	六角	+5700	~0
$SmCo_5$	六角	+15500	—
Y_2Co_{17}	六角	−290	3
Sm_2Co_{17}	六角	+3300	—
Gd_2Co_{17}	六角	−300	—

磁晶各向异性对磁性材料的磁导率、矫顽力等结构灵敏量影响很大 . 它随温度的变化关系比较复杂，一般都是随温度上升而急剧变小 . 因此，对结构灵敏的磁参量的温度特性影响很强烈 . 研究不同材料的各向异性同温度的变化关系，对

改善和控制材料的温度特性具有十分重要的意义.

图 2.12～图 2.14[12]分别示出了 Fe，Ni，Co 的磁晶各向异性常数 K 与温度的关系曲线. 可以看到在低温下，K 都比较大，但随温度上升而下降十分迅速. Co 的情况更为复杂，K_1 在 520K 附近改变了符号.

亚铁磁物质的磁晶各向异性常数与温度变化关系也十分复杂，图 2.15[13]示出了 Fe_3O_4 的 $K_1(T)$ 和 $K_2(T)$ 曲线. 它在决定许多常用的铁氧体材料的磁性中起着关键的作用.

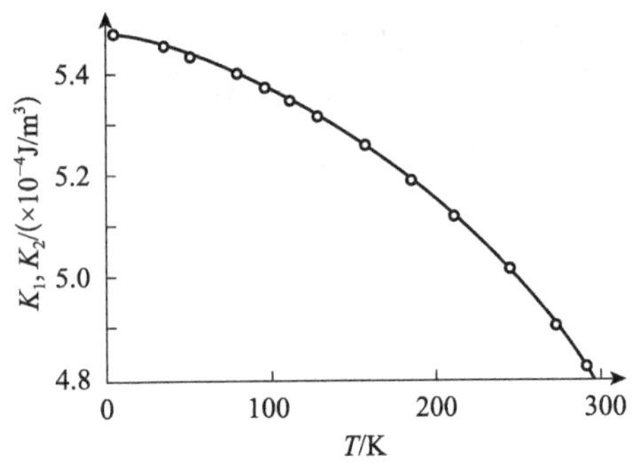

图 2.12 Fe 的各向异性常数随 T 的变化曲线

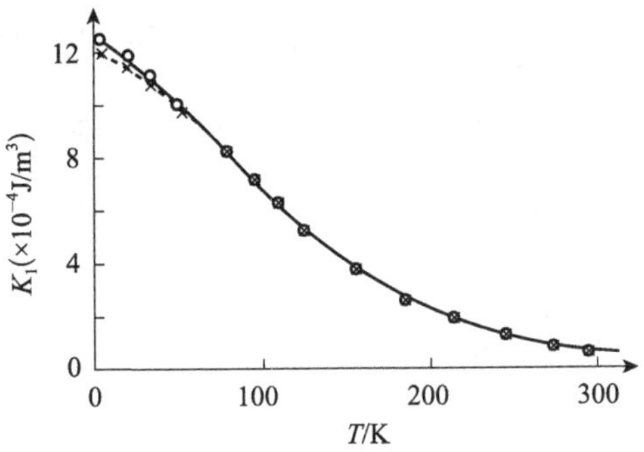

图 2.13 Ni 的各向异性常数随 T 的变化曲线

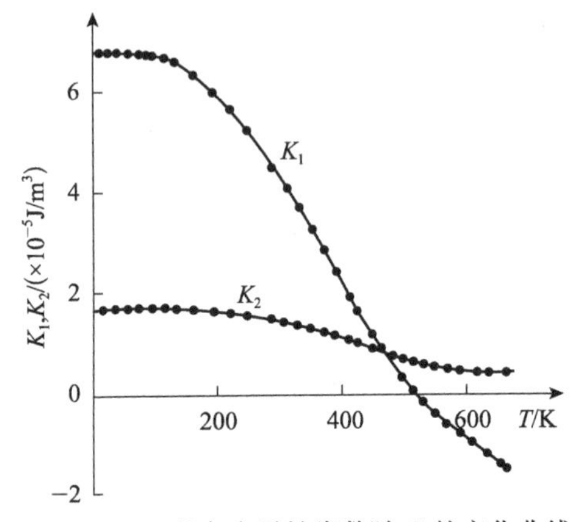

图 2.14 Co 的各向异性常数随 T 的变化曲线

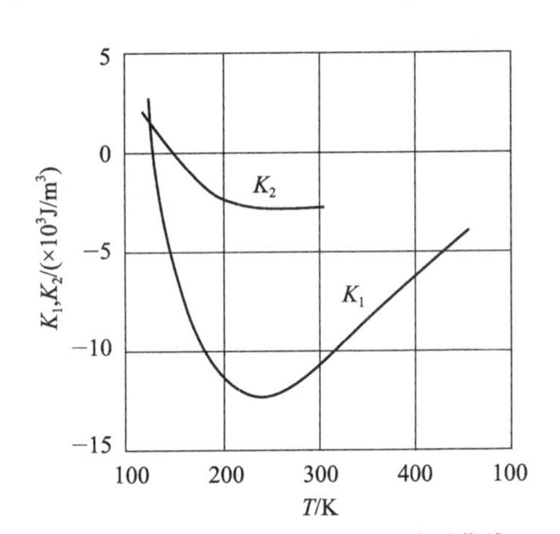

图 2.15 Fe_3O_4 的 K_1,K_2-T 关系曲线

(2) 磁致伸缩. 铁磁材料由于磁化状态的变化而引起的长度变化称为磁致伸缩（这种现象发现很早，于 1842 年），又称为焦耳（Joule）效应或线性磁致伸缩，以区别于体积改变的体磁致伸缩. 下面介绍的都是线磁致伸缩（简称为磁致伸缩）. 从实验结果得知，磁致伸缩引起的长度变化 $\Delta l=l-l_0$ 是很小的，l_0，l 分别表示磁场为零或不为零时材料的长度，通常用长度的相对变化

$$\lambda=\frac{l-l_0}{l_0}$$

来表示磁致伸缩的大小，λ 称为磁致伸缩系数，相对变化只有十万分之一或更小一些，而且 λ 的大小随磁场的增加而增大，最后达到饱和，用 λ_s 表示．图 2.16 给出了几种材料在磁场方向的长度变化比值（λ 与磁场的关系曲线）．由图可见，纯镍的 $\lambda<0$，即在磁场方向上的长度变化是缩短了；45%Ni 的坡莫合金的 $\lambda>0$，即在磁场方向上长度变化是伸长了．

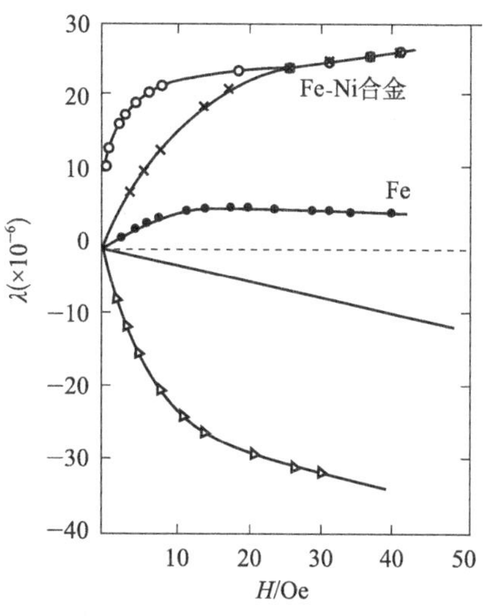

图 2.16　几种材料的磁致伸缩曲线

既然磁致伸缩是由于材料内部磁化状态的改变而引起的长度变化，反过来，如果对材料施加一个压力或张力（拉力），使材料的长度发生变化的话，则材料内部的磁化状态亦随之变化，这是磁致伸缩的逆效应，通常称为压磁效应．

磁致伸缩不但对材料的磁性有很重要的影响（特别是对起始磁导率，矫顽力等），而且效应本身在实际应用上也很重要．利用材料在交变磁场作用下长度的伸长和缩短，可以制成超声波发生器和接收器，以及力、速度、加速度等的传感器、延迟线、滤波器、稳频器和磁声存储器等．在这些应用中，对材料的性能要求是：磁致伸缩系数 λ_s 要大，灵敏度 $\left(\frac{\partial B}{\partial \sigma}\right)H$ 要高（在一定磁场 H 下，磁感 B 随应力 σ 的变化要大），磁-弹耦合系数 $|K_c|$ 要大．表 2.3 列出了一些材料的数据.

表 2.3　若干压磁材料的主要性能

材料名称（多晶）	λ_s (10^{-6})	$(\partial B/\partial\sigma)$ (10^{-6})	$\lvert K_c \rvert$	居里点 (T_c)/℃	M_s/ $(\times10^{-3}\text{A/m})$
Ni	−33	1.5～6.1	0.14～0.30	358	6080
Co	−62				
45 坡莫合金（45%Ni）	+27	—	0.11～0.17	～440	16000
Ni-Co（4%Co）	−31	13.5	0.34～0.51	410	6800
Fe	−9				
Fe-Al（13%Al）	+40	—	0.19～0.26	～500	13000
Fe-Co-V（2%V，49%Co）	+70	3.6	0.19～0.76	980	24000
YFe_2	1.7				
$TbFe_2$	+1905	—	0.35	432	—
$Tb_{0.5}Dy_{0.5}Fe_2$	+1840		0.51		

续表

材料名称（多晶）	λ_s (10^{-6})	($\partial B/\partial\sigma$) ($10^{-6}$)	$\lvert K_c \rvert$	居里点 (T_c)/℃	M_s/ ($\times10^{-3}$A/m)
$SmFe_2$	−1560	—	0.35	—	—
$CoFe_2O_4$	−110				
$NiFe_2O_4$	−27	—	0.14～0.20	590	3000
Fe_3O_4	+40				
$Ni_{0.35}Zn_{0.65}Fe_2O_4$	−5	−3.4	0.06～0.10	190	4000
$Ni_{0.98}Co_{0.02}Fe_2O_4$	−26	—	0.22～0.25	590	3300
		—	—	—	—

稀土元素 Tb 和 Dy 在低温下具有很大的磁致伸缩系数，但由于不能用来制作常温下的器件，故目前无法广泛应用．当它们与过渡金属 Ni，Fe，Co 组成化合物后（表 2.3），仍具有很大的磁致伸缩效应，而且材料的居里点也比较高，因而引起人们很大的重视，并积极进行研究[14]．

人们利用磁致伸缩的效应制成了许多有用的器件，但它也有不利的一面，在变压器、镇流器等器件中，由于磁致伸缩的影响会发生振动噪声．因此，减少噪声的有效途径就是如何降低磁致伸缩系数，这已是目前硅钢片研制中的主要课题．

磁致伸缩系数与温度的关系比较复杂（图 2.17 和图 2.18），并且随磁化状态和不同的测量方向而改变[15]．

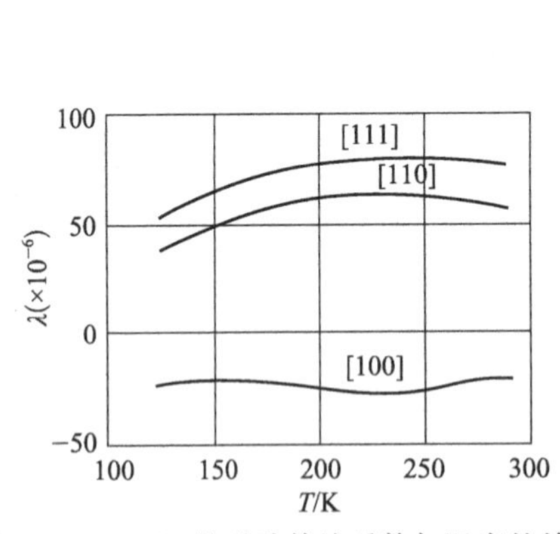

图 2.17　Fe_3O_4 的磁致伸缩系数与温度的关系

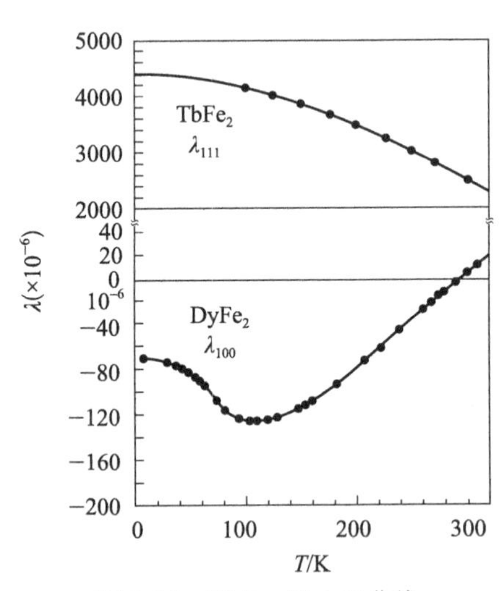

图 2.18　$TbFe_2$ 的 λ-T 曲线

（3）“磁荷”与退磁．上面讨论了磁性材料内部的两个基本现象，即磁晶各向异性和磁致伸缩．它们都是影响材料性能的本征因素．这就是说，材料在生产过程中的各种工艺，都将不同程度地通过这两个因素发生作用，从而导致磁性的改善或恶化．

在讨论或改善磁性材料的性能和使用磁性材料时，还有一个很重要的现象就是“磁荷”与退磁．这两个概念在普通物理课中已经学过，这里只扼要复习一下.

当研究磁性材料被磁化以后的性质时，存在着两种不同的观点，即分子电流的观点和磁荷的观点．它们是从不同的角度去描述同一现象，所以得到的结论是一样的．在 MKSA 单位制中，磁感应强度 $\boldsymbol{B}$ 与磁场强度 $\boldsymbol{H}$ 和磁化强度 $\boldsymbol{M}$ 的关系为

$$\boldsymbol{B}=\mu_0(\boldsymbol{H}+\boldsymbol{M}), \tag{2.1}$$

其中，μ_0 为真空磁导率，$\mu_0=4\pi\times10^{-7}\,\mathrm{H/m}$，其量纲为 $\mathrm{MLT^{-2}I^{-2}}$. B 的单位为特斯拉(T)，H 和 M 的单位为安/米（A/m）.

在 C. G. S. 单位制中，它们之间的关系为

$$\boldsymbol{B}=\boldsymbol{H}+4\pi\boldsymbol{M}, \tag{2.2}$$

其中，B 和 M 的单位为高斯(G)，H 的单位为奥斯特（Oe）. $1\mathrm{T}=1\mathrm{Wb/m^2}=10^4\mathrm{G}$，$1\mathrm{A/m}=4\pi\times10^{-3}\mathrm{Oe}$.

磁性材料被磁化以后，只要材料的形状不是闭合形的或不是无限长的，则材料内的总磁场强度 H 将小于外磁场强度 H_e，这是因为这些材料被磁化以后要产生一个退磁场强度 H_d，在材料内部 H_d 的方向总是与 H_e 和 M 的方向相反，其作用在于削弱外磁场，所以称为退磁场．因此，材料内部的总磁场强度是外磁场强度和退磁场强度的矢量和，即

$$\boldsymbol{H}=\boldsymbol{H}_e+\boldsymbol{H}_d. \tag{2.3}$$

在均匀各向同性磁介质中，可写成数量的表达式

$$H=H_e-H_d. \tag{2.4}$$

在磁性测量和磁性材料的设计使用中，考虑退磁场的影响是十分重要的．譬如在软磁材料中（如纯铁或硅钢片），当材料被磁化以后，再将外磁场去掉时，为什么材料的磁性便不能保持？但在永磁材料中（如铝镍钴合金、钡铁氧体和稀土永磁等)，当材料被磁化以后，再将外磁场去掉时，为什么材料的磁性却能保持？为什么在永磁材料的使用设计时，必须选择一定的形状（不是随便任意的形状）才能发挥材料的优点？等等．所有这些问题的回答都必须应用退磁场的知识．此外，更重要的是材料内部的磁畴结构的形式，直接受到退磁场的制约，因而直接影响着材料的一系列性能．

退磁场强度 H_d 的计算是一个很复杂的问题，理论上只能对某些特殊形状的样品严格求解．至于任意形状的样品，则往往只能给出近似解，或用实验加以测定.

产生磁晶各向异性的原因在 1.6 节已经讨论，而磁致伸缩和退磁场的进一步讨论详见《铁磁学》下册．

2.2 铁磁性自发磁化的唯象理论

在 19 世纪 70 年代初，铁磁物质的磁化曲线便在实验上正确地测量出来了．它与抗磁或顺磁物质的磁化情形绝然不同．抗磁和顺磁物质的磁化强度与磁场的关系，一般是一条很好的直线，而铁磁物质的磁化曲线则是可以分为三段的曲线，开始阶段很平缓，中间部分陡然升高，最后又逐渐趋于平缓．铁磁物质的磁化曲线还与温度有关（图 2.1），随着温度的升高，曲线的中间部分愈不明显，直至在足够高的温度（即居里温度）下，曲线的形状转变为直线，这就是说，铁磁性物质转变为顺磁性物质了．

对铁磁性物质磁化曲线的解释，最早是由罗津格（B. Л. Розинг）和外斯于 20 世纪初提出来的，这就是“分子场”和磁畴的假设．如前所述，由于“分子场”的存在，铁磁物质在没有外磁场时，就已经磁化到饱和了，这种现象又称为自发磁化．实际上，铁磁物质并不表现出磁性，原因是铁磁物体内分成许多自发磁化的区域，不同区域的自发磁化强度的方向可以不一样，这样的区域就称为磁畴．利用自发磁化和磁畴的概念便能容易地解释铁磁物质磁化曲线的特征．现代的铁磁性理论包括自发磁化理论和磁畴理论两大部分，前者阐述铁磁性的起源和本质，后者说明铁磁物质在外磁场下的特性，又称为技术磁化理论．本书仅限于讨论第一部分．

2.2.1 铁磁性的“分子场”理论

“分子场”理论是解释自发磁化的经典理论，它的物理图像直观（没有涉及微观本质），因此又称为唯象理论．

铁磁物质的原子和顺磁物质的原子一样，都具有净磁矩．不同的是铁磁物质的原子磁矩还受到物质内部的“分子场”的作用，它导致了自发磁化，即在无外加磁场时，仍然呈现出微观磁矩的有序排列．

实验表明，顺磁体服从居里定律 $\chi=\dfrac{C}{T}$，即有 $\boldsymbol{H}=\dfrac{T}{C}\boldsymbol{M}$；铁磁体在居里温度以上服从居里-外斯定律 $\chi=\dfrac{C}{T-\theta}$，即有 $\boldsymbol{H}=\dfrac{1}{C}(T-\theta)\boldsymbol{M}=\dfrac{T}{C}\boldsymbol{M}-\dfrac{\theta}{C}\boldsymbol{M}$. 两式相比可以自然地看出，在铁磁体中存在一个附加磁场 $\dfrac{\theta}{C}\boldsymbol{M}$. 而原子磁矩实际受到的是外磁场 $\boldsymbol{H}$ 和附加磁场的共同作用．这样就可以得到形式上同顺磁体一样的规律：

$$\boldsymbol{H}+\frac{\theta}{C}\boldsymbol{M}=\frac{T}{C}\boldsymbol{M}.$$

这一附加磁场被称为分子场

$$\boldsymbol{H}_{\mathrm{m}}=\frac{\theta}{C}\boldsymbol{M}=\lambda\boldsymbol{M},\tag{2.5}$$

比例系数 λ 称为分子场系数 .

在具体计算自发磁化强度以前，让我们先估计一下“分子场”的数值 . 设铁磁物质中每个原子的磁矩为 $gS\mu_{\mathrm{B}}$. 在“分子场”的作用下，原子磁矩相互平行排列（自发磁化），“分子场”与原子磁矩的作用能为 $H_{\mathrm{m}}gS\mu_{\mathrm{B}}$. 另外，在铁磁物质内，原子的热运动将扰乱原子磁矩的自发磁化，当温度达到居里温度时，自发磁化消失，此时原子的热运动能量与自发磁化的能量相当，即

$$kT_{\mathrm{c}}=H_{\mathrm{m}}gS\mu_{\mathrm{B}}.\tag{2.6}$$

对于铁，$T_{\mathrm{c}}=1043\mathrm{K}$，$g=2$，$S=1$. 取玻尔兹曼常数 $k=1.38\times10^{-23}\mathrm{J/K}$，玻尔磁子 $\mu_{\mathrm{B}}=1.17\times10^{-29}\mathrm{Wb\cdot m}$，得

$$H_{\mathrm{m}}=\frac{kT_{\mathrm{c}}}{gS\mu_{\mathrm{B}}}=6.15\times10^{8}\mathrm{A/m}=773\mathrm{T}.$$

可见“分子场”的作用相当约 800T（$8\times10^{6}\mathrm{Oe}$）的磁场，这是实验室内目前仍无法达到的静磁场 . 铁磁物质内的原子磁矩，在这样强的“分子场”的作用下，达到自发磁化是完全可以想象的 .

下面我们来定量地讨论自发磁化强度与温度的关系，着重解决四个问题：①自发磁化强度随温度变化的具体形式 . ②推导出居里温度与“分子场”系数的关系 . ③推导出居里-外斯定律 . ④说明自发磁化强度与饱和磁化强度的异同 . 现分述如下：

（1）设有 n 个原子在分子场 H_{m} 的作用下，其磁矩即为式（1.57）所表示的形式

$$M(T)=ng_{J}J\mu_{\mathrm{B}}B_{J}(y),\tag{2.7}$$

其中，布里渊函数

$$B_{J}(y)=\frac{2J+1}{2J}\coth\frac{2J+1}{2J}y-\frac{1}{2J}\coth\frac{y}{2J},$$

而

$$y=\frac{Jg_{J}\mu_{\mathrm{B}}}{kT}H_{\mathrm{m}}=\frac{Jg_{J}\mu_{\mathrm{B}}}{kT}\lambda M(T).\tag{2.8}$$

当 $T\rightarrow0$ 时，$y\rightarrow\infty$，而 $B_{J}(y)\rightarrow1$，由式（2.7）得到

$$M(T\rightarrow0)=ng_{J}J\mu_{\mathrm{B}}=M(0).\tag{2.9}$$

将式（2.9）代入式（2.7）便得

$$\frac{M(T)}{M(0)}=B_{J}(y).\tag{2.10}$$

$B_J(y)$ -y 的关系曲线见图 2.19. 把式（2.8）两边除以 $M(0)=ng_J J\mu_B$，便可以得到另一个关系

$$\frac{M(T)}{M(0)}=\frac{kT}{n\lambda(g_J J\mu_B)^2}y. \tag{2.11}$$

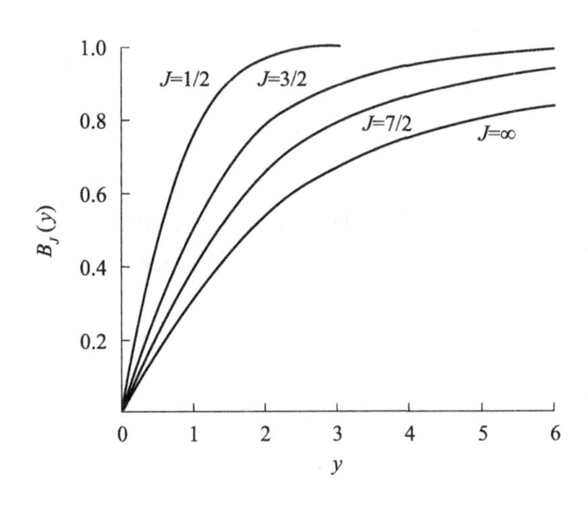

图 2.19　当 J 不同时的布里渊函数

（2.10）和（2.11）两式都是以 T 为参数来描述自发磁化强度($H=0$)随 y 变化的函数．前者为布里渊函数，是曲线；后者为直线，如 $A0$ 所示，参阅图 2.20.图解时，两线交于 A 和 0 两点．A 点表示 $T\neq0$ 时关立方程的解，即解得在温度 T 时的 $M(T)$ 值．取不同的温度，得到不同的 A 点，但另一端的交点总是 0 点．因直线的斜率正比于 T，温度越高，A 点向左移动，使 $A0$ 的距离变近，直到直线与曲线相切，即 A 和 0 点重点，得到 $M(T)=0$，这时 $T=T_c$，即居里温度时的解．如外磁场 $H\neq0$，得到含 A' 的直线，它在直线 $A0$ 的右边，如两条直线在同一温度下得到的，则必然是相互平行的．只是在 y 轴上相交点数值与外磁场 H 成正比．图解法需要详细计算不同 J 的情况下的 $B_J(y)$ 的数值[23]，目前计算机来进行数字解很便捷，而关于联立方程的解析解，在 1989 年由 Whitaker 解得 $J=1/2$ 和 1 的结果（见 Am.，J. Phys.，57 卷 45 页）．

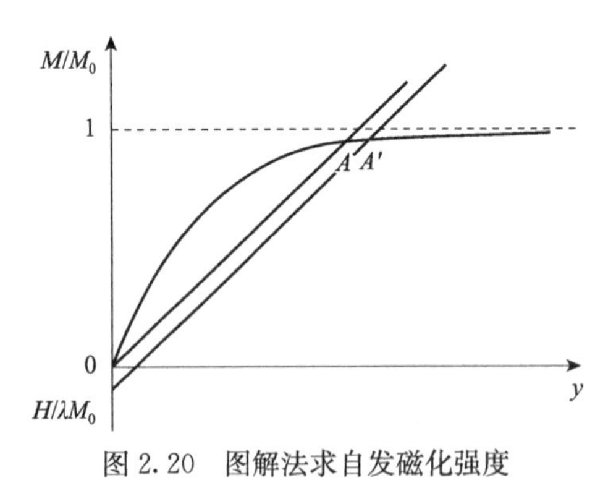

图 2.20　图解法求自发磁化强度

在图 2.21 上还给出了 Fe，Ni 的实验结果，由图可见，只有 $J=\frac{1}{2}$ 的理论曲线才与实验较符合，这说明 Fe，Ni 的原子磁矩主要是由电子自旋贡献的．

(2) 随着温度的升高，式(2.11)代表的直线的斜率逐渐增大，直至某一温度时，直线的斜率与式（2.10）所代表的曲线的斜率，在原点处相等．由于此处的自发磁化强度为零，所以此时的温度即为居里温度 T_c.

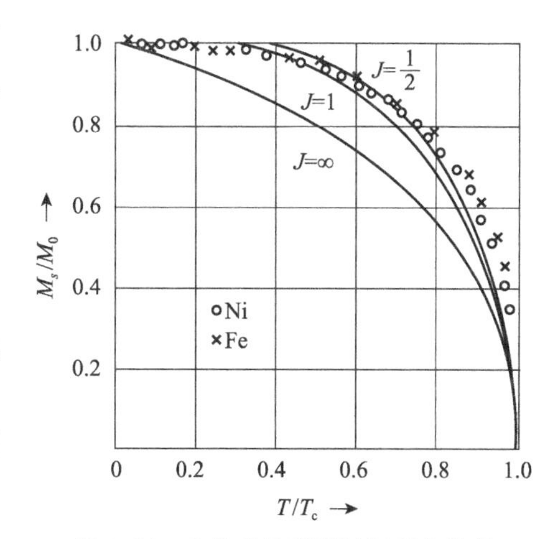

图 2.21　自发磁化强度随温度变化的理论和实验曲线

当 $T\to T_c$ 时，$y\ll 1$，因此式（2.10）展开为

$$\frac{M(T)}{M(0)}=\frac{(J+1)}{3J}y. \tag{2.12}$$

使式（2.11）和式（2.12）所代表的图形的斜率相等，可得出

$$\frac{kT_c}{n\lambda(Jg_J\mu_B)^2}=\frac{J+1}{3J},$$

由此便得到

$$T_c=\frac{ng_J^2\mu_B^2J(J+1)\lambda}{3k}. \tag{2.13}$$

式（2.13）说明居里温度 T_c 随“分子场”系数 λ 和总角动量量子数 J 的增大而增大．居里温度 T_c 是铁磁性物质的特征参量，它是代表铁磁性消失（或转变为顺磁性）的临界温度，只与物质的成分和晶体结构有关，而与材料的制备工艺无关．

(3) 当温度超过居里点时，自发磁化消失，但每个原子仍是有磁矩的，就是说，铁磁性转变为顺磁性．这时如果再加上外磁场，则在磁场方向会有一总磁矩 M'，设此总磁矩与磁场的关系仍可用式（1.57）表示

$$M'=ng_JJ\mu_BB(y), \tag{2.14}$$

不过这时 y 中所包含的磁场却是外磁场与“分子场”之和．因为考虑了原子磁矩之间的相互作用以后，只要物体内出现总磁矩，便有一个“分子场”，即

$$y=\frac{Jg_J\mu_B}{kT}(H_{外}+H_m)=\frac{Jg_J\mu_B}{kT}(H_{外}+\lambda M'). \tag{2.15}$$

当温度 $T>T_c$ 时，$y\ll 1$，故式（2.14）可展开为

$$M'=ng_JJ\mu_B\frac{J+1}{3J}y. \tag{2.16}$$

将式（2.15）代入式（2.16），经整理后便得到

$$\chi=\frac{M'}{H_{外}}=\frac{n(J+1)Jg_J^2\mu_B^2}{3k}\frac{1}{T-\left(\frac{nJ(J+1)g_J^2\mu_B^2\lambda}{3k}\right)}. \tag{2.17}$$

令

$$C=\frac{nJ(J+1)g_J^2\mu_B^2}{3k}, \tag{2.18}$$

$$\Delta=\frac{nJ(J+1)g_J^2\mu_B^2\lambda}{3k}=C\lambda, \tag{2.19}$$

则式（2.17）便化简为

$$\chi=\frac{C}{T-\Delta}. \tag{2.20}$$

式（2.20）就是从理论上导出的居里-外斯定律．由式（2.19）和式（2.13）可见，常数 Δ 就是居里温度 T_c，即在这种理论中，从居里-外斯定律又可推得居里温度，这也是从实验上测定居里点的一种方法．图 1.18 示出 Fe，Co，Ni 的磁化率倒数与温度关系的实验结果．由图上可见，γ 铁（面心立方结构）的实验曲线外推到与横轴的交点是负的，这表明 γ 铁是反铁磁性的（详见下一节）．另外，仔细分析实验结果时还发现，在居里温度附近，直线有些弯度（放大图见图 2.22），此时沿直线外推得到的与横轴的交点 Δ，和实验曲线与横轴的实际交点 T_c 有些差别，因此常把 Δ 称为顺磁居里点，T_c 称为铁磁居里点．表 2.4 列出铁磁金属的 Δ，T_c 等一些量的实验值．

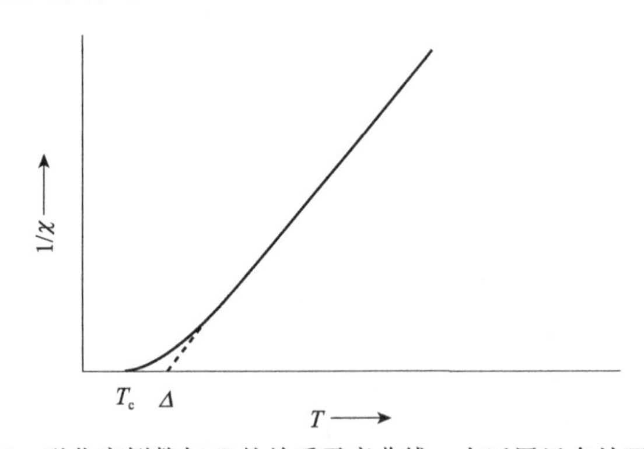

图 2.22　磁化率倒数与 T 的关系示意曲线，在近居里点处不是直线

表 2.4　几种铁磁金属的 T_c，Δ，C，λ 和分子场的大小值

	M_s/G	T_c/K	Δ/K	C	λ	$H_m=\lambda M_s$/kOe
Fe	1740	1043	1101	0.1784	6160	10718
Co	1430	1395	1428	0.1830	7700	11011
Ni	510	631	650	0.0485	13400	6834

（4）在 $T<T_c$ 的情况下，如果加上外磁场，则外磁场的影响与不加外磁场

的式（2.11）比较起来，只是多了一项，即

$$\frac{M_s(T)}{M(0)}=\frac{kT}{n\lambda(g_J J\mu_B)^2}y-\frac{H_{外}}{n\lambda J g_J\mu_B}. \tag{2.21}$$

式（2.21）示在图 2.20 上也是一条直线，其斜率与式（2.11）相同，相当于将式（2.11）的直线向下作一平移．在式（2.21）中，我们用 $M_s(T)$ 代表在外磁场作用下，铁磁物质的饱和磁化强度，它与式（2.11）中的自发磁化强度 $M(T)$ 在物理意义上是不同的，但由图 2.21 可以看到，当温度 $T< 0.8T_c$ 时，$M_s(T)$ 和 $M(T)$ 在数值上是十分接近的．因此，常把某一温度下测定的饱和磁化强度看成是该温度下的自发磁化强度．

实验上测定饱和磁化强度 $M_s(T)$ 的办法是采用下述经验规律：

$$M_H=M_s\left(1-\frac{a}{H}\right), \tag{2.22}$$

其中，M_H 为磁场 H 时相应的磁化强度，a 为常数．从 M_H 和 H 的实验数据中，作 M_H-$\frac{1}{H}$ 的曲线，将曲线的线性部分外推到 $\frac{1}{H}=0$，便可求得 $M_s(T)$.

综上所述，“分子场”理论说明了自发磁化的存在及其随温度的变化，并且得到了自发磁化消失的温度（居里点）和居里-外斯定律．这些理论结果都是与实验符合的，这是“分子场”理论的成功之处．当然“分子场”理论亦有很大的缺陷，主要的是没有说明“分子场”的本质和没有说明为什么与自发磁化强度成正比，同时在温度很低和靠近居里点的两种情形下，由分子场理论预示的自发磁化强度随温度的变化，并不与实验结果相符，详见本章以下各节．

2.2.2　“分子场”的本质，高、低温下自发磁化强度与温度的关系

从 2.2.1 节中我们已经看到，“分子场”理论直观明了，数学推导不算繁复，而所得结果却能说明不少问题，这是它的优点．可是，“分子场”理论没有说明“分子场”的来源，而且在温度较低（$T/T_c\to0$）和较高（$T/T_c\to1$）的情形下，所得结果与实验相差较大，这是它的缺点．因此，这里着重说明一下“分子场”的本质和高、低温下自发磁化强度随温度的变化．

1922 年多尔弗曼（Я. Г. Дорфман）[16]首先从实验上证明，“分子场”并不是磁场，而是静电性质的场．实验的中心思想认为，假如电子自旋间的相互作用是磁场，则铁磁体内应存在着一个数量级为 10^7 Oe 的磁场 H_m，这时若用一束带电粒子通过铁磁体内部，则应观察到带电粒子的偏转，从偏转的大小便可以算出铁磁体内的这个磁场来．实验布置大致这样（见图 2.23）：在铅箱内放着 β 粒子源，它经过厚度为 20μm 的镍箔后，直接射到照相底片上．镍箔在磁化前和磁化到饱和后都进行照相，结果在底片上便出现两条线．直接测量两线间的距离 b，通过下式便可以把铁磁体内部的磁场 H_m 算出来：

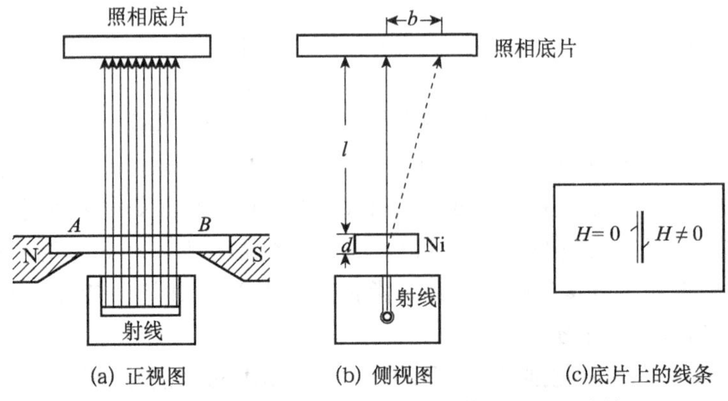

图 2.23 检验“分子场”本质的实验装置（原理性简图）

$$b=\frac{eH_{\mathrm{m}}d}{ck}\left(L+\frac{d}{2}\right), \tag{2.23}$$

式中，d 为样品厚度，L 为样品至底片间的距离，e 为电子电荷，c 为光速，k 代表运动电子的动量．实验得出 $b\approx0.3\mathrm{mm}$，代入式（2.23），算得 $H_{\mathrm{m}}\approx3\times10^4\mathrm{Oe}$. 这就是说，铁磁体内部的磁场并没有 $10^7\mathrm{Oe}$，或者说铁磁体内并没有存在像 $10^7\mathrm{Oe}$ 一样的“分子场”．

因为当 β 粒子穿过铁磁体时，在很近的距离内，它与铁磁物质中的电子的相互作用，将对 H_{m} 产生影响．所以有人怀疑多尔弗曼的实验结论，并且提出用不带电的粒子来做这类实验．1952 年至 1953 年间，贝尔科（Berko）[17] 用 μ 介子穿过铁磁体的方法，重复了多尔弗曼的实验，结果证明多尔弗曼的实验结论是正确的．就是说，“分子场”的性质不是磁场便确定无疑了．

那么，“分子场”究竟是什么呢？量子力学告诉我们，“分子场”来源于相邻原子中电子间的交换作用，它导致了磁有序．从本质上来讲，这属于静电作用．下一章将对此作进一步的讨论．

下面讨论高、低温下自发磁化强度与温度的关系．

(1) 当 $T/T_{\mathrm{c}}\to0$ 时，y 变为很大，这时布里渊函数

$$\begin{aligned}B_J(y)&=\frac{2J+1}{2J}\coth\frac{2J+1}{2J}y-\frac{1}{2J}\coth\frac{y}{2J}\\&=1-\frac{1}{J}\mathrm{e}^{-y/J}.\end{aligned} \tag{2.24}$$

由此可以得

$$\frac{M(T)}{M(0)}=B_J(y)=1-\frac{1}{J}\mathrm{e}^{-y/J}. \tag{2.25}$$

另外，将式（2.13）代入式（2.11），得到

$$\frac{M(T)}{M(0)}=\frac{(J+1)}{3J}\frac{T}{T_{\mathrm{c}}}y, \tag{2.26}$$

这就是说，当 $T/T_c \to 0$ 时，由式（2.25）和式（2.26）便可求得自发磁化强度随温度的变化．如果认为 $T/T_c \to 0$，$M(T)/M(0) \to 1$，由式（2.26）可得

$$y = \frac{3J}{(J+1)} \frac{T_c}{T}. \tag{2.27}$$

再把式（2.27）代入式（2.25），便得自发磁化强度随温度变化的公式

$$\frac{M(T)}{M(0)} = 1 - \frac{1}{J} e^{-\frac{3}{(J+1)} \cdot \frac{T_c}{T}}. \tag{2.28}$$

将式（2.28）与实验结果相比时发现相差甚大（图 2.24）[18]，这说明分子场理论不能应用于低温的情况．这时只有采用另一种理论，即自旋波理论，才能得到与实验比较符合的结果．由自旋波理论所得的结果为

$$\frac{M(T)}{M(0)} = 1 - \alpha T^{3/2}, \tag{2.29}$$

其中

$$\alpha = \frac{0.1174}{z} \left(\frac{k}{A} \right)^{3/2}, \tag{2.30}$$

式中，A 为交换积分，k 为玻尔兹曼常数，z 为晶胞中的原子数，对于简单、体心和面心立方晶胞，z 分别为 1、2 和 4（详见第 4 章）．

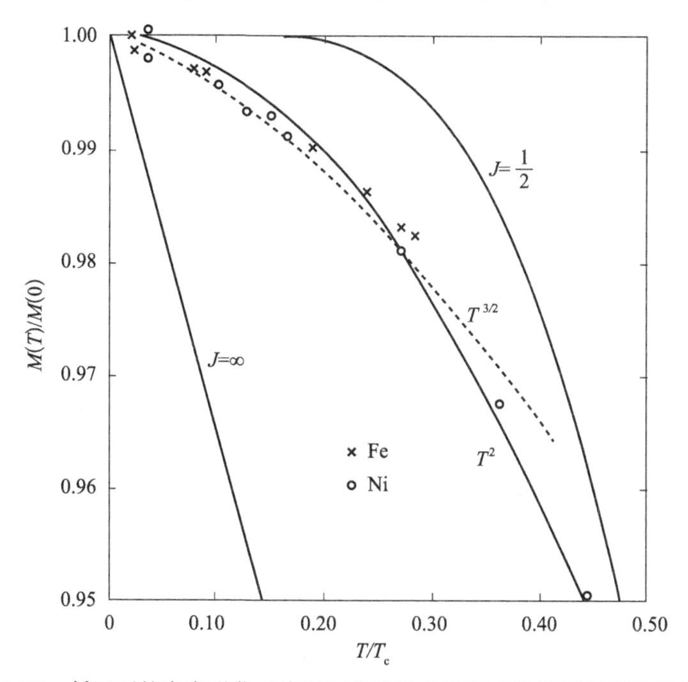

图 2.24　低温下的自发磁化强度随温度变化的不同理论结果与实验的比较

（2）当 $T/T_c \to 1$ 时，自发磁化强度 $M(T)$ 较小，或者说 $M(T)/M(0) \to 0$，即式（2.26）

$$\frac{M(T)}{M(0)}=\frac{(J+1)}{3J}\frac{T}{T_c}y\to 0. \tag{2.31}$$

在式（2.31）中，$(J+1)/3J$ 和 T/T_c 一样都是数量级为 1 的物理量，因此欲使式（2.31）成立，则 y 必须较小，这时，比起顺磁区来，布里渊函数的展开需要多取几项，即

$$B_J(y)=\frac{(J+1)}{3J}y-\frac{J+1}{3J}\cdot\frac{2J^2+2J+1}{30J^2}y^3. \tag{2.32}$$

另由式（2.31）可解得

$$y=\frac{M(T)}{M(0)}=\frac{3J}{(J+1)}\frac{T_c}{T}. \tag{2.33}$$

将式（2.33）和式（2.32）一起代入式（2.10），便得到

$$\begin{aligned}\frac{M(T)}{M(0)}&=\frac{J+1}{3J}y-\frac{J+1}{3J}\cdot\frac{2J^2+2J+1}{30J^2}y^3\\&=\frac{J+1}{3J}\frac{M(T)}{M(0)}\frac{3J}{(J+1)}\frac{T_c}{T}-\frac{J+1}{3J}\frac{2J^2+2J+1}{30J^2}\\&\quad\times\left[\frac{M(T)}{M(0)}\frac{3J}{(J+1)}\frac{T_c}{T}\right]^3.\end{aligned} \tag{2.34}$$

整理后得出

$$\left[\frac{M(T)}{M(0)}\right]^2=\frac{10}{3}\frac{(J+1)^2}{J^2+\ (J+1)^2}\left(\frac{T}{T_c}\right)^3\left(\frac{T_c}{T}-1\right),$$

如近似认为 $T\cong T_c$，及 $(T/T_c)^3=1$，则得到

$$\left[\frac{M(T)}{M(0)}\right]^2=\frac{10}{3}\frac{(J+1)^2}{J^2+\ (J+1)^2}\left(\frac{T_c}{T}-1\right). \tag{2.35}$$

式（2.35）说明温度从低于 T_c 向 T_c 靠近时，自发磁化强度迅速下降，一旦温度 T 达到 T_c 后，自发磁化立即消失，这与实验上出现的自发磁化强度在高于 T_c 还留有尾巴的事实也是不符的．正确的理论是考虑磁矩的短程有序以后，才能说明部分的实验现象．近来这方面的实验工作，已能在 $(T_c/T)-1$ 接近 10^{-5} 的温度下进行，即在 T_c 附近，温度变化只有 T_c 的十万分之几的条件下．这样精确地研究 T_c 附近的自发磁化强度、比热和起始磁化率的变化，对于建立和检验固体理论的各种模型，都具有很大的意义．

由“分子场”理论推出的式（2.35），可以改写为

$$\frac{M(T)}{M(0)}=\left[\frac{10}{3}\frac{(J+1)^2}{J^2+\ (J+1)^2}\right]^{\frac{1}{2}}\left(\frac{T_c}{T}-1\right)^{\beta}, \tag{2.36}$$

式中的指数 β 称为临界点指数，对于分子场理论来说 $\beta=\frac{1}{2}$．同样，可用磁化率 χ 与温度的关系（当 T 高于 T_c）$\chi=C'/(T-T_c)^f$ 对理论进行比较．在居里-外斯定律中，$f=1$.

目前可用核磁共振、振动样品磁强计[19,20]及其他方法测出 $M(T)$ 在 T_c 附近

和 $\chi(T)$ 在略高于 T_c 以上的精确值，从而定出比较准确的 β 和 f 值．一般的实验结果是 $\beta \simeq \frac{1}{3}$，$f>1$. 表 2.5 列出了一些铁磁和顺磁物体的 β 和 f 的实验值[21]. 从理论和实验结果的差别可以看到，分子场理论有很大的缺点，后来不少人又作了改进，可以得到 $\beta=\frac{1}{3}$ 的结果[22].

表 2.5　一些物质在转变点附近的临界点指数 β 或 f 的实验值

物质	β	f
Fe	—	1.33±0.03
		1.37±0.04
		1.33
Co	—	1.32±0.02
		1.21±0.04
Ni	—	1.32±0.02
		1.35±0.02
		1.29±0.03
Ni（薄膜）	0.5	
Gd		1.16±0.02
		1.17±0.01
Gd（薄膜）	0.5	1.33
Ni 中含有少量 Fe	0.33±0.03	
	0.51±0.04	
Fe-Ni（4.5%Fe）		1.30±0.03
Fe-Ni（19%Fe）		1.29±0.02
Fe-Ni（23%Fe）		1.28±0.02
Fe-Ni（50%Fe）		1.28±0.02
Fe 中含 1%原子的 V	1.24	
Pd-Fe（2.65%Fe）	0.33	
FeF_2	0.325±0.010	
$FeCl_2$	0.29±0.01	
$Y_3Fe_5O_{13}$	0.63	
$GaFeO_3$	1.96±0.10	
MnFe	0.335	
$Cu(NH_4)_2Cl\cdot 2H_2O$	0.38±0.04	1.37
	0.34±0.02	
$CuK_2Cl_4\cdot 2H_2O$		1.36
$DyAl_5O_{12}$	0.26±0.02	
EuO	0.367±0.008	
EuS	0.33±0.015	
$CrBr_3$	0.365±0.015	

2.2.3 转变温度附近的比热反常现象

由于自发磁化的存在，体系的内能与不存在自发磁化的物质比较起来便多了一项．就是说，凡是存在自发磁化的物质，其内能都有一部分是由自发磁化决定的．这一部分内能不但使具有自发磁化的物质与不具有自发磁化的物质在磁性上有所不同，而且在电、热、光等物性上也有所不同．下面讨论由分子场理论给出的比热反常（即由自发磁化对比热贡献部分）c_m 与温度的关系．

铁磁体内部由于自发磁化所引起的单位体积的内能增量为

$$dU_m = -H_m dM, \tag{2.37}$$

式中，H_m 为“分子场”，M 为自发磁化强度．将式（2.5）代入式（2.37），得到

$$U_m = \int_0^M \lambda M dM = -\frac{1}{2}\lambda M^2(T).$$

由此所引起的对比热的贡献如下：

$$c_m = \frac{dU_m}{dT} = -\frac{1}{2}\lambda \frac{d}{dT}[M(T)]^2. \tag{2.38}$$

在“分子场”理论里，我们知道自发磁化强度 M 随温度的变化情况，正像图 2.21 所画出的曲线．就是说，当温度 $T/T_c \to 0$ 时，

$$\frac{d}{dT}\left(\frac{M(T)}{M(0)}\right) \to 0,$$

因此 c_m 也趋于零；随着温度的升高，自发磁化强度随温度的变化加大，c_m 也就增大；温度到达居里点 T_c 时，自发磁化强度随温度的变化达到极大，c_m 当然也达到极大；此后自发磁化消失，c_m 也为零．以上情况示于图 2.25 之中．

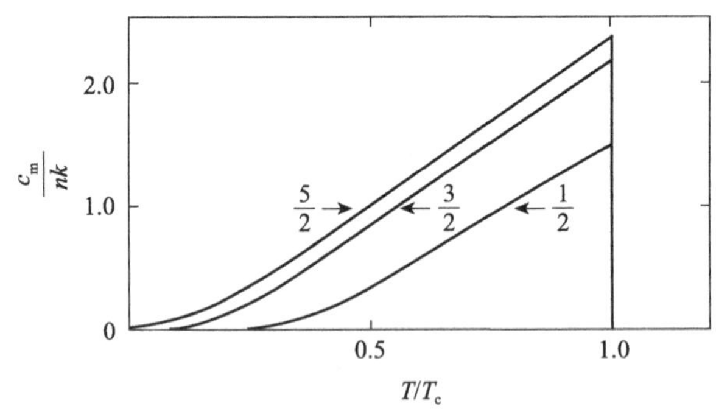

图 2.25 c_m-T 的分子场理论值

将式（2.38）改写为

$$c_m = -\frac{1}{2}\frac{\lambda M^2(0)}{T_c}\frac{d}{d\left(\frac{T}{T_c}\right)}\left[\frac{M(T)}{M(0)}\right]^2. \tag{2.39}$$

把式（2.13）代入式（2.39）及考虑到分子场 H_m 和交换积分的关系，$\mu_B H_m = AgS$（A 为交换积分，第 3 章将详细讨论），得到

$$c_m = -\frac{3}{2}nk\frac{J}{J+1}\frac{d[M(T)/M(0)]^2}{d(T/T_c)}. \tag{2.40}$$

在居里点附近，由分子场理论推得的自发磁化强度随温度的变化，就是式（2.35）. 因此，对式（2.35）的微分为

$$\frac{d[M(T)/M(0)]^2}{d(T/T_c)} = \frac{10}{3}\frac{(J+1)^2}{J_2+(J+1)^2}. \tag{2.41}$$

将式（2.41）代入式（2.40），便得到 $T=T_c$ 时的热容量变化

$$\Delta c_m = \frac{5J(J+1)}{J^2+(J+1)^2}Nk, \tag{2.42}$$

或写成

$$\Delta c_m = \frac{(2S+1)^2-1}{(2S+1)^2+1}\frac{5}{2}Nk.$$

当 $J=\frac{1}{2}$ 和 N 为阿伏伽德罗常数时，则 $\Delta c_m = \frac{3}{2}Nk = \frac{3}{2}R$. 这就是说，由“分子场”理论所得的铁磁体的居里点附近的反常比热为一常数 $\left(\frac{3}{2}R\right)$. 可是从实验上得到的数值却随不同的材料而不同. 图 2.3 和图 2.4 示出几个铁磁性金属的实验结果，从图中可看出，在高于 T_c 时，反常比热也不像“分子场”理论所预示的那样立即消失. 在理论上考虑了磁矩的短程有序以后，便能定性地解释这些实验结果.

分子场理论从顺磁理论出发，引入“分子场”这样一个有效场的概念，用简单的统计方法较成功地说明了自发磁化与温度的关系、居里点的由来、高温顺磁磁化率等特性. 这一理论的物理图像直观清晰，方法简单，至今仍是一些理论的基础. 但是，这一理论把磁矩之间的微观的复杂作用采用一个有效场来代替，因而忽略了一些重要的细节，所以与实验结果相差较多. 总的说来，作为唯象理论，其成功之处和它的历史作用是十分巨大的.

2.3 “分子场”理论的改进和发展

外斯分子场理论在定性解释一些重要的基本磁性现象上取得了很大的成功. 例如，自发磁化与温度的依赖关系，高温磁化率和比热等. 但是当将所得到的结果与实验细致地进行比较时，就会发现在定量上相差很大，特别是在低温下的自发磁化强度随温度的变化比自旋波理论结果要慢得多，而后者与实验比较一致. 在高温时（T_c 附近）自发磁化强度的变化与 $(T_c-T)^\beta$ 成正比，其中 $\beta \cong \frac{1}{3}$，而

分子场理论给出 $\beta=\frac{1}{2}$. 磁比热项的贡献在 $T>T_c$ 后马上变为零，这和实验上拖一个尾巴的现象不相符.

当然，外斯理论中未给出分子场的本质. 当量子力学出现后，这个问题很快就得到了解决. 因为外斯分子场理论可以在海森伯模型的基础上导出，一些作者在此基础上对外斯分子场理论提出了改进，从而发展了分子场理论. 本节将简单介绍这方面的理论结果[23].

2.3.1 海森伯模型和外斯分子场

海森伯模型认为，自发磁化是由于电子自旋角动量之间的相互耦合而产生的. 如果将每个原子的磁矩全归结为每个电子自旋磁矩的贡献，则总磁矩 $\mu=gS\mu_B$. 当我们只考虑由过渡金属原子组成的晶体时，这是正确的. 对于整个晶体在外磁场中的哈密顿量* 可以写成

$$\mathscr{H}=-2\sum_{i<j}A_{ij}\boldsymbol{S}_i\cdot\boldsymbol{S}_j-g\mu_B\boldsymbol{H}_0\cdot\sum_i\boldsymbol{S}_i, \tag{2.43}$$

其中，A_{ij} 为晶体中第 i 和第 j 原子的交换作用积分，S_i 和 S_j 为第 i 和第 j 原子的总自旋量子数，$\sum_{i<j}$ 是对所有原子对求和. 第一项是海森伯交换能，第二项是外场能，$\boldsymbol{H}_0$ 是外磁场. 在下面的讨论中，认为所有磁原子是等同的，交换作用是各向同性的.

在导出外斯分子场时，可以令 $\boldsymbol{H}_0=0$，则

$$\mathscr{H}=-2\sum_{i<j}A_{ij}\boldsymbol{S}_i\cdot\boldsymbol{S}_j.$$

在考虑求和时，由于 A_{ij} 只有近邻原子中电子交换作用贡献较强，且以第 i 个原子为中心，有 z 个近邻原子时，将得到一个原子附近的交换作用能项为

$$\mathscr{H}_e=-2A\,\boldsymbol{S}_i\cdot\sum_{i=1}^{z}\boldsymbol{S}_j, \tag{2.44}$$

z 为最近邻原子数，考虑到第 i 与第 j 原子相互作用的等同性，而把式 (2.44) 中作用项用一个有效场 H_e 替代求和，则得到

$$\mathscr{H}_e=-g\mu_B\boldsymbol{S}_i\cdot\boldsymbol{H}_e,$$

其中

$$\boldsymbol{H}_e=\frac{2A}{g\mu_B}\sum_{j=1}^{z}\boldsymbol{S}_j\,. \tag{2.45}$$

如将 $\boldsymbol{S}_j$ 用平均 $\langle\boldsymbol{S}_j\rangle$ 代替，与之有关的总磁矩为

$$\boldsymbol{M}=Ng\mu_B\langle\boldsymbol{S}_j\rangle,$$

---

* 关于这一段的详细讨论请参看 3.1 节.

$$\boldsymbol{H}_{\mathrm{e}}=\frac{2zA}{g\mu_{\mathrm{B}}}\langle\boldsymbol{S}_j\rangle=\frac{2zA}{Ng^2\mu_{\mathrm{B}}^2}\boldsymbol{M}, \tag{2.46}$$

相应于

$$\boldsymbol{H}_{\mathrm{e}}=\lambda\boldsymbol{M},$$

则分子场系数

$$\lambda=\frac{2zA}{Ng^2\mu_{\mathrm{B}}^2}. \tag{2.47}$$

从上述推导过程中可以看出，所谓“分子场”的实质是近邻原子交换作用的平均效应．因此，按照海森伯模型，分子场理论不过是取了一级近似．由于忽略了交换作用的细节，因此分子场理论在处理临界点附近时还不够理想，但它却给了我们一个启示，即告诉我们如何处理才可以获得更好的近似．

2.3.2　小口理论[24]

2.3.2.1　一个原子对的磁化强度

在改进外斯分子场时，小口（Oguchi）采用了原子对模型的方法，把某个原子受到的有效场看成是由 $Z-1$ 个近邻磁原子产生的．这种作用是以“对”的形式出现，也就是在晶体中任选一个小单元（可以认为是晶胞），有 Z 个原子，以其中一个 i 原子为中心，与周围的原子组成 $Z-1$ 个原子对．如令 S_i 表示第 i 个原子的自旋算符，S_j 为 $Z-1$ 个近邻原子各自的自旋算符，这样，每个对的哈密顿量为

$$\mathscr{H}_{\mathrm{p}}=-2A\boldsymbol{S}_i\cdot\boldsymbol{S}_j-g\mu_{\mathrm{B}}(S_{iz}+S_{jz})H, \tag{2.48}$$

其中，$S_{iz}+S_{jz}$ 是原子对的自旋角动量在 z 方向的分量，H 是外场和有效场之和．设一个原子对的自旋角动量为 $\boldsymbol{S}'=\boldsymbol{S}_i+\boldsymbol{S}_j$，$S'$ 为单个原子的自旋量子数，则 S' 的值可为 0，1，2，…，$2S$；其 z 方向的量子数 M' 的可能值为 S'，$(S'-1)$，…，$-S'$．为计算式（2.48）中 $-2A\boldsymbol{S}_i\cdot\boldsymbol{S}_j$ 的本征值，可以从

$$-2\boldsymbol{S}_i\cdot\boldsymbol{S}_j=S_i^2+S_j^2-(S')^2$$

着手，得到 $\mathscr{H}_{\mathrm{p}}$ 的本征值为

$$E_{\mathrm{p}}=A\left[2S(S+1)-S'(S'+1)\right]-g\mu_{\mathrm{B}}HM'. \tag{2.49}$$

考虑到对磁化有贡献的项是 S_z' 的平均值

$$\langle S_z'\rangle=\langle S_{iz}+S_{jz}\rangle=\frac{\sum\limits_{M'=-S'}^{S'}\sum\limits_{S'=0}^{2S}S_z'\mathrm{e}^{-\mathscr{H}_{\mathrm{p}}/kT}}{\sum\limits_{M'=-S'}^{S'}\sum\limits_{S'=0}^{2S}\mathrm{e}^{-\mathscr{H}_{\mathrm{p}}/kT}}.$$

为简便起见，将式（2.49）表示的 $\hat{\mathscr{H}}_{\mathrm{p}}$ 的可能值，只计算其当 $S=\dfrac{1}{2}$ 时的情况．这样得到的 S'，M' 和 E_{p} 的可能值如表 2.6 所示．

表 2.6 S'，M'和 E_p 的可能值

S'	M'	E_p
0	0	0
1	1	$-2A-g\mu_B H$
	0	$-2A$
	-1	$-2A+g\mu_B H$

在计算 $\langle S'_z\rangle$ 时，略去 E_p 中 $2S(S+1)$ 项，因为它对所有可能的态都相同．由此得$\left(a=\dfrac{A}{kT},\ h=\dfrac{g\mu_B H}{kT}\right)$

$$
\begin{aligned}
\langle S'_z\rangle &=\frac{e^{2a+h}-e^{2a-h}}{1+e^{2a+h}+e^{2a}+e^{2a-h}}\\
&=\frac{2\sinh h}{e^{-2a}+2\cosh h+1}.
\end{aligned}
\tag{2.50}
$$

式 (2.50) 给出了一个原子对在某一$(H,\ T)$ 情况下的磁化强度，下面要讨论的是整个晶体的磁化和比热问题．

2.3.2.2 整个晶体的磁化强度

我们考虑的是$(Z-1)$个原子对集团所产生的有效场 H_e 的作用，上面的$\boldsymbol{H}=\boldsymbol{H}_0+\boldsymbol{H}_e$，通过与外斯理论相似的方法，小口给出

$$
\boldsymbol{H}_e=\frac{2(Z-1)A}{Ng^2\mu_B^2}\boldsymbol{M}. \tag{2.51}
$$

从形式上来看，式(2.51)和式(2.46)的差别只在 Z 和 $(Z-1)$ 因子上，而实际上有着很大的物理区别．因为式 (2.51) 中的 H_e 是原子对模型给出的，它包含了短程有序（这一点在讨论比热问题时将会清楚地看到）；另外，M 也必然和 $\langle S'_z\rangle$ 有关，考虑到一致性条件的要求，则

$$
M=\frac{1}{2}Ng\mu_B\langle S'_z\rangle\ . \tag{2.52}
$$

引入约化的磁化强度

$$
\sigma=\frac{M}{M_0}=\frac{\langle S'_z\rangle}{2S}.
$$

由于 $S=\dfrac{1}{2}$，所以 $\sigma=\langle S'_z\rangle$．将式 (2.50) 中的 h 写成与 σ 有关的如下式子：

$$
\begin{aligned}
h&=\frac{g\mu_B H}{kT}=\frac{g\mu_B H_e}{kT}+\frac{g\mu_B H_0}{kT}\\
&=\frac{2(Z-1)AM}{Ng\mu_B kT}+b\\
&=\frac{(Z-1)A}{kT}\sigma+b=(Z-1)a\sigma+b.
\end{aligned}
$$

这样，式（2.50）变成

$$\sigma(a,b)=\frac{2\sinh[(Z-1)a\sigma+b]}{e^{-2a}+2\cosh[(Z-1)a\sigma+b]+1}. \tag{2.53}$$

式（2.52）就是小口得到的磁化强度 $\sigma(H_0,T)$ 的表达式，相对于外斯分子场理论有些改进．下面讨论两个问题．

2.3.2.3　自发磁化与温度的关系

令 $H_0=0$（即 $b=0$），式（2.52）变为

$$\sigma(a,0)=\frac{2\sinh[(Z-1)a\sigma]}{e^{-2a}+2\cosh[(Z-1)a\sigma]+1}. \tag{2.54}$$

在温度很低的情况下，当 $a\to\infty$ 时，式（2.53）变为

$$\sigma(a,0)=\tanh[(Z-1)a\sigma]\approx 1-e^{2(Z-1)A\sigma/kT}.$$

由于温度很低，$M/M_0\approx 1$，在指数中 $\sigma=1$，由此得到

$$\sigma(J,T)=1-2e^{-\frac{(Z-1)A}{kT}}, \tag{2.55}$$

这个关系式表明 σ 随 T 的变化与外斯理论所得的结果相同，并没有什么改进．

在高温 T 接近 T_c 时的自发磁化强度随温度的变化是，由于 $\sigma\ll 1$，所以 $(Z-1)a\sigma\ll 1$，将式（2.54）中超越函数展开，分子取两项，则有

$$\sigma(J,T)=\frac{2a\sigma(Z-1)}{3+e^{-2a}}-\frac{2[(Z-1)a\sigma]^3}{3!(3+e^{-2a})},$$

由此可以求得 σ 与 $(T_c-T)^{1/2}$ 成正比．这个结果仍然与外斯理论所得出的相同．

只是在 $T\geqslant T_c$ 情况时，小口理论有其改进之处，如 $T=T_c$，可以得到

$$3+e^{-ZA/kT_c}=2(Z-1)\frac{A}{kT_c}, \tag{2.56}$$

或写成

$$\left.\begin{aligned} e^{-\frac{ZA}{kT_c}}&=\frac{10A}{kT_c}-3, \quad Z=6,\\ e^{-\frac{ZA}{kT_c}}&=\frac{14A}{kT_c}-3, \quad Z=8. \end{aligned}\right\} \tag{2.57}$$

用数字解可以得到 $\frac{kT_c}{A}=2.86$（$Z=6$）和 3.89（$Z=8$），这个数值比外斯理论（相应地为 3 和 4）所得到的要低，说明有所改进．一般来说，$\frac{kT_c}{A}$ 的实验值不易求准，目前所知数为 1.9 左右[25,26]．

在低温下得到的 $\sigma(T)$ 关系式与实际情况相差很大的原因在于：外斯和小口理论认为，0K 时，N 原子体系中的所有自旋磁矩取向一致，当 $T\neq 0$K 时，如有一个自旋磁矩倒向，则应当减少自发磁化强度，这时所需的能量为 $2ZSA$ 量级．相对极低温度条件来说，这是很高的．因而自旋磁矩倒向的概率就非常小，所以

自发磁化强度随温度上升而减少很慢．自旋波理论给出的结果为 $ASa^2k^2/3$，其中 a 为晶格常数，k 为自旋波矢，$|k|=2\pi/\lambda$. 一般在很低温度时，$\lambda=na$，n 是比较大的数目．由此看到，激发起自旋波所需的能量要低得多．实际情况与自旋波理论揭示的很相似．

2.3.2.4 自发磁化对比热的贡献和短程序

前面已经提到，外斯理论没有考虑到短程序，因而在讨论 c_m 时，得到 $T=T_c$ 处 c_m 突然变为零．如果考虑到 $T>T_c$ 时存在短程序，其大小可用序参数确定$\left(S=\frac{1}{2}\text{情况}\right)$

$$\tau=4\langle \boldsymbol{S}_i\cdot\boldsymbol{S}_j\rangle. \tag{2.58}$$

对于外斯分子场理论，每个自旋都是统计上独立的，所以

$$\left.\begin{aligned}&\tau=4\langle \boldsymbol{S}_i\cdot\boldsymbol{S}_j\rangle=4\langle \boldsymbol{S}_i\rangle\cdot\langle \boldsymbol{S}_j\rangle=4S^2\sigma^2,T\leqslant T_c,\\&\tau=0,\quad T\geqslant T_c.\end{aligned}\right\} \tag{2.59}$$

由于内能 $U_m=\langle\mathscr{H}\rangle$ 中包含 $\langle \boldsymbol{S}_i\cdot\boldsymbol{S}_j\rangle$，因而在 $\tau=0$ 时，$U_m=0$（因 $H_0=0$），所以 $c_m=0$.

对于小口理论，以原子对相互作用为基元，序参数为

$$\begin{aligned}\tau&=\frac{4\mathrm{Tr}(\boldsymbol{S}_i\cdot\boldsymbol{S}_j\mathrm{e}^{-\mathscr{H}_p/kT})}{\mathrm{Tr}(\mathrm{e}^{-\mathscr{H}_p/kT})}\\&=\frac{2\sum\limits_{M'=-S'}^{S'}\sum\limits_{S'=0}^{2S}[S'(S'+1)-2S(S+1)]\exp[a(S'+1)S'+M'h]}{1+\mathrm{e}^{2a}(2\cosh h+1)}\\&=\frac{[-3+\mathrm{e}^{2a}(\mathrm{e}^h+\mathrm{e}^{-h}+1)]}{1+\mathrm{e}^{2a}(2\cosh h+1)}\\&=\frac{2\cosh h+1-3\mathrm{e}^{-2a}}{2\cosh h+1+\mathrm{e}^{-2a}}.\end{aligned} \tag{2.60}$$

当 $T=0$ 时，$\tau=1$，与外斯理论一致；当 $T>T_c$ 时，因 $\boldsymbol{M}=0$，所以 $h=0$，得到

$$\tau=\frac{3(1-\mathrm{e}^{-2a})}{3+\mathrm{e}^{-2a}}. \tag{2.61}$$

由于 τ 在 $T>T_c$ 时仍不为零，所以可以得到内能 U_m 不等于零．当 H_e 和 H_0 均为零时，一个原子对的内能

$$U_p=-2A\langle \boldsymbol{S}_i\cdot\boldsymbol{S}_j\rangle=-\frac{1}{2}A\tau,$$

所以晶体的内能 $U_m=\frac{-1}{4}NZA\tau$. 由此得到比热

$$c_m=\frac{\partial U_m}{\partial T}=-\frac{1}{4}NZA\frac{\partial\tau}{\partial T}$$

$$=-\frac{1}{4}NZA\frac{\partial a}{\partial T}\frac{\partial \tau}{\partial a}. \tag{2.62}$$

因

$$\frac{\partial a}{\partial T}=-\frac{\partial}{\partial T}\left(\frac{A}{kT}\right)=-\frac{A}{k}\frac{1}{T^2}=-\frac{a}{T},$$

所以得到

$$c_{\mathrm{m}}=\frac{NZka^2}{4}\frac{\partial \tau}{\partial a}, \tag{2.63}$$

$$\frac{c_{\mathrm{m}}}{Nk}=\frac{6Za^2\mathrm{e}^{-2a}}{(3+\mathrm{e}^{-2a})^2}. \tag{2.64}$$

总的说来，当 $T=0$ 时，$c_{\mathrm{m}}=0$，随着温度的上升，c_{m} 逐渐增大，到 $T=T_{\mathrm{c}}$ 时，c_{m} 达到极大值，这些与外斯分子场理论得出的结果相似．但在 $T>T_{\mathrm{c}}$ 时，由式(2.58)给出的 c_{m} 并不马上降为零．这是理论比较成功之处．图 2.26 示出了几种理论上得到的 τ 与温度的关系曲线．从图中可看出，在 T_{c} 处只有外斯理论给出的 $\tau=0$，而其他理论结果均不为零．由此可认为，小口理论的决定性改进之处在于给出了高温存在短程序和解释了居里温度以上磁比热拖尾的现象．在小口理论中仅仅考虑了一对自旋的作用细节，近似程度就有了明显的改善．按此思路，若增加所考虑的自旋对数，则近似程度可进一步提高．BPW (Bethe-Peierls-Weiss)* 方法就是将一个原子和它的 Z 个近邻之间的作用细节一并加以考虑，而将其余周围原子的作用作为平均场来处理的．由于每增加一个对偶，得到的新改进并不明显，而所需的工作量大大增加，因此，增加处理对偶的方法并不总是很有效的．

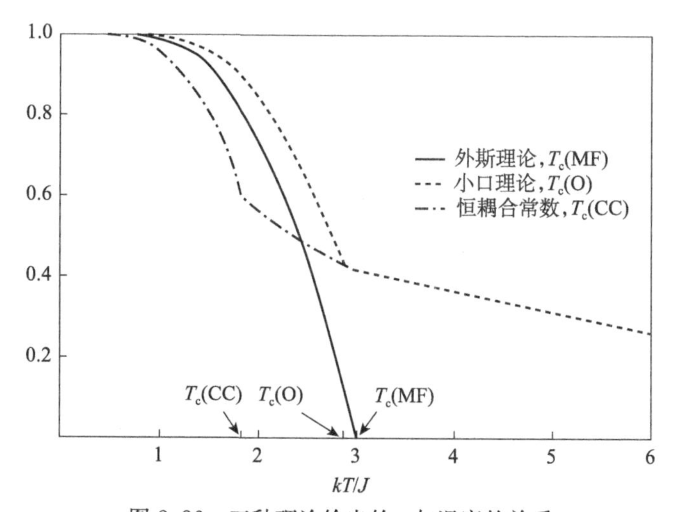

图 2.26 三种理论给出的 τ 与温度的关系

* 见绪论 [8].

分子场理论提供的另一种启示是：若不把等效场看成常数，而作为某些物理量的函数，这样的描述岂不具有更大的普遍性吗？这就是“恒耦合近似”（constant coupling）的基本思想．它取分子场 $H_m \propto f(\langle S^z \rangle)$，采用变分的方法求出了更好的自洽函数形式．图 2.26 中也给出了这一理论的结果．

2.4 反铁磁性“分子场”理论

正像上节所讨论的那样，分子场理论在处理同类原子组成的物质时，取得了很大的成功．可是在处理异类原子（如 A，B 两类原子）组成的物质时，如果囿于原来的概念，则将碰到不可逾越的障碍，特别是这两类原子是无序分布时，由于每类原子的环境都是不同的，所以不能用统一的分子场来处理．

1932 年奈尔（Néel）[27] 使用定域分子场的概念，成功地解释了铂-钴合金的性质，后来又解释了铁-钴、铁-镍和镍-钴合金的性质．接着奈尔又于 1936 年将此理论应用于一类化合物上，预言这类化合物虽然存在着自发磁化，并且存在着与自发磁化相关的比热反常等性质，但由于相邻原子磁矩是反平行排列的，因此净自发磁化强度为零．1938 年斯快尔（Squire）、比泽特（Bizette）和蔡柏林（Tsai）[28] 从实验上发现 MnO 的某些反常现象与定域分子场的预言相符．1949 年用中子衍射的方法完全证实了这类物质的近邻磁矩排列是反平行的．这类新型磁性物质就定名为反铁磁物质．图 2.27[29] 给出了在 MnO 的奈尔点（$T_N=120K$）上下测出的中子衍射峰与角度的关系．从图 2.27（b）中可以看到只有两个衍射

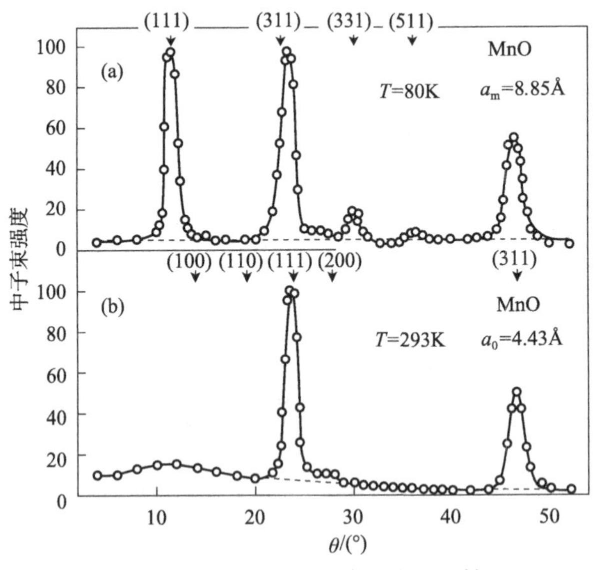

图 2.27 MnO 的磁有序的中子衍射

峰（111）和（311），它是 Mn 和 O 的原子核对中子散射的结果，相应得到晶胞间距 $a_0=4.43\text{Å}$. 从图 2.27（a）中可以看到，低于 T_N 时得到的衍射峰较多，有（111），（311），（331），（511）等，其中（111）的位置 θ 角要比核散射的情况小一半，是由 Mn 原子磁矩对中子散射产生的．（311）峰的位置与图 2.27（b）上的（111）峰位置重合，实际上这是核和磁矩两种散射相叠加的结果．由此求得磁矩排列的空间周期 $a_m=8.85\text{Å}$. 这种磁矩空间有序排列的结构通常称为磁点阵（磁格子）．当温度高于奈尔点 T_N 后，这种磁点阵消失，相应的衍射峰也将消失掉．图 2.28 给出了这一消失过程的实验结果．

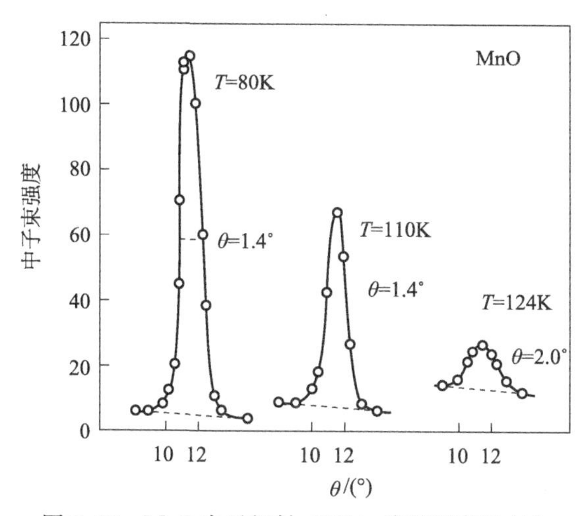

图 2.28　MnO 中子衍射（111）峰随温度的变化

在奈尔点处反铁磁性将发生转变，高于 T_N 时转为顺磁性．同样，在 T_N 附近要出现非磁性物理量的反常现象．图 2.29 示出的就是其中一个例子[30]，说明 Eu 金属的电阻率随温度的变化在 T_N 上、下是不同的，虚线表示自旋对电阻的贡献，在低温下占主要地位，在 T_N 之上占的比重下降．

反铁磁物质的出现，从理论上看是很有意义的，尽管反铁磁物质本身在实际应用上并未有特殊的价值*．反铁磁性的发现，导致了后来亚铁磁性的发现以及铁氧体材料的广泛应用和发展．

本节讨论反铁磁性的定域分子场理论，由此得出反铁磁性消失的临界温度-奈耳温度、居里-外斯定律、反铁磁物质的磁化率．

2.4.1　反铁磁性的定域分子场理论

反铁磁体的晶体结构有立方、六方、四方和斜方等几类，但大多数为立方和

---

* 自 20 世纪末，“自旋电子学”诞生后，反铁磁合金薄膜在磁性钉扎和耦合作用等方面显示出重大的实用价值．

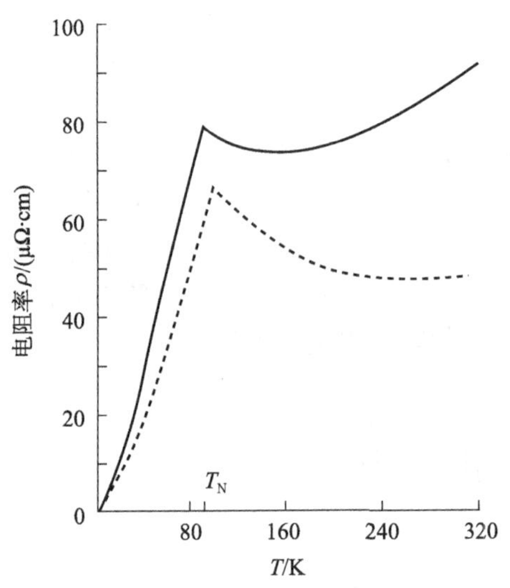

图 2.29 Eu 的 $\rho(T)$ 曲线，虚线为与自旋有关的电阻率

六方晶系．这些晶体中的磁性原子的磁矩在不同位置上取向是由各原子之间的相互作用来决定的，特别是最近邻和次近邻原子的相互作用非常重要．因此，反铁磁性序的情况可能具有较多的类型．为弄清定域分子场理论的实质及其结果，下面将以两套等价磁点阵 A 和 B 的相互作用为例来讨论．

设某一物质的晶格结构为体心立方．在体心立方中，原子有两种不同的位置．一种是体心的位置 A，另一种是八个角上的位置 B. 如果把八个体心的位置联结起来，也成为一个简单立方．因此体心立方晶格可以看成是只由 A 位组成和只由 B 位组成的简单立方次晶格相互交错而成（图 2.30）．显然每一个 A 位的最近邻都是 B，次近邻才都是 A. 作用在 A 位上的定域分子场 $\boldsymbol{H}_{mA}$ 可以写成

$$\boldsymbol{H}_{mA}=-\lambda_{AB}\boldsymbol{M}_B-\lambda_{AA}\boldsymbol{M}_A,$$

其中，λ_{AB} 为最近邻相互作用的分子场系数，λ_{AA} 为次近邻相互作用的分子场系数，$\boldsymbol{M}_B$ 和 $\boldsymbol{M}_A$ 分别为 B 次晶格和 A 次晶格的磁化强度．

同理，B 位的最近邻都是 A，次近邻都是 B，作用在 B 位上的定域分子场 $\boldsymbol{H}_{mB}$ 为

$$\boldsymbol{H}_{mB}=-\lambda_{BA}\boldsymbol{M}_A-\lambda_{BB}\boldsymbol{M}_B.$$

设 A，B 晶位上的原子分别都是同类原子，则 $\lambda_{AA}=\lambda_{BB}=\lambda_{ii}$，$\lambda_{AB}=\lambda_{BA}$. 这时如果再加外磁场 $\boldsymbol{H}$，则作用在 A 位和 B 位上的场分别为

$$\left.\begin{aligned}\boldsymbol{H}_A&=\boldsymbol{H}+\boldsymbol{H}_{mA}=\boldsymbol{H}-\lambda_{AB}\boldsymbol{M}_B-\lambda_{ii}\boldsymbol{M}_A,\\ \boldsymbol{H}_B&=\boldsymbol{H}+\boldsymbol{H}_{mB}=\boldsymbol{H}-\lambda_{AB}\boldsymbol{M}_A-\lambda_{ii}\boldsymbol{M}_B.\end{aligned}\right\}\tag{2.65}$$

最近邻的相互作用是反铁磁的，因此分子场系数 λ_{AB} 必须为正，但是次近邻的分子场系数 λ_{ii} 则随物质不同而可以是正是负，甚至为零（这里是负）．

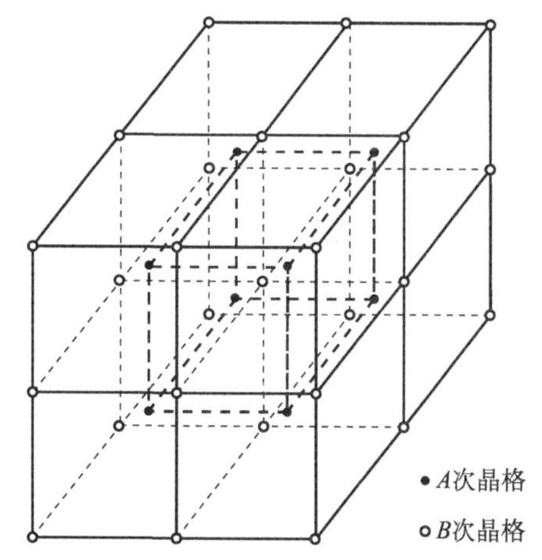

图 2.30　体心立方晶格分成两个简单立方的次晶格

假如只看 A 次晶格，则情形和铁磁性相同，因此可以借用铁磁性的式（2.7）

$$M_A=\frac{1}{2}ng\mu_B JB_J(y_A),\tag{2.66}$$

其中

$$y_A=\frac{Jg\mu_B}{kT}H_A,\tag{2.67}$$

n 为单位体积中对磁矩有贡献的原子数，$\frac{n}{2}$ 为单位体积中占据 A 位的原子数，M_A 为 A 次晶格的磁化强度，$B_J(y_A)$为布里渊函数．

同理，可得 B 次晶格的磁化强度 $\boldsymbol{M}_B$

$$M_B=\frac{n}{2}Jg\mu_B B_J(y_B),\tag{2.68}$$

$$y_B=\frac{Jg\mu_B}{kT}H_B.\tag{2.69}$$

由式（2.66）～式（2.69）的联合便可求得反铁磁物质的一系列特性，现分别进行下述的讨论．

2.4.2　反铁磁性消失的温度——奈尔温度 T_N 的求得

当温度较高，使得 $y_A \ll 1$ 时，则布里渊函数可展开，只取第一项．于是式（2.66）变为

$$\begin{aligned}\boldsymbol{M}_A&=\frac{n}{2}gJ\mu_B\frac{J+1}{3J}\boldsymbol{y}_A\\&=\frac{ng^2\mu_B^2J(J+1)}{6kT}\boldsymbol{H}_A,\end{aligned}\tag{2.70}$$

$$\boldsymbol{H}_A=\boldsymbol{H}-\lambda_{AB}\boldsymbol{M}_B-\lambda_{ii}\boldsymbol{M}_A. \tag{2.71}$$

从式（2.70）和式（2.71）中，运用讨论铁磁性居里温度时一样的方法，可以求得反铁磁性消失时的温度，即奈尔温度 T_{N} 的表示式．现在我们用另一方法求 T_{N}.

当 $y_B \ll 1$ 时，由式（2.68）可得

$$\boldsymbol{M}_B=\frac{ng^2\mu_{\mathrm{B}}^2J(J+1)}{6kT}\boldsymbol{H}_B, \tag{2.72}$$

$$\boldsymbol{H}_B=\boldsymbol{H}-\lambda_{AB}\boldsymbol{M}_A-\lambda_{ii}\boldsymbol{M}_B. \tag{2.73}$$

若外磁场 $H=0$，且令

$$C=\frac{ng^2\mu_{\mathrm{B}}^2J(J+1)}{3k}, \tag{2.74}$$

则式（2.70）和式（2.72）分别变为

$$\boldsymbol{M}_A=\frac{C}{2T}(-\lambda_{AB}\boldsymbol{M}_B-\lambda_{ii}\boldsymbol{M}_A), \tag{2.75}$$

$$\boldsymbol{M}_B=\frac{C}{2T}(-\lambda_{AB}\boldsymbol{M}_A-\lambda_{ii}\boldsymbol{M}_B). \tag{2.76}$$

对式（2.75）和式（2.76）进行整理后，得到

$$\left(1+\frac{C\lambda_{ii}}{2T}\right)\boldsymbol{M}_A+\frac{C\lambda_{AB}}{2T}\boldsymbol{M}_B=0, \tag{2.77}$$

$$\frac{C\lambda_{AB}}{2T}\boldsymbol{M}_A+\left(1+\frac{C\lambda_{ii}}{2T}\right)\boldsymbol{M}_B=0. \tag{2.78}$$

欲使在式（2.77）和式（2.78）的联立方程中，$\boldsymbol{M}_A$ 和 $\boldsymbol{M}_B$ 不为零（存在自发磁化或有无数多的解），则它们的系数的行列式必须为

$$\begin{vmatrix} 1+\dfrac{C\lambda_{ii}}{2T} & \dfrac{C\lambda_{AB}}{2T} \\ \dfrac{C\lambda_{AB}}{2T} & 1+\dfrac{C\lambda_{ii}}{2T} \end{vmatrix}=0. \tag{2.79}$$

由此得一临界温度 T_{N}（对于 $M_A=-M_B$）

$$T_{\mathrm{N}}=\frac{1}{2}C(\lambda_{AB}-\lambda_{ii}), \tag{2.80}$$

T_{N} 即为奈尔温度．由式（2.80）可见，λ_{AB} 愈大（最近邻的相互作用愈强），λ_{ii} 愈小（次近邻的相互作用愈弱），则 T_{N} 愈高．

2.4.3 温度高于奈尔温度时的性能

温度高于 T_{N} 时，反铁磁性的自发磁化消失，成为顺磁性物质，但是在外磁场的作用下，样品内在磁场方向上仍有一磁矩．只要出现磁矩，当考虑磁矩之间的相互作用以后，便存在定域分子场，因此，式（2.66）～式（2.79）仍然可用，只需注意其中的磁化强度并非自发磁化强度（用“′”表示外场作用下磁化

强度，以示区别）.

由于 $T>T_N$，$y\ll 1$，布里渊函数在展开时只取一项即可

$$\boldsymbol{M}_A'=\frac{ng^2\mu_B^2J(J+1)}{6kT}\boldsymbol{H}_A',$$

$$\boldsymbol{H}_A'=\boldsymbol{H}+\lambda_{AB}\boldsymbol{M}_B'+\lambda_{ii}\boldsymbol{M}_A',$$

$$\boldsymbol{M}_B'=\frac{ng^2\mu_B^2J(J+1)}{6kT}\boldsymbol{H}_B',$$

$$\boldsymbol{H}_B'=\boldsymbol{H}+\lambda_{AB}\boldsymbol{M}_A'+\lambda_{ii}\boldsymbol{M}_B'.$$

考虑到在 $T>T_N$ 的情况下，外磁场 $\boldsymbol{H}$ 和 $\boldsymbol{M}_A'$、$\boldsymbol{M}_B'$ 都是同一方向，所以在 $\boldsymbol{H}_A'$ 和 $\boldsymbol{H}_B'$ 的式中，矢量的写法可以变成标量的写法，因此，将 $\boldsymbol{H}_A'$ 和 $\boldsymbol{H}_B'$ 分别代入 $\boldsymbol{M}_A'$ 和 $\boldsymbol{M}_B'$ 的式中，便得

$$M_A'=\frac{ng^2\mu_B^2J(J+1)}{6kT}(H+\lambda_{AB}M_B'+\lambda_{ii}M_A'),\tag{2.81}$$

$$M_B'=\frac{ng^2\mu_B^2J(J+1)}{6kT}(H+\lambda_{AB}M_A'+\lambda_{ii}M_B').\tag{2.82}$$

上两式相加可得

$$\begin{aligned}M'&=M_A'+M_B'\\&=\frac{ng\mu_B^2J(J+1)}{6kT}(2H+\lambda_{AB}M'+\lambda_{ii}M'),\end{aligned}\tag{2.83}$$

整理后得出在奈尔温度以上的顺磁磁化率为

$$\begin{aligned}\chi&=\frac{M'}{H}=\frac{ng^2\mu_B^2J(J+1)}{3k}\frac{1}{T+\dfrac{ng^2\mu_B^2J(J+1)}{6k}(\lambda_{AB}+\lambda_{ii})}\\&=\frac{C}{T+\Delta},\end{aligned}\tag{2.84}$$

其中

$$C=\frac{ng^2\mu_B^2J(J+1)}{3k},\tag{2.85}$$

$$\begin{aligned}\Delta&=\frac{-ng^2\mu_B^2J(J+1)}{6k}(\lambda_{AB}+\lambda_{ii})\\&=\frac{-C}{2}(\lambda_{AB}+\lambda_{ii}).\end{aligned}\tag{2.86}$$

将式（2.84）～式（2.86）与讨论铁磁性时对应的式（2.18）～式（2.20）进行比较可以发现，只要满足 $\lambda=\frac{1}{2}(\lambda_{AB}+\lambda_{ii})$，并使 Δ 变成（$-\Delta$），则这些式子便完全一样．这样一来，典型的顺磁性、居里温度以上的顺磁性、奈尔温度以上的顺磁性的磁化率倒数随温度的变化特点，从图 2.31 中就明显表现出来了．

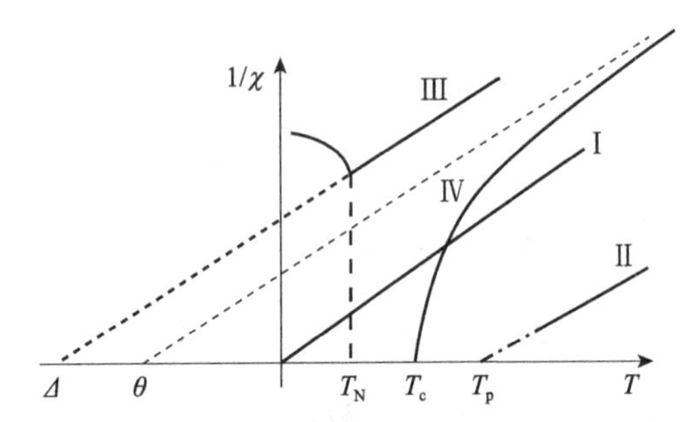

图 2.31 各种磁性物质的顺磁磁化率倒数与温度的关系

Ⅰ为典型的顺磁性；Ⅱ为居里温度以上的顺磁性；Ⅲ为奈尔温度以上反铁磁物质的顺磁性；Ⅳ为亚铁磁物质在居里点以上的顺磁性

2.4.4 温度低于奈尔温度时的性能

温度低于奈尔点时，反铁磁物质内存在着自发磁化．这里我们要讨论当外磁场等于零时，自发磁化强度如何随温度变化以及当外磁场不等于零时，单晶和多晶的磁化率如何随温度变化．

当 $H=0$ 时，由式（2.66）～式（2.69）可以得到 A，B 次晶格的自发磁化强度

$$M_{A_0}=\frac{1}{2}ng\mu_B JB_J(y_{A_0}),\tag{2.87}$$

$$y_{A_0}=\frac{Jg\mu_B}{kT}(-\lambda_{AB}M_{B_0}-\lambda_{ii}M_{A_0}),\tag{2.88}$$

$$M_{B_0}=\frac{1}{2}ng\mu_B B_J(y_{B_0}),\tag{2.89}$$

$$y_{B_0}=\frac{Jg\mu_B}{kT}(-\lambda_{AB}M_{A_0}-\lambda_{ii}M_{B_0}).\tag{2.90}$$

在我们所讨论的简单情况下，A，B 两个次晶格是完全等同的，外磁场为零时，它们的自发磁化强度 $\boldsymbol{M}_{A_0}$ 和 $\boldsymbol{M}_{B_0}$ 数量相等，方向相反，即 $M_{A_0}=-M_{B_0}$．因此，从式（2.87）和式（2.88），以及式（2.89)和式（2.90）分别可求得 M_{A_0} 和 M_{B_0} 随温度的变化，其结果如图 2.32 所示．由图可见，对 M_{A_0} 和 M_{B_0} 分别而言，各自的变化完全和铁磁性的情形一样．但就整个样品而言，在低于 T_N 的任何温度下，样品的自发磁化强度都是不表现出来的（因为 A、B 次晶格的自发磁化强度在低于 T_N 的任何温度下都相互抵消，$\boldsymbol{M}=\boldsymbol{M}_{A_0}+\boldsymbol{M}_{B_0}=0$）．

在单晶体中，当外磁场 $H\neq0$，其方向与作用在 A 次晶格的分子场 $\boldsymbol{H}_{mA}$ 平行，而与 B 次晶格的分子场 $\boldsymbol{H}_{mB}$ 反平行，如图 2.33 所示．因此，作用在 A，B 次晶格的总磁场为

$$|\boldsymbol{H}_A|=|\boldsymbol{H}+\boldsymbol{H}_{mA}|=H+H_{mA/\!/}=H_{A/\!/},$$

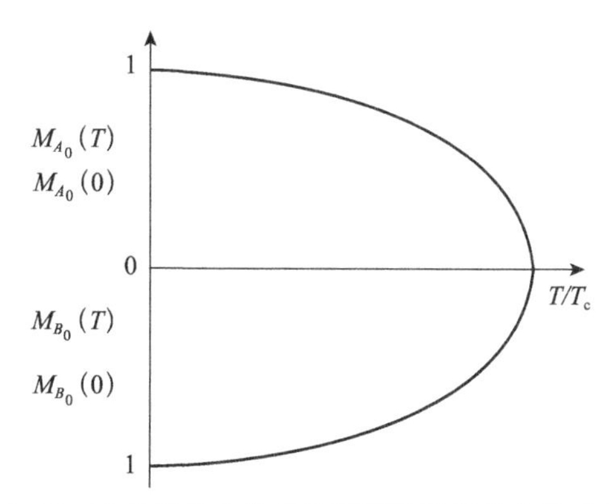

图 2.32　次晶格的自发磁化强度随温度的变化示意图

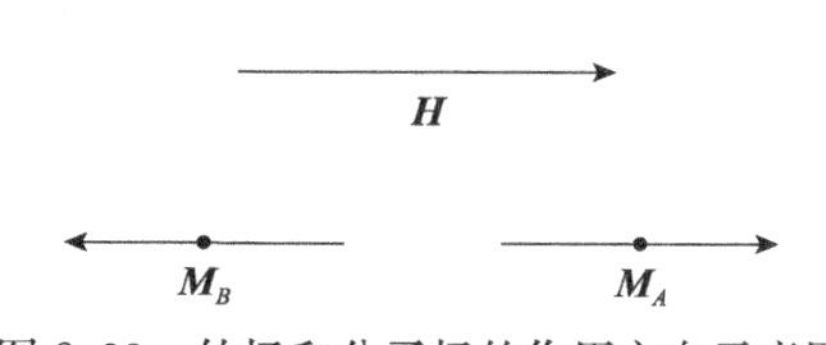

图 2.33　外场和分子场的作用方向示意图

$$|\boldsymbol{H}_B| = |\boldsymbol{H}+\boldsymbol{H}_{mB}| = -H+H_{mB/\!/} = H_{B/\!/}. \tag{2.91}$$

在 $T<T_N$，以及外磁场与易磁化轴平行的情况下，$M_{A/\!/}$ 与 $M_{B/\!/}$ 数值有所不同，方向也是相反的．因此，A 和 B 次晶格的分子场为

$$\begin{cases} |\boldsymbol{H}_{mA}| = |-\lambda_{AB}\boldsymbol{M}_{B/\!/} - \lambda_{ii}\boldsymbol{M}_{A/\!/}| = \lambda_{AB}M_{B/\!/} - \lambda_{ii}M_{A/\!/} = H_{mA/\!/}, \\ |\boldsymbol{H}_{mB}| = |-\lambda_{AB}\boldsymbol{M}_{A/\!/} - \lambda_{ii}\boldsymbol{M}_{B/\!/}| = \lambda_{AB}M_{A/\!/} - \lambda_{ii}M_{B/\!/} = H_{mB/\!/}. \end{cases} \tag{2.92}$$

将式（2.92）代入式（2.91），得到

$$\begin{cases} H_{A/\!/} = H+\lambda_{AB}M_{B/\!/} - \lambda_{ii}M_{A/\!/}, \\ H_{B/\!/} = -H+\lambda_{AB}M_{A/\!/} - \lambda_{ii}M_{B/\!/}. \end{cases} \tag{2.93}$$

因此，A，B 次晶格的磁化强度 $M_{A/\!/}$ 和 $M_{B/\!/}$ 为

$$M_{A/\!/} = \frac{n}{2}gJ\mu_B B_J(y_{A/\!/}), \tag{2.94}$$

$$y_{A/\!/} = \frac{Jg\mu_B}{kT}H_{A/\!/} = \frac{Jg\mu_B}{kT}(H+\lambda_{AB}M_{B/\!/} - \lambda_{ii}M_{A/\!/}),$$

$$M_{B/\!/} = \frac{n}{2}gJ\mu_B B_J(y_{B/\!/}), \tag{2.95}$$

$$y_{B/\!/} = \frac{Jg\mu_B}{kT}H_{B/\!/} = \frac{Jg\mu_B}{kT}(-H+\lambda_{AB}M_{A/\!/} - \lambda_{ii}M_{B/\!/}).$$

另外，当 $H=0$ 时，$\boldsymbol{M}_{A_0} = -\boldsymbol{M}_{B_0} = \boldsymbol{M}_0$，即把所有的 $-\boldsymbol{M}_{B_0}$ 都换成 $\boldsymbol{M}_{A_0}$，则得到

$$\left.\begin{aligned} y_{A_0} &= \frac{Jg\mu_B}{kT}(\lambda_{AB}-\lambda_{ii})M_0, \\ y_{B_0} &= \frac{Jg\mu_B}{kT}(-\lambda_{AB}+\lambda_{ii})M_0. \end{aligned}\right\} \tag{2.96}$$

令

$$y_0 = \frac{Jg\mu_B}{kT}(\lambda_{AB}-\lambda_{ii})M_0, \tag{2.97}$$

则

$$y_{A_0} = y_0, \quad y_{B_0} = -y_0. \tag{2.98}$$

由式（2.94）～式（2.98）可以看出，y_{A_0} 是 $y_{A//}$ 附近的值，$-y_{B_0}$ 是 $-y_{B//}$ 附近的值，两者差别很小，因此布里渊函数 $B_J(y_{A//})$ 可在 y_{A_0} 作泰勒展开

$$\begin{aligned} B_J(y_{A//}) &= B_J(y_{A_0}) + B'_J(y_{A_0})[y_{A//}-y_{A_0}]+\cdots \\ &= B_J(y_0) + B'_J(y_0)\left\{\frac{Jg\mu_B}{kT}[H+\lambda_{AB}(M_{B//}-M_0)\right. \\ &\quad \left. +\lambda_{ii}(M_0-M_{A//})]\right\}+\cdots. \end{aligned} \tag{2.99}$$

同理

$$\begin{aligned} B_J(y_{B//}) &= B_J(-y_{B_0}) + B'_J(-y_{B_0}), \\ [y_{B//}-y_{B_0}]+\cdots &= B_J(y_0) + B'_J(y_0)[y_{B//}-y_0]+\cdots \\ &= B_J(y_0) - B'_J(y_0)[H+\lambda_{AB}(M_0-M_{A//}) \\ &\quad +\lambda_{ii}(M_{B//}-M_0)]\frac{Jg\mu_B}{kT}, \end{aligned} \tag{2.100}$$

$B'_J(y_0)$ 是布里渊函数一次微商在 y_0 处的值，将式（2.99）和式（2.100）的展开式只取 H 的一次幂并代入式（2.94）和式（2.95），得出

$$\begin{aligned} M_{A//} = \frac{n}{2}gJ\mu_B &\left\{B_J(y_0) + B'_J(y_0)\frac{Jg\mu_B}{kT}\right. \\ &\left.\times[H+\lambda_{AB}(M_{B//}-M_0)+\lambda_{ii}(M_0-M_{A//})]\right\}, \end{aligned} \tag{2.101}$$

$$\begin{aligned} M_{B//} = \frac{n}{2}gJ\mu_B &\left\{B_J(y_0) - B'_J(y_0)\frac{Jg\mu_B}{kT}\right. \\ &\left.\times[H+\lambda_{AB}(M_0-M_{A//})+\lambda_{ii}(M_{B//}-M_0)]\right\}. \end{aligned} \tag{2.102}$$

式（2.101）和式（2.102）是磁场与易磁化轴平行时 A 和 B 次晶格的磁化强度，整个物体的磁化强度 $M=M_{A//}-M_{B//}$，根据磁化率的定义 $\chi_{//}=M/H$，得到

$$\chi_{/\!/}(T)=\frac{n\mu_{\mathrm{B}}^2 g^2 J^2 B_J'(y_0)}{kT+\frac{1}{2}(\lambda_{ii}+\lambda_{AB})\mu_{\mathrm{B}}^2 g^2 J^2 B_J'(y_0)}. \tag{2.103}$$

由于

$$B_J'(y_0)=\alpha^2\left[1-\left(\frac{1+\mathrm{e}^{-2\alpha y_0}}{1-\mathrm{e}^{-2\alpha y_0}}\right)^2\right]-\beta^2\left[1-\left(\frac{1+\mathrm{e}^{-2\beta y_0}}{1-\mathrm{e}^{-2\beta y_0}}\right)^2\right],$$

其中

$$\alpha\equiv\frac{2J+1}{2J},\qquad \beta\equiv\frac{1}{2J},$$

$$y_0=\frac{Jg\mu_{\mathrm{B}}}{kT}(\lambda_{AB}-\lambda_{ii})M_0,$$

所以 $B_J'(y_0)$ 与 T 的关系是指数关系．当 $T\to0$ 时，$B_J'(y_0)$ 比 T 更快地趋于零，因此，$\chi_{/\!/}(T\to0)\to0$；当温度 T 由 0 增大时，$B_J'(y_0)$ 比 T 增加得更快，因此，$\chi_{/\!/}$ 随温度逐渐增大，直至 $T=T_{\mathrm{N}}$ 时达到极大；此后温度如再升高，则 $\chi_{/\!/}$ 便随温度的升高而下降，即服从居里-外斯定律．图 2.34 示出 J 取不同值时[31]式 (2.103) 的理论曲线（对过渡金属，$J=S$）．

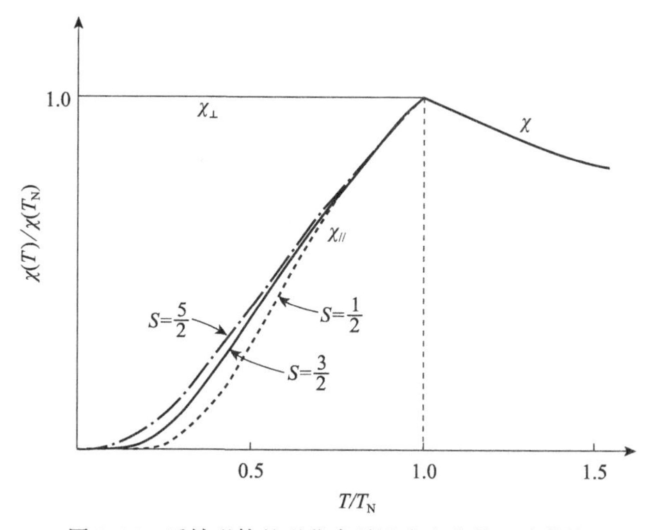

图 2.34　反铁磁体的磁化率随温度变化的理论曲线

在单晶体中，当外磁场与易磁化轴垂直时，从经典的图像来看，由于外磁场对次晶格的磁化强度 $\boldsymbol{M}_A$ 和 $\boldsymbol{M}_B$ 都有一转矩，所以 $\boldsymbol{M}_A$ 和 $\boldsymbol{M}_B$ 都转向外场的方向，可是 A，B 次晶格上的分子场 $\boldsymbol{H}_{mA}$ 和 $\boldsymbol{H}_{mB}$ 阻碍 $\boldsymbol{M}_A$，$\boldsymbol{M}_B$ 的转向，因此 $\boldsymbol{M}_A$ 和 $\boldsymbol{M}_B$ 转到一定角度 φ 以后便平衡了（图 2.35）．这时作用在 $\boldsymbol{M}_A$ 或 $\boldsymbol{M}_B$ 上的转矩都等于零，作用在 $\boldsymbol{M}_A$ 上的转矩为

$$\boldsymbol{M}_A\times(\boldsymbol{H}+\boldsymbol{H}_{mA})=0. \tag{2.104}$$

将式 (2.65) 代入上式，可得

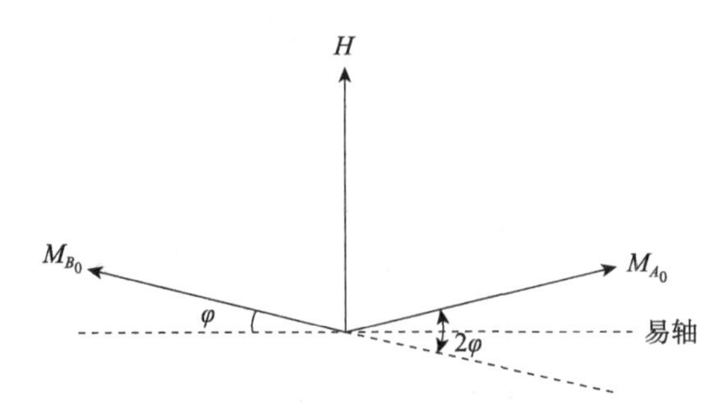

图 2.35 外磁场与易轴垂直

$$\boldsymbol{M}_A\times\boldsymbol{H}-\lambda_{AB}\boldsymbol{M}_A\times\boldsymbol{M}_B-\lambda_{ii}\boldsymbol{M}_A\times\boldsymbol{M}_A=0.$$

在图 2.35 所示的情况下，式（2.104）可写成

$$M_AH\sin(90^\circ-\varphi)-\lambda_{AB}M_AM_B\sin(\pi-2\varphi)=0,$$

或

$$M_AH\cos\varphi-2\lambda_{AB}M_AM_B\sin\varphi\cos\varphi=0. \tag{2.105}$$

式（2.105）有两个解，即

$$\cos\varphi=0$$

和

$$M_AH-2\lambda_{AB}M_AM_B\sin\varphi=0.$$

第一个解 $\cos\varphi=0$ 相当于 $\varphi=\pi/2$，即次晶格的磁化强度完全与外磁场平行，这意味着外磁场足够强，以至强到能克服定域分子场的作用，实际上这是往往达不到的，所以第一个解应舍去．第二个解是我们需要的

$$\sin\varphi=\frac{H}{2\lambda_{AB}M_B}. \tag{2.106}$$

在外磁场方向的磁化强度 M 是由 M_A 和 M_B 所贡献的，即

$$M=M_A\sin\varphi+M_B\sin\varphi. \tag{2.107}$$

由于我们考虑的是最简单的情况，即 $M_A=M_B$. 再将式（2.106）代入式（2.107）便得外磁场垂直于易磁化轴的磁化率 $\chi_\perp$

$$\chi_\perp=\frac{M}{H}=\frac{1}{\lambda_{AB}}. \tag{2.108}$$

式（2.108）说明在单晶体中，当外磁场垂直于易磁化轴时，其磁化率 $\chi_\perp$ 为一常数．如果 λ_{AB} 不随温度变化，则 $\chi_\perp$ 也不随温度变化，图 2.34 同样示出了这一理论结果．

若外磁场与单晶体的易磁化轴成任一角度 θ，则磁化率的求法如下：

将外磁场 H 分解为与易轴平行和垂直的两部分，即 $H_{/\!/}=H\cos\theta$，$H_\perp=H\sin\theta$，在这两部分磁场的作用下，按照上述方法可求出与这两部分磁场相应的磁化强度 $M_{/\!/}$ 和 $M_\perp$. 而外磁场方向的磁化强度 M 就是 $M_{/\!/}$ 和 $M_\perp$ 在外磁方向投影的和，即

$$M = M_{/\!/}\cos\theta + M_{\perp}\sin\theta, \tag{2.109}$$

而

$$\begin{aligned}\chi_{单} &= \frac{M}{H} = \frac{M_{/\!/}\cos\theta}{H} + \frac{M_{\perp}\sin\theta}{H} \\ &= \frac{M_{/\!/}}{H_{/\!/}}\cos^2\theta + \frac{M_{\perp}}{H_{\perp}}\sin^2\theta \\ &= \chi_{/\!/}\cos^2\theta + \chi_{\perp}\sin^2\theta.\end{aligned} \tag{2.110}$$

式（2.110）代表外磁场 H 与易磁化轴成任一角度 θ 时的磁化率，式中的 $\chi_{/\!/}$ 和 $\chi_{\perp}$ 的表达式就是式（2.103）和式（2.108）.

若样品为多晶体或粉末，则磁场与各单晶的易轴所成的角度 θ 在空间有一分布，因此多晶体的磁化率就是式（2.110）中对 $\cos^2\theta$ 和 $\sin^2\theta$ 的平均，即

$$\begin{aligned}\chi_{多} &= \chi_{/\!/}\overline{\cos^2\theta} + \chi_{\perp}\overline{\sin^2\theta} \\ &= \frac{1}{3}\chi_{/\!/} + \frac{2}{3}\chi_{\perp}.\end{aligned} \tag{2.111}$$

由于

$$\begin{aligned}&\chi_{/\!/}(T=0\mathrm{K}) = 0, \\ &\chi_{/\!/}(T=T_{\mathrm{N}}) = \frac{C}{T_{\mathrm{N}}+\Delta} \\ &\qquad = \frac{C}{\frac{C}{2}(\lambda_{AB}-\lambda_{ii}) + \frac{C}{2}(\lambda_{AB}+\lambda_{ii})} = \frac{1}{\lambda_{AB}} = \chi_{\perp},\end{aligned}$$

因此，从式（2.111）可得到多晶体在绝对零度时的磁化率 $\chi_{多}(0)$ 和奈尔温度时的磁化率 $\chi_{多}(T=T_{\mathrm{N}})$，即

$$\begin{aligned}&\chi_{多}(0) = \frac{1}{3}\chi_{/\!/}(0) + \frac{2}{3}\chi_{\perp}(0) = \frac{2}{3}\,\frac{1}{\lambda_{AB}}, \\ &\chi_{多}(T_{\mathrm{N}}) = \frac{1}{3}\chi_{/\!/}(T_{\mathrm{N}}) + \frac{2}{3}\chi_{\perp}(T_{\mathrm{N}}) \\ &\qquad = \frac{1}{3}\,\frac{1}{\lambda_{AB}} + \frac{2}{3}\,\frac{1}{\lambda_{AB}} = \frac{1}{\lambda_{AB}}, \\ &\qquad \frac{\chi_{多}(0)}{\chi_{多}(T_{\mathrm{N}})} = \frac{2}{3}.\end{aligned} \tag{2.112}$$

由式（2.112）可见，多晶反铁磁物质的磁化率，在温度为 0K 和 T_{N} 时都只与最近邻磁性离子间的分子系数 λ_{AB} 有关，它们的比值为 2/3.

2.4.5 定域分子场理论与实验的比较

定域分子场理论预示了一些重要的结论：存在反铁磁转变温度 T_{N}（奈尔温度），T_{N} 以上遵循居里-外斯定律，在 T_{N} 附近出现比热反常、电阻率反常等特

性，在 T_N 以下，单晶体的 $\chi_\perp$ 和 $\chi_{/\!/}$ 随温度的变化规律，多晶体的 $\chi(0)/\chi(T_N)=\frac{2}{3}$，同时还给出了顺磁温度 Δ. 上述结论可以从实验得到证实，或是与实验结果基本一致. 图 2.36[32] 示出了 MnF_2 单晶的 $\chi_\perp$ 和 $\chi_{/\!/}$ 的实验结果，它与理论预示的结论基本一致. 只是在 $T\sim0K$ 时，$\chi_\perp$ 才有一点上升. 图 2.37 示出 MnO 多晶体的 χ 与温度的关系曲线，外加磁场不同时对 χ 的影响比较明显，这是最早的一组实验[28]，它有力地证实了奈尔理论预示的结果. 图 2.38[33] 和图 2.39[34] 分别给出了一些反铁磁体的比热和热膨胀系数与温度的关系，在 T_N 附近有明显的反常现象.

表 2.7 给出了一些反铁磁体的 T_N，Δ，C 等实验结果. 奈尔理论给出 Δ 和 T_N 的比值为

$$\frac{|\Delta|}{T_N}=\frac{\lambda_{AB}+\lambda_{ii}}{\lambda_{AB}-\lambda_{ii}}.$$

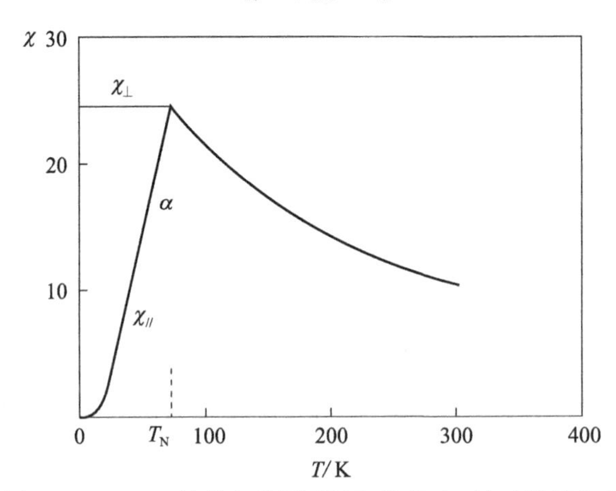

图 2.36 MnF_2 单晶在磁场平行和垂直于 c 轴时的磁化率

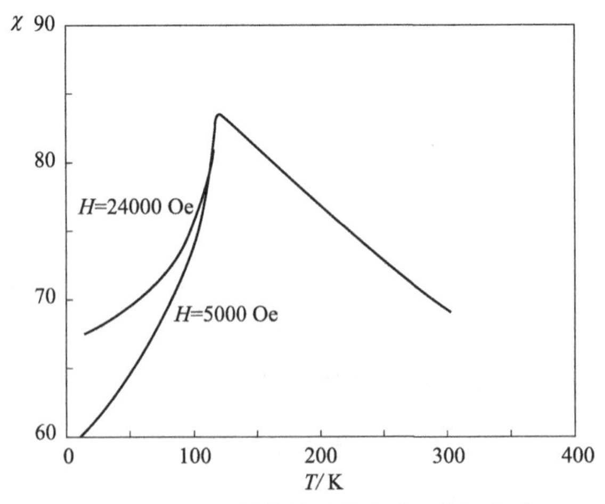

图 2.37 MnO 粉末的磁化率随温度的变化

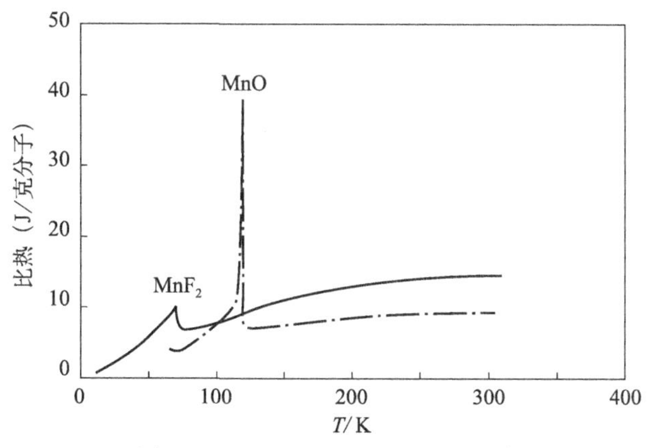

图 2.38　MnO 和 MnF_2 的比热反常

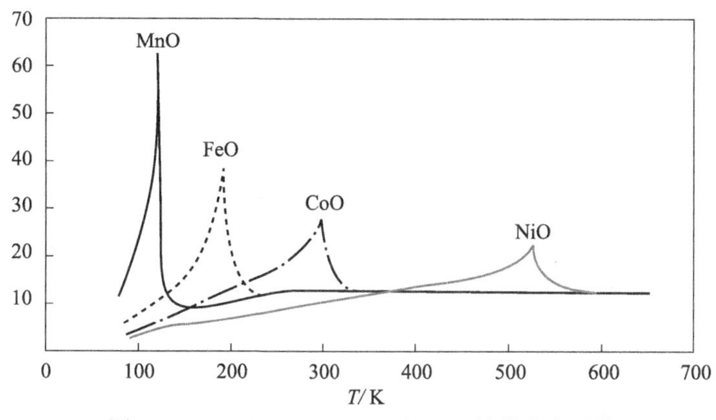

图 2.39　MnO，FeO，CoO 和 NiO 的热膨胀系数

表 2.7　一些反铁磁物质的实验数据

物质	T_N/K	$-\Delta$/K	$-\Delta/T_N$	$C_{摩尔}$	$\chi(0)/\chi(T_N)$	磁序类型
MnO	122	610	5.0	4.4	0.69	面心，Ⅱ
FeO	185，198	570	2.9～3.10	6.24	0.77	面心，Ⅱ
CoO	291	330	1.1	3.45	—	面心，Ⅱ
NiO	520 523	～3000 1310	～5.8 2.50*	3.64	0.67	面心，Ⅱ
α-MnS	150	465	3.1	4.30	0.82	面心，Ⅲ
β-MnS	155	982	6.10	—	—	面心，Ⅱ
MnF_2	74	113	1.5	4.08	0.75	体心，Ⅲ
FeF_2	78.3	117	1.5	3.9	0.72	体心，Ⅰ
CoF_2	37，40	53	1.3，1.4	3.3	—	体心，Ⅰ
NiF_2	785，83	116	1.5，2.0	1.5	—	体心，Ⅰ
MnO_2	86	84	—	—	0.93	螺旋

续表

物质	T_N/K	$-\Delta$/K	$-\Delta/T_N$	$C_{摩尔}$	$\chi(0)/\chi(T_N)$	磁序类型
α-Cr_2O_3	307	485	1.6	2.56	0.76	刚石，(1)
α-Fe_2O_3	953	2000	2.1	4.4	—	刚石，(2)
FeS	6600	857	1.4	3.44	—	六方，Ⅰ
$FeCl_2$	24	−48	−2.0	3.59	<0.2	
$CoCl_2$	225	−38.1	−1.5	3.46	~0.6	
$NiCl_2$	50	−68.2	−1.4	1.36	—	
$FeCO_3$	20~35	0.4~0.7	—	—	0.25	
$FeCl_2 \cdot 4H_2O$	1.6	2	1.2	3.61		
Cr	310，475					体心，Ⅰ
γ-Mn	660					面心，自旋在 (111) 面

本表数据取自下列文献：

Vonsovskii S. V., Magnetism, Wiley, Israel, p852(1974).

Smart J. S., Effective Field Theory of Magnetism, W. B. Saunders Company, Philadelphia, p59 (1966).

Morrish A. H., The Physics Principles of Magnetism, Wiley, New York.

* 考虑了温度效应，修正后得 $\Delta(\kappa)=-1310$.

对于反铁磁性物质的最近邻相互作用来说，$\lambda_{AB}>0$，所以 $\lambda_{ii}=0$，$|\Delta|=T_N$，而 $\lambda_{ii}>0$ 使 $|\Delta|>T_N$，因而没有上限．实际上 λ_{ii} 较大后，两个次晶格的状态不稳定，而要分成四个或更多的次晶格结构．

实际的晶体结构比上面讨论的情况更复杂．对于体心立方结构的反铁磁体来说，由于次近邻原子相互作用的特点，磁序可能有三种类型．图 2.40 示出了这三种类型的磁序情况．图 2.40 (a) 的情况和上面讨论的情况相同．最近邻原子相互作用占主导地位，使磁原子所占据的位置 A 和 B 可以看成简单立方晶格，磁矩取向彼此相反，称为类型Ⅰ．从理论上可以得到（按图 2.40 (b) 情况）

$$\frac{|\theta|}{T_N}=\frac{1+\varepsilon}{\varepsilon},$$

其中，$\varepsilon=\lambda_{ii}/\lambda_{AB}$．当 $\varepsilon\geqslant\varepsilon_e$，$\varepsilon_c=1/2$ 时，次近邻原子相互作用占优势，反铁磁性序转变成图 2.40 (b) 所示的情况，称为类型Ⅱ．如果最近邻原子相互作用很小，将出现图 2.40 (c) 所示的反铁磁性序，称为类型Ⅲ．

面心立方体中的磁原子（或离子）的磁矩排列情况需要用四种磁序来描述，图 2.41 给出了其中三种类型的反铁磁体的原子磁矩取向．由于面心立方结构可以看成由四个简单立方结构相互交叠组成，每个简单立方晶格上的原子磁矩取向相同，如图 2.41 (a) 所示，称为类型Ⅰ．这时 $M_A=-M_B$，$M_C=-M_D$，由此，在每个磁原子的最近邻中，有八个原子的磁矩彼此反平行取向，四个是平行取向．可以求出

(a) 最近邻原子相互作用占主导，类型 I

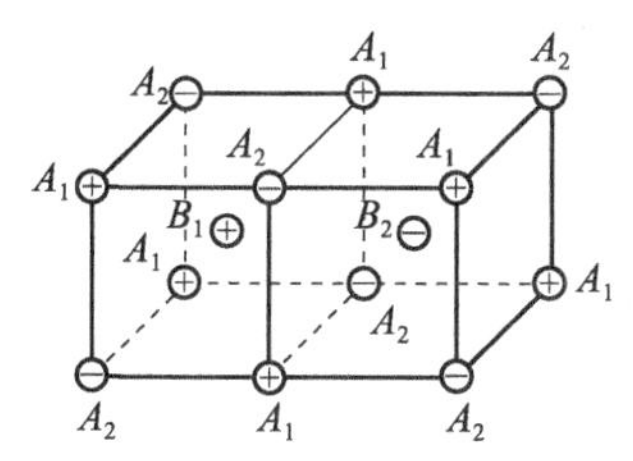

(b) 次近邻原子相互作用占优势，类型 II

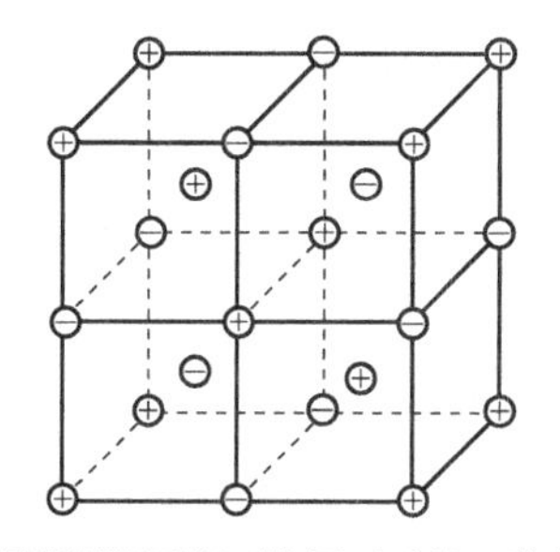

(c) 最近邻原子相互作用无贡献，类型 III

图 2.40　体心立方晶体中反铁磁性序

$$\frac{|\theta|}{T_N}=\frac{1+3\varepsilon}{\varepsilon-1},$$

这个类型只有在次近邻的相互作用为零或为正时才是稳定的．图 2.41 (b) 所示的是次近邻原子的磁矩取向完全反平行时的情况，称为类型Ⅲ．可以求得

$$\frac{|\theta|}{T_N}=\frac{3\ (3\varepsilon+1)}{3\varepsilon-1},$$

如果次近邻原子之间相互作用占优势，就出现图 2.41 (c) 所示的情况，称为类型Ⅱ．可以求得

$$\frac{|\theta|}{T_N}=1+3\varepsilon,$$

通过与上述式子的对比，求出 $\varepsilon_c=\frac{4}{3}$，$\varepsilon<\varepsilon_c$ 时类型Ⅲ的磁序稳定．

从上述讨论中可以看出，由实验上求得 $|\theta|/T_N$ 的值能够获得一些有关原子之间相互作用的信息．详细的研究可参阅有关专著[35,36]．

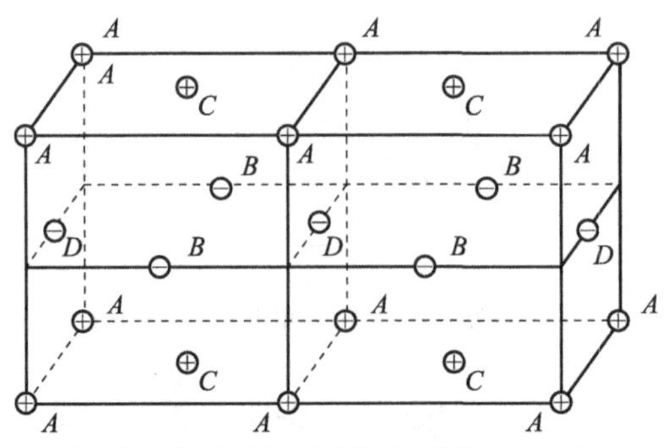

(a) (100) 平面上最近邻原子磁矩取向相反

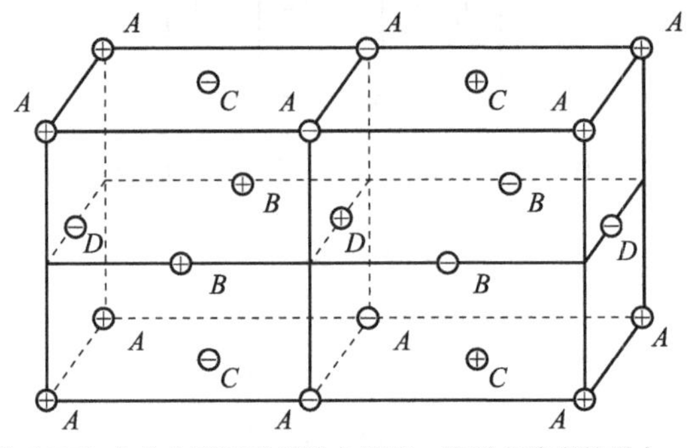

(b) [100] 方向上原子磁矩取向相反，使磁点阵常数增大一倍

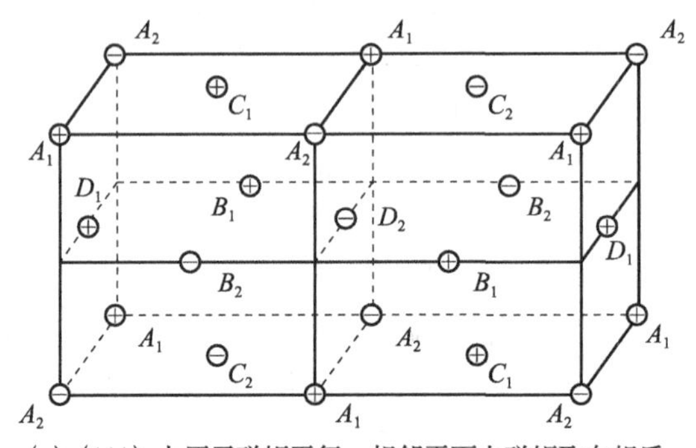

(c) (111) 上原子磁矩平行，相邻平面上磁矩取向相反

图 2.41　面心晶格中原子磁矩反铁磁性排列的类型

2.5　亚铁磁性唯象理论

亚铁磁体具有很强的磁性，与铁磁体的强磁性十分相似，特别是技术磁化过程的许多特性．铁氧体磁性材料就是很明显的例子．亚铁磁体多为氧化物，晶格结构比较复杂，并且含有多种元素．例如，铁氧体就有三大类：尖晶石结构、石榴石结构和磁铅石结构．它们都具有两套和两套以上次晶格，尖晶石型铁氧体的

一个晶胞内有两种配位（次晶格），一个晶胞的总磁矩的大小由两种配位中的磁性离子的磁矩和值决定．由于两个次晶格上的原子磁矩取向相反，因而总磁矩有的可能抵消为零，有的未抵消，后者具有较强的磁性，这种未抵消的磁性称为亚铁磁性．

目前，亚铁磁性材料在无线电通信、自动控制、微波技术、磁记录和计算机等重要工业领域中得到广泛的应用，特别在雷达、微波通信和计算机发展上起着非常重要作用．这一节主要介绍亚铁磁性自发磁化理论，至于材料的技术磁化、制备、用途等许多问题请参看本书下册，及有关专著[37,38]．

2.5.1 亚铁磁性的特点

2.1 节所介绍的铁磁材料的磁基本特性在铁氧体磁性材料中也是存在的．除这些特点外，还有下述两点．

2.5.1.1 未被抵消的磁矩

亚铁磁性即未被抵消的铁磁性，现以尖晶石铁氧体为例来对它进行说明．它的化学分子式可以写成 $Me^{2+}Fe_2^{3+}O_4$，其中 Me 代表 Mg，Mn，Fe，Co，Ni，Cu，Zn，Gd，…金属离子．这些元素与氧组成晶体时，属于 O_h 群对称结构．一个晶胞中有 56 个原子，其中 32 个氧原子，24 个金属原子，即有 8 个分子

$$8Me^{2+}Fe_2^{3+}O_4.$$

16 个金属离子处在氧组成的八面体配位的中心位置上，8 个金属离子处在氧组成的四面体配位的中心位置上．前者简称为 B 位，后者称为 A 位．由于不同金属离子的磁矩大小不同，所占位置也不同．一个分子式为单元的分子磁矩是这些（三个）金属离子的磁矩的代数和．

根据实验和理论分析（参看第 3 章），一般情况下凡占据同类型位置的离子的磁矩取向相同，而 A，B 两位置上离子磁矩取向彼此相反．如果将金属离子在 A，B 位置的分布写成下述形式：

$$(Me_{1-x}^{2+}Fe_x^{2+})[Me_x^{2+}Fe_{2-x}^{3+}]O_4,$$

圆括号表示 A 位，方括号表示 B 位．如 Me^{2+} 的磁矩为 $m_p\mu_B$，m_p 的大小由洪德法则决定，都是整数；Fe^{3+} 的磁矩为 $5\mu_B$，则一个分子所具有的磁矩为

$$\begin{aligned} m &= [m_p x + 5(2-x)]\mu_B - [5x + m_p(1-x)]\mu_B \\ &= 10(1-x)\mu_B + (2x-1)m_p\mu_B. \end{aligned} \tag{2.113}$$

表 2.8 列出了按式（2.113）计算的分子磁矩大小，与实验值基本一致．由于 A 位和 B 位的磁矩不等，未能抵消，而且磁矩相当大，故得名未被抵消的铁磁性．实验值和理论值差别较大的原因在于占位并不绝对如表中所示，以及 Me 并不完全是两价离子．

表 2.8 几种铁氧体的离子分布及分子磁矩，单位为 μ_B（玻尔磁子）

铁氧体	离子分布		磁矩		分子磁矩 m	
	A 位	B 位	A 位	B 位	理论	实验
$MnFe_2O_4$	$Fe^{3+}_{0.2}+Mn^{2+}_{0.8}$	$Mn^{2+}_{0.2}+Fe^{3+}_{1.8}$	1+4	1+9	5	4.6～5
$FeFe_2O_4$	Fe^{3+}	$Fe^{2+}+Fe^{3+}$	5	4+5	4	4.1
$CoFe_2O_4$	Fe^{3+}	$Co^{2+}+Fe^{3+}$	5	3+5	3	3.7
$NiFe_2O_4$	Fe^{3+}	$Ni^{2+}+Fe^{3+}$	5	2+5	2	2.3
$CuFe_2O_4$	Fe^{3+}	$Cu^{2+}+Fe^{3+}$	5	1+5	1	1.3
$Li_{0.5}Fe_{2.5}O_4$	Fe^{3+}	$Li^{+}_{0.5}+Fe^{3+}_{1.5}$	5	0+7.5	2.5	2.5～2.6
$MgFe_2O_4$	Fe^{3+}	$Mg^{2+}+Fe^{3+}$	5	0+5	0	1.1
$ZnFe_2O_4$	Zn^{2+}	Fe^{3+}_2	0	5−5	0	0
$CdFe_2O_4$	Cd^{2+}	Fe^{3+}_2	0	5−5	0	0

2.5.1.2 磁化强度与温度的关系

由于尖晶石型铁氧体中两种次晶格（A 位和 B 位）上的金属离子都具有磁矩，它们的单位体积磁矩分别记为 M_A 和 M_B，则材料的自发磁化强度 $M_s=|M_B-M_A|$．由于 M_A，M_B 与温度的变化关系具有一定的独立性，所以 M_s 与 T 的关系表现为多种类型．图 2.42 给出了目前实验已发现的三种情况，其中 Q 型与铁磁性情况相同，N 型和 P 型是亚铁磁性的特点．特别是 N 型情况，在某一

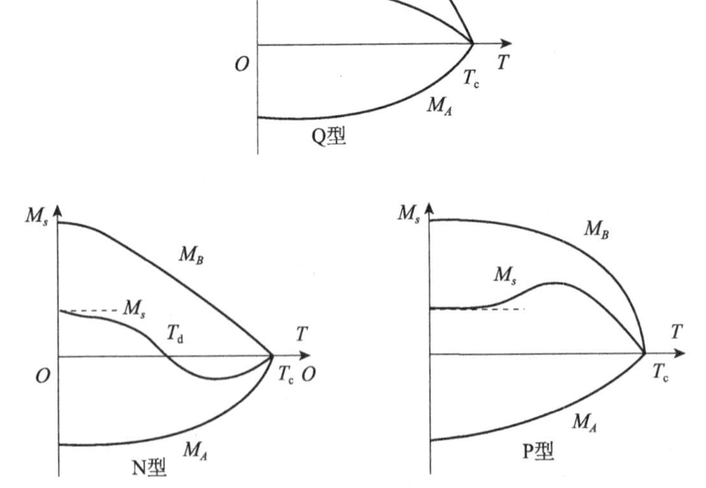

图 2.42 铁氧体饱和磁化强度的温度特性

温度 T_d 时，$M_s=0$，但它仍具有铁磁性的特点，T_d 和居里点有本质差别，通称为抵消点，即在 T_d 时，M_A，M_B 大小相等，方向相反，使总磁矩为零．但磁晶各向异性并不等于零，同时材料的其他特性在 T_d 处出现反常值．图 2.43 给出了钆石榴石铁氧体的 B_m，H_c，ΔH 和 g 值随温度的变化关系[3,39]．由于两个作者所用多晶样品不完全相同，所以 T_d 值相差 1℃．图 2.44 给出了 $NiFe_{2-2x}Al_{2x}O_4$ 的 ΔH，g 和内场 H_i 与成分变化的关系[40]．在 $\chi\approx0.315$ 时样品的磁矩在室温时为零（即 $M_A=-M_B$），而其他磁性参量增大或反常．

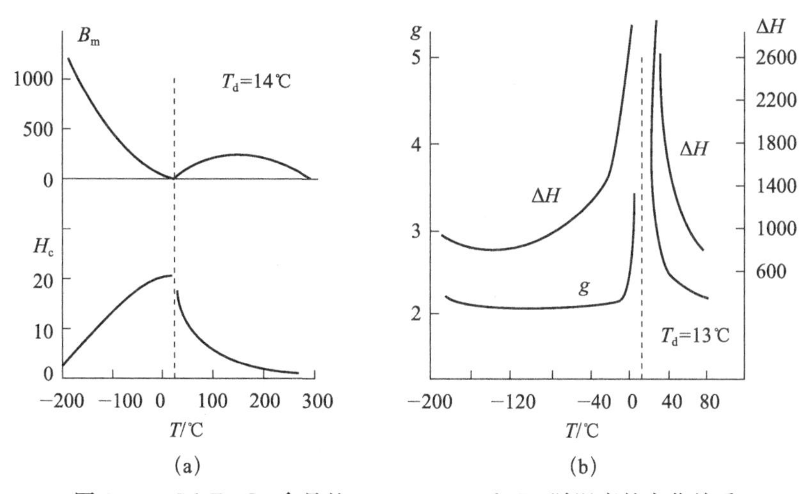

图 2.43 $Gd_3Fe_5O_{12}$ 多晶的 ΔH，g，H_c 和 B_m 随温度的变化关系

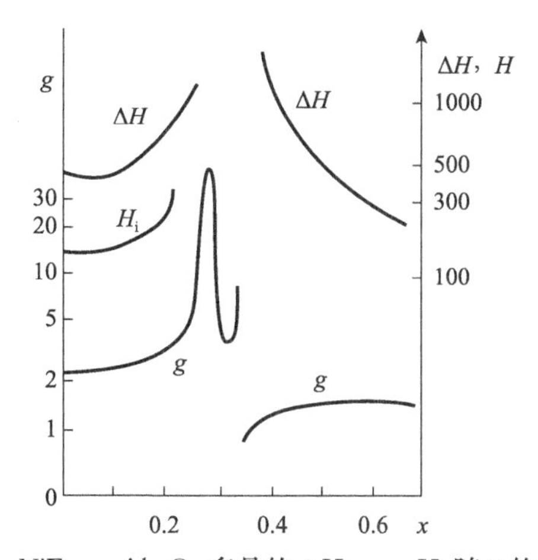

图 2.44 $NiFe_{2-2x}Al_{2x}O_4$ 多晶的 ΔH，g，H_i 随 χ 的变化关系

2.5.2 奈尔亚铁磁性分子场理论

奈尔根据反铁磁性分子场理论，在 1948 年提出了亚铁磁性分子场理论[41]，

重点分析了尖晶石型铁氧体的自发磁化及其与温度的关系.

2.5.2.1 基本模型

(1) 前面已经讨论了尖晶石型铁氧体中金属离子占位的情况，现在按奈尔的写法重新给出

$$(Fe^{3+}_{2\lambda}Me^{3+}_{1-2\lambda})[Fe^{2+}_{2\mu}Me^{2+}_{2-2\mu}]O_4.$$

为简单起见，只考虑 Fe^{3+} 一种磁离子，Me^{2+} 不具有磁矩，这个假设并不影响理论结果的本质. 因为在 A 和 B 两个位置上都有一定数量的磁离子，所以各种互作用在计算时都有所反映，只不过在数值上有些差别.

(2) 把分子场理论推广到两套不等价磁格子的情况. 由于结构不等价而存在如下四种不同的分子场：

(a) $$\boldsymbol{H}_{ab}=\lambda_{AB}\boldsymbol{M}_b,$$

$\boldsymbol{H}_{ab}$ 是由近邻 B 位上磁离子产生的、作用在 A 位上的分子场，$\boldsymbol{M}_b$ 是 B 位上一克分子磁离子具有的磁矩. λ_{AB} 表示 B-A 作用分子场系数，它只表示大小而不计入方向（凡分子场系数下面均只表示数值）.

(b) $$\boldsymbol{H}_{bb}=\lambda_{BB}\boldsymbol{M}_b,$$

$\boldsymbol{H}_{bb}$ 是由近邻 B 位上磁离子产生的、作用在某 B 位上的分子场，λ_{BB} 为 B-B 作用分子场系数.

(c) $$\boldsymbol{H}_{aa}=\lambda_{AA}\boldsymbol{M}_a,$$

$\boldsymbol{H}_{aa}$ 是由近邻 A 位上磁离子产生的、作用在 A 位上的分子场，λ_{AA} 是 A-A 作用分子场系数. $\boldsymbol{M}_a$ 是一克分子 A 位上磁离子的磁矩大小.

(d) $$\boldsymbol{H}_{ba}=\lambda_{BA}\boldsymbol{M}_a,$$

$\boldsymbol{H}_{ba}$ 是由近邻 A 位上磁离子产生的、作用在 B 位的分子场. λ_{BA} 是 A-B 作用分子场系数. 在一般的情况下，$\lambda_{BA}=\lambda_{AB}$，而 $M_a\neq M_b$，所以才出现亚铁磁性. 实际上，$M_a=M_b$ 也可能出现亚铁磁性. 因一克分子铁氧体中 A，B 位上离子数目不等，这样，$H_{ab}\neq H_{ba}$.

(3) A 和 B 位上分子场的表达式. 考虑外磁场 H_0 也作用在铁氧体上，则 A 和 B 位上的分子场强度分别为

$$\left.\begin{aligned}H_a&=H_0+\lambda_{AA}M_a\pm\lambda_{AB}M_b,\\H_b&=H_0\pm\lambda_{AB}M_a+\lambda_{BB}M_b.\end{aligned}\right\}\tag{2.114}$$

$\pm$ 号的选取由 M_a 和 M_b 的相互取向决定，如 $M_a /\!/ M_b$，取正号，反之取负号. 根据中子衍射和磁测量结果表明，所有铁氧体的 M_a 和 M_b 取向是相反的，但有少数（如 $CuCr_2S_4$ 和 $CuCr_2Se_4$）是相同的[42]. 考虑到大多数情况下，将式（2.114）写成

$$\left.\begin{aligned}H_a&=H_0+\lambda_{AA}M_a-\lambda_{AB}M_b,\\H_b&=H_0-\lambda_{AB}M_a+\lambda_{BB}M_b,\end{aligned}\right\}\tag{2.114$'$}$$

其中，所有分子场系数均为正值，令

$$\alpha=\lambda_{AA}/\lambda_{AB}, \quad \beta=\lambda_{BB}/\lambda_{AB} \tag{2.115}$$

以及在一克分子铁氧体材料中，A 位和 B 位上分别有 λ 和 μ 克分子磁离子，$\lambda\leqslant\mu$ 和

$$\lambda+\mu=1, \tag{2.116}$$

这样，式（2.114′）可以写成

$$\left.\begin{aligned} H_a&=H_0+\lambda_{AB}(\alpha\lambda M_a-\mu M_b), \\ H_b&=H_0+\lambda_{AB}(-\lambda M_a+\beta\mu M_b). \end{aligned}\right\} \tag{2.117}$$

（4）我们要求出一克分子铁氧体中 A 位和 B 位上的自发磁化强度 M_A 和 M_B 随温度变化的情况，而

$$\left.\begin{aligned} M_A&=\lambda M_a, \\ M_B&=\mu M_b. \end{aligned}\right\} \tag{2.118}$$

M_a 和 M_b 可以用反铁磁性唯象理论所得的式（2.66）和式（2.68）来描述，因此有

$$\left.\begin{aligned} M_a&=NgJ\mu_B B_J(y_a), \\ M_b&=NgJ\mu_B B_J(y_b), \end{aligned}\right\} \tag{2.119}$$

$$\left.\begin{aligned} y_a&=gJ\mu_B H_a/kT, \\ y_b&=gJ\mu_B H_b/kT, \end{aligned}\right\} \tag{2.120}$$

其中，g 和 J 未标明 a 和 b，因都是 Fe^{3+}. 这样，整个铁氧体的未抵消的自发磁化强度

$$M_s=|M_B-M_A|=|\mu M_b-\lambda M_a|. \tag{2.121}$$

方程（2.119），（2.120）和式（2.121）是讨论亚铁磁性的基本公式．下面将根据这组基本公式讨论两个问题，即高温顺磁性和自发磁化．

2.5.2.2　高温顺磁性

方程（2.119）很难得出严格的解析解，但在极限条件下比较容易得到．在温度高于居里点情况下，H_a 和 H_b 都远小于 kT，即 $\alpha\ll1$. 布里渊函数可以展开成级数，并取第一项，则

$$\left.\begin{aligned} M_a&=\frac{Ng^2S(S+1)\mu_B^2}{3kT}H_a \\ &=\frac{C}{T}[H_0+\lambda_{AB}(\alpha\lambda M_a-\mu M_b)], \\ M_b&=\frac{Ng^2S(S+1)\mu_B^2}{3kT}H_b \\ &=\frac{C}{T}[H_0+\lambda_{AB}(-\lambda M_a+\beta\mu M_b)], \\ C&=Ng^2S(S+1)\mu_B^2/3k. \end{aligned}\right\} \tag{2.122}$$

由于 Fe^{3+} 的轨道角动量 $L=0$，所以 $J=S$. 在 H_0 作用下，由于 $T>T_c$，A 位和 B 位上的磁矩 M_A 和 M_B 都沿 H_0 方向取向，所以得到磁化强度

$$M_H=\lambda M_a+\mu M_b,$$

从式（2.122）可以解出 M_a 和 M_b 与 H_0，T 的关系，从而得到高温顺磁磁化率 χ 与 T 的关系．根据式（2.122）

$$\left(\frac{T}{C}-\lambda_{AB}\alpha\lambda\right)\frac{M_a}{H_0}+\lambda_{AB}\mu\frac{M_b}{H_0}=1,$$

$$\lambda_{AB}\lambda\frac{M_a}{H_0}+\left(\frac{T}{C}-\lambda_{AB}\beta\mu\right)\frac{M_b}{H_0}=1,$$

解得

$$\frac{M_a}{H_0}=\frac{\frac{T}{C}-\lambda_{AB}\mu(\beta+1)}{\left(\frac{T}{C}-\lambda_{AB}\beta\mu\right)\left(\frac{T}{C}-\lambda_{AB}\alpha\lambda\right)-\lambda_{AB}^2\alpha\beta\lambda\mu},$$

$$\frac{M_b}{H_0}=\frac{\frac{T}{C}-\lambda_{AB}\lambda(\alpha+1)}{\left(\frac{T}{C}-\lambda_{AB}\beta\mu\right)\left(\frac{T}{C}-\lambda_{AB}\alpha\lambda\right)-\lambda_{AB}^2\alpha\beta\lambda\mu}.$$

克分子磁化率

$$\chi_m=\frac{M_H}{H_0}=\mu\frac{M_B}{H_0}+\lambda\frac{M_a}{H_0}$$

$$=\frac{(\mu+\lambda)\frac{T}{C}-\lambda_{AB}\lambda\mu(\alpha+\beta+2)}{\left(\frac{T}{C}-\lambda_{AB}\beta\mu\right)\left(\frac{T}{C}-\lambda_{AB}\alpha\lambda\right)-\lambda_{AB}^2\alpha\beta\lambda\mu}.$$

因 $\lambda+\mu=1$，于是可将上式写成

$$\frac{1}{\chi_m}=\frac{T^2-TC\lambda_{AB}(\alpha\lambda+\beta\mu)+C^2\lambda_{AB}^2\lambda\mu(\alpha\beta-1)}{C[T-C\lambda_{AB}\lambda\mu(\alpha+\beta+2)]},\tag{2.123}$$

为讨论方便起见，将式（2.123）写成

$$\frac{1}{\chi_m}=\frac{T-\theta}{C}-\frac{\zeta}{T-\theta'},\tag{2.124}$$

其中

$$\left.\begin{aligned}&\theta=-C\lambda_{AB}\lambda\mu\left(2-\frac{\lambda\alpha}{\mu}-\frac{\mu\beta}{\lambda}\right),\\&\theta'=C\lambda_{AB}\lambda\mu[2+\alpha+\beta],\\&\zeta=C\lambda_{AB}^2\lambda\mu[\lambda(1+\alpha)-\mu(1+\beta)]^2.\end{aligned}\right\}\tag{2.125}$$

如 $\chi_m^{-1}\to0$，表示 $\chi_m\to\infty$，对 $T\neq0$ 情况，由式（2.124）可以推得

$$(T-\theta)(T-\theta')-C\zeta=0,$$

解出

$$T_{\mp}=\frac{C}{2}\lambda_{AB}\{\lambda\alpha+\beta\mu\pm[(\alpha\lambda-\beta\mu)^2+4\lambda\mu]^{1/2}\}. \tag{2.126}$$

令 $\theta_p=T_-$，$\theta'_p=T_+$，则有 $\theta_p>\theta'_p(\theta'_p<0)$.

现在讨论式（2.124）所表示各个项的物理意义．在讨论时将顺磁性的基本规律与之对比，就比较清楚些．图 2.45 示出式（2.124）的曲线．从图 2.45 可以看到，χ_m 和 T 的关系近似为双曲线形式．作出图 2.45 的过程就是对式（2.124）物理意义的分析过程．

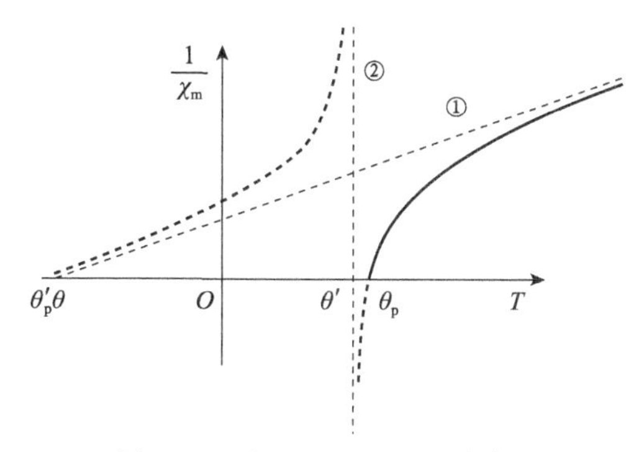

图 2.45　式（2.124）的示意曲线

（1）如温度很高，$\zeta/(T-\theta')$项相对前面一项要小得多，得到与高温顺磁性相似的结果

$$\frac{1}{\chi_m}=\frac{T-\theta}{C},$$

因而在$\frac{1}{\chi_m}$-T 平面上是一条直线．在温度下降后，χ_m 和 T 的关系可看成双曲线（如图上的实线所示）．这样可以得一条渐近线①，渐近线①与 T 轴的交点为 θ.

（2）当温度继续降低，这时 $\zeta/(T-\theta')$将起主要作用，因而使$\frac{1}{\chi_m}\to-\infty$，这时得到 $T=\theta'$ 的直线，它是另一条渐近线②. $T=\theta'$ 这一温度就是奈尔点，用 T_N 表示，相当于亚铁磁性的居里点．

（3）从实验结果来看，双曲线段与 T 轴相交的点为 θ_p（即 T_-），它就是顺磁性居里点．

总结上述讨论的情况可以看出，式（2.124）表示了对称心不是原点的双曲线．这样，从对称性又可以绘出双曲线的另一支．在图 2.45 上用虚线绘出，因为在实验上是测不出来的（即不存在的）．这一支双曲线段与 T 交于 θ'_p处，它就是式（2.126）中的 θ'_p(即 T_+）. θ_p和 θ'_p可以从式（2.124）等于零得到

$$\frac{1}{\chi_m}=\frac{(T-\theta_p)(T-\theta'_p)}{C(T-\theta')}=0.$$

（4）从实验上只能测出居里常数 C 和顺磁居里点 θ_p 以及 T_N，C 的理论值和

实验值相符得不够理想．图 2.46 示出了几种铁氧体的 $1/\chi_m$-T 实验曲线，可以看出在高温相符得较好（接近直线），近居里点时比较差，与双曲线相似．而图 2.47 给出的 $CoCr_2O_4$ 的 $1/\chi_m$-T 实验结果[43]反映出与双曲线相符较好．由 $1/\chi_m$ 的实验值可以估计 λ_{AB}，α，β 的大小．

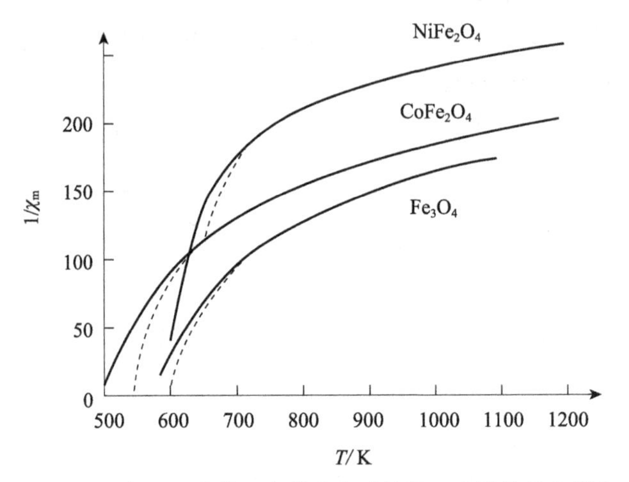

图 2.46　$1/\chi_m$-T 曲线，实线为实验结果，虚线是理论部分

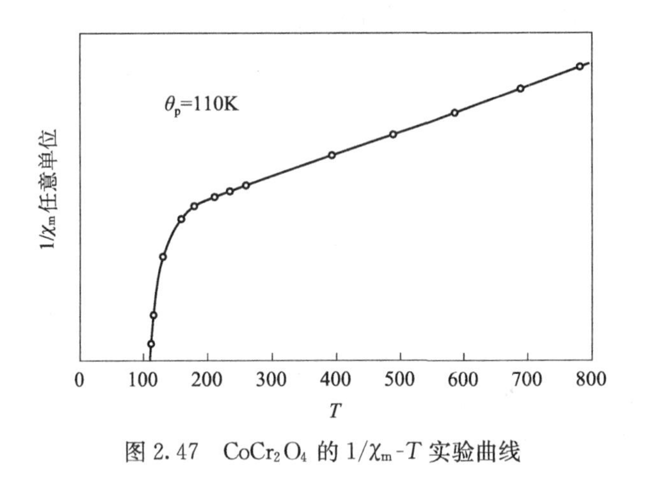

图 2.47　$CoCr_2O_4$ 的 $1/\chi_m$-T 实验曲线

2.5.2.3　自发磁化与温度的关系

低于居里温度的自发磁化情况与铁磁性的情况有类似之处，但是 M_s 是两种磁矩取向的代数和

$$M_s = |M_B - M_A|.$$

要研究 M_s 与温度的变化关系，必须分别考虑 M_A 和 M_B 与温度的依赖关系，因为它们可能很不相同．这就是说，对应 α 和 β 的不同数值，在 $T \lesssim T_c$ 和 $T \sim 0K$

两个温度范围内，式（2.119）具有两种近似表示，（令 $y=y_a$，y_b）

$$\left.\begin{aligned}&(\mathrm{a})\ B_J(y)=\frac{J+1}{3J}y-\frac{[(J+1)^2+J^2]}{90J^2}y^2+\cdots,\\&\qquad T\lesssim T_c \text{ 或 } y\ll 1,\\&(\mathrm{b})\ B_J(y)\cong 1-\frac{1}{J}\exp\left(-\frac{y}{J}\right),\\&\qquad T\sim 0\mathrm{K} \text{ 或 } y\gg 1.\end{aligned}\right\}\tag{2.127}$$

奈尔分三步来讨论这些问题：第一是讨论 $T=0\mathrm{K}$ 时，在 $\alpha—\beta$ 平面的什么区域内可以给出对应能量极小的各种磁矩分布（取向）；第二是讨论 T 略低于 T_c 时，$\alpha—\beta$ 平面的哪些区域内，$M_B>M_A$，在哪些区域内，$M_A>M_B$. 综合第一，二两步的结果，找出 $\alpha—\beta$ 平面上的特定区域，使 $M_s=|M_B-M_A|$ 在 $T=T_d$ 时会改变正负号（参看图 2.42）；第三步是求出 $T>0$ 时，M_s 随 T 的变化.

现把 α，β 看成变量（实际是 λ_{AB}，λ_{BB}，λ_{AA} 在改变），并且在 $\alpha—\beta$ 平面上变. 我们的目的是在能量极小的情况下，找出 $\alpha—\beta$ 平面上不同区域内可能出现的磁性类型. 为作图方便具体，令 $\lambda/\mu=2/3$，这一规定并不影响结果的本质（结果见图 2.48）.

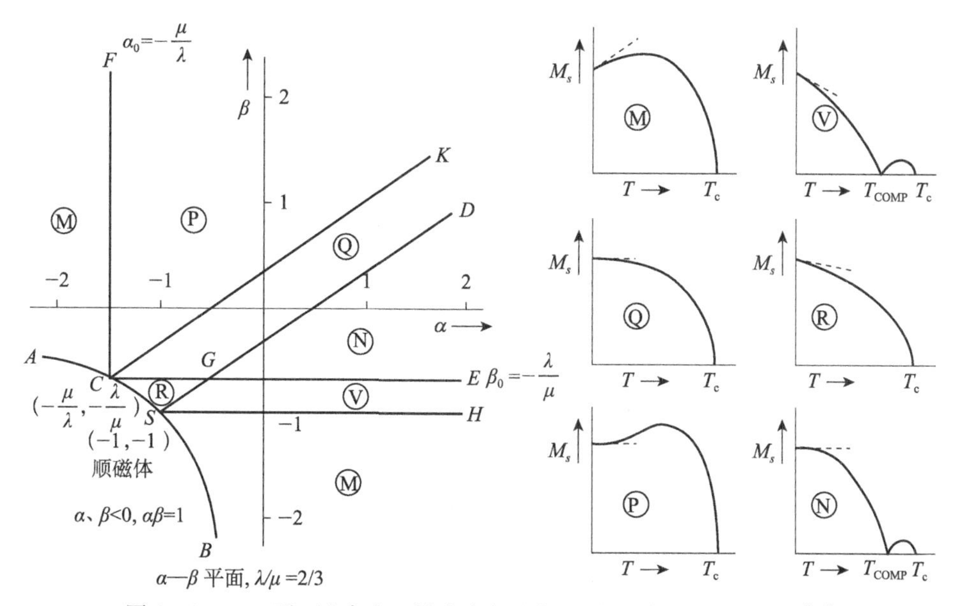

图 2.48　$\alpha—\beta$ 平面上各个区域中自发磁化 M_s 与温度的关系示意图[35]

整个铁氧体体系的能量 E，可以用下述式子表示，因只讨论自发磁化，所以令式（2.114′）中 $H_0=0$

$$E=\frac{1}{2}[M_A\lambda H_a+M_B\mu H_b]$$

$$=-\frac{1}{2}[\lambda_{AB}(\alpha M_A^2-M_AM_B)+\lambda_{AB}(-M_AM_B+\beta M_B^2)]$$

$$=-\frac{\lambda_{AB}}{2}[\alpha M_A^2+\beta M_B^2-2M_AM_B]. \tag{2.128}$$

如果 α 和 β 都小于 1，从能量最小原理的要求看来，M_A 和 M_B 取向相反使 E 比较小．由此得出，A 位和 B 位上磁矩取向彼此相反的结论，这一结论与实验是一致的．下面我们一直要用到这个结论．

在 α—β 平面上经过以下条件可以得出一些区域．对应每个区域都具有其独特的磁性（即 $M_s(T)$ 曲线类型）．

(1) 如果考虑式 (2.126) $T_-=0$，则要求 $\alpha\beta=1$，同时 α，β 均为负数．考虑到顺磁居里点 $\theta_p=T_-=0$，这表明不存在自发磁化．由此可知，在 α—β 平面的第三象限中的曲线 $\alpha\beta=1$ 把平面分成两部分．双曲线 AB 下的面积不存在自发磁化的区域，即只存在顺磁性．

在物理上来讲，$\alpha\beta\geqslant 1$ 与 α，$\beta<0$ 使（参看式 (2.115)）

$$\frac{\lambda_{AA}\cdot\lambda_{BB}}{\lambda_{AB}^2}\geqslant 1.$$

它表明 A-A 作用和 B-B 作用中至少有一个作用比 A-B 作用要强，因此，在 A 位上或 B 位上的磁矩的取向彼此必然是反平行（反铁磁性），于是就有

$$M_A=0,\quad M_B=0.$$

因此，是反铁磁性自发磁化．

另外，在双曲线 $\alpha\beta=1$ 的上面可能存在铁磁性自发磁化区域．

(2) 在 $T=0\text{K}$ 时，如存在

$$M_A=\lambda M \qquad \text{（饱和情况）},$$

$$M_B<\mu M \qquad \text{（未饱和情况）},$$

其中，$M=NgJ\mu_B$，这是全部为某一种磁格子时的磁矩，这样得到能量

$$E=-\frac{\lambda_{AB}}{2}(\alpha\lambda^2M^2+\beta\mu^2M_B^2-2\lambda\mu MM_B).$$

由于 $\frac{\partial E}{\partial M_B}=0$ 表示能量有极值，因而得

$$\frac{\partial E}{\partial M_B}=-\beta M_B-\lambda M=0,$$

$$M_B=-\lambda M/\beta,$$

$$M_B<\mu M,$$

$$-\frac{\lambda}{\mu}<\beta.$$

由此得到一条直线 $\beta=-\lambda/\mu\left(=-\frac{2}{3}\right)$，在此直线之下是一种 M_A 饱和而 M_B 未饱

和的自发磁化状态．由于 M_B 未饱和，所以 M_s 对 T 的变化具有

$$\left(\frac{\mathrm{d}M_s}{\mathrm{d}T}\right)_{T=0\mathrm{K}}\neq 0.$$

在这种情况下，有

$$M_s=|M_A-M_B|=\lambda M\left(1+\frac{1}{\beta}\right).$$

当

$$\frac{\lambda}{\mu}\leqslant -\beta<+1$$

时，在某一温度 T 时（$T<T_c$）会有 $M_s=0$，即存在抵消点．这个区称为 V 型区．若 $\beta<-1$，不会出现抵消点，$M_s(T)$呈现 M 型的特点．这两种类型在 0K 曲线的斜率均不为零．

（3）如 $T=0\mathrm{K}$ 出现

$$M_B=\mu M\qquad（饱和情况），$$
$$M_A<\lambda M\qquad（未饱和情况）.$$

用同上方法得到

$$\alpha=-\frac{\mu}{\lambda}\left(=-\frac{3}{2}\right),$$

它是 α—β 平面上 $\alpha=-\frac{3}{2}$ 的分界线．在这条线的左边区域中 M_A 未饱和，M_B 饱和．自发磁化强度

$$\left(\frac{\mathrm{d}M_s}{\mathrm{d}T}\right)_{T=0\mathrm{K}}\neq 0$$

在这个区域内同样存在 M 型磁化强度与 T 相关的可能，不过 $M_s=|M_B-M_A|$.

实际上，当 $T=0\mathrm{K}$ 时，$\frac{\mathrm{d}M_s}{\mathrm{d}T}\neq 0$ 是违背热力学第三定律的，到目前为止，实验上也没有发现具有这一特性的自发磁化现象．

在 α—β 平面上，$\alpha>-\frac{\mu}{\lambda}$ 和 $\beta>-\frac{\lambda}{\mu}$ 的区域内自发磁化的类型仍有三种，它们在 $T=0\mathrm{K}$ 时均满足 $\frac{\mathrm{d}M_s}{\mathrm{d}T}=0$.

对于 P 型，$T=0\mathrm{K}$ 或在很低温度情况下，M_A 和 M_B 随 T 的变化可用式(2.127）表示，将此式代入 $M_s=|M_B-M_A|$，可以得到分界线 CK，它由方程

$$\lambda(\alpha-1)=\mu(\beta-1)$$

决定．在这条线的左边区域中，M_B 随温度上升、下降较慢，而 M_A 随温度上升、下降则比较快，所以在一段温度内，M_s 随温度上升而上升．在此斜线的右边区域中，当 $T\neq 0$ 时，$\frac{\mathrm{d}M_s}{\mathrm{d}T}<0$. M_A 和 M_B 随温度上升的变化速率差不多，因而出现

Q型自发磁化.

对于N型，由于在CK的右边还存在一条直线SD，实际上Q型只出现在$KCGD$所包围的区域中，在DGE区域中存在N型自发磁化.SD曲线是由方程

$$\lambda(\alpha+1)=\mu(\beta+1)$$

决定.在N型区中，由于0K时，$|M_A|<|M_B|$，而$T\neq 0$K时（温度较高），$|M_A|>|M_B|$，所以在低温的自发磁化M_s与M_B取向一致，在温度较高时与M_A取向一致.这样就出现抵消点温度T_d，在这一温度时，$|M_A|-|M_B|=0$.

奈尔从理论上得到了六种类型的自发磁化与温度的依赖关系.实验上观察到三种，说明奈尔理论具有相当的成功之处.实际上，P型和N型是在理论预言之后被观察到的.图2.49和图2.50给出了这两种类型$M_s(T)$的实验结果.

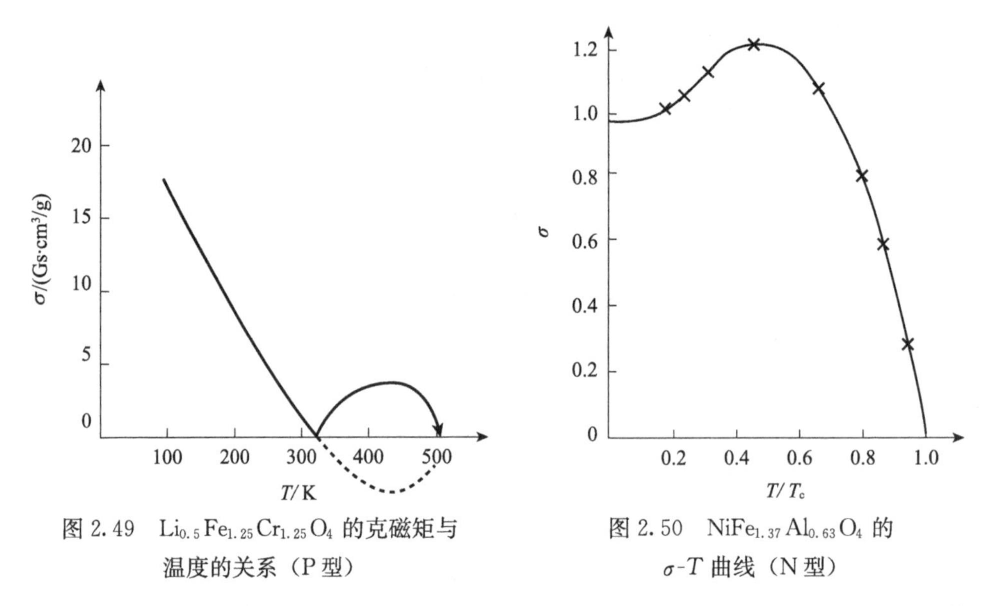

图2.49 $Li_{0.5}Fe_{1.25}Cr_{1.25}O_4$的克磁矩与温度的关系（P型）

图2.50 $NiFe_{1.37}Al_{0.63}O_4$的σ-T曲线（N型）

石榴石型铁氧体（分子式为$3M_2O_3\cdot 5Fe_2O_3$，其中M为稀土离子）也同样具有P，Q，N三种类型的$M_s(T)$曲线，图2.51绘出了部分实验结果.

总结上面在讨论如何得到图2.48的各种情况时，可以看到M_s-T曲线类型与λ/μ，α，β有密切关系.把这种关系和α，β，λ/μ的数值联系起来可以得到图2.52所示的结果.这里，$\lambda/\mu=1$，是指两种位置A和B上的磁离子数相同，得到L型曲线，它是N型的一个特殊情况，其抵消点$T_d=0$K.

另外，我们要看到奈尔理论是比较粗略的，不能得出严格的定量结果.例如，从高温顺磁性的测量可以得到材料的分子场系数λ_{AB}，α，β的大小，对于Fe_3O_4等一些材料，奈尔得到的α，β值比较分散（见表2.9）.

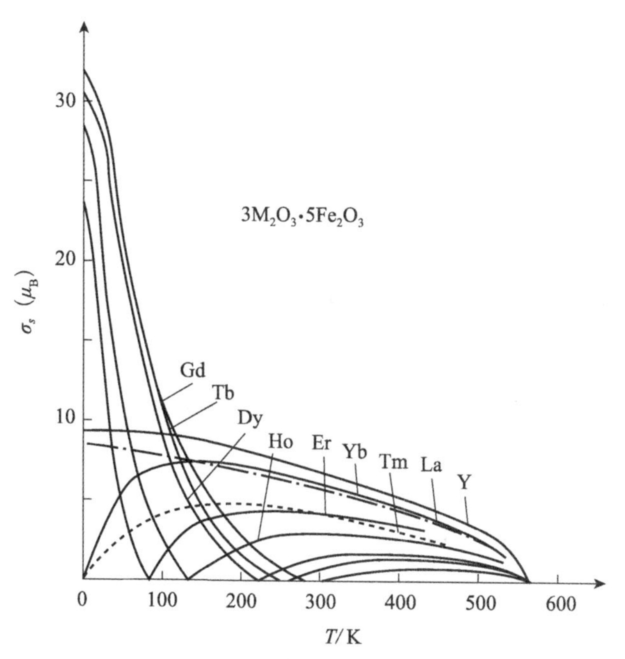

图 2.51　石榴石型铁氧体的 σ-T 曲线，n 为每个分子的有效玻尔磁子数

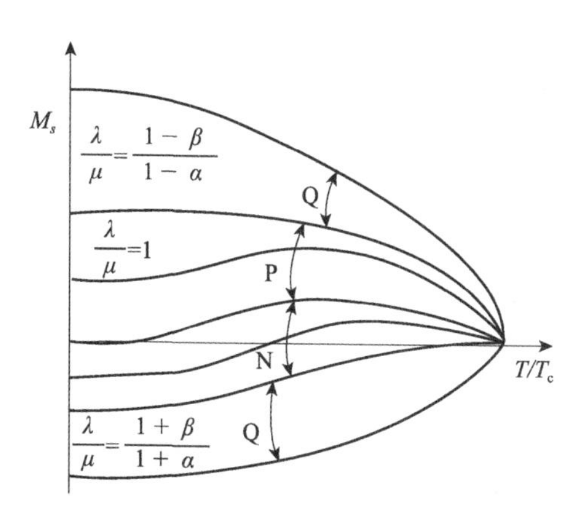

图 2.52　亚铁磁体的 M_s-T 曲线类型

表 2.9　几种材料的 α，β 实验值（见文献［37］p.91）

材料	α	β
Fe_3O_4	−0.51	0.01
$NiFe_2O_4$	−0.209	−0.148
$Ni_{0.8}Zn_{0.2}Fe_2O_4$	−0.475	0.161

2.5.3 三角形亚铁磁性磁结构

在奈尔理论中得到了 0K 处$\frac{dM_s}{dT}\neq 0$的情况，这显然是不正确的．为正确解决这个问题，基特耳（Kittel）和亚菲特[44]（Yafet）将 A 位和 B 位再分成几个次点阵，例如，A_1 和 A_2，B_1 和 B_2 四个次点阵．由于 A，B 点阵上都有两个次点阵，而这两组次点阵上的磁离子的磁矩可能具有成角的磁结构，称之为三角形磁结构．形式上可以用四个次点阵上的分子场理论来求出成角的条件以及可能的磁矩排列的形式，戈特尔（Gorter）[45]也曾用这种磁结构模型来解释含 Zn^{2+} 较多的铁氧体的磁矩变化特点，虽然结果与实际情况比较相符，但三角形磁结构缺乏真实基础（对 $Zn_{0.5}Ni_{0.5}Fe_2O_4$ 进行了中子衍射实验研究[46]，并未发现三角磁结构）．绝大多数铁氧体也不存在三角磁结构，只在 $CuCr_2O_4$ 中观察到三角磁结构[47]，磁矩 $0.7\mu_B$，$T_c\approx 135K$，B_1 和 B_2 的磁矩交角 $\varphi_B\simeq 15°$.

由于对大多数情况这种结构并不适用，这里不再讨论，有兴趣的可参考有关专著或文章[37,48].

2.6 磁结构的多样性

2.6.1 磁结构的几种类型

前几节所讨论的铁磁性和反铁磁性物质的原子磁矩在空间的取向，都具有长程有序的规律，通称之为磁有序（或磁序）．这种原子磁矩取向在空间的周期性可以用中子衍射技术显示出来，这种情况与 X 射线衍射技术对晶格结构所给出的结果一样，因而人们把这种磁有序叫做磁结构．铁磁性材料的磁结构有几种类型，除铁磁性和亚铁磁性磁结构外，在锰和稀土金属及其合金中，还存在以下几种磁结构，具体的图像可参考图 2.53. 在图上每一圆圈代表每一层原子，箭头的方向和长短表示该层磁矩的方向和大小．c 轴方向如图所示，在不同温度时，同一元素可具有不同的磁结构．对于某些稀土元素，具体情况是[49]：

钆（Gd）：铁磁性自发磁化，居里点 $T_c=289K$；289～245K，$\mu /\!/ c$ 轴；245～225K，由 $\mu /\!/ c$ 连续转变成 $\mu\perp c$；225～165K，$\mu\perp c$ 轴；165～0K，由 $\mu\perp c$ 连续变化到$\angle(\mu,c)=34°$.

铽（Tb）：$T_N=228\sim 221K$，为 $\mu\perp c$ 螺旋结构，低于 221K 时是铁磁性，$\mu /\!/ b$轴，$\mu(0K)=9.34\mu_B$.

镝（Dy）：$T_N=179\sim 85K$，为 $\mu\perp c$ 的螺旋磁结构；低于 85K 为铁磁性磁结构，$\mu /\!/ a$ 轴，$\mu(0K)=10\mu_B$.

钬（Ho）：$T_N=132\sim 20K$，为 $\mu\perp c$ 的螺旋磁结构；在 20K 以下为锥面结构，

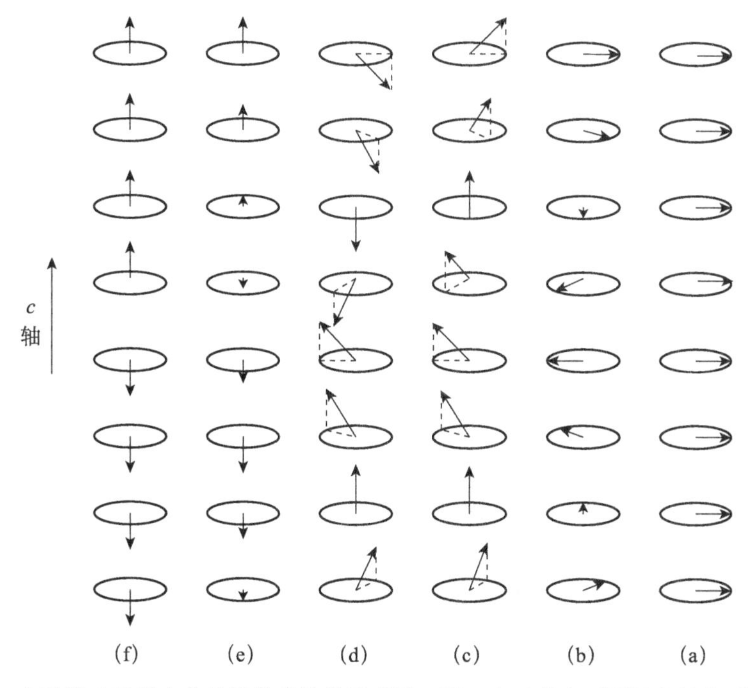

图 2.53　在重稀土元素中非共线的磁结构示意图，同一个元素在不同温度具有不同磁结构

(a) 铁磁性 Gd，Tb，Dy；(b) 简单螺磁性 Tb，Dy，Ho；(c) 铁磁螺磁性（锥面）Ho，Er；(d) 反相锥面（复杂螺磁性）Er；(e) 正弦形纵向自旋波模 Er，Tm；(f) 方波模（反相畴），Tm

磁矩在 c 轴方向分量的大小为 $1.7\mu_B$，在垂直 c 轴的平面上磁矩的旋转分量为 $10.2\mu_B$.

铒（Er）：$T_N=85\sim53$K，为平行于 c 轴的正弦形磁结构；$53\sim20$K，磁矩由平行于 c 轴变到垂直于 c 轴；在 20K 以下为锥面螺旋铁磁性，$\mu(/\!/ c)=8\mu_B$，$\mu(\perp c)=4\mu_B$.

铥（Tm）：在低于 56K，为平行于 c 轴的正弦波模磁结构；从 40K 逐渐变成方波模，而具有＋＋＋＋－－－的周期的铁磁性，每个原子 $\mu(0K)=7\mu_B$.

中子衍射发现 Au_2Mn[50] 中 Mn 原子磁矩的排列是螺旋形的．Mn 原子在晶格中形成体心的角，$c/a=2.6$，Mn 原子层与 c 轴垂直，同一层内的原子磁矩都在平面内的同一方向上，层与层之间的原子磁矩方向不同，彼此相差 51°，因此沿 c 轴方向上看，Mn 原子的磁矩是螺旋形排列的．图 2.54 示出 $MnAu_2$ 晶胞内 Mn 原子的位置及磁矩的方向，一个晶胞内共有三层 Mn 原子，每一层之间磁矩的方向相差 51°，因此晶胞上层与下层磁矩的方向相差 102°（即在垂直于 c 轴的平面内旋转了 102°）．

在弱磁场的作用下，Mn 原子的磁矩方向保持不变，因此表现出反铁磁性的行为．在强磁场的作用下，各层 Mn 原子的磁矩都转到外磁场的方向，所以表现出铁磁性[又称准铁磁性(quasi-ferro-magnetism)]的行为(见图 2.55).

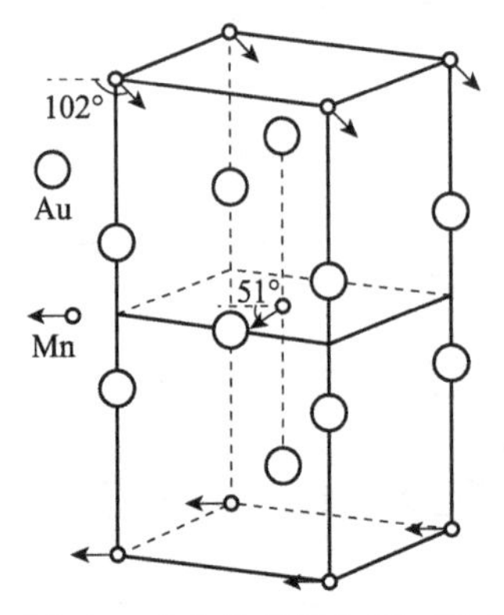

图 2.54 $MnAu_2$ 合金的晶胞中 Mn 和 Au 原子的分布,Mn 原子磁矩取向的旋转情况

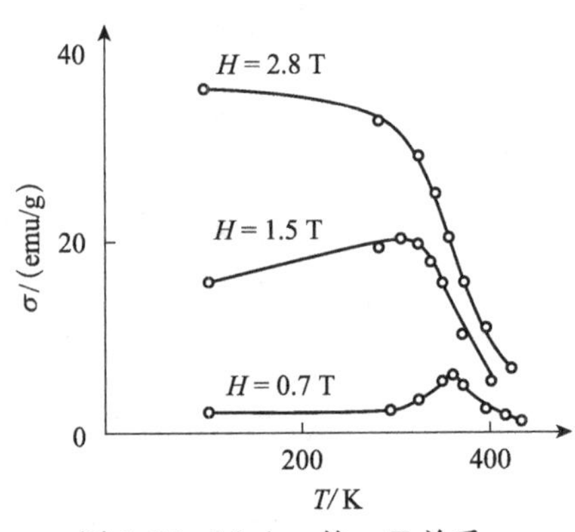

图 2.55 $MnAu_2$ 的 σ-T 关系

用分子场理论加上各向异性的影响也可以初步说明螺磁性的起因,但数学上较繁,这里就不再介绍,读者可参看有关著作[23].

2.6.2 非晶态稀土合金的非共线磁结构

非晶态合金中原子排列不具有平移对称性,这是其与晶态合金的根本区别.同时,任何非晶态合金的原子分布仍具有短程序,并有一定的涨落;但是,对于任一原子的最近邻原子数目和原子间距的统计平均值,与相应的晶态合金很近似.因此,非晶态合金显示出与晶态合金相似的性质.磁性也不例外,以 Fe 或 Co 为基的许多非晶态合金,具有相当优异的软磁性;非晶态稀土-Co,Fe 合金薄膜中,有的具有很高的矫顽力[51].

在非晶态稀土(用 R 表示)合金中,非 S 态稀土原子或离子所在位置上,存在较强的局域磁各向异性,它来自局域晶场效应和强的 $L\cdot S$ 耦合.由于这种局域磁各向异性很强($K\sim10^7\,J/m^3$),并具有单轴性和空间取向无规分布,因而对稀土原子磁矩的取向有很大的影响.据此,哈里斯(Harris)等[52]提出了无规各向异性模型和柯埃(Coey)等[53]提出了非共线磁结构,分别来解释非晶 $TbFe_2$ 和 $DyCo_{3,4}$ 薄膜的磁性.目前,人们一般认为,在非晶态稀土合金中,可能存在三种非共线磁结构[54],即散反铁磁性(speromagnetism),散铁磁性(asperomagnetism)和散亚铁磁性(sperimagnetism),具体如图 2.56 所示.

在非晶态稀土合金中,可能只有稀土原子具有磁矩(TbAg),对于非晶态 R-T(T 表示过渡金属 Fe,Co 等)合金,原子均具有磁矩(如 NdFe,DyCo 等).每一种磁性原子组成一个次磁网络(subnetwork),它相当于晶体中的次晶格.考虑到稀土原子磁矩的取向在空间具有锥体状分散分布,故常用 $2\psi_0$ 为锥体

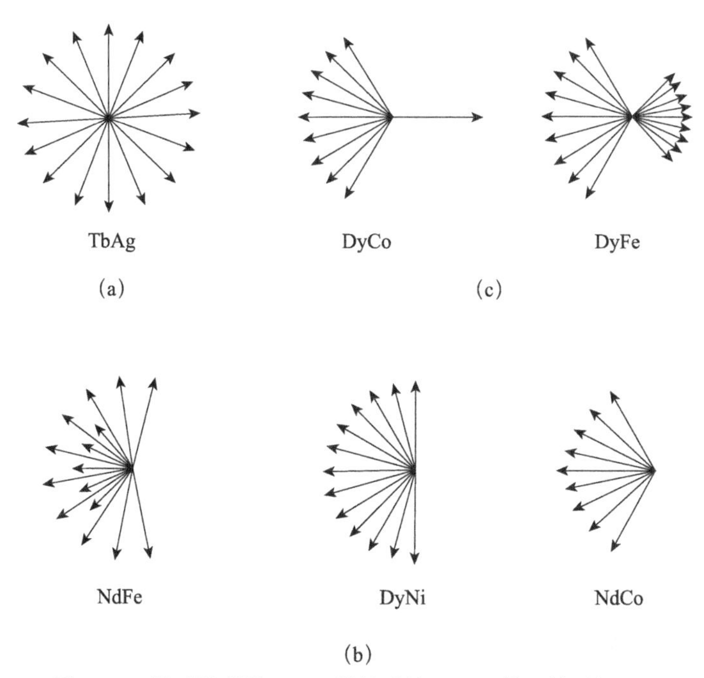

图 2.56　散反铁磁性（a），散铁磁性（b），散亚铁磁性（c）

的顶角表示其分散性大小．

图 2.56（a）示出了散反铁磁性结构，$2\psi_0=4\pi$，这表明各原子磁矩在整个空间是随机分布的，它和顺磁性有本质的不同．顺磁性物质中每个磁性原子，在热涨落的影响下，其磁矩在空间的取向是随机的，在足够长的时间内，一个原子磁矩可以经历 4π 立体角的各种可能取向．散反铁磁性是指整个非晶态合金中，各原子磁矩的取向是随机的，但不随时间变化，而是处在各自特定的方向上，并有微小的扰动．

图 2.56（b）示出了非晶态 R_1-T 合金中（R_1 表示轻稀土元素）两种次磁网络的散铁磁结构，以及 $DyNi_3$ 的情况．不少人都将 Nd-Co 和 Nd-Fe 合金的磁结构归结为散亚铁磁性类．但是，根据铁磁学原理，我们认为这类磁结构归结在散铁磁性较为合适．这是因为：

（1）在 R_1-T 非晶态合金中（R_1 表示轻稀土元素），Co-Co 和 Fe-Fe 之间交换作用很强（$A_{Co\text{-}Co}\sim2\times10^{-21}$J，$A_{Fe\text{-}Fe}\sim1\times10^{-21}$J）．由于 Co 和 Fe 原子中 d 电子具有准自由的性质，而使 $L\cdot S$ 耦合较弱，所以，局域晶场各向异性对 Co 和 Fe 原子磁矩的取向影响不大．因此，在合金中，Co 和 Fe 原子磁矩取向是共线的.

（2）根据晶态 R_1-T 合金的结果，$A_{Nd\text{-}Co}$ 和 $A_{Nd\text{-}Fe}$ 均为正值．非晶态 R_1-T 合金仍具有此特性，$A_{Nd\text{-}Co}$ 和 $A_{Nd\text{-}Fe}$ 分别为 1×10^{-22}J 和 8×10^{-23}J. 虽然 $A_{Nd\text{-}Nd}$ 可正可

负，但其大小～2×10^{-23}J. 这样，在无局域磁各向异性作用下，Nd 原子磁矩的取向应该与 Co 或 Fe 的磁矩取向一致.

(3) 实际上，Nd 原子具有较强的 $L\cdot S$ 耦合. 在局域晶场作用下，如不考虑交换作用，则该原子磁矩的取向是无规分布的. 在考虑到交换作用和局域磁各向异性的共同作用后，Nd-Co 非晶合金中，Co 成分较多时，Nd 原子磁矩的取向将分布在 $\varphi_0<\frac{\pi}{2}$ 立体角的锥体中；在非晶态 Nd-Fe 合金中，Fe 原子磁矩可能有不大的分散，Nd 原子磁矩的最大分散角 $\varphi_0\approx\frac{\pi}{2}$[55].

从实验中可以得到，在非晶态 R_1-T 合金中，自发磁化强度随温度的变化不存在抵消现象. 这是因为 R_1 和 T 原子的次磁网络的净磁矩是相互叠加的.

从以上讨论中可以概括地说，非晶态 Nd-T 合金原子磁矩尽管呈非共线结构，但 Nd-T 原子交换作用为正，以及次磁网络的净自发磁化强度随温度变化不存在抵消现象. 这与晶态铁磁性特征相对应，所以我们将 Nd-T 非晶态合金的磁结构归为散铁磁性类.

对于非晶态 R_w-T 合金（R_w 表示重稀土元素），$A_{R_w\text{-}T}<0$，由于局域磁各向异性的作用，R_w 原子磁矩的取向有一定分散性. 上面相似的讨论，以及实验上观测到自发磁化强度随温度变化关系中存在抵消现象，这些与晶态亚铁磁性相对应. 因此，非晶态 R_w-T 合金的磁结构归为散亚铁磁性（见图 2.56（c））.

非晶态稀土合金中，存在上述三种非共线磁结构的看法是根据大量磁性测量、电性测量、穆斯堡尔谱等结果分析出来的，到目前为止还未能用中子散射等技术给予直接证明. 有关这些磁结构的细节和更为广泛的结果，是人们十分感兴趣的课题之一[54-56].

习题

1. 外斯根据铁磁性物质的哪些基本实验现象提出两个什么假设？

2. 试述饱和磁化强度 $M_s(T)$ 与自发磁化强度 $M_0(T)$ 的异同？如何从实验上测定 $M_s(T)$ 和 $M_0(T)$？

3. 不用作图法，而用其他方法求式（2.10）和式（2.11）的解，即求出 $M(T)/M(0)$ 的值随 T/T_c 值的变化曲线上的各点坐标后，将曲线的图形画出来. 设 $J=3/2$.

4. 当 $J=S=\frac{1}{2}$ 时，试证明 $M(T)/M(0)=\tanh x$，其中 $x=\mu_B H/kT$.

5. “分子场”的本质是什么？为什么引进了“分子场”就使得铁磁体内出现了自发磁化？

6. 试证明式（2.23）.

7. 如何根据实验来确定某种材料是铁磁性的、亚铁磁性的、反铁磁性的，或者是顺磁性的?

8. 计算下列各种铁氧体的分子饱和磁矩

$$Fe_3O_4，CoFe_2O_4，Mn_{0.5}Zn_{0.5}Fe_2O_4.$$

9. 根据热力学关系，试证明 $M(T)$ 曲线在 $T=0\mathrm{K}$ 处的 $\frac{\mathrm{d}M}{\mathrm{d}T}\neq 0$ 是违反热力学第三定律的．

参考文献

[1] Bitter F. Phys，Rev.，1931，38：1903；1932，41：507
[2] Акудов Н С. Ann. de Phys.，1932，15：750
[3] Бедов К П．Мэгннтиые Превращения. 莫斯科：国家物理数字文献出版局，1959
[4] Braun M. Z. Angew Phys.，1968，25：365
[5] Legvold S. Ferrotnagnetic Materials. Wohlfarth E P. Part 1，Ch. 3，1980
[6] Kierspe W，et al. Z. Angew Phys.，1967，24：28
[7] Zumsteg F C，et al. Phys. Rev，Lett.，1970，25：1204
[8] Potter H H. Proc. Roy. Soc.，1934，A146：362
[9] Mathon J，et al. J. Phys.，1969，C2：1627
[10] Noakes J E，et al. AIP Conf. Proc.，1973，10：899
[11] Rocker W，et al. J. Physique，1971，32，C1：652
[12] Wohlfarth E P. Ferromagnetic Materials. Wohlfarth E P. Part 1，Ch. 1，1980
[13] Bickford Jr L R，et al. Proc. Insi. El. Eng. London，1957，104B，Suppl (5)：238
[14] Clark A E. See [12] Ch. 7
[15] Bickford Jr L R，et al. Phys. Rev.，1955，99：1211
[16] Дорфман Я Г. Магнитые Свойстваи Строение Вещества. 莫斯科国家技术理论文献出版社，1955：243
[17] Berko S，et al. Phys，Rev.，1952，86：598；1953，91：1127
[18] Bozorth R M. Ferromagnetism. Ch. 14. Fig. 14-10. 1951
[19] Ried P C. Phys，Rev.，1973，B8：5243；1977，B15：5197
[20] Edwards D M. J. Phys.，1976，F6：L185
[21] Vonsovskii S V. Magnetism. 1973，Vol Ⅱ：524
[22] Callen E，et al. J. Appl. Phys.，1965，36：1140

[23] Smart J S. Effective Field Theory of Magnetism. Philadephia & London: W. B. Saunders Company, 1966
[24] Oguchi T. Prog. Theor. Phys. Kyoto, 1955, 13: 148
[25] Gammel J, et al. Proc. Roy Soc., 1963, A275: 257
[26] Domb C, et al. Phys Rev., 1962, 128: 168
[27] Néel L. Ann de Phys. PARIS, 1932, 17: 5; J. Phys. Redium, 1932, 3: 160
[28] Bizettc H, Squite C F, Tsai B. Compt. Rend., 1938, 207: 449
[29] Shull C G, et al. Phys. Rev., 1951, 83: 333
[30] Curry R G, et al. Phys. Rev., 1960, 117: 971
[31] Lidiard A B. Reps. Prog. Phys., 1962, 25: 441
[32] Bizette H, et al. Compt. Rend., 1954, 238: 1575
[33] STout J W, et al. J. Am. Chem. Soc., 1942, 64: 1535; Milar R W. ibid, 1928, 50: 1875
[34] Foëx M. Compt. Rend., 1948, 227: 193
[35] Goodenough J B. Magnetism and the Chemical Bond. London, New York: J. Wiley & Sons, 1963
[36] Graih D J. Magnetic Oxide. Ch 1. New York: J. Wiley & Sons, 1975
[37] 李荫远，李国栋．铁氧体物理．北京：科学出版社，1978
[38] 周志刚．铁氧体磁性材料．北京：科学出版社，1981
[39] H. A. Смодькови Даіі Дао-wенферригн. 全苏联第三届铁氧体物理和物理化学性质讨论会文集，明斯克（MHHCK），1960：466
[40] Nicolas J. Ferromagnetic Materials. Wohlfarth E P. Part 2. 1980: 283
[41] Neel L. Ann. de Phys. Paris, 1948, 3: 137
[42] Lotgering F K. Solid State Comm., 1964, 2: 55
[43] Fallot M, et al. J. Phys. Rad., 1951, 12: 256
[44] Yafet Y, Kittel C. Phys, Rev., 1952, 87: 290
[45] Gorter E W. Philips Res. Rept., 1954, 9: 295, 403
[46] Wilson V C, et al. Phys. Rev., 1954, 95: 1408
[47] Prince E. Acta Cryse., 1957, 10: 554
[48] Lotgering F K. Philips Res. Rept., 1950, 11: 190, 337
[49] Kybo R, Nagamiys T. Solid State Physics, 1960, 595
[50] Herpin A. Compt. Rend., 1958, 246: 3170; 1959, 249: 1334
[51] 戴道生，等．非晶态物理．北京：电子工业出版社，1989
[52] Harris R, et al. Phys. Rev. Lett., 1973, 31: 160

[53] Coey J M D，et al. Phys Rev. Lett.，1976，36：1061
[54] Chappert J. Magnetism of Metals and Alloys. Ch. 7. Amsterdam，New York：North-Holland Pub. Camp.，1982：507
[55] Taylo R C，et al. J. Appl. Phys.，1978，49：2886
[56] Dai D S，et al. J. Appl. Phys.，1985，57：3589

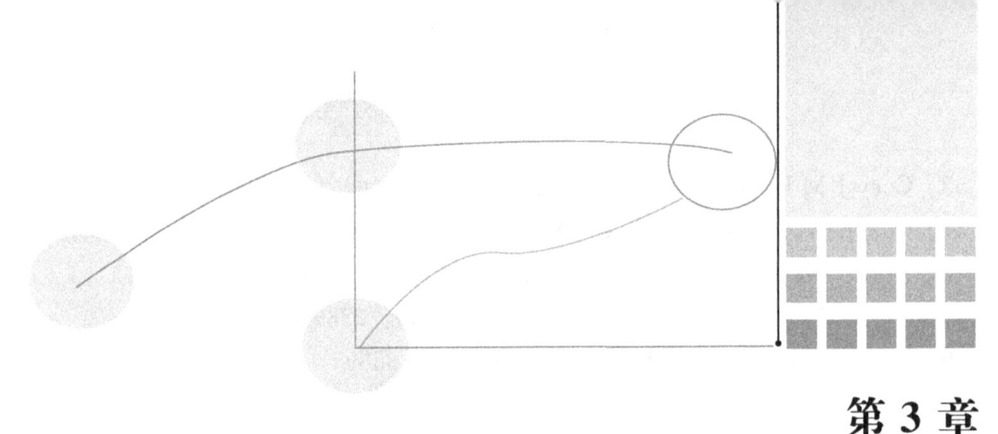

第3章 自发磁化的交换作用理论

“分子场”理论在说明铁磁体和反铁磁体的自发磁化原因及其与温度的关系、在给出高温顺磁性规律方面是成功的，但并未触及“分子场”的本质．自从量子力学建立后，人们用它讨论了自发磁化的起因，认识到分子场的本质是原子中电子及相邻原子之间电子的静电交换作用．它与经典的库仑静电作用不同，纯属量子效应，即由电子的全同性和泡利原理显现的特性．

原子磁矩排列的有序性（简称磁有序）不单在铁磁物质中存在，而且在反铁磁物质中也存在．就铁磁物质来说，其磁有序的状态也是多种多样的（参见 2.6 节）．因此，量子理论在说明自发磁化（自发形成各种磁有序状态）时，提出了不同的交换作用模型．

交换作用模型最早由弗兰克尔[1]和海森伯[2]于 1928 年独立提出．海森伯对铁磁性自发磁化做了较详细的研究，因此，通称海森伯交换模型，由它得到的定性结果可以说明铁磁性存在自发磁化的基本原因；此外，还讨论了自发磁化与温度的关系，得到了与经典理论相同的结果．

20 世纪 30 年代在一些氧化物中发现了反铁磁性自发磁化情况，克拉默斯（Kramers，1934）给出间接交换模型来说明出现反铁磁性磁有序状态的本质；1950 年安德森（P. W. Anderson）较详细地讨论了反铁磁性的问题，因此，间接交换模型又称为安德森交换模型．

50 年代茹德曼（Ruderman）和基特尔等在说明 Ag 核磁共振线宽增宽的现象时，提出了以导电电子（s 电子）为媒介，在核自旋间发生交换作用的模型．后来不少人用此模型对稀土金属及其合金的磁性进行了研究，成功地说明了稀土金属中的磁结构的多样性，现在这一交换作用模型简称为 RKKY（Ruderman，Kittel，Kasuya 和 Yosid）作用．

众所周知，金属磁性材料中磁性原子磁矩不是整数，例如，铁是 2.21μ_B；钴是 1.70μ_B；镍是 0.606μ_B．这与自由原子磁矩的大小相差甚大．冯索夫斯基（Вонсовский）和曾纳（Zener）分别提出 s 电子和 d 电子之间存在交换作用（简称为 s-d 交换模型）来说明原子磁矩的非整数性，但是这一模型会导致过渡族金属具有反铁磁性的结果．虽然 s-d 交换作用成功地解释了侯失勒合金的磁性，但我们不打算在本章中进行讨论．

总的说来，所有量子力学理论在说明磁有序问题时都以交换作用为基础，指出它是出现铁磁性、反铁磁性和螺磁性的根本原因．因此，在本章中，我们将介绍各种交换作用模型的物理图像，并适当地给出数学的计算过程．希望能对分子场的本质，即交换作用，有一个基本了解，并能对产生各种磁有序的交换作用模型的物理图像和基本理论有一个明确的概念．

3.1　交换作用的物理图像

海特勒-伦敦[3]用量子力学讨论氢分子结合能时，导出了交换作用能量项，这一作用纯属量子效应．海森伯利用了这一作用来作为建立铁磁性量子理论的出发点，给出了海森伯交换模型．为了能比较系统地了解理论的基本精神和物理图像，在本节中首先介绍氢分子交换作用模型，然后给出推广到多电子体系的交换作用的结果．

3.1.1　氢分子交换模型[4]

考虑一个氢分子体系，由 a，b 两个氢原子组成，如图 3.1 所示．a 和 b 表示两个氢原子的核，如它们的距离 R 很大，则可以近似地认为是两个孤立的无相互作用的原子，体系的能量为 $2E_0$. 如果两个氢原子距离有限，使原子之间存在一定相互作用，这时体系的能量就要发生变化．

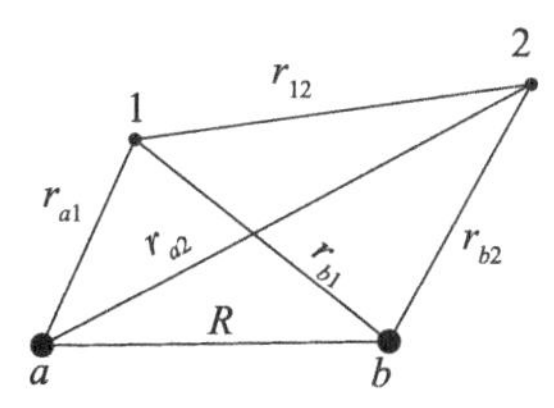

图 3.1　氢分子中原子核和电子距离的标示

由于氢分子中含有两个原子核和两个电子，这是双中心多体问题，要想得到量子力学的严格解是很困难的，近似求解有海特勒-伦敦法和分子轨道函数法等[5]. 由于我们的目的是了解铁磁性量子理论基础的主要思想和物理图像，所以这里只简单地介绍前一种方法的结果．

当组成氢分子后，此体系中要增加核之间的相互作用项 e^2/R，电子互作用 e^2/r，以及电子和另一个核之间的交叉作用项（$-e^2/r_{a2}$）和（$-e^2/r_{b1}$）．这样，双核和双电子组成的氢分子体系哈密顿量可以写成下述形式：

$$\hat{\mathscr{H}}=-\frac{\hbar^2}{2m}(\nabla_1^2+\nabla_2^2)-\frac{e^2}{r_{a1}}-\frac{e^2}{r_{b2}}+\frac{e^2}{r}+\frac{e^2}{R}-\frac{e^2}{r_{a2}}-\frac{e^2}{r_{b1}}, \tag{3.1}$$

其中，前四项是两个孤立氢原子的电子动能和势能，后面的四项是相互作用能．这一体系的波函数无法直接得到，仍用单电子波函数的线性组合，有如下两种组合形式：

$$\left.\begin{aligned}\varphi_1&=\psi_a(1)\psi_b(2),\\ \varphi_2&=\psi_a(2)\psi_b(1).\end{aligned}\right\} \tag{3.2}$$

考虑到只求基态的本征值，将其波函数写为

$$\psi=c_1\varphi_1+c_2\varphi_2. \tag{3.3}$$

通过求解薛定谔方程

$$\hat{\mathscr{H}}\psi=E\psi, \tag{3.4}$$

可得到氢分子的基态的本征值和本征函数．这里要指出的是，波函数 φ_1 和 φ_2 是归一的，但并不一定正交．用 φ_1^* 和 φ_2^* 分别乘式（3.4）的两边，并对整个空间积分，得到

$$\left.\begin{aligned}c_1H_{11}+c_2H_{12}&=c_1E+c_2ES^2,\\ c_1H_{21}+c_2H_{22}&=c_1ES^2+c_2E,\end{aligned}\right\} \tag{3.5}$$

其中

$$\begin{aligned}\mathscr{H}_{11}&=\int\varphi_1^*\hat{\mathscr{H}}\varphi_1\,\mathrm{d}\tau_1\mathrm{d}\tau_2\\ &=\int\psi_a^*(1)\psi_b^*(2)\Big[-\frac{\hbar^2}{2m}(\nabla_1^2+\nabla_2^2)-\frac{e^2}{r_{a1}}\\ &\quad-\frac{e^2}{r_{b2}}+\frac{e^2}{R}+\frac{e^2}{r}-\frac{e^2}{r_{a2}}-\frac{e^2}{r_{b1}}\Big]\psi_a(1)\psi_b(2)\,\mathrm{d}\tau_1\mathrm{d}\tau_2\\ &=2E_0+\frac{e^2}{R}+K,\end{aligned} \tag{3.6a}$$

$$\mathscr{H}_{22}=2E_0+\frac{e^2}{R}+K, \tag{3.6b}$$

$$\begin{aligned}\mathscr{H}_{12}&=\int\varphi_1^*\hat{\mathscr{H}}\,\varphi_2\,\mathrm{d}\tau_1\mathrm{d}\tau_2\\ &=\int\psi_a^*(1)\psi_b^*(2)\Big[-\frac{\hbar^2}{2m}(\nabla_1^2+\nabla_2^2)\\ &\quad-\frac{e^2}{r_{a1}}-\frac{e^2}{r_{b2}}+\frac{e^2}{R}+\frac{e^2}{r}-\frac{e^2}{r_{a2}}-\frac{e^2}{r_{b1}}\Big]\psi_a(2)\psi_b(1)\,\mathrm{d}\tau_1\mathrm{d}\tau_2\\ &=\left(2E_0+\frac{e^2}{R}\right)S^2+A,\end{aligned} \tag{3.7a}$$

$$\mathscr{H}_{21}=\left(2E_0+\frac{e^2}{R}\right)S^2+A, \tag{3.7b}$$

其中

$$K=\int\psi_a^*(1)\psi_b^*(2)\left[\frac{e^2}{r}-\frac{e^2}{r_{a2}}-\frac{e^2}{r_{b1}}\right]\psi_a(1)\psi_b(2)\mathrm{d}\tau_1\mathrm{d}\tau_2,\tag{3.8}$$

$$A=\int\psi_a^*(1)\psi_b^*(2)\left[\frac{e^2}{r}-\frac{e^2}{r_{a2}}-\frac{e^2}{r_{b1}}\right]\psi_a(2)\psi_b(1)\mathrm{d}\tau_1\mathrm{d}\tau_2,\tag{3.9}$$

$$S^2=\int\psi_a^*(1)\psi_b^*(2)\psi_a(2)\psi_b(1)\mathrm{d}\tau_1\mathrm{d}\tau_2.\tag{3.10}$$

式（3.5）是决定系数 c_1 和 c_2 的联立方程，可以写成

$$\left.\begin{aligned}&c_1\left[E-\left(2E_0+\frac{e^2}{R}+K\right)\right]+c_2\left\{\left[E-\left(2E_0+\frac{e^2}{R}\right)\right]S^2-A\right\}=0,\\&c_1\left\{\left[E-\left(2E_0+\frac{e^2}{R}\right)\right]S^2-A\right\}+c_2\left[E-\left(2E_0+\frac{e^2}{R}+K\right)\right]=0.\end{aligned}\right\}\tag{3.11}$$

由于 $|c_1|^2$ 给出电子1在原子 a 周围和电子2在原子 b 周围的几率，$|c_2|^2$ 给出电子的相反分布的几率，所以在齐次方程（3.11）中不同时为零．这样，求出本征值为

$$E=2E_0+\frac{e^2}{R}+\frac{K\pm A}{1\pm S^2},\tag{3.12}$$

相应的系数为

$$c_1=\pm c_2,\tag{3.13}$$

或是 $|c_1|^2=|c_2|^2$，这表明，平均说来，每一个电子在核 a 或 b 周围的时间是相同的．将所得的式（3.13）代入到式（3.3），得出如下的对称和反对称波函数及其相应的本征值（令 $|c_1|=|c_2|=c$）：

$$\left.\begin{aligned}&\psi_{\mathrm{s}}=c[\psi_a(1)\psi_b(2)+\psi_a(2)\psi_b(1)],\\&E_{\mathrm{s}}=2E_0+\frac{e^2}{R}+\frac{K+A}{1+S^2},\text{(对称，单态)}\\&\psi_{\mathrm{A}}=c[\psi_a(1)\psi_b(2)-\psi_a(2)\psi_b(1)],\\&E_{\mathrm{A}}=2E_0+\frac{e^2}{R}+\frac{K-A}{1-S^2}\ \text{(反对称，三重态)}.\end{aligned}\right\}\tag{3.14}$$

下面就 K，A 和 S^2 的特性作一些说明．由于 K 和 A 的计算比较复杂，具体计算请参看有关量子力学书籍[6]．

式（3.8）的积分 K 的物理意义比较明显，与经典有对应．因 $-e|\psi_a(1)|^2$ 是 a 原子的电子云密度 ρ_{a_1}，$-e|\psi_b(2)|^2$ 是 b 原子的电子云密度 ρ_{b_2}，所以积分 K 的第一项是这两团电子云相互排斥的库仑势能（>0）．第三项

$$\iint\rho_{a1}\cdot e|\psi_b(2)|^2\frac{1}{r_{b1}}\mathrm{d}\tau_1\mathrm{d}\tau_2=\int e|\psi_b(2)|^2\mathrm{d}\tau_2\int\frac{\rho_{a1}}{r_{b1}}\mathrm{d}\tau_1=e\int\frac{\rho_{a_1}}{r_{b1}}\mathrm{d}\tau_1,$$

这显然表示原子核 b（电荷为 e）对 a 原子电子云的吸引作用的库仑势能，因为

r_{b1}是核 b 到 a 中电子云的距离．同样，K 的第二项表示原子核 a 对 b 原子电子云的吸引作用的库仑势能．这些都在零级近似计算中略去，在一级近似中不为零.

积分 A 的物理意义较复杂一些，没有经典对应，完全是量子力学的效应，来源于全同粒子系的特性，即来源于电子 1 和 2 的交换．可以把 $-e\psi_a^*\psi_b$ 看作一种交换电子云密度 ρ_{ab}. 这种交换电子云只出现在电子云 a 和电子云 b 相重叠的地方，因为只有在相重叠的地方，ψ_a 和 ψ_b 才都不为零．因此，积分 A 的第一项是两团交换电子云的相互排斥作用势能．积分的第二项

$$\int \frac{\rho_{ab}(1)}{r_{a2}} \mathrm{d}\tau_1 \int e\psi_a(2)\psi_b^*(2)\mathrm{d}\tau_2 = S^* \int \frac{\rho_{ab}(1)}{r_{a2}} e\mathrm{d}\tau_1,$$

$$S^* = \int \psi_a(2)\psi_b^*(2)\mathrm{d}\tau,$$

表示核 a 对交换电子云的作用能乘上重叠积分 S^*．第三项与之类似，表示核 b 对交换电子云的作用能乘上重叠积分 S^*.

式 (3.14) 中两种状态的能量的差与 A 有关．A 是电子之间、电子和原子核之间静电作用的一种形式，通常称为交换能，或称 A 为交换积分，它是由于电子云交叠而引起的附加能量．

3.1.2 基态能量和电子自旋取向的关系

氢分子中两个电子的自旋相互取向有四种可能方式，如用 σ_1 和 σ_2 表示电子 1 和 2 的自旋，则其自旋波函数 $\psi(\sigma_1, \sigma_2)$ 有以下四种形式：

$$\psi_1(\sigma_1, \sigma_2) = \psi_{\frac{1}{2}}(\sigma_1)\psi_{-\frac{1}{2}}(\sigma_2) - \psi_{\frac{1}{2}}(\sigma_2)\psi_{-\frac{1}{2}}(\sigma_1),$$

$$\psi_2(\sigma_1, \sigma_2) = \psi_{\frac{1}{2}}(\sigma_1)\psi_{-\frac{1}{2}}(\sigma_2) + \psi_{\frac{1}{2}}(\sigma_2)\psi_{-\frac{1}{2}}(\sigma_1),$$

$$\psi_3(\sigma_1, \sigma_2) = \psi_{\frac{1}{2}}(\sigma_1)\psi_{\frac{1}{2}}(\sigma_2),$$

$$\psi_4(\sigma_1, \sigma_2) = \psi_{-\frac{1}{2}}(\sigma_1)\psi_{-\frac{1}{2}}(\sigma_2).$$

由于电子是费米子 (Fermion)，轨道波函数和自旋波函数组合成的体系的波函数必须取反对称的形式，所以只有如下四组反对称波函数：

$$\Phi_1 = c[\psi_a(1)\psi_b(2) + \psi_a(2)\psi_b(1)][\psi_{\frac{1}{2}}(\sigma_1)\psi_{-\frac{1}{2}}(\sigma_2) - \psi_{-\frac{1}{2}}(\sigma_1)\psi_{\frac{1}{2}}(\sigma_2)],$$

相应的本征值 $E_g = E_s$，自旋取向是彼此相反的，总自旋量子数 $\sigma=0$，即 (↑↓)．

$$\Phi_2 = c[\psi_a(1)\psi_b(2) - \psi_a(2)\psi_b(1)][\psi_{\frac{1}{2}}(\sigma_1)\psi_{-\frac{1}{2}}(\sigma_2) + \psi_{-\frac{1}{2}}(\sigma_1)\psi_{\frac{1}{2}}(\sigma_2)].$$

相应 $\sigma=0$，不过自旋的取向正好与上面的情况相反，即 (↓↑)．

$$\Phi_3 = c[\psi_a(1)\psi_b(2) - \psi_a(2)\psi_b(1)]\psi_{\frac{1}{2}}(\sigma_1)\psi_{\frac{1}{2}}(\sigma_2),$$

$$\sigma = 1,$$

$$\Phi_4 = c[\psi_a(1)\psi_b(2) - \psi_a(2)\psi_b(1)]\psi_{-\frac{1}{2}}(\sigma_1)\psi_{-\frac{1}{2}}(\sigma_2),$$
$$\sigma = -1.$$

后三种状态的本征值为 E_A，这是三重简并态．由于氢分子中电子的交换作用能 $A<0$，因此 $E_s<E_A$. 这样就得到氢分子的两个电子自旋取反平行排列使体系能量较低，体系总自旋为零，所以氢分子的基态是抗磁性的．

如果在某些原子组成的体系中，电子之间的交换作用能 $A>0$，则有可能出现自旋相互平行取向的基态，这就有出现自发磁化的可能．下面将能量的高低与自旋取向联系起来，写成一个统一的式子，以便进一步分析出现自发磁化的可能条件．

氢分子中两个电子自旋算符为 $\hat{\boldsymbol{\sigma}}_1$ 和 $\hat{\boldsymbol{\sigma}}_2$，如以 $\hbar$ 为单位，其取值为 1/2. 考虑到每个电子自旋空间量子化方向只能有两个，通常习惯地用正、负表示．由于两个电子耦合后的总自旋算符

$$\hat{\boldsymbol{\sigma}} = \hat{\boldsymbol{\sigma}}_1 + \hat{\boldsymbol{\sigma}}_2, \quad \sigma^2 = \sigma(\sigma+1)$$

本征值有两个：0 和 1，取决于自旋相互反平行或平行耦合．这样就可以估算出 $\hat{\boldsymbol{\sigma}}_1 \cdot \hat{\boldsymbol{\sigma}}_2$（算符标积）的本征值

$$2|\hat{\boldsymbol{\sigma}}_1 \cdot \hat{\boldsymbol{\sigma}}_2| = \sigma(\sigma+1) - \sigma_1^2 - \sigma_2^2$$
$$= \sigma(\sigma+1) - \frac{3}{2} = \begin{cases} -\dfrac{3}{2}, & \sigma=0, \\[2ex] \dfrac{1}{2}, & \sigma=1. \end{cases}$$

如果将式（3.12）中相互作用能* 写成算符 $\hat{\mathscr{H}}_1$ 的形式，并当 $\sigma=0$ 时使 $\hat{\mathscr{H}}_1$ 的本征值为 $K+A$，$\sigma=1$ 时为 $K-A$，这样就得到 $\hat{\mathscr{H}}_1 - K + \frac{1}{2}A + 2A\hat{\boldsymbol{\sigma}}_1 \cdot \hat{\boldsymbol{\sigma}}_2$ 永远具有等于零的本征值．所以我们得到等式

$$\hat{\mathscr{H}}_1 = K - \frac{1}{2}A - 2A\hat{\boldsymbol{\sigma}}_1 \cdot \hat{\boldsymbol{\sigma}}_2.$$

它表示与自旋耦合方向有关的相互作用能量算符．由于前两项是常数，故可令

$$\hat{\mathscr{H}}_{ex} = -2A\hat{\boldsymbol{\sigma}}_1 \cdot \hat{\boldsymbol{\sigma}}_2, \tag{3.15}$$

这与交换常数 A 存在密切关系．A 的正、负和自旋的取向对氢分子体系的能量影响比较大．从氢分子基态的计算中可知，$A<0$，因此，要求 $\hat{\mathscr{H}}_{ex}$ 的本征值 $E_{ex}<0$. 这样，体系中自旋必须取反平行耦合．如果 $A>0$，又因只有在 $E_{ex}<0$ 的条件下体系才能稳定，这样自旋必须平行耦合．由此看到，$A>0$ 有可能使体系的自

---

* 考虑到 $\frac{e^2}{R}$ 基本不变，因而未计入．

旋具有平行取向的可能，即可能给出铁磁性的自发磁化．这样一来，式（3.15）就是一个很重要的结果．人们通称之为交换作用算符，或交换作用项，其本征值 E_{ex} 为交换作用能．如果将自旋算符看作经典矢量，这些矢量平方的大小分别等于相应算符的本征值，这样 E_{ex} 可以表示为

$$E_{ex}=-2A\boldsymbol{\sigma}_1\cdot\boldsymbol{\sigma}_2,\tag{3.16}$$

在形式上，这与两个电子磁矩 $\boldsymbol{\mu}_1$ 和 $\boldsymbol{\mu}_2$ 的偶极相互作用相似，磁偶极矩相互作用能为 $\alpha\boldsymbol{\mu}_1\cdot\boldsymbol{\mu}_2-\beta(\boldsymbol{\mu}_1\boldsymbol{r})(\boldsymbol{\mu}_2\boldsymbol{r})$，但系数 α 要比 A 小 1000 倍左右．

总之，用式（3.15）或式（3.16）表示的交换作用能项，纯与量子力学中泡利原理和电子全同性有关，而无任何与经典可对比之处．由于交换能，即由静电相互作用所引起的那部分系统能量，体系附加了对总磁化强度的依赖关系，即可能呈现不同的磁有序状态．这就是氢分子交换作用能给人们的启示，这正是弗兰克尔和海森伯建议要从这种依赖关系中去寻找铁磁性现象的原因．

3.2 海森伯交换模型

1928 年，海森伯成功地用量子力学理论讨论了自发磁化起源问题，他做了下述两方面的工作[7]：

（1）把氢分子交换作用模型直接推广到多原子情况，这里是很大数量的 N 个原子体系，并指出交换积分 $A>0$ 是产生自发磁化的必要条件．

（2）利用交换作用模型得到了 N 个原子体系交换能 E_{ex}，计算了铁磁物质自发磁化强度与温度的关系．这种关系只是在高温顺磁性情况下才正确，实际上所得的结果与分子场理论结果一样，未能多给出任何新的特点．

海森伯的工作比较繁，我们不直接引述，而采用狄拉克（Dirac）矢量模型法来讨论第一个问题．

3.2.1 氢分子交换模型的推广

从式（3.15）出发，如果是两个多电子原子组成的分子，则每个原子的自旋 $\hat{\boldsymbol{S}}_1=\sum_{r_1=1}^{Z}\hat{\boldsymbol{\sigma}}_{r1},\hat{\boldsymbol{S}}_2=\sum_{S_2=1}^{Z'}\hat{\boldsymbol{\sigma}}_{s2}$. 交换积分常数 A 应写成 $A_{r1,s2}$，这样式（3.15）应变成

$$\hat{\mathscr{H}}=-2\sum_{r_1<S_2}A_{r1,s2}\hat{\boldsymbol{\sigma}}_{r1}\cdot\hat{\boldsymbol{\sigma}}_{s2}.$$

如用矢量模型，则有

$$\hat{\mathscr{H}}=-2\sum A_{r1,s2}\boldsymbol{\sigma}_{r1}\cdot\boldsymbol{\sigma}_{s2}.$$

对于 N 个原子体系来说，这就使问题变得非常复杂．因此，海森伯在处理问题

时对 N 个原子体系作了一些简化．

对 N 个原子体系规定了如下的条件：

（1）在由 N 个原子组成的体系中，原子彼此的距离很大，以致在零级近似情况下可以忽略其间的相互作用．所有的原子的最外层轨道上只有一个电子，所以自旋 $S_i=\frac{1}{2}$．因此，每个原子只有一个电子自旋磁矩对铁磁性有贡献．

（2）假定无极化状态（没有两个电子同处于一个原子的最外层轨道上），因此，只考虑不同原子中的电子交换作用（氢分子模型）．

根据第一个条件，N 个原子体系中交换作用

$$\hat{\mathscr{H}}_{\mathrm{ex}}=-\sum_{i,j}^{N}A_{ij}\boldsymbol{\sigma}_i\cdot\boldsymbol{\sigma}_j, \tag{3.17}$$

$\boldsymbol{\sigma}_i$，$\boldsymbol{\sigma}_j$ 分别是第 i，j 电子的自旋角动量．量子数 $S=\frac{1}{2}$，这个求和项有 $N(N-1)/2$ 个．考虑到交换作用只能在最近邻之间发生，距离远时，$A_{ij}=0$．这样，$A_{ij}\to A_{i,i\pm1}=A$．则上式变为

$$\hat{\mathscr{H}}_{\mathrm{ex}}=-2A\sum_{\text{近邻}}\boldsymbol{\sigma}_i\cdot\boldsymbol{\sigma}_j. \tag{3.18}$$

即使经简化后，式（3.18）的求和项仍有 $\frac{1}{2}NZ$ 项之多，其中 Z 为配位数．对于简单立方、体心和面心立方晶体来说，Z 分别为 6、8、12．如果取 $\boldsymbol{\sigma}_i$ 为中心，其近邻自旋对它的作用都是等价的，这样 $\sum\boldsymbol{\sigma}_i\cdot\boldsymbol{\sigma}_j=\left(\sum_{\text{近邻}}\boldsymbol{\sigma}_i\right)\cdot\boldsymbol{\sigma}_j$．由此得到近邻交换作用为

$$\begin{aligned}\hat{\mathscr{H}}_{\mathrm{ex}}^{(j)}&=-\left(2A\sum\boldsymbol{\sigma}_i\right)\cdot\boldsymbol{\sigma}_j\\&=-g\mu_{\mathrm{B}}\boldsymbol{S}_j\cdot\boldsymbol{H}_{\mathrm{m}},\end{aligned}$$

其中，$\boldsymbol{H}_{\mathrm{m}}$ 为外斯分子场

$$\boldsymbol{H}_{\mathrm{m}}=\frac{2A}{g\mu_{\mathrm{B}}}\sum_{i=1}^{Z}\boldsymbol{\sigma}_i,$$

$$\boldsymbol{H}_{\mathrm{m}}=\frac{2ZA}{g\mu_{\mathrm{B}}}\langle\boldsymbol{\sigma}_i\rangle=\frac{2ZA}{Ng^2\mu_{\mathrm{B}}^2}\boldsymbol{M}.$$

这样，我们可以将交换作用和外斯分子场联系起来，从而得到分子场的本质与电子之间静电相互作用密切相关，这种静电作用纯属量子效应，它是电子的不可分辨性引起的，并与泡利原理有关．

实际的铁磁性或反铁磁性等物体中的磁性原子都具有多个外层电子，例如，过渡金属的 3d 电子，稀土元素的 4f 电子，这时每个原子中未被抵消的自旋数 $S_i=\sum_p\sigma_{ip}$，$S_j=\sum_q\sigma_{jq}$，这时使交换作用项变成两种情况（如只考虑两原子情况），一是原子内部未被抵消的电子之间的交换作用，二是原子 i 和 j 中电子间的交换作

用，可以得到与式（3.18）相同形式的交换作用项

$$-\sum_{p\neq p'}2A_{ip,ip'}\boldsymbol{\sigma}_{ip}\cdot\boldsymbol{\sigma}_{ip'}-\sum_{q\neq q'}2A_{jq,jq'}\boldsymbol{\sigma}_{jq}\cdot\boldsymbol{\sigma}_{jq'}-\sum_{pq}2A_{ipjq}\boldsymbol{\sigma}_{ip}\cdot\boldsymbol{\sigma}_{jq}.$$

上式中第一、二两项是原子内交换作用项，第三项为原子间交换作用项．原子内交换作用项比原子间交换作用强得多，而且原子内电子之间的交换积分 $A_{ip,ip'}$ 恒为正．这样，原子内各未被抵消的电子自旋合成最大的总自旋数 S_i，S_j，则体系的能量最低．这就是洪德法则的第一条结果（参阅 1.1 节～1.3 节）．如若各原子的总自旋数为 S_i，S_j，则原子间电子交换作用项可写成[8]

$$-2A_{ij}\boldsymbol{S}_i\cdot\boldsymbol{S}_j,$$

其中

$$A_{ij}=\frac{1}{(2S)^2}\sum_{p,q}A_{ip,jq}.$$

这样，原子间的电子交换作用最终可以写成

$$\hat{\mathscr{H}}_{\mathrm{ex}}=-2\sum_{i<j}A_{ij}\boldsymbol{S}_i\cdot\boldsymbol{S}_j. \tag{3.19}$$

式（3.19）通称为海森伯交换模型．这是直接与自旋标积成比例的相互作用．对于 $S=\frac{1}{2}$ 的情况，式（3.18）和式（3.19）相同．为了说明交换作用 $A>0$ 时可能导致铁磁性的实质问题，我们将按一个原子只有一个未被抵消的自旋来讨论问题，即求式（3.18）的本征值．

3.2.2 狄拉克矢量模型方法[9]

由于 $(\boldsymbol{\sigma}_1+\boldsymbol{\sigma}_2)^2=\sigma_1^2+\sigma_2^2+2\boldsymbol{\sigma}_1\cdot\boldsymbol{\sigma}_2$，所以对 N 个自旋矢量就有

$$\sum_{i\neq j}\boldsymbol{\sigma}_i\cdot\boldsymbol{\sigma}_j=\Big(\sum_i\boldsymbol{\sigma}_i\Big)^2-\sum_i\boldsymbol{\sigma}_i^2,$$

$\Big(\sum_i\boldsymbol{\sigma}_i\Big)^2$ 表示总自旋角动量的平方，其本征值为

$$S(S+1),$$

S 为总量子数，如果每个 σ 的量子数为 $S=\frac{1}{2}$，则

$$\sum_i\boldsymbol{\sigma}_i^2=N(S+1)S=\frac{3N}{4}.$$

因此，得到

$$\sum_{i\neq j}\boldsymbol{\sigma}_i\cdot\boldsymbol{\sigma}_j=S(S+1)-\frac{3N}{4}, \tag{3.20}$$

$\boldsymbol{\sigma}_i\cdot\boldsymbol{\sigma}_j$ 是任意两个自旋角动量的内积，设存在平均值 $|\boldsymbol{\sigma}_i，\boldsymbol{\sigma}_j|_{平均}$，使得

$$\sum_{i\neq j}\boldsymbol{\sigma}_i,\boldsymbol{\sigma}_j=N(N-1)|\boldsymbol{\sigma}_i,\boldsymbol{\sigma}_j|_{平均},$$

根据式（3.20），则

$$|\boldsymbol{\sigma}_i\cdot\boldsymbol{\sigma}_j|_{平均}=\frac{1}{N(N-1)}\left[S(S+1)-\frac{3N}{4}\right].$$

这样，式（3.18）的本征值——交换作用能为

$$\begin{aligned}E_{ex}&=-2A\frac{ZN}{2}|\boldsymbol{\sigma}_i\cdot\boldsymbol{\sigma}_j|_{平均}\\&=-\frac{AZ}{N-1}\left[S(S+1)-\frac{3}{4}N\right].\end{aligned}\tag{3.21}$$

下面估计 S 值和求 E_{ex}.

在 N 个原子体系中有 N 个电子，设 r 个电子自旋取向一致（朝上），于是有 $l=N-r$ 个自旋朝下；这样就有（$r-l$）个未被抵消的自旋数，则

$$2S=r-l=Ny,$$

其中，$y=(r-l)/N$，称为相对自发磁化强度，Ny 为未被抵消的自旋总数．将 S 代入式（3.21），考虑到 $r\gg l$，则交换作用能

$$\begin{aligned}E_{ex}&=-\frac{AZ}{N-1}\left[\frac{1}{4}N^2y^2+\frac{1}{2}Ny-\frac{3}{4}N\right]\\&\cong-\frac{NZAy^2}{4}.\end{aligned}\tag{3.22}$$

由于 N，Z 都是正整数，$y^2>0$，所以只有当 $A>0$ 才使得 $E_{ex}<0$，说明交换作用使体系能量降低．也就是说，$r\gg l$ 表示存在自发磁化使体系能量低和稳定．据此，得到 A 为正值是产生铁磁化自发磁化的必要条件．它不是充分条件的原因是交换模型近似性决定的．将式（3.22）取代式（3.19）也是一个近似，它又称能量重心近似．

3.2.3　讨论 A>0 的条件

根据上面讨论氢分子交换作用的结果，对于任意两个原子中电子的交换作用积分

$$A_{ij}=\iint\psi_i^*(\boldsymbol{r}_i)\psi_j^*(\boldsymbol{r}_j)V_{ij}\psi_i^*(\boldsymbol{r}_j)\psi_j^*(\boldsymbol{r}_i)\mathrm{d}\tau_i\mathrm{d}\tau_j,$$

其中

$$V_{ij}=e^2\left(\frac{1}{r_{ij}}-\frac{1}{r_i}-\frac{1}{r_j}\right),$$

r_{ij} 是电子 i，j 的距离，r_i，r_j 是第 i，j 电子与其原子核之间的距离，$\psi_i(\boldsymbol{r}_i)$，$\psi_j(\boldsymbol{r}_j)$ 和 $\psi_i(\boldsymbol{r}_j)$，$\psi_j(\boldsymbol{r}_i)$ 是电子 i，j 相应在其原子核附近和交换之后的波函数，如考虑近邻作用，$A_{ij}=A$，A 依赖于 r_i，r_j 以及波函数的特性（轨道形状）．实际上，N 个原子体系的情况比我们所用的简单表示要复杂得多，但由于只有在近邻才存在直接交换作用，因而在本质上还是差不多的．这样根据上述式子的形式来估计 $A>0$ 的条件是反映一定实际情况的．下面给出贝特（Bethe）等[10]的定

性分析结果，他给出 $A>0$ 的条件由以下情况决定．

(1) 在两个原子格点中间的区域内 ψ_i 和 ψ_j 的函数值较大，而在各个原子核（即格点）附近处较小，即两个近邻原子的“电子云”在中间区域有较多的重叠机会（图 3.2），以致 A_{ij} 的积分式中正项 e^2/r_{ij} 的贡献很大，可以得到 A 为正值．

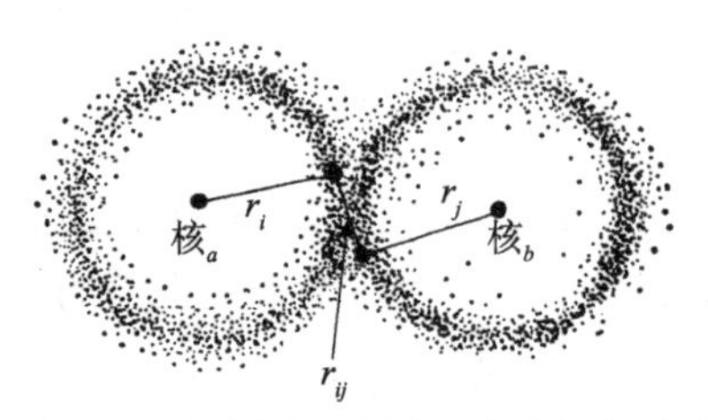

图 3.2 电子云分布的示意图，在中间部分有重叠

(2) 只有近邻原子间距 a 大于轨道半径 r 的情况才有利于满足上面所给出的条件 (1)，角量子数 l 比较大的轨道态（如 3d，4f）波函数满足这两个条件的可能性较大．

奈尔根据上述两条件，总结了不同 3d 和 4d 以及 4f 等元素及合金的交换积分 A 与 $(a-2r)$ 的关系（见图 3.3）[11]．斯莱特和贝特[12]采用的横坐标为 a/r，两者只是横坐标的尺寸有些差别，形状是相似的．从图 3.3 中可以看到 $A>0$ 和 $A<0$ 的情况相对应的元素，这与实际是一致的．

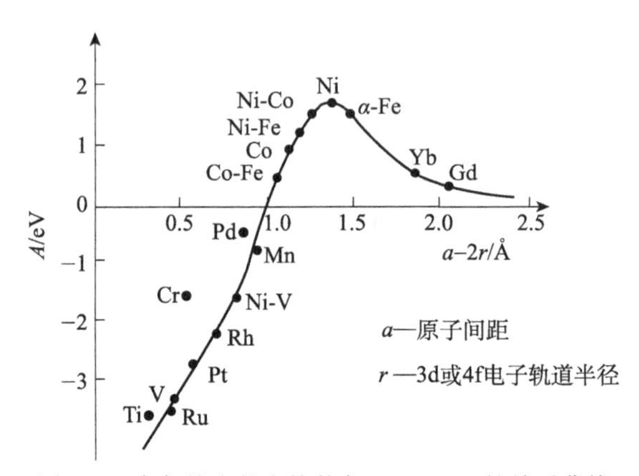

图 3.3 奈尔给出的交换能与 $(a-2r)$ 的关系曲线

斯图阿特（R. Stuart）等[13]及弗里曼（A. J. Freeman）等[14]分别计算了铁的交换积分 A 值，发现 A 值比相对于保证 3d 金属出现铁磁性所要求的数值小得多．这也说明海森伯交换作用模型只能给出定性的结果．不过，人们到目前都公认这一模型在本质上说明了分子场的实质以及在解释物质磁性的许多特点时，都必须考虑交换作用的影响．

3.2.4　自发磁化与温度的关系

根据交换作用模型，海森伯从式（3.22）出发进一步讨论了自发磁化强度与温度的关系．方法是先求出体系在不同能量状态的相和 Z，然后再根据热力学函数关系求出 $M=kT\dfrac{\partial}{\partial H}\ln Z$. 在这里我们将看到所得的结果与分子场理论 $J=\dfrac{1}{2}$ 的情况是完全一样的，不过它给出了分子场系数和交换积分 A 的关系，从而说明了分子场的本质．下面比较扼要地给出海森伯理论的推导．

（1）体系的能量．考虑外磁场 H 作用下体系的能量为 E_m，与磁化状态有关的能量为 E_H 和 E_{ex}. 因此，在 r 个自旋平行排列情况下

$$E_m=-\frac{1}{4}NZAy^2-2m\mu_{\mathrm{B}}H.$$

如令 $r-l=2m$，则 $y=2m/N$，由此得到

$$E_m=\frac{-ZA}{N}m^2-2m\mu_{\mathrm{B}}H. \tag{3.23}$$

（2）求状态和（即相和）Z．一个 N 电子体系中与自旋取向有关的能量为 E_m，处于此 E_m 状态的权重（即自旋处于 E_m 状态的可能数）为 g_m，则

$$Z=\sum_m g_m \mathrm{e}^{-E_m/kT},$$

E_m 的形式如式（3.23）所示，g_m 是表示 r 个向上自旋的可能取法，因此得到

$$g_m=c_N^r=\frac{N!}{r!\,(N-r)!}.$$

这样 N 电子体系的状态和

$$Z=\sum_{m=-n}^{n}\frac{N!}{r!(N-r)!}\exp\left[\left(\frac{ZA}{N}m^2+2m\mu_{\mathrm{B}}H\right)/kT\right],$$

其中，$n=N/2$，求和表示自旋取向由全部向下状态（即 $m=-n$，$l=N$，$r=0$）累加到自旋取向完全朝上的状态（即 $m=n$，$r=N$）．据 $2m=r-l$，所以 $r=n+m$，$N-r=n-m$，令

$$\beta=\frac{ZA}{NkT},\quad \alpha=\frac{2\mu_{\mathrm{B}}H}{kT}, \tag{3.24}$$

则 Z 变成

$$Z=\sum_{m=-n}^{n}\frac{N!}{(n+m)!(n-m)!}\mathrm{e}^{\beta m^2+\alpha m}. \tag{3.25}$$

我们从式（3.25）出发计算 Z. 由于准确计算相当复杂，引用比较简单的绍特尔(Sauter)[15]的方法．

为了去掉式（3.25）中 $\mathrm{e}^{\beta m^2}$ 项，用下式

$$1=\frac{1}{\sqrt{\pi}}\int_{-\infty}^{\infty}\mathrm{e}^{-(x-\sqrt{\beta}m)^2}\,\mathrm{d}x$$

分别去乘式（3.25）的两边，结果不变，则有

$$Z=\frac{1}{\sqrt{\pi}}\int_{-\infty}^{\infty}\left[\mathrm{e}^{-x^2}\sum_{m=-n}^{n}\frac{N!}{(n+m)!(n-m)!}\mathrm{e}^{2m(\alpha+x\sqrt{\beta})}\right]\mathrm{d}x. \tag{3.26}$$

令 $y=(\alpha+x\sqrt{\beta})$，先计算积分号内求和项

$$\begin{aligned}&\sum_{m=-n}^{n}\frac{N!}{(n+m)!(n-m)!}\mathrm{e}^{2my}\\&=\frac{N!}{N!}\mathrm{e}^{-2ny}+\frac{N!}{1!\ (N-1)!}\mathrm{e}^{-2(n-1)y}+\cdots\\&\quad+c_N^n\mathrm{e}^{-2.0y}+c_N^{n+1}\mathrm{e}^{2.1y}+\cdots\\&\quad+c_N^{N-1}\mathrm{e}^{2(n-1)y}+\mathrm{e}^{2ny}=(\mathrm{e}^{-y}+\mathrm{e}^{y})^N\\&=2^N(\cosh y)^N,\end{aligned}$$

因此，式（3.26）变为

$$Z=\frac{2^N}{\sqrt{\pi}}\int_{-\infty}^{\infty}\mathrm{e}^{-x^2}[\cosh(\alpha+x\sqrt{\beta})]^N\mathrm{d}x.$$

这个积分也不易求出，由于 N 非常大，在温度不太低时因有 $\beta\ll1$，这样可以引入函数

$$u=\mathrm{e}^{\phi(x)},$$

使 u 等于积分号内的被积函数，在 x 很大时，u 迅速趋于零．对比两个函数可以得到

$$\phi(x)=-x^2+N\ln\cosh(\alpha+x\sqrt{\beta}),$$

$$\phi'(x)=-2x+N\sqrt{\beta}\ln\tanh(\alpha+x\sqrt{\beta}),$$

$\phi(x)$ 有一个或两个极大值，视 α，β 大小的比例而定．由于 $N\gg1$，所以这些极大值很尖锐．如用 ξ 表示 $\phi(x)$ 具有极大值时 x 的大小，由此得到 Z 的近似值

$$\begin{aligned}\ln Z&\cong\phi(\xi)+N\ln2-\ln\sqrt{\pi}+\cdots\\&\cong-\xi^2+N\ln\cosh(\alpha+\xi\sqrt{\beta})+\cdots,\end{aligned}$$

因为 $M=kT\frac{\partial}{\partial H}\ln Z=kT\frac{\partial}{\partial H}\phi(\xi)$，所以得到

$$M=N\mu_{\mathrm{B}}\tanh(\alpha+\xi\sqrt{\beta}), \tag{3.27}$$

式中，ξ 的具体值可以从 $\varphi'(\xi)=0$ 求出，因此，有

$$2\xi=N\sqrt{\beta}\tanh(\alpha+\xi\sqrt{\beta}),$$

或写成

$$\frac{2\xi\mu_{\mathrm{B}}}{\sqrt{\beta}}=N\mu_{\mathrm{B}}\tanh(\alpha+\xi\sqrt{\beta})=M,$$

所以得到

$$\xi=\frac{\sqrt{\beta}}{2\mu_{\mathrm{B}}}M. \tag{3.28}$$

将式（3.28）代入式（3.27），则

$$\begin{aligned}M&=N\mu_{\mathrm{B}}\tanh\left(\alpha+\frac{\beta}{2\mu_{\mathrm{B}}}M\right)\\&=N\mu_{\mathrm{B}}\tanh\left(\frac{\mu_{\mathrm{B}}H}{kT}+\frac{ZAM}{2N\mu_{\mathrm{B}}kT}\right),\end{aligned}$$

或写成

$$\frac{M}{M_0}=\tanh\left(\frac{\mu_{\mathrm{B}}H}{kT}+\frac{ZA}{2kT}\frac{M}{M_0}\right). \tag{3.29}$$

式（3.29）是海森伯理论得到的磁化强度与温度的关系式，和外斯分子场理论$S=\frac{1}{2}$时所得的结果相同．从式（3.29）还可以推出分子场系数与交换积分 A 的关系

$$\lambda=\frac{ZA}{2N\mu_{\mathrm{B}}^2}.$$

从导出的过程中可以看到，由于利用了 $\beta\ll1$ 的条件，结果在较高的温度时才有一定意义．另外要指出，海森伯交换模型只是粗略的近似，只有在温度很高时，它的理论在定量上才是正确的，这时正好是铁磁性消失了的情况．所以在用 $A>0$ 来判断铁磁性的显现时必须小心，因为它只是铁磁性的必要条件．

海森伯提出交换模型后，人们感到其存在不足之处，因而企图比较严格地导出海森伯模型，并严格地计算交换作用积分 A 的大小，但这些工作的结果都没有得到实质性的突破[16]．

3.3 间接交换作用

绝大多数反铁磁性物质和亚铁磁性物质都是非导电的化合物（如 MnO，NiO，FeF_2，MnF_2 等），其阳离子一般为过渡族金属．从配位的情况来看，它的最近邻都是阴离子，因而金属离子之间的距离较大，电子壳层几乎不存在交叠．例如，FeO 中 Fe-Fe 相距为 4.28Å，而 α-Fe 中 Fe 的原子间距为 2.86Å. 这样，直接交换作用（即海森伯模型）已不适用于这类化合物了．1934 年克拉默斯首先提出了间接交换[17]（又称超交换）模型来解释反铁磁性自发磁化的起因．后来，奈尔、安德森[18]等对这个模型进行了精确化，尤其是安德森做了较详细的理论计算，用这一模型比较成功地说明了反铁磁性的基本特性，因而人们又称为安德森交换模型．稍后，戈登纳夫（Goodenough，1956）[19]和金森（Kanamori，1957）[20]分别对安德森的理论进行了改进．

在本节中我们将根据安德森的理论来介绍间接交换作用模型的物理图像，并

进行简单的定量讨论.

3.3.1 间接交换作用的物理图像

以氧化锰(MnO)为例.它具有面心立方结构,氧离子和锰离子分别可看成面心立方结构(参看图 2.27),因而整个晶体好像是两套面心立方的叠加.Mn^{2+}的最近邻为 6 个氧离子 O^{2-},O^{2-}的最近邻为 6 个 Mn^{2+}.这样 Mn^{2+}-O^{2-}-Mn^{2+},耦合有两种键角,180°和 90°,如图 3.4 所示.

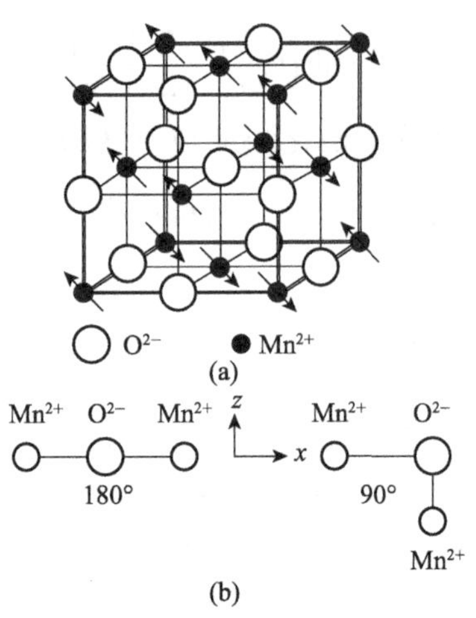

图 3.4 MnO 的原子分布和磁矩取向(a),两种 Mn^{2+}之间的耦合作用(b)

氧化锰是离子化合物,Mn^{2+}的未满壳层电子组态为 $3d^5$,据洪德法则,自旋是彼此平行排列的.O^{2-}的外层轨道电子组态为 $2p^6$,自旋角动量、轨道角动量都是彼此抵消的,因此无自旋磁矩.定性地来看,可以认为,Mn^{2+}在正常状态下有一个电子与 O^{2-}发生作用.如果取 O^{2-}中两个 p 电子及 180°键合情况下的两个 Mn^{2+}中的各一个 3d 电子,这样就组成一个四电子体系.基态的情况下电子分布可写成

$$d_1 d_2 p p'.$$

它表示两个电子占据着氧离子的 p 轨道,另两个电子分别处于两个锰离子的 d 轨道.由于 O^{2-}中的 2p 电子可能有机会迁移到 Mn^{2+}中的 3d 电子轨道中,这样体系就变成含有 Mn^{+}和 O^{-}的激发态.由于 O^{-}中少了一个电子,而出现未配对的电子,这个电子就可能与邻近的 Mn^{2+}中 3d 电子发生交换作用.激发态的四电子体系的组态为

$$d_1 d_1' d_2 p,$$

这种激发状态总是存在的,如在 MnF_2 中.用核磁共振观察到 F 的 2p 电子有 2.5%的几率处在 Mn^{2+}的 3d 轨道态中[21].图 3.5 给出了间接交换作用模型中四电子体系达到平衡的示意过程.在此体系中,由于 p′电子迁移到 Mn^{2+}(左边)的

d 轨道态中，而变成了其中的第六个电子 d'_1，在这时会引起较强烈的交换作用（在一个原子内部的直接交换作用），d_1 与d'_1是平行排列（这时相应的能量为 $E^{(3)}_{\uparrow\uparrow}$，三重态）还是反平行排列（相应的能量为 $E^{(1)}_{\uparrow\downarrow}$，单态），这取决于这一能量变化是否对体系的稳定有利．如果 3d 轨道中电子数目已达半满（五个电子或更多），则 $E^{(1)}_{\uparrow\downarrow}$ 小于 $E^{(3)}_{\uparrow\uparrow}$，$d_1$ 与 d'_1 两电子的自旋必取反平行．反之，$E^{(1)}_{\uparrow\downarrow}$ 大于 $E^{(3)}_{\uparrow\uparrow}$，则 d_1 和 d'_1 自旋取向彼此平行（如 Cr^{3+}）．由于 O^- 中剩下的另一个 p 电子将有可能与右边的 Mn^{2+} 中的 d_2 电子发生直接交换作用，并且这个交换积分一般为负值，所以 p 和 d_2 的自旋相互取向是反平行的（图 3.5(b)）．加之，O^{2-} 中的 p'与 p 两个电子自旋必定是反平行排列（泡利原理），因而使 d_1 与 d_2 的自旋排列方式受到限制，只能取反平行排列．最终的平衡态（基态）如图 3.5（c）所示．这里必须注意，起始状态是理论假设的，经过讨论和计算而得到的最终图像（图 3.5（c））是理论的结果．d 电子用 d''_1 和 d''_2 来表示．

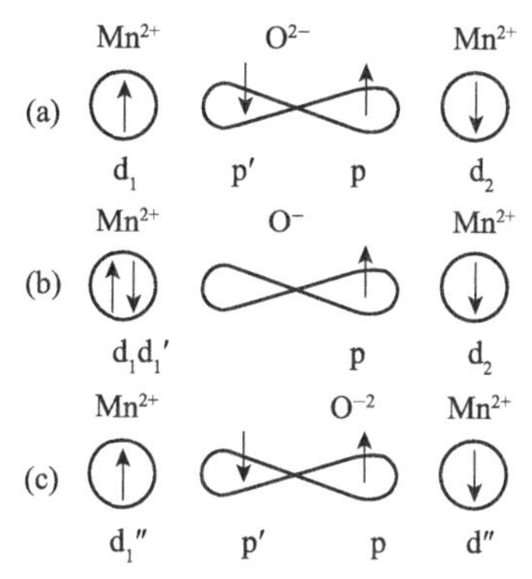

图 3.5　MnO 中四电子体系经交换作用达到平衡过程的示意图

（a）基态（假设情况）；（b）激发态；（c）经过间接交换作用达到平衡的基态

根据上述所讨论的模型可以看到，MnO 中 Mn^{2+} 与 Mn^{2+}（180°键）的电子自旋磁矩取反平行排列．对于 Cr^{3+}，V^{2+} 等氧化物，其 3d 壳层中电子数不足五个，p^1 电子迁移到 d 壳层后，其自旋与 d_1 取向一致．如果 p 与 d_2 两电子的交换积分是负的，则将出现铁磁性，即 Cr^{3+}，V^{2+} 的自旋磁矩彼此平行排列．实验观测到，VCl_2，$CrCl_2$ 和 CrO_2 是铁磁性的，但是 Cr_2O_3，MnO_2，CrS 等许多 3d 壳层不足五个电子的金属离子形成的氧化物是反铁磁性的．这一矛盾反映了安德森理论仍存在一定的近似性和存在更复杂的情况．

3.3.2　半定量分析

设两个阳离子 M^+ 的电子分别为 d_1 和 d_2，阴离子 O^{2-} 的两个电子为 p 和 p' 共同组成四电子体系，如图 3.5（a）所示．基态波函数为

$$\psi_g^{(1)} = [(pp')^1(d_1d_2)^1]^{(1)} \qquad (单态),$$

$$\psi_g^{(3)}=[(\mathrm{pp}')^1(\mathrm{d}_1\mathrm{d}_2)^3]^{(3)} \qquad (三态),$$

括号（ ）和［ ］上的数字表示自旋多重线数目．激发态波函数为

$$\psi_a^{(1)}=[(\mathrm{d}_1\mathrm{d}_1')^3(\mathrm{p}'\mathrm{d}_2)^3]^{(1)} \qquad (单态),$$

$$\psi_a^{(3)}=[(\mathrm{d}_1\mathrm{d}_1')^3(\mathrm{p}'\mathrm{d}_2)^3]^{(3)} \qquad (三态),$$

$$\psi_b^{(1)}=[(\mathrm{d}_1\mathrm{d}_1')^1(\mathrm{p}'\mathrm{d}_2)^1]^{(1)} \qquad (单态),$$

$$\psi_c^{(3)}=[(\mathrm{d}_1\mathrm{d}_1')^1(\mathrm{p}'\mathrm{d}_2)^3]^{(3)} \qquad (三态),$$

$$\psi_d^{(3)}=[(\mathrm{d}_1\mathrm{d}_1')^3(\mathrm{p}'\mathrm{d}_2)^1]^{(3)} \qquad (三态).$$

由于基态时，p，p′电子自旋和 d_1，d_2 电子自旋的相互取向不同，激发态中，p′，d_2 电子自旋和 d_1，d_1' 电子自旋相互取向不同，故可能出现单态或三态的情况．因而具有两组（基态）和五组（激态）可能的波函数．对于基态，我们取其能量

$$E_g=0;$$

而对于激发态，其能量分别为

$$\left.\begin{aligned}
&E_a^{(1)}=E_a^{(3)}=E(\uparrow\uparrow)-J,\\
&E_b^{(1)}=E(\uparrow\downarrow)+J,\\
&E_c^{(3)}=E(\uparrow\downarrow)-J,\\
&E_d^{(3)}=E(\uparrow\uparrow)+J,
\end{aligned}\right\} \tag{3.30}$$

其中，J 是 p′和 d_2 电子之间的直接交换积分

$$J=\iint\psi_{\mathrm{d}_2}^*(\boldsymbol{r})\psi_{\mathrm{p}'}^*(\boldsymbol{r}')\frac{e^2}{r_{12}}\psi_{\mathrm{d}_2}(\boldsymbol{r}')\psi_{\mathrm{p}'}(\boldsymbol{r})\mathrm{d}\tau\mathrm{d}\tau', \tag{3.31}$$

安德森称之为位势交换积分．

由于存在两种可能的基态，为确定哪种状态下是稳定的基态，需要考虑下述二级微扰能的影响（$\hat{\mathscr{H}}_1$为微扰哈密顿量）：

$$\Delta E_g=-\sum_i\frac{|\langle g|\hat{\mathscr{H}}_1|i\rangle|^2}{E_i-E_g}, \tag{3.32}$$

其中，i 表示五种激发态．为了要使上式计算的矩阵元是对角的，则基态波函数改写成以下形式：

$$\psi_g^{(1)}=\sqrt{\frac{3}{4}}[(\mathrm{pd}_1)^3(\mathrm{p}'\mathrm{d}_2)^3]^{(1)}+\frac{1}{2}[(\mathrm{pd}_1)^1(\mathrm{p}'\mathrm{d}_2)^1]^{(1)},$$

$$\psi_g^{(3)}=\frac{1}{2}[(\mathrm{pd}_1)^1(\mathrm{p}'\mathrm{d}_2)^3]^{(3)}+\frac{1}{2}[(\mathrm{pd}_1)^3(\mathrm{p}'\mathrm{d}_2)^1]^{(3)}$$

$$+\sqrt{\frac{1}{2}}[(\mathrm{pd}_1)^3(\mathrm{p}'\mathrm{d}_2)^3]^{(3)},$$

这样可以得到

$$\left.\begin{aligned}&\langle g^1|\hat{\mathscr{H}}_1|a^1\rangle=\sqrt{\frac{3}{4}}b,\\&\langle g^3|\hat{\mathscr{H}}_1|a^3\rangle=\sqrt{\frac{1}{2}}b,\\&\langle g^1|\hat{\mathscr{H}}_1|b^1\rangle=\frac{1}{2}b,\\&\langle g^3|\hat{\mathscr{H}}_1|c^3\rangle=\langle g^3|\hat{\mathscr{H}}_1|d^3\rangle=\frac{1}{2}b,\end{aligned}\right\}\tag{3.33}$$

其中

$$b=\int\psi_{d_1}(r)V(r)\psi_{p'}(r)\mathrm{d}\tau$$

称为迁移积分．$V(\boldsymbol{r})$ 是电子在晶体中受到周期势场作用后的势能，它与自旋无关，所以迁移过程中 p 电子自旋取向不变．将（3.31）和（3.33）两式代入式(3.32)，得到

$$\Delta E_g^{(1)}=-\frac{1}{4}b^2\left[\frac{3}{E(\uparrow\uparrow)-J}+\frac{1}{E(\uparrow\downarrow)+J}\right],\tag{3.34}$$

$$\Delta E_g^{(3)}=-\frac{1}{4}b^2\left[\frac{2}{E(\uparrow\uparrow)-J}+\frac{1}{E(\uparrow\downarrow)-J}+\frac{1}{E(\uparrow\uparrow)+J}\right],\tag{3.35}$$

表示两种基态能量变化的大小．这两个式子的差值为

$$\begin{aligned}\Delta E_g&\equiv\Delta E_g^{(1)}-\Delta E_g^{(3)}\\&=\frac{b^2}{4}\left[\frac{1}{E(\uparrow\uparrow)+J}-\frac{1}{E(\uparrow\uparrow)-J}+\frac{1}{E(\uparrow\downarrow)-J}-\frac{1}{E(\uparrow\downarrow)+J}\right]\\&=-\frac{b^2J}{2}\left[\frac{1}{E(\uparrow\uparrow)^2-J^2}-\frac{1}{E(\uparrow\downarrow)^2-J^2}\right].\end{aligned}\tag{3.36}$$

如果考虑到 d_1 和 d_1' 的相互作用很强，则式（3.36）还可以简化，分下述两种情况来讨论：

（1）对于半壳层电子数少于 5 的情况．$E(\uparrow\downarrow)\gg E(\uparrow\uparrow)$，则

$$\Delta E_g\approx-\frac{1}{2}\frac{b^2J}{E(\uparrow\uparrow)^2}.\tag{3.37}$$

（2）对于半壳层电子数等于或大于 5 的情况，$E(\uparrow\downarrow)\ll E(\uparrow\uparrow)$，则

$$\Delta E_g\approx\frac{1}{2}\frac{b^2J}{E(\uparrow\downarrow)^2}.\tag{3.38}$$

根据上述计算的结果可以看出，如果 $J<0$，则对于情况（1）可以得到 $\Delta E_g^{(3)}<\Delta E_g^{(1)}$，即基态为三重态的情况稳定．因此，在两个正离子 M^+ 之间的间接交换作用导致铁磁性．而对于情况（2），则得到 $\Delta E_g^{(1)}<\Delta E_g^{(3)}$，即单态情况是稳定的，因此，两正离子之间的间接交换作用导致反铁磁性．这一分析结果与前面所讨论的结论是一致的．根据式（3.36），考虑到 $E(\uparrow\uparrow)$，$E(\uparrow\downarrow)\gg J$，

则有

$$\Delta E_g=\frac{1}{2}b^2J\left[\frac{1}{E(\uparrow\downarrow)^2}-\frac{1}{E(\uparrow\uparrow)^2}\right],$$

这可以形式地看成四电子体系的交换作用能增量．而两正离子的自旋 $\hat{\boldsymbol{S}}_1$，$\boldsymbol{S}_2$ 的相互取向与 ΔE_g 的大小有着密切的联系，可以形式地写成

$$\hat{\mathscr{H}}_{\text{ex}}=-\frac{1}{2}A_{\text{间接}}\hat{\boldsymbol{S}}_1\cdot\boldsymbol{S}_2, \tag{3.39}$$

$$A_{\text{间接}}=\left[\frac{1}{E(\uparrow\downarrow)^2}-\frac{1}{E(\uparrow\uparrow)^2}\right]b^2J,$$

$A_{\text{间接}}$为四电子体系的交换作用总的代表，又称为间接交换积分，它包含了两部分能量，一部分是电子 p 迁移到 d_1 所需的能量和 d_1，d_1'的交换作用能（即 $E(\uparrow\uparrow)$，$E(\uparrow\downarrow)$，b^2）；另一部分是 J，它是 p′和 d_2 电子的直接交换积分．这两部分能量都是由阴离子中 p 电子起桥梁作用而产生的．式（3.39）在形式上和海森伯交换模型相同，只是其物理内容要复杂些．

3.3.3 间接交换作用的理论简介

本节我们将给出安德森交换模型[18]

$$\hat{\mathscr{H}}_{\text{ex}}=-\sum_{R_l\neq R_m}A_{\text{间接}}(\boldsymbol{R}_l\boldsymbol{R}_m)\boldsymbol{S}(\boldsymbol{R}_l)\cdot\boldsymbol{S}(\boldsymbol{R}_m), \tag{3.40}$$

$$A_{\text{间接}}(\boldsymbol{R}_l\boldsymbol{R}_m)=\frac{1}{(2S)^2}\left[\sum_{n,n'}J_{nn'}(\boldsymbol{R}_l,\boldsymbol{R}_m)-\frac{2b^2}{E(\uparrow\downarrow)}\right] \tag{3.41}$$

的简单推算过程．

3.3.3.1 波函数

这个波函数要反映磁离子的 d 电子束缚在离子的周围，又要反映阴离子中的 p 电子迁移过程的情况．因此，采用万尼尔（Wannier）[22,23]混合轨道函数

$$\omega(\boldsymbol{r}-\boldsymbol{R}_m)=\frac{1}{\sqrt{N}}\sum_k \mathrm{e}^{-\mathrm{i}\boldsymbol{k}\cdot\boldsymbol{R}_n}\psi_k(\boldsymbol{r}),$$

$\boldsymbol{R}_n$ 表示离子所在格点的位置，r 为电子的位置，$\psi_k(\boldsymbol{r})$ 为布洛赫波函数，$\boldsymbol{k}$ 为波矢，

$$\psi_k(\boldsymbol{r})=\mathrm{e}^{\mathrm{i}\boldsymbol{k}\cdot\boldsymbol{r}}U_k(\boldsymbol{r}),$$

$U_k(r)$ 为晶格周期的函数．为了讨论我们所面临的具体问题，把万尼尔函数改写成适于下述所要的情况．

设 R_l，R_m 为两个阳离子所占据的格点位置，并考虑到 d 电子基态情况及其自旋 σ 的取向．万尼尔函数为

$$\omega_{n\uparrow}(\boldsymbol{r}-\boldsymbol{R}_l),\ \omega_{n\downarrow}(\boldsymbol{r}-\boldsymbol{R}_l),\ \cdots$$

形式．n 表示基态，↑，↓分别表示自旋基本向上和自旋基本向下的状态．“基本”二字的意思是，考虑到离子内自旋-轨道耦合作用，自旋朝上或朝下的基态是由具有不同向的自旋激发态混合组成的．如果晶体中电子束缚于磁离子周围，则体系波函数可以用线性组合来表示

$$\psi(\boldsymbol{r})=\sum_{m}a_{m}\omega(\boldsymbol{r}-\boldsymbol{R}_{m}).$$

我们用二次量子化的方法来讨论安德森模型，体系的波函数的二次量子化可表示为

$$\psi(\boldsymbol{r})=\sum_{l}\{\omega_{n\uparrow}(\boldsymbol{r}-\boldsymbol{R}_{l})C_{n\uparrow}(\boldsymbol{R}_{l})+\omega_{n\downarrow}(\boldsymbol{r}-\boldsymbol{R}_{l})C_{n\downarrow}^{+}(\boldsymbol{R}_{l})\},\tag{3.42}$$

其中，$C_{n\uparrow}(\boldsymbol{R}_l)$，$C_{n\uparrow}^{+}(\boldsymbol{R}_l)$ 分别是格点 $\boldsymbol{R}_l$ 处、状态为 n 的自旋朝上电子的湮灭和产生算符．它们满足费米对易关系．

3.3.3.2　体系的哈密顿量

设体系的哈密顿量

$$\hat{\mathscr{H}}=\hat{\mathscr{H}}_1+\hat{\mathscr{H}}_2,\tag{3.43}$$

其中

$$\hat{\mathscr{H}}_1=\sum_{i}\left[\frac{p_i^2}{2m}+V(r_i)\right],$$

$$\hat{\mathscr{H}}_2=\sum_{i<j}\frac{e^2}{r_{ij}},$$

将$\mathscr{H}$变到粒子占有数表象（二次量子化）．

$$\begin{aligned}\hat{\mathscr{H}}_1&=\int\psi^{*}(\boldsymbol{r})\hat{\mathscr{H}}_1\psi(\boldsymbol{r})\mathrm{d}\boldsymbol{r}\\&=\sum_{l,n,\sigma}\varepsilon_n(\boldsymbol{R}_l)C_{n\sigma}^{+}C_{n\sigma}\\&\quad+\sum_{n,n'}\sum_{l,m}\sum_{\sigma}b_{nn'}(\boldsymbol{R}_l-\boldsymbol{R}_m)C_{n\sigma}^{+}(\boldsymbol{R}_l)C_{n'\sigma}(\boldsymbol{R}_m),\end{aligned}\tag{3.44}$$

其中

$$\left.\begin{aligned}\varepsilon_n(R_l)&=\int\omega_n^{*}(\boldsymbol{r}-\boldsymbol{R}_l)\hat{\mathscr{H}}_1\omega_{n'}(\boldsymbol{r}-\boldsymbol{R}_l)\mathrm{d}\boldsymbol{r},\\b_{nn'}(R_l-R_m)&=\frac{1}{2}\int\omega_n(\boldsymbol{r}-\boldsymbol{R}_l)\hat{\mathscr{H}}_1\omega_{n'}(\boldsymbol{r}-\boldsymbol{R}_m)\mathrm{d}\boldsymbol{r}.\end{aligned}\right\}\tag{3.45}$$

σ 的取法为自旋朝上（+）和自旋朝下（−）两种可能．考虑到$\hat{\mathscr{H}}_1$ 中动能项不变，而周期势 $V(\boldsymbol{r})$ 对电子迁移或激发起作用，因而式（3.45）中 $b_{nn'}$ 表示电子由 R_l 迁移到 R_m 的迁移积分，它与电子自旋无关．因此，迁移不引起自旋取向的变化．

$\hat{\mathscr{H}}_2$ 的二次量子化可表示为

$$
\begin{aligned}
\hat{\mathscr{H}}_2 &= \frac{1}{2}\iint \psi^*(\boldsymbol{r}_1)\psi^*(\boldsymbol{r}_2)\frac{e^2}{\boldsymbol{r}_{12}}\psi(\boldsymbol{r}_2)\psi(\boldsymbol{r}_1)\mathrm{d}\boldsymbol{r}_1\mathrm{d}\boldsymbol{r}_2 \\
&= \frac{1}{2}\sum_{\substack{i,j\\l,m}}\sum_{\substack{n_1,n_2\\n_3,n_4}}\iint[\omega^*_{n_1\sigma_1}(\boldsymbol{r}_1-\boldsymbol{R}_i)C^+_{n_1\sigma_1}(\boldsymbol{R}_i)+\omega^*_{n_1\sigma_2}(\boldsymbol{r}_1-\boldsymbol{R}_i)C_{n_1\sigma_2}(\boldsymbol{R}_i)] \\
&\quad\times[\omega^*_{n_2\sigma_1}(\boldsymbol{r}_2-\boldsymbol{R}_j)C^+_{n_2\sigma_1}(\boldsymbol{R}_j)+\omega^*_{n_2\sigma_2}(\boldsymbol{r}_2-\boldsymbol{R}_j)C^+_{n_2\sigma_2}(\boldsymbol{R}_j)] \\
&\quad\times\frac{e^2}{r_{12}}[\omega_{n_3\sigma_2}(\boldsymbol{r}_2-\boldsymbol{R}_l)C_{n_3\sigma_2}(\boldsymbol{R}_l)+\omega_{n_3\sigma_1}(\boldsymbol{r}_2-\boldsymbol{R}_l)C_{n_3\sigma_1}(\boldsymbol{R}_l)] \\
&\quad\times[\omega_{n_4\sigma_1}(\boldsymbol{r}_1-\boldsymbol{R}_m)C_{n_4\sigma_1}(\boldsymbol{R}_m)+\omega_{n_4\sigma_2}(\boldsymbol{r}_1-\boldsymbol{R}_m)C_{n_4\sigma_2}(\boldsymbol{R}_m)]\mathrm{d}\boldsymbol{r}_1\mathrm{d}\boldsymbol{r}_2.
\end{aligned}
\tag{3.46}
$$

式（3.44）和式（3.46）就是二次量子化后的体系的哈密顿量．$\varepsilon_n(\boldsymbol{R}_l)$ 就是体系的电子在 $\boldsymbol{R}_l$ 处的能量．下面计算由新体系中电子迁移及电子间相互作用引起的基态能量的变化．

3.3.3.3 求基态能量的变化，即计算微扰能

由于晶格周期势场 $V(\boldsymbol{r})$ 对 p 电子迁移有影响，因此要估计．这样，在计算微扰能时，只将 $\hat{\mathscr{H}}_1$ 中第一项即动能看成零级能，而第二项 $V(\boldsymbol{r})$ 及 $\hat{\mathscr{H}}_2$ 看成微扰项．

（1）一级微扰．$V(\boldsymbol{r})$ 的一级微扰为零，因为它实际上是基态的能量，只是在二级微扰中才不为零．

$\hat{\mathscr{H}}_2$ 的一级微扰能就是库仑能和交换能两项．因为所用的波函数是零级的，求积分时，只有 $R_i=R_m$，$R_j=R_l$ 和 $R_i=R_j$，$R_l=R_m$ 两种情况下不为零．这样就使问题的计算比较简单．

(a) $R_i=R_m$，$R_j=R_l$ 情况，即库仑作用．

$$
\begin{aligned}
E_1^{(1)} &= \frac{1}{2}\sum_l\sum_m\sum_{m'}\iint\omega_n^*(\boldsymbol{r}_1-\boldsymbol{R}_m)\omega_{n'}^*(\boldsymbol{r}_2-\boldsymbol{R}_l) \\
&\quad\times\frac{e^2}{r_{12}}\omega_{n'}(\boldsymbol{r}_2-\boldsymbol{R}_l)\omega_n(\boldsymbol{r}_1-\boldsymbol{R}_m)\mathrm{d}\boldsymbol{r}_1\mathrm{d}\boldsymbol{r}_2 \\
&\quad\times\sum_{\sigma_1\sigma_2}C^+_{n\sigma_1}(\boldsymbol{R}_m)C^+_{n'\sigma_2}(\boldsymbol{R}_l)C_{n'\sigma_2}(\boldsymbol{R}_l)C_{n\sigma_1}(\boldsymbol{R}_m).
\end{aligned}
$$

$\sum\limits_{\sigma_1\sigma_2}$ 项可以看成等于下式：

$$
\begin{aligned}
&\langle C^+_{n+}(\boldsymbol{R}_l)C_{n+}(\boldsymbol{R}_l)+C^+_{n-}(\boldsymbol{R}_l)C_{n-}(\boldsymbol{R}_l)\rangle \\
&\times\langle C^+_{n'+}(\boldsymbol{R}_m)C_{n'+}(\boldsymbol{R}_m)+C^+_{n'-}(\boldsymbol{R}_m)C_{n'-}(\boldsymbol{R}_m)\rangle.
\end{aligned}
$$

根据费米子的产生算符和湮灭算符作用

$$C_n^+C_n=1,$$

可以得到

$$\langle C_{n+}^{+} C_{n+} + C_{n-}^{+} C_{n-} \rangle = 1,$$

这样，$\sum\limits_{\sigma_1 \sigma_2} = 1$，所以得到

$$E_1^{(1)} = \frac{1}{2} \sum_{l,m} \sum_{nn'} K_{nn'}(\boldsymbol{R}_l \boldsymbol{R}_m), \tag{3.47}$$

其中

$$K_{nn'}(\boldsymbol{R}_l \boldsymbol{R}_m) = \iint |\omega_n(\boldsymbol{r}_1 - \boldsymbol{R}_m)|^2 |\omega_n{}'(\boldsymbol{r}_2 - \boldsymbol{R}_l)|^2 \frac{e^2}{r_{12}} \mathrm{d}\boldsymbol{r}_1 \mathrm{d}\boldsymbol{r}_2. \tag{3.48}$$

式 (3.48) 就是库仑作用能 .

(b) $R_i = R_l$，$R_j = R_m$ 的情况 .

$$\begin{aligned} E^{(1)'} = & \frac{1}{2} \sum_{l,m} \sum_{nn'} \iint \omega_n^*(\boldsymbol{r}_1 - \boldsymbol{R}_l) \omega_{n'}^*(\boldsymbol{r}_2 - \boldsymbol{R}_m) \\ & \times \frac{e^2}{r_{12}} \omega_{n'}(\boldsymbol{r}_2 - \boldsymbol{R}_l) \omega_n(\boldsymbol{r}_1 - \boldsymbol{R}_m) \mathrm{d}\boldsymbol{r}_1 \mathrm{d}\boldsymbol{r}_2 \\ & \times \sum_{\sigma_1 \sigma_2} C_{n\sigma_1}^{+}(\boldsymbol{R}_l) C_{n'\sigma_2}(\boldsymbol{R}_l) C_{n'\sigma_2}^{+}(\boldsymbol{R}_m) C_{n'\sigma_1}(\boldsymbol{R}_m), \end{aligned}$$

令

$$\begin{aligned} J_{nn'}(\boldsymbol{R}_l \boldsymbol{R}_m) = & \iint \omega_n^*(\boldsymbol{r}_1 - \boldsymbol{R}_l) \omega_n^*{}'(\boldsymbol{r}_2 - \boldsymbol{R}_m) \\ & \times \frac{e^2}{r_{12}} \omega_{n'}(\boldsymbol{r}_1 - \boldsymbol{R}_m) \times \omega_n(\boldsymbol{r}_2 - \boldsymbol{R}_l) \mathrm{d}\boldsymbol{r}_1 \mathrm{d}\boldsymbol{r}_2, \end{aligned} \tag{3.49}$$

考虑到费米算符和自旋算符之间的关系

$$\left.\begin{aligned} & \frac{1}{2}[C_{n+}^{+}(\boldsymbol{R}_l) C_{n+}(\boldsymbol{R}_l) - C_{n-}^{+}(\boldsymbol{R}_l) C_{n-}(\boldsymbol{R}_l)] = S_n^z(\boldsymbol{R}_l), \\ & C_{n+}^{+}(\boldsymbol{R}_l) C_{n-}(\boldsymbol{R}_l) = S_n^{+}(\boldsymbol{R}_l), \\ & C_{n-}^{+}(\boldsymbol{R}_l) C_{n+}(\boldsymbol{R}_l) = S_n^{-}(\boldsymbol{R}_l), \end{aligned}\right\} \tag{3.50}$$

因此，$\sum\limits_{\sigma_1, \sigma_2}$ 项可写成

$$\begin{aligned} & \frac{1}{2}[C_{n+}^{+}(\boldsymbol{R}_l) C_{n+}(\boldsymbol{R}_l) + C_{n-}^{+}(\boldsymbol{R}_l) C_{n-}(\boldsymbol{R}_l)] \\ & \times [C_{n'+}^{+}(\boldsymbol{R}_m) C_{n'+}(\boldsymbol{R}_m) + C_{n'-}^{+}(\boldsymbol{R}_m) C_{n'-}(\boldsymbol{R}_m)] \\ & + \frac{1}{2}[C_{n+}^{+}(\boldsymbol{R}_l) C_{n+}(\boldsymbol{R}_l) - C_{n-}^{+}(\boldsymbol{R}_l) C_{n-}(\boldsymbol{R}_l)] \\ & \times [C_{n'+}^{+}(\boldsymbol{R}_m) C_{n'+}(\boldsymbol{R}_m) - C_{n'-}^{+}(\boldsymbol{R}_m) C_{n'-}(\boldsymbol{R}_m)] \\ & + C_{n+}^{+}(\boldsymbol{R}_l) C_{n'-}(\boldsymbol{R}_l) C_{n'-}^{+}(\boldsymbol{R}_m) C_{n'+}(\boldsymbol{R}_m) \\ & + C_{n-}^{+}(\boldsymbol{R}_l) C_{n+}(\boldsymbol{R}_l) C_{n'+}^{+}(\boldsymbol{R}_m) C_{n'-}(\boldsymbol{R}_m) \\ = & \frac{1}{2} + 2 S_n^z(\boldsymbol{R}_l) S_{n'}^z(\boldsymbol{R}_m) + S_n^{+}(\boldsymbol{R}_l) S_{n'}^{-}(\boldsymbol{R}_m) \\ & + S_n^{-}(\boldsymbol{R}_l) S_{n'}^{+}(\boldsymbol{R}_m) = \frac{1}{2} + 2 \boldsymbol{S}_n(\boldsymbol{R}_l) \cdot \boldsymbol{S}_{n'}(\boldsymbol{R}_m), \end{aligned}$$

由此得到

$$E^{(1)'}=-\frac{1}{2}\sum_{l,m}\sum_{nn'}J_{nn'}(\boldsymbol{R}_l\boldsymbol{R}_m)\left[\frac{1}{2}+2S_n(\boldsymbol{R}_l)S_{n'}(\boldsymbol{R}_m)\right]. \tag{3.51}$$

将式（3.47）和式（3.51）相加，可得一级微扰能

$$E^{(1)}=\frac{1}{2}\sum_{l,m}\sum_{nn'}\Big\{K_{nn'}(\boldsymbol{R}_l,\boldsymbol{R}_m)-J_{nn'}(\boldsymbol{R}_l\boldsymbol{R}_m)\times\left[\frac{1}{2}+2\boldsymbol{S}_n(\boldsymbol{R}_l)\cdot\boldsymbol{S}_{n'}(\boldsymbol{R}_m)\right]\Big\}. \tag{3.52}$$

式（3.52）中最后一项表示 R_l 位置上轨道态为 n 的电子自旋 $\boldsymbol{S}_n(\boldsymbol{R}_l)$ 与在 $\boldsymbol{R}_m$ 位置上轨道态为 n' 的电子自旋 $\boldsymbol{S}_{n'}(\boldsymbol{R}_m)$ 的交换作用项．如 $J_{nn'}<0$ 和 S_n，$S_{n'}$ 均为1/2，当两自旋取向为反平行时，则第二项为零，使 $E^{(1)}$ 变小，如两自旋取向平行时，第二项的作用使 $E^{(1)}$ 变大．由此可看出，形成反铁磁性自发磁化对体系的稳定是有利的．

（2）二级微扰．在一级微扰中得到的能量变化，只是反映基态情况下束缚电子之间相互作用时的结果，它并未考虑电子由 R_m 迁移到 R_l 时的能量变化．而在式（3.44）中的 $b_{m'}$ 项只有在二级微扰情况下才不为零．实际上，在式（3.44）中还有两项未计入，即各向异性交换作用项，为简单起见，就暂不讨论各向异性交换作用项的影响．

设一个电子由 R_l 位置的 n 轨道态迁移到 R_m 位置的离子上，并具有 n' 轨道态，这样，n' 轨道态中就有两个电子．因此，自旋的取向彼此反平行．我们用 $E(\uparrow\downarrow)$ 表示迁移后能量（即激发态的能量）的增加值，实际上它是库仑能，于是有

$$E(\uparrow\downarrow)=\iint|\omega_n(\boldsymbol{r}_1-\boldsymbol{R}_m)|^2\frac{e^2}{\boldsymbol{r}_{12}}|\omega_n(\boldsymbol{r}_2-\boldsymbol{R}_l)|^2\mathrm{d}\boldsymbol{r}_1\mathrm{d}\boldsymbol{r}_2. \tag{3.53}$$

二级微扰能

$$\begin{aligned}E^{(2)}&=\left|\int\psi^*(\boldsymbol{r}-\boldsymbol{R}_l)V(\boldsymbol{r})\psi(\boldsymbol{r}-\boldsymbol{R}_m)\mathrm{d}\boldsymbol{r}\right|^2\Big/(E_n'-E_n)\\&=\sum_{l,m}\sum_{n,n'}\Big|\int[\omega_n^*(\boldsymbol{r}-\boldsymbol{R}_l)C_{n+}^+(\boldsymbol{R}_l)\\&\quad+\omega_n^*(\boldsymbol{r}-\boldsymbol{R}_l)C_{n-}^+(\boldsymbol{R}_l)]V(\boldsymbol{r})[\omega_{n'}(\boldsymbol{r}-\boldsymbol{R}_m)C_{n+}(\boldsymbol{R}_m)\\&\quad+\omega_{n'}(\boldsymbol{r}-\boldsymbol{R}_m)C_{n'-}(\boldsymbol{R}_m)]\mathrm{d}\boldsymbol{r}\Big|^2/(E_{n'}-E_n)\\&=\sum_{l,m}\sum_{n,n'}\frac{|\langle n|V(\boldsymbol{r})|n'\rangle|^2}{E_n'-E_n}[C_{n+}^+(\boldsymbol{R}_l)C_{n'+}(\boldsymbol{R}_m)\\&\quad+C_{n-}^+(\boldsymbol{R}_l)C_{n'-}(\boldsymbol{R}_m)][C_{n+}^+(\boldsymbol{R}_l)C_{n'+}(\boldsymbol{R}_m)\\&\quad+C_{n-}^+(\boldsymbol{R}_l)C_{n'-}(\boldsymbol{R}_m)]\\&=-\sum_{l,m}\sum_{n,n'}\frac{|b_{m'}|^2}{E_n'-E_n}\sum_{\sigma_1,\sigma_2}C_{n\sigma_1}^+(\boldsymbol{R}_l)C_{n'\sigma_1}(\boldsymbol{R}_m)C_{n'\sigma_2}^+(\boldsymbol{R}_m)C_{n\sigma_2}(\boldsymbol{R}_l),\end{aligned}$$

其中，$E_{n'}=E(\uparrow\downarrow)$，$E_n=0$；$\sum\limits_{\sigma_1\sigma_2}$ 的累加有四项

$$\begin{aligned}\sum_{\sigma_1,\sigma_2} = & C_{n+}^{+}(\boldsymbol{R}_l)C_{n'+}(\boldsymbol{R}_m)C_{n'+}^{+}(\boldsymbol{R}_m)C_{n+}(\boldsymbol{R}_l) \\ & +C_{n-}^{+}(\boldsymbol{R}_l)C_{n'-}(\boldsymbol{R}_m)C_{n'-}^{+}(\boldsymbol{R}_m)C_{n-}(\boldsymbol{R}_l) \\ & +C_{n+}^{+}(\boldsymbol{R}_l)C_{n'-}(\boldsymbol{R}_m)C_{n'-}^{+}(\boldsymbol{R}_m)C_{n+}(\boldsymbol{R}_l) \\ & +C_{n-}^{+}(\boldsymbol{R}_l)C_{n'+}(\boldsymbol{R}_m)C_{n'-}^{+}(\boldsymbol{R}_m)C_{n-}(\boldsymbol{R}_l).\end{aligned}$$

考虑费米算符的对易关系

$$\begin{aligned}& C_{i\sigma_1}^{+}C_{j\sigma_2}+C_{j\sigma_2}C_{i\sigma_1}^{+}=\delta_{ij}\delta_{\sigma_1\sigma_2}, \\ & C_{i\sigma_1}^{+}C_{j\sigma_2}^{+}+C_{j\sigma_2}^{+}C_{i\sigma_1}^{+}=0, \\ & C_{i\sigma_1}C_{j\sigma_2}+C_{j\sigma_2}C_{i\sigma_1}=0,\end{aligned}$$

以及式(3.50)的关系．$\sum\limits_{\sigma_1,\sigma_2}$ 的累加项可以改写成

$$\begin{aligned}\sum_{\sigma_1,\sigma_2} = & [C_{n+}^{+}(\boldsymbol{R}_l)C_{n+}(\boldsymbol{R}_l)+C_{n-}^{+}(\boldsymbol{R}_l)C_{n-}(\boldsymbol{R}_l)] \\ & \times[C_{n'+}(\boldsymbol{R}_m)C_{n'+}^{+}(\boldsymbol{R}_m)+C_{n'-}(\boldsymbol{R}_m)C_{n'}^{+}(\boldsymbol{R}_m)] \\ & -C_{n+}^{+}(\boldsymbol{R}_l)C_{n+}(\boldsymbol{R}_l)C_{n'-}(\boldsymbol{R}_m)C_{n'-}^{+}(\boldsymbol{R}_m) \\ & -C_{n-}^{+}(\boldsymbol{R}_l)C_{n-}(\boldsymbol{R}_l)C_{n'+}(\boldsymbol{R}_m)C_{n'+}^{+}(\boldsymbol{R}_m) \\ & -C_{n+}^{+}(\boldsymbol{R}_l)C_{n-}(\boldsymbol{R}_l)C_{n'-}^{+}(\boldsymbol{R}_m)C_{n'+}(\boldsymbol{R}_m) \\ & -C_{n-}^{+}(\boldsymbol{R}_l)C_{n+}(\boldsymbol{R}_l)C_{n'+}^{+}(\boldsymbol{R}_m)C_{n-}(\boldsymbol{R}_m) \\ = & [C_{n+}^{+}(\boldsymbol{R}_l)C_{n+}(\boldsymbol{R}_l)+C_{n-}^{+}(\boldsymbol{R}_l)C_{n-}(\boldsymbol{R}_l)] \\ & \times\left\{\left[\frac{1}{2}C_{n'+}(\boldsymbol{R}_m)C_{n'+}^{+}(\boldsymbol{R}_m)+\frac{1}{2}C_{n'-}(\boldsymbol{R}_m)C_{n'-}^{+}(\boldsymbol{R}_m)\right]\right. \\ & \left.+\left[\frac{1}{2}-\frac{1}{2}C_{n'+}^{+}(\boldsymbol{R}_m)C_{n'+}(\boldsymbol{R}_m)+\frac{1}{2}-\frac{1}{2}C_{n'-}^{+}(\boldsymbol{R}_m)C_{n'-}(\boldsymbol{R}_m)\right]\right\} \\ & +C_{n+}^{+}(\boldsymbol{R}_l)C_{n+}(\boldsymbol{R}_l)C_{n'-}^{+}(\boldsymbol{R}_m)C_{n'-}(\boldsymbol{R}_m) \\ & +C_{n-}^{+}(\boldsymbol{R}_l)C_{n-}(\boldsymbol{R}_l)C_{n'+}^{+}(\boldsymbol{R}_m)C_{n'+}(\boldsymbol{R}_m) \\ & -S_{n}^{+}(\boldsymbol{R}_l)S_{n'}^{-}(\boldsymbol{R}_m)-S_{n}^{-}(\boldsymbol{R}_l)S_{n'}^{+}(\boldsymbol{R}_m) \\ = & [C_{n+}^{+}(\boldsymbol{R}_l)C_{n+}(\boldsymbol{R}_l)+C_{n-}^{+}(\boldsymbol{R}_l)C_{n-}(\boldsymbol{R}_l)] \\ & -\frac{1}{2}[C_{n+}^{+}(\boldsymbol{R}_l)C_{n+}(\boldsymbol{R}_l)+C_{n-}^{+}(\boldsymbol{R}_l)C_{n-}(\boldsymbol{R}_l)] \\ & \times[C_{n'+}^{+}(\boldsymbol{R}_m)C_{n'+}(\boldsymbol{R}_m)+C_{n'-}^{+}(\boldsymbol{R}_m)C_{n'-}(\boldsymbol{R}_m)] \\ & -\frac{1}{2}[C_{n+}^{+}(\boldsymbol{R}_l)C_{n+}(\boldsymbol{R}_l)+C_{n-}^{+}(\boldsymbol{R}_l)C_{n-}(\boldsymbol{R}_l)] \\ & \times[C_{n'+}^{+}(\boldsymbol{R}_m)C_{n'+}(\boldsymbol{R}_m)+C_{n'-}^{+}(\boldsymbol{R}_m)C_{n'}(\boldsymbol{R}_m)] \\ & -S_{n}^{+}(\boldsymbol{R}_l)S_{n'}^{-}(\boldsymbol{R}_m)-S_{n}^{-}(\boldsymbol{R}_l)S_{n'}^{+}(\boldsymbol{R}_m)\end{aligned}$$

$$=(n_{+}+n_{-})-\frac{1}{2}(n_{+}+n_{-})(n'_{+}+n'_{-})-2S_n^z(\boldsymbol{R}_l)S_{n'}(\boldsymbol{R}_m)$$

$$-S_n^{+}(\boldsymbol{R}_l)S_{n'}^{-}(\boldsymbol{R}_m)-S_n^{-}(\boldsymbol{R}_l)S_{n'}^{+}(\boldsymbol{R}_m)$$

$$=\frac{1}{2}-2\boldsymbol{S}_n(\boldsymbol{R}_l)\cdot\boldsymbol{S}_{n'}(\boldsymbol{R}_m).$$

最后

$$E^{(2)}=-\sum_{l,m}\sum_{n,n'}\frac{|b_{nn'}(\boldsymbol{R}_m-\boldsymbol{R}_l)|^2}{E(\uparrow\downarrow)}\left[\frac{1}{2}-2\boldsymbol{S}_n(\boldsymbol{R}_l)\cdot\boldsymbol{S}_{n'}(\boldsymbol{R}_m)\right].\tag{3.54}$$

整个体系的能量变化

$$\Delta E=E^{(1)}+E^{(2)}$$

$$=\sum_{l,m}\sum_{n,n'}\left\{\frac{1}{2}K_{nn'}(\boldsymbol{R}_l,\boldsymbol{R}_m)-\frac{1}{2}\frac{b_{nn'}^2}{E(\uparrow\downarrow)}-\frac{1}{4}J'_{nn'}\right.$$

$$\left.+\left[\frac{2b_{nn'}^2}{E(\uparrow\downarrow)}-J_{nn'}(\boldsymbol{R}_l\boldsymbol{R}_m)\right]\boldsymbol{S}_n(\boldsymbol{R}_l)\boldsymbol{S}_{n'}(\boldsymbol{R}_m)\right\}$$

$$=\sum_{l,m}\sum_{n,n'}\left[\frac{2b_{nn'}^2}{E(\uparrow\downarrow)}-J_{nn'}(\boldsymbol{R}_l\boldsymbol{R}_m)\right]\boldsymbol{S}_n(\boldsymbol{R}_l)\cdot\boldsymbol{S}_n'(\boldsymbol{R}_m)+\text{常数}.$$

如只考虑四电子体系的能量变化，实际上是 R_l 和 R_m 两位置上的磁离子对的相互作用，则和自旋取向有关的能量变化为

$$\Delta E=\sum_{nn'}\left[\frac{4|b_{nn'}(\boldsymbol{R}_m-\boldsymbol{R}_l)|^2}{E(\uparrow\downarrow)}-2J_{nn'}(\boldsymbol{R}_l,\boldsymbol{R}_m)\right]\boldsymbol{S}_n(\boldsymbol{R}_l)\cdot\boldsymbol{S}_n'(\boldsymbol{R}_m).$$

将 S_n，$S_{n'}$ 表示成各磁离子的总自旋

$$S_n(\boldsymbol{R}_l)=\frac{1}{2S}S(\boldsymbol{R}_l),\quad S_{n'}(\boldsymbol{R}_m)=\frac{1}{2S}S(\boldsymbol{R}_m),$$

则在 $\boldsymbol{R}_l$ 和 $\boldsymbol{R}_m$ 位置上的自旋之间各向同性间接交换作用模型的表示为

$$\hat{\mathscr{H}}_{\text{ex}}=-2A_{\text{间接}}(\boldsymbol{R}_l\boldsymbol{R}_m)\boldsymbol{S}(\boldsymbol{R}_l)\cdot\boldsymbol{S}(\boldsymbol{R}_m),\tag{3.55}$$

$$A_{\text{间接}}=-\frac{1}{(2S)^2}\sum_{nn'}\left[\frac{2|b_{nn'}(\boldsymbol{R}_m-\boldsymbol{R}_l)|^2}{E(\uparrow\downarrow)}-J_{nn'}(\boldsymbol{R}_l,\boldsymbol{R}_m)\right].\tag{3.56}$$

在未半满 d 壳层的情况下，$\sum_{nn'}$ 是对被占据在轨道中的电子态求和，如 d 壳层已属半满以上，则 $\sum_{nn'}$ 是对被占据的轨道态求和．从电子迁移的几率来看，它们是由 p 轨道和 d 轨道的叠加程度决定．如图 3.6 所示，对于 Mn^{+} 和 Mn^{+} 连接线(通过氧) 成 180°的情况，迁移几率较大，90°的情况迁移几率较小，因此可以得到 180°键角情况的间接交换作用占主导地位的结论．

根据上述结果，可以认为奈尔点 T_N 与 180°$A_{\text{间接}}$成正比．如令 180°的交换作

用积分 $A_{间接}=A_2$，90°的交换作用积分 $A_{间接}=A_1$，对于任意 Mn^{2+} 为中心的作用共有 $6A_2$ 和 $12A_1$（只考虑最近的 180°作用），则

$$T_N=\frac{12A_2S(S+1)}{3k},$$

$$\theta=\frac{12(2A_1+A_2)S(S+1)}{3k}.$$

由此两式，从实验结果可以估计出 A_1 和 A_2 的大小[24]. 表 3.1 列出一些反铁磁体的结果（引自文献 [25，26，64]）.

表 3.1　一些反铁磁物质的交换作用估计值

化合物	T_N/K	$-\theta$/K	$-2A_1$/K	$-2A_2$/K
MnO	116	610	7.2	3.5
			14.0	14.0
			3.83	3.87
FeO	198	570	7.8	8.2
CoO	292	330	1.0	20
			6.9	21.6
			1.01	16.64
NiO	523	3000	150	95
		1310	50	85
α-MnS	154	465	4.41	4.5
			7.0	12.5
β-MnS	155	982	10.5	7.2

3.3.4　交换作用的半经验规则

由于 3d 电子波函数的对称性，以及晶场的作用，p 电子迁移到 3d 轨道的可能性和 p-d 电子交换积分 J(p，d) 正或负的情况有一些变化（这一点在安德森理论中并未充分考虑）. 戈登纳夫（Goodenough）等[19]和金森（Kanamori）[20]考虑到晶体的对称性及其配位场的性质，研究了不同情况下间接交换作用的特点，总结出了一些经验规律. 据此可以定性地解释某些金属化合物的交换作用和磁性.

由于许多化合物具有立方结构或含有八面体或四面体配位，因此，下面讨论立方晶场作用. 金属离子的 3d 电子在晶场作用下，由五重简并分裂成二重简并态 Γ_3 和三重简并态 Γ_5（见 1.5 节），分别用 $d\gamma(e_g)$ 和 $d\varepsilon(t_{2g})$ 表示. 如以过渡金属氧化物为例，金属离子记为 M^{2+}，氧离子为 O^{2-}. 根据离子的配位和电子轨道的对称性，3d 电子和 p 电子的组合态有的是正交的，有的是非正交. 具体来说，$d\gamma$ 态与 $p_\sigma(p_z)$ 态的组合可能是非正交，$d\varepsilon$ 态与 $p_\pi(p_x，p_y)$ 态的组合也可能是非正交. 图 3.6 示出了 180° 3d-p 轨道非正交混合可能的情况. 因为波函数正交使混合不存在，一般迁移过程的几率非常小，故间接交换作用很弱而不再考

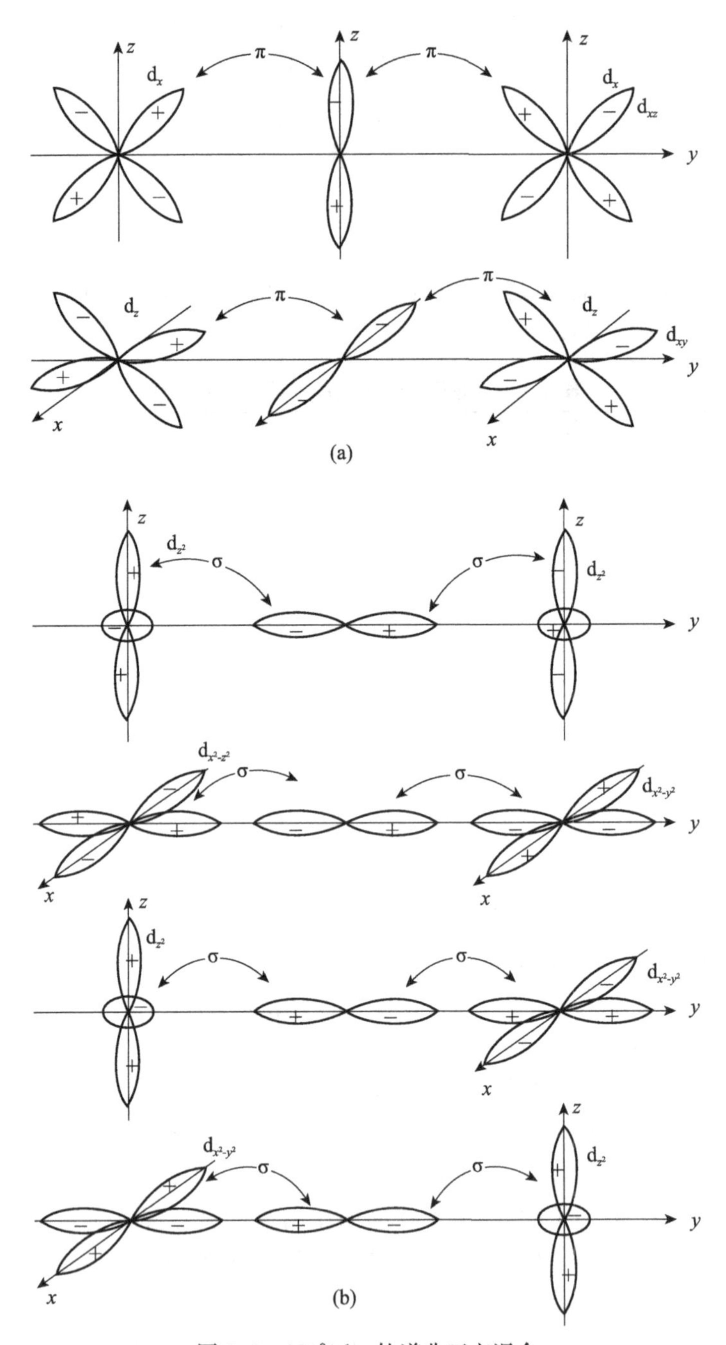

图 3.6　180°3d-p 轨道非正交混合

(a) dε 是 d_{xy}，d_{yz}，d_{zx} 三种电子轨道态的习惯表示，在立方晶场中为三重简并态，用 t_{2g} 表示；

(b) dγ 是 d_{z^2}，$d_{x^2-y^2}$ 两种 d 电子轨道态的习惯表示，为二重简并态，用 ε_g 表示

虑．在非正交混合情况下，交换积分 J(p，d）一般为负值．这样，正好得到了前面所给出的结果，即 MnO 是反铁磁性的．对于未半满的 3d 壳层情况就得出铁磁性的结果．但是实际上并不那么简单，戈登纳夫指出，不同的键合得到的交换作用强弱不同，并给出三种交换作用机制．图 3.7 给出了八面体位置上金属离子之间通过近邻氧离子形成 180°间接交换作用的综合结果．从图中可以看到，有三种不同情况的 d 电子组态，有两种 p 电子轨道态和两种间接交换作用．安德森将这些键合作用看成离子键来处理，而戈登纳夫把它们看成共价键结合，由于氧和金属离子之间只有一个电子参与耦合，所以称为半共价键交换作用．根据具体耦合情况又分为如下三种情况：

（1）关联间接交换作用．主要考虑到阴离子 p 轨道有两个电子分别与两边的阳离子的 d 轨道同时形成键合．不同的情况给出不同的磁性，对于图 3.7 中情况 (a)，一个 pσ 电子自旋与阳离子 3d 电子自旋成反平行耦合，它们都遵从洪德法则．另一个电子同时与另一边的阳离子的电子形成键合（即 p-d 交换作用）．因都是反平行排列，所以使阳离子之间成反铁磁耦合．pπ 电子的迁移也给出相似的结果，但反铁磁性耦合较弱．对于情况（b），pσ 电子迁移到 dγ 轨道，另一个电子的自旋和 dε 态的电子自旋成平行耦合；这样，使阳离子之间形成反铁磁性耦合，但比较情况（a）要弱一些．pπ 电子迁移过程和键合与情况（a）相似．对于情况（c），两个 pσ 电子与两边的阳离子中 3d 电子分别形成反平行和平行耦合，所以使阳离子之间的耦合呈铁磁性的．pπ 电子与阳离子中 3d 电子形成反铁磁性耦合，但比较弱，所以总合起来是铁磁性的．

（2）去局域化间接交换作用，其特点是假定一个 3d 电子从一个阳离子漂移到另一个阳离子去．因为共价使 d 轨道扩展到阴离子，迁移积分 b 非常灵敏地依赖于共价键的大小．实际上阳离子之间不存在轨道交叠，所以 b 与阳离子和阴离子的电子轨道交叠的平方成比例．这样，对图 3.7 情况（a）可以估算出半满 dγ 轨道是比较强的反铁磁耦合，对于 dε 轨道就比较弱．情况（b）只有 pπ 键合，所以是弱反铁磁耦合．情况（c）是半满 dγ 轨道和空 dγ 轨道的间接交换作用，导致调制的铁磁性耦合，同时 π 键是弱反铁磁性耦合．

（3）极化效应，这是指阴离子轨道的极化．因贡献很小，这里就不详细讨论，也没有综合在图 3.7 中反映出来．

总结上述情况，可以说明一些化合物的磁性，情况（a）的实例有 $LaFeO_3$，情况（b）的实例有 $LaCrO_3$，情况（c）的实例有 $La(Cr_{0.5}Fe_{0.5})O_3$，具有弱铁磁性．

往往在一些化合物中，90°间接交换作用占很重要的地位．戈登纳夫给出了四种情况下不同交换作用的结果，具体如图 3.8 所示．

对于去局域化间接交换作用机制，金属离子的 3d 轨道有三种可能的耦合．对八面体位置中具有公共棱边的两个近邻金属离子的 dε 轨道直接交叠的可能性较大．阴离子的媒介作用相对要小，但是 dε-dε 电子的迁移积分却与阳离子间距

外层电子轨道结构	关联间接交换作用		非局域化间接交换作用		总合	强度估计/K
	pσ	pπ	pσ	pπ		
(a) d^5 e_g t_{2g} pπ pσ d^5	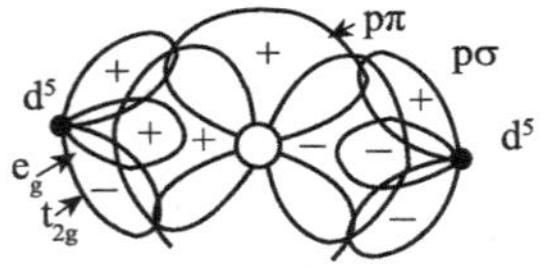 强 ↑↓	弱 ↑↓	强 ↑↓	强 ↑↓	↑↓	~750
(b)* d^5 d^3	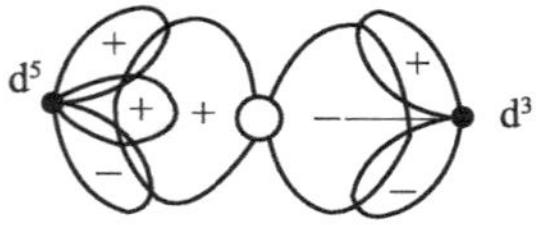 弱→可变 ↑↓	弱 ↑↓	—	弱 ↑↓	↑↓	⩽30
(c)* d^3 d^3	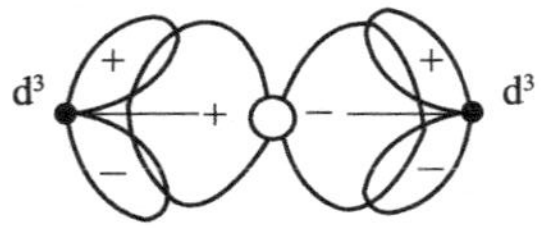 可变 ↑↑	弱 ↑↓	可变 ↑↓	弱 ↑↓	↑↑	~400

* pπ 轨道在（b），（c）情况中未画出

图3.7　180° 间接交换作用的三种电子组态耦合情况，pπ轨道在（b），（c）情况下未画出（文献[32a]中图42）

情况	外层电子组态	非局域间接交换作用			关联间接交换作用			总　合	
		$t_{2g}-t_{2g}$	e_g-t_{2g}	e_g-e_g	通过s	通过pσ, pπ	通过pσ, pσ′	氧化物	氯化物
#1	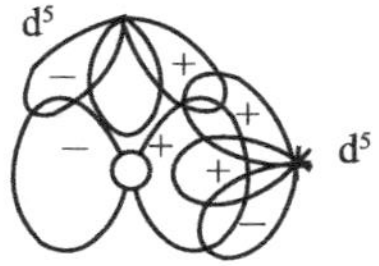 d^5 d^5	↑↓	↑↓	↑↓	↑↓	↑↓	[↑↑]	↑↓ ~200K	↑↓ ~50K
#2	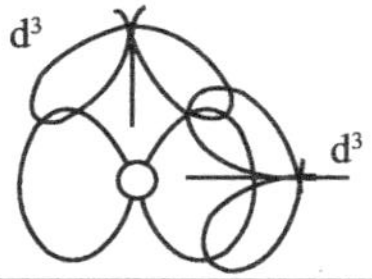 d^3 d^3	↑↓	[↑↑]	–	↑↓	[↑↑]	[[↑↑]]⁻	↑↓ ~300K	↑↑ ~50K
#3	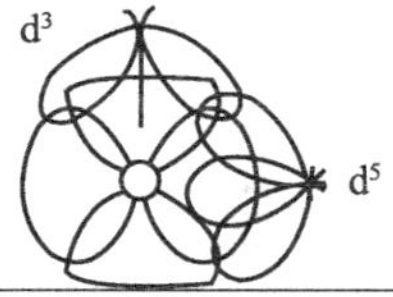 d^3 d^5	↑↓	(↑↓)	[↑↑]	↑↑	(↑↓)	[[↑↓]]	↑↓ ~100K	?
#4	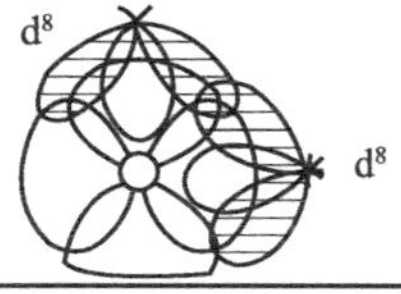 d^8 d^8	–	[↑↑]	↑↓	↑↓	–	[↑↑]	↑↓ 和 ↑↑	↑↓ ~50K

图3.8　90° 间接交换作用的四种电子组态耦合情况（文献[32a]中图43）

关系十分灵敏，因而很难准确估算．对于 dγ 轨道之间的 90°交换作用必须通过阴离子的 p 轨道，但很弱．在强 180°交换作用情况下，它会得到增强．

90°的情况下关联间接交换作用也分三种结果：①阴离子中两个 s 电子与同轨道的两个 p 电子分别与 3d 电子耦合，形成 pσ 和 pπ 两种结果；②两个 s 电子和不同轨道上的两个 p 电子与 3d 电子耦合，形成 pσ 结果．对于前两种情况，其结果与 180°耦合作用相似，只不过是 s 电子与 dγ，p 电子与 dε 耦合，或者 p 电子与 dε 和 dγ 耦合．s 电子产生的耦合作用很弱．第三种情况也只能给出较弱的耦合作用．

图 3.8 示出了三种 90°关联间接交换作用和 3d 轨道半满情况的作用结果，并与非局域间接交换作用的结果作了对比．实际是四种电子组态的耦合情况．由于氧化物的金属离子间距较小于氧化物，以致在 dε 轨道半满时，在氧化物中 90°间接交换作用占主导地位，这样一来，NiO 就成了铁磁性．由于还要考虑 180°间接交换作用的强弱，NiO 最终是反铁磁性的，而 $NiTiO_3$ 是铁磁性的．同时可以用这个半经验规律说明 $CrCl_2$，VCl_2 具有铁磁性．

对于 CrO_2，Cr_2O_3 等磁性的特点，还必须结合其晶体结构的特点用上述原则来进行分析，这里就不再赘述，还有许多化合物的磁性的分析可参看戈登纳夫[32a]和其他的专著[27]．

3.3.5 亚铁磁性物质的间接交换作用

前面以 MnO 为例详细地讨论了反铁磁性的起因，并且还讨论了戈登纳夫和金森的半经验规则．反铁磁性物质的磁性很弱，主要是在不同位置上金属离子都具有相同的磁距，在彼此反平行排列的情况下，磁性互相抵消了．在亚铁磁性物质中，由于不同位置上金属离子磁矩不相等，或是磁矩相等但各种次晶格的数目不等（例如，铁氧体中 B 位比 A 位数目多一倍），一个分子式的合磁矩不等于零．亚铁磁性物质的典型代表是尖晶石型铁氧体．在这种晶体中，金属离子分别处于四面体（A 位）和八面体（B 位）内，并且其最近邻都是氧离子（参看图 3.9）．因此，存在三种间接交换作用（如在 A，B 位上的金属离子都具有磁矩）：A-A；B-B；A-B. 根据波函数的对称性和上述讨论的规则，间接交换作用的强弱取决于两个主要因素：一是两离子间的距离（金属离子和氧离子为主，以及金属离子之间的距离）和金属离子之间通过氧离子所组成的键角 ϕ；二是金属离子 3d 电子数目及其轨道组态．前者对 p 电子的迁移和 p-d 电子的直接交换作用有很大影响；由于电子组态及其填充的不同，p 电子迁移几率和交换作用的强弱有很大的差别．例如，B 位中以 Fe^{3+} 为主的铁氧体就具有较高的居里点，而 B 位中以 Cr^{3+} 为主的铬氧体的居里点就比较低．表 3.2 列出了各种尖晶石结构的亚铁磁性物质的居里点．从表上可以看出，铁氧体的居里点较高，而其他的物质的居里点较低．这种差别可以根据上面的理论原则给出定性的说明．

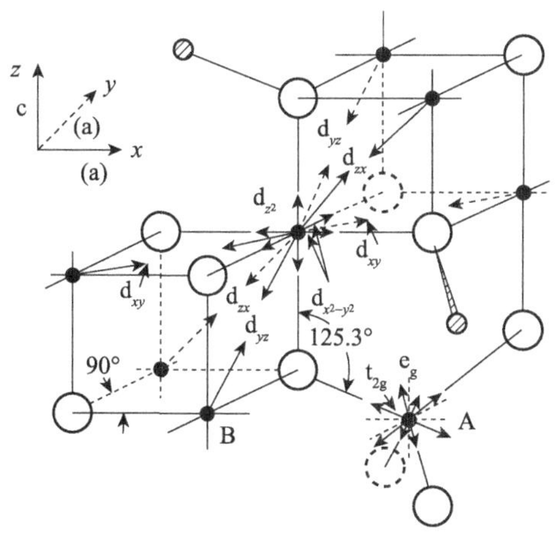

图 3.9　金属离子及其 d 轨道在 A，B 位的情况

○—氧，●—B 位（取自文献［32a］图 45）

表 3.2　一些尖晶石结构的亚铁磁材料的居里点

亚铁磁材料	T_c/K	亚铁磁材料	T_c/K	亚铁磁材料	T_c/K
$FeFe_2O_4$	858	$FeCr_2O_4$	90	MnV_2O_4	56
$CoFe_2O_4$	790	$CoCr_2O_4$	100	FeV_2O_4	110
$NiFe_2O_4$	858	$NiCr_2O_4$	70	$CoCo_2O_4$	4
$CuFe_2O_4$	763			$MnMn_2O_4$	43
$MnFe_2O_4$	573	$MnCr_2O_4$	55	$CoMn_2O_4$	85
γ-Fe_2O_3	856	Mn［$Fe_{0.5}Cr_{1.5}$］O_4	378	$ZnFe_2O_4$	$T_N=9$
$Li_{0.5}Fe_{2.5}O_4$	940	Fe［NiCr］O_4	570	$ZnCr_2O_4$	$T_N=15$
$MgFe_2O_4$	710	$ZnMn_2O_4$	$T_N=200$	$ZnCr_2S_4$	顺磁性

根据尖晶石结构的特点．金属离子之间的距离和键角有五类（只考虑近邻），如图 3.10 所示，其中（a）和（c）两种耦合情况的作用比较强，即 A-O-B 和 B-O-B 作用，相应的 $\phi=125°9'$，90°．我们先来讨论铁氧体的各种作用的强弱．

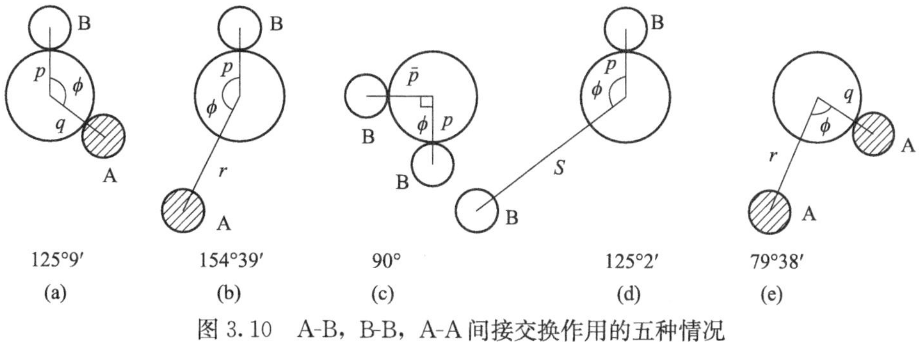

图 3.10　A-B，B-B，A-A 间接交换作用的五种情况

$q=\frac{\sqrt{3}}{8}a$，$S=\frac{\sqrt{3}}{4}a$，$r=\frac{\sqrt{11}}{8}a$

从 3d 电子的数目和轨道态的对称性来看，由于 A，B 位上以 Fe 离子为主，电子的 $d\gamma$（e_g）和 $d\varepsilon$（t_{2g}）轨道态属于半满状态，这时通过 p 电子而形成 σ 和 π 键合比较有利，参看图 3.11. 由对称性可得 $\theta=135°$，这和真实的 A-B 耦合 125°比较接近．另外，从理论上来估计，迁移到 Fe^{3+} 中的电子所引起的能量增加也不多（即 $E(\uparrow\downarrow)$ 不大)，因而给出的交换积分比较大（参看式（3.34））．故在以铁为主的尖晶石氧化物中，A-B 间接交换作用比较强．对于 B-B 耦合情况，在 $\phi=90°$时可能存在直接交换作用，从图 3.12 所示出的共线关系中可看出，波函数有可能直接交叠，这样 B-B 就是铁磁性耦合．实际上，因为氧离子仍起到一定的间隔（即屏蔽）作用，故 B-B 仍是反铁磁性耦合．虽然 B-B 作用较强，但在更强的 A-B 作用影响下，B 位中离子磁矩都彼此平行排列，A-B 作用强，居里点比较高就不难理解了．

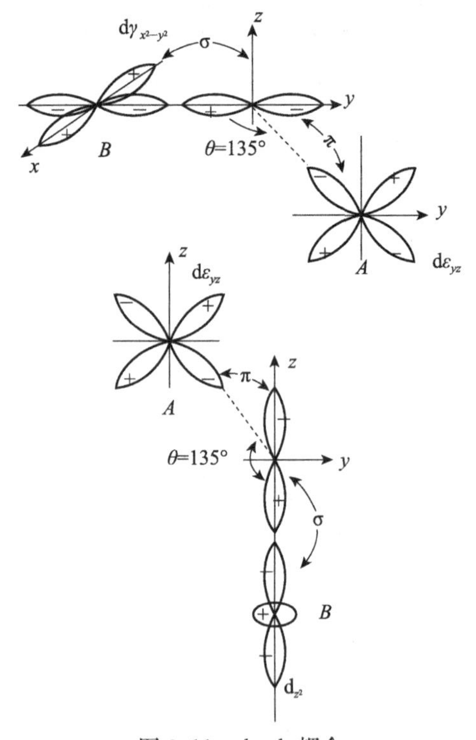

图 3.11 $d\gamma$-$d\varepsilon$ 耦合

对于以 Cr 为主的尖晶石氧化物来说，B 位被 Cr 占据．这样 $d\gamma$ 态是空的，因 Cr^{3+} 具有 $3d^3$ 电子态，导致 A-B 作用很弱，这一点从图 3.11 中可以看出，p 电子和 B 位中 3d 电子直接交换作用几率很小，因 $d\gamma$ 态没有电子．反过来，如 p 电子迁移到 B 位的 $d\gamma$ 态中，而与 A 位上 3d 中一个电子耦合，这种情况的几率比较小．关于 B-B 交换作用和图 3.8 中示出的情况 2 相似，它是反铁磁性的，但是仍比 A-B 交换作用强，相对 Fe 的情况要弱一些，所以居里点比较低．对于以

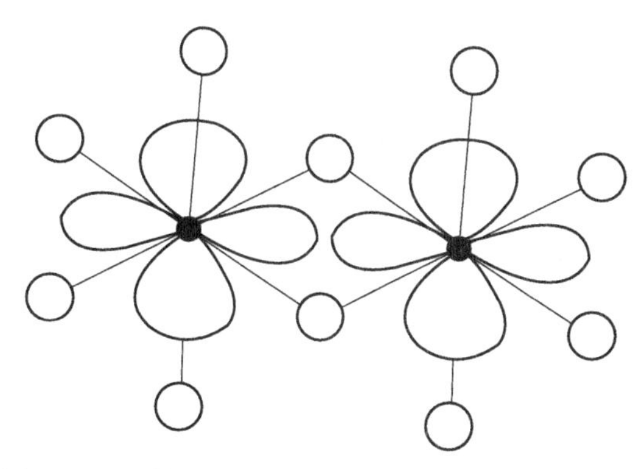

图3.12　B位之间dε轨道相互交叠的可能性示意图

● B位dε轨道态；○氧离子

V为主的尖晶石氧化物和Cr的类似．

在$MnMn_2O_4$中Mn^{3+}占B位，由于Mn^{3+}的作用使B位发生扬-特勒（Jahn-Teller）畸变，八面体在一个轴向伸长$\frac{c}{a}$（>1）．尽管A-B作用是反铁磁性耦合，但B-B作用也是反铁磁性的．另外，在（001）平面上存在各向异性，以[011]为易轴，这样就出现三角形磁结构，再因晶格常数$c_0 \approx 9.44$Å，$a_0 \approx 8.15$Å，使材料的居里点比较低[28]．

对于Co_3O_4情况，Co^{3+}在八面体中的电子组态为$d\varepsilon^6 d\gamma^0$，因此，Co^{3+}是抗磁性离子[29]．A-A作用很小，所以居里点非常低，至少在4.2K仍是顺磁性.

以上讨论的大多属于简单的情况，对于混合型铁氧体（如$Mn[Fe_{0.5}Cr_{1.5}]O_4$）也可以按上述定性分析得到说明．由于实际的材料比理论上所考虑的情况要复杂得多，所以不可能在定量上相符[29-31]．但在掌握了半经验规则后，对我们深入认识尖晶石结构、石榴石结构以及磁铅石结构的亚铁磁性物质的一些特性是很重要的.

3.3.6　钙钛矿结构氧化物和双交换作用

稀土锰氧化物$RMnO_3$（R为稀土元素）具有天然钙钛矿晶体结构[32]，一般情况下是非导体，并具有反铁磁性．当R被部分二价碱土金属替代后，形成$R_{1-x}A_xMnO_3$掺杂的稀土锰氧化物（A=Ca，Sr，Ba，Pb）．Jonker等[33]发现在低温下当掺杂浓度x在0.2～0.5时，这类氧化物同时具有铁磁性和金属性电导，即发生了反铁磁→铁磁性转变和非导体—导体性转变．这种转变可用双交换作用模型来解释．同时其结构也由低对称性向高对称性转变．这与扬-特勒（Jahn-Teller）效应的降低和消失有关．

20 世纪 90 年代中期，人们在掺杂钙钛矿氧化物中发现了庞磁电阻（colossal magnetoresistance，CMR），稍后又发现该氧化物具有半金属磁性材料的特征，因而对钙钛矿结构的掺杂稀土锰氧化物材料的电磁特性、庞磁电阻、半金属磁性的研究产生了很高积极性[34,35]．本节只讨论该氧化的电磁特性和产生的原因．有关半金属磁性的问题将在 5.4 节中讨论，庞磁电阻的问题请参看文献[36]．

3.3.6.1 稀土钙钛矿氧化物 $RMnO_3$ 的结构

对于稀土锰氧化物 $RMnO_3$，在理想情况下为立方结构（图 3.13）．由于锰在氧形成的八面体包围中，其 3d 电子能级因扬-特勒（Jahn-Teller）效应而分裂为 $t_{2g}(d\gamma)$ 和 $e_g(d\varepsilon)$ 两个能级，前者较低，被三个电子占据，后者被一个电子占据，其晶格结构也畸变为正交（orthorhombic）结构或菱面体（rhombohedral）结构，如图 3.14 所示的正交结构[32b]．

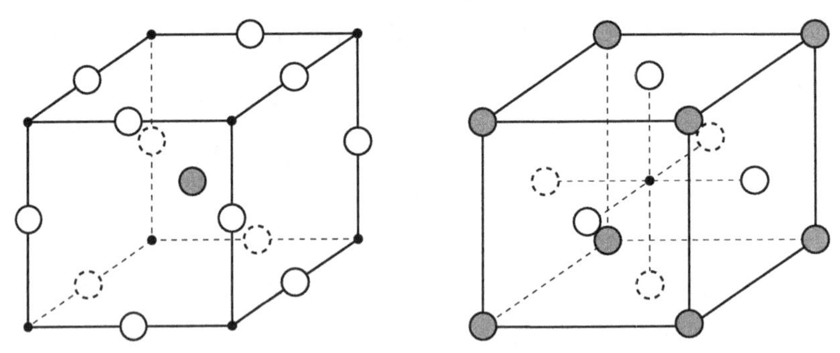

图 3.13 理想的 ABO_3 或 $RMnO_3$ 钙钛矿结构，其中●表示 A 离子，•表示 B 离子，○表示氧离子（取自文献［32a］中图 56 a）

由于 Jahn-Teller 效应，未掺杂的稀土锰氧化物多具有正交对称性（图 3.14），其 a，b，c 三个轴的尺度分别为 $(c/\sqrt{2})<a<b$. 对于 $LaMnO_3$，则有 $a=0.4060$，$b=0.43834$ 和 $(c/\sqrt{2})=0.3912$. 正交对称性可具有两种类型：一种是 O-正交结构（$a<c/\sqrt{2}$，b），另一种为 O′-正交结构（$c/\sqrt{2}<a$，b），$LaMnO_3$ 属于后一种．

在 $RMnO_3$ 氧化物中掺入 A（=Ca，Sr，Ba 等）二价碱土金属以后，形成 $La_{1-x}A_xMnO_3$ 稀土氧化物．这时有 x 分数的 Mn^{3+} 转变为 Mn^{4+}．由于出现四价锰离子，降低了 e_g 态的能量，使 Jahn-Teller 效应减小，从而晶体结构向高对称性转变，使 a 和 b 轴的差别缩小．随着 Mn^{4+} 含量（即掺杂量）增加，其结构由较低转变为较高对称变化，如图 3.15 所示．其中 R 为正交菱面体，T 为四方对称结构，C 为立方结构．

3.3.6.2 $LaMnO_3$ 掺杂后的电磁特性变化

对掺杂的 $La_{1-x}A_xMnO_3$ 的电磁性质研究发现，随着掺杂量 x 的增加，其导

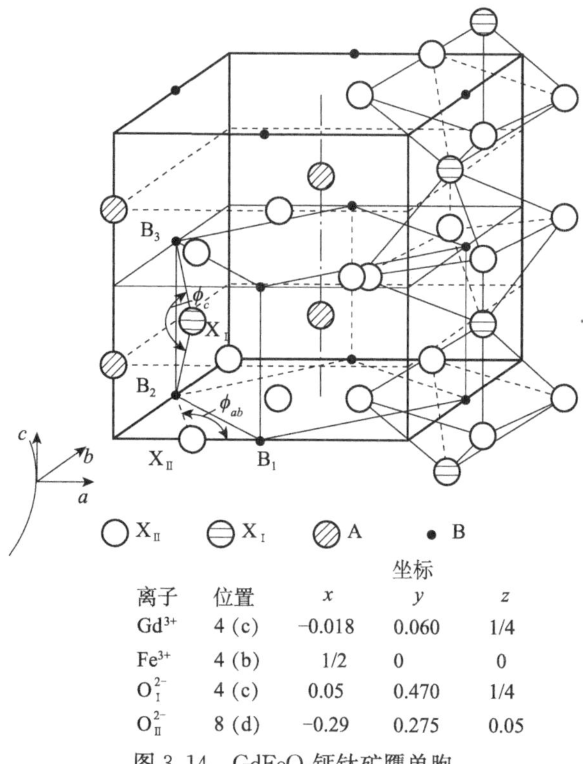

离子	位置	坐标 x	坐标 y	坐标 z
Gd^{3+}	4 (c)	−0.018	0.060	1/4
Fe^{3+}	4 (b)	1/2	0	0
O_{I}^{2-}	4 (c)	0.05	0.470	1/4
O_{II}^{2-}	8 (d)	−0.29	0.275	0.05

图 3.14 $GdFeO_3$钙钛矿赝单胞

典型的正交结构，各离子的位置如图所示．其中 $a=c=0.387$nm，$b=0.383$nm，由于 Gd 和 Fe 原子尺度均比 La 和 Mn 要小，所以晶格常数比 LaMnO 的小一些，在一个晶胞中有四个稀土离子，Gd^{3+} 占据 4(c) 位：分别是±(x，y，1/4；1/2−x，1/2+y，1/4)；Fe^{3+} 占据 4(b) 位：(1/2，0，1/2；0，1/2，0；0，1/2，1/2)；$O_I{}^{2-}$ 占位为 4(c)；$O_{II}{}^{2-}$ 占位为：±（x，y，z；1/2−x，1/2+y，1/2−z；x'，y'，1/2+z；1/2+x，1/2−y，z'），其中 x'，y'，z'为 x，y，z 的对称数值（图取自文献［32b］134 页图 5）

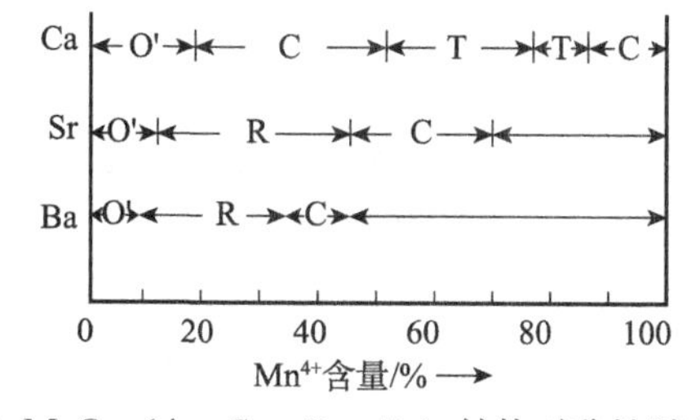

图 3.15 低温下 $La_{1-x}A_xMnO_3$（A=Ca，Sr，Ba）结构对称性随 Mn^{4+} 含量增加的变化[32b]

电特性由非导体向导体或半导体转变，在 $x \geqslant 0.2$ 变成导体，而在 $x \geqslant 0.5$ 以后又转变为非导体．图 3.16 给出了 $La_{1-x}Sr_xMnO_3$的电阻率在不同的掺杂量 x 情况下随温度变化的关系．

从图 3.16 (a) 中电阻率与掺杂量 x 的关系，可以得出在 $0.2 \leqslant x < 0.5$ 范围

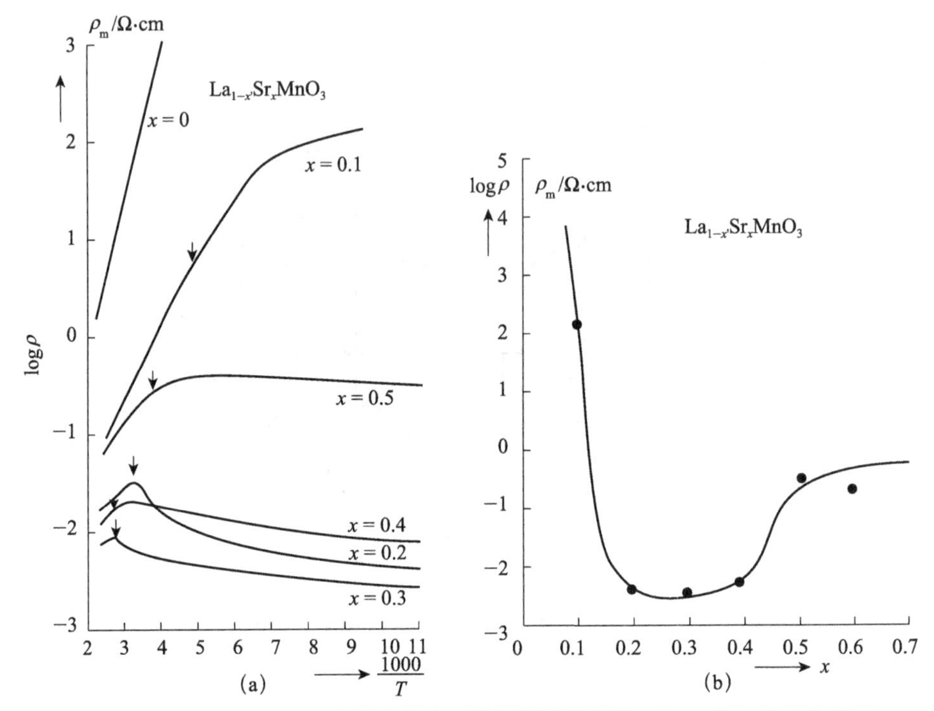

图 3.16 (a) $La_{1-x}Sr_xMnO_3$ 的电阻率对数随温度的倒数（1000/T）的变化关系，箭头指示的温度为晶体的居里温度；(b) 不同掺杂量对电阻率的影响

内晶体具有很高的导电率（图 3.16（b）），与一般金属的导电率相当．这就是适当掺杂的稀土锰氧化物具有金属性导电的基本特性[33]．

磁性测量结果显示出掺杂使该氧化物由反铁磁性转变为铁磁性的特性，当掺杂量超过一半时又发生铁磁性转变为反铁磁性的行为，具体如图 3.17 所示．在图中同时示出了电阻率随温度的变化，四个图给出了 x 分别为 0.15，0.175，0.20 和 0.30 的镧锶锰氧的磁化强度 M 和电阻率的实验值，同时标出了居里温度数值．

从图 3.17 可以看出，在居里温度附近，电阻率急剧随温度上升，并在居里温度处出现极大，之后电阻率随温度升高而下降．将电阻率极大值对应的温度记为 T_p，则 T_c 与 T_p 基本相等．将 Ca，Ba 或 Pb 等二价离子部分替代 Mn 三价离子，在实验上同样测量到反铁磁↔铁磁，非导体↔导体（或半导体）相互转变的特性，而且其转变温度 $T_c \approx T_p$.

从图 3.18 可以看到，在一定的掺杂量范围内，镧锰氧化合物的铁磁性出现的范围与金属导电的成分范围基本相同，即出现金属性电导的掺杂量范围基本一致．另外，在这个成分范围内，随着温度升高，磁性的转变温度 T_c 与金属性导电转变为非金属性导电的温度 T_p 基本一致．

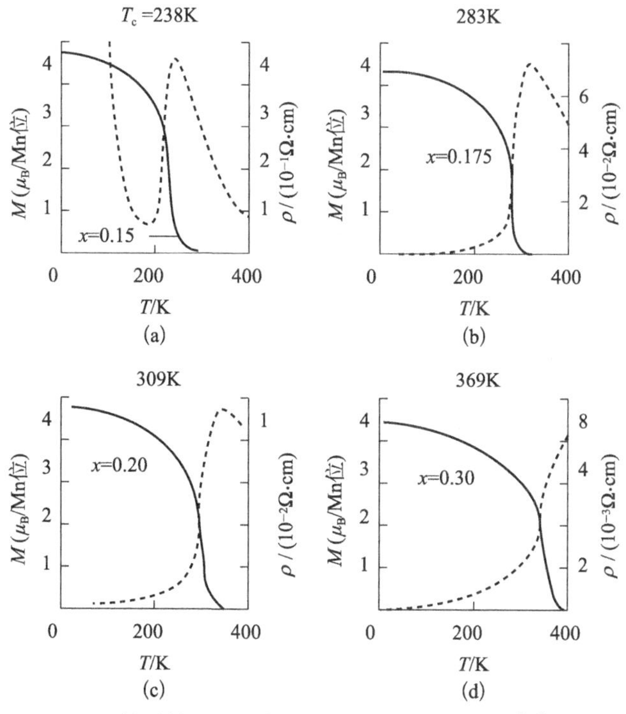

图 3.17　$La_{1-x}Sr_xMnO_3$的磁性和电阻率随温度变化的实验结果[37]，虚线表示 ρ 的变化

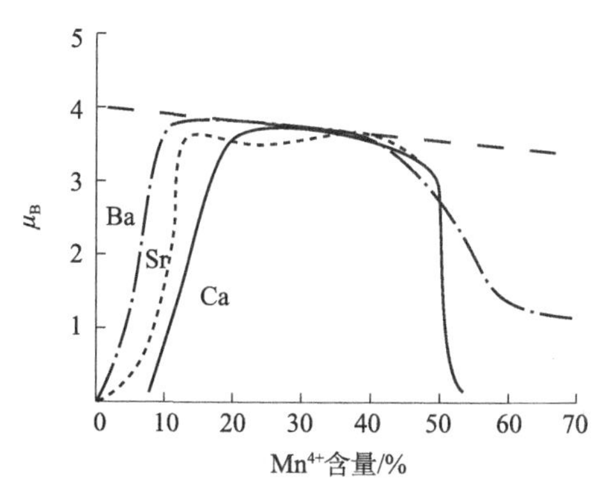

图 3.18　在 20K 温度下，$La_{1-x}A_xMnO_3$（A=Ca，Sr，Ba）的磁矩（以 Bohr 磁子 μ_B为单位）与 Mn^{4+} 含量的关系曲线（图取自文献［33］中第 239 页图 39）

3.3.6.3　双交换作用

总结以上对 $La_{1-x}T_xMnO_3$的电磁性能的实验结果，可以得出很重要的特性：适当地掺入二价碱土金属离子（为 $0.2\leqslant x<0.5$），可以使该化合物同时发生“非导体↔导体”和“反铁磁性↔铁磁性”转变．可以测出铁磁性的居里温度 T_c，而在 T_c 附近也必然发生电导率的急剧变化，使化合物由导体转变为非导体

(或半导体)．将此转变温度记为 T_p，则 $T_c \approx T_p$.

Jahn-Teller 效应对电导的影响

固体中晶场作用使 d 电子的五重简并态能级分裂为 e_g 和 t_{2g} 态，根据 1937 年 Jahn 和 Teller[38] 的理论，一些金属离子仍具有较高的能量，为降低内能，固体要发生晶格畸变，使 t_{2g} 态再分裂为一个单态和一个双态，e_g 态也分裂为两个单态，人们称之为扬-特勒畸变．具体说来，在 $LaMnO_3$ 中，由于 Mn^{3+} 有四个电子，一个分布在较高的 e_g 能级，三个分布在较低的 t_{2g} 能级，总体上体系的能量仍比较高，因而发生晶格畸变，使 t_{2g} 能级再分裂为一个能量较低的单态和能量较高的双态，这样，使体系能量较低．在 $(1-x)LaMnO_3+xCaMnO_3$ 混合后，可形成 $La_{1-x}Ca_xMnO_3$ 氧化物，其中 $x=0.2\sim0.5$. 在混合形成 La，Ca，Mn 氧化物后，有较多的 Mn^{4+}，这时，有部分 e_g 能级是空的，因而扬-特勒效应降低，晶格结构向高对称性转变(如向四面体或立方结构转变)．这种转变具有一定的普遍性[32,33]. 图 3.19 给出了 Mn^{3+} 和 Mn^{4+} 的 d 电子轨道态的占据情况．在图的右边标示各轨道态对应的能级大小，从图中可以看到，Mn^{3+} 和 Mn^{4+} 分别有 4 个和 3 个电子占据的情况，由于 Mn^{4+} 的 e_g 态是二重简并的，也就是不存在 Jahn-Teller 效应．

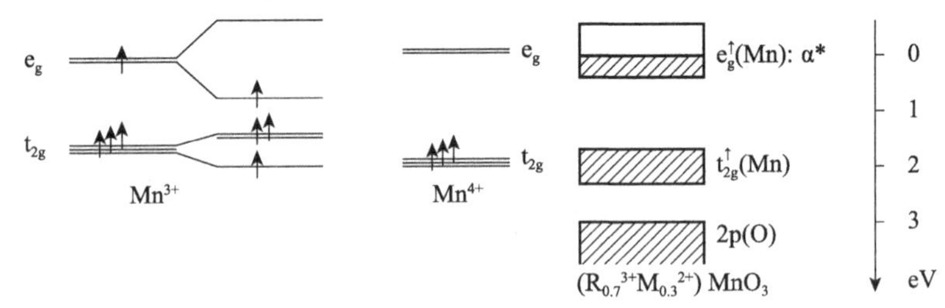

图 3.19 Mn 离子的 d 电子的结构，对于 Mn^{3+}，存在 Jahn-Tellel 畸变，使 e_g 和 t_{2g} 能级分裂；对于 Mn^{4+}，不存在这一畸变，t_{2g} 为三重简并，e_g 为二重简并

双交换作用

由于掺杂作用，使 $La_{1-x}Ca_xMnO_3$ 氧化物中同时存在 Mn^{3+} 和 Mn^{4+}. 在它们的中间都有一个氧离子，两个磁离子通过氧离子为媒介发生间接交换作用．Zener 首先提出掺杂前后的稀土钙钛矿结构中锰离子和氧离子为共价键耦合，称之为双交换(double exchange)作用[39].

其实双交换作用也是一种间接交换作用．1950 年，Zener 用它解释了钙钛矿结构的稀土氧化物 $R_{1-x}A_xMnO_3$ 磁性和电性的转变．

中子衍射实验可以观测到 $CaMnO_3$ 和 $LaMnO_3$ 这两种氧化物同样都具有反铁磁结构，同时可以测出它们具有非金属导电特性．双交换在形式上是一种间接(或叫超)交换，两者在物理图像上相同，都是过渡金属离子中间有一个氧离子，使相邻的 Mn 离子发生交换作用．在钙钛矿中表示为 Mn^{3+}-O^{2-}-Mn^{3+}，与安德森交换不同的是，这里是共价键结合，另外的特点是假定p与d_1电子自旋取向相同，而p'与d_2电子自旋取向可以相反（σ键）也可以相同（π键）．前者使同一个Mn-O层中的Mn离子磁矩取向一致，而相邻的Mn-O层中的Mn离子磁矩取向相反，即$LaMnO_3$（称为A型反铁磁体），参见图3.20. 还要注意到掺杂后Mn离子有3价和4价的情况，这就有可能使Mn离子之间产生铁磁性的耦合．

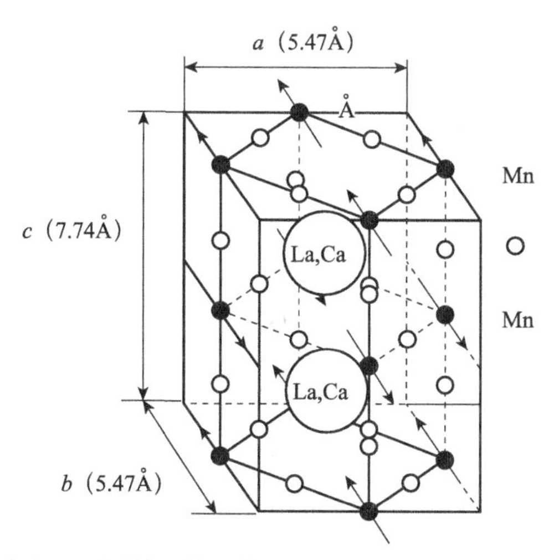

图3.20 $LaMnO_3$（称为A型反铁磁体）中Mn离子的磁矩取向示意结果．在同一个*ab*层平面上的锰离子磁矩取向相同，而与相邻的*ab*层上的锰离子磁矩取向相反（取自文献［40］）

如果同一个Mn-O层中的Mn离子磁矩取向相反，如$CaMnO_3$（称为G型反铁磁体）情况，即Mn^{3+}的磁矩与其上下左右四邻的Mn^{3+}的磁矩取向相反，又如在$LaMnO_3$中有二价离子（如Ca）部分（$x=0.2\sim0.5$）取代La，形成$La_{1-x}Ca_xMnO_3$，则出现Mn^{4+}，扬-特勒畸变基本消失，晶体由正交结构转变为三角结构．由于在相邻Mn-O层中的Mn离子有一部分变为四价Mn^{4+}，在Mn^{3+}和Mn^{4+}间的双交换作用使其磁矩取向一致，出现铁磁性．它相当图3.7中的(c)，也就是与$Cr_{0.5}Fe_{0.5}O_3$情况相似．因为Cr和Fe中分别具有3个和4个价电子.

非导体导电↔导体导电的转变

在出现Mn^{4+}后，O^{2-}中的p电子转移到Mn^{4+}中的e_g能级时不消耗能量，使右边的Mn^{4+}变为Mn^{3+}. 这样，左边的Mn^{3+}的e_g态中d电子可转移到氧离子的2p态，结果使左边的Mn^{3+}变为Mn^{4+}. 由于2p态电子可转移到邻近的Mn^{4+}中，使Mn^{4+}变成Mn^{3+}. 这就发生Mn^{4+}与Mn^{3+}间的电子转移过程，这个过程并不消耗能量，从而具有巡游电子的特性，这一结果使氧化物的电阻率大大下降，因此发生非导体↔导体转变，它可用图3.21中Mn离子中d电子的占据态示意表示来说明：

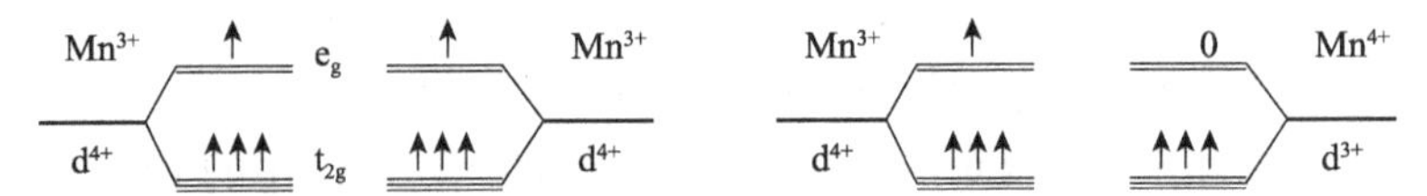

图 3.21 Mn 离子中 d 电子的占据态示意情况，Mn 之间为氧离子位置

(1) 在未掺杂时，e_g电子和 O_{2p} 电子有很强的杂化，d 电子之间作用能较大，e_g电子不可能在相邻 Mn 离子间转移．也就是 $d_i^n d_j^n \leftrightarrow d_i^{n-1} d_j^{n+1}$ 过程不可能发生（图 3.21 左）．

(2) 掺杂后，同时存在 Mn^{3+} 和 Mn^{4+}，一个电子可通过 O^{2-} 在 Mn 离子间转移，并不消耗能量（图 3.21 右），因而 $d^{4+}+e \leftrightarrow d^{3+}$ 过程容易发生，从而出现非导体↔金属转变．

双交换作用是超交换作用的一种形式，但区别在于键合上认为是共价键，两边 Mn 的 d 电子都与氧的 p 电子发生交换作用，而且 p 电子进入到 d 轨道的几率比离子键情况相对大得多．

上面简单说明了非导体↔导体转变的原因．对于磁性来说，不存在 Mn^{4+} 时，在垂直 c 轴的 Mn-O 层上 Mn^{3+} 的磁矩彼此平行排列（A 型反铁磁性），而与其相邻的 Mn-O 层上的 Mn 离子磁矩是反平行排列（参看讨论 MnO 的间接交换作用的物理图像）．在出现 Mn^{4+} 后，在两相邻的 Mn-O 层中，可能形成 Mn^{4+}-O-Mn^{3+} 键合，这时，如有一个 2p 电子进入 Mn^{4+} 的 3d 轨道，其自旋必须与 3d 电子的自旋取向一致，而氧离子 2p 轨道的另一个电子 p′的自旋与 Mn^{3+} 的 3d 电子发生直接交换作用，因直接交换作用常数 $J<0$，所以 p′-d 是反平行取向，又因 p-p′是反平行取向，因而导致 Mn^{4+} 和另一层的 Mn^{3+} 的磁矩变成平行排列，这就使层与层之间的磁矩都呈现平行排列，转变为铁磁性．

前面已指出，在 20 世纪 90 年代发现掺杂的 $La_{1-x}A_xMnO_3$（A＝Ca，Sr，Ba，Pb）混合氧化物，在一定的掺杂范围（$0.2 \leqslant x \leqslant 0.5$）具有庞磁电阻效应（CMR）．这就重新引起人们对该氧化物系列的电磁特性和庞磁电阻效应进行积极又广泛和深入的研究，就总的结果来看，并没有突破性进展．

3.4 稀土金属自发磁化理论

局域电子交换模型在说明磁性金属的自发磁化，特别在说明 Fe，Co，Ni 的磁矩的非整数性上遇到较大的困难．因为过渡金属的 d 电子并不都是局域的，而且还存在导电电子．据此，曾纳（Zener）[41]和冯索夫斯基（Вонсовский）[42]分别独立提出 s-d 电子交换作用模型来讨论金属的铁磁性．这个模型假定 d 电子是局域的；通过 s-d 电子交换作用，引起 s 电子极化，从而导致 d 电子之间的关联，并产生自发磁化．显然，这种关联与直接交换作用相比是长程的，也给出了一些有益的结果．但是，这一模型仍不能很好地说明 Fe，Co，Ni 的磁性，因为 d 电子并不完全是局域电子．

在稀土金属中，对磁性有贡献的 4f 电子是局域的，距核只有 0.5～0.6Å，外层电子为 $5p^6 5d^1 6s^2$，起到屏蔽作用．因此，不同原子中的 4f 电子之间不可能存在直接交换作用，可用 s-f 电子交换作用模型来说明．这种模型考虑到二级微扰的贡献，可以很好地说明稀土金属磁结构的多样性．一般将这一理论称为 RKKY 理论（根据 Ruderman，Kittel，Kasuya 和 Yosida 的理论所形成）．

3.4.1 RKKY 理论的物理图像

1954 年茹德曼（Ruderman）和基特尔（Kittel）[43] 在解释 Ag^{110} 核磁共振吸收线增宽现象时，引入了核自旋与导电电子交换作用，使电子极化起媒介作用，最后导致核与核之间存在交换作用，共振吸收线增宽．后来，糟谷[44]（Kasuya，1956）和芳田[45]（Yosida，1957）在此模型基础上研究了 Mn-Cu 合金核磁共振超精细结构问题，提出了 Mn 的 d 电子和导电电子交换作用，使电子极化而导致 Mn 原子中 d 电子与近邻 d 电子的间接交换作用模型．

RKKY 理论模型更为适合用于稀土金属的情况，其基本特点是，4f 电子是局域的，6s 电子是游动的，f 电子与 s 电子发生交换作用，使 s 电子极化，这个极化了的 s 电子的自旋对 f 电子自旋取向有影响，结果形成以游动的 s 电子为媒介，使磁性原子（或离子）中局域的 4f 电子自旋与其近邻磁性原子的 4f 电子自旋产生交换作用，这是间接交换作用．如以 S_1 和 S_2 表示两近邻磁离子中 4f 局域电子自旋，则此交换作用可以形式地写成

$$-2J(R_{12})\hat{\boldsymbol{S}}_1\cdot\hat{\boldsymbol{S}}_2,$$

其中，R_{12} 为两磁离子距离，$J(R_{12})$ 为交换积分，随着 R_{12} 的变化，它的变化呈现周期性．

3.4.2 RKKY 理论简介

以 ψ_{l^+} 和 ψ_{l^-} 表示自旋朝上或朝下的局域电子波函数，以 φ_{k+} 和 φ_{k-} 表示自旋朝上或朝下的导电电子波函数，取布洛赫波函数形式

$$\varphi_k(\boldsymbol{r})=e^{i\boldsymbol{k}\cdot\boldsymbol{r}}u_k\ (\boldsymbol{r}),$$

$u_k(r)$ 为晶格的周期函数．局域电子波函数和导电电子波函数二次量子化表象中的形式分别为

$$\psi_l=a_{l+}\psi_{l+}+a_{l-}\psi_{l-},\tag{3.57a}$$

$$\psi_{\boldsymbol{k}}(r)=\sum_{\boldsymbol{k}}(a_{\boldsymbol{k}+}\varphi_{\boldsymbol{k}+}+a_{\boldsymbol{k}-}\varphi_{\boldsymbol{k}-}).\tag{3.57b}$$

电子体系的哈密顿量与式（3.43）一样，我们考虑电子之间的交换作用，取微扰项

$$\hat{\mathscr{H}}_1 = \frac{1}{2}\sum_{i\neq j}\frac{e^2}{r_{ij}},$$

$$r_{ij} = |\boldsymbol{r}_i - \boldsymbol{r}_j|.$$

在二次量子化表象中

$$\begin{aligned}\hat{\mathscr{H}}_1 =& -\sum_{\boldsymbol{k}\boldsymbol{k}'}\iint \psi_{l^+}(\boldsymbol{r}_1 - \boldsymbol{R}_n)\psi_{\boldsymbol{k}'^+}(\boldsymbol{r}_2)\frac{e^2}{|\boldsymbol{r}_1 - \boldsymbol{r}_2|}\\ &\times \psi_l(\boldsymbol{r}_2 - \boldsymbol{R}_n)\psi_{\boldsymbol{k}}(\boldsymbol{r}_1)\mathrm{d}\tau_1\mathrm{d}\tau_2\\ =& -\sum_{\boldsymbol{k},\boldsymbol{k}'}(a^*_{\boldsymbol{k}'+}a_{\boldsymbol{k}+}a^*_{l+}a_{l+} + a^*_{\boldsymbol{k}'-}a_{\boldsymbol{k}-}a^*_{l-}a_{l-}\\ &+ a^*_{\boldsymbol{k}'-}a_{\boldsymbol{k}+}a^*_{l+}a_{l-} + a^*_{\boldsymbol{k}'+}a_{\boldsymbol{k}-}a^*_{l-}a_{l+})j(\boldsymbol{k},\ \boldsymbol{k}'),\end{aligned} \tag{3.58}$$

$$\begin{aligned}j(\boldsymbol{k},\boldsymbol{k}') =& \iint \psi^*_l(\boldsymbol{r}_1 - \boldsymbol{R}_n)\psi^*_{\boldsymbol{k}'}(\boldsymbol{r}_2)\frac{e^2}{|\boldsymbol{r}_1 - \boldsymbol{r}_2|}\\ &\times \psi_l(\boldsymbol{r}_2 - \boldsymbol{R}_n)\psi_{\boldsymbol{k}}(\boldsymbol{r}_1)\mathrm{d}\tau_1\mathrm{d}\tau_2,\end{aligned} \tag{3.59}$$

$a^*_{\boldsymbol{k}\pm}$，$a_{\boldsymbol{k}\pm}$ 为具有波矢 $\boldsymbol{k}$ 的＋、－自旋的导电电子的产生和湮灭算符；$a^*_{l\pm}$，$a_{l\pm}$ 为＋、－自旋的局域电子的产生和湮灭算符；$j(\boldsymbol{k},\ \boldsymbol{k}')$ 表示局域电子和导电电子的交换作用．考虑到 $\boldsymbol{q}=\boldsymbol{k}'-\boldsymbol{k}$，以及用 $\boldsymbol{S}$ 和 $\boldsymbol{S}_n$ 分别表示导电电子和局域电子的自旋；由于 S，S_n 和 $a^*_{\boldsymbol{k}\pm}$，$a_{\boldsymbol{k}\pm}$，$a^*_{l\pm}$ 和 $a_{l\pm}$ 的关系（参看式（3.50）和上一节的计算），式（3.58）可以变成 s-l（局域电子）交换作用算符

$$\hat{\mathscr{H}}_{sl} = -2\hat{\boldsymbol{S}}\cdot\hat{\boldsymbol{S}}_n J(\boldsymbol{r} - \boldsymbol{R}_n), \tag{3.60}$$

其中，$j(\boldsymbol{k},\ \boldsymbol{k}')$ 和 $J(\boldsymbol{r}-\boldsymbol{R}_n)$ 关系为

$$j(\boldsymbol{k},\boldsymbol{k}')\mathrm{e}^{\mathrm{i}(\boldsymbol{k}'-\boldsymbol{k})\cdot\boldsymbol{R}_n} = \int \varphi^*_{\boldsymbol{k}'}(\boldsymbol{r})J(\boldsymbol{r} - \boldsymbol{R}_n)\varphi_{\boldsymbol{k}}(\boldsymbol{r})\mathrm{d}\boldsymbol{r},$$

取 $\hat{\mathscr{H}}_{sl}$ 为微扰项哈密顿量，一级微扰能与导电电子状态和自旋取向无关（即简并的）．$\hat{\boldsymbol{H}}_{sl}$ 在导电电子状态的矩阵元有四个，可以从久期方程求出一级和二级微扰能．先求一级微扰能

（1）因为

$$2\boldsymbol{S}\cdot\boldsymbol{S}_n = 2S^zS^z_n + S^+S^-_n + S^-S^+_n,$$

$$\langle\boldsymbol{k}'^+| = \mathrm{e}^{-\mathrm{i}\boldsymbol{k}'\cdot(\boldsymbol{r}-\boldsymbol{R}_n)}\psi^*_{\boldsymbol{k}}(\boldsymbol{r})\alpha^*,$$

$$|\boldsymbol{k}^+\rangle = \mathrm{e}^{-\mathrm{i}\boldsymbol{k}\cdot(\boldsymbol{r}-\boldsymbol{R}_n)}\psi_{\boldsymbol{k}}(\boldsymbol{r})\alpha,$$

$$\begin{aligned}&\langle\boldsymbol{k}'^+| - 2\boldsymbol{S}\cdot\boldsymbol{S}_n J(\boldsymbol{r} - \boldsymbol{R}_n)|\boldsymbol{k}^+\rangle\\ =& \int \mathrm{d}\boldsymbol{r}\mathrm{e}^{-\mathrm{i}(\boldsymbol{k}'-\boldsymbol{k})(\boldsymbol{r}-\boldsymbol{R}_n)}\psi^*_{\boldsymbol{k}'}(\boldsymbol{r})J(\boldsymbol{r} - \boldsymbol{R}_n)\psi_{\boldsymbol{k}}(\boldsymbol{r})\\ &\times[\langle\alpha| - 2S^zS^z_n + S^+S^-_n + S^-S^+_n|\alpha\rangle]\\ =& -\mathrm{e}^{\mathrm{i}(\boldsymbol{k}'-\boldsymbol{k})\cdot R_n}j(\boldsymbol{k}',\boldsymbol{k})\cdot S^z_n,\end{aligned}$$

$$\langle\boldsymbol{k}'^-| - 2\boldsymbol{S}\cdot\boldsymbol{S}_n J(\boldsymbol{r} - \boldsymbol{R}_n)|\boldsymbol{k}^-\rangle = +\mathrm{e}^{\mathrm{i}(\boldsymbol{k}'-\boldsymbol{k})\cdot\boldsymbol{R}_n}j(\boldsymbol{k}',\boldsymbol{k})S^z_n,$$

$$\langle\boldsymbol{k}'^+| - 2\boldsymbol{S}\cdot\boldsymbol{S}_n J(\boldsymbol{r} - \boldsymbol{R}_n)|\boldsymbol{k}^-\rangle = -\mathrm{e}^{\mathrm{i}(\boldsymbol{k}'-\boldsymbol{k})\cdot R_n}j(\boldsymbol{k}',\boldsymbol{k})S^-_n,$$

$$\langle \boldsymbol{k}'^{-} \mid -2\boldsymbol{S}\cdot\boldsymbol{S}_n J(\boldsymbol{r}-\boldsymbol{R}_n) \mid \boldsymbol{k}^{+}\rangle = -\mathrm{e}^{\mathrm{i}(\boldsymbol{k}'-\boldsymbol{k})\cdot R_n} j(\boldsymbol{k}',\boldsymbol{k}) S_n^{+}.$$

由于一级微扰 $k'=k$，导电电子在 $\hat{\boldsymbol{H}}_{sl}$ 作用下的能量变化可以由久期方程

$$-j(\boldsymbol{k},\boldsymbol{k})\begin{vmatrix} \sum\limits_n S_n^z - \Delta\mathscr{E} & \sum\limits_n S_n^- \\ \sum\limits_n S_n^+ & \sum\limits_n S_n^z - \Delta\mathscr{E} \end{vmatrix} = 0, \tag{3.61}$$

求得

$$\Delta\mathscr{E} = \pm j(\boldsymbol{k}',\boldsymbol{k})\left[\left(\sum_n S_n\right)^2\right]^{1/2}, \tag{3.62}$$

对 $[\boldsymbol{k}^+]$ 态取负号，表示能量减少 $\Delta\mathscr{E}$；对于 $[\boldsymbol{k}^-]$ 态能量增加 $\Delta\mathscr{E}$．由于能量变化 $\Delta\mathscr{E}$，电子将由高能态迁移到低能态，这样朝下的自旋态电子数目减少．设费米能级 $\mathscr{E}_{\mathrm{F}}$ 的态密度为 $N(\mathscr{E}_{\mathrm{F}})$，则一级微扰给出电子迁移能量的变化

$$\begin{aligned} E^{(1)} &= -\Delta\mathscr{E}\cdot\Delta\mathscr{E}\, N(\mathscr{E}_{\mathrm{F}}) \\ &= -N(\mathscr{E}_{\mathrm{F}})\,|j(\boldsymbol{k}',\boldsymbol{k})|^2\left(\sum_n S_n\right)^2. \end{aligned}$$

对于 $\boldsymbol{k}'=\boldsymbol{k}$，有 $j(\boldsymbol{k},\boldsymbol{k})=j(0)$，$N(\mathscr{E}_{\mathrm{F}})$ 与函数 $f(\boldsymbol{q})$ 有下述关系：

$$\frac{3N_{\mathrm{e}}}{16\mathscr{E}_{\mathrm{F}}} f(\boldsymbol{q}=0) = \frac{1}{2}N(\mathscr{E}_{\mathrm{F}}),$$

N_{e} 为导电电子总数．由此得一级微扰能

$$E^{(1)} = -\frac{3N_{\mathrm{e}}}{8\mathscr{E}_{\mathrm{F}}}|j(0)|^2 f(0)\sum_m\sum_n \boldsymbol{S}_m\cdot\boldsymbol{S}_n. \tag{3.63}$$

(2) 下面求二级微扰能．导电电子受 4f 电子的极化作用，使得（$\boldsymbol{k}_+$）和（$\boldsymbol{k}_-$）两种状态的能量不同，式（3.63）是一级微扰计算得出的能量变化大小，不能反映出磁有序的问题，因此要计算二级微扰，这时 $\boldsymbol{k}'\neq\boldsymbol{k}$，仍然是计算 $\hat{\boldsymbol{H}}_{sl}$ 在（$\boldsymbol{k}'_\pm$），（$\boldsymbol{k}_\pm$）态的矩阵元．

$$\begin{aligned} E^{(2)}(\boldsymbol{k}^+) &= -\sum_{k'\neq k}\frac{|j(\boldsymbol{k}',\boldsymbol{k})|^2\left(\sum\limits_m \mathrm{e}^{\mathrm{i}\boldsymbol{q}\cdot\boldsymbol{R}_m}S_m^z\right)\left(\sum\limits_n \mathrm{e}^{\mathrm{i}\boldsymbol{q}\cdot\boldsymbol{R}_n}S_n^z\right)}{\mathscr{E}(k')-\mathscr{E}(k)} \\ &\quad -\sum_{k'\neq k}\frac{|j(\boldsymbol{k}',\boldsymbol{k})|^2\left(\sum\limits_m \mathrm{e}^{\mathrm{i}\boldsymbol{q}\cdot\boldsymbol{R}_m}S_m^-\right)\left(\sum\limits_n \mathrm{e}^{\mathrm{i}\boldsymbol{q}\cdot\boldsymbol{R}_n}S_n^+\right)}{\mathscr{E}(k')-\mathscr{E}(k)} \\ &= -\sum_{k'\neq k}\frac{|j(\boldsymbol{k}',\boldsymbol{k})|^2\, 2\sum\limits_m\sum\limits_n \mathrm{e}^{\mathrm{i}\boldsymbol{q}\cdot\boldsymbol{R}_{mn}}(S_m^z S_n^z + S_m^- S_n^+)}{\mathscr{E}(\boldsymbol{k}')-\mathscr{E}(\boldsymbol{k})}. \end{aligned}$$

同样，对于（$\boldsymbol{k}^-$）态的二级微扰能

$$E^{(2)}(\boldsymbol{k}^-) = -\sum_{k'\neq k}|j(\boldsymbol{k}',\boldsymbol{k})|^2\times\frac{2\sum\limits_m\sum\limits_n \mathrm{e}^{\mathrm{i}\boldsymbol{q}\cdot\boldsymbol{R}_{mn}}(S_m^z S_n^z + S_m^+ S_n^-)}{\mathscr{E}(\boldsymbol{k}')-\mathscr{E}(\boldsymbol{k})}.$$

对各种 $\boldsymbol{k}$ 状态的导电电子的能量变化为上述两项之和

$$E^{(2)}=-\sum_{\boldsymbol{k}}\sum_{\boldsymbol{k}'}2|j(\boldsymbol{k}',\boldsymbol{k})|^2\times\frac{\sum\limits_m\sum\limits_n \mathrm{e}^{\mathrm{i}\boldsymbol{q}\cdot\boldsymbol{R}_{mn}}(\boldsymbol{S}_m\cdot\boldsymbol{S}_n)}{\mathscr{E}(\boldsymbol{k}')-\mathscr{E}(\boldsymbol{k})}, \tag{3.64}$$

其中，$j(\boldsymbol{k}',\ \boldsymbol{k})=j(\boldsymbol{q})$．引入 $f(\boldsymbol{q})$ 函数，使

$$\sum_k\frac{1}{\mathscr{E}(\boldsymbol{k}')-\mathscr{E}(\boldsymbol{k})}=\frac{3N_\mathrm{e}}{16\mathscr{E}_\mathrm{F}}f(\boldsymbol{q}),$$

则式（3.64）变为

$$E^{(2)}=-\frac{3N_\mathrm{e}}{8\mathscr{E}_\mathrm{F}}\sum_m\sum_n\Big[\sum_q{}'|j(\boldsymbol{q})|^2f(q)\times\mathrm{e}^{\mathrm{i}\boldsymbol{q}\cdot\boldsymbol{R}_{mn}}\Big]\boldsymbol{S}_m\cdot\boldsymbol{S}_n, \tag{3.65}$$

$\boldsymbol{S}_m$ 和 $\boldsymbol{S}_n$ 是 $\boldsymbol{R}_m$ 和 $\boldsymbol{R}_n$ 位置上局域电子自旋．将式（3.63）和式（3.65）相加，得到体系的交换作用能

$$\begin{aligned}E&=-\frac{3N_\mathrm{e}}{8\mathscr{E}_\mathrm{F}}\sum_m\sum_n\Big[\sum_{q=0}|j(\boldsymbol{q})|^2f(\boldsymbol{q})\mathrm{e}^{\mathrm{i}\boldsymbol{q}\cdot\boldsymbol{R}_{mn}}\Big]\boldsymbol{S}_m\cdot\boldsymbol{S}_n\\&=-\sum_m\sum_n J(\boldsymbol{R}_{mn})\boldsymbol{S}_m\cdot\boldsymbol{S}_n,\end{aligned} \tag{3.66}$$

其中

$$J(\boldsymbol{R}_{mn})=\frac{3N_\mathrm{e}}{8\mathscr{E}_\mathrm{F}}\sum_{q=0}|j(\boldsymbol{q})|^2f(\boldsymbol{q})\mathrm{e}^{\mathrm{i}\boldsymbol{q}\cdot\boldsymbol{R}_{mn}}, \tag{3.67}$$

$\boldsymbol{R}_{mn}=\boldsymbol{R}_m-\boldsymbol{R}_n$ 为两原子的距离．$J(\boldsymbol{R}_{mn})$ 为两个稀土原子中局域电子的交换积分，称为 RKKY 交换积分．它很难计算，下面在一定近似下计算之．

（3）假定导电电子完全是自由电子，其能带结构具有

$$E_k=\frac{\hbar^2k^2}{2m}$$

的形式，局域电子的波函数彼此不重叠，这对稀土元素是较适合的，$f(\boldsymbol{q})$ 可以写成

$$f(\boldsymbol{q})=1+\frac{4k_\mathrm{F}^2-q^2}{4k_\mathrm{F}q}\ln\left|\frac{2\boldsymbol{k}_\mathrm{F}+\boldsymbol{q}}{2\boldsymbol{k}_\mathrm{F}-\boldsymbol{q}}\right|,$$

对于稀土离子 $k_\mathrm{F}^{-1}\cong0.7\text{Å}$，4f 电子轨道半径仅 0.35Å，可以假定 $j(\boldsymbol{q})\cong j(0)$．则式（3.67）中求和项

$$\begin{aligned}\sum_q|j(\boldsymbol{q})|^2f(\boldsymbol{q})\mathrm{e}^{\mathrm{i}\boldsymbol{q}\cdot\boldsymbol{R}_{mn}}&=|j(0)|^2\sum_q f(\boldsymbol{q})\mathrm{e}^{\mathrm{i}\boldsymbol{q}\cdot\boldsymbol{R}_{mn}}\\&=\frac{-V|j(0)|^2}{2\pi}\frac{\cos(2\boldsymbol{k}_\mathrm{F}\boldsymbol{R}_{mn})-\dfrac{\sin(2\boldsymbol{k}_\mathrm{F}\boldsymbol{R}_{mn})}{2\boldsymbol{k}_\mathrm{F}\boldsymbol{R}_{mn}}}{R_{mn}^3},\end{aligned}$$

由此得交换积分

$$J(\boldsymbol{R}_{mn})=-\frac{3N_\mathrm{e}V}{16\pi E_\mathrm{F}}|j(0)|\left|\frac{2\cos(2\boldsymbol{k}_\mathrm{F}\boldsymbol{R}_{mn})-\dfrac{\sin(2\boldsymbol{k}_\mathrm{F}\boldsymbol{R}_{mn})}{2\boldsymbol{k}_\mathrm{F}\boldsymbol{R}_{mn}}}{R_{mn}^3}\right|. \tag{3.68}$$

它表明 J 是 R_{mn} 的函数，可正可负，随着 R_{mn} 增大 J 将波动地衰减下去，这个波动函数在说明稀土的自旋构型（自发磁化）多样性上取得成功．由于稀土金属4f电子轨道磁矩未冻结，J 是与总磁矩有关的交换积分算符，所以交换作用改写成

$$\mathscr{H}_{ff'} = -\sum_{m}\sum_{n} J(\boldsymbol{R}_{mn})(g_J-1)^2 \boldsymbol{J}_m \cdot \boldsymbol{J}_n, \tag{3.69}$$

其中，$\boldsymbol{J}_m=\boldsymbol{L}_m+\boldsymbol{S}_m$，$\boldsymbol{J}_n=\boldsymbol{L}_n+\boldsymbol{S}_n$ 为第 m，n 原子的总角动量量子数．

3.4.3 稀土金属自发磁化的多样性

在讨论磁性物质原子磁矩排列的规律性时，必须考虑自旋之间交换作用的特点，同时要考虑晶体内各向异性的作用，因为自旋磁矩或原子的总磁矩在空间的取向不是主要由交换作用，而是由晶场方向决定的．晶场决定了电子轨道运动的量子化方向，再因自旋-轨道耦合作用，就决定了总磁矩的取向．特别是稀土金属4f电子轨道-自旋耦合作用很强，在晶场的作用下，总角动量 $\boldsymbol{J}=\boldsymbol{L}+\boldsymbol{S}$ 的取向就与稀土金属的晶场大小和方向密切相关．

根据式（3.68），可以将交换积分写成

$$J(R_{mn}) = -AF(2\boldsymbol{k}_F\boldsymbol{R}_{mn}),$$

其中

$$A=\frac{3N_e}{2\pi E_F}|j(0)|^2 k_F^3,$$

$$F(2\boldsymbol{k}_F\boldsymbol{R}_{mn})=\frac{2\boldsymbol{k}_F\boldsymbol{R}_{mn}\cos(2\boldsymbol{k}_F\boldsymbol{R}_{mn})-\sin(2\boldsymbol{k}_F\boldsymbol{R}_{mn})}{(2\boldsymbol{k}_F\boldsymbol{R}_{mn})^4}.$$

函数 $F(\boldsymbol{R}_{mn})$ 是按 R_{mn}^{-3} 衰减（$\boldsymbol{R}_{mn}=|\boldsymbol{R}_m-\boldsymbol{R}_n|$）并以 $(2k_F)^{-1}$ 为周期振荡，$\cos(2k_FR)$ 相当 $\cos\left(\frac{2\pi}{\lambda}R\right)$，所以 F 是波动函数，交换积分 J 是 R 的波动函数，它反映了自旋极化的空间变化（图3.22）．这一结论说明稀土金属的原子磁矩排列可以存在空间周期性的变化．

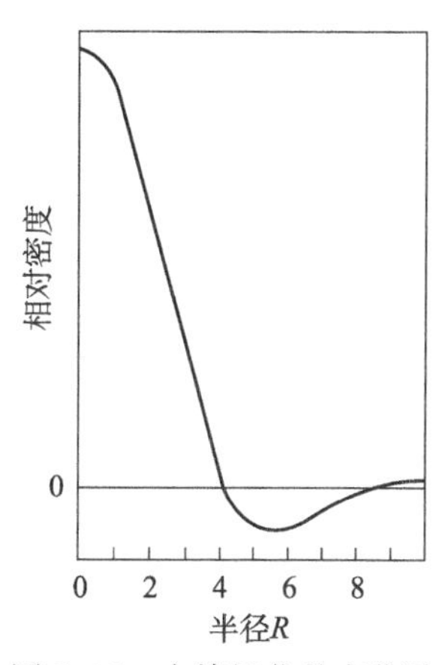

图3.22　自旋极化的变化随原子间距 R 改变的示意情况

3.4.3.1 下面考虑晶体各向异性对磁矩取向的作用

由于重稀土元素和轻稀土元素的情况不一样，而前者自旋构型复杂些，因此分开讨论．

重稀土元素情况　在本书的1.5节中曾讨论了晶场 $V(\boldsymbol{r})$ 函数的物理意义．对于六角晶系可以写成

$$V=A_{20}r^2Y_{20}(\theta,\varphi)+A_{40}r^4Y_{40}(\theta,\phi)+A_{60}r^6Y_{60}(\theta,\varphi) +A_{66}r^6[Y_{66}(\theta,\varphi)+Y_{6-6}(\theta,\varphi)], \tag{3.70}$$

A_{km}的大小依赖于具体的晶体结构形式以及原子周围的电荷情况（模型）. 如对于三价正电荷的最近邻离子作用情况，并考虑到导电电子的屏蔽作用. A_{km}的数值大体上为

$$A_{20}=-300\text{cm}^{-1}/\text{Å}^2,\quad A_{40}=-60\text{cm}^{-1}/\text{Å}^4,$$
$$A_{60}=+15\text{cm}^{-1}/\text{Å}^6,\quad A_{66}=-45\text{cm}^{-1}/\text{Å}^6, \tag{3.71}$$

在重稀土金属中，它们对晶场的贡献决定着各向异性的特点，表 3.3 给出了几种元素的 A_{km}的影响情况[46]，其中符号 ∥，⊥，< 分别表示与 c 轴平行、垂直、呈一定角度的关系. 从式（3.71）可知，由于 A_{20}的作用最强，所以决定了这五种元素的各向异性的特点，而它与实验结果是一致的. 在图 3.23 所给出的六角密堆晶胞中，一个原子的最近邻有 12 个，每个原子实际是正三价离子，因外层 $6s^2 5d^1$ 三个电子基本是游动的，并为晶格所公有. 例如，离子 A 要受到同平面上 6 个离子的库仑作用和上、下两平面上各 3 个离子的作用. 再远一些的离子对 A 离子的作用可以认为被导电电子所屏蔽，因而只分析最近邻离子间的相互作用. 由于各向异性能的大小（如式（3.70）所示）与 4f 电子组态有关，总角动量 $\boldsymbol{J}$ 反映了 4f 电子组态的特点，设 $\boldsymbol{J}$ 在空间与 c 轴的交角为（θ, φ），则各向异性能可以写成

表 3.3 重稀土中晶场各向异性的形式[46]

	Tb	Dy	Ho	Er	Tm
A_{20}	⊥	⊥	⊥	∥	∥
A_{40}	∥	<	<	∥	∥
A_{60}	∥	<	∥	<	∥
A_{66}	30°	0	30°	0°	30°

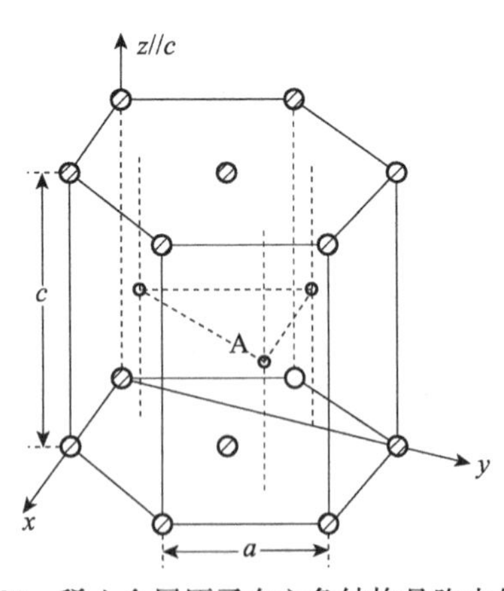

图 3.23 稀土金属原子在六角结构晶胞中的分布

$$E_a=A_{20}P_2(\cos\theta)+A_{40}P_4(\cos\theta)+A_{60}P_6(\cos\theta)+A_{66}P_6^5(\cos\theta)\cos6\varphi,$$

其中，$P_n^m(\cos\theta)$ 为勒让德函数 .

由于 Tb^{2+} 的 4f 电子有 8 个，只一个电子在另一半满壳层外绕 $\boldsymbol{J}$ 进动，故具有较大的角动量分量，因此 4f 壳层的电荷分布是扁平面型 . 考虑到实际晶体的 $\frac{c}{a}\simeq 1.57$，比理论值 1.63 小，这意味着 c 轴受压缩 . 如 A 离子的 4f 轨道是球形的，则受到上、下两个平面上的离子作用较强 . 由于 Tb^{3+} 的 4f 轨道是扁平的，所以受同平面上离子作用较强，在平面对称情况下，V_{20} 项起主要作用，即是平面型各向异性，所以磁矩取向垂直 c 轴 . 同样 Dy^{3+}，Ho^{3+} 的 4f 电子数目在增加 . 逐步减少轨道的扁平特性，这样，各向异性将会起变化，因而 V_{40} 项逐步起较大作用 . 对于 Er^{3+}，Tm^{3+} 的 4f 电子较多，可以倒过来看成只有两三个正空穴，所以各向异与 Tb^{3+}，Dy^{3+} 正好相反，易磁化方向为 c 轴 .

3.4.3.2　关于易磁化方向

易磁化方向对不同稀土金属是不同的，再考虑到交换作用的影响，磁矩在空间的取向除与 c 轴有一定关系外，还有波动变化的可能，这就表现出在第 2 章最后所给出的自发磁化的可能和给出的自发磁化的多样性（参看图 2.43）. 下面举例说明之 .

（1）Ho 金属磁矩螺旋排列[47]. 由中子衍射可知，任意一个原子的磁矩在空间的分布是

$$\left.\begin{aligned} S_{mx} &= S\cos(Qz_m+\alpha), \\ S_{my} &= S\sin(Qz_m+\alpha), \\ S_{mz} &= 0, \end{aligned}\right\} \tag{3.72}$$

其中，$z /\!/ c$ 轴，Q 是 $\boldsymbol{q}$ 在 z 方向的分量，即

$$\boldsymbol{q}=(0,\ 0,\ \pm Q)+\boldsymbol{K},$$

这说明磁矩只在 xy 平面上，并沿着 c 轴方向旋转，α 为相角常数 . 将式（3.72）代入式（3.66）可以得到交换作用能

$$\begin{aligned} E &= -\frac{3N_e}{8\mathscr{E}_F}S^2\sum_m\sum_n |j(Q+\boldsymbol{K})|^2 f(Q+\boldsymbol{K}) \\ &\quad \times e^{i(Q+K)\cdot(z_m-z_n)}\cos[Q(z_m-z_n)] \\ &= \frac{-3N_eNS^2}{8\mathscr{E}_F N_a}\sum_k |j(Q+\boldsymbol{K})|^2 f(Q+\boldsymbol{K})F(\boldsymbol{K}), \end{aligned}$$

其中，F 为结构因子

$$F(\boldsymbol{K})=\sum_n \cos K(z_n-z_0),$$

$\sum\limits_n$ 是对一个单胞中离子数求和，由于只考虑离子之间相互作用，故不计入 $z_n=z_0$ 的情况 .

$$E' = -\frac{9S^2}{8\mathscr{E}_F}\Big[N\sum_k |j(Q+\boldsymbol{K})|^2 f(Q+\boldsymbol{K})F(\boldsymbol{K}) - \sum_q |j(\boldsymbol{q})|^2 f(\boldsymbol{q})\Big]. \tag{3.73}$$

现在要求出使式（3.73）能量极小的 Q 值，据良田[48]等的结果，令 $j(\boldsymbol{q})=j(0)$，对式（3.73）求极值，得到 $Q=0.105(2k_f)$，相应在 z 为一个单胞的 c 轴尺寸时，得

$$Qz=48°,$$

这个结果与实验值 51°相符，这就说明两个沿 c 轴排列的原子磁矩的取向差 48°（理论值）. 这一结果表明，导致 Ho 原子磁矩螺磁性排列的原因是 $J(R_{mn})$ 的波动性.

（2）关于 Tm 原子磁矩. Tm 原子磁矩是沿 c 轴取向的，要考虑到 4f 电子间接交换作用的特性，Tm 原子磁矩的排列沿 c 轴有波动性，即几个原子的磁矩朝上取向，另外几个原子磁矩的取向朝下排列，而具有方波模式. 对于不同温度（40K 以上或 40K 以下）模式的变化，反映了问题的复杂性，有兴趣的读者可参考有关专著[49].

3.5 非晶态金属合金的自发磁化

非晶态固体与晶态固体的本质差异在于是否具有平移对称性，但研究表明，非晶态固体仍具有一定的短程序[50]. 这意味着在非晶态合金中有很大可能仍存在许多晶态合金的一些特征. 进一步研究表明，其原子空间排列与晶体的六角密堆结构相近，原子的空间配位数 $Z\approx13$. 一般来说，这种短程序范围大约有 10 个原子间距. 而真正的非晶态合金中原子的空间分布要用无规密堆模型来描述. 由于非晶合金的形成过程是随机的，因而人为的模型只能是一种近似的结果. 到目前为止，理论上可以用径向分布函数来表示，它可以给出以某一个金属原子为中心、在与之距离为 r 处发现另一个原子的几率，在实验上可以用原子堆积制成结构模型的方法做出各种可能的实体. 实验上用 X 射线结构分析、电子衍射和 EXAFS（extended X-ray absorption fine structure，扩展 X 射线吸收精细结构谱）测量出径向分布函数曲线，对理论模型得出的径向分布函数进行检验和比较. 实验和理论的结果总是不完全一致，这种差异来自理论上的困难，更可能是实际制备的非晶合金结构本身的随机性.

尽管理论对实际结构的描述是近似的，但这并不妨碍人们对非晶态固体的各种特性的研究和应用开发. 自 20 世纪 60 年代起，人们对非晶态金属合金和非晶半导体的结构，各种物理和化学特性做了广泛和深入的研究[51-53]. 就非晶磁性合金来说有两大类，其中之一是约 80%过渡金属（Fe，Co，Ni）与 20%类金属（B，C，Si，P）组成的合金，并具有非常优质的软磁特性，自 20 世纪 80 年代后得到了广泛应用. 由于非晶态过渡金属合金原料和生产成本比晶态 Fe-Ni 合金低

得多，磁性能也很好，而成为用于中低功率的金属软磁材料的主力军[54].

3.5.1　非晶态合金自发磁化的实验结果

由于在 20 世纪上半叶形成的看法，即自发磁化是原子磁矩长程序的结果，而非晶态合金中不存在结构的长程序，由此认为不可能存在自旋长程有序．在 1960 年古斑诺夫（Губанов）[55]从理论上预言在非晶态磁性合金中可以发生长程磁有序．随后，人们相继制出了 CoP，$Fe_xNi_{1-x}B$ 等一系列非晶合金，并测量了它的饱和磁化强度随温度变化的关系，结果如图 3.24 所示．$M_s(T)$ 随温度变化的形式与晶态的磁性材料相似，但与晶态的 FeNi 合金相比 M_s 的数值与对应的成分关系不同．一是在 $x\approx0.7$ 时对非晶态合金的结构不发生变化，而这个成分的晶态 Fe-Ni 合金 M_s 值很低，因在此成分合金发生晶格结构转变．二是一般情况下非晶态合金 M_s 的数值相对要低一些（20%～30%），这是因掺杂而使磁性降低．对 Fe-Co 和 Co-Ni 合金也具有同样的结果．

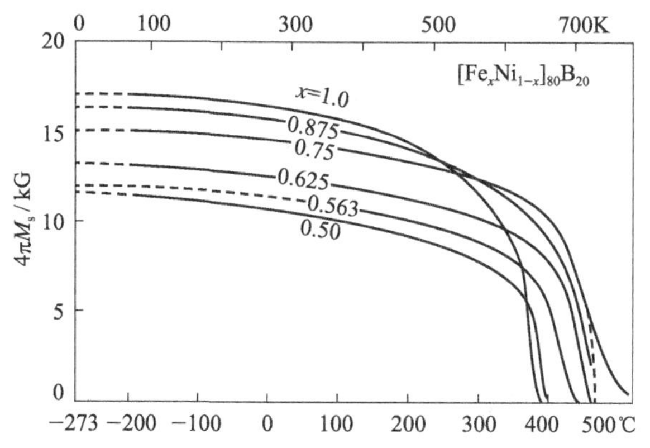

图 3.24　非晶态 $(Fe_xNi_{1-x})_{80}B_{20}$ 合金的饱和磁化强度 M_s 与温度的关系曲线

图 3.25 示出了晶态和非晶态 Fe 族合金的原子磁矩与该合金的外层电子数的变化关系．从图上可见，虚线表示晶态 Fe-Co 和 Fe-Ni 合金的磁矩，一般比非晶态合金要高，但 Fe-Ni 合金的磁矩随成分的变化有不连续的地方，因在 $Z=8.6$ 处有结构相变．Co-Ni 合金的磁矩是连续的变化，非晶态合金随外层电子 $Z=(4s+3d)$ 数值变化都是连续的．

晶态合金的居里温度变化也是不连续的．这两个不连续是因为 Fe 为体心立方结构，Ni 为面心立方结构，在 30%Ni（即 8.6 个电子）附近发生结构转变，同样对晶态 Fe-Co 合金也有结构（bcc-fcc 或 bcc-hcp）转变，在结构转变的成分附近，磁性和居里温度大幅降低，因而在图中给出的曲线不连续．图 3.26 示出了过渡金属的居里温度与 3d+4s 电子数的变化关系．

对晶态（纯 Ni）和非晶态合金（$Fe_{80}B_{20}$ 等）的饱和磁化强度与温度变化的关系作成约化的曲线形式，如图 3.27 所示，可以看到，晶态和非晶态的 Ni 变化

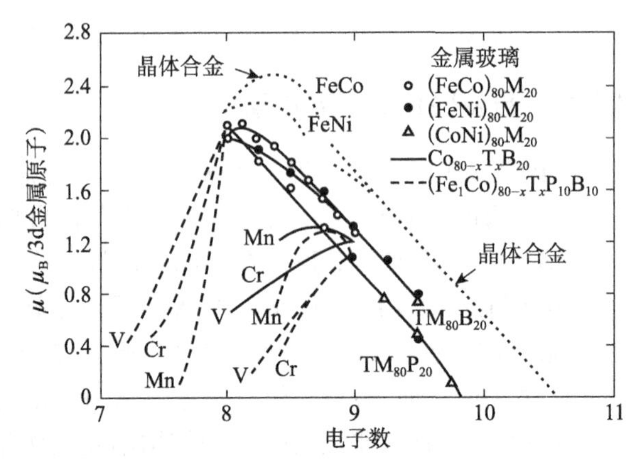

图 3.25　晶体和非晶体合金中每个原子的原子磁矩与 3d+4s 电子数 Z 的关系曲线

与 Fe，Co（或 $Fe_{50}Ni_{50}$）对应的 $Z=8$，9 和 10，晶体合金的数值用点线画出，

其他为非晶合金的数值（取自文献［56］中图 11.2）

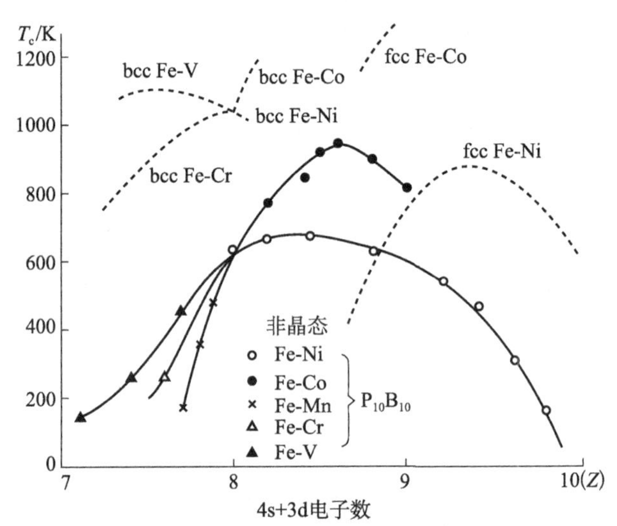

图 3.26　晶态和非晶态过渡金属合金的居里温度与 3d+4s=Z

电子数的变化关系，虚线为晶态合金的变化曲线

差别最大．还看到 $Co_{1-x}P_x$ 合金的磁性在 P 少时下降较快，P 多时却比较慢（即影响相反）．B 的影响使合金磁性在低温下降较快，高温较慢．实验还给出 $Fe_{80}P_{13}C_7$ 同样在高温下降相对也比较慢．另外，实验给出同样成分的合金，在晶态情况下磁性下降比非晶态情况要慢，这可以认为是结构有序无序的作用．总的结果是不同的非磁性原子掺杂都会促使磁矩下降较快．

3.5.2　海森伯交换模型和分子场理论

由于在非晶态磁性金属和合金中存在短程序，其自发磁性的表现与晶态相

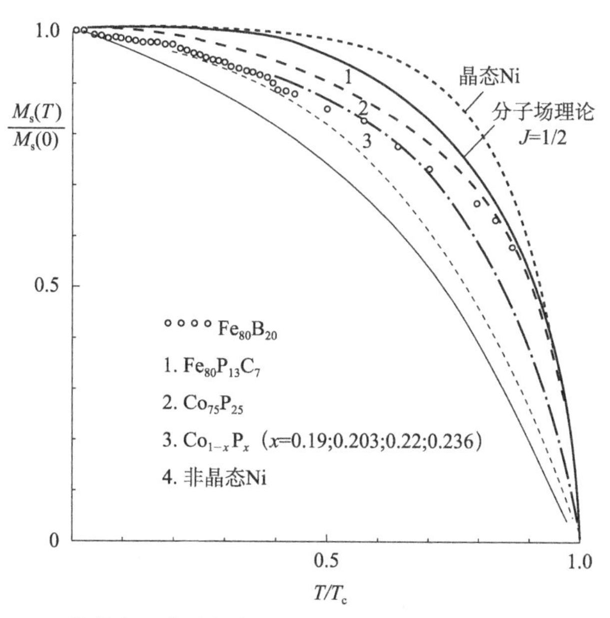

图 3.27　一些晶态和非晶态合金的 $M_s(T)/M_s(0)$ 与 T/T_c 的关系曲线
（即约化的磁化强度与温度的关系曲线）

似，具有线性磁结构．另外在受到环境（磁场，温度，应力等）影响后的变化也与晶态的情况差不多．至于稀土-过渡金属化合物，在形成非晶态磁性材料后，其磁结构大多数是非共线的．

基于上述情况，在讨论非晶态金属及其合金的自发磁化时，仍然可以用晶态金属合金的理论，如海森伯的交换作用模型、能带模型、RKKY 模型，但同时要考虑到短程序对模型的影响．为简便起见，本节以式（3.74）所表示的海森伯模型

$$\hat{H}=-2\sum_{ij}A_{ij}S_i\cdot S_j \tag{3.74}$$

为基础来讨论其自发磁化的问题．因为最近邻原子之间的距离并不完全相同，交换作用算符 A_{ij} 不是常数，自旋算符 S_i 和 S_j 也彼此不相等，因此无法直接从式（3.74）出发来讨论非晶态金属及其合金的自发磁化问题，需要对该模型进行补充.

考虑到交换作用为近邻作用，则以 i 原子为中心，其近邻数为 Z（即配位数），对式（3.74）求和，用分子场近似方法来讨论其自发磁化问题．

3.5.3　Handrich 平均值近似理论[57]

由于交换作用是以近邻之间的作用强度较大，在整个作用中占主要地位，根据非晶态合金结构中原子分布短程序的特点，近邻原子对之间的交换作用不全相

等，但差别不大，可以看成是体系中的涨落现象．每个原子的自旋量子数 S_i 也不相同，但差别也不是很大．基于上述两个设想，Handrich 将各个原子所受到的交换作用和自旋磁矩的涨落表示为

$$A_{ij} = \langle A_{ij} \rangle + \delta A_{ij}, \tag{3.75}$$

$$S_i^z = \langle S^z \rangle + \delta S_i^z, \tag{3.76}$$

其中，$\langle A_{ij} \rangle$ 和 $\langle S^z \rangle$ 是对整个样品的可能数值的平均，δ 为无量纲的偏离系数．这样作出近似后，可以将式（3.74）写成交换能的形式

$$E_{\mathrm{ex}} = -2\sum{}' A_{ij} S_i \cdot S_j,$$

其中，$\sum{}'$ 只对近邻求和，如以 S_i 为中心，求和则有

$$E_{\mathrm{ex}} = -2A_{ij}\, S_i \cdot \sum{}' S_j = -H_{\mathrm{w}} \cdot S_i,$$

$$H_{\mathrm{w}i} = 2A_{ij} \sum{}' S_j, \tag{3.77}$$

$H_{\mathrm{w}i}$ 为 i 原子受到近邻 j 原子作用的分子场，在晶态情况 $A = A_{ij}$，如 $\sum{}' S_j$ 只对近邻求和，则得到式（3.77）的经典表示

$$H_{\mathrm{w}i} = 2AZS^z / g\mu_{\mathrm{B}}, \tag{3.77$'$}$$

Z 为近邻配位数（体心立方 $Z=8$，面心和六角结构 $Z=12$）．Z 近邻配位数的平均值，具体与非晶态合金成分有关，对过渡金属合金来说一般认为是 9～10. 对于晶态情况，第 i 个原子平均磁矩 S_i 可从布里渊函数求得

$$S_i = SB_{\mathrm{s}}(x),$$

其中

$$x = gS\mu_{\mathrm{B}}(H_{\mathrm{w}i} + H),$$

H 为外加磁场，对于晶态磁体的情况，在前面已经作过详细的讨论．对于非晶态金属，A 和 S_i 分别用式（3.75）和（3.76）表示，则上面两个式子可用平均的形式表示

$$\langle S_i \rangle = S \langle B_{\mathrm{s}}(x) \rangle, \tag{3.78}$$

$$x = gS\mu_{\mathrm{B}} \langle (H_{\mathrm{w}i} + H) \rangle. \tag{3.79}$$

3.5.3.1 高温顺磁情况

高温顺磁情况，即 $T > T_{\mathrm{c}}$ 时由式（3.78）和（3.79）所表示的磁性，利用第 2 章讨论的结果，可以得到非晶态合金的结果

$$\langle B_{\mathrm{s}}(x) \rangle = (S+1)\langle x \rangle / 3S,$$

$$\langle (H_{\mathrm{w}i} + H) \rangle = H + Z\Big\langle \sum\nolimits_j 2A_{ij} S_j \Big\rangle = H + Z\langle A_{ij} \rangle \langle S^z \rangle,$$

代入式（3.78），可以得到居里-外斯定律，居里温度 T_{c} 和居里常数．

$$\langle S_z \rangle = CH / (T - T_{\mathrm{c}}),$$

$$T_c = S(S+1)Z\langle A_{ij}\rangle/3k,$$
$$C = g\mu_B S(S+1)/3k,$$

N 为单位体积磁性原子数．关键是 $\langle A_{ij}\rangle$ 的数值无法准确计算，它可表示为

$$\langle A_{ij}\rangle = (2\pi/V)\int_v g(r)A(r)\mathrm{d}r,$$

其中，$g(r)$ 为径向分布函数，表示以某原子为中心，在其附近找到另一原子的几率，V 为体积．对非晶态金属来说，$g(r)$ 和 $A(r)$ 的确切表示并不十分清楚，但这不影响我们对非晶态合金产生自发磁化的讨论，并可以得到居里-外斯定律，以及 T_c 的表示．实际上 T_c 要比晶态的低一些．因为在一个无规密堆的单元中，磁性原子的数目比晶态的少 20%，而每个磁性原子的磁矩大小也相对于晶态结构中每个原子磁矩要低一些．

3.5.3.2　低于居里温度的情况

在温度低于居里点时，自发磁化强度不为零，在对 $\langle B_s(x)\rangle$ 求平均时要考虑涨落的影响，在计算时就是将式 (3.79) 中的变量 x 求平均．如只考虑自发磁化，即对分子场求平均．考虑到交换作用为近邻作用，如以 i 原子为中心，与 j 原子作用，这样在求和时 $\sum_{ij} A_{ij}$ 可以简化为 $Z\sum_i A_{ij}$，这样就得到分子场的平均值为

$$\left\langle Z\sum_j A_{ij}S_j\right\rangle = Z\langle A_{ij}\rangle\langle S_z\rangle + Z\sum_j \delta A_{ij}\langle S_j\rangle + Z\sum_j \langle A_{ij}\rangle\delta S_j,$$

由于最后一项

$$\sum_j\langle A_{ij}\rangle\delta S_j = \langle A_{ij}\rangle\sum_j\delta S_j\text{，如 } N \text{ 很大，有 } N^{-1}\sum_j\delta S_j \to 0,$$

因此

$$\left\langle\sum_j A_{ij}S_j\right\rangle = Z\langle A_{ij}\rangle\langle S_j^z\rangle + Z\sum_j \delta A_{ij}\langle S^z\rangle.$$

由此得到

$$x = ZS[\langle A_{ij}\rangle\langle S^z\rangle + \sum_j \delta A_{ij}S^z]/kT = x_0 + \Delta x, \tag{3.80}$$

其中

$$x_0 = ZS\langle A_{ij}\rangle\langle S^z\rangle/kT, \tag{3.81}$$
$$\Delta x = ZS\sum_j \delta A_{ij}S^z/kT, \tag{3.82}$$

将式 (3.80) 的 x 值代入式 (3.78)，得到约化的自发磁化强度

$$\begin{aligned}\sigma &= \langle S_z\rangle/S = \langle B_S(x_0+\Delta x)\rangle \\ &= \langle B_S(x_0)\rangle + \langle B_S'(x_0)\Delta x)\rangle + (1/2)\langle B_S''(x_0)(\Delta x)^2\rangle + \cdots \\ &= B_S(x_0) + (1/2)B_S''(x_0)\langle(\Delta x)^2\rangle + \cdots,\end{aligned} \tag{3.83}$$

对 $\langle(\Delta x)^2\rangle$ 计算时只取一级近似，得到

$$\langle(\Delta x)^2\rangle = \left\langle\left(ZS\sum_j \delta A_{ij}S_j^z/kT\right)\left(ZS\sum_j \delta A_{ij}S^z/kT\right)\right\rangle$$

$$= (ZS/kT)^2 \left[\sum_j \langle \delta A_{ij} \delta A_{ik} \rangle S^z \right] = \delta^2 x_0^2.$$

由此得到

$$\delta^2 = \langle \delta A_{ij} \delta A_{ik} \rangle / \langle A_{ij} \rangle^2, \tag{3.84}$$

一般情况 $\langle A \rangle > 0$，因此 $x_0 > 0$，并得到 $B''(x_0) < 0$，在 δ 比 1 小的情况下非晶态合金的自发磁化总是比晶态的要小．由于式（3.83）是在 δ 比 1 小得多的情况下的结果，实际上 δ 可能比 1 小不了多少，一般在 0.5～1．这样式（3.83）要取较多的项，使计算变得很繁杂．因而将式（3.83）改写成下述形式：

$$\sigma = \langle S_z \rangle / S = (1/2) \{ B_S[(1+\delta)x_0] + B_S[(1-\delta)x_0] \}, \tag{3.85}$$

其中，$B_S(1\pm\delta)x_0$ 分别表示偏离 $\pm\delta$ 情况下的布里渊函数．可以看到式（3.81）和（3.85）联立的方程就是分子场理论的数学表示，图 3.28 给出了该联立方程的图解示意情况．从图 3.28(a) 可以看到，$\delta=0$ 时即晶态合金 $\sigma(\tau, 0)$ 的结果，而在 $\delta=0.5$ 时得到的 $\sigma(\tau, 0.5)$ 的数值比 x_0 对应的 σ 值要低一些．解出的 σ-τ 关系曲线［见图 3.28(b)］显示有较大的差异，表明存在交换作用涨落的影响．

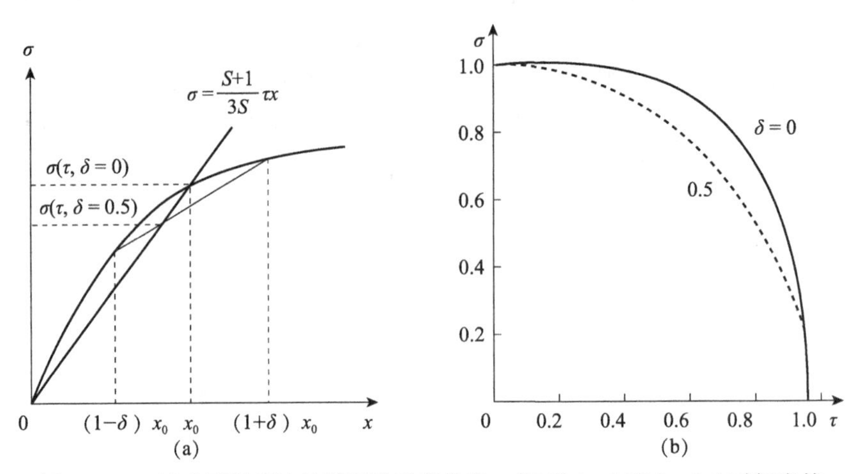

图 3.28 (a)分子场理论的图解法示意曲线，(b)设 $\delta=0$ 和 $\delta=0.5$ 时解出的 σ-τ（$=T/T_c$）曲线

图 3.29 和图 3.30 示出了两组实验结果与不同的 δ 和 S 数值计算的结果比较．可以看到，晶态 Fe 的实验结果与 $\delta=0$ 理论结果基本一致，表明不存在交换作用涨落．而非晶态合金的实验结果与 $\delta=0.5$ 和 $S=1/2$ 的理论曲线比较接近，表明交换作用涨落的影响不可忽视．

低温情况的磁性随温度的变化与晶态有何差异将在 4.10 节讨论．

3.5.4 非晶态稀土合金的磁结构和磁性

在非晶态稀土(R)-过渡金属(T)及其合金中都不具备长程序，因而不存在磁晶各向异性，但存在一定的局域晶场效应．由于非晶态稀土元素 R 与 Fe、Co 形

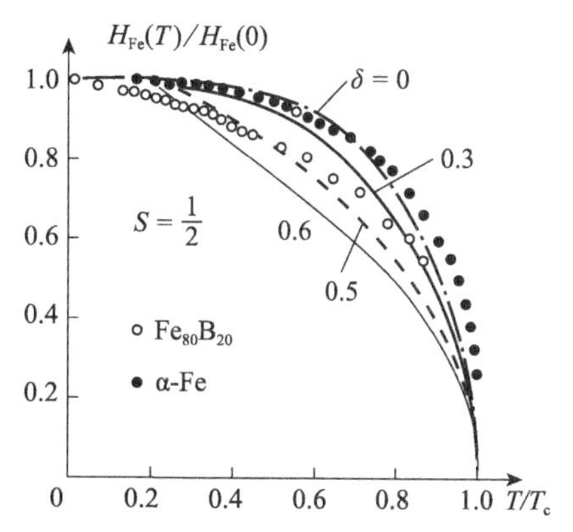

图 3.29 非晶态 $Fe_{80}B_{20}$ 和晶态 Fe 的实验值与 $S=1/2$ 和不同 δ 的计算结果比较[58]

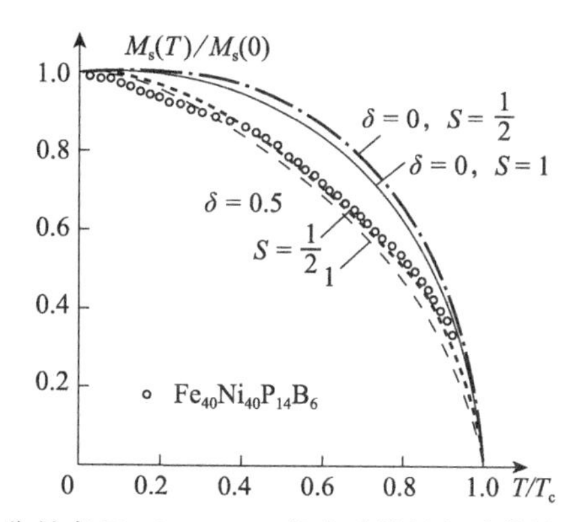

图 3.30 非晶态 $Fe_{40}Ni_{40}P_{14}B_6$ 的实验结果与计算结果的比较[59]

成的非晶合金中，R 具有较强的局域各向异性，因而使合金的磁结构比较复杂和多样化．在 2.6 节已简单介绍过，本节将简单地讨论它们形成的原因．

3.5.4.1 局域晶场效应

稀土元素 R 的 4f 电子具有磁性，但它却深埋在原子核附近，而 5d 和 6s 电子处在其外层轨道，因而屏蔽掉一部分其他原子核电场对 4f 电子的作用，即受到晶场的作用较低，相对比过渡金属 T 中 3d 电子的要小两个量级．但 4f 电子自旋-轨道耦合很强，因此对原子磁矩的取向影响比较大．T 原子上局域晶场虽然相对较大，但因 T 原子中自旋-轨道耦合相对交换作用要小，因此自旋磁矩仍然是彼此平行取向．因此，Coey 等提出非晶态合金中稀土原子的磁矩在空间的分布呈锥体的形式．他们根据穆斯堡谱估算出 $DyCo_{3.4}$ 中 Dy 的空间分散角 $2\psi=140°$，ψ 为锥体的顶角．到目前为止，几种散磁性磁结构还没有被中子衍射观测到，但磁性测量结果的分析认为基本是可靠的．

最早因非晶态 $TbFe_2$ 合金的磁矩 $M_s(0)$ 和 T_c 远低于晶态的数值（分别为

2.8μ_B和4.7μ_B，388K和710K)，之后Harris等[60]、Callen等[61]从理论上进行了探讨，提出R原子中4f电子受局域晶场作用，利用海森伯模型，给出了R-T合金的哈密顿量

$$\hat{H}=-2\sum_{ij}A_{ij}J_i\cdot S_j+\hat{H}_c-g\mu_B H\sum_i J_i, \tag{3.86}$$

其中

$$\hat{H}_c=-2\sum_{ij}V_{R_i}$$

为作用在R原子中4f电子上的无规局域晶场，H为外磁场．因各向异性是轴向对称，用C_{2V}的对称性给出，由于晶态合金的各向异性（即晶场）在各个晶粒中都相等，对非晶态合金来说，虽然局域晶场是无规取向的，但穆斯堡实验的结果表明，晶场方向为球状空间分布，其数值是相等的，可简单表示为

$$V_{R_i}=\sum_m A_{2m}r_i^2 Y_{2m}, \tag{3.87}$$

其中，$m=0$，±2；Y_{2m}为球谐函数．由于$A_{22}=A_{2-2}$所以得

$$V_{R_i}=A_{20}(3z_i^2-r_i^2)+A_{22}[(x+\mathrm{i}y)^2+(x-\mathrm{i}y)^2],$$

如n_i为i位处的晶场方向，假定实验是在xz平面上进行的，具体如图3.31所示．一般说来，易磁化方向n_i即局域晶场方向，J_i为f电子角动量量子数，并看成常数，以及由x_i，y_i，z_i与J_{xi}，J_{yi}，J_{zi}的对应关系，因而可将晶场势简化为

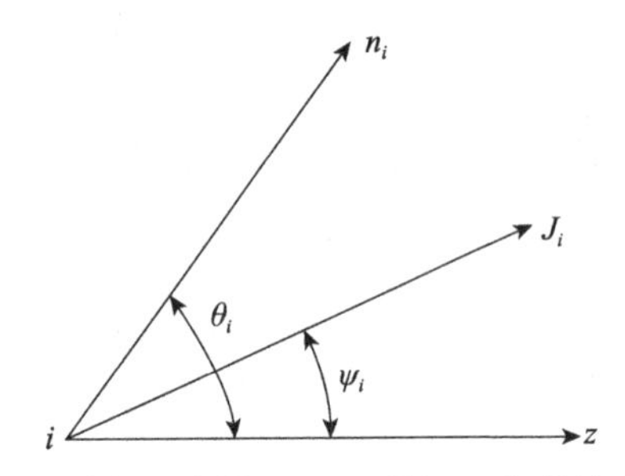

图3.31 i位上局域易磁化轴（n_i）、磁矩J_i和磁场H（即z轴）的方向及各交角的示意情况

$$V_{R_i}=A_iJ_{zi}^2+B_iJ_{xi}^2+C_iJ_{yi}^2, \tag{3.88}$$

考虑到单轴对称性，所以有A_i的绝对值比B_i或C_i的绝对值大得多，再令$A_i=-D$为局域晶场系数的平均值，则有

$$V_{R_i}=-D(\boldsymbol{n}_i\cdot\boldsymbol{J}_i)^2. \tag{3.89}$$

于是整个合金体系的磁性的哈密顿量（3.86）可以简化为

$$\hat{H}=-2\sum_{ij}A_{ij}J_i\cdot S_j-\sum_i D(\boldsymbol{n}_i\cdot\boldsymbol{J}_i)^2-g\mu_B H\sum_i J_{iz}, \tag{3.90}$$

其中，磁场$H=H_z$，$D>0$为易磁化轴，$D<0$为易磁化面．对于R-T合金一般是$D>0$.

3.5.4.2 非晶态 R-T 合金的磁结构

以 Dy-Co 非晶为例，Co 原子之间的取向一致，因为 Co-Co 之间的交换作用很强，设原子对的交换作用 A 值约等于 2×10^{-21} J/原子对．Dy-Co 之间的交换作用 A 值约为 1×10^{-22} J/原子对，Dy-Dy 之间的交换作用 A 值约为 2×10^{-23} J/原子对（J 为焦耳）．在晶态 Dy-Co 晶体中，两者的磁矩取向相反，在非晶态合金中，如果 Dy 的磁矩只受其局域晶场作用，则 Dy 磁矩取向应是无规的，即其取向均匀指向一个球面．但由于 Dy-Co 之间的交换作用，要求两者取向反方向．这样 Dy 磁矩在空间的分布应与 Co 磁矩取向相反．两者的竞争使得 Dy 的磁矩取向分布在一个锥体内，这个锥体的顶角 ψ 由体系的能量来确定．这样式（3.90）按照文献［12］的简化模型可写成

$$\hat{H}=-2\sum_{ij}AJ_i\cdot S_j-\sum_i D(\boldsymbol{n}_i\cdot\boldsymbol{J}_i)^2-g\mu_B H\sum_i J_{iz},$$

为直观起见，可以对 i 位上的 Dy 的磁矩、在不同 $D/A_{\text{Dy-Co}}$ 的作用下 ψ_i 的分布变化关系进行计算．得到的结果也就是 Dy 的磁矩在空间取向分散的大小．这样式（3.90）简化为

$$\hat{H}=-ZAJ_i\langle S_{jz}\rangle-D(\boldsymbol{n}_i\cdot\boldsymbol{J}_i)^2-g\mu_B HJ_{iz}. \tag{3.91}$$

用分子场近似方法，根据图 3.31 的情况，可得到 i 位置的磁矩的总磁能写成

$$E_i=-ZA\langle S_{jz}\rangle J_i\cos\psi_i-D\boldsymbol{J}_i^2\cos(\theta_i-\psi_i)-g\mu_B HJ_i\cos\psi_i,$$

可将交换作用写成分子场的形式 $\lambda M=ZA/g\mu_B$，则有

$$E_i=-D\boldsymbol{J}_i^2\cos^2(\theta_i-\psi_i)-g\mu_B(\lambda M+H)J_i\cos\psi_i,$$

其中，$M=n\mu m$，n 为单位体积 T 原子磁矩数，μ 为 T 原子的磁矩，$m=\langle\cos\psi\rangle$，如 $\partial E/\partial\psi=0$ 和 $\partial^2E/\partial^2\psi>0$ 体系稳定，则有

$$g\mu_B(\lambda M+H)J_i\sin\psi_i=D\boldsymbol{J}_i^2\sin2(\psi_i-\theta_i),$$

如令 $c=g\mu_B(\lambda M+H)/D\boldsymbol{J}_i=g\mu_B\boldsymbol{J}_i(\lambda M+H)/D\boldsymbol{J}_i^2$ 为常数，上式写成

$$c\sin\psi_i=\sin2(\psi_i-\theta_i), \tag{3.92}$$

因 $m=\langle\cos\psi\rangle$，则在空间求平均

$$m=\langle\cos\psi\rangle=\frac{\int\cos\psi\sin\theta\mathrm{d}\theta}{\int\sin\theta\mathrm{d}\theta}. \tag{3.93}$$

将式（3.92）所示的 θ 和 ψ 的关系代入式（3.93）可以计算出非晶态 R-T 合金中 R 原子磁矩在空间分布的分散角与交换作用和各向异性强度比值 $\varepsilon(=1/c)$ 的大小的关系．定性的结果参见图 3.32. 由此可见，单离子各向异性强的稀土元素与 Fe 或 Co 形成非晶态合金后，对重稀土元素来说合金具有散亚铁磁性，对轻稀土元素来说合金具有散铁磁性．另外，由于 Fe-Fe 之间的交换作用相对 Co-Co 来说

要弱一些，因此 Fe 原子磁矩有一定的分散，但比稀土元素的分散情况要小得多．对于 TbAg 非晶合金，因银（Ag）是非磁性原子，所以 Tb 原子磁矩取向为球面，成为散反铁磁性．由于 Nd 为轻稀土元素，并具有强的磁晶各向异性，在形成 Nd-Fe 非晶合金后，Nd 的磁矩大部分与 Fe 的交角小于 $\pi/2$，虽有一小部分磁矩取向与 Fe 磁矩交角大于 90°，但整个合金仍属于散铁磁性．因为主要是铁磁性耦合，也不存在两种方向相反磁矩抵消的现象（即不存在抵消温度）．

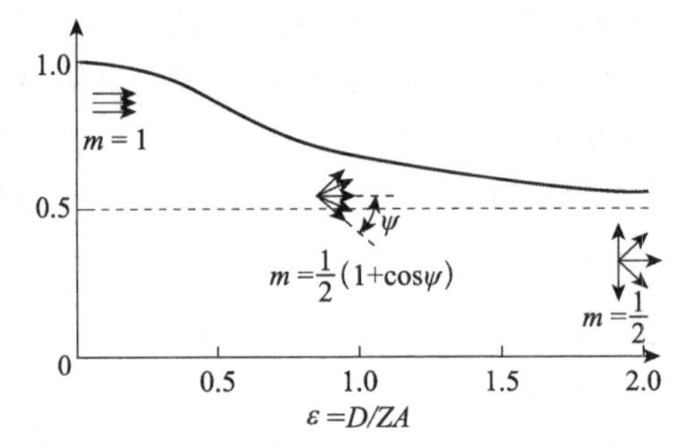

图 3.32　外加磁场 $H=0$ 时〈$\cos\psi$〉与 ε（$=D/ZA$）的关系曲线

在计算〈$\cos\psi$〉与 ε 的关系时令温度为绝对零度，这样所得的磁矩空间分布的状态就是非晶态合金自发磁化的原始情况．由于合金中 R 原子和 T 原子的比例多在 1∶3.5～4，原因是为了制备出磁性好（T_c 较高，磁矩较大）、晶化温度较高和稳定的非晶态合金．这样在 0K 温度下稀土原子的磁矩总量比过渡金属的磁矩要高，但随着温度升高，稀土原子磁矩降低很快，在某个温度是时变得比 Fe 或 Co 原子磁矩总量要小，因而出现抵消温度．图 3.33 示出了 Dy-Fe，Dy-Co 和 Dy-Ni 三个非晶合金的磁矩随温度的变化曲线．可以看到，$Dy_{21}Ni_{79}$ 在 0K 时 Ni 的磁矩为零，Dy 的磁矩为 $5\mu_B$，在晶态情况知 Dy 为 $10\mu_B$．这表明 Dy 的磁矩在空间的分散角 $\psi=\pi/2$. Dy 的磁矩随温度上升下降很快，因其居里温度比较低，在约化的坐标轴上看不出来．对 $Dy_{21}Fe_{79}$ 来说，在 0K 温度下 Fe 有 $1.9\mu_B$，并有一定的分散性．随着温度升高曲线开始略有下降，后来缓慢上升，表明不存在抵

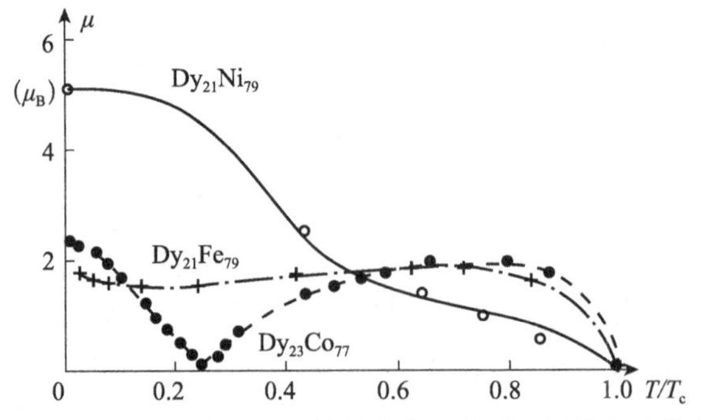

图 3.33　Dy-Fe，Dy-Co 和 Dy-Ni 非晶态薄膜的磁矩随温度变化的曲线[62]

消温度，因为 Fe 原子磁矩的总合比 Dy 的磁矩大，随着温度上升，Dy 原子磁矩下降较快，Fe 的分散角有所减小，而使总磁矩缓慢增大．非晶态 $Dy_{23}Co_{77}$ 合金，具有明显的抵消温度．

Taylar 等[63]研究了 Nd-Fe、Co 非晶态合金的磁性，图 3.34 示出了 $Nd_{24}Co_{76}$ 的 $4\pi M_s$ 随温度的变化关系．图中实线是用分子场理论计算的值，黑点是实验值．可以看到，在温度较高时实验值出现上升趋势，这可能因样品晶化所致，同时还可看到不存在抵消温度．在图中最下面的曲线是 Nd 原子磁矩的变化趋势，而 Co 的磁矩不存在分散取向的现象．

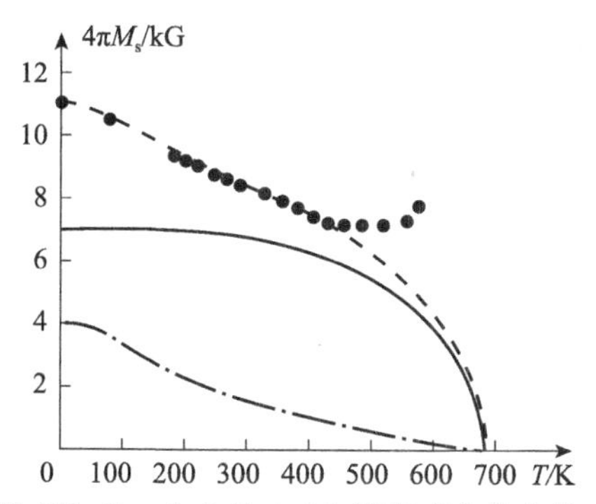

图 3.34　非晶态 $Nd_{24}Co_{76}$ 合金的 $4\pi M_s$ 随温度变化曲线，黑点是实验值

习题

1. 铁具有体心立方结构，原子量为 55.85，密度为 7.86g/cm^3，居里温度为 770℃. 试计算：(1) 交换积分 A 的数值；(2) 每对原子的交换能；(3) 单位体积的交换能．

2. 有三个自旋为 1/2 的离子，位于正三角形的三个顶点上，两两之间的交换作用常数为 J. 将此三离子体系置于外磁场 H 中，试求出：

(1) 体系的哈密顿量；

(2) 若将其他粒子的作用以一个等效分子场来代替，求出分子场系数 λ 与交换作用的关系．

(3) 试从式 (3.29) 出发，讨论高、低温情况下的自发磁化与温度关系，并说明和分子场理论结果的一致性．

参考文献

[1] Френкль Я И. Z. Physik，1928，49：31

[2] Heisenberg W. Z. Physik，1928，49：619

[3] Heitler W，London F. Z. Physik，1927，44：455

[4] 郭敦仁．量子力学初步．第十一节．北京：人民教育出版社，1977

[5] Slater J C. Quantum Theory of Molecules and Solids. Vol. 1 Ch. 5. 1963
[6] 曾谨言．量子力学（下册）．北京：科学出版社，1982；
周世勋．量子力学．上海：上海科学技术出版社，1962：344
[7] Вонсовскнй С В. 铁磁学（上册）．北京：科学出版社，1965：95
[8] Faulkner J S. Phys，Rev.，1962，128：202
[9] Гейлнкман Б Т. ЖЭТФ，1943，13：168
[10] Bethe H A，Sommerfeld A. Элктронная Теория Мегаллов，1938
[11] Neel L. Ann. de Phys.，1936，5：39
[12] Bethe H A. 见 [10]
[13] Stuart R，et al. Phys. Rev.，1960，120：353
[14] Freeman A J，et al. Phys. Rev.，1961，124：1439
[15] Sauter F. Ann. de Phys，1938，33：672
[16] Vonsovskii S V. Magnetism. John Wiley & Sons Inc.，1974，1：58
[17] Kramers H A. Physica，1938，1：182
[18] Anderson P W. Phys. Rev.，1950，79：350
[19] Goodenough J B，et al. Phys. Rev.，1955，98：391；1956，100：564
[20] Kanamori J J. Prog. Theor. Phys. Kyoto，1957，17：177
[21] Shulman R G，et al. Phys. Rev.，1956，103：1126；1957，108：1219
[22] Wannier G H. Phys. Rev.，1937，52：191
[23] 见 [5]，Ch. 9
[24] 伴野雄三．磁性．1976：235
[25] Reissland J A，et al. J. Phys.，1969，C2：874
[26] Buyers W J L，et al. Neutron Inelastic Scattering，Vienna，Vol. 2：1968
[27] Zeiger H J，Praff G W. Magnetic Interaction in Solids. Ch. 4. Clarwndon Press 1973
[28] Wigkham D G，et al. J. Phys. Chem. Solids，1958，7：351
[29] Cosser P. J. Inorg. Nuclear Chem.，1958，8：483
[30] McGuire T R，Greenwald S W. Solid State Physics in Electronics and Telecommunication. Vol. 3. Magnetic Properties，Part 1，1960
[31] Blasse G，Gorrer E W. J. Phys. Soc. Japan，17. St. B-1，1962：176
[32a] Goodenough J B. Magnetism and Chemical Bond. Ch. 3. New York，London：John Wiley & Sons，1963
[32b] Landolt-Bornstein Numerical Data and Functional Relationships in Science and Technology. Berlin：Springer-Verlag，1972，Vol. 4，Part a：131

[33] Jonker G H，van Santen J H. Physica，1950，16：337
[34] 戴道生，熊光成，吴思诚．物理学进展，1997，17(2)：201-222
[35] 刘俊明，王克锋．物理学进展，2005，25(2)：82-129
[36] 戴道生．物质磁性基础．第 6 章，第 22 章．北京：北京大学出版社，2016
[37] Urushibara A，Moritomo Y，Aima T，Asamitsu A，Kudo G，Tokura Y. Phys. Rev.，1995，B51：14103
[38] Jahn H A，Teller E. Proc. Roy. Soc.，1937：161-220
[39] Zener C. Phys. Rev.，1951，82：403.
[40] Wollan E O，Koehler W C. Phys. Rev.，1955，100：545
[41] Zener C. Phys. Rev.，1951，81：446；82：403；83：299
[42] Вонсовскнй С В. ЖЭтф，1953，24：419
[43] Ruderman M A，Kittel C. Phys. Rev.，1954，96：99
[44] Kasuya T. Prog. Theor. Phys. Kyoto，1956，16：45
[45] Yosida K. Phys. Rev.，1957，106：893
[46] Elliot R J. Magnetism. Vol. 2A，Ch. 7. Rado G T，Shul H. 1965
[47] Koehler W G. Bull. Am. Phys. Soc.，1960，459：5
[48] Yosida K，et al. Prog. Theor. Phys.，1962，28：361
[49] Coqblin. The electronic structure of rate-earth metals and alloys. The Magnetic Heavy Rare-Earth，1977
[50] 李德修著，郭贻诚，王震西主编．非晶态物理学．第 2 章．北京：科学出版社，1984
[51] Zellen R. 非晶态固体物理学．黄畇，等译．北京：北京大学出版社，1988
[52] 戴道生，韩汝琦．非晶态物理．北京：电子工业出版社，1989
[53] 穆加尼 K，科埃 J M D. 磁性玻璃．赵见高，詹文山，王荫君，李国栋，译．北京：科学出版社，1992
[54] 冶金工业部科技司．非晶态合金及其应用内部会议资料，1990 年 12 月
[55] Губанов Г И. Физ. Твер. Тел.，1960，2：502
[56] Handley R C O′. Modern Magnetic Materials—Principles and Applacations. New York：John Wiley & Sons Inc.，1999
[57] Handrich K. Phys. Stat. Sol. 1969，32：K55
[58] Balogh J，et al. Solid Stat. Comm.，1978，25：1003
[59] Kaul S N. Phys. Rev.，1981，B24：6550
[60] Harris R，Plischke M，Zuckermann M J. Phys. Rev. Lett.，1973，31：160

[61] Callen E，Liu Y J，Cullen J R. Phys. Rev.，1977，16：263
[62] Arrese-Boggiano R，et al. J. Phys. Coll.，1976，37：C6-771
[63] Taylar R C，et al. J. Appl. Phys.，1978，49：2886
[64] Sluart J S. Effective Field Theory of Magnetism. Philadelphia，London：W. B. Saunders Company，1966

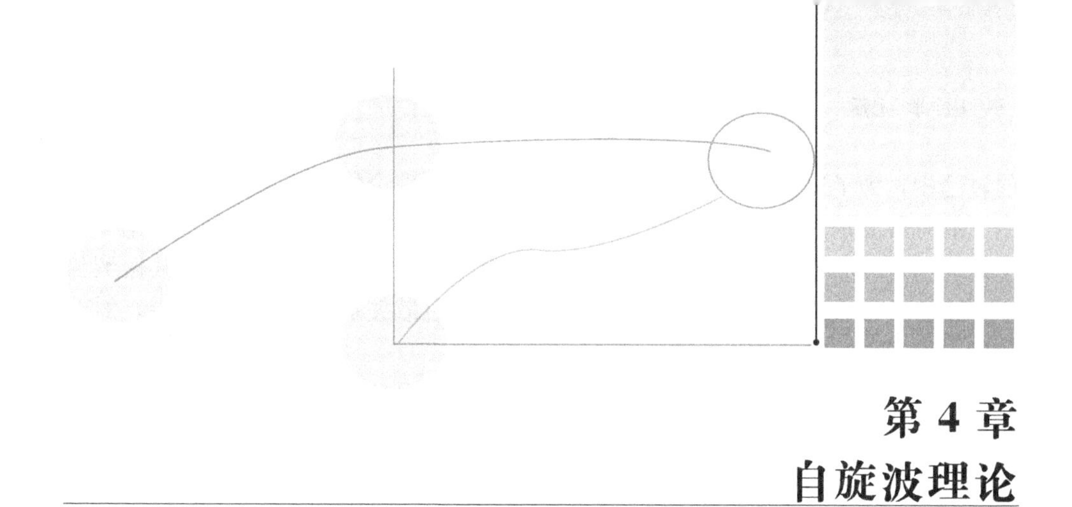

第 4 章 自旋波理论

作为平均场的近似，分子场理论成功地描述了强磁性物质的自发磁化行为，但在低温下和居里点附近，该理论与实验出现明显的偏差．在居里点附近，热运动破坏了宏观的磁有序，但由于交换作用是一种很强的近距离作用，因此还可能保持着近程的自旋关联．在有关于分子场理论的改进一节中讨论了如何计入这种自旋的近程关联．在低温下，交换作用又显示出长程关联的性质，体系呈现了很强的磁有序．自旋波理论从体系整体激发的概念出发，很好地解释了自发磁化在低温下的行为．

自旋波理论是 1930 年由布洛赫[1]首先提出来的．自旋波又称为磁波子(magnon)，它是固体中一种重要的元激发，它是由局域自旋之间存在交换作用而引起的．

在前几章中，我们都是从体系个别自旋的行为出发进行统计平均，从而求出体系的自发磁化强度、比热等宏观热力学量．在这一章中，则研究体系中自旋的整体行为，将统计平均改为对自旋波进行．在低温下，体系能量处于较低的激发态，自旋波数目较少，自旋波相互作用可以忽略，因此每一个自旋波可以看作是相互独立的，系统的能量等于各个自旋波能量简单地求和．这时自旋波理论显得特别简单和有效．在这种近似下，得到的铁磁体自发磁化强度遵守 $T^{3/2}$ 定律，这是与实验符合得相当好的．

当温度升高时，自旋波数目增多，相互散射加剧，这些都给理论计算带来了很多困难．戴森 (Dyson)[2] 和加布里柯夫 (Тябликов)[3] 等计入了这些影响，使理论更加趋于完善．戴森指出，即使当 $T=0.5T_c$ 时，用简单的自旋波理论计算的 $M(T)$ 偏差仍小于 5%.

本章将首先简要介绍简单点阵铁磁体中的各种自旋波理论．半经典理论图像直观，但不够严格；量子理论从薛定谔方程出发，作了较严格的处理；为了进一步讨论自旋波相互作用等更复杂的情况，引入了霍尔斯坦-普利马可夫 (H-P) 方法．在以后的几节中，我们讨论了一些较复杂的体系．在亚铁磁体和反铁磁体的讨论中，为了适应读者的不同要求，介绍了多种理论的处理方法；在磁偶极作用下的自旋波是一个很重要的课题，作为一个例子，我们尽可能详尽地介绍了量子处理的过程．它的半经典处理在磁共振理论中还会碰到；在薄膜的共振测量中，还会常常碰到体非均匀的体系，它的自旋波色散关系有其自己的特点，对此我们也作了专门的介绍．

自旋波作为一种波，在一定的边界条件下可以得到共振激发，因此可以在实验上被观察到；自旋波又是一种准粒子，当它与其他粒子相互碰撞时，将发生动量和能量的交换，这又提供了观测自旋波的另一种途径．本章 4.9 节将介绍自旋波实验研究的基本情况．最后简单介绍非晶态合金中的自旋波激发．

4.1 自旋波的物理图像

在这里，我们讨论一个简单的情况．设有由 N 个格点组成的自旋体系，每个格点的自旋为 $S=\frac{1}{2}$，这些格点组成简单的布洛赫格子．只考虑最近邻格点之间的交换作用，并假设相邻自旋间的交换作用均相同（$A>0$），则体系的交换作用哈密顿量为

$$\mathscr{H}_{\text{ex}}=-2A\sum_{(ij)}\boldsymbol{S}_i\cdot\boldsymbol{S}_j,\tag{4.1}$$

其中，$\sum_{(ij)}$ 表示求和遍及所有的最近邻对．

在绝对零度（$T=0\text{K}$）下，热力学第三定律要求自旋体系呈现完全的有序．对所假设的铁磁体系（$A>0$），所有的自旋应平行排列．每个格点自旋量子数均取最大值 S. 体系的总磁矩为 $M_0=NSg\mu_{\text{B}}$，这时总能量为最低，体系处于基态．

现在稍微升高体系的温度，使体系中能够有一个自旋发生翻转．这时将发生什么现象呢？如果这个翻转的自旋出现在某一个格点上，由于相邻格点间的交换作用有使自旋同向排列的趋势，一方面翻转了的自旋将牵动近邻格点的自旋，使它们趋于翻转；另一方面，近邻格点的自旋又力图驱使翻转了的自旋重新翻转回来．由此可见，自旋的翻转不会停留在一个格点上，而是要一个传一个，以波的形式向周围传播，直至弥散到整个晶体．我们把这种自旋翻转在晶体中的传播称为自旋波．

这种波对于我们来说并不陌生．在固体物理学的课程中，曾讨论过晶格振动的传播．在基态下，每个格点的原子处于其平衡位置上．如果有一个原子受到某种扰动而偏离了平衡位置，那么由于周围原子所产生的恢复力，将迫使它回到平衡位置去，再由于原子自身的惯性而形成在平衡位置附近的微小振动，这就是晶格振动．这种振动通过相邻原子之间的静电关联，一个牵动一个而向周围传播．我们把这种晶格振动的传播称为格波（或声子）．可以看出，自旋波和格波是十分相似的．它们同属于晶体的元激发．

在格波中，所有格点的晶格振动都是等价的，它们具有相同的振动振幅和频率，平均地分摊着体系的能量，相邻格点的振动相差一个固定的相位，显示出波的性质．格波的能量是量子化的，又显示出粒子的特性．波矢 $\boldsymbol{k}$ 的取值是间断的，取决于边界条件．在自旋波中，上述性质均可以找到相应的类比．

在自旋体系中，所有格点都是等价的．因此，每个格点的自旋应当有相同的翻转概率，这个概率为$\frac{1}{N}$. 如果整个体系存在一个翻转的自旋，那么在每个格点找到这个翻转自旋的概率应当是相等的．这种情况也可等价地看作所有格点的自旋在量子化轴方向的投影都减小了 $2S/N$，而相应的体系总磁矩则减小为 $M=(N-2)Sg\mu_B$. 因自旋的翻转，增加了体系的交换作用能．这一能量的增量同样是均匀地分摊在体系的所有格点上，呈现出波的特点．

波总可以表述为因子 $\exp i(\omega t-\boldsymbol{k}\cdot\boldsymbol{r})$ ．波矢 $\boldsymbol{k}$ 的方向表征了波传播的方向，k 的大小与波长 λ 有关，$k=\frac{2\pi}{\lambda}$. k 的取值不是任意的，它取决于体系的边界条件．k 可能的取值数目也不是任意的，它应当等于体系的总自由度数．例如，一根长度为 l 的连续介质弦，体系有无穷多个自由度，因此 k 可以有无穷多个可能的取值．但这并不意味着 k 可以连续地取任意值．比如弦两端固定时，有 $k=\frac{n\pi}{l}$ $(n=1，2，\cdots，\infty)$；当弦一端固定，另一端自由时，有 $k=\left(\frac{2n-1}{2l}\right)\pi$ $(n=1，2，\cdots，\infty)$ ．又如由 N 个原子组成的一维复式格子，每个格点有两个原子，每个原子又有三个自由度．因此对于晶格振动形成的格波，k 可以有 $2\times3N=6N$ 个可能的取值．对于晶体而言，之所以 k 有有限个取值，是因为波长 λ 小于晶格常数为 a 的波，这在实际上是没有意义的．

机械波的能量由振幅确定．由量子力学的基本假定，波的最小能量量子为 $\hbar\omega$，它体现为振幅不能连续变化，这一点是不难看出的．对自旋波而言，一个 $S=\frac{1}{2}$的自旋，对某一量子化轴只可能有两种可能的取向．换言之，对整个体系而言，最小的能量增量相应于一个自旋的翻转，或者说是体系中增加了一个自旋波，这个自旋波的能量也是 $\hbar\omega$.

相应地，波矢为 $\boldsymbol{k}$ 的自旋波也具有动量 $\hbar\boldsymbol{k}$. 应当指出的是，由于自旋只是在原地翻转，并不能携带动量．但是正如同格波（声子）一样，当自旋波与其他粒子相互作用时，$\hbar\boldsymbol{k}$ 的作用相当于动量，遵守动量守恒定律．因此，更确切地说，自旋波具有准动量．

自旋波具有能量，又具有准动量．它的行为常常如同一个真实的粒子，因此自旋波的另一个名称又叫“磁波子”或铁磁子．在晶体中还存在其他一元激发，这些元激发也同自旋波（磁波子）一样，同时兼有波动和粒子两重特性，例如，晶格振动形成的格波（声子）；在离子晶体中，极化点阵和电子构成的极化子；在半导体材料中，电子和空穴组成的激子；超流液氦中的旋子等．

描述波性质最重要的关系是色散关系，即频率 ω 和波矢 $\boldsymbol{k}$ 的关系 $\omega(\boldsymbol{k})$．由于能量 $E=\hbar\omega$，因此色散关系也可以表述为能量 E 和波矢 $\boldsymbol{k}$ 的关系 $E(\boldsymbol{k})$．为了说明自旋波能量与波矢的关系，可以把自旋想象为绕量子化轴进动的经典矢量，这个量子化轴就是体系自发磁化的方向．对于基态，体系中所有的自旋以相同的频率、相同的相位做一致进动，每个自旋在 z 轴方向的投影均为 S．现在将体系温度升高，产生一个波矢为 $\boldsymbol{k}$ 的自旋波．如前所述，可以认为每个自旋在量子化轴方向的投影减小为 $\left(1-\frac{2}{N}\right)S$，即自旋矢量略微偏离了量子化轴．设相邻格点的距离为 a，则 ka 表示了相邻格点自旋进动的相位差（图 4.1）．在这样一个半经典的图像中不难看出，波矢 $\boldsymbol{k}$ 愈大，波长就愈短．相邻自旋矢量的夹角也就愈大，因此交换作用能也愈大．由此可见，同样是一个自旋翻转，相应于不同的波矢 $\boldsymbol{k}$，自旋波的能量 $E(\boldsymbol{k})$是不同的．

上述讨论很容易推广到 $S>\frac{1}{2}$ 的情况，这时，由于空间量子化，自旋在某个量子化轴方向的投影可以有（$2S+1$）个取值，即 $-S$，$-S+1$，…，S. 因此，只需将自旋的翻转理解为自旋偏离量子化轴一个最小单位就可以了．

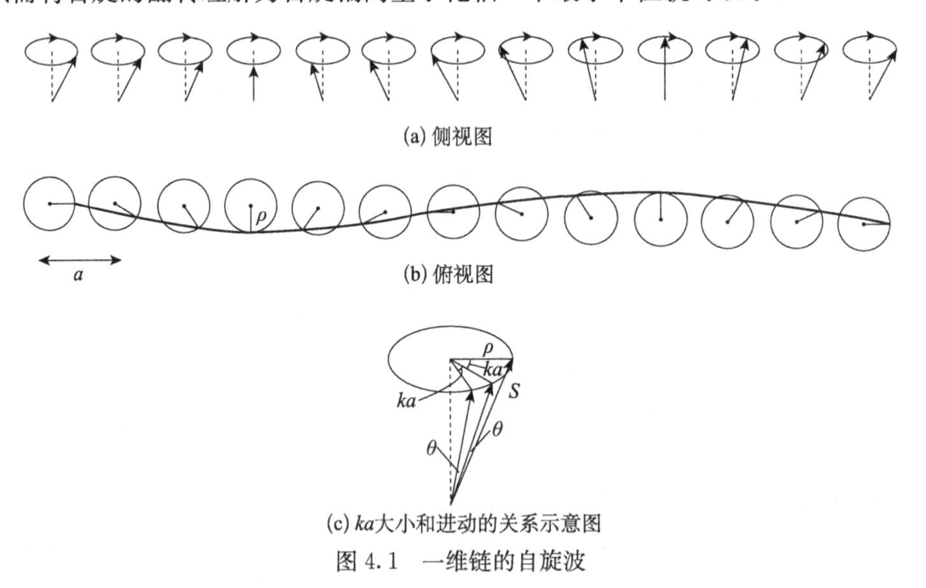

(c) ka大小和进动的关系示意图

图 4.1　一维链的自旋波

4.2　自旋波的半经典理论[4]

自旋算符 $\boldsymbol{S}$ 不显含时间 t 时，其运动方程为

$$\mathrm{i}\hbar\frac{\mathrm{d}\boldsymbol{S}}{\mathrm{d}t}=\boldsymbol{S}\mathscr{H}-\mathscr{H}\boldsymbol{S}. \tag{4.2}$$

自旋 $\boldsymbol{S}$ 在磁场 $\boldsymbol{H}$ 中的哈密顿量为*

$$\mathscr{H}=-\boldsymbol{\mu}\cdot\boldsymbol{H}=-\gamma\hbar\boldsymbol{S}\cdot\boldsymbol{H}. \tag{4.3}$$

磁场 $\boldsymbol{H}$ 的方向可取为 z 轴方向，即 $\boldsymbol{H}(0,0,H_z)$，则

$$\mathscr{H}=-\gamma\hbar S_z H_z.$$

利用对易关系 $\boldsymbol{S}\times\boldsymbol{S}=\mathrm{i}\boldsymbol{S}$，代入式（4.2）中得到

$$\begin{aligned}\mathrm{i}\hbar\frac{\mathrm{d}\boldsymbol{S}}{\mathrm{d}t}&=-\gamma\hbar[\boldsymbol{S}(S_zH_z)-(S_zH_z)\boldsymbol{S}]\\&=\mathrm{i}\gamma\hbar(S_y\boldsymbol{i}-S_x\boldsymbol{j})H_z.\end{aligned}$$

因此，自旋 $\boldsymbol{S}$ 在磁场 $\boldsymbol{H}$ 作用下的运动方程为

$$\frac{\mathrm{d}\boldsymbol{S}}{\mathrm{d}t}=\gamma\boldsymbol{S}\times\boldsymbol{H}. \tag{4.4}$$

考虑一个简单的一维无穷链．每个格点有相同的自旋 $\boldsymbol{S}$，相邻格点之间存在交换作用 $A(A>0)$．根据式（4.1），第 n 个格点的交换作用哈密顿为

$$\begin{aligned}\mathscr{H}_n&=-2A\boldsymbol{S}_n\cdot\sum_{\rho=-1}^{1}\boldsymbol{S}_{n+\rho}\\&=-2A\boldsymbol{S}_n\cdot[\boldsymbol{S}_{n+1}+\boldsymbol{S}_{n-1}].\end{aligned} \tag{4.5}$$

将式（4.5）与式（4.3）相比较，可以将相邻格点自旋的交换作用用等效场 $\boldsymbol{H}_{\mathrm{eff}}$ 来替代

$$\boldsymbol{H}_{\mathrm{eff}}=\frac{2A}{\gamma\hbar}(\boldsymbol{S}_{n+1}+\boldsymbol{S}_{n-1}). \tag{4.6}$$

将式（4.6）代入式（4.4），得到自旋 $\boldsymbol{S}_n$ 在交换作用等效场 $\boldsymbol{H}_{\mathrm{eff}}$ 作用下的运动方程

$$\begin{aligned}\frac{\mathrm{d}\boldsymbol{S}_n}{\mathrm{d}t}&=\gamma\boldsymbol{S}_n\times\boldsymbol{H}_{\mathrm{eff}}\\&=\frac{2A}{\hbar}\boldsymbol{S}_n\times(\boldsymbol{S}_{n+1}+\boldsymbol{S}_{n-1}).\end{aligned} \tag{4.7}$$

如果把 $\boldsymbol{S}_n$ 看作是一个经典矢量，则式（4.7）表明矢量 $\boldsymbol{S}_n$ 将围绕交换作用等效场 $\boldsymbol{H}_{\mathrm{eff}}$ 做进动（图 4.2）．

令 $\boldsymbol{S}_n=\boldsymbol{S}^z+\boldsymbol{\sigma}_n$，$\boldsymbol{S}^z$ 为矢量 $\boldsymbol{S}_n$ 在进动轴方向的投影矢量，根据我们的假定，不同格点的 $\boldsymbol{S}^z$ 是相同的，并且不随时间而改变；$\boldsymbol{\sigma}_n$ 为进动振幅矢量，它为矢量 $\boldsymbol{S}_n$ 在垂直进动轴的 xy 平面上的投影矢量．在进动过程中，$\boldsymbol{\sigma}_n$ 的方向随时间而变化．因此，式（4.7）可写为

---

* 由于电子带负电荷，因此自旋 $\boldsymbol{S}$ 和相应的磁矩 $\boldsymbol{\mu}$ 是反方向的，但为方便起见，在这里一律规定 $\boldsymbol{S}$ 是沿 $\boldsymbol{\mu}$ 方向的．

$$\frac{\mathrm{d}\boldsymbol{\sigma}_n}{\mathrm{d}t}=\frac{2A}{\hbar}(S^z+\boldsymbol{\sigma}_n)\times(2\boldsymbol{S}^z+\boldsymbol{\sigma}_{n+1}+\boldsymbol{\sigma}_{n-1})$$
$$=\frac{2A}{\hbar}(\boldsymbol{S}^z\times\boldsymbol{\sigma}_{n+1}+\boldsymbol{S}^z\times\boldsymbol{\sigma}_{n-1}+2\boldsymbol{\sigma}_n\times\boldsymbol{S}^z$$
$$+\boldsymbol{\sigma}_n\times\boldsymbol{\sigma}_{n+1}+\boldsymbol{\sigma}_n\times\boldsymbol{\sigma}_{n-1}) .$$

当振幅很小时，即$|\boldsymbol{\sigma}|\ll|\boldsymbol{S}^z|$时，略去二次以上的高次项，方程可以化为线性方程，即

$$\hbar\frac{\mathrm{d}\boldsymbol{\sigma}_n}{\mathrm{d}t}=2A\boldsymbol{S}^z\times(\boldsymbol{\sigma}_{n+1}-2\boldsymbol{\sigma}_n+\boldsymbol{\sigma}_{n-1}), \tag{4.8}$$

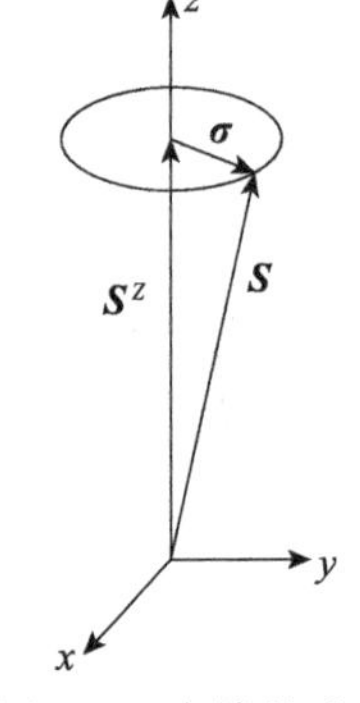

图 4.2 自旋的进动

其分量形式为

$$\hbar\frac{\partial\sigma_n^x}{\partial t}=-2AS^z(\sigma_{n+1}^y-2\sigma_n^y+\sigma_{n-1}^y),$$
$$\hbar\frac{\partial\sigma_n^y}{\partial t}=2AS^z(\sigma_{n+1}^x-2\sigma_n^x+\sigma_{n-1}^x) .$$

若令$\sigma^+=\sigma^x+\mathrm{i}\sigma^y$，则两个方程可以合为一个标量方程，即

$$\mathrm{i}\hbar\frac{\partial\sigma_n^+}{\partial t}=-2AS^z(\sigma_{n+1}^+-2\sigma_n^++\sigma_{n-1}^+), \tag{4.9}$$

其中，n可取所有的整数值，因此，式（4.9）实际上代表着无穷多个形式相同的联立线性齐次方程．它的解应当具有形式

$$\sigma_n^+\sim\mathrm{e}^{\mathrm{i}(nka-\omega t)}, \tag{4.10}$$

a为相邻格点的间距，将式（4.10）代入方程（4.9）得到

$$\hbar\omega=-2AS^z(\mathrm{e}^{\mathrm{i}ka}-2+\mathrm{e}^{-\mathrm{i}ka})$$
$$=4AS^z(1-\cos ka)$$
$$=8SA^z\sin^2\left(\frac{ka}{2}\right). \tag{4.11}$$

式（4.10）意味着$\sigma^x\sim\cos(nka-\omega t)$，$\sigma^y\sim\sin(nka-\omega t)$．由此可见，在半经典图像中，由于相邻自旋间存在交换作用，体系中所有的自旋是相互关联的．它们同时绕自发磁化方向做相同频率的进动，相邻自旋间有一个固定的相位差ka，这正是图 4.1 所描绘的自旋波图像．图 4.1 示出的自旋波传播方向是垂直自发磁化方向的．从上述推导的过程中可以看出，这种限制并不存在，也就是说，在该体系中自旋波传播方向相对自发磁化的方向可以是任意的．

式（4.11）给出了简单一维铁磁链的自旋波色散关系（图 4.3）．如果此一维链共有N个格点，则可以有N个k的取值，即可以有N个波长不同的自旋波存在．k的取值决定于边界条件．在周期性边界条件$\sigma_n^+=\sigma_{n+Na}^+$下，有

$$k=\frac{2p\pi}{Na},\ p=0,\ \pm1,\ \pm2,\ \cdots,\ \pm\left(\frac{N-1}{2}\right),\ \frac{N}{2}. \tag{4.12}$$

同格波一样，ka 的取值范围为 $[-\pi, \pi]$，这个区域正是相应于倒格子空间中的第一布里渊区．

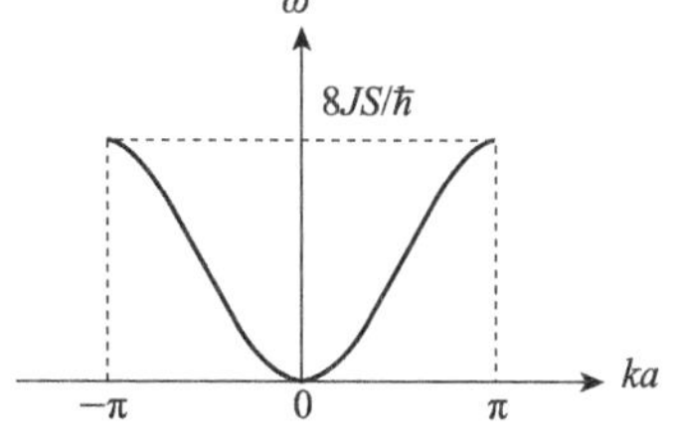

图 4.3　一维链自旋波的色散关系

当 k 趋于零时，称为长波极限，这时自旋波的色散关系可简化为

$$\hbar\omega \approx 2AS^z a^2 k^2. \tag{4.13}$$

我们知道，质量为 m^*，德布罗意波长为 k 的粒子，其能量为

$$\varepsilon = \hbar\omega = \frac{\hbar^2 k^2}{2m^*}.$$

由此得到长波极限下自旋波的等效质量

$$m^* = \frac{\hbar^2}{4AS^z a^2}. \tag{4.14}$$

若设晶格常数 $a \sim 10^{-10}$m，交换积分 $A \sim 500$K，$S^z = \frac{1}{2}$，则

$$m^* \approx 10^{-28}\,\text{kg}$$

这个数值大约比电子的质量大两个数量级．

4.3　自旋波的量子力学处理*

本节将从交换作用哈密顿量出发，求解薛定谔方程的本征解，从而得出自旋波的色散关系．

引入自旋增加算符 $S^+ = S^x + \mathrm{i}S^y$ 和自旋减少算符 $S^- = S^x - \mathrm{i}S^y$，体系的交换作用哈密顿量可改写为更方便的形式，即

$$\begin{aligned}\mathscr{H} &= -2A\sum_{(ij)} \boldsymbol{S}_i \cdot \boldsymbol{S}_j \\ &= -2A\sum_{(ij)} (S_i^x S_j^x + S_i^y S_j^y + S_i^z S_j^z) \\ &= -2A\sum_{(ij)} \left[\frac{1}{2}(S_i^+ S_j^- + S_i^- S_j^+) + S_i^z S_j^z\right],\end{aligned} \tag{4.15}$$

在这里假定最近邻自旋之间有相同的交换作用 A，其余格点间的相互作用可以忽略，求和是对所有最近邻对进行的，即

$$\sum_{(ij)} = \frac{1}{2}\sum_i^N \sum_\rho^z,$$

共有 $\frac{1}{2}zN$ 项，z 为最近邻数，N 为体系中的格点数．

* 注：在本章中，算符及其相应的本征值均用同一个字母表示．事实上，这不会带来多少麻烦．

考虑一个三维体系，每个格点的自旋均为 $S=\frac{1}{2}$. 在 S^2 和 S^z 共同对角化的表象中，算符可以表示为泡利矩阵

$$S^x=\frac{1}{2}\begin{pmatrix}0 & 1\\ 1 & 0\end{pmatrix},\quad S^y=\frac{1}{2}\begin{pmatrix}0 & -\mathrm{i}\\ \mathrm{i} & 0\end{pmatrix},\quad S^z=\frac{1}{2}\begin{pmatrix}1 & 0\\ 0 & -1\end{pmatrix},$$

相应地，对算符 $S^{\pm}=S^x\pm \mathrm{i}S^y$ 有

$$S^+=\frac{1}{2}\begin{pmatrix}0 & 1\\ 0 & 0\end{pmatrix},\quad S^-=\frac{1}{2}\begin{pmatrix}0 & 0\\ 1 & 0\end{pmatrix}.$$

在此表象中，本征态 $\alpha=\begin{pmatrix}1\\ 0\end{pmatrix}$和 $\beta=\begin{pmatrix}0\\ 1\end{pmatrix}$分别表示自旋向上和向下两种状态. 将上述算符作用在态 α 和 β 上，不难得出

$$\begin{aligned} &S^+\alpha=0, && S^+\beta=\alpha,\\ &S^-\alpha=\beta, && S^-\beta=0,\\ &S^z\alpha=\frac{1}{2}\alpha, && S^z\beta=-\frac{1}{2}\beta. \end{aligned} \tag{4.16}$$

有了上述关系，就可以很方便地讨论体系基态和激发态的能量本征解了.

4.3.1 基态

设 $A>0$，则在 0K 时所有的自旋应平行排列. 取 $\boldsymbol{S}$ 投影的方向为 z 轴的正方向，这时系统的状态（图 4.4）可以表述为

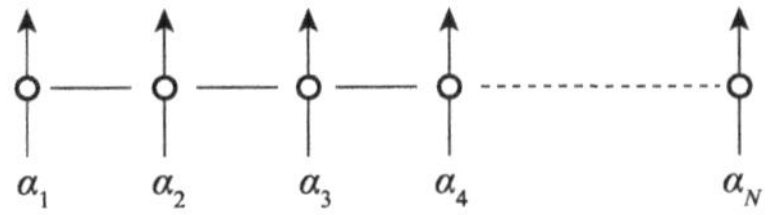

图 4.4 基态 $|0\rangle$

$$|0\rangle\equiv\alpha_1\alpha_2\alpha_3\cdots\alpha_N. \tag{4.17}$$

由于其中不存在翻转的自旋 β，由式（4.16）给出的性质，式（4.15）前两项作用在态 $|0\rangle$ 上必为 0，因此有

$$\begin{aligned}\mathscr{H}|0\rangle &=-2A\sum_{(ij)}S_i^zS_j^z|0\rangle\\ &=-\frac{1}{4}NzA|0\rangle,\end{aligned}$$

这个结果表明，状态 $|0\rangle$ 是哈密顿量 $\mathscr{H}$ 的本征态，其能量本征值为

$$E_0=-\frac{1}{4}NzA. \tag{4.18}$$

4.3.2 局域在一个格点上的自旋翻转态

设体系中有一个自旋是翻转的，如果这个翻转自旋位于第 l 个格点上（其坐

标矢量为 $\boldsymbol{l}$)，则此体系的状态（图 4.5）记为

$$|\boldsymbol{l}\rangle=\alpha_1\alpha_2\cdots\alpha_{l-1}\beta_l\alpha_{l+1}\cdots\alpha_N. \tag{4.19}$$

由于

$$\begin{aligned}\sum_{(ij)}S_i^zS_j^z|\boldsymbol{l}\rangle&=\left[\left(\frac{1}{2}Nz-z\right)-z\right]\frac{1}{4}|\boldsymbol{l}\rangle\\&=\frac{1}{8}(N-4)z|\boldsymbol{l}\rangle,\\\sum_{(ij)}S_i^+S_j^-|\boldsymbol{l}\rangle&=\sum_{(ij)}S_i^-S_j^+|\boldsymbol{l}\rangle\\&=\frac{1}{2}\sum_{\rho}^{z}S_{l+\rho}^-\Big|0\rangle=\frac{1}{2}\sum_{\rho}^{z}|\boldsymbol{l}+\boldsymbol{\rho}\rangle,\end{aligned}$$

在这里，我们利用了关系 $S_n^z|\boldsymbol{m}\rangle=(-1)\delta_{mn}\frac{1}{2}|\boldsymbol{m}\rangle$，$S_n^+|\boldsymbol{m}\rangle=\delta_{mn}|0\rangle$，$S_n^-|0\rangle=|\boldsymbol{n}\rangle$. 得到

$$\mathscr{H}|\boldsymbol{l}\rangle=-\frac{1}{4}zA(N-4)|\boldsymbol{l}\rangle-A\sum_{\rho}^{z}|\boldsymbol{l}+\boldsymbol{\rho}\rangle, \tag{4.20}$$

这一结果表明，哈密顿量 $\mathscr{H}$ 作用在第 l 个格点的翻转态 $|\boldsymbol{l}\rangle$ 上，结果不仅包含原来的态 $|\boldsymbol{l}\rangle$，而且还包括所有近邻格点的翻转态 $|\boldsymbol{l}+\boldsymbol{\rho}\rangle$，这意味着状态 $|\boldsymbol{l}\rangle$ 不再是哈密顿量的本征态. 由于存在 $S_l^+S_{l+\rho}^-$ 这样的项，在交换作用哈密顿的作用下，格点 $\boldsymbol{l}$ 上的翻转自旋将以一定的概率跑到近邻的格点上去.

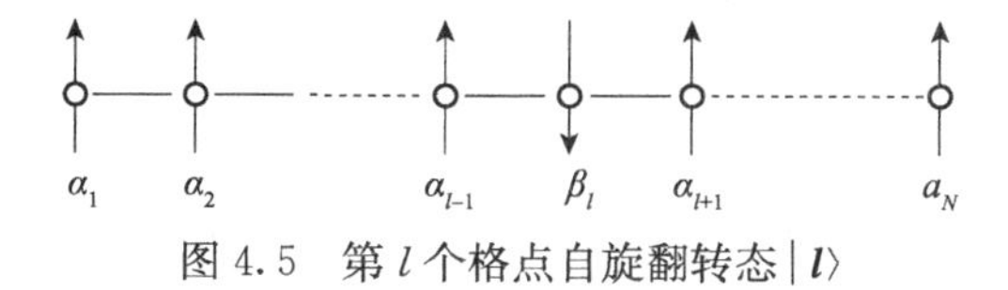

图 4.5　第 l 个格点自旋翻转态 $|\boldsymbol{l}\rangle$

4.3.3　第一激发态的本征解

为了求得哈密顿量的本征解，一个有效的方法是将态 $|\boldsymbol{l}\rangle$ 作傅里叶展开. 令

$$|\boldsymbol{l}\rangle=\frac{1}{\sqrt{N}}\sum_{k}\mathrm{e}^{-\mathrm{i}\boldsymbol{k}\cdot\boldsymbol{l}}|\boldsymbol{k}\rangle, \tag{4.21}$$

相应地，反变换为

$$|\boldsymbol{k}\rangle=\frac{1}{\sqrt{N}}\sum_{l}\mathrm{e}^{\mathrm{i}\boldsymbol{k}\cdot\boldsymbol{l}}|\boldsymbol{l}\rangle. \tag{4.22}$$

将式（4.21）代入式（4.20），由于 $|\boldsymbol{k}\rangle$ 的正交完备性，结果可以分解为许多个关于 $|\boldsymbol{k}\rangle$ 的线性无关的独立方程，即

$$\mathscr{H}\frac{1}{\sqrt{N}}\sum_{k}\mathrm{e}^{-\mathrm{i}\boldsymbol{k}\cdot\boldsymbol{l}}|\boldsymbol{k}\rangle=\frac{1}{\sqrt{N}}\Big[-\frac{1}{4}zA(N-4)\sum_{k}\mathrm{e}^{-\mathrm{i}\boldsymbol{k}\cdot\boldsymbol{l}}|\boldsymbol{k}\rangle$$

$$-A\sum_{\rho}^{z}\sum_{k}\mathrm{e}^{-\mathrm{i}k(\boldsymbol{l}+\boldsymbol{\rho})}\,|\boldsymbol{k}\rangle\Big],$$

于是得到

$$\mathscr{H}\,|\boldsymbol{k}\rangle=\Big(-\frac{1}{4}NzA+zA-A\sum_{\delta}^{z}\mathrm{e}^{-\mathrm{i}\boldsymbol{k}\cdot\boldsymbol{\rho}}\Big)\Big|\boldsymbol{k}\Big\rangle. \tag{4.23}$$

在这里可以看出，状态$|\boldsymbol{k}\rangle$确实是哈密顿量$\mathscr{H}$的本征态．令

$$\gamma_{\boldsymbol{k}}=\frac{1}{z}\sum_{\rho}^{z}\mathrm{e}^{-\mathrm{i}\boldsymbol{k}\cdot\boldsymbol{\rho}}, \tag{4.24}$$

状态$|\boldsymbol{k}\rangle$相应的能量本征值可以简化为

$$E_1=E_0+zA(1-\gamma_{\boldsymbol{k}})\ .$$

从上述的讨论中，可以得到如下三个重要的结论：

(1) 由式 (4.22)，状态$|\boldsymbol{k}\rangle$表示为所有格点自旋翻转态的线性叠加，其中相应于态$|\boldsymbol{l}\rangle$的叠加系数为$\frac{1}{\sqrt{N}}\mathrm{e}^{-\mathrm{i}\boldsymbol{k}\cdot\boldsymbol{l}}$. 从量子力学观点来看，能量本征态$|\boldsymbol{k}\rangle$表征了体系的一个确定的状态．在这样一个态中，每个格点自旋翻转的概率都相等，等于其整数模的平方 $1/N$. 由此可见，自旋翻转不是局域在一个格点上，而是以相同的概率弥散在晶体的每一个格点上，这正是前面已经讨论过的结论．

(2) 在状态$|\boldsymbol{k}\rangle$中，不同格点自旋翻转态还相差一个相位因子．设相邻格点相距为 a，则相邻格点的自旋翻转态相位差的因子均为 $\mathrm{e}^{-\mathrm{i}ka}$. 因此，态$|\boldsymbol{k}\rangle$显示了波动的特性，它表征了波矢为 $\boldsymbol{k}$ 的一个自旋波．

(3) 与基态相比，一个自旋波带来的能量增量为

$$\varepsilon_{\boldsymbol{k}}=E_1-E_0=zA(1-\gamma_{\boldsymbol{k}}), \tag{4.25}$$

它表征了波矢为 $\boldsymbol{k}$ 的自旋波能量的最小单位．一个自旋波相应于体系中总共有一个自旋翻转．式 (4.25) 表明，同是一个自旋翻转，由于自旋波的波矢不同，体系的能量不同．式 (4.25) 表征了自旋波的色散关系．

不难看出，体系中允许两个以上的自旋波具有相同的波矢 $\boldsymbol{k}$. 因此自旋波是不服从费米统计的．

4.3.4 几个简单的特例

对于一维链，近邻数 $z=2$，有

$$\gamma_k=\frac{1}{2}[\cos ka+\cos(-ka)]=\cos ka,$$

由式(4.25)，有自旋波色散关系

$$\varepsilon_k=2A(1-\cos ka)=4A\sin^2\Big(\frac{ka}{2}\Big), \tag{4.26}$$

注意到 $S^z=\frac{1}{2}$，此式与半经典处理的结果[式(4.11)]是一致的．在长波极限

下，有

$$\varepsilon_k \approx Aa^2k^2. \tag{4.27}$$

如果引入周期性边界条件$|l\rangle=|l+N\rangle$（对一维链，矢量$\boldsymbol{l}$可表示为标量l），对k的取值同样可以得到式(4.12)．

对于简单立方晶格，共有6个最近邻，它们的坐标分别为$(\pm a, 0, 0)$，$(0, \pm a, 0)$，$(0, 0, \pm a)$．因此有

$$\gamma_k=\frac{1}{3}[\cos k_x a+\cos k_y a+\cos k_z a],$$

$$\varepsilon_k=2A[(1-\cos k_x a)+(1-\cos k_y a)+(1-\cos k_z a)]. \tag{4.28}$$

对于面心立方晶格，共有12个最近邻，它们的坐标分别为$\left(0, \pm\frac{a}{2}, \pm\frac{a}{2}\right)$，$\left(\pm\frac{a}{2}, 0, \pm\frac{a}{2}\right)$，$\left(\pm\frac{a}{2}, \pm\frac{a}{2}, 0\right)$. 因此有

$$\varepsilon_k=4A\left[\left(1-\cos\frac{k_x a}{2}\cos\frac{k_y a}{2}\right)+\left(1-\cos\frac{k_y a}{2}\cos\frac{k_z a}{2}\right)+\left(1-\cos\frac{k_z a}{2}\cos\frac{k_x a}{2}\right)\right]. \tag{4.29}$$

对于体心立方晶格，共有8个最近邻，它们的坐标分别为$\left(\pm\frac{a}{2}, \pm\frac{a}{2}, \pm\frac{a}{2}\right)$，因此有

$$\varepsilon_k=8A\left(1-\cos\frac{k_x a}{2}\cos\frac{k_y a}{2}\cos\frac{k_z a}{2}\right). \tag{4.30}$$

在三种立方晶格的情况下，利用展开式

$$\cos x=1-\frac{x^2}{2!}+\frac{x^4}{4!}-\cdots,$$

在长波极限下略去四阶以上的小量，均可以得到相同的结果

$$\varepsilon_k \approx Aa^2k^2,$$

这个结果同一维链长波极限下的色散关系(4.27)相同，但这并不意味着可以推广到任意晶格的情况中使用．

在三维情况下，由边界条件同样可以确定k_x，k_y，k_z的间断取值．但与一维情况不同的是，由于$k^2=k_x^2+k_y^2+k_z^2$，在k空间中以原点为中心的同一个球面上的态都是简并的，随着k增加，简并度也增加；而对于一维情况，能量的本征态是二重简并的．

4.3.5 近独立近似下的自旋波总能量

按照类似的方法不难证明，如果体系中存在两个互不相干的自旋波，它们的波矢分别为$\boldsymbol{k}_1$和$\boldsymbol{k}_2$，那么体系能量增量可以写成两个自旋波能量之和，即

$$E=\mathscr{E}_{k_1}+\mathscr{E}_{k_2}=zA[(1-\gamma_{k_1})+(1-\gamma_{k_2})].$$

推而广之，如果体系中存在许多相互独立的自旋波，则体系自旋波总能量等于所有自旋波能量简单的叠加，即

$$E=\sum_{k}n_{\boldsymbol{k}}\mathscr{E}_{\boldsymbol{k}},$$

其中，$n_{\boldsymbol{k}}$ 是波矢为 $\boldsymbol{k}$ 的自旋波个数．由于 $|\boldsymbol{k}|$ 相同的自旋波，$\mathscr{E}_{k}$ 也相同，因此上式也可写成

$$E=\sum_{k}n_{k}\mathscr{E}_{k}. \tag{4.31}$$

总的自旋波个数（即体系中自旋翻转的总数）显然有关系

$$n=\sum_{k}n_{k}. \tag{4.32}$$

4.3.6 近饱和近似下自旋波的玻色性

前面曾经提到，自旋波不服从费米统计．那么它是否遵循玻色（Bose）统计呢？换言之，是否可以同时有任意多个自旋波处于相同的态 $|\boldsymbol{k}\rangle$ 呢？回答同样是否定的．对于实际的体系，格点数 N 总是有限的，在这个体系中自旋能够翻转的总数 n 不能超过 NS（如果 $n>NS$，只要把自发磁化方向定义到相反的方向就可以了)，于是自然也就对处于每个态的自旋波数提出了限制．

但是，当体系的温度远低于居里点时，体系中的自旋基本上是有序的，$\sum_{k}n_{k}\ll NS$. 这时上述限制就变得没有意义了，因而可以近似地把自旋波看作是玻色子(Boson)．

理论和实验均表明，铁磁性物质在 $0.5T_c$，相对自发磁化强度 $M\left(\frac{T_c}{2}\right)\Big/M(0)\approx 0.8\sim0.9$，即 $\sum_{k}n_{k}\approx(0.05\sim0.1)N$．因此，在 $0.5T_c$ 以下，自旋波的玻色性是很好满足的．

我们在这里看到了一个有趣的事实，即尽管组成体系的粒子（中子、质子、电子等）是费米子，但是由它们形成的元激发（声子、磁子、激子等）却可看成是玻色子，或者说是具有玻色振幅的场．

4.4 铁磁体在低温下的热力学性质

有了自旋波色散关系，就可以进行铁磁体各种宏观热力学量的计算了．由于自旋波理论计入了自旋之间的长程关联，并在低温下有着十分简单的结果，因此这一理论特别适用于温度较低的场合，这恰恰弥补了分子场理论和其他理论的不足.

回顾一下前面的讨论，我们已经得到了下述一些重要的关系：

（1）体系中自旋翻转数等于自旋波的个数

$$n = \sum_k n_k.$$

（2）在近独立近似下，自旋波总能量为

$$E = \sum_k n_k \mathscr{E}_k.$$

（3）在近饱和近似下，自旋波遵循玻色统计．波矢为 $\boldsymbol{k}$ 的自旋波数在温度 T 时的统计平均值为

$$\langle n_k \rangle = \frac{1}{e^{\beta \varepsilon_k} - 1}, \tag{4.33}$$

其中，$\beta = 1/kT$，k 为玻尔兹曼常数．

（4）在长波极限下，铁磁体中自旋波的色散关系为

$$\mathscr{E}_k = Dk^2. \tag{4.34}$$

对于一维晶格和三维立方晶格，当 $S=\frac{1}{2}$ 时，我们曾得到 $D=Aa^2$. 推广到任意自旋 S 时则有

$$D = 2ASa^2. \tag{4.35}$$

在温度很低的情况下，体系中自旋翻转的数目是很少的，被激发到高能态自旋波的概率很低，自旋波相互散射的可能也极小，因此上述三个近似可以很好地满足．本节将从这四个关系出发，推导铁磁体在低温下自发磁化强度和定容比热随温度的依赖关系．

4.4.1　自发磁化强度的 $T^{3/2}$ 定律

考虑由 N 个格点组成的自旋体系，体积为 V. 在温度 T 时体系自旋翻转总数的统计平均值为 $\langle n \rangle$．由式（4.32），显然有

$$\langle n \rangle = \sum_k \langle n_k \rangle,$$

因此，体系在温度 T 时的自发磁化强度可以表示为

$$M(T) = \frac{g\mu_B}{V}(NS - \langle n \rangle)$$

或

$$\frac{\Delta M(T)}{M(0)} = \frac{M(0) - M(T)}{M(0)} = \frac{\sum_k \langle n_k \rangle}{NS}. \tag{4.36}$$

式(4.36) 表明,$M(T)$ 的计算可以归结为在温度 T 下对自旋波的个数求统计平均.

为了计算求和 $\sum_k \langle n_k \rangle$ 还可以做如下简化：虽然 k 的取值是间断的和有限的，但对于一个实际的晶体，格点数总是十分巨大的($N \sim 10^{23}$)，因此完全可以将 k 的取值看作是连续的，从而可以将求和改用积分取代；当温度不高时，高能态的自旋波几乎不能被激发，因此又可将积分延拓到无穷大．

我们先来讨论一维的情况．在周期性边界条件下，k 取值的间距是$\frac{2\pi}{L}$，因此从 k 到($k+\mathrm{d}k$)间隔内的状态数为$\frac{L}{2\pi}\mathrm{d}k$，利用式(4.33)和式(4.34)得到

$$\begin{aligned}\sum_k \langle n_k \rangle &= \sum_k \frac{1}{\mathrm{e}^{\beta\varepsilon_k}-1} \\ &= \frac{L}{2\pi}\int_0^{\infty} \frac{\mathrm{d}k}{\mathrm{e}^{\beta D k^2}-1}.\end{aligned}$$

令 $\beta D k^2 = x$，则 $\mathrm{d}k = \frac{1}{2}(\beta D x)^{-\frac{1}{2}}\mathrm{d}x$，有

$$\sum_k \langle n_k \rangle = \frac{L}{4\pi}\left(\frac{1}{\beta D}\right)^{1/2}\int_0^{\infty}\frac{x^{-\frac{1}{2}}}{\mathrm{e}^x-1}\mathrm{d}x.$$

本章的附录中指出，这个积分是发散的．因此，根据自旋波理论可得知，一维晶体不可能有铁磁性．读者可以自己证明，在自旋波理论下，二维晶体同样不具有铁磁性．

再来看一下三维的情况．每个态在 k 空间占据的体积为$\frac{(2\pi)^3}{V}$(图 4.6)，因此在半径为 k 到($k+\mathrm{d}k$) 的球壳中，状态数为$\frac{V}{(2\pi)^3}\times 4\pi k^2\mathrm{d}k$，故

$$\begin{aligned}\sum_k \langle n_k \rangle &= \sum_k \frac{1}{\mathrm{e}^{\beta\varepsilon_k}-1} \\ &= \frac{V}{(2\pi)^3}\int_0^{\infty}\frac{4\pi k^2\mathrm{d}k}{\mathrm{e}^{\beta D k^2}-1} \\ &= \frac{V}{4\pi^2}\left(\frac{1}{\beta D}\right)^{3/2}\int_0^{\infty}\frac{x^{\frac{1}{2}}\mathrm{d}x}{\mathrm{e}^x-1}.\end{aligned}$$

附录中给出积分

$$\int_0^{\infty}\frac{x^{\frac{1}{2}}\mathrm{d}x}{\mathrm{e}^x-1} = \zeta\left(\frac{3}{2}\right)\Gamma\left(\frac{3}{2}\right) = 2.612\cdot\frac{\sqrt{\pi}}{2}.$$

对于立方晶格，$D=2ASa^2$，$V=Na^3/f$，其中系数 f 随结构而异，对于简单立方、体心立方和面心立方，f 值分别等于 1，2，4. 再由 $\beta=\frac{1}{k_{\mathrm{B}}T}$可得到

$$\sum_k \langle n_k \rangle = V\left(\frac{k_{\mathrm{B}}T}{8\pi ASa^2}\right)^{3/2}\zeta\left(\frac{3}{2}\right)$$

$$= \frac{N}{f}\left(\frac{k_B T}{8\pi AS}\right)^{3/2}\zeta\left(\frac{3}{2}\right),$$

将这个结果代入式（4.36），得到

$$\frac{\Delta M(T)}{M(0)} = \frac{1}{NS}\sum_k \langle n_k \rangle = aT^{3/2}, \quad (4.37)$$

其中，系数 a 与材料的性质和结构有关．对于立方晶格，有

$$a=\frac{1}{fS}\zeta\left(\frac{3}{2}\right)\left(\frac{k_B}{8\pi AS}\right)^{3/2}=\frac{0.0587}{fS}\left(\frac{k_B}{2AS}\right)^{3/2}. \quad (4.38)$$

这就是布洛赫最初得到的结果．它与实验结果符合得相当好，称为低温下自发磁化强度的 $T^{3/2}$ 定律．在分子场理论中给出的结果是 $\frac{\Delta M(T)}{M(0)} \propto e^{-b/T}$，$b=\frac{3T_c}{J+1}$.

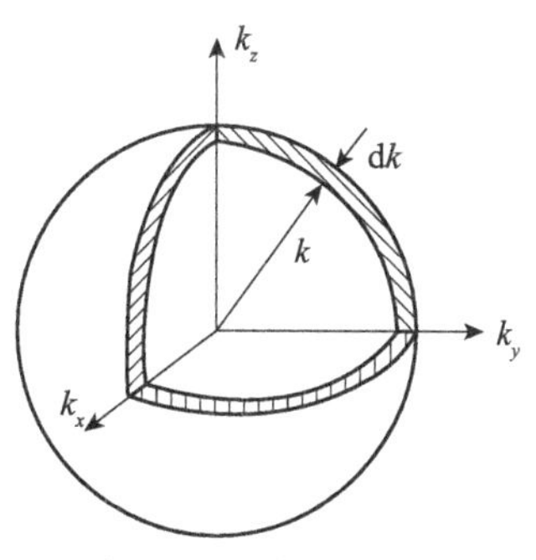

图 4.6　三维 k 空间

4.4.2　铁磁体在低温下的比热

根据式（4.31）和（4.33），在温度 T 下热力学平衡时，体系自旋波对内能的贡献为

$$U_M(T) = \sum_k \mathscr{E}_k \langle n_k \rangle = \sum_k \frac{\mathscr{E}_k}{e^{\beta\varepsilon_k}-1}. \quad (4.39)$$

按照类似于自发磁化强度的讨论，对三维体系求和可以化为积分

$$U_M(T) = \frac{V}{(2\pi)^3}\int_0^\infty \frac{Dk^2 \cdot 4\pi k \mathrm{d}k}{e^{\beta Dk^2}-1}$$

$$= \frac{VD}{4\pi^2}\left(\frac{1}{\beta D}\right)^{5/2}\int_0^\infty \frac{x^{\frac{3}{2}}\mathrm{d}x}{e^x-1}.$$

本章的附录中给出积分

$$\int_0^\infty \frac{x^{3/2}\mathrm{d}x}{e^x-1} = \zeta\left(\frac{5}{2}\right)\Gamma\left(\frac{5}{2}\right) = 1.341\times\frac{3\sqrt{\pi}}{4},$$

故

$$U_M(T) = RT^{5/2}, \quad (4.40)$$

其中

$$R=\frac{3kN}{2f}\left(\frac{k}{8\pi AS}\right)^{3/2}\zeta\left(\frac{5}{2}\right). \quad (4.41)$$

得到低温下自旋波对定容比热的贡献：

$$c_V = \frac{\partial U_M(T)}{\partial T} = \frac{15kN}{4f}\zeta\left(\frac{5}{2}\right)\left(\frac{kT}{8\pi AS}\right)^{3/2}$$

$$= \frac{0.113kN}{f}\left(\frac{kT}{2AS}\right)^{3/2}, \quad (4.42)$$

此式表明，铁磁体的定容比热同样遵从 $T^{3/2}$ 定律．

4.4.3 对长波近似的修正

在本节一开始时就曾指出，上述结果是在三个近似（近独立近似、近饱和近似和长波近似）的考虑下得到的．在这里我们仅指出如何对长波近似进行修正．事实表明，当温度略有升高时，这一点是首先必须予以考虑的修正．

以简单立方晶格为例，由式(4.28)，利用泰勒展开式

$$\cos x = 1 - \frac{x^2}{2!} + \frac{x^4}{4!} - \frac{x^6}{6!} + \cdots,$$

得到

$$\begin{aligned}\mathscr{E}_k &= 2A[(1-\cos k_x a)+(1-\cos k_y a)+(1-\cos k_z a)]\\ &= 2A\Big[\frac{a^2}{2}(k_x^2+k_y^2+k_z^2)-\frac{a^4}{12}(k_x^4+k_y^4+k_z^4)\\ &\quad +\frac{a^6}{360}(k_x^6+k_y^6+k_z^6)-\cdots\Big].\end{aligned}$$

当温度很低时，只有 k 值很小的自旋波才能够被激发，因此可只取第一项，这就是前面的长波近似．随着温度的升高，就应当计入高次项的影响．用类似的方法可以得到

$$\begin{aligned}\frac{M(T)}{M(0)} &= 1-aT^{3/2}-bT^{5/2}-cT^{7/2}-\cdots\\ &= 1-A't^{3/2}-B't^{5/2}-C't^{7/2}-\cdots,\end{aligned} \tag{4.43}$$

其中，

$$t=\frac{kT}{8\pi AS},\quad A'=2\zeta\left(\frac{3}{2}\right),$$

$$B'=\frac{3\pi}{2}\zeta\left(\frac{5}{2}\right),\quad C'=\frac{33\pi^2}{16}\zeta\left(\frac{7}{2}\right).$$

对于定容比热 c_V，经长波近似修正后同样可得到 $T^{5/2}$，$T^{7/2}$ 等项．这些结果在实验上均被观察到．戈萨尔德（Gossard）等[5]在 1～4.5K 范围内对 $CrBr_3$ 的自发磁化强度测量表明，式（4.43）的前三项符合得非常好．测得的系数为

$$a=(2.544\pm0.067)\times10^{-3}\,\mathrm{K}^{-3/2},$$

$$b=(3.03\pm1.04)\times10^{-5}\,\mathrm{K}^{-5/2},$$

但更高次项和自旋波相互作用引起的 T^4 项没有被明显地观察到，这是因为温度范围太低的缘故．此外还发现，在 $k=0$ 时存在能隙．能隙来自于各向异性和磁偶极作用的影响．

4.5 H-P 自旋波理论与自旋波相互作用

1940 年霍尔斯坦（Holstein）和普利马可夫（Primakoff）[6]用二次量子化方

法处理了自旋波理论．由于采用了粒子数表象，可以方便地讨论自旋波之间的相互作用和自旋波与其他（准）粒子的相互散射，使得这一理论更加趋于完善．

4.5.1　自旋偏差算符

考虑由 N 个格点组成的自旋体系，每个格点的自旋均为 S. $|S,m\rangle$表征自旋算符 S^2 和自旋投影算符 S^z 的共同本征态．因为每个格点的 S 均相同，也可以表述为$|m\rangle$. 由 $S^+=S^x+\mathrm{i}S^y$ 和 $S^-=S^x-\mathrm{i}S^y$ 的对易关系，可以得到

$$\begin{aligned}&S^+|m\rangle=\sqrt{(S-m)(S+m+1)}\,|m+1\rangle,\\&S^-|m\rangle=\sqrt{(S+m)(S-m+1)}\,|m-1\rangle,\\&S^z|m\rangle=m|m\rangle,\end{aligned}\tag{4.44}$$

其中

$$m=-S,\ (-S+1),\ \cdots,\ (S-1),\ S.$$

引入自旋偏差算符

$$n=S-S^z,$$

显然，态$|m\rangle$也是算符 n 的本征态，因此态$|m\rangle$也可以用符号$|n\rangle$表示．算符 n 的本征值为 $n=S-m$，有

$$n=0,\ 1,\ \cdots,\ 2S-1,\ 2S,$$

n 的数值表示了自旋 $\boldsymbol{S}$ 的 z 分量与其最大可能值 S 之差，故称为自旋偏差．

有了上述关系，可以将式（4.44）改写为

$$\left.\begin{aligned}S^+|n\rangle&=\sqrt{n(2S-n+1)}\,|n-1\rangle\\&=\sqrt{2S}\sqrt{1-\frac{n-1}{2S}}\sqrt{n}\,|n-1\rangle,\\S^-|n\rangle&=\sqrt{(2S-n)(n+1)}\,|n+1\rangle\\&=\sqrt{2S}\sqrt{1-\frac{n}{2S}}\sqrt{n+1}\,|n+1\rangle,\\S^z|n\rangle&=(S-n)\,|n\rangle.\end{aligned}\right\}\tag{4.45}$$

由自旋偏差算符还可以定义相应的自旋偏差产生算符 a^+ 和湮灭算符 a

$$\left.\begin{aligned}a^+|n\rangle&=\sqrt{n+1}\,|n+1\rangle,\\a|n\rangle&=\sqrt{n}\,|n-1\rangle.\end{aligned}\right\}\tag{4.46}$$

定义表明，a^+作用在态$|n\rangle$上，使自旋偏差数增加一个；换言之，使 S^z 的量子数 m 减少一个，a 的作用则相反．这一定义基于这样一个假定，即自旋偏差算符满足玻色子的对易关系

$$\left.\begin{aligned}&a^+a|n\rangle=n|n\rangle,\\&[a_i,\ a_j^+]=a_ia_j^+-a_j^+a_i=\delta_{ij},\\&[a_i,\ a_j]=[a_i^+,\ a_j^+]=0.\end{aligned}\right\}\tag{4.47}$$

关于这一点的有效性将在本节后面讨论．

将式（4.46）和（4.47）代入式（4.45）中，得到

$$\left.\begin{aligned} S^+ &= \sqrt{2S} f(S) a, \\ S^- &= \sqrt{2S} a^+ f(S), \\ S^z &= S - a^+ a, \end{aligned}\right\} \tag{4.48}$$

其中

$$\begin{aligned} f(S) &= \left(1 - \frac{a^+ a}{2S}\right)^{1/2} \\ &= 1 - \frac{a^+ a}{4S} - \frac{a^+ a a^+ a}{32S^2} - \cdots \\ &= 1 - \frac{n}{4S} - \frac{n^2}{32S^2} - \cdots. \end{aligned} \tag{4.49}$$

在上述讨论中，不加下标的算符均是对任一格点而言的．究竟是哪个格点，则用下标表示．

4.5.2 自旋偏差算符表象中的哈密顿量

为使结果更具有一般性，设体系处于外磁场 $\boldsymbol{H}$ 中．体系的哈密顿量为

$$\mathscr{H} = -2A \sum_{(ij)} \boldsymbol{S}_i \cdot \boldsymbol{S}_j - g\mu_B \sum_i \boldsymbol{H} \cdot \boldsymbol{S}_i, \tag{4.50}$$

这里仍然只考虑最近邻的交换作用，并设磁场 $\boldsymbol{H}$ 沿着 z 方向．将式(4.48)代入式(4.50)，得到

$$\begin{aligned} \mathscr{H} &= -2A \sum_{(ij)} \left[S_i^z S_j^z + \frac{1}{2}(S_i^+ S_j^- + S_i^- S_j^+) \right] - g\mu_B H \sum_i S_i^z \\ &= -2A \sum_{(ij)} [S^2 - S(a_i^+ a_i + a_j^+ a_j) + a_i^+ a_i a_j^+ a_j \\ &\quad + S a_i^+ f_i(S) f_j(S) a_j + S f_i(S) a_i a_j^+ f_j(S)] \\ &\quad - g\mu_B H \sum_i (S - a_i^+ a_i). \end{aligned} \tag{4.51}$$

当温度很低时，自旋翻转数是很少的，即$\dfrac{a^+ a}{S} \ll 1$. 利用 $f(S)$的展开式(4.49)和对易关系(4.47)，并略去四次以上的项，得到

$$\begin{aligned} \mathscr{H} &= -2A \sum_{(ij)} [S^2 - S(a_i^+ a_i + a_j^+ a_j) \\ &\quad + S(a_i^+ a_j + a_i a_j^+)] - g\mu_B H \sum_i (S - a_i^+ a_i) \\ &= -NzAS^2 + 4AS \sum_{(ij)} (a_i^+ a_i - a_i^+ a_j) \\ &\quad - g\mu_B H \Big(NS - \sum_i a_i^+ a_i\Big). \end{aligned}$$

为不致混淆，将下标改换符号，并令

$$E_0 = -NzAS^2 - Ng\mu_B HS,$$

整理后得到

$$\mathscr{H} = E_0 + (2zAS + g\mu_B H)\sum_l a_l^+ a_l - 4AS\sum_{(lm)} a_l^+ a_m. \tag{4.52}$$

4.5.3　自旋波算符表象中的哈密顿量

为使式 (4.51) 的哈密顿量对角化，可对算符 a_l^+ 和 a_l 作傅里叶变换

$$\left.\begin{aligned} a_l &= \frac{1}{\sqrt{N}}\sum_k e^{i\boldsymbol{k}\cdot\boldsymbol{l}} a_{\boldsymbol{k}}, \\ a_l^+ &= \frac{1}{\sqrt{N}}\sum_k e^{-i\boldsymbol{k}\cdot\boldsymbol{l}} a_{\boldsymbol{k}}^+. \end{aligned}\right\} \tag{4.53}$$

相应的逆变换为

$$\left.\begin{aligned} a_{\boldsymbol{k}} &= \frac{1}{\sqrt{N}}\sum_l e^{-i\boldsymbol{k}\cdot\boldsymbol{l}} a_l, \\ a_{\boldsymbol{k}}^+ &= \frac{1}{\sqrt{N}}\sum_l e^{i\boldsymbol{k}\cdot\boldsymbol{l}} a_l^+. \end{aligned}\right\}$$

不难证明，新的算符 $a_{\boldsymbol{k}}$ 和 $a_{\boldsymbol{k}}^+$ 同样满足玻色子对易关系

$$\begin{aligned} [a_{\boldsymbol{k}}, a_{\boldsymbol{k}}^+] &= \frac{1}{N}\sum_{ll'} e^{-i\boldsymbol{k}\cdot\boldsymbol{l} + i\boldsymbol{k}'\cdot\boldsymbol{l}'}[a_l, a_{l'}^+] \\ &= \frac{1}{N}\sum_{ll'} e^{-i(\boldsymbol{k}\cdot\boldsymbol{l} - \boldsymbol{k}'\cdot\boldsymbol{l}')}\delta_{ll'} \\ &= \frac{1}{N}\sum_l e^{i(\boldsymbol{k}'-\boldsymbol{k})\cdot\boldsymbol{l}} = \delta_{\boldsymbol{k}\boldsymbol{k}'}. \end{aligned}$$

$a_{\boldsymbol{k}}$，$a_{\boldsymbol{k}}^+$ 既是玻色子算符，同样可以有

$$a_{\boldsymbol{k}}^+ a_{\boldsymbol{k}} = n_{\boldsymbol{k}}.$$

下面用新的算符来表示哈密顿量式(4.52)

$$\begin{aligned} \mathscr{H} = E_0 &+ (2zAS + g\mu_B H)\sum_l \frac{1}{N}\sum_{\boldsymbol{k}\boldsymbol{k}'} e^{i(\boldsymbol{k}-\boldsymbol{k}')\cdot\boldsymbol{l}} a_{\boldsymbol{k}}^+ a_{\boldsymbol{k}'} \\ &- 4AS\sum_{(l,m)}\frac{1}{N}\sum_{\boldsymbol{k}\boldsymbol{k}'} e^{i(\boldsymbol{k}\cdot\boldsymbol{l} - \boldsymbol{k}'\cdot\boldsymbol{m})} a_{\boldsymbol{k}}^+ a_{\boldsymbol{k}'}, \end{aligned}$$

在第二项中，有

$$\sum_l \frac{1}{N}\sum_{\boldsymbol{k}\boldsymbol{k}'} e^{i(\boldsymbol{k}-\boldsymbol{k}')\cdot\boldsymbol{l}} a_{\boldsymbol{k}}^+ a_{\boldsymbol{k}'} = \sum_{\boldsymbol{k}\boldsymbol{k}'}\delta_{\boldsymbol{k}\boldsymbol{k}'} a_{\boldsymbol{k}}^+ a_{\boldsymbol{k}'} = \sum_{\boldsymbol{k}} a_{\boldsymbol{k}}^+ a_{\boldsymbol{k}},$$

在第三项中，令 $\gamma_{\boldsymbol{k}} = \frac{1}{z}\sum_l e^{i\boldsymbol{k}\cdot(\boldsymbol{l}-\boldsymbol{m})}$，有

$$\begin{aligned} \sum_{(l,m)}\frac{1}{N}\sum_{\boldsymbol{k}\boldsymbol{k}'} e^{i(\boldsymbol{k}\cdot\boldsymbol{l} - \boldsymbol{k}'\cdot\boldsymbol{m})} a_{\boldsymbol{k}}^+ a_{\boldsymbol{k}'} &= \sum_{\boldsymbol{k}\boldsymbol{k}'}\frac{1}{N}\sum_m\Big(\sum_l e^{i\boldsymbol{k}\cdot(\boldsymbol{l}-\boldsymbol{m})}\Big) e^{i(\boldsymbol{k}-\boldsymbol{k}')\cdot\boldsymbol{m}} a_{\boldsymbol{k}}^+ a_{\boldsymbol{k}'} \\ &= z\sum_{\boldsymbol{k}\boldsymbol{k}'}\gamma_{\boldsymbol{k}} a_{\boldsymbol{k}}^+ a_{\boldsymbol{k}'}\Big(\frac{1}{N}\sum_m e^{i(\boldsymbol{k}-\boldsymbol{k}')\cdot\boldsymbol{m}}\Big) \end{aligned}$$

$$= z\sum_{k}\gamma_{k}a_{k}^{+}a_{k}.$$

于是得到对角化的表达式

$$\begin{aligned}\mathscr{H} &= E_0 + (2zAS + g\mu_{\mathrm{B}}H)\sum_{k}a_{k}^{+}a_{k} - 4zAS\sum_{k}\gamma_{k}a_{k}^{+}a_{k} \\ &= E_0 + \sum_{k}\varepsilon_{k}n_{k},\end{aligned} \tag{4.54}$$

其中

$$\left.\begin{aligned} E_0 &= -NzAS^2 - Ng\mu_{\mathrm{B}}HS, \\ \mathscr{E}_{k} &= 2zAS(1-\gamma_{k}) + g\mu_{\mathrm{B}}H. \end{aligned}\right\} \tag{4.55}$$

为了讨论这一结果的物理意义，首先探讨一下算符 a_{k}^{+} 的物理意义．在上一节中我们已经看到，在不考虑自旋波相互作用时能量的本征态为 $|\boldsymbol{k}\rangle=\frac{1}{\sqrt{N}}\sum_{l}\mathrm{e}^{\mathrm{i}\boldsymbol{k}\cdot\boldsymbol{l}}|l\rangle$，反之有

$$|l\rangle=\frac{1}{\sqrt{N}}\sum_{k}\mathrm{e}^{-\mathrm{i}\boldsymbol{k}\cdot\boldsymbol{l}}|\boldsymbol{k}\rangle,$$

它表示可把任意一个自旋波态 $|\boldsymbol{k}\rangle$ 看作是所有格点自旋翻转态等几率的线性叠加．对于 $S>\frac{1}{2}$ 的情况，态 $|l\rangle$ 则表示坐标为 $\boldsymbol{l}$ 的格点自旋增加一个偏差．

自旋偏差算符作用在基态上，有 $a_{l}^{+}|0\rangle=|l\rangle$，利用式(4.53)，两边作傅里叶展开，得到

$$a_{k}^{+}|0\rangle=|\boldsymbol{k}\rangle.$$

可见 a_{k}^{+} 是波矢为 $\boldsymbol{k}$ 的自旋波的产生算符，相应地，a_{k} 是波矢为 $\boldsymbol{k}$ 的自旋波的湮灭算符，$n_{k}=a_{k}^{+}a_{k}$ 为自旋波粒子数算符．在自旋波表象下，本征态为 $|\boldsymbol{k}\rangle$.

再回到式(4.54)，不难看出，E_0 相应于体系在外磁场 $\boldsymbol{H}$ 下，温度为绝对零度时所对应的基态能量；$\mathscr{E}_{k}$ 是波矢为 $\boldsymbol{k}$ 的自旋波的能量量子；n_{k} 为相应自旋波的个数．第二项给出了体系激发的自旋波总能量．它再一次表明，自旋翻转的激发态可以看作是元激发，它的能量是量子化的，式(4.55) 给出了在外磁场 $\boldsymbol{H}$ 下自旋波的色散关系．当外场 $\boldsymbol{H}=0$ 时便得到同前面一致的结果．

4.5.4 自旋偏差算符的玻色性

在定义式(4.46)时，曾隐含了一个假定，即认为自旋偏差是玻色子．也就是说，自旋偏差的数目 n 是没有限制的．在前面的讨论中，我们又曾指出，n 实际上只可能有 $(2S+1)$ 个取值．对于 $S=\frac{1}{2}$ 的体系，n 只能有两个取值，0 或 1. 那么，我们的假定是否还有效呢?

我们再回忆一下 4.3 节中曾讨论过的自旋波的玻色性．当温度不高时，自旋

排列基本上是有序的．在这种近饱和近似下，自旋翻转$\left(\text{对 } S=\frac{1}{2}\right)$或偏差$\left(\text{对 } S>\frac{1}{2}\right)$的概率是很小的．因此，$(2S+1)$的限制变得不重要了．

从另一个角度来看，问题可能会更清楚．由于体系中自旋的总翻转或偏差数等于体系中自旋波的数目，即

$$\sum_l a_l^+ a_l = \sum_{\boldsymbol{k}} a_{\boldsymbol{k}}^+ a_{\boldsymbol{k}}.$$

在近饱和近似下，体系中自旋波的数目是很少的，因此实际上自旋波的总数是不受限制的，可以认为很好地服从玻色统计．反过来，由自旋波算符的玻色性，根据式(4.53)可以证明自旋偏差算符的玻色性．

4.5.5　自旋波的相互作用

随着温度的升高，自旋波数目增加，由于相互碰撞而使散射的机会增多，因此必须计入自旋波的相互作用．

我们回到式(4.49)，在前面的处理中取 $f(S)\approx 1$，得到了近独立近似下自旋波的色散关系．为了计入自旋波的相互作用，应当多考虑几项．将式(4.49)代入式(4.51)，略去$\frac{1}{S^2}$以上的高次项，并利用对易关系(4.47)，得到

$$\begin{aligned}\mathscr{H} = & E_0 + (2zAS + g\mu_B H)\sum_l a_l^+ a_l - 4AS\sum_{(l,m)} a_l^+ a_m \\ & - A\sum_{(l,m)}[a_l^+ a_l^+ a_l a_m + a_l^+ a_m^+ a_l a_l + 2a_l^+ a_m^+ a_l a_m] \\ & + \frac{A}{8S}\sum_{(l,m)}[a_l^+ a_l^+ a_l a_m + a_l^+ a_m^+ a_l a_l + a_l^+ a_l^+ a_l^+ a_l a_l a_m \\ & + a_l^+ a_l^+ a_m^+ a_l a_l a_l - 2a_l^+ a_l^+ a_m^+ a_l a_m a_m].\end{aligned}$$

再利用式(4.53) 作傅里叶变换，有

$$\begin{aligned}\sum_{(l,m)} a_l^+ a_l^+ a_l a_m &= \frac{1}{N^2}\sum_{(l,m)}\sum_{\boldsymbol{k}_1}\sum_{\boldsymbol{k}_2\boldsymbol{k}_3\boldsymbol{k}_4} e^{i(\boldsymbol{k}_1+\boldsymbol{k}_2-\boldsymbol{k}_3)\cdot\boldsymbol{l}-i\boldsymbol{k}_4\cdot\boldsymbol{m}} a_{\boldsymbol{k}_1}^+ a_{\boldsymbol{k}_2}^+ a_{\boldsymbol{k}_3} a_{\boldsymbol{k}_4} \\ &= \frac{1}{2N}\sum_{\rho}^{z}\sum_{\boldsymbol{k}_1,\boldsymbol{k}_2,\boldsymbol{k}_3,\boldsymbol{k}_4} e^{i(\boldsymbol{k}_1+\boldsymbol{k}_2-\boldsymbol{k}_3)\cdot\rho}\delta(\boldsymbol{k}_1+\boldsymbol{k}_2-\boldsymbol{k}_3-\boldsymbol{k}_4) a_{\boldsymbol{k}_1}^+ a_{\boldsymbol{k}_2}^+ a_{\boldsymbol{k}_3} a_{\boldsymbol{k}_4},\end{aligned}$$

式中，δ 函数表征了自旋波的散射应当满足动量守恒，

$$\boldsymbol{k}_1+\boldsymbol{k}_2=\boldsymbol{k}_3+\boldsymbol{k}_4.$$

令 $\boldsymbol{k}_4=\boldsymbol{k}$，$\boldsymbol{k}_3=\boldsymbol{k}'$，$\boldsymbol{k}_2=\boldsymbol{k}'+\boldsymbol{K}$，$\boldsymbol{k}_1=\boldsymbol{k}-\boldsymbol{K}$，

$$\gamma_{\boldsymbol{k}} = \frac{1}{z}\sum_{\rho}^{z} e^{i\boldsymbol{k}\cdot\rho},$$

上式可进一步简化为

$$\sum_{(l,m)} a_l^+ a_l^+ a_l a_m = \frac{1}{2N}\sum_{\boldsymbol{k},\boldsymbol{k}',\boldsymbol{K}} \gamma_{\boldsymbol{k}} a_{\boldsymbol{k}-\boldsymbol{K}}^+ a_{\boldsymbol{k}'+\boldsymbol{K}}^+ a_{\boldsymbol{k}'} a_{\boldsymbol{k}}.$$

将其余各项作类似地处理，得到

$$\mathscr{H}=\mathscr{H}_0+\mathscr{H}'+\mathscr{H}'', \tag{4.56}$$

其中，第一项由式(4.54)和式(4.55)给出

$$\mathscr{H}_0=\sum_{k}A_k a_k^+ a_k+E_0,$$

$$A_k=2zAS(1-\gamma_k)+g\mu_B H.$$

第二、三项分别为

$$\mathscr{H}'=-\frac{Az}{2N}\sum_{k,k',K}\left[(\gamma_k+\gamma_{k'+K}+2\gamma_{k-K-k'})+\frac{1}{16S}(\gamma_k+\gamma_{k'+K})\right]a_{k-K}^+a_{k'+K}^+a_{k'}a_k,$$

$$\mathscr{H}''=\frac{Az}{16SN}\sum_{\substack{k,k',k''\\K,K'}}(\gamma_{k''}+\gamma_{k''-K-K'}-2\gamma_{K+K'+k'})\ a_{k+K}^+a_{k'+K'}^+a_{k''-K-K'}^+a_k a_{k'}a_{k''}.$$

第二项给出了一级散射的哈密顿量．它表征了这样一种散射过程，波矢分别为 $\boldsymbol{k}$ 和 $\boldsymbol{k}'$ 的一对自旋波经过碰撞而交换能量和动量，变为波矢分别为$(\boldsymbol{k}-\boldsymbol{K})$和$(\boldsymbol{k}'+\boldsymbol{K})$的一对自旋波．第三项则给出了二级散射的哈密顿量，在这一过程中有三个自旋波同时相互作用，它们同样满足能量和动量守恒．如果在哈密顿量中计入更多的项，则还可以包括更高级的散射过程．

随着温度的升高，多级散射的概率增大，因此必须计入自旋波的相互作用．

以哈密顿量$\mathscr{H}_0$ 的本征态 $\prod_k \frac{1}{\sqrt{n_k}}(a_k^+)n_k|0\rangle$ 作为基，用微扰方法可以求出体系在考虑了相互作用以后的配分函数，从而求得相应的自发磁化强度随温度的变化规律．对于简单立方晶格有

$$\frac{M(T)}{M(0)}=1-A't^{3/2}-B't^{5/2}-C't^{7/2}-I't^4-\cdots, \tag{4.57}$$

与式(4.43)相比较，考虑了自旋波相互作用以后增加了一个 T^4 项．罗利(Loly)等[7]用计算机算得的系数为

$$I'=\frac{3\pi}{2S}\left(1+\frac{0.29562}{S}\right)\zeta\left(\frac{3}{2}\right)\zeta\left(\frac{5}{2}\right), \tag{4.58}$$

这一结果与戴森的结果是一致的．

这一表达式也可以用另一简单方法得到．考虑一个没有外场的铁磁性立方格子体系．在基态时，其能量由式(4.55)给出

$$E_0=-NzAS^2 \tag{4.55$'$}$$

如果体系中有一个波矢为 $\boldsymbol{k}$ 的自旋波，则体系能量将有所增加

$$E_1=-NzAS^2+\mathscr{E}_k.$$

此式也可以改写为另一种形式

$$E_1=-NzAS^2\left(1-\frac{F_k}{S}\right), \tag{4.59}$$

其中，$F_k=\mathscr{E}_k/NzAS$.

伦敦（London）和凯弗（Keffer）指出[8]，如果将式(4.55′)和式(4.58)中的 S 加以推广，则这两个式子不仅可以表示从基态出发的一个自旋波的能量，而且可以表示在具有若干自旋波的体系中，再增加一个自旋波所给出的能量．为此定义等效自旋量子数

$$S_1^* = S\left(1-\frac{F_k}{2S}\right).$$

由于$\mathscr{E}_k \ll NzAS^2$，或 $F_k \ll S$，因此有

$$(S_1^*)^2 = S^2\left(1-\frac{F_k}{S}\right),$$

式(4.59)可以表述为

$$E_1 = -NzA(S_1^*)^2.$$

进一步可以得到更普遍的表达式

$$E_n = -NzA(S_n^*)^2, \tag{4.60}$$

$$E_{n+1} = -NzA(S_n^*)^2\left(1-\frac{F_k}{S_n^*}\right) = -NzA(S_{n+1}^*)^2,$$

$$S_n^* = S\left(1-\frac{F_n}{2S}\right), \tag{4.61}$$

其中

$$F_n = \sum_k n_k F_k = \sum_k n_k \mathscr{E}_k / NzAS. \tag{4.62}$$

因此增加第 n 个自旋波给体系带来的能量增量为

$$\begin{aligned}\hbar\omega_k^n &= E_{n+1} - E_n = NzAF_k(S_n^*)^2/S_n^* \\ &= \mathscr{E}_k\left(1-\frac{\sum\limits_{k'} n_{k'}\mathscr{E}_{k'}}{2|E_0|}\right),\end{aligned} \tag{4.63}$$

其中，$\mathscr{E}_k$ 和$\mathscr{E}_k{}'$均为单独一个自旋波的能量．这一结果表明，由于存在自旋波的相互作用，体系的总能量要比不考虑自旋波相互作用时要小．但在温度不是很高的情况下，有 $\sum\limits_k n_k \mathscr{E}_k \ll |E_0|$，所以大体说来，关系式 $E = \sum\limits_k n_k \mathscr{E}_k$ 仍然是对的．当然相应地也有 $\langle E\rangle = \sum\limits_k \langle n_k\rangle \mathscr{E}_k = U_M(T)$. 将式(4.40)代入到式(4.61)，得到统计平均值

$$S^* = S\left(1-\frac{RT^{5/2}}{2NzAS^2}\right),$$

用 S^* 代替 S，代入到式(4.37)中，得到

$$\frac{\Delta M(T)}{M(0)} = \frac{1}{f}\zeta\left(\frac{3}{2}\right)\left(\frac{kT}{8\pi A}\right)^{3/2}\left(\frac{1}{S^*}\right)^{5/2}.$$

由近似展开式

$$(1-x)^{-n} = 1+nx \quad (x \ll 1),$$

可以有

$$(S^{*})^{-5/2}\approx S^{-5/2}\left(1+\frac{3}{2}\cdot\frac{RT^{5/2}}{NzAS^{2}}\right),$$

所以

$$\frac{\Delta M(T)}{M(0)}\approx aT^{3/2}+IT^{4},$$

其中

$$I=\rho\pi\frac{1}{f^{2}zS^{2}}\zeta\left(\frac{3}{2}\right)\zeta\left(\frac{5}{2}\right)\left(\frac{K}{8\pi AS}\right)^{4}. \tag{4.64}$$

对于简单立方格子，$f^2z=6$. 再由 $t=\frac{KT}{8\pi AS}$，则 T^4 的系数为

$$I'=\frac{3\pi}{2S^{2}}\zeta\left(\frac{3}{2}\right)\zeta\left(\frac{5}{2}\right),$$

与式(4.58)相比，只相差一个不大的因子．可见一个巧妙的简化常常也能得到良好的结果．

4.6 反铁磁体和亚铁磁体中的自旋波

考虑具有两个子格子的体系．用 $\boldsymbol{S}_A$ 和 $\boldsymbol{S}_B$ 分别表示两个子格子中一个格点的自旋．对于反铁磁体和亚铁磁体，交换积分 $A<0$，因此两个次格子的自旋趋向于反平行排列．

首先讨论反铁磁体的情况[9]，有 $|\boldsymbol{S}_A|=|\boldsymbol{S}_B|$，为方便起见，引入虚拟的唯象场 $\boldsymbol{H}_A$，则体系的哈密顿量可以表述为

$$\mathscr{H}=A\sum_{(lm)}\boldsymbol{S}_l\cdot\boldsymbol{S}_m-g\mu_B H_A\left(\sum_A S_A^z-\sum_B S_B^z\right), \tag{4.65}$$

这里同样只考虑最近邻的交换作用，相应可以引入两组新算符．对于 A 格子的第 l 个格点有

$$S_{Al}^{+}\longrightarrow\sqrt{2S}a_l,\qquad S_{Al}^{-}\longrightarrow\sqrt{2S}a_l^{+},$$

$$S_{Al}^{z}\longrightarrow S-a_l^{+}a_l.$$

对于 B 格子的第 m 个格点，有

$$S_{Bm}^{+}=\sqrt{2S}b_m,\qquad S_{Bm}^{-}=\sqrt{2S}b_m^{+},$$

$$S_{Bm}^{z}=S-b_m^{+}b_m.$$

这两组新算符同样满足玻色子对易关系．

按照 4.5 节中介绍的方法，再对上述两组算符分别作傅里叶变换

$$a_{\boldsymbol{k}}=\sqrt{\frac{2}{N}}\sum_l e^{i\boldsymbol{k}\cdot\boldsymbol{l}}a_l,$$

$$b_k = \sqrt{\frac{2}{N}} \sum_m \mathrm{e}^{\mathrm{i}\boldsymbol{k}\cdot\boldsymbol{m}} b_m.$$

上述变换依次代入式(4.65)中，可以得到

$$\begin{aligned}\mathscr{H} = E_0 + \sum_k [g\mu_\mathrm{B} H_\mathrm{A} + 2zAS](a_k^+ a_k + b_k^+ b_k) \\ + 2zAS\gamma_k(a_k b_k + a_k^+ b_k^+)],\end{aligned} \tag{4.66}$$

其中

$$E_0 = NzAS^2 - Ng\mu_\mathrm{B} SH_\mathrm{A},$$

$$\gamma_k = \frac{1}{z} \sum_\rho \mathrm{e}^{\mathrm{i}\boldsymbol{k}\cdot\boldsymbol{\rho}}.$$

到此还并未完成哈密顿量的对角化，因此尚需再作一次变换．定义两对新的算符

$$\begin{cases} a_k = u_k A_k + v_k B_k^+, \\ b_k = v_k A_k^+ + u_k B_k. \end{cases} \tag{4.67}$$

为使新算符 A_k，A_k^+，B_k，B_k^+ 满足玻色子对易关系，系数 u_k 和 v_k 应当满足条件

$$u_k^2 - v_k^2 = 1. \tag{4.68}$$

若再令系数满足另一个关系式

$$2u_k v_k (g\mu_\mathrm{B} H_\mathrm{A} + 2zAS) = -(u_k^2 + v_k^2) 2AS\gamma_k, \tag{4.69}$$

代入式 (4.66)，得到对角化的哈密顿量

$$\mathscr{H} = E_0' + \sum_k \mathscr{E}_k (A_k^+ A_k + B_k^+ B_k), \tag{4.70}$$

其中

$$E_0' = E_0 + 2\sum_k [v_k^2 (g\mu_\mathrm{B} H_\mathrm{A} + 2zAS) + 2AS\gamma_k u_k v_k], \tag{4.71}$$

$$u_k = \rho_k [\rho_k^2 - 4A^2 S^2 \gamma_k^2]^{-1/2}, \tag{4.72}$$

$$v_k = -2AS\gamma_k (\rho_k^2 - 4A^2 S^2 \gamma^2 k)^{-1/2}, \tag{4.73}$$

$$\rho_k = (g\mu_\mathrm{B} H + 2zAS) + [(g\mu_\mathrm{B} H_\mathrm{A} + 2zAS)^2 - 4A^2 S^2 \gamma_k^2]^{1/2}, \tag{4.74}$$

$$\begin{aligned}\mathscr{E}_k &= (u_k^2 + v_k^2)(g\mu_\mathrm{B} H_\mathrm{A} + 2zAS) + 4AS\gamma_k u_k v_k \\ &= [(g\mu_\mathrm{B} H_\mathrm{A} + 2zAS)^2 - 4A^2 S^2 \gamma_k^2]^{1/2} \\ &= 2zAS\left[\left(1 + \frac{g\mu_\mathrm{B} H_\mathrm{A}^0}{2zAS}\right) - \gamma_k^2\right]^{1/2}.\end{aligned} \tag{4.75}$$

式(4.75)给出了反铁磁体的自旋波色散关系．实验表明，通常 $H_\mathrm{A} \sim 10^3\mathrm{G}$. 而 $\dfrac{AS}{\mu_\mathrm{B}} \sim 10^6\mathrm{G}$，因此上述结果可以近似为

$$\mathscr{E}_k \approx 2zAS\sqrt{1 - \gamma_k^2}. \tag{4.76}$$

对于立方对称的晶体，有 $\gamma_k \approx 1 - \dfrac{k^2 a^2}{z}$，得到

$$\mathscr{E}_k \approx 2ASka\sqrt{2z}. \tag{4.77}$$

可见，在长波近似下，反铁磁体中自旋波的能量是与波矢 $\boldsymbol{k}$ 成正比的，而在铁磁体中则与波矢 $\boldsymbol{k}$ 的平方成正比．

另一点值得注意的是，在铁磁体中，当 $k\to 0$ 时，第一激发态的能量是趋于基态能量的．对于反铁磁体则不然，当 $k=0$ 时，有 $\gamma_k=1$，由式（4.75）得到

$$\begin{aligned}\mathscr{E}_0 &=2zAS\sqrt{\frac{g\mu_B H_A}{2zAS}\left(\frac{g\mu_B H_A}{2zAS}+2\right)}\\ &\approx 2\sqrt{zASg\mu_B H_A},\end{aligned} \tag{4.78}$$

即在第一激发态与基态之间存在能隙．

不难证明，由于$\mathscr{E}_k$ 正比于 k，在低温下反铁磁体的比热、热导率均正比于 T^3．但当温度进一步降低时，由于能隙的存在，上述宏观热力学量与温度的依赖关系将呈现指数形式．

上述问题也可以用半经典图像进行讨论[10]．考虑一个一维反铁磁体，两个次格子的自旋 $\boldsymbol{S}_A$ 和 $\boldsymbol{S}_B$，以不同的振幅绕 z 轴进动．对于声学支，两个自旋有相同的进动频率，且 $|\boldsymbol{S}_A|=|\boldsymbol{S}_B|=S$，进动的图像如图 4.7(a)所示．为讨论方便，也可将它们画在一起(图 4.7(b))．

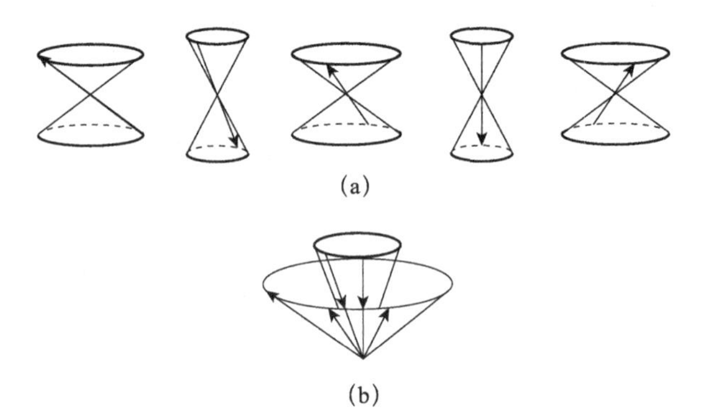

图 4.7　一维反铁磁体中自旋的进动

由式(4.8)，可定义力矩 $\boldsymbol{\Gamma}_A$

$$\begin{aligned}\boldsymbol{\Gamma}_A &=\frac{\mathrm{d}\boldsymbol{S}_A}{\mathrm{d}t}=\gamma\boldsymbol{S}_A\times\boldsymbol{H}_{\mathrm{eff}}\\ &=\frac{2A}{\hbar}\boldsymbol{S}_A\times(\boldsymbol{S}_{B1}+\boldsymbol{S}_{B2}),\end{aligned} \tag{4.79}$$

其中，$\boldsymbol{S}_{B1}$ 和 $\boldsymbol{S}_{B2}$ 为 $\boldsymbol{S}_A$ 的左右最近邻自旋．由于 $\boldsymbol{\omega}=\gamma\boldsymbol{H}_{\mathrm{eff}}$，所以也有

$$\boldsymbol{\Gamma}_A=\boldsymbol{S}_A\times\boldsymbol{\omega}. \tag{4.80}$$

对于 $\boldsymbol{S}_B$，同样可以定义 $\boldsymbol{\Gamma}_B$.

再定义两个最近邻格点之间的作用力矩

$$\boldsymbol{\Gamma}=\frac{2A}{\hbar}\boldsymbol{S}_A\times\boldsymbol{S}_B. \tag{4.81}$$

在某一瞬时，取 $\boldsymbol{S}_A$ 所在的平面为 xz 平面．$\boldsymbol{S}_A$ 和 $\boldsymbol{S}_B$ 与 z 轴的夹角分别为 θ_A 和 θ_B，$\boldsymbol{S}_A$ 和 z 轴组成的平面与 $\boldsymbol{S}_B$ 和 z 轴组成的平面夹角为 φ，则有

$$\boldsymbol{S}_A = S(-\sin\theta_A,\ 0,\ -\cos\theta_A),$$
$$\boldsymbol{S}_{B1} = S(\sin\theta_B\cos\varphi,\ \sin\theta_B\sin\varphi,\ \cos\theta_B),$$
$$\boldsymbol{S}_{B2} = S(\sin\theta_B\cos\varphi,\ -\sin\theta_B\sin\varphi,\ \cos\theta_B),$$
$$\boldsymbol{S}_{B1}+\boldsymbol{S}_{B2} = S(2S\sin\theta_B\cos\varphi,\ 0,\ 2\cos\theta_B).$$

因此

$$\boldsymbol{S}_{B1} = \frac{1}{2}(\boldsymbol{S}_{B1}+\boldsymbol{S}_{B2}) + S(0,\ \sin\theta_B\sin\varphi,\ 0),$$

代入式(4.79)和(4.81)，得到

$$\Gamma^2 = \frac{1}{4}\Gamma_A^2 + \left(\frac{2A}{\hbar}\right)^2 S^4\sin^2\theta_B\sin^2\varphi,$$

同样可以证明

$$\Gamma^2 = \frac{1}{4}\Gamma_B^2 + \left(\frac{2A}{\hbar}\right)^2 S^4\sin^2\theta_A\sin^2\varphi. \tag{4.82}$$

由式(4.80)，从图 4.8 可看出

$$S\omega = \frac{\Gamma_A}{\sin\theta_A} = \frac{\Gamma_B}{\sin\theta_B}, \tag{4.83}$$

故有

$$\left[4\Gamma^2 - 4\left(\frac{2A}{\hbar}\right)^2 S^4\sin^2\theta_B\sin^2\varphi\right]\sin^2\theta_B$$
$$= \left[4\Gamma^2 - 4\left(\frac{2A}{\hbar}\right)^2 S^4\sin^2\theta_A\sin^2\varphi\right]\sin^2\theta_A,$$

整理得到

$$\Gamma^2 = \left(\frac{2A}{\hbar}\right)^2 S^4(\sin^2\theta_A + \sin^2\theta_B)\sin^2\varphi,$$

再代回到式（4.82）中有

$$\Gamma_A^2 = 4\left(\frac{2A}{\hbar}\right)^2 S^4\sin^2\theta_A\sin^2\varphi,$$

$$\Gamma_B^2 = 4\left(\frac{2A}{\hbar}\right)^2 S^4\sin^2\theta_B\sin^2\varphi,$$

再代入到式(4.83)，可以得到反铁磁体声学支的色散关系

$$\omega\hbar = 4|A|S\sin\varphi.$$

不难看出，有 $\dfrac{2\pi}{\varphi}=\dfrac{\lambda}{a}$，又 $\lambda=\dfrac{2\pi}{R}$，因此 $\varphi=ka$. 在长波近似下得到了与式(4.77)完全相同的结果（注意在这里，$z=2$）

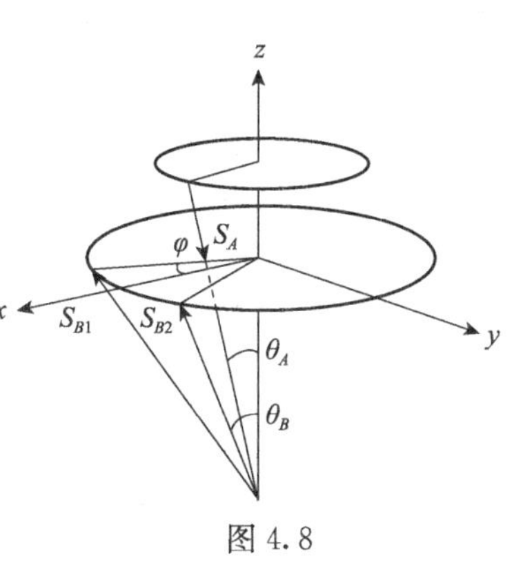

图 4.8

$$\mathscr{E}_k = \hbar\omega = 4|A|Ska.$$

半经典图像虽然不太严格，但由于它的图像直观，运算方便，仍不失为一种有效的工具．

类似的方法也可以推广到亚铁磁性体系中去，但是作为教材和参考书，我们宁可再介绍一种半经典的处理方法．对于简单的例子，它同样可以得到很好的结果．

考虑一个三维晶体[10]，每个格点的自旋周围存在 Z 个与其方向相反取向的最近邻自旋．同样是讨论在没有外磁场时的情况．设第 i 个格点属于 A 格子，有自旋 $\boldsymbol{S}^A$，则周围最近邻格点的自旋均属于 B 格子．格点 i 上交换作用哈密顿量可以表述为

$$\mathscr{H}_i = -2A\boldsymbol{S}_i^A \times \sum_j \boldsymbol{S}_j^B,$$

其中，$A<0$. 按照式(4.7)，相应的运动方程为

$$\frac{\mathrm{d}\boldsymbol{S}_j^A}{\mathrm{d}t} = \frac{2A}{\hbar}\boldsymbol{S}_i^A \times \sum_j \boldsymbol{S}_j^B. \tag{4.84}$$

为了简化这一方程，当波长 λ 远大于晶格常数 a 时，可以将矢量 $\boldsymbol{S}_j^B$ 在格点 i 处作泰勒展开

$$\boldsymbol{S}_j^B = \boldsymbol{S}_i^B + (\Delta\boldsymbol{r}\cdot\Delta)\boldsymbol{S}_i^A + \frac{1}{2}(\Delta\boldsymbol{r}\cdot\Delta)^2\boldsymbol{S}_i^A + \cdots,$$

考虑到晶体的对称性，求和时奇次项是相互抵消的，因此有

$$\sum_j \boldsymbol{S}_j^B = z\boldsymbol{S}_i^B + a^2\nabla^2\boldsymbol{S}_i^B + \cdots,$$

略去高次项，将展开式代入到方程（4.84），得到

$$\left.\begin{aligned} &\frac{\mathrm{d}\boldsymbol{S}_i^A}{\mathrm{d}t} = \frac{2A}{\hbar}\boldsymbol{S}_i^A \times (z\boldsymbol{S}_i^B + a^2\nabla^2\boldsymbol{S}_i^B), \\ &\text{同样有} \\ &\frac{\mathrm{d}\boldsymbol{S}_j^B}{\mathrm{d}t} = \frac{2A}{\hbar}\boldsymbol{S}_j^B \times (z\boldsymbol{S}_j^A + a^2\nabla^2\boldsymbol{S}_j^A). \end{aligned}\right\} \tag{4.85}$$

显然，在以后的讨论中，下标不再需要标明了．按照 4.2 节介绍的方法，将矢量 $\boldsymbol{S}$ 分解为两部分，即令

$$\left.\begin{aligned} \boldsymbol{S}^A &= S^A\boldsymbol{n} + \boldsymbol{\sigma}^A \mathrm{e}^{\mathrm{i}(\omega t - \boldsymbol{k}\cdot\boldsymbol{r})}, \\ \boldsymbol{S}^B &= S^B\boldsymbol{n} + \boldsymbol{\sigma}^B \mathrm{e}^{\mathrm{i}(\omega t - \boldsymbol{k}\cdot\boldsymbol{r})}, \end{aligned}\right\} \tag{4.86}$$

其中，$\boldsymbol{n}$ 为 z 轴正方向的单位矢量，S^A 和 S^B 分别为矢量 $\boldsymbol{S}^A$ 和 $\boldsymbol{S}^B$ 在 z 轴(进动轴)上的投影．$\boldsymbol{\sigma}^A$ 和 $\boldsymbol{\sigma}^B$ 为垂直 z 轴的进动振幅矢量，当温度不高时，$|\sigma| \ll |S|$. 假定两者有相同的频率和波矢．

将式(4.86)代入到方程(4.85)，并略去高阶小量，可得到

$$\mathrm{i}\omega\boldsymbol{\sigma}^A=\frac{2A}{\hbar}[S^A\boldsymbol{n}\times\boldsymbol{\sigma}^B(z-a^2k^2)-zS^B\boldsymbol{\sigma}^A\times\boldsymbol{n}],$$

$$\mathrm{i}\omega\boldsymbol{\sigma}^B=\frac{2A}{\hbar}[-S^B\boldsymbol{n}\times\boldsymbol{\sigma}^A(z-a^2k^2)+zS^A\boldsymbol{\sigma}^B\times\boldsymbol{n}],$$

将这两式展开为分量表达式，然后令 $\sigma_+=\sigma_x+\mathrm{i}\sigma_y$，即可化为两个标量形式的方程，经整理得到

$$\left(\omega-\frac{2A}{\hbar}zS^B\right)\sigma_+^A-\frac{2A}{\hbar}(z-a^2k^2)S^A\sigma_+^B=0,$$

$$\frac{2A}{\hbar}(z-a^2k^2)S^B\sigma_+^A+\left(\omega+\frac{2A}{\hbar}zS^A\right)\sigma_+^B=0.$$

方程非零解的条件为

$$\left(\omega-\frac{2A}{\hbar}zS^B\right)\left(\omega+\frac{2A}{\hbar}zS^A\right)+\left[\frac{2A}{\hbar}\ (z-a^2k^2)\right]^2S^AS^B=0,$$

即

$$\omega^2+\frac{2A}{\hbar}z(S^A-S^B)\omega-\left(\frac{2A}{\hbar}\right)^2[z^2-(z-a^2k^2)^2]S^AS^B=0.$$

对于立方晶格，$\gamma_k\approx1-\dfrac{a^2k^2}{z}$，因此有

$$\hbar\omega=z|A|[\sqrt{(S^A-S^B)^2+4S^AS^B(1-\gamma_k^2)}\pm(S^A-S^B)]. \tag{4.87}$$

不难看出，当 $S^A=S^B$ 时，这正是前面推导的反铁磁性色散关系式(4.76)．

当 $k\to0$ 时，$(1-\gamma_k^2)\to0$，上式可以做进一步简化．

$$\begin{aligned}\hbar\omega&=z|A|S^A-S^B|\left[\sqrt{1+\frac{4S^AS^B(1-\gamma_k^2)}{(S^A-S^B)^2}}\pm1\right]\\&\approx z|A|S^A-S^B|\left[1+\frac{2S^AS^B(1-\gamma_k^2)}{(S^A-S^B)^2}\pm1\right],\end{aligned}$$

注意到

$$\begin{aligned}1-\gamma_k^2&=1-\left(1-\frac{k^2a^2}{z}\right)^2\\&\approx1-\left(1-\frac{k^2a^2}{z}\right)=2\,\frac{k^2a^2}{z},\end{aligned}$$

可以得到在长波极限下亚铁磁体的色散关系

$$\left.\begin{aligned}\hbar\omega_1&=\frac{4|A|S^AS^B}{|S^A-S^B|}a^2k^2,\\\hbar\omega_2&=2z|A|\,|S^A-S^B|\left\{1+\frac{2S^AS^Ba^2k^2}{z(S^A-S^B)^2}\right\}.\end{aligned}\right\} \tag{4.88}$$

上述结果表明，对于由两套格子组成的简单亚铁磁性体系，其自旋波分为两支，第一支的能量较低，是与两套格子自旋的整体运动有关的，称为声频支；第二支的能量较高，这与两套格子自旋的相对运动有关，称为光频支．这种情况也是同

复式格子晶格振动产生的格波相类似的．

图 4.9 示出了式(4.87)所表示的色散关系曲线．当 $k=0$ 时，$\mathscr{E}_0$ 分别等于零和 $2z|A||S^A-S^B|$．实际上的亚铁磁体通常有着十分复杂的晶格结构，因此相应的自旋波色散关系也很复杂．图 4.10 示出了 YIG 材料的自旋波色散关系，图中显示了多达 14 支自旋波色散曲线[11]．

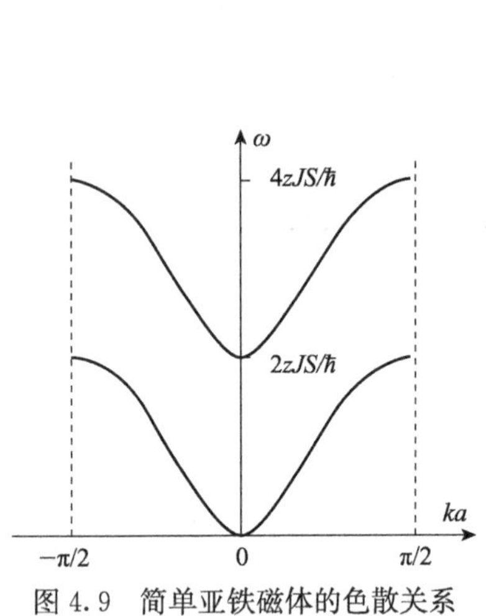

图 4.9 简单亚铁磁体的色散关系
($S^A=2S^B=2S$)

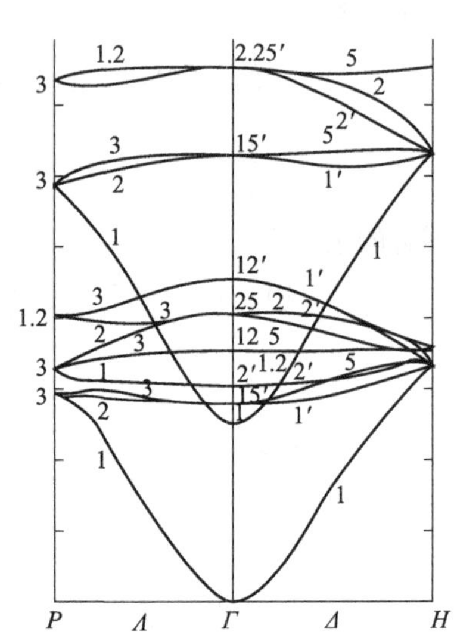

图 4.10 YIG 材料（$Y_3Fe_5O_{12}$）的自旋波色散曲线
图中的符号和数字表征了它们的对称性

亚铁磁体自旋波色散关系的另一个特点是，在长波极限下存在 k^2 的变化关系，在这一点上是同铁磁体一致的．因此，同样可以证明，对于亚铁磁体在低温下的饱和磁化强度也满足关系

$$\frac{M(T)}{M(0)}=1-aT^{3/2}-bT^{5/2}-\cdots.$$

对 YIC 材料的测量表明，直到 $0.9T_c$ 时仍然很好地符合上述关系．其中，$a\approx8.2\times10^{-6}$，$b\approx1.0\times10^{-7}$．柯威尔（Kouvel）对低温比热的测量指出[12]，比热可以清楚地分成两部分，一部分正比于 T^3，它来自于晶格的贡献；另一部分则是由自旋波激发给出的，有 $T^{3/2}$ 关系．

4.7 磁偶极作用下的自旋波色散谱[13]

每个自旋都是一个磁偶极子，因此自旋和自旋之间还存在磁偶极相互作用．在磁性介质中，磁偶极作用与交换作用相比要小得多，因此通常可以忽略不计．但在自旋波的长波领域里，交换作用随 k 的减小而迅速趋于零，这时就必须考虑磁偶极作用了．

磁偶极作用降低了体系的对称性．相对于磁化方向而言，不同方向的磁偶极作用也不同，这将导致自旋波色散关系随方向而改变．

在计入了外场、交换作用和磁偶极作用以后，铁磁体的哈密顿量可以表述为

$$\mathscr{H} = -g\mu_B H\sum_l S_l^z - 2A\sum_{(lm)}\boldsymbol{S}_l\cdot\boldsymbol{S}_m - \sum_{l>m}D_{lm}\left[(\boldsymbol{S}_l\cdot\boldsymbol{S}_m) - \frac{3}{r^2}(\boldsymbol{r}\cdot\boldsymbol{S}_l)(\boldsymbol{r}\cdot\boldsymbol{S}_m)\right], \tag{4.89}$$

其中，第一项为在外场 $\boldsymbol{H}$ 下的塞曼项，取 z 轴沿着 $\boldsymbol{H}$ 的方向；第二项为交换作用项，求和对所有最近邻对进行；第三项为磁偶极作用项，由于这是一种长程作用，求和遍及所有的自旋对，自旋 $\boldsymbol{S}_l$ 和 $\boldsymbol{S}_m$ 所在格点的位置矢量分别为 $\boldsymbol{l}$ 和 $\boldsymbol{m}$，$\boldsymbol{r}=\boldsymbol{m}-\boldsymbol{l}$ 表征了由第 l 个格点到第 m 个格点的位置矢量，x，y 和 z 为矢量 $\boldsymbol{r}$ 的三个分量，$D_{lm}=g^2\mu_B^2/r^3$.

令

$$r^{\pm}=x\pm iy,$$

则有

$$r^+r^-=1-z^2,$$
$$r^{\pm 2}=x^2-y^2\pm 2ixy.$$

由于

$$\begin{aligned}
&(\boldsymbol{r}\cdot\boldsymbol{S}_l)(\boldsymbol{r}\cdot\boldsymbol{S}_m)\\
&=\left[zS_l^z+\frac{1}{2}(r^+S_l^-+r^-S_l^+)\right]\left[zS_m^z+\frac{1}{2}(r^+S_m^-+r^-S_m^+)\right]\\
&=z^2S_l^zS_m^z+\frac{1}{4}[r^{+2}S_l^-S_m^-+r^{-2}S_l^+S_m^++r^+r^-(S_l^+S_m^-+S_l^-S_m^+)]\\
&\quad+\frac{1}{2}z[S_l^z(r^+S_m^-+r^-S_m^+)+(r^+S_l^-+r^-S_m^+)S_m^z].
\end{aligned}$$

考虑到晶体的对称性

$$\sum_{l>m}\frac{1}{r^5}zr^+=\sum_{l>m}\frac{1}{r^5}zr^-=0,$$

最后一项对求和无贡献．又利用关系

$$S_l^+S_m^-+S_l^-S_m^+=2(\boldsymbol{S}_l\cdot\boldsymbol{S}_m-S_l^zS_m^z),$$

代入式(4.89)，得到

$$\begin{aligned}
\mathscr{H} =& -g\mu_B H\sum_l S_l^z-\left[\sum_{(lm)}2A+\sum_{l>m}\frac{1}{2}D_{lm}\left(1-\frac{3z^2}{r^2}\right)\right]\boldsymbol{S}_l\cdot\boldsymbol{S}_m\\
&+\frac{3}{4}\sum_{l>m}\left[2D_{lm}S_l^zS_m^z\left(1-\frac{3z^2}{r^2}\right)-D_{lm}(r^{+2}S_l^-S_m^-+r^{-2}S_l^+S_m^+)\right].
\end{aligned}$$

利用式 (4.48) 的近似表达式 $S^{\pm}=\sqrt{2S}a^{\mp}$ 和 $S^z=S-a^+a$，代入上式并略去四次以上的高次项，得到自旋偏差算符表象的哈密顿量

$$
\begin{aligned}
\mathscr{H} = & - g\mu_B H\left(NS - \sum_l a_l^+ a_l\right) \\
& - \left[\sum_{(lm)} 2A - \sum_{l>m} D_{lm}\left(1 - \frac{3z^2}{r^2}\right)\right](S^2 - 2Sa_l^+ a_l) \\
& - \left[\sum_{(lm)} 2A - \frac{1}{2}\sum_{l>m} D_{lm}\left(1 - \frac{3z^2}{r^2}\right)\right] 2Sa_l^+ a_m \\
& - \frac{3}{2} S \sum_{l>m} D_{lm}(r^{+2} a_l^+ a_m^+ + r^{-2} a_l^- a_m^-).
\end{aligned} \tag{4.90}
$$

进一步作交换

$$
a_l = \frac{1}{\sqrt{N}} \sum_k e^{i\boldsymbol{k}\cdot\boldsymbol{l}} a_k,
$$

$$
a_l^+ = \frac{1}{\sqrt{N}} \sum_k e^{-i\boldsymbol{k}\cdot\boldsymbol{l}} a_k^+,
$$

并利用

$$
\begin{aligned}
\sum_{l>m} f(r_{lm}) a_l^+ a_m^+ &= \sum_{kk'} a_k^+ a_{k'}^+ \sum_m \frac{1}{2} f(r_m) e^{-i\boldsymbol{k}\cdot\boldsymbol{r}_m} \delta_{k-k'} \\
&= \frac{1}{2} \sum_k a_k^+ a_{-k}^+ \sum_m f(r_m) e^{-i\boldsymbol{k}\cdot\boldsymbol{r}_m}
\end{aligned}
$$

等类似的关系，可以得到自旋波算符表象下的哈密顿量

$$
\mathscr{H} = C + \sum_k (A_k a_k^+ a_k + B_k a_k a_{-k} + B_k^+ a_k^+ a_{-k}^+), \tag{4.91}
$$

其中

$$
C = - Ng\mu_B HS - NzAS^2 + \frac{g^2 \mu_B^2}{2} NS^2 \sum_m \frac{1}{r_m^5}(r_m^2 - 3z_m^2), \tag{4.92}
$$

$$
\begin{aligned}
A_k = & g\mu_B H + 2zAS(1 - \gamma_k) \\
& - g^2 \mu_B^2 S \sum_m \frac{1}{r_m^5}(r_m^2 - 3z_m^2)\left(1 + \frac{1}{2} e^{i\boldsymbol{k}\cdot\boldsymbol{r}_m}\right),
\end{aligned} \tag{4.93}
$$

$$
B_k = - \frac{3}{4} g^2 \mu_B^2 S \sum_m \frac{1}{r_m^5}(x_m^2 - y_m^2 - 2ix_m y_m) e^{i\boldsymbol{k}\cdot\boldsymbol{r}_m}, \tag{4.94}
$$

$$
\gamma_k = \frac{1}{z} \sum_m e^{i\boldsymbol{k}\cdot\boldsymbol{r}_m},
$$

$\boldsymbol{r}_m$ 是从某一格点指向第 m 个格点的矢量．

为使哈密顿量对角化，还需再作一次变换．令

$$
\left.
\begin{aligned}
a_k &= u_k C_k + v_k^+ C_{-k}^+, \\
a_k^+ &= u_k^+ C_k^+ + v_k C_{-k},
\end{aligned}
\right\} \tag{4.95}
$$

其中，系数满足

$$
|u_k|^2 - |v_k|^2 = 1. \tag{4.96}
$$

可以证明，上述关系定义的新算符 C_k，C_{-k}，C_k^+ 和 C_{-k}^+ 满足玻色对易关系．

$$C_k C_{k'}^+ - C_{k'}^+ C_k = \delta_{kk'},$$
$$C_k C_{k'} - C_{k'} C_k = 0,$$
$$C_k^+ C_{k'}^+ - C_{k'}^+ C_k^+ = 0.$$

由于对称性，$A_k = A_{-k}$，$B_k = B_{-k}$，$v_k = v_{-k}$，$u_k = u_{-k}$. 将上述关系代入到式(4.91)，并考虑到 $\sum_k f(k) = \sum_k f(-k)$,得到

$$\mathscr{H} = C + \sum_k (E_k C_k^+ C_k + P_k C_k^+ C_{-k}^+ + Q_k C_k C_{-k}), \tag{4.97}$$

其中

$$E_k = A_k(|u_k|^2 + |v_k|^2 + 2B_k u_k v_k^+ + 2B_k^+ u_k^+ v_k), \tag{4.98}$$
$$P_k = A_k u_k^+ v_k^+ + B_k v_k^{+2} + B_k^+ u_k^{+2}, \tag{4.99}$$
$$Q_k = A_k u_k v_k + B_k u_k^2 + B_k^+ v_k^2. \tag{4.100}$$

系数 u_k 和 v_k 的选择应满足，当 $P_k = Q_k = 0$ 时可以得到 $A_k = A_k^+$，即系数 A_k 应为实数.

将式(4.98)两边乘以 v_k，将式(4.100)两边乘以 $2u_k^+$，然后两式相减，并利用式(4.96)，可以得到

$$E_k v_k = -A_k v_k - 2B_k u_k. \tag{4.101}$$

将式(4.98)两边乘以 u_k，将式(4.100)两边乘以 $2v_k^+$，然后两式相减，并利用式(4.96)可以得到

$$E_k u_k = A_k u_k + 2B_k^+ v_k. \tag{4.102}$$

将式(4.101)和式(4.102)联立，由于 u_k 和 v_k 不能同时为零，故有

$$E_k^2 = |A_k|^2 - 4|B_k|^2, \tag{4.103}$$

代入到式(4.97)，得到对角化了的哈密顿量

$$\mathscr{H} = C + \sum_k \left(|A_k|^2 - 4|B_k|^2\right)^{1/2} C_k^+ C_k. \tag{4.104}$$

下面我们来求解 A_k 和 B_k 的具体表达形式. A_k 由式(4.93)给出. 为了进行计算，引入符号

$$D(\boldsymbol{k}) = \frac{1}{N}\sum_m \frac{r_m^2 - 3z_m^2}{r_m^5} \mathrm{e}^{\mathrm{i}\boldsymbol{k}\cdot\boldsymbol{r}_m}. \tag{4.105}$$

根据 k 的大小可以分为四个区域进行讨论(图 4.11)：①$k=0$；②$0<k<\frac{1}{L}$；③$\frac{1}{L}<k<\frac{1}{a}$；④$k\sim\frac{1}{a}$，其中 a 为晶格常数，L 为晶体的线度. ②是出现静磁模的区域，④区域计算相当繁杂. 在这里只讨论①和③两种情况，并假设体系为简单立方格子，

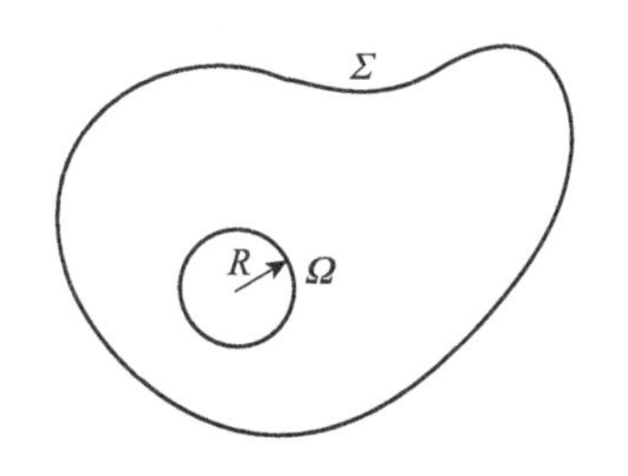

图 4.11　k 的大小与四个区域范围示意图

样品的形状为旋转椭球，主轴和晶轴相一致．

在情况①中，$k=0$. 以原点为中心作一个半径为 R 的球壳，$a\ll R\ll L$. 由于对称性，球壳内部的求和等于零．对于球壳外部，$\boldsymbol{r}$ 可近似看作是连续的，求和可以用积分代替．利用高斯定理，可以得到

$$\begin{aligned} D(0) &= \int_V \frac{r^2-3z^2}{r^5}\mathrm{d}V \\ &= \int_V \nabla\cdot\left(\frac{z}{r^3}\boldsymbol{a}_z\right)\mathrm{d}V \\ &= \int_\Sigma \frac{z\boldsymbol{a}_z}{r^3}\cdot\mathrm{d}\boldsymbol{S} - \int_\Omega \frac{z\boldsymbol{a}_z}{r^3}\cdot\mathrm{d}\boldsymbol{S}, \end{aligned}$$

式中，$\boldsymbol{a}_z$ 是 z 方向的单位矢量．第二项是球壳表面的积分，其值等于 $4\pi/3$. 第一项是晶体样品表面的积分，其值等于 z 方向的退磁因子 N_z，即

$$D(0)=N_z-\frac{4\pi}{3}. \tag{4.106}$$

在 $\frac{1}{L}<k<\frac{1}{a}$ 的区域③内，为避免 $\boldsymbol{r}=0$ 时的发散，式(4.105)可改写为

$$D(\boldsymbol{k}) = \frac{1}{N}\sum_m \frac{r_m^2-3z_m^2}{r_m^5}(\mathrm{e}^{\mathrm{i}\boldsymbol{k}\cdot\boldsymbol{r}_m}-1)+D(0),$$

用积分代替求和，并利用分部积分有

$$\begin{aligned} &\int_V \frac{r^2-3z^2}{r^5}(\mathrm{e}^{\mathrm{i}\boldsymbol{k}\cdot\boldsymbol{r}}-1)\mathrm{d}V \\ =&\int_V \nabla\cdot\left(\frac{z}{r^3}\boldsymbol{a}_z\right)(\mathrm{e}^{\mathrm{i}\boldsymbol{k}\cdot\boldsymbol{r}}-1)\mathrm{d}V \\ =&\int_V \nabla\left[\frac{z}{r^3}(\mathrm{e}^{\mathrm{i}\boldsymbol{k}\cdot\boldsymbol{r}}-1)\boldsymbol{a}_z\right]\mathrm{d}V - \int_V \frac{z}{r^3}\boldsymbol{a}_z\cdot\nabla(\mathrm{e}^{\mathrm{i}\boldsymbol{k}\cdot\boldsymbol{r}}-1)\mathrm{d}V \\ =&\int_{\Sigma-\Omega} \frac{z}{r^3}(\mathrm{e}^{\mathrm{i}\boldsymbol{k}\cdot\boldsymbol{r}}-1)\boldsymbol{a}_z\cdot\mathrm{d}\boldsymbol{S} - \mathrm{i}\boldsymbol{k}_z\int_V \frac{z}{r^3}\mathrm{e}^{\mathrm{i}\boldsymbol{k}\cdot\boldsymbol{r}}\mathrm{d}V. \end{aligned}$$

由于

$$\begin{aligned} \int_V \frac{z}{r^3}\mathrm{e}^{\mathrm{i}\boldsymbol{k}\cdot\boldsymbol{r}}\mathrm{d}V &= \int_V\left[\nabla\cdot\left(\frac{\boldsymbol{a}_z}{r}\mathrm{e}^{\mathrm{i}\boldsymbol{k}\cdot\boldsymbol{r}}\right)-\mathrm{i}k_z\frac{1}{r}\mathrm{e}^{\mathrm{i}\boldsymbol{k}\cdot\boldsymbol{r}}\right]\mathrm{d}V \\ &= \int_{\Sigma-\Omega}\left(\frac{\boldsymbol{a}_z}{r}\mathrm{e}^{\mathrm{i}\boldsymbol{k}\cdot\boldsymbol{r}}\cdot\mathrm{d}\boldsymbol{S}\right)-\mathrm{i}k_z\int_V\frac{1}{r}\mathrm{e}^{\mathrm{i}\boldsymbol{k}\cdot\boldsymbol{r}}\mathrm{d}V, \end{aligned}$$

当 $R\to 0$ 时，在半径为 R 的球壳面 Ω 上的积分

$$\int_\Omega \frac{z}{r^3}(\mathrm{e}^{\mathrm{i}\boldsymbol{k}\cdot\boldsymbol{r}}-1)\boldsymbol{a}_z\cdot\mathrm{d}\boldsymbol{S} < \int\frac{z}{r^3}(\mathrm{i}kr)4\pi r^2\mathrm{d}r\to 0,$$

$$\int_\Omega \frac{1}{r}\mathrm{e}^{\mathrm{i}\boldsymbol{k}\cdot\boldsymbol{r}}\boldsymbol{a}_z\cdot\mathrm{d}\boldsymbol{S}\to 0,$$

又，对于$\frac{1}{r}$的傅里叶变换，有

$$\int_V \frac{1}{r} e^{i\boldsymbol{k}\cdot\boldsymbol{r}} dV = \frac{4\pi}{k},$$

因此

$$D(\boldsymbol{k}) = \int_\Sigma \left(\frac{z}{r^3} - i\frac{k_z}{r}\right) e^{i\boldsymbol{k}\cdot\boldsymbol{r}} \boldsymbol{a}_z \cdot d\boldsymbol{S} - N_z + 4\pi\left(\frac{k_z}{k}\right)^2 + \left(N_z - \frac{4\pi}{3}\right).$$

在上式第一项的积分中包含了 $e^{i\boldsymbol{k}\cdot\boldsymbol{r}}$项．在晶体表面上，由于 $k_r \gg 1$，被积函数呈现激烈的振动，积分值很小，故可以略去．因此，最后得到

$$D(\boldsymbol{k}) = -\frac{4\pi}{3}(1 - 3\cos^2\theta_k), \tag{4.107}$$

其中，θ_k 为 $\boldsymbol{k}$ 和 z 轴的夹角，$k_z = k\cos\theta_k$.

由定义式(4.105)，并将式(4.107)代入式(4.93)，得到区域③中 A_k 的表达式

$$A_k = g\mu_B H + 2zAS(1 - \gamma_k) - g\mu_B M(N_z - 2\pi\sin^2\theta_k), \tag{4.108}$$

其中，$M = Ng\mu_B S$.

现在再来求系数 B_k. B_k 由式(4.94)给出，为了进行计算，引入另一个符号

$$G(\boldsymbol{k}) = \frac{1}{N}\sum_m \frac{x_m^2 - y_m^2 - 2ix_m y_m}{r_m^5} e^{i\boldsymbol{k}\cdot\boldsymbol{r}_m}, \tag{4.109}$$

由于

$$\nabla\cdot\left[\frac{(\boldsymbol{a}_x - i\boldsymbol{a}_y)(x - iy)}{r^3}\right] = \left(\frac{\partial}{\partial x} - i\frac{\partial}{\partial y}\right)\left(\frac{x - iy}{r^3}\right)$$
$$= -3\frac{x^2 - y^2 - 2ixy}{r^5},$$

$$\nabla\cdot\left[(\boldsymbol{a}_x - \boldsymbol{a}_y)\frac{1}{r}\right] = \left(\frac{\partial}{\partial x} - i\frac{\partial}{\partial y}\right)\left(\frac{1}{r}\right) = -\frac{x - iy}{r^3},$$

在区域③中，求和可以化为积分．为避免 $G(\boldsymbol{k})$ 发散，进而可改写为下列形式：

$$\begin{aligned} G(\boldsymbol{k}) &= \int \frac{x^2 - y^2 - 2ixy}{r^5}(e^{i\boldsymbol{k}\cdot\boldsymbol{r}} - 1)dV + G(0) \\ &= -\frac{1}{3}\int_V \nabla\cdot\left[\frac{(\boldsymbol{a}_x - i\boldsymbol{a}_y)(x - iy)}{r^3}\right](e^{i\boldsymbol{k}\cdot\boldsymbol{r}} - 1)dV + G(0) \\ &= -\frac{1}{3}\int_{\Sigma-\Omega} \frac{x - iy}{r^3}(e^{i\boldsymbol{k}\cdot\boldsymbol{r}} - 1)(\boldsymbol{a}_x - i\boldsymbol{a}_y)\cdot d\boldsymbol{S} \\ &\quad + \frac{1}{3}\int_V (\boldsymbol{a}_x - i\boldsymbol{a}_y)\left(\frac{x - iy}{r^3}\right)\nabla\cdot(e^{i\boldsymbol{k}\cdot\boldsymbol{r}} - 1) \\ &\quad - \frac{1}{3}\int_{\Sigma-\Omega} \frac{x - iy}{r^3}(\boldsymbol{a}_x - i\boldsymbol{a}_y)\cdot d\boldsymbol{S}. \end{aligned}$$

在半径为 R 的球壳面 Ω 上，两个面积分在 $R\to 0$ 时均趋于零．在晶体表面 Σ

上的两个面积分，第一项中不含 $e^{i\boldsymbol{k}\cdot\boldsymbol{r}}$ 因子的项与第三项相抵消，第一项中包含 $e^{i\boldsymbol{k}\cdot\boldsymbol{r}}$ 因子的项由于被积函数呈现激烈的振动，因而可以略去，故

$$
\begin{aligned}
G(\boldsymbol{k}) &= \frac{1}{3}i(k_x - ik_y)\int_V \frac{x-iy}{r^3}e^{i\boldsymbol{k}\cdot\boldsymbol{r}}dV \\
&= -\frac{1}{3}i(k_x - ik_y)\int \nabla\cdot\left[(\boldsymbol{a}_x - i\boldsymbol{a}_y)\frac{1}{r}\right]e^{i\boldsymbol{k}\cdot\boldsymbol{r}}dV \\
&= -\frac{1}{3}i(k_x - ik_y)\left[\int_{\Sigma-\Omega}(\boldsymbol{a}_x - i\boldsymbol{a}_y)\frac{1}{r}e^{i\boldsymbol{k}\cdot\boldsymbol{r}}\cdot d\boldsymbol{S}\right. \\
&\quad \left. - i(k_x - ik_y)\int_V \frac{1}{r}e^{i\boldsymbol{k}\cdot\boldsymbol{r}}dV\right].
\end{aligned}
$$

根据同样的理由，第一项的面积分为零，因此得到

$$
\begin{aligned}
G(\boldsymbol{k}) &= -\frac{1}{3}(k_x - ik_y)^2\frac{4\pi}{k^2} \\
&= -\frac{4\pi}{3}\sin^2\theta_k e^{-2i\varphi k}. \qquad (4.110)
\end{aligned}
$$

由定义式(4.109)，并将式(4.110)代入式(4.94)，得到区域③中 B_k 的表达式

$$B_k = \pi g\mu_B M\sin^2\theta e^{-2i\varphi k}. \qquad (4.111)$$

将式(4.108)和式(4.111)代入式(4.103)得到

$$
\begin{aligned}
E_k^2 &= \left(|A_k| + 2|B_k|\right)\left(|A_k| - 2|B_k|\right) \\
&= g^2\mu_B^2[H - N_zM + D''(1-\gamma_k)] \\
&\quad \times[H - N_zM + D''(1-\gamma_k) + 4\pi M\sin^2\theta_k], \qquad (4.112)
\end{aligned}
$$

其中

$$D'' = \frac{2zAS}{g\mu_B}.$$

式(4.112)给出了计入磁偶极作用后的自旋波色散关系．当 k 较小时，有如下的近似关系式：

$$\omega^2 = \gamma^2(H - N_zM + D'k^2)(H - N_zM + D'k^2 + 4\pi M\sin^2\theta_k), \qquad (4.113)$$

在这里，$D' = \frac{a^2}{z}D'' = \frac{2ASa^2}{g\mu_B}$，称为自旋波劲度系数．

从前面的推导过程中可以看出，这一关系只适于区域③，因此 k 又不能太小．当自旋波的波长大于晶体线度 L 时，传播因素和交换作用均可以忽略，问题变为静磁模的问题了．在本书第一版下册的磁共振理论部分，将有专门的章节来讨论静磁模．在那里我们也会再一次碰到式(4.113)，所不同的只是换了一个讨论的角度罢了．

图 4.12 示出考虑了磁偶极作用后的自旋波色散谱，其中虚线为自旋波理论不成立的区域．结果表明，由于磁偶极作用的存在，自旋波能量变得与方向有关了．

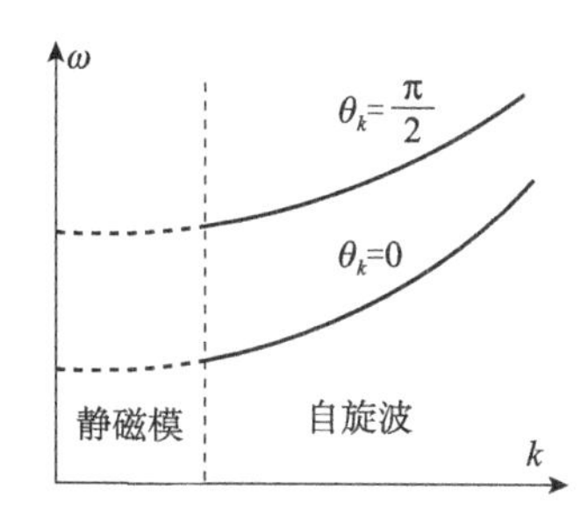

图 4.12　考虑磁偶极作用后，自旋波的色散谱

4.8　体非均匀体系中的自旋波

当一束波在非均匀体系中传播时，其波长将发生变化．在耦合紧的地方波长要短些，在耦合松的地方波长则会长些．从能量的角度来看，体系的不均匀性体现为各处势能的不相同，对于确定能量的粒子，在体系中运动时将表现为各处动能的差别．因为动能等于$\frac{\hbar^2 k^2}{2m}$，因此在非均匀的体系中，波矢 $\boldsymbol{k}$ 随位置而异，不再是与能量对易的守恒量了．

体非均匀可能来自各种因素，即来自材料成分或结构的不均匀，外场和表面退磁场引起的不均匀，应力分布的不均匀等．这些不均匀相对原子的尺度来说是宏观大的．为简化起见，可将所有的体非均匀性均等效为自发磁化强度的不均匀.

考虑一个简单的铁磁性一维链．由式(4.7)给出第 n 个格点自旋的进动方程

$$\frac{\mathrm{d}\boldsymbol{S}_n}{\mathrm{d}t}=\frac{2A}{\hbar}\boldsymbol{S}_n\times(\boldsymbol{S}_{n+1}+\boldsymbol{S}_{n-1}),$$

对 $\boldsymbol{S}_n$ 和 $\boldsymbol{S}_{n-1}$ 进行泰勒展开

$$\boldsymbol{S}_{n+1}=\boldsymbol{S}_n+\frac{\partial\boldsymbol{S}_n}{\partial z}a+\frac{1}{2}\frac{\partial^2\boldsymbol{S}_n}{\partial z^2}a^2+\cdots,$$

$$\boldsymbol{S}_{n-1}=\boldsymbol{S}_n-\frac{\partial\boldsymbol{S}_n}{\partial z}a+\frac{1}{2}\frac{\partial^2\boldsymbol{S}_n}{\partial z^2}a^2-\cdots,$$

代入上式，得到

$$\frac{\mathrm{d}\boldsymbol{S}_n}{\mathrm{d}t}=\frac{2Aa^2}{\hbar}\boldsymbol{S}_n\times\frac{\partial^2\boldsymbol{S}_n}{\partial z^2},\tag{4.114}$$

与式(4.4)相比较，运动方程中邻近自旋的交换作用也可以等效为场

$$\boldsymbol{H}_{\mathrm{eff}}=\frac{2Aa^2}{\gamma\hbar}\frac{\partial^2\boldsymbol{S}_n}{\partial z^2}=\Lambda\frac{\partial^2\boldsymbol{M}}{\partial z^2},$$

其中，$\boldsymbol{M}=Ng\mu_{\mathrm{B}}\boldsymbol{S}$，$\gamma\hbar=g\mu_{\mathrm{B}}$，$\Lambda=\frac{2NAa^2S^2}{M^2}$.

如果再引入外加场 $\boldsymbol{H}$，则运动方程可以表述为

$$\begin{aligned}\frac{\mathrm{d}\boldsymbol{M}}{\mathrm{d}t}&=\gamma\boldsymbol{M}\times(\boldsymbol{H}+\boldsymbol{H}_{\mathrm{eff}})\\&=\gamma\boldsymbol{M}\times\left(\boldsymbol{H}+\Lambda\frac{\partial^2\boldsymbol{M}}{\partial z^2}\right).\end{aligned}\tag{4.115}$$

设外场 H 足够大，体系沿 $\boldsymbol{H}$ 方向饱和磁化．由于自旋的进动，在垂直 $\boldsymbol{H}$ 的方向上存在着磁化强度的交变分量，用小写字母 m 表示．取外场 $\boldsymbol{H}$ 方向为 z 轴的正方向，则有

$$\boldsymbol{M}=(m_x\mathrm{e}^{\mathrm{i}\omega t},\ m_y\mathrm{e}^{\mathrm{i}\omega t},\ M_{(z)}),$$
$$\boldsymbol{H}=(0,\ 0,\ H),$$

代入方程(4.115)，得到

$$\mathrm{i}\omega m_x=\gamma\left(m_yH+\Lambda m_y\frac{\partial^2M}{\partial z^2}-\Lambda M\frac{\partial^2m_y}{\partial z^2}\right),$$
$$\mathrm{i}\omega m_y=\gamma\left(-m_xH-\Lambda m_x\frac{\partial^2M}{\partial z^2}+\Lambda M\frac{\partial^2m_x}{\partial z^2}\right).$$

令 $m=m_x+\mathrm{i}m_y$，方程可合并为

$$\Lambda M\frac{\partial^2m}{\partial z^2}+\left(\frac{\omega}{r}-H-\Lambda\frac{\partial^2M}{\partial z^2}\right)m=0.\tag{4.116}$$

下面我们来讨论一种典型的情况[14]．沿法向方向磁化的薄膜样品，在垂直法向的方向上样品是均匀的，在沿着法向方向上，等效饱和磁化强度呈对称的抛物线型变化

$$M_{(z)}=M_0(1-\beta z^2),\tag{4.117}$$

参数 β 表征体不均匀的程度．

将式(4.117)代入式(4.116)，并考虑到退磁场的影响，得到方程

$$\frac{\mathrm{d}^2m}{\mathrm{d}z^2}+(\lambda-a^2z^2)m=0,\tag{4.118}$$

其中

$$\lambda=\left(\frac{\omega}{\gamma}-H+4\pi M_0+2\beta\Lambda M_0\right)/\Lambda M_0\tag{4.119}$$

$$\alpha^2=4\pi\beta/\Lambda.$$

这是一个变系数的二阶微分方程．不难看出，它同量子力学中谐振子的薛定谔方程是一样的．当 $z=\pm\infty$ 时，解 m 为有限的条件下，有

$$m(z)=N_n\mathrm{e}^{-\alpha z^2/2}H_n(\sqrt{\alpha}z),\tag{4.120}$$

其中，$H_n(\xi)$为厄米多项式，它可以表示为

$$H_n(\xi)=(-1)^n\mathrm{e}^{\xi^2}\frac{\mathrm{d}^n}{\mathrm{d}\xi^n}(\mathrm{e}^{-\xi^2}),$$

N_n 为归一化系数

$$N_n=(\sqrt{\pi}2^n n!)^{-\frac{1}{2}}.$$

λ 所满足的量子化条件为

$$\lambda=(2n+1)\alpha,\quad n=0,1,2,\cdots. \tag{4.121}$$

图 4.13 示出了前几个模的 $m(z)$ 曲线．正如前面所讨论的，由于体内存在非均匀性，$\boldsymbol{k}$ 不再为好量子数，波长随位置改变．代替波矢 $\boldsymbol{k}$ 的是另一个量子数 λ(或 n)，它表征体系“自旋波”的状态．

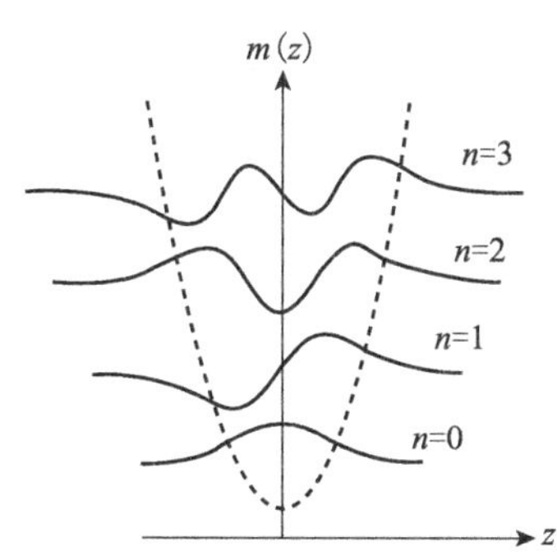

图 4.13　对于抛物线型体不均匀模型下，自旋波的共振激发

由式(4.119) 经过整理，也可以写出在对称抛物线型体不均匀薄膜体系中，沿法向磁化时的铁磁体自旋波色散关系

$$\mathscr{E}=\hbar\omega=\hbar\gamma[H-4\pi M_0-2\Lambda\beta M_0+\Lambda M_0\lambda].$$

若 $\Lambda\beta\ll 2\pi$，则

$$\mathscr{E}\approx\hbar\gamma[H-4\pi M_0+\Lambda M_0\alpha+2n\Lambda M_0], \tag{4.122}$$

在这里，ω 与 λ(或 n) 呈现线性关系，并且 n 只能取正整数，表示为分离谱．

如果体不均匀仅是在一个小的范围 $(-L,\ L)$ 里，那么当 $\lambda\gg\alpha^2L^2$ 时，方程 (4.118)可以简化为

$$\frac{\mathrm{d}^2m}{\mathrm{d}z^2}+\lambda m=0. \tag{4.123}$$

这时，方程的解近似为正弦形式的平面波．这种情况同在有限势阱中电子的运动是很类似的．低能态的电子处于束缚态中，呈现分离谱，而高能态的电子则处于自由态，随着电子能量的增高，势阱的影响也愈小．

对于实际的晶体，体非均匀性往往并不是对称的．在这样的体系中，往往可以近似地表述为两条不同的半抛物线型分布[15]

$$\left.\begin{aligned}M_1(z)&=M_0(1-\beta_1z^2),z\leqslant 0\\M_2(z)&=M_0(1-\beta_2z^2),z\geqslant 0\end{aligned}\right\} \tag{4.124}$$

其中，z 轴原点取在等效磁化强度的极值处，β_1 和 β_2 分别是描述两侧体不均匀性的特征参数．

类似前面的讨论，可以将问题归结为求解方程

$$\left.\begin{aligned}\frac{\mathrm{d}^2 m}{\mathrm{d}z^2}+(\lambda-\alpha_1 z^2)m=0,\\\frac{\mathrm{d}^2 m}{\mathrm{d}z^2}+(\lambda-\alpha_2 z^2)m=0,\end{aligned}\right\}\tag{4.125}$$

其中参数的函数形式同前.

在 $z=\pm\infty$ 时解为有限的这种条件下，再加上在 $z=0$ 点解应当满足的联结条件

$$m_1\big|_{z=0}=m_2\big|_{z=0},$$

$$\left.\frac{\mathrm{d}m_1}{\mathrm{d}z}\right|_{z=0}=\left.\frac{\mathrm{d}m_2}{\mathrm{d}z}\right|_{z=0},$$

然后再采用 W. K. B. 方法[16]就可以得到下述形式的解：

$$\left.\begin{aligned}
m_{\mathrm{I}}(z)=&\frac{A_m}{2\sqrt[4]{\alpha_1^2 z^2-\lambda}}\exp\Big[\frac{z}{2}\sqrt{\alpha_1^2 z^2-\lambda}\\
&+\frac{\lambda}{2\alpha_1}\ln\frac{\alpha_1 z-\sqrt{\alpha_1^2 z^2-\lambda}}{-\sqrt{\lambda}}\Big],\\
&\left(z<-\frac{\sqrt{\lambda}}{\alpha_1}\right)\\
m_{\mathrm{II}}(z)=&\frac{A_m}{\sqrt[4]{\lambda-\alpha_1^2 z^2}}\cos\Big[\frac{\pi}{4}\left(\frac{\lambda}{\alpha_1}-1\right)\\
&+\frac{z}{2}\sqrt{\lambda-\alpha_1^2 z^2}+\frac{\lambda}{2\alpha_1}\arcsin\frac{\alpha_1 z}{\sqrt{\lambda}}\Big],\\
&\left(-\frac{\sqrt{\lambda}}{\alpha_1}<z\leqslant 0\right)\\
m_{\mathrm{III}}(z)=&\frac{B_m}{\sqrt[4]{\lambda-\alpha_2^2 z^2}}\cos\Big[\frac{\pi}{4}\left(\frac{\lambda}{\alpha_2}-1\right)\\
&-\frac{z}{2}\sqrt{\lambda-\alpha_2^2 z^2}-\frac{\lambda}{2\alpha_2}\arcsin\frac{\alpha_2 z}{\sqrt{\lambda}}\Big],\\
&\left(0\leqslant z<\frac{\sqrt{\lambda}}{\alpha_2}\right)\\
m_{\mathrm{IV}}(z)=&\frac{B_m}{2\sqrt[4]{\alpha_2^2 z^2-\lambda}}\exp\Big[\frac{z}{2}\sqrt{\alpha_2^2 z^2-\lambda}\\
&+\frac{\lambda}{2\alpha_2}\ln\frac{\alpha_2 z+\sqrt{\alpha_2^2 z^2-\lambda}}{\sqrt{\lambda}}\Big].\\
&\left(z>\frac{\sqrt{\lambda}}{\alpha_2}\right)
\end{aligned}\right\}\tag{4.126}$$

由联结条件，不难得到

$$\frac{A_m}{B_m}=\frac{\cos\left[n\pi-\frac{\pi}{4}\left(\frac{\lambda}{\alpha_1}-1\right)\right]}{\cos\left[\frac{\pi}{4}\left(\frac{\lambda}{\alpha_1}-1\right)\right]}=\begin{cases}1, & n\text{ 为偶数}\\ -1, & n\text{ 为奇数}\end{cases}\tag{4.127}$$

和本征解

$$\lambda=2(2n+1)\frac{\alpha_1\alpha_2}{\alpha_1+\alpha_2},\quad n=0,1,2,\cdots.\tag{4.128}$$

经过整理，得到薄膜样品中磁场垂直膜面时自旋波的色散关系

$$\mathscr{E}\approx\hbar\gamma\left[H-4\pi M_0+8\left(n+\frac{1}{2}\right)\sqrt{\pi\Lambda}\frac{\sqrt{\beta_1\beta_2}}{\sqrt{\beta_1}+\sqrt{\beta_2}}M_0\right].\tag{4.129}$$

导致体非均匀的原因是各种各样的，非均匀的形式也各不相同．一般说来，最多的情况是呈现指数形式的变化．这种变化可以近似用上述的抛物线型变化来描述．

表面非均匀改变表面钉扎条件，因此主要影响到量子数的取值．在一定的条件下，除体自旋波外还可能激发出表面自旋波．这些问题可参阅有关的专著，如文献[17]等．

4.9　自旋波的实验研究

自旋波理论不仅在解释铁磁体低温下宏观热力学性质方面取得了很大的成功，还给出了材料与磁性有关的微观信息．因此，采用实验方法观察和研究自旋波已成为人们感兴趣的问题．

4.9.1　用共振方法研究自旋波

1958 年基特尔就预言[18]，只要满足一定的钉扎条件，在均匀交变磁场中就能观察到磁性薄膜自旋波激发．同年，西威（Seavey）和坦尼瓦尔德（Tannenwald）首先在玻莫合金薄膜上观察到了多重自旋波共振峰[19]．

我们已经知道，在磁场 H 中的均匀铁磁体长波限下，存在色散关系（式(4.55)）

$$\mathscr{E}_k=\hbar\omega=g\mu_BH+2zAS(1-\gamma_k)\approx g\mu_BH+Dk^2,$$

对于立方晶格，$D=2ASa^2$．

自旋波的频率 ω 也就是每个自旋绕微观场 $\boldsymbol{H}$ 进动的频率．如果在垂直微观场 $\boldsymbol{H}$ 的方向上加进一个交变场，当这个交变场的频率同自旋进动频率相同时，将发生共振吸收．从量子力学观点来看，这意味着提供了恰能产生能级共振跃迁

的光子．因此，对于这样一个简单的体系，共振的条件是

$$\omega=\frac{1}{\hbar}(g\mu_{\mathrm{B}}H+Dk^{2})=\gamma(H+D'k^{2}),$$

其中，$D'=D/\hbar\gamma=2ASa^{2}/g\mu_{\mathrm{B}}$，在 4.7 节中，我们曾把它称为自旋波劲度系数．在实验中，为了保证整个样品在垂直交变场方向得到磁化，需要外加一个较强的外磁场，对于铁磁体样品，有效场 H 的大小一般相当于 10^{4} Oe.

对于确定的体系，k 的取值不能是任意的．共振只能发生在 k 可以取值的那些情况下．可以类比一下一维弦的振动，如果弦的两端是固定的，弦振动的条件就是弦长等于半波长的整数倍．同样，对于两端自旋全钉扎的一维自旋体系，当共振时应当满足

$$k=\frac{n\pi}{L},\quad n=1,\ 2,\ 3,\ \cdots$$

其中，L 为薄膜的厚度．

一个均匀的磁性薄膜，当外磁场加在垂直膜面方向上时，自旋受到的有效场显然应当包括外磁场 H_{e} 和退磁场 $H_{\mathrm{d}}=-4\pi M$. 在垂直膜面法线的平面内，各处情况可以看作是相同的，这样一个体系可以当作一维问题来处理．

综合上述情况，共振条件可以改写为

$$H_{\mathrm{e}}=\frac{\omega}{\gamma}+4\pi M-D'\frac{\pi^{2}}{L^{2}}n^{2},\tag{4.130}$$

之所以写成这种形式，是因为在实际测量中，总是保持频率 ω 不变而改变外磁场 H_{e}. 此式表明，$k=0$ 的一致进动模相应于最大的磁场值 $H_{0}=\frac{\omega}{\gamma}+4\pi M$（在两边全钉扎的情况下，$n=0$ 的模式实际上是不出现的）．随着模次的增加，共振场 H_{n} 与 H_{0} 之差呈现平方律的关系

$$H_{0}-H_{n}=\frac{\pi^{2}}{L^{2}}D'n^{2},\tag{4.131}$$

这样的自旋波共振谱称为平方律共振谱．

可以证明，在均匀交变场中，共振吸收峰的强度有如下关系：

$$I_{n}=\left|\int_{0}^{L}m(z)\mathrm{d}z\right|^{2},\tag{4.132}$$

其中，$m(z)$为沿膜法线方向变化的横向磁化交变分量．从图 4.14 中可看出，在两侧全钉扎的情况下，$m(z)$在偶次模呈现奇对称，上述积分值为零，因此偶次模是不出现的．进一步计算还表明，在平方律共振谱中，峰的强度大致按 $1/n^{2}$ 规律衰减．

如果交变场沿厚度方向上是不均匀的，或者薄膜两侧钉扎情况改变，则也可以激发偶次模．在一定的边界条件下还可能出现一致进动模和表面模．普热卡尔斯基（Puszkarski）[17]用表面各向异性来描述表面的钉扎行为，对各种表面钉扎

情况作了综合性的理论探讨.

应当提出的是，对于大多数磁性材料，共振的线宽通常在 $10^0 \sim 10^2$ Oe，即 $0 \sim 10^2$ meV · Å. 因此，为了能够分开每个共振吸收峰，薄膜的厚度不能太大，一般取 $\sim 10^3$ Å.

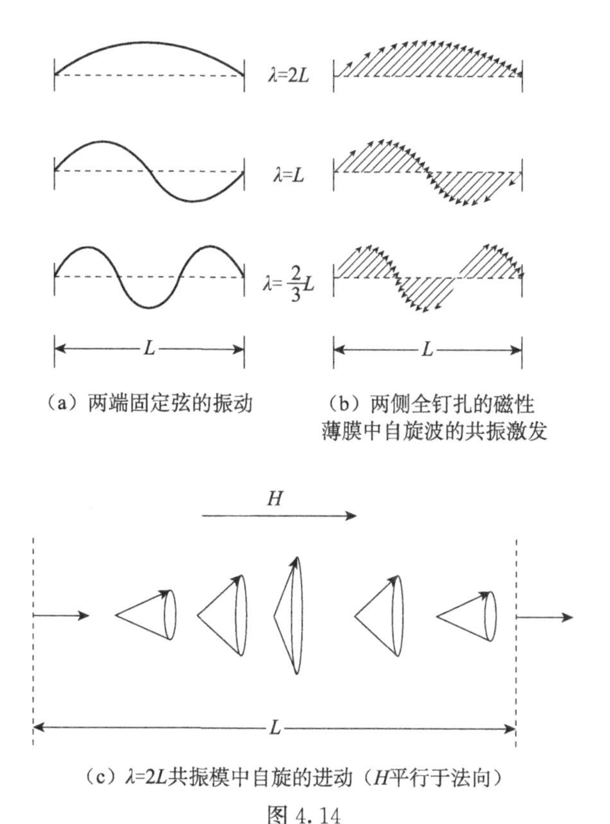

(a) 两端固定弦的振动　(b) 两侧全钉扎的磁性薄膜中自旋波的共振激发

(c) λ=2L共振模中自旋的进动（H平行于法向）

图 4.14

对于平方律自旋波共振谱，由共振峰的间距可以很方便地求出自旋波劲度系数 D'，因此提供了测量交换常数 A 的有效方法.

用于测量的磁性薄膜，通常是在某种基片上通过真空溅射或蒸镀的方法制备的. 由于两种材料晶格的差异、温度系数的不同，或者由于原(离)子的相互扩散，在薄膜中可能产生沿厚度方向的结构、应力或成分的不均匀. 按照韦托利亚(Vittoria) 等[20]对 YIG-GGG 界面的研究，扩散的深度可达 1000Å 以上. 因此，对这样的体系往往不能看作是均匀的.

在上一节中曾对体非均匀体系的自旋波色散谱进行了讨论. 结果表明，由于体非均匀性，共振谱偏离了平方律. 如果体不均匀性可以归结为饱和磁化强度沿薄膜法线方向呈抛物线型变化，则低次模将遵从线性律（式(4.122)和式(4.128))，即共振峰是等间距的，峰的强度大致按 $1/n$ 规律变化. 在公式中由于没有计入边界的影响，高次模表现为连续谱．如果考虑到有限边界的钉扎作用，高次模应当遵从平方律．这些结果在实验中被观察到了[21]．图 4.15 提供了一个实测的例子．

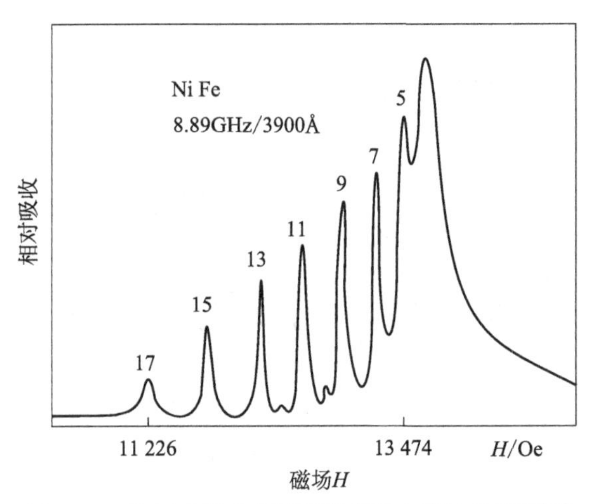

图 4.15　稳恒磁场垂直膜面测得的自旋波共振谱[21]

前面的讨论还表明，如果体系的表面钉扎或体非均匀是对称的（或者是反对称的），那么将可能有一半的共振模被遏止，否则偶奇次模通常可以同时被激发，它们的相对强度取决于体系的对称性．在上一节中的体非均匀模型下，由于对称性较高，偶、奇次模相对强度之差比较大．可以设想，如果体非均匀的极值在薄膜的一个边界上，那么低次共振模不仅受到体非均匀影响，还与极值所在边界的钉扎状况有关，在这种情况下对称性要低得多，因此相应的偶、奇次模相对强度也比较接近[22]．

此外，在磁共振理论中我们将会看到，共振峰的线宽还反映了相应自旋波的弛豫过程．这是因为微观粒子遵从测不准关系，粒子（包括准粒子）在某一能级的寿命是同能量的不确定程度有关的，而能量的不确定则表现为共振峰的加宽．

由此可见，通过对自旋波共振谱谱型的研究，不仅可以得到材料的许多微观内禀磁性参量，而且还可以获得有关样品表面和体非均匀性的信息．图 4.16 示出了共振法测自旋波谱的简单实验装置原理图．样品放置在反射式谐振腔的窄边壁的内侧．交变磁场波腹处，电磁铁产生的直流磁场垂直膜面，交变磁场则沿着膜面．为了突出共振信号，用直流电源 A 分压后，将直流分量扣除后送到 xy 记录仪；也可以采用锁相放大器检测，这时的调制信号由音频信号源提供．核磁共振仪用来测量直流磁场的大小．根据不同的需要可采用示波器或 xy 记录仪来测量和记录共振的曲线．

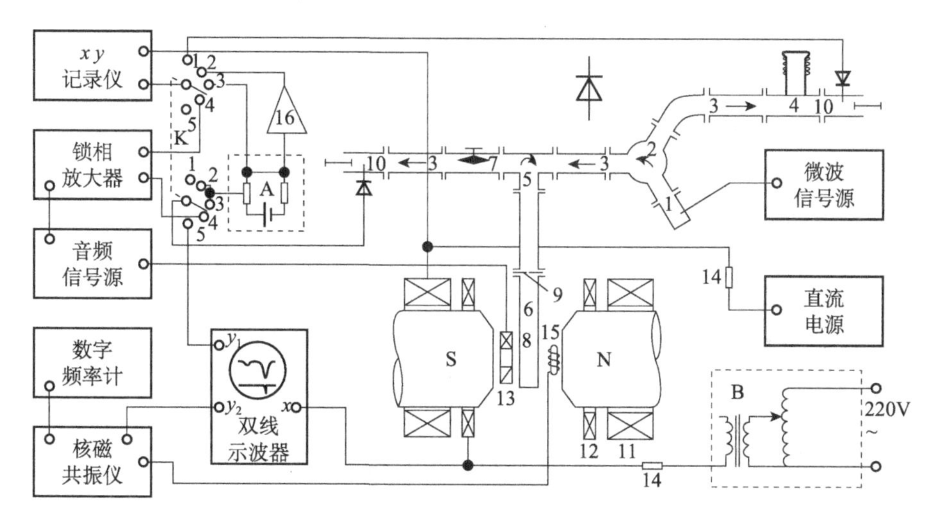

图 4.16　共振法测量自旋波实验装置原理图

1. 波导同轴转换；2. 波导换向开关；3. 隔离器；4. 谐振式波长计；5. 环行器；
6. 反射式谐振腔；7. 衰减器；8. 样品；9. 耦合膜；10. 晶体检波器；11. 主磁场绕组；
12. 工频调制绕组；13. 音频调制绕组；14. 取样电阻；15. 核磁共振探头；16. 放大器直流

4.9.2　散射方法测量自旋波

自旋波又称为磁波子，是磁性体中的一种准粒子，它具有能量 $\hbar\omega$ 和准动量 $\hbar\boldsymbol{k}$. 当一束光射入磁性体时，可以同自旋波发生能量和动量的交换，并产生非弹性散射．

最简单的过程是，一个光子经过散射后只产生或吸收一个磁波子(图 4.17). 这种一级散射过程遵循的能量和动量守恒为

$$\Omega_1-\Omega_2=\pm\omega, \tag{4.133}$$

$$\boldsymbol{K}_1-\boldsymbol{K}_2=\boldsymbol{G}\pm\boldsymbol{k}, \tag{4.134}$$

其中，Ω_1 和 Ω_2 分别为散射前后光子的频率；$\boldsymbol{K}_1$ 和 $\boldsymbol{K}_2$ 分别为散射前后光子的波矢；ω 和 $\boldsymbol{k}$ 分别为磁波子的频率和波矢．正号相应于产生一个磁波子，负号相应于吸收一个磁波子．

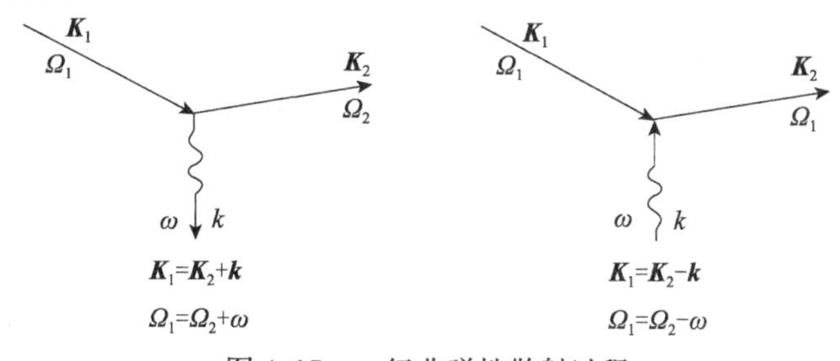

图 4.17　一级非弹性散射过程

$\boldsymbol{G}$为晶格的倒易格子矢量．由于晶体的平移对称性，波矢$\boldsymbol{k}$与（$\boldsymbol{k}+\boldsymbol{G}$）在物理上是等价的．

由式(4.133)和式(4.134)，只要测定散射前后光子的频率和波矢，就可以很方便地得到磁波子的色散关系．由于在空气中波矢和频率是正比的，因此问题最后归结为测量散射前后光束的频率和方向．

在可见光范围中，光量子的能量大约为$10^4\mathrm{cm}^{-1}$（即1eV）．固体中光频支自旋波的能量量子比较高（$10\sim10^3\mathrm{cm}^{-1}$），因此，可用拉曼（Raman）散射谱仪来测定散射的频移．对于声频支自旋波，由于能量量子十分小（$10^{-2}\sim10^0\mathrm{cm}^{-1}$），光散射后的相对频移只有$10^{-4}\sim10^{-6}$，需要采用布里渊（Brillouin）散射谱仪．前者多用光栅进行分光，后者则多采用法布里-珀罗（Fabry-Perot）干涉仪进行分光．图4.18示出了布里渊散射谱仪的原理图．

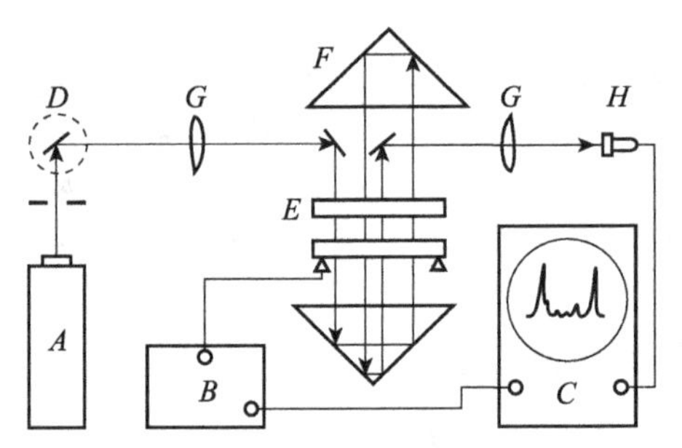

图4.18 布里渊散射谱仪的原理图

A. 激光器；*B*. 扫描电源；*C*. 示波器；*D*. 样品；*E*. 法布里-珀罗干涉仪；*F*. 立方角棱镜；*G*. 会聚透镜；*H*. 光探测器

激光产生的单色光射入样品后，散射光经过透镜变成平行光送入干涉仪．与要观察的散射光相比，由于各种原因产生的与入射光频率相同的散射光总是要强得多，它们形成了一系列很强的干涉条纹．非弹性散射的散射光，由于频率发生了变化，其干涉条纹出现在弹性散射干涉谱的背景上．原则上，可以很容易地测出相应的频率变化来．改变样品的方位，就可以得到在不同$\boldsymbol{k}$下的散射光频率变化，从而求出磁波子的色散关系．

在进行实际测量时，非弹性散射的光是非常弱的．特别是对于不透明材料，光注入样品的深度十分浅，因此信号也格外小．为此需要采用高分辨率的干涉仪．1970年山德尔柯克（Sandercock）[23]将法布里-珀罗干涉仪改为多通，使散射光经立方角棱镜的反射多次通过干涉仪，大大提高了衍射峰的锐度．为了保持体系的稳定性，他还采用了可调镜片间距和平行度的反馈系统．这就为非透明材料的研究提供了可能．图4.19为张鹏翔等在非晶$\mathrm{Fe_{80}B_{20}}$薄膜上观测得到的散射谱[24]．

为了获得光强随频率的变化，可以把干涉图案拍成照片．更好的办法是将光

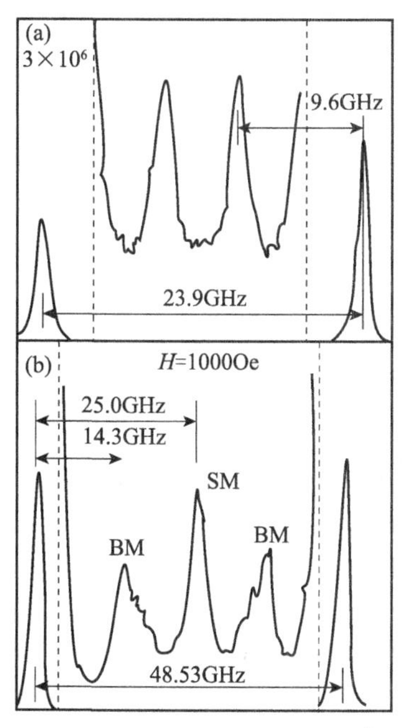

图 4.19　非晶 $Fe_{80}B_{20}$ 的散射谱（5145Å，60mW）

（a）入射与散射偏振相同（声子谱）；（b）入射与散射偏振垂直（磁波子谱）；BM 为体磁波子，SM 为表面磁波子

强随频率的变化改变为光强随时间的变化，然后通过光电倍增管再变为电的信号．可以用多种调制方法达到这一目的．例如，将干涉仪放入密闭的容器中，用改变气压的方法改变干涉仪中介质的折射率；也可以在干涉仪上安装一个转轴，使其周期性地改变角度．在图 4.18 示出的装置中，则采用压电扫描，即改变粘在镜片上的压电晶体的电压，使镜片的间距发生变化．后一种方法扫描迅速，易于控制，因此应用最广．

晶体中还可能存在其他准粒子．光子也会同这些准粒子发生非弹性散射．特别是声子，它的能量谱同磁波子有着相同的数量级，因此必须将它们区分开来．在理论上已得出，自旋波引起的散射会引起光的偏振面旋转 90°，声子则不然，这可以作为区分两者的一条判据．在图 4.19 中，谱（a）是散射偏振与入射偏振相同时得到的，因此给出了声子谱；谱（b）是散射偏振与入射偏振垂直时得到的，因此给出了磁波子谱．区分它们的另一条判据是，磁波子色散谱会随磁场的不同而改变，声子色散谱则与磁场无关．

在图 4.19（b）中还观察到了磁波子表面模（SM）．按照达曼（Daman）等的理论[25]，表面自旋波的传播是不可逆的，传播方向、样品表面的法向和外磁场方向服从右手螺旋定则．当磁场反向时，表面自旋波的传播方向也相反，所以磁波子表面模也是很容易鉴别的．

通过对散射谱强度、线型和散射光偏振态改变的测量，不仅可以提供有关物质微观参数的信息，而且有助于研究光子和元激发、元激发相互之间的相互作用.

更为常用的方法是中子散射的方法[26]. 中子具有自旋，也可以同磁波子相互作用而发生非弹性散射. 由于中子比光子大得多，因此能量守恒常用下式表述：

$$\frac{\hbar^2 K_1^2}{2m}-\frac{\hbar^2 K_2^2}{2m}=\pm\omega.$$

用完全类似的方法可以测得自旋波的色散关系. 图 4.20 示出了一种测量中子非弹性散射的装置原理图. 它有三个可转动的轴，故称为三轴谱仪. 第一个可转动的是单色器，实际上就是一块经过选择的晶体，通过晶体上的弹性散射，在样品的方向上得到所需要的具有一定能量的中子束. 它的作用相当于光栅，改变其方位，可以改变射向样品中子束的能量；另一个转轴安装在样品台上. 对样品而言，转动样品等价于改变波矢 $\boldsymbol{k}$ 的方向；分析器与单色器一样，也是一个可转动的晶体“光栅”，探测器中测得中子的能量随分析器的角度不同而改变. 这样，就可以方便地测定非弹性散射后中子能量随方向的改变了. 图 4.21 给出了用中子散射方法测得的反铁磁材料 MnF_2 在 4.2K 下的自旋波色散关系.

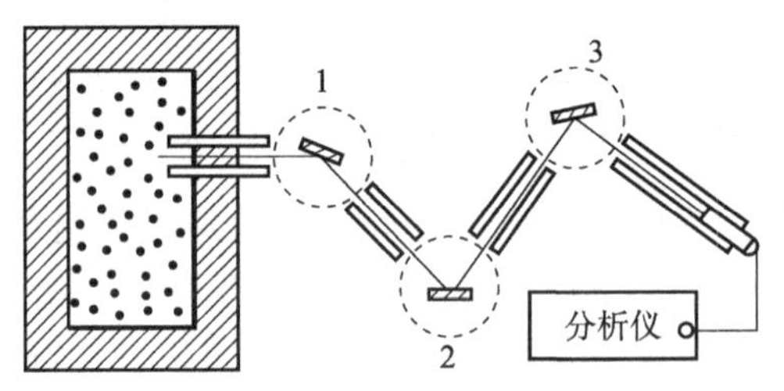

图 4.20 用于测量中子非弹性散射的三轴谱仪

1. 单色器；2. 样品；3. 分析器

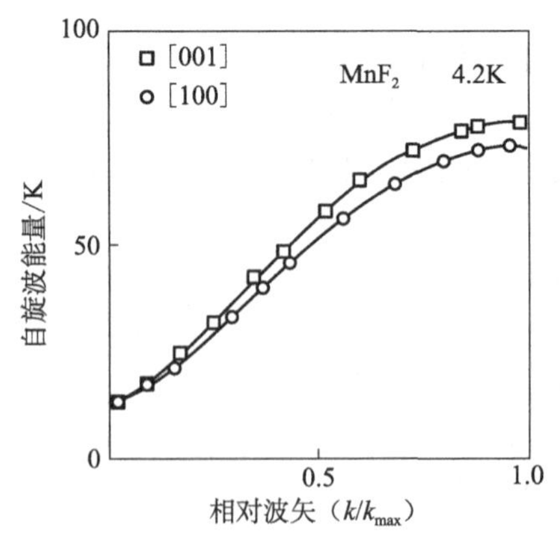

图 4.21 中子衍射测得的自旋波色散关系[6]

伴随着磁波子（自旋波）的散射，常常还有磁振散射，这是指自旋随同原（离）子作晶格振动时所产生的附加磁散射．这是一种非弹性散射，并与磁波子散射有相同的数量级．在不同方向施加磁场时，利用两者具有不同的效应，可以很容易地区分它们．

中子散射对样品要求不高，中子穿透能力又很强，并具有很高的灵敏度，能在较宽的范围内测出 $\hbar\omega$ 和 $\boldsymbol{k}$ 的关系，因此是目前应用最为广泛的一种方法．

近年来用中子非弹性散射方法，测量了过渡金属 Fe，Ni 在温度较高（$T \gtrsim T_c$）时的自旋波激发，得到了一些令人感兴趣的结果[27]．图 4.22 示出 Ni 在不同温度下的自旋波谱[28]．较早的时候，人们发现自旋波的强度随着中子束能量增加（在 100meV 左右）而下降，并有截止现象（如图 4.23 所示），它与能量无关[29]．这种突然下降是由于自旋波激发和斯托纳激发连续带交叉引起的．图 4.24示出了这种交叉情况示意图，其中 Δ 为自旋劈裂（详见第 5 章）．Ni 的实验也表现出与上述类似的结果（见图 4.25）[30]．

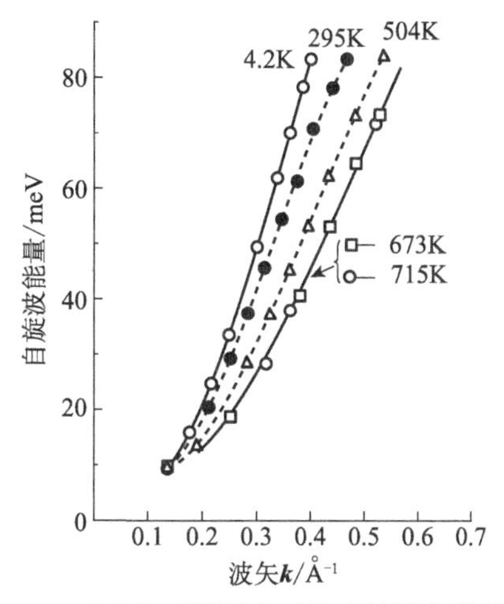

图 4.22　Ni 在不同温度下的自旋波色散关系

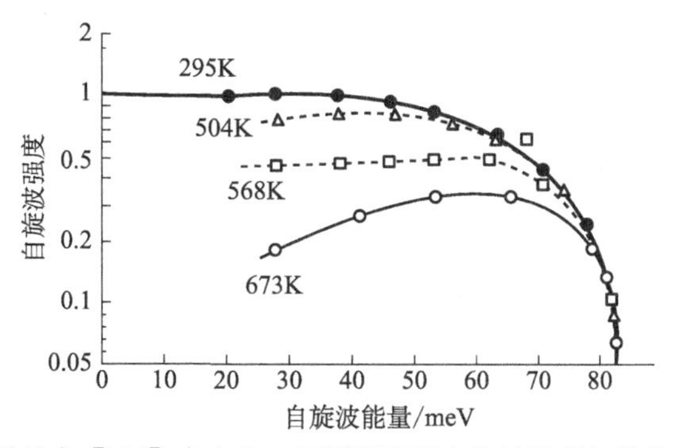

图 4.23　Ni 样品中［111］方向上，不同温度下自旋波强度与其能量的关系曲线

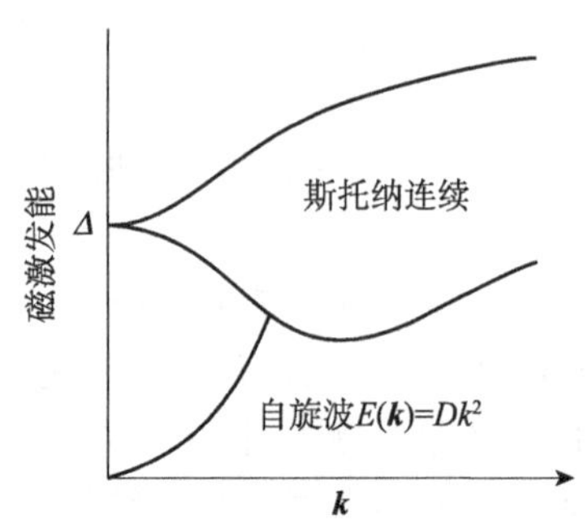

图 4.24 斯托纳激发连续带和自旋波激发交叉情况示意关系

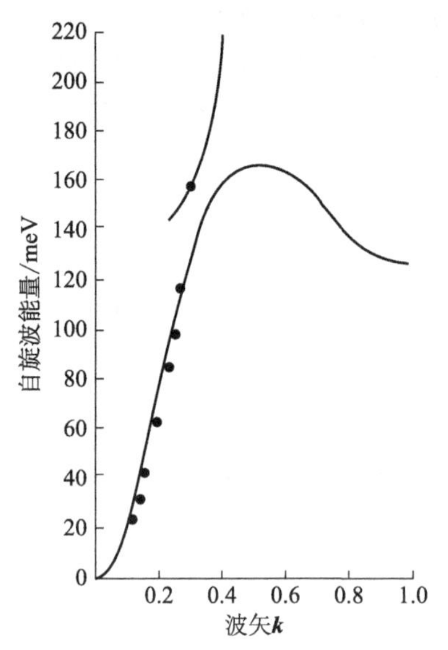

图 4.25 金属 Ni 自旋波色散曲线，$\boldsymbol{k}$ 沿［100］方向

用中子非弹性散射、自旋波共振和测量磁化强度随温度的变化关系，以及布里渊散射等方法对自旋波激法进行研究是各有其特点的．相比起来，中子散射在目前占有重要的地位．因为从低温到高温，波矢由大到小都能进行测量，而且灵敏度和精度也比较高；但设备比较复杂，要有中子源，不能广泛使用．磁测量方法比较简单可行，对样品也无专门要求，但只能测得自旋波的劲度系数 D，而且是平均值．自旋波共振方法只能测长波色散关系，总之要测得不同温度的 D，以便求出它与温度的关系

$$D=D_0(1-cT^{\alpha}),$$

在 100K 和 300K 范围 $3/2\leqslant\alpha\leqslant2$，目前常用中子散射，也可用自旋波共振方法．从理论上可以求出 D 以及 α，海森伯模型给出 $\alpha=\dfrac{3}{2}$，巡游电子模型给出 $\alpha=2$．另外，从中子散射方法得到的 D 比用自旋波共振和磁测量方法得到的 D 值大一

些，可能原因是后者所测得的是长波激发．总之，研究自旋波谱和 D 与温度之间的关系，对了解自旋波激发是有很大意义的，对理论研究、检验理论模型的正确性均有很大意义．

4.10 非晶态合金的自旋波

4.10.1 非晶态金属合金的低温磁性

虽然非晶态金属合金不具备晶体的平移对称性，但因存在短程序，而仍然可能具有自发磁化，特别是过渡金属非晶合金表现出很高的软磁性能．其低温磁性仍满足 Bloch $T^{3/2}$定律，因而可用自旋波激发来说明这类合金的低温磁性．由于非晶体中原子排列只存在短程序，在磁体内激发的自旋波的特性与晶态合金的有哪些异同是人们感兴趣的问题．图 4.26 示出了三个铁基非晶态合金的低温饱和磁化强度 $M_s(T)$ 与温度的变化的关系，可以看出较好地符合 $T^{3/2}$定律，形式上并无不同．如根据 Bloch $T^{3/2}$定律的数学表示式(4.37)和(4.38)，其中 B 为 Bloch 常数．从式(4.35)可以得到劲度系数 D 与 B 的关系，在式(4.35)中 a 为晶格常数，而 f 为系数，对面心立方和体心立方晶体 $f=1/4$ 和 $1/2$. 总之，在实验测量出 B 以后可以计算出 D 值的大小．另外，也可以从自旋波共振和中子衍射直接测量出 D 的数值．如成分基本相同的合金，分别测量它们处在晶态和非晶态时的 B 或 D 值，可以发现它们有明显的差别．

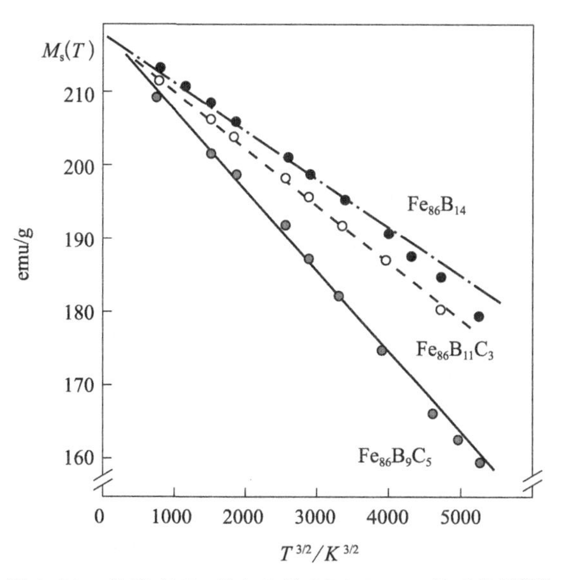

图 4.26 非晶态 Fe 基合金的 $M_s(T)$- T_c 关系曲线[31]

4.10.2 非晶态金属合金的自旋波色散关系

表 4.1 给出了几种晶态合金与非晶态合金的劲度系数 D 和 Bloch 常数 B 的实验值. 可以看出前者的 B 值较小和 D 值较大，这说明晶态条件下激发起自旋波的能量要高一些，也就是自发磁化强度随温度升高而降低得较非晶态合金要慢一些.

表 4.1 晶态和非晶态金属的 B 和 D 实验值

金属或合金		$B/(10^{-6}\text{K}^{-3/2})$	$D/\text{meV}\cdot\text{Å}^2$	参考文献
$Co_{75}B_{10}Si_{15}$	(晶)	12.7	235±5	[32]
$C_{75}B_{10}Si_{5}$	(非)	16.9	198±4	[32]
$Fe_{63}B_{17}$	(晶)	5	200±30	[33]
$Fe_{83}B_{17}$	(非)	—	71±7	[33]
Fe	(晶)	3.4	385	[34]
Co	(晶)	7.5	397	[32]
Ni	(晶)	1.7	510	[34]
$Fe_{80}B_{20}$	(非)	22	103	[35]
$La_{33.6}Fe_{76.4}$	(非)	67.0	58	[35]
$Fe_{40}Ni_{40}P_{14}B_{6}$	(非)	38	104	[36]
$Fe_{80}P_{13}C_{7}$	(非)	21.9	98	[37]
$Fe_{80}P_{13}C_{7}$	(bcc)	14.7	113	[37]

4.10.3 晶态和非晶态铁磁体中自旋波劲度系数实验结果的比较

由于非晶态合金中原子的空间排列不具备平移周期性，用中子衍射来观测自旋波时，得到的能量与波长有密切关系：

$$E=D_a k^2+O(k^4)+\cdots, \tag{4.135}$$

其中，D_a为只有短程序的非晶态磁体的自旋波劲度系数，与晶态的劲度系数的关系简单地表示为 $D_a=D(1-\delta)$，δ 称为偏离系数，其具体的意义见式 (3.83). 由于能量较高的自旋波，和局域性的自旋波的波长较短，对中子的散射图形呈现弥散状态，无法测量. 这些自旋波对磁性随温度的变化也包含在 $T^{3/2}$ 定律之中，因而使 B 增大（或是 D_s降低）.

对非晶态合金的自旋波激发的进一步研究发现，用不同方法测出的合金的劲度系数 D 的数值可分为两类，一类是基本一致，另一类却差别较大，具体见表 4.2. 其中 D_m是由磁测量得到 B 值换算得到的劲度系数，D_s表示的是中子衍射或自旋波散共振实验测出的劲度系数.

表 4.2　用磁测量和中子、自旋波散射方法测得的 D_m 和 D_s 值

合金或化合物	T_c/K	D_s/(meV·Å^2)	D_m/(meV·Å^2)	D_s/D_m	是否
$(Fe_{65}Ni_{35})_{75}P_{16}B_6Al_3$	576±6	114±10	115±10	1.0±0.1	否
$(Fe_{50}Ni_{50})_{75}P_{16}B_6Al_3$	482±6	91±3	94±10	1.0±0.16	否
$(Fe_{30}Ni_{70})_{75}P_{16}B_6Al_3$	258±3	36±2	61±10	0.59±0.2	
$Fe_{80}B_{20}$	647	170±25	92±7	1.8±0.3	是
$Fe_{86}B_{14}$	570	118±6	86.5±1.5	1.70±0.15	是
Co_4P	620	185	116	1.60	
		135±5		1.17±0.05	否
$Fe_{75}P_{15}C_{10}$	597	135	116	1.29	
		125±25		1.04±0.2	
$Fe_{75}P_{16}B_6Al_3$	630±12	134±5	117±10	1.14±0.15	
$Fe_{70}Cr_{10}P_{13}C_7$	360	60±2	54±2	1.10±0.1	否
$(Fe_{93}Mo_7)_{80}B_{10}P_{10}$	450	85	67	1.27	是
$Fe_{65}Ni_{35}$(晶)	500±3	142±5	59	2.4±0.1	是
Fe_3Pt(晶)	435±2	78±5	60	1.3±0.1	是

从表 4.2 中的结果可以看到，一些样品的实验结果给出 $D_m<D_s$，有的是 $D_m\approx D_s$. 产生这两种结果的原因众说纷纭. 从 D_m和 D_s的实际测量条件来看，D_s是在低温某个固定温度下，对波长较长的自旋波散射的测量的结果，因对于只有近程序的非晶合金来说，中子衍射技术只能给出小角衍射（即长波散射）的结果. 而 D_m是在一定的温度范围内各种自旋波的统计平均结果，D_m与 D_s不相等是很自然的. 对非晶态合金来说，Montgonery[38] 和 Foo[39] 等从理论上讨论了由于局域自旋涨落，波长较长的自旋波比较容易激发，从而说明得到的 B 值较晶态的情况要大（即 D 值较小）. 但是，为什么有的差别不大，有的差别较大并未说明.

Ishikawa 等认为，凡 D_m和 D_s的数值有较大差别的非晶合金均具有较强的因瓦（Invar）效应，反之不具备此效应. 这种说法是认为晶态和非晶态合金中 D 和 B 的差别原因基本相同. 但没有进一步说明“因瓦”效应产生 D_m和 D_s差别较大的实质. 因瓦效应是 Fe-Ni 合金中一个很重要而又较为特殊的效应，产生的原因与合金的结构转变密切相关. 但在非晶态合金中不存在结构转变，虽然理论上进行了不少讨论，但尚未能形成一致的看法，另外也有一些不同的看法，详细讨论可参看文献［41］.

根据 Heisenberg 局域电子模型可以给出磁性合金的 D 值与居里温度的关系

$$D=\frac{k_Ba^2}{2(S+1)}-T_c.$$

非晶态金属合金的居里温度随合金成分的改变而发生变化，这和晶态合金的情况是一致的，因而自旋波的劲度系数 D 将随成分的变化而改变. 考虑到非晶态磁性合金中总是存在 20%左右的半金属元素，D 与 T_c的关系变得多样化.

图 4.27 是 Luborsky 等[41]总结的不同非晶态合金的 D 与 T_c 关系的实验结果．可以看出有三种情况：一是直线通过原点的 Co-X 合金，另两种情况是直线不通过原点，并分成两组合金系列，即 Fe-B、Fe-B-X 系列和 Fe-Ni-B-P 系列．这三个系列合金中的 X 代表类金属．Co-X 非晶态合金系列的情况与晶态合金相同，而后两个系列合金的 $D=0$，分别对应的 T_c 值约为 380℃或 200℃．与晶态合金的结果不一致，而这种不通过原点的现象在非晶合金系列中占大多数．

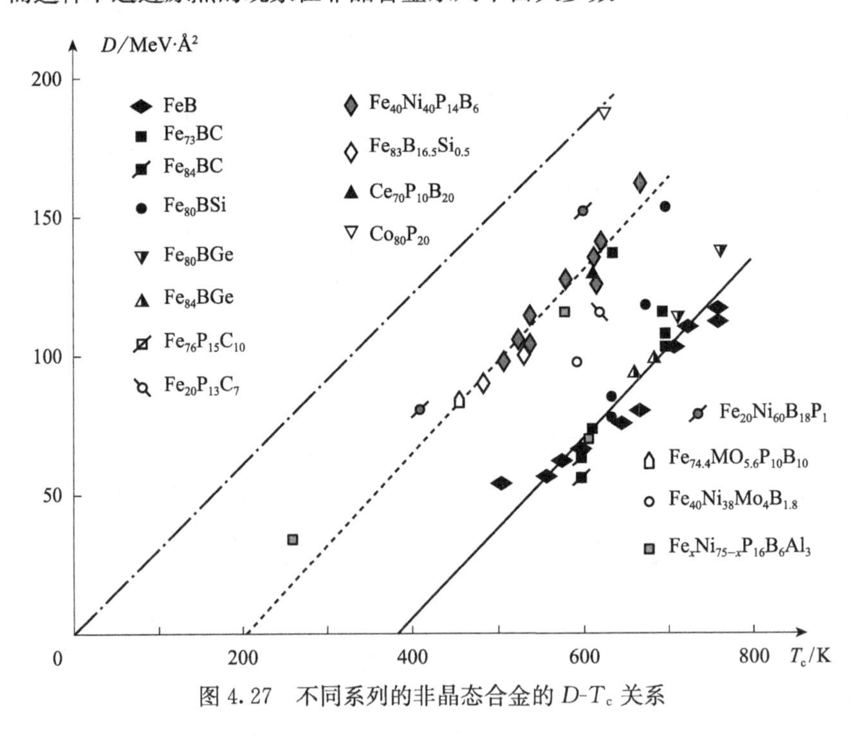

图 4.27　不同系列的非晶态合金的 D-T_c 关系

Kaneyoshi 比较详细地讨论了出现上述三种情况的原因[42]．对于简单的晶态合金系列，只有一种磁性原子 Fe 或 Co 原子磁矩，它们晶体中的分布各向同性，近似地满足线性自旋波理论，即 $E=D_a k^2$，因而 $T_c=0$ 时 $D=0$．对于非晶态合金，由于只存在短程序，某个磁性原子的磁矩与其附近的磁性原子的磁矩不一定相同，在 3.5 节已定量地用交换作用涨落和自旋磁矩（用量子数 S）涨落做了讨论．基于非晶体中只存在短程序和磁性原子数量分布的不均匀性，对于合金中只有一种磁性原子，根据文献［42］的计算，可以得到自旋波激发的能量关系

$$E=D(c)k^2, \tag{4.136}$$

其中

$$D(c)=SJa^2\phi(c), \tag{4.137}$$

a 为晶格常数，$\phi(c)$只和晶格结构有关，具体可以表示为

$$\phi(c)=c-(1-c)\psi,$$

c 为合金中磁性原子的成分，而

$$\psi=(Nza^2)^{-1}\sum_k\left[\sum_q(k\cdot q)\sin(k\cdot q)\right](1-\gamma_k)^{-1}, \tag{4.138}$$

其中，k 为自旋波波矢，q 为遍及对 z 个近邻原子间距的求和．对于简单晶格结构 $\psi=0.420$. 这个结果与晶态合金的相同，可以说明 Co-X 非晶合金的 $T_c=0$ 时 $D=0$的结果．

对于 Fe-B 非晶态合金，它的情况比较特殊．当 B 加入 Fe 之后，在 B 含量小于 15%时合金中 Fe 原子磁矩降低很少，与 Co-B 很不同，而有些与面心结构的 Fe-Ni 合金相似．因此在理论上要将它作为二元系稀释合金来考虑．这时式(4.137)中的 $\phi(c)$应改为 $\phi(p)$. 假设在合金的临界成分(或浓度)$p=4/z^*$，并认为也适用于 Fe-B 非晶合金，则有

$$\phi(p)=p-(1-p)\left(\frac{4}{z^*-4}\right)^{-1}, \tag{4.139}$$

其中，p 为原子对几率数，z^* 为最近邻原子的平均数（=3.77）．可以得到

$$D(p)=SJ_0R^2\phi(p), \tag{4.140}$$

其中，$J_0=3.75$，R 为 $p=1$ 时近邻磁性原子的平均间距，S 为每原子的自旋平均值．另外还可以计算出稀释合金的居里温度：

$$T_c=S(S+1)J_0z^*p/3k, \tag{4.141}$$

从式(4.140)与式(4.141)可以求得 D 和 T_c的关系为

$$D=\left[\frac{3kR^2}{(S+1)z^*}\right]\left(1+\frac{4}{z^*-4}\right)T_c-\left(\frac{4}{z^*-4}\right)SJ_0R^2, \tag{4.142}$$

上述结果是基于晶态稀释合金计算得出的，由于假定非晶态 Fe-B 合金类似于这一情况，这只能看成是一个定性的结果．可以看出 D 和 T_c的关系是线性的，而在 $T_c=0$ 时 $D\neq0$. 这样就解释了图 4.27 中另外两条不通过原点的直线的结果．

如果令式(4.142)中的 $T_c=T_c{}^*$，则有 $D=0$ 和

$$T_c^*=4S(S+1)J_0/3k=T_c(1)(4/z^*),$$

其中，$T_c(1)$如式(4.141)所示．

对$(Co_{1-x}Ni_x)$基非晶态合金来说，如将不同成分合金的 T_c 作为横坐标，D 值为纵坐标，得到不同合金的结果都落在同一条直线上，但是在 $T_c=0$ 时 $D\neq0$，如图 4.28 所示[43].

从图 4.28 可以看到，$x=0$ 及不存在 Ni 时，T_c 最高(≈600℃)．但随着 Ni 含量的增加，T_c 降低．到 Co 含量为零时 $T_c=0$，D 仍不为零(≈10)．这是因为 Ni 含量增加，非晶态 CoNi 系合金的磁性减弱，Ni 含量较多时合金转变为自旋玻璃态（即为非磁性体），Co 原子虽然比较少，但每个 Co 原子具有一定的磁矩，并无规则地分布在合金中，这时合金的居里温度很低或为零．当一束中子射入合金后可以产生长波自旋波散射的效果，因而观测到 $D\neq0$ 的结果．

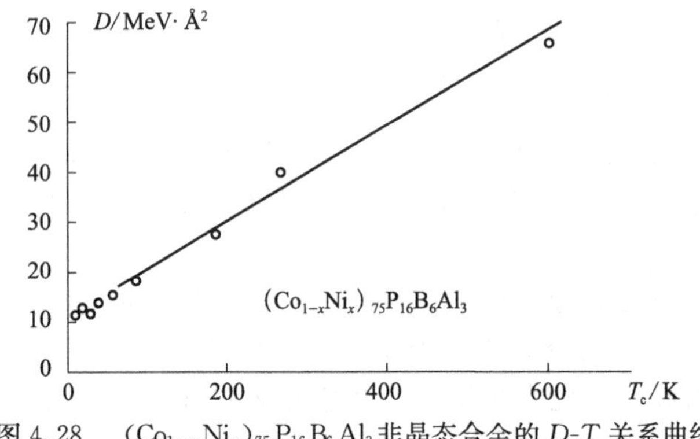

图 4.28　$(Co_{1-x}Ni_x)_{75}P_{16}B_6Al_3$ 非晶态合金的 D-T 关系曲线

习题

1. 由自旋算符的泡利矩阵表示出发，证明

$$S^+\alpha=0,\quad S^+\beta=\alpha,$$
$$S^-\alpha=\beta,\quad S^-\beta=0,$$
$$S^z\alpha=\frac{1}{2}\alpha,\quad S^z\beta=-\frac{1}{2}\beta.$$

2. 对于两个反向取向的自旋 S_i 和 S_j，它们之间的交换能为什么不能简单地表示为

$$\mathscr{H}=-2AS_i^zS_j^z.$$

3. 由自旋波色散关系

$$\varepsilon_{\boldsymbol{k}}=zA(1-\gamma_{\boldsymbol{k}})$$

出发，求证下列晶格所满足的色散关系：

(a) 简单立方

$$\varepsilon_{\boldsymbol{k}}=2A(3-\cos k_xa-\cos k_ya-\cos k_za);$$

(b) 面心立方

$$\varepsilon_{\boldsymbol{k}}=4A\left(3-\cos\frac{k_xa}{2}\cos\frac{k_ya}{2}-\cos\frac{k_ya}{2}\cos\frac{k_za}{2}-\cos\frac{k_za}{2}\cos\frac{k_xa}{2}\right);$$

(c) 体心立方

$$\varepsilon_{\boldsymbol{k}}=8A\left(1-\cos\frac{k_xa}{2}\cos\frac{k_ya}{2}\cos\frac{k_za}{2}\right);$$

其中

$$\gamma_{\boldsymbol{k}}=\frac{1}{z}\sum_{\delta}^{z}\mathrm{e}^{\mathrm{i}\boldsymbol{k}\cdot\boldsymbol{\delta}}.$$

4. 求证上题中各式在 $k\to0$ 时，均有关系

$$\varepsilon_{\boldsymbol{k}}\approx Aa^2k^2.$$

5. 求金钢石结构的晶格中，自旋波的色散关系．

6. 证明在自旋波理论下，二维晶体不具有铁磁性.

7. 求证

$$\sum_k a_k^+ a_k = \sum_l a_l^+ a_l,$$

其中，a_k^+，a_k 分别为自旋波产生、湮灭算符，a_l^+，a_l 分别为自旋偏差产生、湮灭算符.

8. 试由式(4.65)

$$\mathscr{H} = A\sum_{(lm)} \boldsymbol{S}_l \cdot \boldsymbol{S}_m - g\mu_B H_A\left(\sum_A S_A^z - \sum_B S_B^z\right),$$

求出反铁磁体中对角化的哈密顿量

$$\mathscr{H} = E_0' + \sum_k \mathscr{E}_k (A_k^+ A_k + B_k^+ B_k).$$

9. 利用反铁磁体在长波近似下的色散关系$\mathscr{E}_k = Dk$，求证低温下比热与 T^3 成正比.

参考文献

[1] Bloch F. Z. Physik，1932，74：295；1931，61：206

[2] Dyson F J. Phys. Rev.，1956，102：1217，1230

[3] Тябликов С В. УМЖ，1959，11：287

[4] Hall H E. Solid State Physics. The Manchester Physics Series. Ch. 4. Manchester Univ.

[5] Gossard A C，et al. Phys. Rev. Lett.，1961，7：122

[6] Holstein T，Primakoff H. Phys. Rev.，1940，58：1048

[7] Loly P，Doniach S. Phys Rev.，1966，144：319

[8] London R，Keffer F. J. Appl. Phys.，1961，32，Suppl. 2S

[9] Callaway J. Quantum Theory of the Solid State. New York：Academic Press，1974

[10] Martin D H. Magnetism in Solids. The Manchester Physics Series. Ch. 4. Manchester Univ.

[11] Brinkman W，Elliot R J. J. Appl. Phys，1966，37：1458

[12] Kouvel J S. Phys. Rev.，1956，102：1489

[13] Cohen M H，Keffer F. Phys. Rev.，1955，99：1128

[14] Portis A M. Appl. Phys. Lett.，1963，2：69

[15] 钱昆明，林肇华，戴道生. 物理学报，1983，32：1547

[16] 曾谨言. 量子力学. 第十三章. 北京：科学出版社，1982

[17] Puszkarski H. Prog. in Surface Sci.，1979，9：191

[18] Kiccel C. Phys. Rev.，1958，110：1295

[19] Seavey M H，Tannenwald P E. Phys. Rev. Lett.，1958，1：168
[20] Vittoria C，et al. J. Appl. Phys.，1978，49：4908
[21] Seavey M H，Tannenwald P E. J. Appl. Phys. Suppl.，1959，30：2278
[22] 钱昆明，戴道生，林肇华，方瑞宜．物理学报，1983，32：1557
[23] Sandercock J R. Optics Comm.，1970，2：73
[24] Chang P H（张鹏翔）．Malozemoff A P. Sol. St. Comm.，1978，27：617
[25] Daman K W，Eshbach J R. J. Phys. Chem. Solids.，1961，19：308
[26] 培根 C E. 中子衍射．谈洪，乐英，译．北京：科学出版社，1980
[27] Ishikawa Y. J. Magn. Magn. Mat.，1979：14
[28] Mook H A，et al. Phys. Rev. Lett.，1973，30：556
[29] Lynn J W. Phys. Rev.，1975，B11：2624
[30] Mook H A，et al. J. Appl. Phys.，1969，40：1450
[31] Hatta S，et al. J. Appl. Phys.，1979，50：1583
[32] 高桥实．1978 年在成都访问的讲学资料．绵阳 35 所，1978
[33] Takahashi M，et al. Proc. RQM-4，1982：115
[34] Argyle B E，et al. Phys. Rev.，1965，132：2051
[35] Soohow N，et al. JMMM，1980，15-18：1423
[36] Chein C L，et al. Phys. Rev.，1977，B16：2115
[37] Kazama N，et al. AIP Conf. Proc.，1976，34：308
[38] Montgonery C G，et al. Phys. Rev. Lett.，1970，25：669
[39] Foo E N，et al. Phys. Rev.，1974，B9：347
[40] Ishikawa Y，et al. RQM-4 Proc.，1982：1093
[41] Luborsky F E，et al. J. Magn. Magn. Mat.，1980，15-18：1351
[42] Kaneyoshi T. Amorphous Magnetism. Boca Raton，Florida：CRC Press，1984：94
[43] Yeshurun Y，et al. J. Appl. Phys.，1981，52：1747

附录

积分 $\int_0^\infty \frac{x^{a-1}}{e^x-1}dx$

由 $\frac{1}{e^x-1}=e^{-x}\frac{1}{1-e^{-x}}=\sum_{n=1}^\infty e^{-nx}$，得

$$\int_0^\infty \frac{x^{a-1}}{e^x-1}dx=\sum_{n=1}^\infty\int_0^\infty e^{-nx}x^{a-1}dx$$

$$=\sum_{n=1}^\infty \frac{1}{n^a}\int_0^\infty e^{-nx}(nx)^{a-1}d(nx)=\zeta(a)\Gamma(a),$$

其中

$$\Gamma(a) = \int_0^\infty \mathrm{e}^{-t} t^{a-1} \mathrm{d}t$$

称为 γ(Gamma)函数，有性质

$$\Gamma(a+1) = a\Gamma(a),$$

特别

$$\Gamma(1) = \Gamma(2) = 1,$$

$$\Gamma\left(\frac{1}{2}\right) = \sqrt{\pi}.$$

$$\zeta(a) = \sum_{n=1}^{\infty} \frac{1}{n^a}$$

称为黎曼（Rieman）ζ 函数．当 $a \leqslant 1$ 时

$$\zeta(a) = \infty,$$

且有

$$\zeta\left(\frac{3}{2}\right) = 2.612, \quad \zeta(2) = \frac{\pi^2}{6} = 1.645,$$

$$\zeta\left(\frac{5}{2}\right) = 1.341, \quad \zeta(4) = \frac{\pi^4}{90} = 1.082,$$

$$\zeta\left(\frac{7}{2}\right) = 1.127, \quad \zeta(6) = \frac{\pi^6}{945} = 1.017.$$

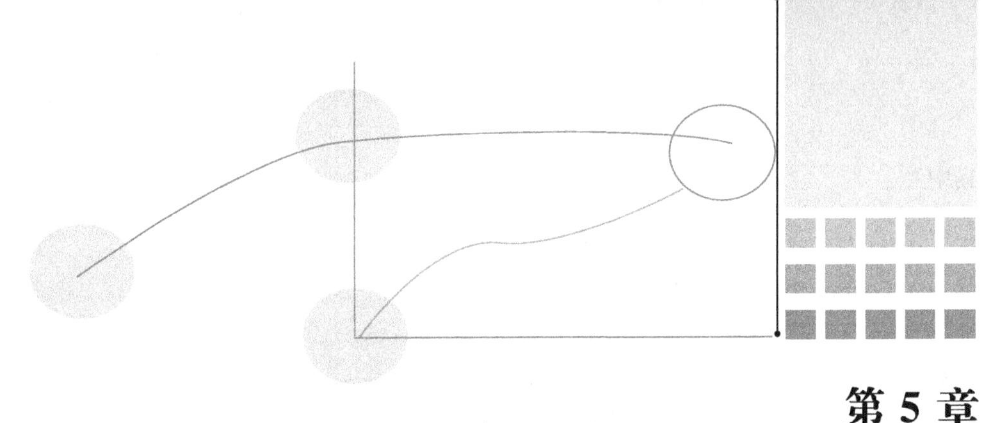

第5章 金属磁性的能带模型理论

前面所讨论的自发磁化理论均假定对磁性有贡献的电子全都局域在原子核附近，给出的各种交换作用都是近邻原子中电子之间的相互静电作用，人们通称之为局域电子交换模型．它比较成功地给出外斯分子场的本质，说明了许多化合物的磁性起源，以及它们的温度关系，对金属的磁性也给出了一些成功的解释．例如[1]：

(1) 解释了铁磁性、反铁磁性、螺磁性的起源，并给出了各种磁性材料（金属和氧化物等）的高温顺磁磁化率 χ 与温度的关系．

(2) 对于金属盐类及氧化物、磁性原子的磁矩大小均为玻尔磁子（μ_B）的整数倍．对于过渡金属只是在高温（$T>T_c$）情况下与实验比较一致．

(3) 在温度略低于居里点附近，饱和磁化强度与温度的变化关系 $\sim(T_c-T)^\gamma$，海森伯理论给出 $\gamma=\frac{1}{2}$，实验上大部分物质的 $\gamma=\frac{1}{3}$，少数为 $\frac{1}{2}$（参看表 2.5）．

(4) Fe 和 Co 金属的电阻率 ρ 在居里点附近有转变，$d\rho/dT$ 有极大值（参看图 2.5)，这与稀土金属的情况十分相似，可以用局域电子自旋无序散射来解释．

(5) 基于局域电子交换模型的自旋波理论成功地说明了低温下自发磁化强度与温度关系（布洛赫 $T^{3/2}$ 定律），以及色散关系 $\omega_k=Dk^2$.

但是，仍存在许多问题无法用局域电子交换模型来解释．例如：

(1) 前面已多次提到，3d 过渡族金属原子的磁矩大小都不是整数，例如，Fe，Co，Ni 分别为 $2.2\mu_B$，$1.7\mu_B$，$0.6\mu_B$. Cr 的情况比较复杂，在 T_N 点（~310K）之下磁矩排列具有正弦形变化的规律，其磁矩的最大值为 $0.6\mu_B$，空间周期随温度不同有 21~28 个原子间矩，属反铁磁性结构[2].

(2) 铁磁金属（Fe，Co，Ni）以及其他金属组成的合金，磁矩与成分的变化有些可用斯莱特-泡令（Slater-Pauling）曲线表示（见图 5.1）．例如，当 Fe 和 Co 加入以 Ni 为基所形成的合金中，其平均磁矩 $\overline{m}$ 随成分的变化与电子价数的差别 ΔZ 成比例：

$$\frac{\mathrm{d}\,\overline{m}}{\mathrm{d}c}=-\Delta Z\mu_{\mathrm{B}}.$$

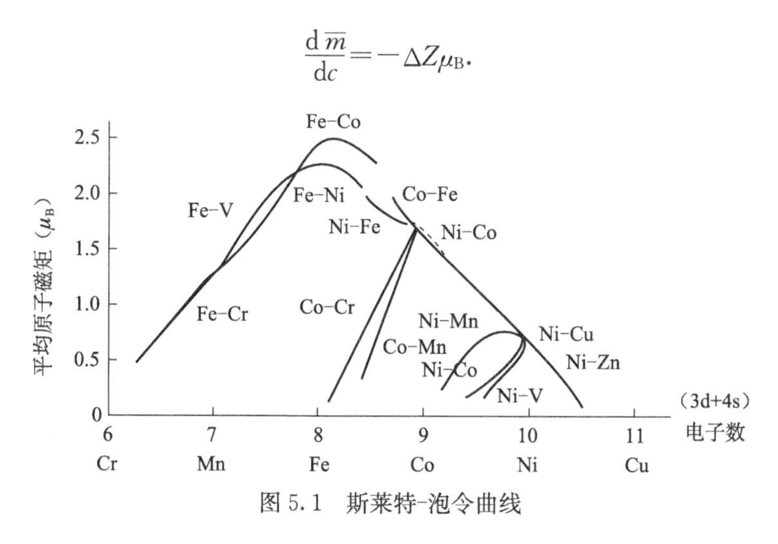

图 5.1　斯莱特-泡令曲线

(3) 对于金属磁性材料，用居里定律中常数 C 计算原子磁矩时，得不到半整数 S 值．

(4) 在居里点 T_c 以上温度范围，中子衍射表明，Fe 遵从海森伯模型；由比热测量的 Fe 原子的熵应为 $k\log(2S+1)$，其中 $S=1$. 对于 Cr 的中子衍射，显示出不服从海森伯模型，相应 S 值很小，比从饱和磁化强度测量所预料的小得多．

其他特性所显示的结果表明，存在传导电子能带和未填满的 3d 壳层的电子能带；例如，电子比热与温度成正比，并且比一般金属的电子比热大 5～10 倍．从德哈斯-范阿尔芬效应测量结果得知，d 电子也存在明显的费米面，并能确定出它的形状．在传输特性中显示出 3d 电子也参与了传导作用．

3d 过渡族金属的磁性是多样性的：Sc，Ti，V 是顺磁性的；Mn，Cr，γ-Fe 是反铁磁性的，α-Fe，Co，Ni 是铁磁性的；Cu 和 Zn 是抗磁性的．能带模型在解释上述磁性方面比局域电子交换模型的成效要大些[3]．本章将用能带理论讨论金属的磁性起源问题，分析原子磁矩的非整数性以及磁化强度随温度的变化关系等．由于能带理论是建立在 3d，4s 电子在金属的晶格周期场中运动的基础上的，因此，通常又称之为巡游（itinerant）电子模型．

Fe，Co，Ni 在磁性材料中占有特殊且重要的地位．因此，要弄清楚金属磁性的起因，首先必须以它们为研究对象．斯托纳（Stoner）[4]、莫脱（Mott）[5]、斯莱特[6]在巡游电子模型方面做了不少开创性的工作．关于铁磁性能带理论，其基本内容如下：

(1) 巡游电子均分布在能带中，即分布在用态密度所描述的能级中．态密度是用能带理论计算出来的．Fe，Co，Ni 的磁性负载者是 3d 带中的空穴，磁矩数目由空穴数决定．

(2) 巡游电子之间的相互作用可用分子场近似方法给出，分子场 $\boldsymbol{H}_m$ 与磁化

强度成比例

$$\boldsymbol{H}_m=\frac{1}{2}n\boldsymbol{m}U/\mu_{\mathrm{B}},$$

其中，$\boldsymbol{m}$ 为相对磁化强度，n 为每个原子的 3d 带中空穴数，U 为斯托纳-赫巴德（Hubband）参数．相应的分子场能量为

$$E_m=-\frac{1}{4}n^2m^2U.$$

（3）在一定的温度下，电子在能级中的分布遵从费米-狄拉克统计．

这里的关键是给出 U 的物理本质．说明 U 的本质是巡游电子模型的中心问题，理论认为它取决于由多体相互作用效应所引起的关联和交换作用[7].

在斯托纳建立了能带模型之后，有不少人对此模型做了很多改进的工作，大体上可分为三个方面：①洪德法则相互作用的直接影响[7,8]；②自旋涨落效应[9,10]；③电子-磁子相互作用[11]．我们在这一章中将先给出能带理论的物理图像，并介绍斯托纳模型，最后再简要介绍半金属合金铁磁体的能带结构和磁性.

5.1 能带模型的物理图像

本节只是对能带论的基本概念和物理图像作一个简单介绍，在此基础上定性地给出 Fe，Co，Ni 原子磁矩的大小，关于金属的能带理论请参考有关固体物理专著．

5.1.1 过渡金属 3d、4s 电子的能带结构

在过渡金属中，3d 和 4s 电子可以看成自由地在晶格中巡游，其总能量可写成

$$E=\frac{\hbar^2k^2}{2m^*},$$

m^* 为电子的有效质量，比电子质量 m 大 α 倍 $\left(\frac{m^*}{m}=\alpha\right)$，$\alpha$ 的大小反映电子在晶格中运动的自由程度．由于具有能量为 E 的电子数目有一个分布，因而用态密度函数

$$N(E)=\frac{4\pi}{h^3}(2m)^{3/2}E^{1/2}$$

表示能量为 E 的自由电子密度，如图 5.2(a) 所示呈现抛物线型．

对晶体而言，在倒格子空间中划分为若干布里渊区．在不同的布里渊区中，由于电子能带的交叠，晶体中自由电子的能带不再是抛物线型，如图 5.2(b)和(c)所示．从图 5.2(b)中可以看到，电子由能量最低处开始填布，在未填满时，

在第二布里渊区内就有一定电子开始填布．这就是过渡金属中自由电子的态密度分布情况．对于非金属的情况，电子先填满第一布里渊区后，再填第二布里渊区，如图 5.2(c)所示．这些情况已为 X 射线发射谱实验所证实．图 5.3 给出一些典型结果[12]，并粗略估计了连续谱的能量范围．因为发射谱的强度决定于能态密度和发射几率的乘积，故发射谱比较直接地反映了价电子能带的态密度状况．金属和非金属的谱在低能量部分都是逐渐上升的，反映了从带底随电子能量增加，而态密度逐渐增大；但是在高能量一端，金属的谱是陡然下降的，非金属的谱则是逐渐下降的．根据图 5.2 所示出的金属和非金属电子填充能级的特点，可以看到，非金属的谱线逐渐下降，正是反映了电子填充到能带顶部，能态密度逐渐下降为零；而金属谱的陡然下降则表明，电子并不是正好填满一个能带，所以，对于最高能量的电子能态密度并不为零．上述讨论对过渡族金属 3d 和 4s 电子的分布情况也是正确的．图 5.4 给出了 3d 和 4s 电子能态密度的计算结果，这是斯莱特根据克鲁特（Krutter)[13]对 Cu 的计算结果做出的估计．实际的 Ni 和 Fe 的 3d 能带十分复杂．根据能带中电子分布可以解释过渡金属的有关磁性．

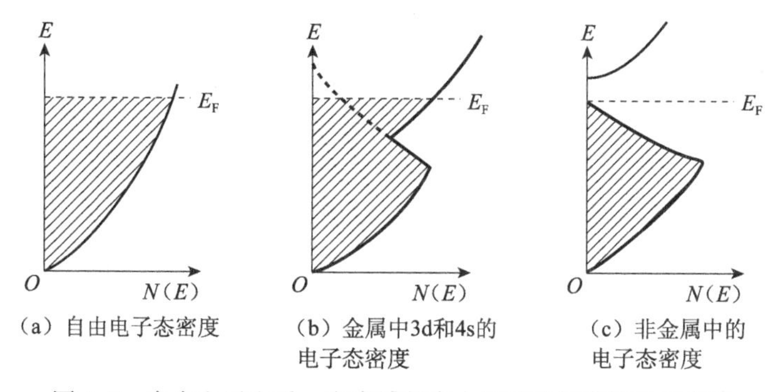

图 5.2　自由电子和受一定束缚的自由电子的能带结构示意图

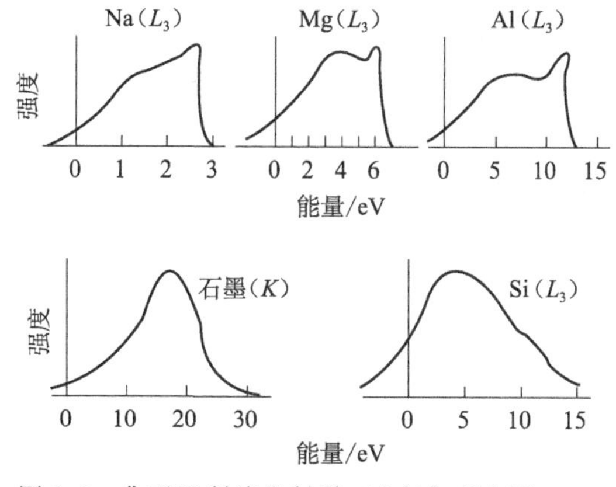

图 5.3　典型 X 射线发射谱（文献[12]中图 4.47)

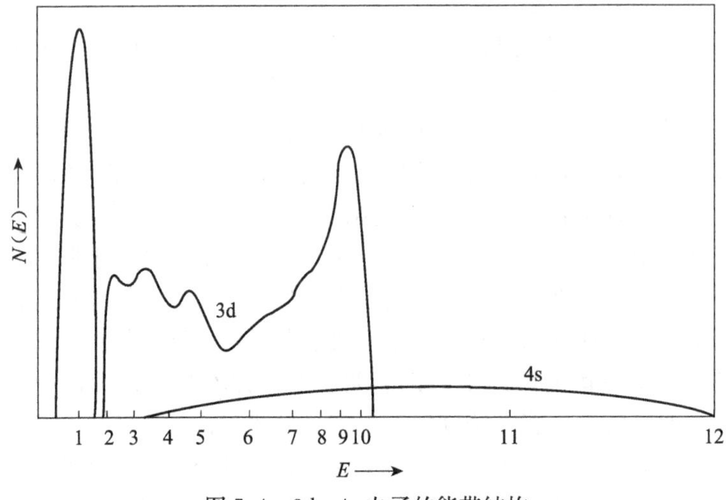

图 5.4 3d，4s 电子的能带结构

5.1.2 能带理论对铁磁性自发磁化的解释

因为 3d 和 4s 电子是混合带，所以今后并不明确在图上划出两者的区别．为说明磁性的起源，将态密度函数 $N(E)$ 分成两部分：$N(E)=N_{+}(E)+N_{-}(E)$，其中 $N_{+}(E)$ 和 $N_{-}(E)$ 分别表示能量为 E 的自旋向上和自旋向下的电子数．在外磁场为零时，如果不考虑电子之间的交换作用，$N_{+}(E)$ 和 $N_{-}(E)$ 的最低处能量相同，这样电子的自旋磁矩互相抵消，而不显示磁性．由于 $T=0\text{K}$ 时费米能 E_F 以上的电子数为零，如果自旋要从＋向变到－向（或相反），只有在费米能级附近才能发生，但这样势必增加系统能量．所以，不考虑电子之间交换作用，就不可能得到自发磁化的解．

斯莱特首先考虑到电子之间存在正的交换互作用，相当于晶体中存在一个沿正方向的内磁场．这样，具有正向自旋的态密度 $N_{+}(E)$ 所对应的最低能量要比 $N_{-}(E)$ 对应的要低，使得能带有一个劈裂 Δ. 图 5.5 分别示出了能带发生劈裂前后的情况．Δ 的大小和电子之间交换作用有直接联系，称交换劈裂．在劈裂后的能带中，＋、－自旋的数目要发生变化，因 $N_{+}(E)$ 和 $N_{-}(E)$ 在 E_F 之下所具有的电子总数不等．由于能带并未充满电子，所以 $N_{+}(E)$中空穴比 $N_{-}(E)$中空穴数目要少．这种空穴数目未抵消的情况，正是相当于一个原子中未被抵消的自旋数目，但它不一定是整数．这就可能发生自发磁化，至于是铁磁性还是反铁磁性的，将由交换作用的特点来决定．表 5.1 中列出了 Fe，Co，Cr，Mn，Ni 等几种金属的 3d 和 4s 电子在 $N_{+}(E)$ 和 $N_{-}(E)$ 中的分布数目，得到的未被抵消的自旋数目与实验结果基本相符．

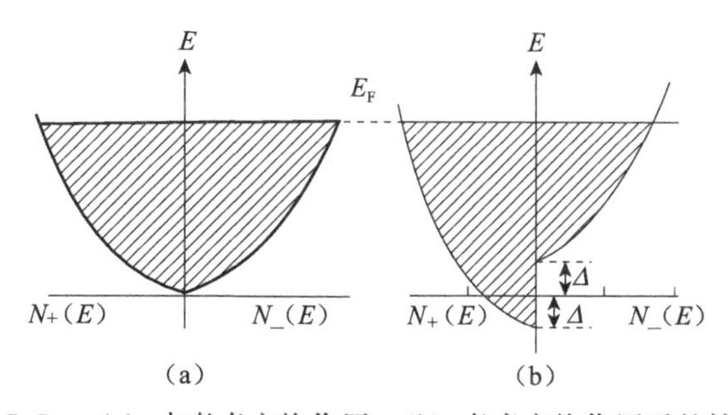

图 5.5　(a) 未考虑交换作用；(b) 考虑交换作用后的情况

表 5.1　过渡金属中 3d，4s 能带中的电子分布

元　素	电子组态	按能带理论电子分布				未填满空穴数		未抵消自旋数
		$3d^+$	$3d^-$	$4s^+$	$4s^-$	$3d^+$	$3d^-$	
Cr(铬)	$3d^4 4s^2$	2.7	2.7	0.3	0.3	2.3	2.3	0
Mn(锰)	$3d^5 4s^2$	3.2	3.2	0.3	0.3	1.8	1.8	0
Fe(铁)	$3d^6 4s^2$	4.8	2.6	0.3	0.3	0.2	2.4	2.2
Co(钴)	$3d^7 4s^2$	5.0	3.3	0.35	0.35	0	1.7	1.7
Ni(镍)	$3d^8 4s^2$	5.0	4.4	0.3	0.3	0	0.6	0.6
Cu(铜)	$3d^{10} 4s^1$	5.0	5.0	0.5	0.5	0	0	0

5.1.3　Fe，Co，Ni 能带的具体计算结果

实际上 Fe，Co，Ni 的能带十分复杂，它存在很多峰和谷，原因是过渡金属的费米面比较复杂．其中以 Ni 能带相对地比较简单，而且与实验也较容易对比，所以工作较多．这里我们不介绍具体能带结构的计算方法，而只给出结果．目的在于对用不同计算程序所得到的参量有一个数量级的概念．

对铁磁态能带计算时发现，在 $T \approx 0\mathrm{K}$ 的情况下，计算结果与实验基本一致[14]．这些实验证实了斯托纳、莫脱和斯莱特提出的分裂能带模型．根据这一模型，自旋简并单电子能带在铁磁性交换作用下发生分裂，由于交换劈裂，方向朝上的（+）自旋能带向能量低处移动．现在已清楚，在过渡金属中单电子模型是可行的[15]，并发展了一些计算方法．当然，单电子模型是过于简单化了，因为在过渡金属中能态密度随能量的变化极其复杂，经常呈现峰状结构．图 5.6 和图 5.7 分别给出 Ni 和 Fe 的能态密度[16]．表 5.2 列出了它们的能带参数，所有结果是对所观测的、外推到 $T=0$ 的点阵常数得出的，计算时用了 13 个 s，10 个 p，5 个 d 和 1 个 f 电子的独立的高斯轨道组成的基．表中未列出 Fe 的 Δ 实验值，因实验信息不多，而未能给出较可靠的数据．在表中给出的 $\rho_{\uparrow}(0)-\rho_{\downarrow}(0)$ 表示在核位置处的自旋密度差，相当于超精细场的作用．

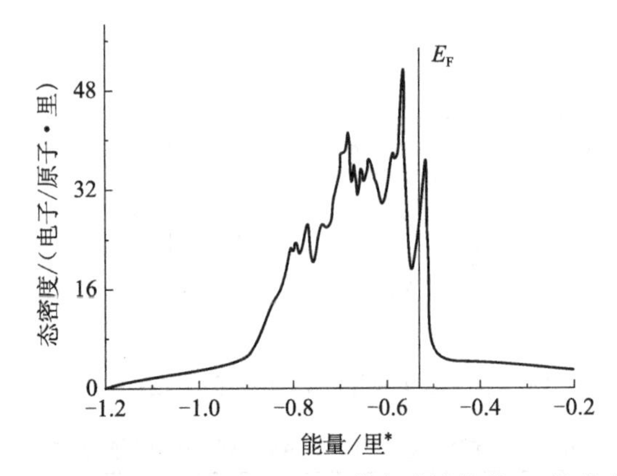

图 5.6 VBH（von Barth-Hediu）势方法计算的 Ni 的能态密度

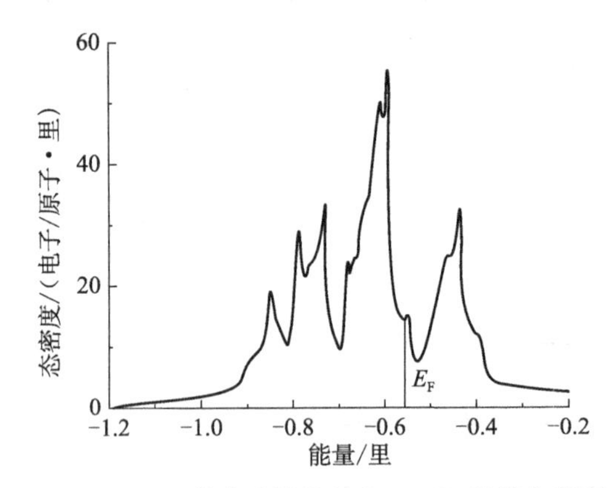

图 5.7 VBH 势方法计算的 f. c. c. Fe 的能态密度

表 5.2 镍和铁的能带计算结果与实验的比较

方法	μ_B		Δ/eV		$N(E_F)$		$\rho_{\uparrow}(0)-\rho_{\downarrow}(0)$ (kG)	
	Ni	Fe	Ni	Fe	Ni	Fe	Ni	Fe
$\alpha=\frac{2}{3}$	0.65	2.30	0.88	2.68	22.92	15.37	−69.7	−343
VBH	0.58	2.25	0.63	2.21	25.45	15.97	−57.9	−237
$\alpha=0.64$	—	2.25	—	2.56	—	14.40	—	−328
实验	0.56[(a)]	2.12[(a)]	0.5−0.3[(b)]	—	40.41[(c)]	27.37[(c)]	−76±1[(d)]	−339+0.3[(e)]

(a) C. S. Wang and J. Callaway，Physica，91B+C，337(1977).
(b) J. Callaway and C. S. Wang. Phys. Rev.，B7，1096(1973). H. Dannan et al.，J. A. P.，39，669(1968).
(c) *E. P.* Wohlfarth，Proc. Int. Conf. Magnetism(1964).
(d) M. Dixon et al.，Proc. Roy. Soc(London)，A285，561(1965).
(e) C. E. Violet and D. N. Pipkorn，J. A. P.，42,4339(1971).
VBH 为用 von Barth-Hediu 势计算的结果.

---

* 里是能量单位，称里德伯常数，用 R_H 标识，1 里（R_H）$=1.0967758\times10^5\text{cm}^{-1}$，或$=13.593$eV，或$=2.176\times10^{-18}$J。原自氢原子基态电子的电离能。

钴的能带结构尚无精确计算结果，下面给出的是顺磁性 Co 的能态密度（见图 5.8）[17]，由于六角结构和面心立方均为密堆型的结构，所以两种情况的能态密度比较相似.

前面已经提到，交换作用使＋、－自旋能带发生相对移动，图 5.9[18]示出了 Ni 的＋、－自旋能态密度，两者的能量差 $\delta\mathscr{E}\approx0.06Ry(0.8\text{eV})$．从图上可以看到，$E_F$ 之下 $N_+(E)$ 已经填满，而 $N_-(E)$ 尚未填满，每个原子有 0.62 个空穴．因此，每个 Ni 原子具有 $0.62\mu_B$ 的磁矩值．在一些文献［19］～［21］中给出了 Fe 的 $N_+(E)$ 和 $N_-(E)$ 计算结果，能量差 $\delta\mathscr{E}\approx1.6\text{eV}$，误差在 5%～15% 范围；要注意，$\delta\mathscr{E}$ 大小与能量有关系.

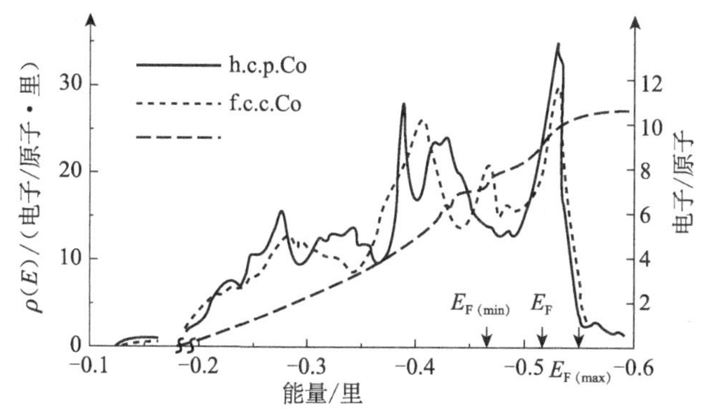

图 5.8　顺磁性 h. c. p. Co(实线）和顺磁性 f. c. c. Co(虚线）的能态密度

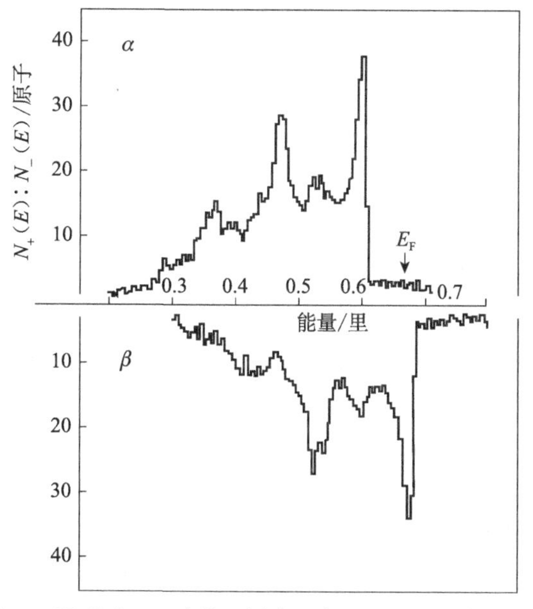

图 5.9　Ni 的＋、－自旋，图中 α 为 $N_+(E)$，β 为 $N_-(E)$

5.2 能带（巡游电子）模型和磁性解

在 20 世纪 30 年代，为了解释金属的电导以及自由电子在金属中的分布和运动的问题，提出了巡游电子模型，即在金属及其合金晶体的周期电场中，导电电子和价电子是周期性自由运动的，并给出单电子薛定谔方程

$$H\psi_k(\boldsymbol{r})=E(\boldsymbol{k})\psi_k(\boldsymbol{r}),$$

其中

$$H=T+V,$$

$T=-\hbar\nabla^2/2m$，$V(\boldsymbol{r})=V(\boldsymbol{r}+\boldsymbol{l})$，$\boldsymbol{l}$ 代表正格矢，$\psi_k(\boldsymbol{r})$为布洛赫周期波函数，可写成

$$\psi_k(\boldsymbol{r})=u_k(\boldsymbol{r})\mathrm{e}^{\mathrm{i}\boldsymbol{k}\cdot\boldsymbol{r}},$$

$$u_k(\boldsymbol{r}+\boldsymbol{l})=u_k(\boldsymbol{r}),$$

求解薛定谔方程首先是求出 $u_k(\boldsymbol{r})$，然后才能得到能量 $E_n(\boldsymbol{k})$ 的分布形式，即能带结构，以及 $\psi_k(\boldsymbol{r})$．要求对解得的 $\psi_k(\boldsymbol{r})$ 在原子实附近具有球对称性和急剧振荡变化的特征，而在两个元胞之间 $\psi_k(\boldsymbol{r}+\boldsymbol{l})=\psi_k(\boldsymbol{r})\mathrm{e}^{\mathrm{i}\boldsymbol{k}\cdot\boldsymbol{l}}$变化比较缓慢．具体的关系如图 5.10 所示（取自文献［22］图 7.1）．

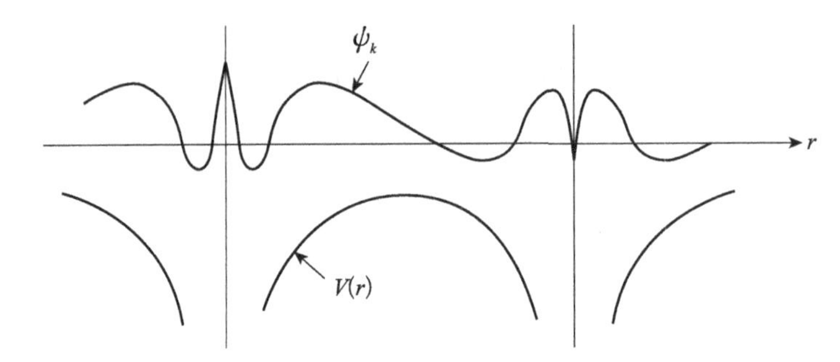

图 5.10 布洛赫函数在离子实区的振荡特征

通过解薛定谔方程希望能了解到一些金属的能带结构，进而能解释其电导等一些物理特性．能带理论根据电子在金属原子中呈壳层分布，内层被电子填满，形成原子实，距原子核比较近，对物性影响较小，从而得到对电导等性质起主要作用的是外层电子，即导电电子和价电子．价带是一个能量最高的被占据能带，导带是一个空的或半空的能量最低的能带．因此，能带理论主要是研究和计算金属的价带和导带的结构问题．在能带理论计算上发展出一些有效的方法，如正交平面波法、赝势方法、元胞法、KKR 方法、紧束缚近似法等，对不同金属能带结构的理论计算都取得较好的结果，详细过程请参看文献［22］和［23］．一些能带结构的计算结果是否正确，需要经过实验的检验．电子的回旋磁共振，金属在不同磁场方向的作用下，其价电子的德哈斯-范阿尔芬效应，以及光电子发射谱等实验方法对研究和

确定电子的能带结构、费米面的形状可提供很重要的依据[12].

能带理论的中心任务是求解晶体中电子在其周期电场中运动的薛定谔方程，对很多非磁性金属和合金的电导、热导等特性都可依据能带理论的结果给予很好的解释．因为能带理论是一种单电子近似，即解方程时用的是单电子波函数的叠加，自由电子的运动被看作近似独立的，也没有考虑电声子之间的作用（Stoner 模型）．这种情况对磁性金属及其合金来说是不合适的，因为磁性金属中自由电子和价电子之间具有不可忽视的相互作用，称之为强关联效应．因此，Hubband 等对此作了改进，称为 Hubband 模型．下面简单给出这两个模型的哈密顿量．

5.2.1　Hubband 能带模型（又称赫巴德哈密顿量）[22]

应该说有三个人（Gutzwiller[25]，Hubband[24] 和 Kanamori[26]）基本同时提出了用解多电子体系问题哈密顿量办法来求解磁性问题，后来以 Hubband 模型来命名．

Hubband 考虑 N 原子组成的晶体，将单电子在周期场中的哈密顿量组合成多体系的哈密顿量后可得到

$$H=H_{\mathrm{e}}+H_{\mathrm{i}}+H_{\mathrm{ei}}, \tag{5.1}$$

其中，电子系统的动能和势能项为

$$H_{\mathrm{e}}=\sum_i \frac{\boldsymbol{p}_i^2}{2m}+\frac{1}{2}\sum_{i,j}\frac{e^2}{|\boldsymbol{r}_i-\boldsymbol{r}_j|}, \tag{5.2}$$

p_i 和 r_i 表示第 i 个电子的动量矩和位置．离子系统的动能和势能项为

$$H_{\mathrm{i}}=T_{\mathrm{i}}+V_{\mathrm{ii}}=\sum_m \frac{\boldsymbol{P}_m^2}{2M_m}+\frac{1}{2}\sum_{mm'} Z_m Z_{m'}\frac{e^2}{|\boldsymbol{R}_m-\boldsymbol{R}_{m'}|}, \tag{5.3}$$

其中，P_m 和 R_m 为离子 m 的动量矩和位置．第二项为离子之间的相互作用，V_{ii} 可以看成由晶格本身的束缚能 $V_{\mathrm{ii}}^{(0)}$ 和热振动能 V_{p} 组成，即 $V_{\mathrm{ii}}=V_{\mathrm{ii}}^{(0)}+V_{\mathrm{p}}$. 电子和离子间互作用能为

$$H_{\mathrm{ei}}=-\sum_i\sum_m \frac{Z_m e^2}{|\boldsymbol{r}_i-\boldsymbol{R}_m|}=V_{\mathrm{ei}}^{(0)}+V_{\mathrm{ep}}, \tag{5.4}$$

其中，$V_{\mathrm{ei}}^{(0)}$ 表示电子在晶格的周期势中运动的势能，V_{ep} 表示电声子作用项．通过式(5.2)～(5.4)的表示，可以看到式（5.1）是一个多体系的哈密顿量．这个多体系哈密顿量的薛定谔方程很难求解，必须按实验的情况进一步简化，使之能解决金属磁性问题．具体说首先要适合 3d 电子的窄能带结构情况，还要考虑到 s、p、d 电子能带的重叠，即每个离子中电子不是整数，以及用能带理论研究金属的磁性时电-声子作用可以忽略等．这样，铁磁性固体的能带哈密顿量可简化为

$$H=H_0+H_{\mathrm{c}}, \tag{5.5}$$

其中，H_{c} 为 d 电子之间的库仑作用，H_0 为电子在晶体场中的动能($T_{\mathrm{e}}=-\hbar^2\nabla^2/2m$)和势能，有

$$H_0 = T_e + V_{ei}, \tag{5.6}$$

$$H_c = \frac{1}{2}\sum_{i,j} v_{ij}, \tag{5.7}$$

$$v_{ij} = e^2/|r_i - r_j|, \tag{5.8}$$

使式（5.5）二次量子化以便于求解．在布洛赫绘景中式(5.5)二次量子化表示为

$$H = \sum_{k\sigma} E_k C_{k\sigma}^+ C_{k\sigma} + \frac{1}{2}\sum_{k_1 k_2 k_1' k_2'} \sum_{\sigma\sigma'} \langle k_1, k_2 | v | k_1' k_2' \rangle C_{k_1\sigma}^+ C_{k_2\sigma'} C_{k_2'\sigma}^+ C_{k_1'\sigma}, \tag{5.9}$$

其中

$$\left\langle k_1, k_2 | v | k_1' k_2' \right\rangle = e^2 \int \frac{\phi_{k_1}^*(\boldsymbol{r}) \phi_{k_2}^*(\boldsymbol{r}') \phi_{k_2'}(\boldsymbol{r}) \phi_{k_1'}(\boldsymbol{r}') \mathrm{d}\boldsymbol{r} \mathrm{d}\boldsymbol{r}'}{|\boldsymbol{r} - \boldsymbol{r}'|},$$

为了讨论能带中电子关联问题，选用万尼尔绘景比较有利，则式（5.9）变为

$$H = \sum_{i,j}\sum_{\sigma} T_{ij} C_{i\sigma}^+ C_{j\sigma} + \frac{1}{2}\sum_{i,j,l,m}\sum_{\sigma,\sigma'} \left\langle i,j \mid v \mid l,m \right\rangle C_{i\sigma}^+ C_{j\sigma'} C_{m\sigma'}^+ C_{l\sigma}, \tag{5.10}$$

$$T_{ij} = \int w^*(\boldsymbol{r} - \boldsymbol{R}_i)[-\hbar^2 \Delta^2/2m + Ze^2/r] w(\boldsymbol{r} - \boldsymbol{R}_j) \mathrm{d}\boldsymbol{r}, \tag{5.11}$$

$$\left\langle i,j \mid v \mid l,m \right\rangle = e^2 \int \frac{w^*(\boldsymbol{r} - \boldsymbol{R}_i) w^*(\boldsymbol{r}' - \boldsymbol{R}_j) w(\boldsymbol{r} - \boldsymbol{R}_l) w(\boldsymbol{r}' - \boldsymbol{R}_m) \mathrm{d}\boldsymbol{r} \mathrm{d}\boldsymbol{r}'}{|\boldsymbol{r} - \boldsymbol{r}'|}, \tag{5.12}$$

其中，$w(r-R)$ 为万尼尔函数，$C_{i\sigma}^+$ 和 $C_{i\sigma'}$ 为 i 原子上电子的产生和湮灭算符．式（5.12)中 $i \neq j$，因而为多中心积分．Hubband 认为在窄能带情况可被变为单中心积分

$$\left\langle i,i \mid v \mid i,i \right\rangle \equiv U = e^2 \int \frac{w^*(\boldsymbol{r} - \boldsymbol{R}_i) w^*(\boldsymbol{r}' - \boldsymbol{R}_j) w(\boldsymbol{r} - \boldsymbol{R}_i) w(\boldsymbol{r}' - \boldsymbol{R}_j) \mathrm{d}\boldsymbol{r} \mathrm{d}\boldsymbol{r}'}{|\boldsymbol{r} - \boldsymbol{r}'|}, \tag{5.13}$$

式（5.13）表示同一个原子中不同电子的库仑作用势，因是近距离作用，有 10eV 量级，一般要比不同原子中电子互作用强很多，因而式（5.13）是多体模型中一个比较好的近似互作用势．这样式（5.10）可以写成

$$H = \sum_{i,j}\sum_{\sigma} T_{ij} C_{i\sigma}^+ C_{j\sigma} + \frac{1}{2} U \sum_{i}\sum_{\sigma,\sigma} C_{i\sigma}^+ C_{i\sigma'} C_{i\sigma'}^+ C_{i\sigma}, \tag{5.14}$$

这就是 Hubband 哈密顿量（又称 Hubband 能带模型）．其中 U 原于电子之间的强关联，故常称为关联能．

下面将会看到，从形式上 Hubband 模型和斯托纳模型没有什么区别，但上式是基于多体相互作用建立起来的，因此比斯托纳能带模型前进了一步．从物理上来看，长程库仑作用被屏蔽掉，而短程库仑作用只存在于自旋彼此相反的电子之间．虽然这个模型和实际相比已大为简化，但严格解仍很难给出．

上面讨论的是 $n=1$（即一个原子只有一个电子）的情况，如 $n\geqslant 2$，则存在简并态能带，一些作者猜测，铁磁性只有当存在轨道简并时才能出现．

赫巴德模型虽然考虑了原子内电子之间的关联，但忽略了原子之间的电子相互关联．另外，用于过渡金属及其合金时，由于 s、p、d 电子的能带是相互重叠的，在讨论能带磁性时要考虑该磁性合金的具体特性，需要借助其他的模型求解.

实际上用 Hubband 模型来求解物质的磁性起源及其随温度变化的问题时，与用 Stoner 模型的结果基本相同，因而在一般情况下都用 Stoner 模型来求解磁性问题．

5.2.2　斯托纳能带模型

斯托纳比较详细地用能带模型讨论了金属的磁性[4]，他把 3d 和 4s 电子都看作是在金属晶格中巡游．考虑晶体中有 N 个原子，每个原子有 n 个准自由电子，并处在部分被填满的能带中，自旋简并的能带在交换作用下发生分裂，使主自旋（通常指自旋朝上或正自旋）能带将向能量低方面移动，比次自旋（指朝下或负自旋）能带低．在处理过程中，用哈特里(Hartree)-福克(Fork)势，体系的哈密顿量在二次量子化表象中为

$$\hat{\mathscr{H}} = \hat{\mathscr{H}}_0 + \sum_i \hat{\mathscr{H}}_i , \tag{5.15}$$

$$\hat{\mathscr{H}}_0 = \sum_{ij} T_{ij} \boldsymbol{c}_{i\sigma}^{+} \boldsymbol{c}_{j\sigma} , \tag{5.16a}$$

$$\hat{\mathscr{H}}_i = \frac{U}{N} \boldsymbol{c}_{i\sigma'}^{+} \boldsymbol{c}_{i\sigma}^{+} \boldsymbol{c}_{i\sigma} \boldsymbol{c}_{i\sigma'} , \tag{5.16b}$$

其中

$$T_{ij} = \int \phi^* (\boldsymbol{r} - \boldsymbol{R}_i) \left[-\frac{\hbar^2}{2m} \nabla^2 + V \right] \phi (\boldsymbol{r} - \boldsymbol{R}_j) \mathrm{d}\boldsymbol{r}, \tag{5.17a}$$

$$\begin{aligned} U = & \int \phi_\sigma^* (\boldsymbol{r} - \boldsymbol{R}_i) \phi_{\sigma'}^* (\boldsymbol{r}' - \boldsymbol{R}_j) \frac{e^2}{\boldsymbol{r} - \boldsymbol{r}'} \\ & \times \phi_\sigma (\boldsymbol{r} - \boldsymbol{R}_k) \phi_{\sigma'} (\boldsymbol{r}' - \boldsymbol{R}_l) \mathrm{d}\boldsymbol{r} \mathrm{d}\boldsymbol{r}' , \end{aligned} \tag{5.17b}$$

$\phi_\sigma(\boldsymbol{r}-\boldsymbol{R}_i)$ 表示位于 $\boldsymbol{R}_i$ 的原子中的、具有自旋 σ 的电子波函数，$\boldsymbol{c}_{i\sigma}^{+}$ 表示一个这样的电子的产生算符．将式（5.16）中算符换到布洛赫表象，可以使之对角化．对 $\boldsymbol{c}_{i\sigma}$ 和 $\boldsymbol{c}_{i\sigma}^{+}$ 作傅里叶变换

$$\boldsymbol{c}_{i\sigma} = \frac{1}{\sqrt{N}} \sum_k \mathrm{e}^{-\mathrm{i}\boldsymbol{k}\cdot\boldsymbol{R}_i} \boldsymbol{c}_{k\sigma} ,$$

则

$$\hat{\mathscr{H}}_0 = \sum_k \mathscr{E}_k \boldsymbol{c}_{k\sigma}^{+} \boldsymbol{c}_{k\sigma} . \tag{5.18}$$

如果令式（5.17b）中 $i=j=k=l$，即只考虑原子内部电子之间的互作用，则 U

就是库仑排斥能（它相当于前面提到的斯托纳参数）．这个假设使问题简化，但却忽略了库仑力的长程部分．经过变换和上述讨论后，式（5.15）可变为

$$\hat{\mathscr{H}}=\sum_{k}\mathscr{E}_{k}c_{k\sigma}^{+}c_{k\sigma}+\frac{U}{N}\sum_{kk'}\sum_{q}c_{k+q,\uparrow}c_{k'-q,\downarrow}c_{k\uparrow}c_{k'\downarrow}. \tag{5.19}$$

上式中对于（$\boldsymbol{k}$，↑）的电子，只有（$\boldsymbol{k}$，↓）的电子可以和它作用．设想这样一种情况，自旋朝下的电子固定在某特定的原子上，而自旋朝上的电子是巡游的，当它到达空带的原子上时，则此电子必然要被原子吸收而发生跃迁，相应的共振能为$\mathscr{E}_k$．如果原子中已存在一个“$-\sigma$”电子（$\boldsymbol{k}$，↓），此正自旋电子被吸收后，共振能变为$\mathscr{E}_k+U$．具有“$-\sigma$”电子的原子的几率为$n_{-\sigma}$（或者说，每个原子中有$n_{-\sigma}$个自旋朝下的电子）．这种能量的变化说明正、负自旋电子的相互作用．如U比较小（U小于带宽w），则共振吸收能量为$\mathscr{E}_k+n_{-\sigma}U$．也就是说，电子动能为$\mathscr{E}_k$，$n_{-\sigma}U$为电子相互作用能．用非限定的哈特里-福克方法处理式(5.19)，可以得到

$$\hat{\mathscr{H}}=\sum_{k\sigma}E_{k\sigma}n_{k\sigma},$$

其中，$n_{k\sigma}=c_{k\sigma}^{+}c_{k\sigma}$为$\boldsymbol{k}$带中自旋为$\sigma$的电子数，

$$E_{k\sigma}=\mathscr{E}_k+\frac{U}{N}\sum_{k'}n_{k',-\sigma} \tag{5.20}$$

是状态为$\boldsymbol{k}$和σ的电子的能量．引入符号

$$n_{\downarrow}=n_{-\sigma}=\frac{1}{N}\sum_{k'}n_{k',-\sigma},$$

这样，每个原子的平均电子数和相对磁矩m的大小分别为

$$n=n_{\uparrow}+n_{\downarrow}, \tag{5.21}$$

$$m=n_{\uparrow}-n_{\downarrow}, \tag{5.22}$$

以及能量式（5.20）变为

$$E_{k\sigma}=\mathscr{E}_k+n_{-\sigma}U. \tag{5.23}$$

每个原子的能量

$$E=\frac{1}{N}\sum_{k\sigma}\mathscr{E}_k\boldsymbol{n}_{k\sigma}+Un_{\uparrow}n_{\downarrow}. \tag{5.24}$$

在$T=0$时，式（5.23）表示哈特里-福克态的能量，$T\neq0$时表示原子的内能．

5.2.3 磁性和非磁性的条件

5.2.3.1 $T=0$情况的非磁性解

当$T=0$时可以得到非磁性解：如果$E_{k\sigma}<E_{\mathrm{F}}$，则$n_{k\sigma}=1$；如果$E_{k\sigma}>E_{\mathrm{F}}$，则$n_{k\sigma}=0$，$E_{\mathrm{F}}$为费米能，可以由每个原子具有自旋朝上电子数这一条件决定．

为了研究与铁磁性相关的这个态的稳定性，在能带低于费米能E_{F}处，从自

旋朝下的能带中取 δE 宽度的电子数，并将它放在自旋朝上的能带中，如图 5.11 所示．这种转变使动能发生的变化为

$$\Delta E_{动}=N(E_F)\delta E\cdot\delta E=N(E_F)(\delta E)^2,$$

其中，$N(E)$是自旋态密度，相互作用能的变化为

$$\begin{aligned}\Delta E_{互}&=U\left(\frac{n}{2}+N(E_F)\delta E\right)\left(\frac{n}{2}-N(E_F)\delta E\right)-U\frac{n^2}{4}\\&=-UN^2(E_F)(\delta E)^2.\end{aligned}$$

两种能量的变化相加得到总的能量变化，即

$$\Delta E=N(E_F)[1-UN(E_F)](\delta E)^2, \tag{5.25}$$

由此可知，当在费米面附近在自旋朝下的能带内搬 δE 薄层的电子到自旋朝上的能带中时，引起的能量的变化与(δE)的平方有关．当

$$1-UN(E_F)>0$$

时，表示 $\Delta E>0$，即得到非磁性态是稳定的（即朝上和朝下的自旋数目相同时，体系能量较低），无自发磁化．

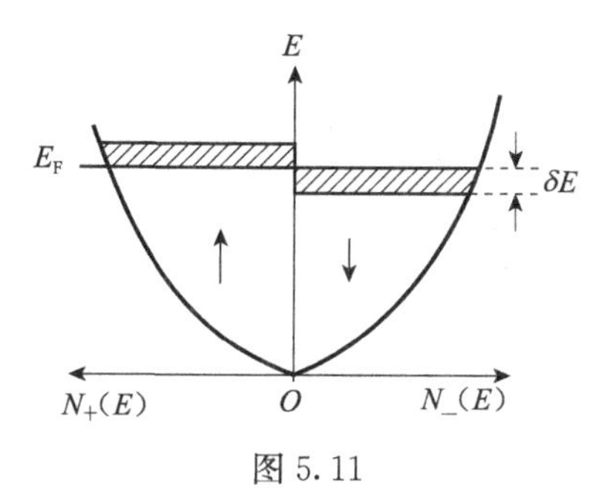

图 5.11

在上述非磁性态是稳定情况下，可以计算出顺磁磁化率．设外磁场 H_0 加在 Z 方向，不同取向的自旋的能量分别为

$$E_{k\uparrow}=\mathscr{E}_k+U_{n\downarrow}-S\frac{g\mu_B}{2}H_0,$$

$$E_{k\uparrow}=\mathscr{E}_k+U_{n\downarrow}+S\frac{g\mu_B}{2}H_0,$$

这是因为自旋朝上和自旋朝下的能带分别移动$\pm\delta E$（见图 5.12）．由此得出能量的差别为

$$2\delta E=E_{k\downarrow}-E_{k\uparrow}=U(n_\uparrow-n_\downarrow)+g\mu_B H,$$

因为电子自旋取向的变化只在费米能附近才能发生，因此有

$$(n_\uparrow-n_\downarrow)=2N(E_F)\delta E,$$

所以得到

$$\delta E=\frac{Sg\mu_B H_0}{2[1-UN(E_F)]}.$$

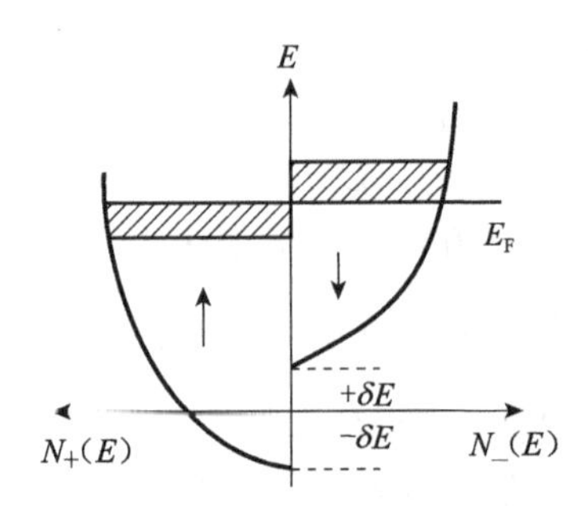

图 5.12 外场 H_0 作用下能带移动 $\neq\delta E$

将此式代入式(5.25)中，得到

$$\Delta E=\frac{1}{4}g^2\mu_B^2H_0^2\frac{N(E_F)}{[1-UN(E_F)]}.$$

另外，根据物质磁化后其内部能量变化与磁化率和磁场的关系

$$\Delta E=\frac{1}{2}\chi H_0^2,$$

得到磁化率（称为哈特里-福克磁化率）

$$\chi=S^2\frac{g^2\mu_B^2}{2}\cdot\frac{N(E_F)}{1-UN(E_F)}=S^2\frac{g^2\mu_B^2}{2}\chi_N, \tag{5.26}$$

其中，χ_N 为归一化磁化率，即

$$\chi_N=\frac{N(E_F)}{1-UN(E_F)}=\frac{\chi_0}{1-UN(E_F)}, \tag{5.27a}$$

$\chi_0=N(E_F)$ 为无相互作用的归一化泡利磁化率（即自旋顺磁磁化率）. 这里 χ_N 与 χ_0 的差别是斯托纳因子 $S=1/[1-UN(E_F)]$，如将式(5.27a)写成

$$\frac{1}{\chi_N}=\frac{1}{\chi_0}-U \tag{5.27b}$$

就可以看清楚，$1/\chi_N$ 是考虑了相互作用后的修正结果，它和温度的关系将在图 5.14 中给出．当非稳定判据 $UN(E_F)=1$ 时，$S\to\infty$，表明可出现自发磁化．

5.2.3.2 磁性解

如 $\Delta E<0$，可以得到斯托纳铁磁性稳定条件为

$$UN(E_F)>1, \tag{5.28}$$

它也是非磁性解的不稳定条件．下面讨论 $T=0$ 和 $T\neq0$ 情况下强铁磁性解和弱铁磁性解的问题．前者相当于图 5.13(a)所示能带结构，后者相当于图 5.13(b)所示能带结构．但具体是属于哪一种解，这依赖于能带结构 $N(E)$ 和 n 的值．

在外磁场作用下，朝上和朝下自旋的能量为

$$\mathscr{E}\pm(mU+\mu_BH) \tag{5.29}$$

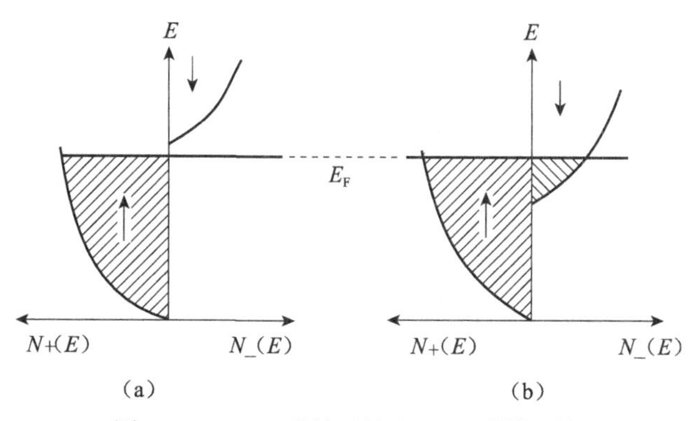

图 5.13　(a) 强铁磁性和 (b) 弱铁磁性

时具有磁性解的条件．可以令 $U=k\theta'$，并将它看成是交换作用能或分子场能，$m=M/N\mu_B$ 为相对磁化强度．

(1) 在 $T\neq 0$ 的一般情况下，整个体系中的电子数目 N 和磁矩 M 的大小与费米分布函数 f 有密切关系．考虑到自旋朝上和自旋朝下的两种情况，得到

$$N=\int_0^{\infty}\frac{N(\mathscr{E})\mathrm{d}\mathscr{E}}{\exp\left\{\dfrac{\mathscr{E}-mU-\mu_B H}{k_B T}-\eta\right\}+1}+\int_0^{\infty}\frac{N(\mathscr{E})\mathrm{d}\mathscr{E}}{\exp\left\{\dfrac{\mathscr{E}+U_m+\mu_B H}{k_B T}-\eta\right\}+1},$$

其中，$N(\mathscr{E})$ 为态密度，对于自由电子

$$N(\mathscr{E})=\frac{3}{4}\frac{N}{E_F^{3/2}}\mathscr{E}^{\frac{1}{2}}$$

以及

$$\eta=E_F'/kT,$$

E_F 和 E_F' 分别为 $T=0$ 和 $T\neq 0$ 时的费米能．这样

$$N=\frac{3}{4}N\frac{k_B T^{\frac{3}{2}}}{E_F}\left[\int_0^{\infty}\frac{x^{\frac{1}{2}}\mathrm{d}x}{\mathrm{e}^{x-\beta-\beta'-\eta}+1}+\int_0^{\infty}\frac{x^{\frac{1}{2}}\mathrm{d}x}{\mathrm{e}^{x+\beta+\beta'-\eta}+1}\right],$$

其中

$$x=\frac{\mathscr{E}}{k_B T},\quad \beta=\frac{U_m}{k_B T}=\frac{\theta'}{T}m,\quad \beta'=\frac{\mu_B H}{k_B T},\tag{5.30}$$

这里的 θ' 相当于分子场系数或温度．下面定义一个函数：

$$F_{\frac{1}{2}}(\eta)=\int_0^{\infty}\frac{x^{\frac{1}{2}}\mathrm{d}x}{\mathrm{e}^{x-\eta}+1},$$

再计及 $M=(n_{\uparrow}-n_{\downarrow})N\mu_B$，由此得到

$$N=\frac{3}{4}N\left(\frac{k_B T}{E_F}\right)^{\frac{3}{2}}[F_{\frac{1}{2}}(\eta+\beta+\beta')+F_{\frac{1}{2}}(\eta-\beta-\beta')], \tag{5.31}$$

$$M=\frac{3}{4}N\mu_B\left(\frac{kT}{E_F}\right)^{\frac{3}{2}}[F_{\frac{1}{2}}(\eta+\beta+\beta')-F_{\frac{1}{2}}(\eta-\beta-\beta')]. \tag{5.32}$$

当外磁场 $H_0=0$ 时($\beta'=0$)，得

$$\frac{4}{3}\left(\frac{E_F}{k_B T}\right)^{\frac{3}{2}}=F_{\frac{1}{2}}(\eta+\beta)+F_{\frac{1}{2}}(\eta-\beta),$$

$$\frac{4}{3}m\left(\frac{E_F}{k_B T}\right)^{\frac{3}{2}}=F_{\frac{1}{2}}(\eta+\beta)-F_{\frac{1}{2}}(\eta-\beta).$$

由上式解得

$$F_{\frac{1}{2}}(\eta+\beta)=\frac{2}{3}\left(\frac{E_F}{k_B T}\right)^{\frac{3}{2}}(1+m), \tag{5.33a}$$

$$F_{\frac{1}{2}}(\eta-\beta)=\frac{2}{3}\left(\frac{E_F}{k_B T}\right)^{\frac{3}{2}}(1-m). \tag{5.33b}$$

(2) 下面根据式(5.33)求磁性解的稳定条件和居里点的数值.

在居里点时，$m\ll1$，即 $\beta\ll1$，由式(5.19)解出

$$m=\frac{F_{\frac{1}{2}}(\eta+\beta)-F_{\frac{1}{2}}(\eta-\beta)}{F_{\frac{1}{2}}(\eta+\beta)+F_{\frac{1}{2}}(\eta-\beta)}. \tag{5.34}$$

由于 $\beta\ll1$，可以将 $F_{\frac{1}{2}}(\eta\pm\beta)$ 展开成 $F_{\frac{1}{2}}(\eta)$ 的泰勒级数

$$F_{\frac{1}{2}}(\eta\pm\beta)=F_{\frac{1}{2}}(\eta)\pm\beta F'_{\frac{1}{2}}(\eta)+\frac{1}{2!}\beta^2 F''_{\frac{1}{2}}(\eta)\pm\frac{1}{3!}\beta^3 F'''_{\frac{1}{2}}(\beta)+\cdots, \tag{5.35}$$

代入式(5.34)，取到 F''' 项，则

$$m=\frac{\beta F'_{\frac{1}{2}}(\eta)+\frac{1}{6}\beta^3 F'''_{\frac{1}{2}}(\eta)}{F_{\frac{1}{2}}(\eta)+\frac{1}{2}\beta^2 F''_{\frac{1}{2}}(\eta)},$$

如取到 β 的一次项，则

$$m=\frac{\beta F'_{\frac{1}{2}}(\eta)}{F_{\frac{1}{2}}(\eta)}=\left(\frac{\theta'}{T}\right)\frac{F'_{\frac{1}{2}}(\eta)}{F_{\frac{1}{2}}(\eta)}m.$$

当 $T=T_c$ 时，如无外场，则有

$$\frac{\theta'}{T}=\frac{F_{\frac{1}{2}}(\eta)}{F'_{\frac{1}{2}}(\eta)}. \tag{5.36}$$

由于 $T=T_c$，这时 $\eta\gg1$，所以将 $F_{\frac{1}{2}}(\eta)$ 展开成

$$F_{\frac{1}{2}}(\eta)=\frac{2}{3}\eta^{\frac{3}{2}}\left[1+\frac{\pi^2}{8\eta^2}+\frac{7\pi^4}{640\eta^4}+\cdots\right], \tag{5.37}$$

这样

$$F'_{\frac{1}{2}}(\eta)=\eta^{\frac{1}{2}}+\frac{\pi^3}{12}\left(-\frac{1}{2}\eta^{-\frac{3}{2}}\right)+\frac{7\pi^4}{960}\left(-\frac{5}{2}\eta^{-\frac{7}{2}}\right)+\cdots$$

$$=\eta^{\frac{1}{2}}\left[1-\frac{\pi^2}{24\eta^2}-\frac{7\times 5\pi^4}{2\times 960\eta^4}+\cdots\right]. \tag{5.38}$$

将式（5.38）代入式（5.36），得到

$$\frac{\theta'}{T}=\frac{\frac{2}{3}\eta\left[1+\frac{\pi^2}{8\eta^2}+\frac{7\pi^4}{640\eta^4}+\cdots\right]}{\left[1-\frac{\pi^2}{24\eta^2}+\frac{35\pi^4}{2\times 960\eta^4}+\cdots\right]}$$

$$=\frac{2}{3}\eta\left[1+\frac{\pi^2}{8\eta^2}+\cdots\right]\left[1+\frac{\pi^2}{24\eta^2}+\cdots\right]$$

$$\cong\frac{2}{3}\eta\left[1+\frac{\pi^2}{6\eta^2}+\cdots\right]. \tag{5.39}$$

由于 η 中 E_F 是温度的函数，为了将式（5.39）表示成 η_0 的函数，取 η 和 η_0 的关系（见文献［2］第93页）

$$\eta=\eta_0\left[1-\frac{\pi^2}{12\eta_0^2}+\cdots\right],$$

其中，$\eta_0=E_F/kT_c$，与温度无关，代入式（5.39）

$$\frac{\theta'}{T_c}\cong\frac{2}{3}\eta_0\left(1+\frac{\pi^2}{12\eta_0^2}+\cdots\right),$$

两边除以 η_0，得到决定 T_c 的条件为

$$\frac{k_B\theta'}{E_F}=\frac{2}{3}\left[1+\frac{\pi^2}{12}\left(\frac{k_BT_c}{E_F}\right)^2+\cdots\right]. \tag{5.40}$$

当 $T_c=0$K 时，即不存在自发磁化，得到

$$\frac{k_B\theta'}{E_F}=\frac{2}{3}, \tag{5.41}$$

它是一个临界条件，只有大于2/3时才有可能出现强磁性（即自发磁化）.

如果 $T_c\neq 0$，但在 $T=0$ 的情况下 β 很大，因此 $F_{\frac{1}{2}}(\eta\pm\beta)$ 就不能展成 $F_{\frac{1}{2}}(\eta)$ 的泰勒级数，而是将

$$F_{\frac{1}{2}}(\eta\pm\beta)=\frac{2}{3}(\eta\pm\beta)^{\frac{3}{2}}\left[1+\frac{\pi^2}{8(\eta\pm\beta)^2}+\cdots\right]$$

改写成

$$(\eta\pm\beta)^{\frac{3}{2}}=\frac{3}{2}F_{\frac{1}{2}}(\beta\pm\eta)\left[1+\frac{\pi^2}{8(\eta\pm\beta)}+\cdots\right]^{-1},$$

$$\eta\pm\beta=\left[\frac{3}{2}F_{\frac{1}{2}}(\eta\pm\beta)\right]^{\frac{2}{3}}\left[1+\frac{\pi^2}{8(\eta\pm\beta)^2}+\cdots\right]^{-\frac{2}{3}}$$

$$=\left[\frac{3}{2}F_{\frac{1}{2}}(\eta\pm\beta)\right]^{\frac{2}{3}}\left[1-\frac{\pi^2}{12(\eta\pm\beta)^2}-\cdots\right]. \tag{5.42}$$

考虑到式（5.33），令

$$\left.\begin{aligned}Z_1&=\left[\frac{3}{2}F_{\frac{1}{2}}(\eta+\beta)\right]^{\frac{2}{3}}=\frac{E_F}{k_BT}(1+m)^{\frac{2}{3}},\\Z_2&=\left[\frac{3}{2}F_{\frac{1}{2}}(\eta-\beta)\right]^{\frac{2}{3}}=\frac{E_F}{k_BT}(1-m)^{\frac{2}{3}},\end{aligned}\right\}\tag{5.43}$$

用（$\eta\pm\beta$）与 Z_1 和 Z_2 的对应逆关系

$$\eta+\beta=Z_1\left[1-\frac{\pi^2}{12(\eta\pm\beta)^2}+\cdots\right]=Z_1\left[1-\frac{\pi^2}{12Z_1^2}+\cdots\right],$$

$$\eta-\beta=Z_2\left[1-\frac{\pi^2}{12Z_2^2}+\cdots\right],$$

由此求出

$$\beta=\frac{1}{2}[Z_1-Z_2]-\frac{\pi^2}{24}\left[\frac{1}{Z_1}-\frac{1}{Z_2}\right]-\frac{\pi^4}{80}\left[\frac{1}{Z_1^3}-\frac{1}{Z_2^3}\right]\cdots.$$

如忽略 $Z_{1,2}^{-3}$项，根据式(5.30)和式(5.43)，得到

$$\begin{aligned}\frac{\theta'_m}{T}&=\frac{E_F}{2k_BT}[(1+m)^{\frac{2}{3}}-(1-m)^{\frac{2}{3}}]-\frac{\pi^2}{24}\left(\frac{k_BT}{E_F}\right)\times\left[\frac{1}{(1+m)^{\frac{2}{3}}}-\frac{1}{(1-m)^{\frac{2}{3}}}\right]+\cdots\\&=\frac{E_F}{2k_BT}[(1+m)^{\frac{2}{3}}-(1-m)^{\frac{2}{3}}]\left[1+\frac{\pi^2}{12}\left(\frac{k_BT}{E_F}\right)^2\frac{1}{(1-m^2)^{\frac{2}{3}}}\right],\end{aligned}$$

或写成

$$\frac{k_B\theta'}{E_F}=\frac{1}{2m}[(1+m)^{\frac{2}{3}}-(1-m)^{\frac{2}{3}}]\times\left[1+\frac{\pi^2}{12}\left(\frac{k_BT}{E_F}\right)^2\frac{1}{(1-m^2)^{\frac{2}{3}}}\right].\tag{5.44}$$

当 $T=0$ 时 $m=m_0$，式（5.44）变为

$$\frac{k_B\theta'}{E_F}=\frac{1}{2m_0}[(1+m_0)^{\frac{2}{3}}-(1-m_0)^{\frac{2}{3}}].\tag{5.45}$$

如果是完全自发磁化状态（如图 5.13（a）所示），则有 $m=m_0=1$，因此得到完全磁化条件

$$\frac{k_B\theta'}{E_F}=2^{-\frac{1}{3}}=0.793701.\tag{5.46}$$

总结以上得到的(5.43)和(5.45)两式，给出各种磁性解的条件，通常称为斯托纳条件，即

（1）无自发磁化条件：

$$\frac{k_B\theta'}{E_F}<\frac{2}{3};$$

（2）部分自发磁化：

$$\frac{2}{3}\leqslant\frac{k_B\theta'}{E_F}<2^{-\frac{1}{3}};$$

（3）完全自发磁化：

$$\frac{k_B\theta'}{E_F}\geqslant 2^{-\frac{1}{3}}.$$

第一个条件为非磁性解，第二个条件如图 5.13(b)所示的能带结构，称为弱铁磁性状态，第三个条件称为强铁磁性状态．当然这个条件应从物理上来了解，而不要过多的要求它的定量性质．因为根据斯托纳理论得到的过渡金属(Fe,Co,Ni)的居里点都比实际的值高三倍．

5.2.4　自发磁化与温度的关系

5.2.4.1　居里温度附近的自发磁化与温度的关系

在居里温度附近的情况，自发磁化随温度变化关系可由式(5.44)得到，因这时 $m\ll1$，将式(5.44)展开成 m 的幂级数，并只取到 m^2 项，这时式(5.45)变为

$$\frac{k_{\mathrm{B}}\theta'}{E_{\mathrm{F}}}\cong\frac{2}{3}\left[1+\frac{2}{27}m^2+\frac{\pi^2}{12}\left(\frac{k_{\mathrm{B}}T}{E_{\mathrm{F}}}\right)^2\left(1+\frac{20}{27}m^2\right)\right],$$

左边的量可以用式(5.40)来表示，得

$$\frac{2}{3}\left[1+\frac{\pi^2}{12}\left(\frac{k_{\mathrm{B}}T_{\mathrm{c}}}{E_{\mathrm{F}}}\right)^2\right]\approx\frac{2}{3}\left[1+\frac{2}{27}m^2+\frac{\pi^2}{12}\left(\frac{k_{\mathrm{B}}T}{E_{\mathrm{F}}}\right)^2\left(1+\frac{20}{27}m^2\right)\right].$$

由于 $E_{\mathrm{F}}\gg k_{\mathrm{B}}\mathrm{T}$，式中$\left(\frac{k_{\mathrm{B}}T}{E_{\mathrm{F}}}\right)^2m^2$ 项比 m^2 小得多，可以忽略，所以得

$$m^2=\frac{9\pi^2}{8}\left(\frac{k_{\mathrm{B}}T_{\mathrm{c}}}{E_{\mathrm{F}}}\right)^2\left[1-\left(\frac{T}{T_{\mathrm{c}}}\right)^2\right],$$

$$m=\frac{3\pi}{2\sqrt{2}}\left(\frac{k_{\mathrm{B}}T_{\mathrm{c}}}{E_{\mathrm{F}}}\right)\left[1-\left(\frac{T}{T_{\mathrm{c}}}\right)^2\right]^{\frac{1}{2}},\tag{5.47}$$

即

$$M=M_0\,\frac{3\pi}{2\sqrt{2}}\left(\frac{k_{\mathrm{B}}T_{\mathrm{c}}}{E_{\mathrm{F}}}\right)\left[1-\left(\frac{T}{T_{\mathrm{c}}}\right)^2\right]^{\frac{1}{2}}.\tag{5.48}$$

$M(T)$与 T 的关系是由$\left[1-\left(\frac{T}{T_{\mathrm{c}}}\right)^2\right]^{\frac{1}{2}}$来决定，这和分子场理论的结果$\left[1-\frac{T}{T_{\mathrm{c}}}\right]^{\frac{1}{2}}$不同．

5.2.4.2　绝对零度附近自发磁化与温度的关系

绝对零度附近自发磁化随温度变化的关系有两种情况，先讨论完全自发磁化(图 5.13(a)) 的情况．

(1) 根据式 (5.33b)

$$m=1-\frac{3}{2}\left(\frac{k_{\mathrm{B}}T}{E_{\mathrm{F}}}\right)^{\frac{3}{2}}F_{\frac{1}{2}}(\eta-\beta).\tag{5.49}$$

由于

$$\eta+\beta=\left[\frac{3}{2}F_{\frac{1}{2}}(\eta+\beta)\right]^{\frac{3}{2}}\left[1-\frac{\pi^2}{12(\eta+\beta)^2}\right]$$

$$\cong\left[\frac{3}{2}F_{\frac{1}{2}}(\eta+\beta)\right]^{\frac{3}{2}}, \tag{5.50}$$

将式(5.30a)代入上式，并因 $T\approx0$ 时，$m\approx m_0=1$，所以

$$\eta+\beta=\frac{E_F}{k_B T}(1+m)^{\frac{2}{3}}=\frac{E_F}{k_B T}2^{\frac{2}{3}}.$$

另外，根据上式得到

$$\eta-\beta=\eta+\beta-2\beta\approx\frac{E_F}{k_B T}2^{\frac{2}{3}}-2\frac{\theta'}{T}m$$

$$\approx\frac{2E_F}{k_B T}\left[2^{-\frac{1}{3}}-\frac{k_B\theta'}{E_F}m\right]<0,$$

这是因为$(k_B\theta'/E_F)\geqslant2^{-\frac{1}{3}}$和 $m=1$. $\eta-\beta<0$，说明 $T\approx0$，β 非常大，将 $F_{\frac{1}{2}}(\eta-\beta)$ 用下述级数表示

$$F_{\frac{1}{2}}(\eta-\beta)=\frac{\sqrt{2}}{2}\sum_{n=1}^{\infty}b_n e^{n(\eta-\beta)},$$

$$b_n=(-1)^{n-1}n^{-\frac{3}{2}}.$$

由于 $\eta-\beta<0$，可能 $\beta\gg\eta$，这样只取级数的第一项即可，则

$$F_{\frac{1}{2}}(\eta-\beta)=\frac{\sqrt{2}}{2}e^{\eta-\beta},$$

将此式代入式(5.49)，得到

$$m=1-\frac{3}{4}\sqrt{\pi}\left(\frac{k_B T}{E_F}\right)^2 e^{-K}, \tag{5.51}$$

其中

$$K=\frac{2E_F}{k_B T}\left(\frac{k_B\theta'}{E_F}-2^{-\frac{1}{3}}\right),$$

此式给出的 $M(T)$与温度变化关系是指数形式，这一结果与分子场理论相似．

(2) 考虑图 5.13(b)的情况，这时

$$\frac{k_B\theta'}{E_F}<2^{-\frac{1}{3}},$$

由于 T 比较低，所以 $\eta\gg1$. 应用(5.44)和(5.45)两式，以及考虑到低温时(m_0-m)是一个小量，将式(5.30)展成 $m_0=m+\Delta m$ 的泰勒级数，可以得到

$$\frac{m}{m_0}=1-\frac{9\pi^2}{8m_0^2}\left(\frac{k_B T}{E_F}\right)^2, \tag{5.52}$$

说明低温下，弱铁磁性状态情况 M 与温度有 T^2 变化的关系．图 5.14 给出了不同 $k_B\theta'/E_F$ 值时的 M_s/M_0 和 $1/\chi_N$ 与温度的关系．当 $k_B\theta'/E_F=\infty$时，相当于玻尔兹曼统计情况．在用能带理论计算时令 $S=\frac{1}{2}$[4]．

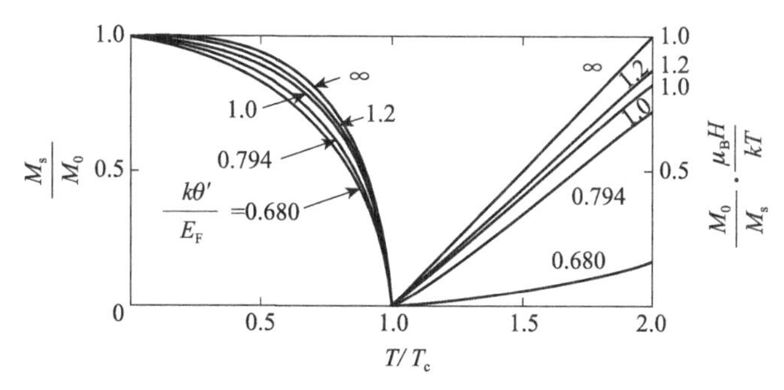

图 5.14　自发磁化和磁化率与 T 的关系

5.2.4.3　关于斯托纳模型与局域电子模型的比较

斯托纳模型与局域电子模型所得出的结果有许多不同之处，主要表现在如下几方面：

(1) 对于局域自旋模型，只要分子场系数 $\lambda>0$，铁磁金属的居里点总是有限值，并能得到低温铁磁性，然而，对于斯托纳模型，即使 0K 温度也不一定会得到铁磁性．为了得到铁磁性必须要求巡游电子能带宽度小于某特定数值．

(2) 由得到的斯托纳自发磁化条件，可将自发磁化情况分成：①强铁磁性（完全自发磁化）状态和②弱铁磁性（非完全自发磁化）状态．

(3) 局域电子模型在 0K 时，自发磁化 M_0 的大小由每个原子自旋 S 决定，并等于 $Ng\mu_BS$. 对于斯托纳模型自发磁化 M_0 的大小由能带的空穴数（即每个原子中有效玻尔磁子数）决定．自发磁化随温度的变化关系与分子场理论的结果不大相同．

5.2.5　电子交换-关联势 χ_α[27,28]

在较早的时候，斯莱特就提出了所谓 χ_α 电子交换-关联作用势．他从哈特里-福克方程出发，考虑到一个原子中有 n 个电子，第 i 个态中一个电子对位置 1 的贡献用 $u_i(1)$表示，这样，

$$\rho(1)=\sum_i p_i u_i^*(1)u_i(1)$$

表示位置 1 的总电荷密度，p_i 为占据数，考虑到自旋取向，以及电子之间（排除自身）的相互作用，可以得到电子交换关联作用势，用变分法可以求出相应的能量．斯莱特认为，一个具有正自旋的电子、在位置 1 的交换关联势与该自旋态的电荷密度的立方根成正比

$$V_{\chi_\alpha\uparrow}=-6\alpha\left[\frac{3}{4\pi}\rho_\uparrow(1)\right]^{\frac{1}{3}}, \tag{5.53}$$

其中，系数 $\alpha\sim1$. 为了与用哈特里-福克势得到的能量相比较而列出计算的 α 值，示于表 5.3[29]. 可以看到，过渡金属的 $\alpha\sim0.7$，而且各原子的 α 值相差不大. 在文献[30]中指出 α 为可变参数.

冯巴什(von Barth)等指出[31]，在斯莱特和 KSG[32,33] 势中没有考虑自旋极化的情况，而是将电荷密度用局域正、负自旋密度($N=N^{+}+N^{-}$)和密度矩阵 $\rho_{\alpha\beta}(r)$ 来代替 $\rho(r)$，这样得到交换关联势和相应的能量，并由此可以计算出自旋磁化率和增强因子. 卡拉威(Callaway)[16] 等用不同的 α 值计算了 Ni 和 Fe 的磁矩、劈裂矩 Δ 和精细场的大小. 在表 5.2 中已列出这些计算值和实验值. 从表中可以看出 VBH(von Barlh，Hedin)势的结果与实验比较接近一些. 总的说来，Δ 值相差较大.

表 5.3 X_α 能量等于哈特里-福克能量时所相应的 α 值[29]

Z	原子	电子组态	α 值	Z	原子	电子组态	α 值
5	B	$2s^2 2p$	0.76531	22	Ti	$3d^2 4s^2$	0.71698
6	C	$2s^2 2p^2$	0.75928	23	V	$3d^3 4s^2$	0.71556
12	Mg	$3s^2$	0.72913	24	Cr	$3d^5 4s^1$	0.71352
13	Al	$3s^2 3p^1$	0.72853	26	Fe	$3d^6 4s^2$	0.71151
14	Si	$3s^2 3p^2$	0.72751	29	Cu	$3d^{10} 4s^1$	0.70697
15	P	$3s^2 3p^3$	0.72620	30	Zn	$3d^{10} 4s^2$	0.70677
16	S	$3s^2 3p^4$	0.72475	40	Zr	$4d^2 5s^2$	0.70424
20	Ca	$4s^2$	0.71984	41	Nb	$4d^4 5s$	0.70383

5.2.6 d_l-d_i 交换极化模型[34]

利用自旋密度局域化模型来讨论过渡金属磁有序结构已经取得了一定成果，但所存在的根本问题是过渡金属中电子的自旋密度，特别是怎样从实验中测出对磁性有贡献的电子自旋密度的变化. 这些工作对理论具有重大的意义，同时也是对理论的最后检验，当然，能带模型及其理论的成果已为许多实验所证实，并经受了检验. 但是在过渡金属中，巡游电子模型的一个基本事实到目前还不够清楚. 这就是说，究竟有多少 3d 电子是巡游的，对不同的原子有什么区别? 斯蒂恩斯(M. B. Stearns)[34] 比较长期地研究了这个问题，她提出过渡金属中 3d 电子分成两类：一部分是局域电子，用 d_l 表示；另一部分是巡游电子，用 d_i 表示. s 电子对磁性无贡献，主要是 d_l 和 d_i 电子之间存在交换作用，使 d_i 极化. 由于 d_i 是正极化，反过来对 d_l 也有影响，因而近邻原子之间的 d_l 电子存在正的交换作用，称为 d_l-d_i 交换极化模型. 这好像是 RKKY 模型的情况. 实验上可以测量出 s 传导电子的极化情况，而 $3d_i$ 尚未直接测出，但在文献[35]中给出了一个假定的结果，图 5.15 示出了 4s 传导电子和巡游电子 $3d_i$ 的极化与距离的关系曲线. 这个假定的结果认为 d_i 的极化方向是由波动函数式(3.63)决定的，由于正极化

要求函数的第一个节点要大于最近邻间距，从下式

$$[r\cos(2k_f r)-\sin(2k_f r)]/r^3=0$$

求得的 r 要大于第一近邻的距离，则相应的 k_f 就不能大，k_f 与巡游电子数 $n^{\frac{2}{3}}$ 成正比．由此估计 Fe 原子中 d_i 的数目不能多于 0.4 个．

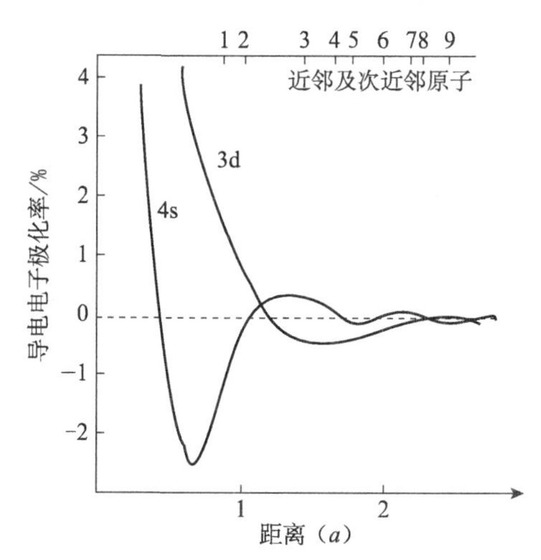

图 5.15　导电电子极化率与距离的关系

图中给出 4s 电子的第一个结点在最近邻之内、3d 电子的第一个结点大于最近邻间距情况下的假定极化曲线

斯蒂恩斯认为一个铁原子中 d_i 和 d_l 的总数为 7，而其中 5％是 d_i 电子，即 0.35 个，并且还认为：

（1）0.35 个 d_i 电子的极化情况是 0.30 个向上，0.05 个向下，总共有 0.25 个朝上自旋．

（2）在 6.65 个 d_l 电子中，4.30 个朝上取向，2.35 个朝下取向，总共有 1.95 朝上自旋．这样每个 Fe 原子具有 $2.2\mu_B$ 的磁矩，并具有铁磁性．

由于 Mn 原子中 d_i 电子数目超过 0.4，因此在第一近邻范围内，d_i 电子是负极化的，所以 Mn 具有反铁磁性．

Sc，Ti，V 金属原子中，只有游动的 $3d_i$ 电子，由于无局域 d 电子，所以是顺磁性的．但是 Cr 的情况就比较复杂，用 d_l-d_i 交换极化模型虽能说明 Cr 具有反铁磁性，但对说明磁矩的大小具有正弦周期性的变化仍有困难．

由于 Cu 和 Zn 的电子组态分别为 $3d^{10}4s^1$ 和 $3d^{10}4s^2$，所以 3d 壳层是满的，不存在巡游电子，因此为抗磁性．

斯蒂恩斯提出 d_l-d_i 交换极化模型的理论和实验根据是什么？主要有如下几个方面：

（1）应用核磁共振和穆斯堡尔（Mössbauer）谱的测量技术，测量了 Fe 合金中 s 电子的极化，从而推断出纯 Fe 中的 d_i 电子的极化情况．图 5.16 示出了 Fe

中 4s 电子极化的测量结果（实线）和假设的 d_i 电子的极化与邻近原子距离的函数关系，证明了 s 电子是反极化的，d_i 电子是正极化的．

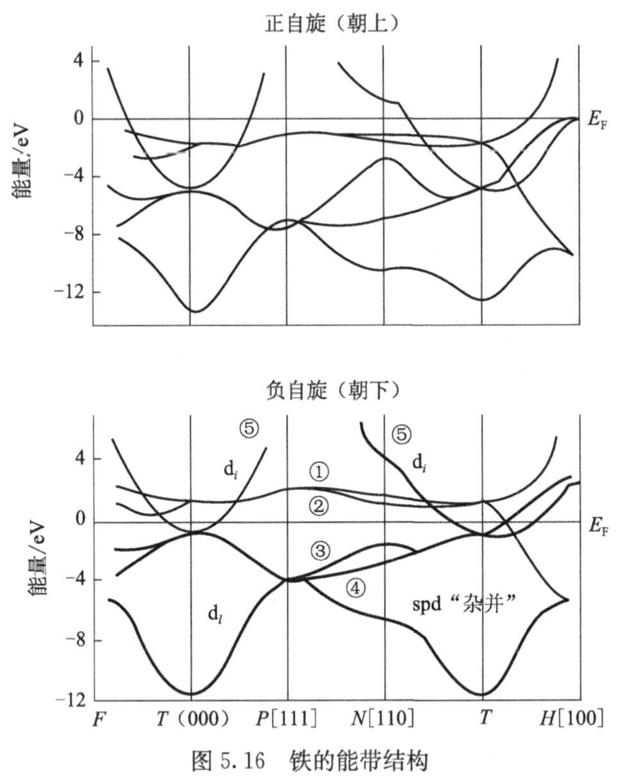

图 5.16 铁的能带结构

①，②，③，④，⑤分别表示第 1，2，3，4，5 个电子所具有的能带结构，正自旋能带中基本填满了电子，而负自旋能带尚有较多的空穴

（2）根据能带模型计算的 Fe 的能带结构可以看出，d 电子的能带图像中有些能带是很平缓的，有些能带具有抛物线形状．严格地说来，局域电子是不具有能带结构的．但可以设想，平缓的能带所反映的巡游电子有效质量很大，而接近局域电子状态，由此可以把 d 电子分成两类．图 5.16 给出了 Fe 的 $n=3$，4 主壳层的电子能带结构[34]，图中标出 d_l 电子的能带平缓情况，d_i 电子能带是抛物线形，数字表示 3d 电子轨道标号，以 Γ 为中心，⑤号能带近似抛物线，其他各 3d 电子能带比较平缓．

（3）用德哈斯-范阿尔芬效应测得 Fe 的费米面与能带计算结果符合较好．

根据能带计算得 $d_i(\uparrow)$ 自旋为 0.30 个/原子，$d_i(\downarrow)$ 自旋为 0.05 个/原子．从实验测得 $d_i(\uparrow)$ 为 0.2 个/原子，$d_i(\downarrow)$ 为 0.01 个/原子．总之，d_i 的数目没有超过 0.4 个/原子．

虽然斯蒂恩斯利用 d_l-d_i 交换极化模型初步解释了第一过渡族金属的各种磁

特性，但有关于这个模型的理论方面的详细工作还不多，有待于进一步发展．

5.3　过渡金属合金的磁性

本章一开始就在图 5.1 中就给出了斯莱特-泡令关于合金磁矩与平均电子数的关系．从曲线上表示出了大量的实验结果，看到 Fe，Co，Ni 组成二元合金的磁矩变化情况：V，Cr 使二元合金的磁矩随成分减小很快，而 Cu，Zn，Al 等元素加入 Ni 后，合金的磁矩随价电子数成比例地减小．例如，Ni-Cu 合金，Cu 的价电子为 1；Ni-Si 合金中 Si 的价电子数为 4，则后者的磁矩减小比前者快四倍．图 5.17 示出了变化的情况．从图中可以看出，理论计算与实验结果是比较一致的．

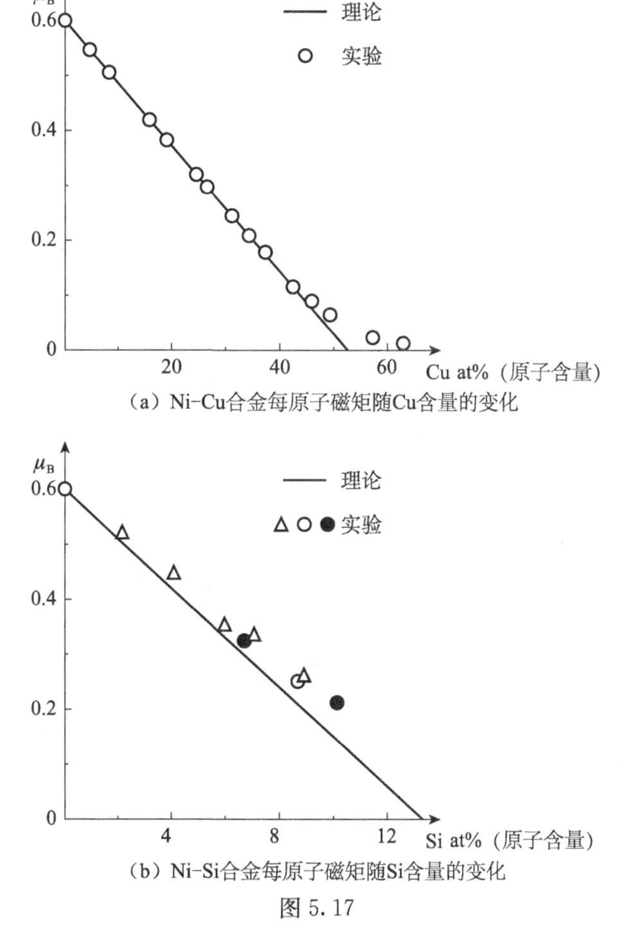

（a）Ni-Cu合金每原子磁矩随Cu含量的变化

（b）Ni-Si合金每原子磁矩随Si含量的变化

图 5.17

莫脱[5]首先用简单的刚性带模型解释了 Ni-Cu 等合金的磁性，认为 Ni 的 3d 和 4s 带在与非过渡金属形成合金时，不发生变化．而 Cu，Al，Si 的价电子数为

1，3，4（即 s 电子），这些电子分别填到 Ni 的 4s 和 3d 带中．因此，Ni 的 3d 带中未被抵消的电子数减少，使合金磁矩降低．其大小与$(n_0-cZ_i)\mu_B$成比例，其中 $n_0=0.6$，c 为 Cu，Zn，Al 的原子百分比，Z_i 为价电子数．

Fe 的合金和 Ni 中加 V，Cr 等元素形成的合金的磁性无法用刚性带模型来解释，根据对这类合金的比热研究，弗里埃德尔(J. Friedel)[36]首先将加入到 Fe，Ni 为基的合金化元素看成杂质原子，它对过渡金属的 d 带有影响，可能出现束缚态．后来，柏贝(J. L. Beeby)[37]、金森(J. Kanamori)等[38]和柯斯特尔(G. F. Koster)等[39]对杂质原子的影响进行了讨论和计算．这里不打算详细介绍理论的计算过程，而只从其结果出发，先介绍基本结论和物理图像，然后再在此基础上解释一些实验结果．

5.3.1 合金中基质元素能带的变化

如将过渡金属 Fe，Co，Ni 作为合金的主体，则称它们为基质原子；将合金化元素（如 V，Cr，Mn，Cu，Zn，Al，Si，Ge 等）看成杂质原子，两者形成二元系无序合金．由能带理论讨论结果可知，杂质原子的外层电子将使基质原子的 d 能带的形状发生变化．以过渡金属中一个基质原子被其他杂质原子置换为例来说明这种变化的情况．

(1) 杂质原子的 d 带能量较高于基质原子的 d 带时，如它们的势能差不大，则基质原子的 d 带所发生的变化为：在高能区的态密度曲线略有上升，低能区的态密度曲线略有下降，如图 5.18(a)所示，图中实线表示纯基质原子的 d 带曲线形状，虚线表示杂质原子对基质原子 d 带影响后的形状．

(2) 如果两种原子的势差比较大（杂质原子势较高），则在基质原子的 d 带的高能量区出现一个局域于杂质原子的态，或称为束缚态，如图 5.18(b)所示．

(3) 如果杂质原子的 d 带能量比较低，则对基质原子的 d 带的影响如图 5.18(c)所示，整个 d 带的态密度曲线稍有降低．

(4) 如果基质原子和杂质原子的势差很大（杂质原子势低），则在基质原子 d 带的低能量区出现一个局域于杂质原子的态，并具有 d 对称，从而含有五重态．这里主要是 d 带变化，而 s，p 态的变化不大．其图像与图 5.18(b)相反，在原 d 带下面形成一个束缚态．

(5) 如果加入 Cu，Zn，Al 等非过渡金属，并仍以置换方式形成无序合金，由于这些杂质原子的 d 带具有很高（或非常低）的能量，因此在置换了一个基质原子后，可以认为只是在 d 带中减少了一个原子的 d 电子态．这样，d 带仅发生很小的下降，如图 5.18(c)所示的变化．这里假定杂质原子的 s，p 电子影响不大．

(6) 如果杂质原子的 s，p 电子的作用势比较强，它对 d 带也有影响，如 Al 的情况．由于杂质原子的 s，p 电子和基质原子中的 s，p，d 电子混杂，从而构成结合态或反结合态．

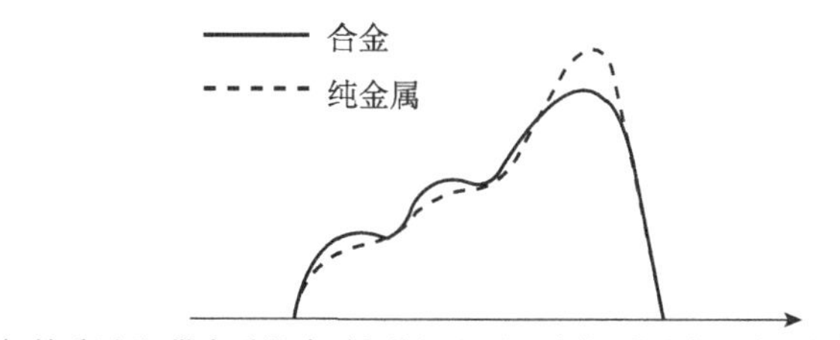

(a) 基质原子d带未受影响（实线）和受影响使d带升高和降低的情况（虚线）

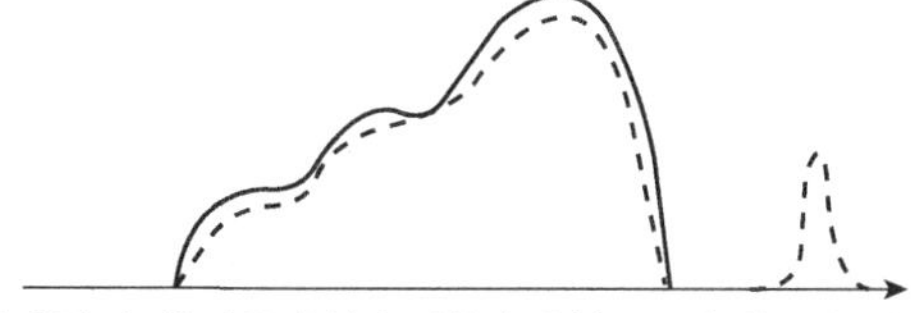

(b) 基质原子d带受影响较大时的变化情况，高能区出现局域态

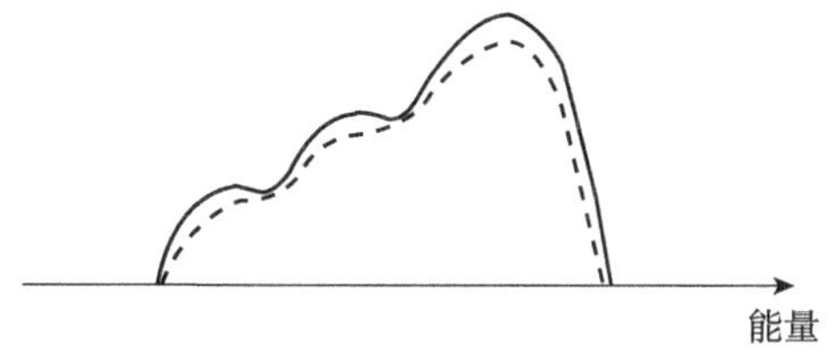

(c) 基质原子d带能量较高时受到杂质原子势影响不大时的变化情况

图 5.18　基质原子 d 带受杂质原子影响的示意图

当杂质原子的 s，p 电子对基质原子的 d 电子影响较大（对 s，p 作用不太强）时，在 d 带下面出现结合成键态，在 d 带上面出现反结合成键态．如果杂质原子的 s 电子作用很强，这两个态会形成局域态，如图 5.19(a)所示，反结合态较宽．

如果杂质原子的 s，p 电子作用势比较强，反结合态就要进入 d 带，而变成如图 5.19(b)所示的形状，其宽度略有收缩，高度稍有增加，但在低能区却下降，结合态位置下移．

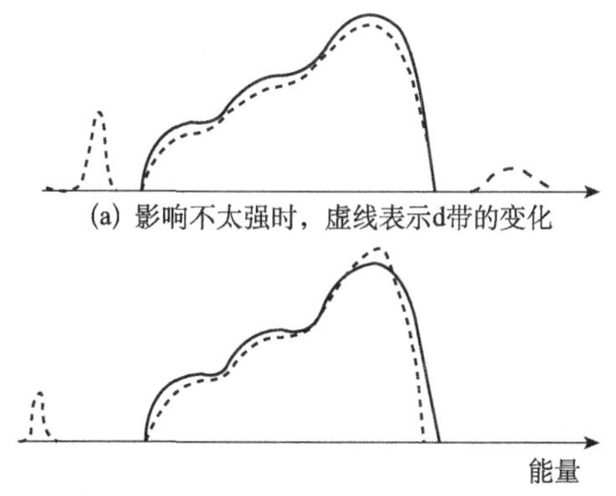

(a) 影响不太强时，虚线表示d带的变化

(b) 影响较强时，高能区的反结合态和d带合并

图 5.19　非过渡金属杂质原子的 s，p 电子对基质原子 d 带的影响情况

5.3.2 基质元素中的费米能级

第二个重要的结果是基质原子的费米能级很少受到杂质原子的影响．这样，杂质原子加入后所引起的、费米能级以下态密度的变化总量比较容易求出来，以 Ni-V 合金为例，Ni 的（3d+4s）电子数 $Z=10$，V 的（3d+4s）电子数 $Z'=5$，在置换掉一个 Ni 原子后，电子变化 $\Delta Z=-5$. 它一定等于费米能级以下的各种对称态的、状态数变化的总和．其原因在于合金整体保持电中性，则由杂质原子所带入的不足（或多余）电子数目，必须填在费米能级以下的能态中，所以费米能级不因杂质原子的进入而改变．图 5.20 给出了 Fe-Co 合金的 3d 带随 Co 原子近邻数增加而变化的情况[40]，可以看到费米能级未变化，但正 3d 带中空穴数减少（Co 近邻增加），负 3d 带空穴数增加．

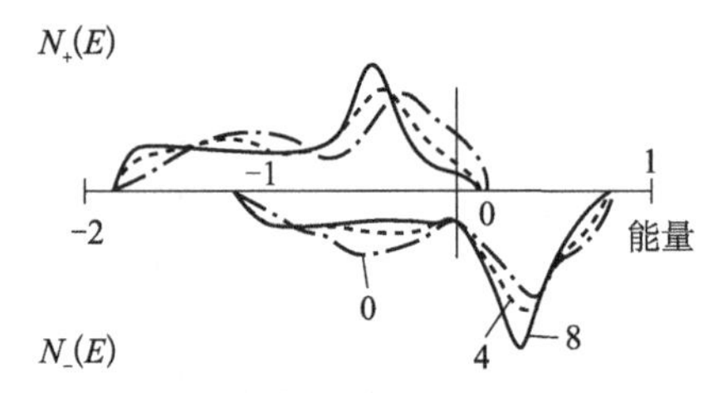

图 5.20 Fe 原子在 $Fe_{0.9}Co_{0.1}$ 合金中的局域 3d 态密度

0，4，8 分别表示 Fe 的 Co 近邻数目

5.3.3 杂质原子对正、负带的影响

上面只是讨论了一般 d 带受影响的情况．在解释过渡金属合金磁性时，必须考虑原子势与自旋取向的依赖关系．众所周知，电子交换作用和关联效应使 3d 带劈裂成正、负带（见图 5.5）．杂质原子对 Fe，Co，Ni 的 3d 正、负带影响的结果，仍按前面所给出的形式变化．图 5.20 就是一个例证．据此，下面分别两种情况来解释过渡金属合金磁性的大小及其随成分的变化．

(1) 以 Ni 为基质，将 Fe 或 Co 加入形成 Ni-Fe，Ni-Co 合金后，其磁化强度只与平均电子数有关．由于 Fe，Co 和 Ni 的原子势差别不大，形成合金后，d 带发生如图 5.18(a)所示的变化．考虑到正、负带的区别，由于正带在费米能级以下，态密度虽有点变化，但总量不变；而负带的形状略有变化，并使空穴数相对增加．这样，未被抵消的电子自旋数增加，所以磁矩增大．加 Co 和 Fe 使合金磁矩分别以 $1\mu_B$ 和 $2\mu_B$ 的比例增大．

以 Fe 为基质、加入 Co 或 Ni 之后的 Fe-Co，Fe-Ni 情况，与 Ni 的有点不同．这里，在费米能级之上，正带的空穴数随 Co 或 Ni 的加入量增加而减少，而负带的空穴数却随 Co 或 Ni 的加入量增加而增加，因而合金的总磁矩增大．理论计算的结果与实验是一致的，具体如图 5.21 所示[40]. 从该图中还可以看出，当平均电子数在 8.3 左右时（~30%Co），随着 Co 和 Ni 成分的增加，合金磁矩存在极大值．而以后随 Co 和 Ni 的不断增多，磁矩下降很快．变化很快的原因可能是体心立方到面心立方结构的转变引起的．在面心立方结构中，Fe 具有反铁磁性．

（2）当 V，Cr 加到 Ni 中形成 Ni-V，Ni-Cr 合金时，由于与 Ni 的原子势差较大（$\Delta Z<0$），因而在 d 带上面出现如图 5.18(b)那样的局域态(束缚态)．因它的能量高，在费米能级之上，所以是空的．由于形成这些局域态，从正、负 d 带中应扣除这些态，总共为 10 个态．而考虑 ΔZ 的电子数目，就得到每个杂质原子引起扣除的态数为 $10+\Delta Z$. 也就是说，合金的磁化强度以$(10+\Delta Z)\cdot\mu_B$/(每杂质原子)的比例减小．这样就解释了 V，Cr 加到 Ni，Co 中形成合金后磁矩急剧下降的结果．

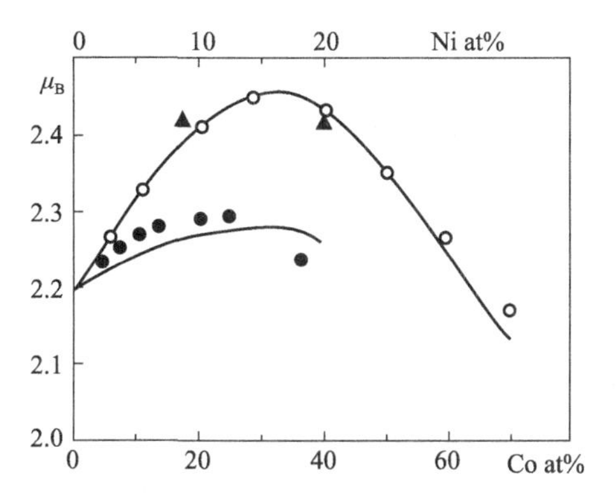

图 5.21　Fe-Co 和 Fe-Ni 合金的磁矩和 Co，Ni 含量的关系曲线
实线代表理论值，点代表实验值

Mn 作为杂质原子加入到 Ni 中后，其影响比较复杂．Mn 含量少时，合金磁矩上升，增加含量时则下降．因为 Mn 的作用使正 3d 带态密度发生变化，即在能带上面出现赝束缚态，可能有少量电子占据，因而导致磁化强度升高．另外，Mn 原子在合金中具有局域磁矩，取向与合金磁化强度一致．

对于 Mn 加入到 Fe 和 Co 中，与 Ni-Mn 合金情况相反，可能是 Mn 的磁矩与 Fe，Co 反平行取所致．

（3）过渡金属和非过渡金属或是类金属组成合金时，其磁矩的变化与杂质原子的价数 Z_i 有密切关系．以 Ni 为例，当加入 Cu，Zn，Al 或 Si，Ge 后，如形成置换式合金，其磁化强度与 $Z_i\mu_B$ 成比例地减小(Z_i 分别等于 1,2,3,4,5). 这种变化规律在形式上可以用杂质原子的价电子填充到 3d 带中的填充模型来解释，但到目前为止，仍未能计算出这种耦合后的电子态的具体形状．不过可以假定一个适当的作用势，考虑到 s，p，d 态的对称性，以及 s，p 对 d 带为弱耦合作用，可以估算出 d 态的变化相当于图 5.19(a)所示的情况．这样，就得到与 3d 带有关的结合态和反结合态．这里最重要的事实是，以杂质原子为中心的 s，p 对称态在费米能级以下的总数保持不变．如果仅限于杂质原子，则 s，p 电子数应与价电子数几乎相等，以保持电中性．这里所说的状态数不变，是由于周围的 Ni 原子的 s，p 电子减少恰等于杂质原子多出的电子数．而周围 Ni 原子中电子数减少就会导致势场的改变，这将使负 d 带的状态数减少，结果就引起磁化强度与 $Z_i\mu_B$ 成比例地下降．对于以 Fe 为基的情况，合金磁化强度与 $2\mu_B$ 成比例地减小．上述定性的讨论的证明请参看文献[41].

总的说来，对一些比较简单的 Ni 合金的磁性可以用“刚性带模型”来解释[42]．一般来说，用“关联势近似”（CPA）、或是 CPA 和哈特里-福克方法联合来处理．研究合金的有序问题时，常用原子对模型．能带理论在解释过渡金属合金磁性方面取得了不少结果，但大都局限于接近绝对零度的情况，至于在有限温度下的影响还有待于进一步研究[43].

5.4 半金属能带结构和磁性

20 世纪末，因发现矩磁电阻而创建了自旋电子学，其中自旋极化电子电导及其在输运过程中产生的新现象引起人们的极大兴趣．这样，寻找具有 100％极化率的电子电导材料是非常有意义的．而在 100 年之前发现的半金属材料 Heusler 合金[44]和后来发现的半 Heusler 合金[45]，以及其他多种类型的半金属氧化物[46]有可能成为自旋电子学的重要实用材料．这里所说的半金属是指该材料的能带结构既具有金属性极化电子导电特性，同时又具有绝缘(或半导)体特性．这一节主要介绍半金属合金的能带结构的特点和成因．

在能带理论建立之前，经典的金属电子理论对金属、半金属和绝缘体的分类是以载流子浓度的大小为依据．金属导体如 Au、Ag、Cu、Fe 等，其载流子浓度在 10^{22}cm^{-3}或更高，对于半金属的载流子浓度在 $10^{21}\sim10^{17}\text{cm}^{-3}$，如锑(Sb)为 $5.5\times10^{21}\text{cm}^{-3}$，Bi(铋)为 $2.9\times10^{17}\text{cm}^{-3}$．还有 In，Ga，Ge 等都属于半金属，但都不具有较强的磁性．经典电子论无法解释电子对金属比热的贡献微不足道，以及电子在导体中的自由程却很大的实验事实．而能带理论比较成功地解释了这两个问题．

根据能带理论，金属的能带结构在费米能级处不具有能隙，或是在费米能级处导带和价带之间有交叠，即使在极低的温度仍具有很好的导电性，而半金属和绝缘体的价带和导带之间存在费米能级，并具有能隙，具体如图 5.22 所示．由于一些金属的能带结构存在带(能)隙，在基态情况或温度很低时它们都属于绝缘体．如在适当的温度(300K)，由于热激活，价带中电子被激发到费米能级以上，如能隙不宽并能进入导带，这才具有导电性，称之为半金属，如 In，Ga，As，Ge，Sb 等元素．如能隙较宽，即使温度较高，其导电率也很低，则称之为绝缘体．这种解释仍然与载流子浓度的大小有关，但本质的区别在于，经典理论认为自由电子服从玻尔兹曼统计，而正确的结果是应该遵从费米统计．一般说来，半金属大都不具有较强的磁性．

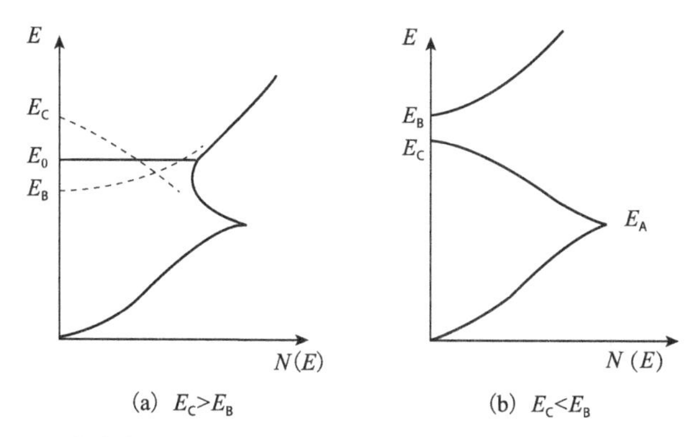

图5.22 能态密度重叠（a）和能态密度之间存在能隙（b）的示意图（取自文献［47］图4-38）

20世纪初年人们发现X_2MnZ型磁性合金，称之为Heusler合金[44]（其中X可用Cu，Au，Pd，Ni，Co；Z为Al，In，Ga，Ge，Sb，Si），最具有代表性的是Cu_2MnAl合金，并表现为强磁性，人们对其结构和磁性方面作了较为详细的研究．

从晶体结构来说，如以Mn的位置为参考点，它形成面心立方结构．现将Mn的第一个位置的坐标定为(0，0，0)，其他的三种原子(X_1，X_2和Z)占据的位置都具有面心立方结构，并可以交叉重叠成一个面心立方180°旋转对称的$L2_b$结构，属O_h群对称性．这样X_1原子的第一个坐标为(1/4，1/4，1/4)，相应的Z原子和X_2原子的位置分别为(1/2，1/2，1/2)和(3/4，3/4，3/4)．具体的情况参看图5.23[48].

从磁性的表现来看，每个锰原子贡献$4\mu_B$．由于Z原子的不同，可以显示为铁磁性或反铁磁性，分别如图5.23中(a)和(b)的情况所示．除Co或Fe原子替代X原子显示一定的磁矩，一般只有Mn原子贡献磁矩，`Ni原子对磁矩的贡献很小，可以不计入．

下面以Cu_2MnSb合金为例来讨论其磁性来源．由于Mn为$3d^5 4s^2$电子结构，Cu一般为$3d^{10} 4s^1$电子结构，Sb为$4d^{10} 5s^2 5p^3$电子结构．从图5.23可以看到，磁性原子Mn被非磁性原子隔开，基于安德森间接交换作用模型，Mn有5个3d电子，Cu的3d电子全满，Mn-Cu-Mn之间的180°交换耦合占优势，90°耦合要弱得多，因而具有铁磁性，而Mn-Sb-Mn之间的交换耦合是通过p电子进行的．具体的形式为Mn的e_g态半满，Sb中3p电子与Mn的d电子成键，由于Mn的d电子自旋是平行排列，Sb外层的3个p电子全都参加Mn-Sb之间的交换作用，因为 Sb 的负电性很强，所以形成如图 5.23（b）所示的反铁磁性结构．如用 Al，Si，Sn 替代 Sb，Co 替代 Cu，以及用 Fe 替代 Mn 都可制成 Heusler 合金，并具有铁磁性，如图 5.23(a)所示．详细的理论分析请参看文献[49]和本书 3.3.4 节．表 5.4 给出 20 世纪 70 年代之前实验得出几种全 Heusler 合金的磁性参量．

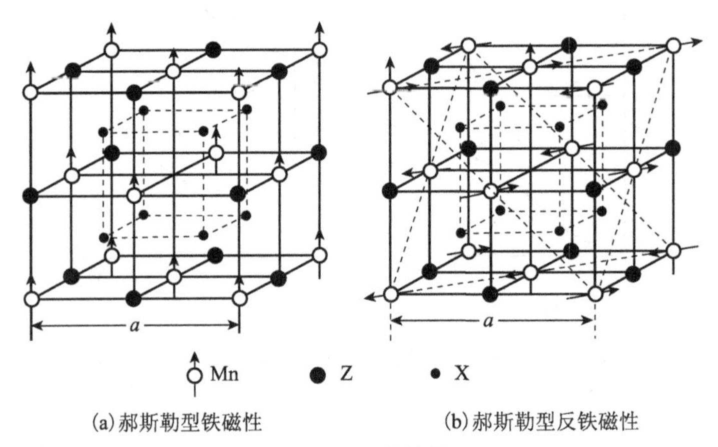

(a)郝斯勒型铁磁性　　(b)郝斯勒型反铁磁性

图 5.23　X_2MnZ 的结构和磁性

表 5.4　A_2MnX 全 Heusler 合金的磁性（取自文献［48］中表 7.34）

合金分子	磁性特点	Mn 的磁矩（μ_B）	居里或奈尔温度/K
Co_2MnSn	铁磁	4.79	811
Co_2MnSi	铁磁	5.07	985
Ni_2MnSb	铁磁	4.31	334
Ni_2MnSn	铁磁	3.69	342
Cu_2MnSi	铁磁	4.11	>500
Pd_2MnSn	反铁磁	4.23	189

1983 年 de Croot 等[45]研究发现 NiMnSb 为半金属磁性合金，并具有极化导电的特性，因而称为半 Heusler 合金．实际上是在原 Cu_2MnSb 合金中用一个 Ni 替代 Cu(3/4,/3/4,3/4)，而另一个 Cu(1/4,1/4,1/4)空缺．这就使原来的 O_h 群对称出现反演对称破缺，再考虑到自旋不对称引起的共轭对称破缺，使结构转变为 T_d 群对称，属于 CI_b 型面心立方结构．当时认为这种新型的半金属合金具有较强的铁磁性，由于合金的居里温度（T_c=730K）比其他半金属磁性化合物和氧化物的要高得多，为自旋电子学的应用器件材料方面提供了较大的实用前景，因此，对该合金的特性在理论和实验方面进行了广泛研究．

与此同时，对全 Heusler 合金的研究也很感兴趣，Galanakis[50] 和 Kurtulus[51] 等在能带结构和磁性的特性方面的理论研究表明，在少自旋电子能带中同样存在能隙，具有半导体特征，而多自旋带表现为金属导电特性．这样一来，可以说半和全 Heusler 合金并无本质的区别.

Heusler 合金的居里温度(一般有 5～600K，最高可达 1100K)比其他半金属磁性化合物和氧化物的要高得多，为自旋电子学的应用器件材料方面提供了较大的实用前景. 下面将着重讨论这类合金的磁性和少自旋能带中能隙形成的原因.

5.4.1　Heusler 磁性合金的能带结构

由于 Heusler 合金的晶体结构比较复杂，而要想了解这类合金中各类原子之间的相互作用，就必须知道各个原子在晶格中所占据的位置，以及各种近邻和次近邻的相对位置. 为此先讨论半 Heusler 合金的结构.

5.4.1.1　半 Heusler 合金的能带结构和磁性

为了能够看清楚三套面心立方结构的图像，图 5.24 给出了原点(0，0，0)处，三种原子叠加成的 Cl_b 对称结构的图像，其晶格常数 $a=0.5927$nm. 可以看到，Ni 在简单立方体中（假定 Cl_b 立方结构看成八个简单立方组成)，在平面对角线上出现两个空缺，而在此简单立方体的中心有一个原子（可能是 Mn，或是 Sn）. 因而 Ni 形成四面体，并处在顶角的位置上，而 Mn 或 Sn 处在中心位置. 它们是 Ni 的最近邻，Ni-Ni 为次近邻.

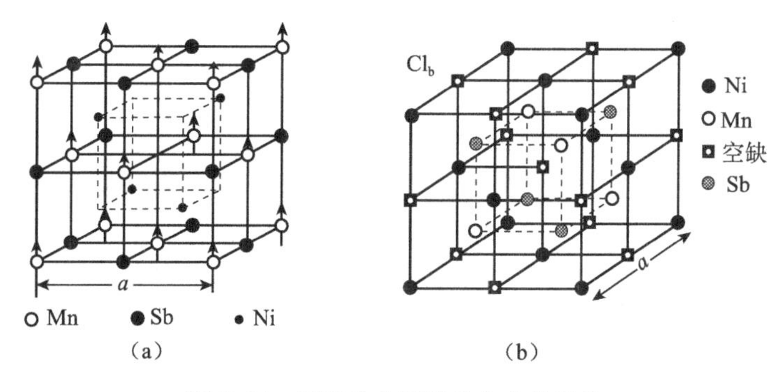

图 5.24　新型半金属磁性合金的结构

(a) 以 Mn(0,0,0)为原点，Sb(1/2，1/2，1/2)，Ni(3/4，3/4，3/4)，其中(1/4，1/4，1/4) 空缺，中心处未画出 Sb 原子；(b) 以 Ni(0，0，0)为原点，Mn(1/4，1/4，1/4)，空位(1/2，1/2，1/2)，Sb(3/4，3/4，/3/4) 的 Cl_b 面心立方结构[50]

下面从能带结构的特点看新型半金属铁磁体与早先所了解的全 Heusler 半金属磁体的异同. 根据能带理论，可将半金属合金中的电子分成朝上自旋［常称为多自旋，用（+）号或（↑）标识］和朝下自旋［常称为少自旋，用（−）或（↓）标识］. 在图 5.25 示出了 de Croot 等用增广平面波（ASW）方法计算所得的半金属 NiMnSb 合金的能带结构，其中图（a）为多自旋方向的能带，在费米能级（E_F）处不存在能隙，具有良好的导电性. 图（b）为少自旋方向的能带，在费米能级处存在较大的能隙，一般称之为禁带，具有绝缘体特性．这种结构显示了多自旋带担负了该合金的导电功能，而且载流子具有极化的特性．这种能带结构在同一种合金的微观（一个晶胞）尺度和在同一个时间情况下一直保持不变，因而它是一种完全新型的半金属合金．同时它具有较强的铁磁性，这源于每个 Mn 原子可提供 $4\mu_B$的磁矩，而 Ni 原子基本不表现磁性．由于在合金的分子式中与原来的 Heusker 合金少了一个 X 位（即 Ni）原子，因而称为 Half-Heusler（半侯斯勒）合金，或是新型 Heusker 合金，为了与早先发现的 Heusler 合金有别，而称传统的 X_2MnZ 半金属合金为全 Heusler 合金．

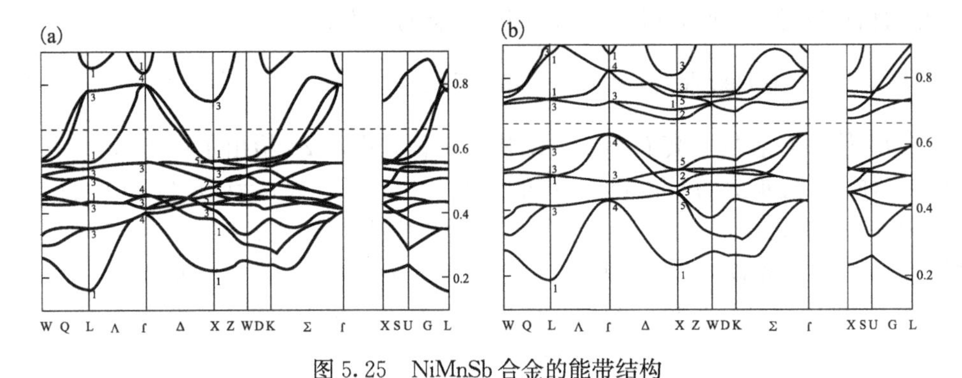

图 5.25 NiMnSb 合金的能带结构

(a)多(＋)自旋方向的和(b)少(－)自旋方向的能带结构．低于 0.2Ry 能量的 Sb 的 s 带未画出．图中的标记是根据文献[52]给出的(注：Ry 为里德伯常数，$1Ry=1.09737\times10^7m^{-1}=13.6eV$)

在论及少自旋带产生能隙的原因时，de Croot 等认为主要是 Mn 的 d 电子与 Sb 的 p 电子之间发生强共价耦合所致．这一耦合作用一方面使在费米能级以下的 p 电子态压向低能方向，即形成 σ 键合；另一方面是形成反 σ 成键态，将 p 电子轨道态推向高于费米能级的方向，因此在少自旋带产生了能隙．在这里作者认为 Ni 原子的作用比较小，只是与 Mn 耦合后处在多自旋带中，能量略低于费米能级．

Galanakis 等[50]对半 Heusler 合金之所以产生能隙作了较详细的研究．根据图 5.24（b）中各原子的近邻和次近邻关系，以及所具有的电子轨道态的特点，首先考虑 Ni-Mn 原子间的相互作用．3d 轨道在晶场作用下分裂为 $e_g(d\gamma)$ 和 $t_{2g}(d\varepsilon)$ 态，分别代表 d_{z^2} 和 $d_{x^2-y^2}$ 双重态和 d_{xy}，d_{yz}，d_{zx} 三重态．由于 Mn 和 Ni 分别有 5 个和 8 个 d 电子，所以 Mn 的基态为 t_{2g}态，而 Ni 的基态为 e_g态．在 Ni-Mn 之间产生共价耦合，具体如图 5.26 所示．

从 Mn 和 Ni 的五个轨道态与 Sb 的 sp 轨道态在空间分布的图像来看，Ni-Sb 的间距比 Mn-Sb 间距小，Ni-Sb 耦合作用较强，使 Sb 的 sp 电子的能量相对低于 Ni 的 3d 电子．

近邻关系决定了 Mn-Ni 的 3d 电子之间的共价耦合，即高价的 Ni 原子的 e_g

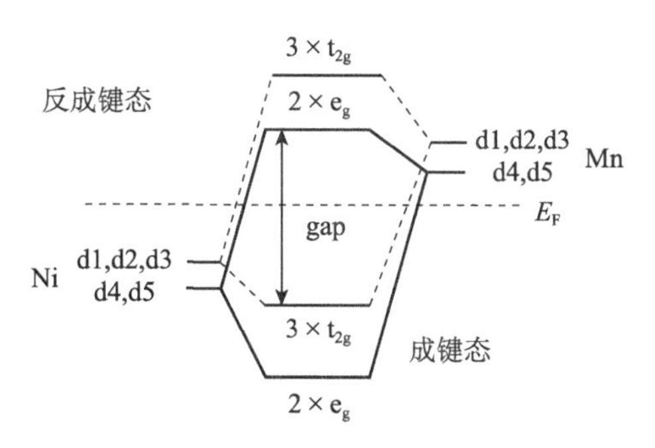

图 5.26 半 Heusler 合金中 Ni-Mn 之间形成共价键耦合的示意图

Ni 和 Mn 各出五个 d 电子组成成键态，这时 Ni 的多自旋态能量较低，处在费米能级的下面，另外也形成能量较高反成键态，而属于少自旋态（图取自文献 [50]）

轨道态与低价的 Mn 原子的 e_g轨道态之间的耦合．这个观点与 de Croot 等的看法不同．由于 3d 轨道态之间的耦合，形成 σ 键使 Ni 的能态密度在费米能级的下面．另外，同时形成反 σ 键使 Mn 的少自旋带在费米能级以上，并且是极化的．Mn-Ni 共价耦合使合金具有铁磁性．而 Mn-Sb 之间成 t_{2g}轨道和 e_g轨道与 p 电子态的共价耦合，从而产生能隙，作者计算出 NiMnSb Heusler 合金的能隙为 0.5eV，与 Kirilova 对红外吸收谱线的分析得到的能隙为 0.4eV[53]基本相符．

由于 NiMnSb Heusler 合金的一个单胞中共有 3 个原子和 22 个价电子（$3d^8 4s^2$，$3d^5 4s^2$，$5s^2 5p^3$），当形成共价键耦合时，只需要 18 个价电子就可以组成一个完备的 σ 键合，使合金为非磁体．还有多余的 4 个电子处在 Mn 的 3d 轨道，由于存在强交换作用而具有局域性，因而显示磁矩为 $4\mu_B$．这样作者提出一个简单的公式来计算 NiMnSb 合金的磁矩 M_t 的数值为

$$M_t = Z_t(\text{价电子数}) - 18(\text{成键电子数}).$$

对于不同成分的 Heusler 合金，如 CoMnSb，FeMnSb，CrMnSb，VMnSb 等，得到 $M_t=3，2，1，0$. 如 Mn 或 Sb 被替代，则所需的成键电子数和价电子数都有变化，但计算的公式不变．这里所给出的磁矩大小都是整数，实际上合金的磁矩都基本上接近整数．不同成分的合金磁矩的变化如图 5.27 所示．

Yamasaki 等[54]对半 Heusler 合金的非极化电子的能带结构，以及极化后的能带结构作了更详细地计算．从非极化电子等能带结构可以得到 Mn 的 d 电子分布在费米能级（$E_F=0$eV）附近－0.5～＋2.5eV，并用较粗的曲线表示；Ni 的 d 电子在－1～－3eV；而 Sb 的 p 电子在－3～ －6.5eV. 在考虑了自旋极化后，计算得出的能带结构与 de Croot 的结果吻合．

图 5.28 给出了 Ni 和 Mn 原子 3d 态分裂后和 Sb 的 sp 态电子的多和少自旋能带的结构的计算结果．在图的上面一行示出了 Mn 的 e_g和 t_{2g}轨道上多自旋和少自旋电子的能带结构，用粗线和阴影表示．中间一行的四个图示出了 Ni 的 e_g和

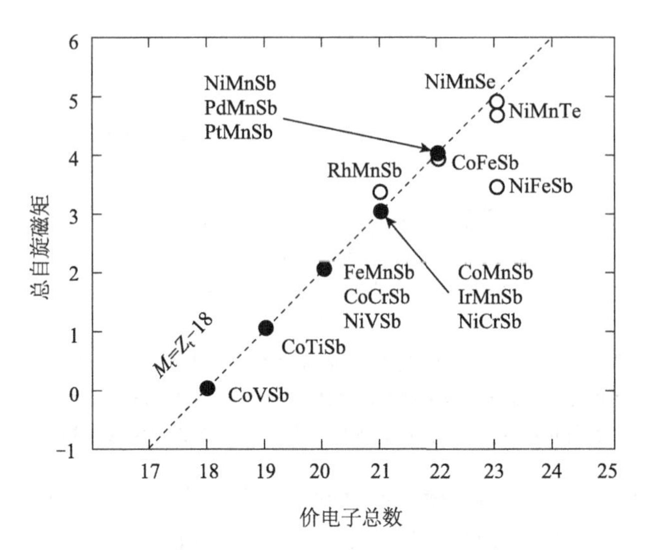

图 5.27 单胞中计算的总磁矩与总电子数的关系

虚线表示 SP（斯莱特-泡令）曲线特性，空心圆点表示合金磁矩相对于曲线的偏差，一些实验数值与曲线很接近 NiMnSb 3.85μ_B，PdMnSb 3.95μ_B，PtMnSb 4.14μ_B，CoTiSb 非磁性[57]

t_{2g}轨道上多自旋和少自旋电子的能带结构，也是用粗线和阴影表示．阴影所表示的是 Ni-Mn 形成σ键合态（E_F之下）和反σ键合态耦合（E_F之上）能带的重叠．下面的两个图示出了 Sb 的 p 电子与 Ni 的 d 电子成键后的能带结构，同样用粗线表示．可以看到，其能带基本分布在$-3\sim-5$eV，以及与 Mn 成键后在多自旋电子带不形成能隙，而在少自旋电子带具有能隙．

图 5.29 示出了 NiMnSb 合金的态密度（DOS）计算结果[55]．可以看到，在少自旋电子态密度中明显地存在能隙．多自旋电子的态密度具有导带特性．各个原子的态密度分别用三种颜色绘出．

从上面的讨论可以看出，这种新型能带结构在少自旋带具有能隙的原因可以归结为三个主要因素：合适的晶体结构、一定价电子数和共价键结合，以及 Mn（或其他过渡金属）的 d 电子之间的强交换作用．

5.4.1.2 全 Heusler 合金的能带结构和磁性

自全 Heusler 半金属合金出现之后，人们对它的基本特性研究很感兴趣，详细结果可参见文献［48］．在 1983 年发现半 Heusler 合金后，人们的研究内容更加深入，比较广泛地研究了 X_2MnZ（其中 X 可为 3d，4d 和 5d 金属，Z 为 III，IV 和 V 族元素）．另外，Mn 也可以选用某些过渡金属（如 Fe，Cr，V 等）替代．而使人们最为注意的是居里温度比较高的全 Heusler 半金属合金，主要是 X_2MnZ（X=Fe，Co，Ni；Z=Al，Ga，Ge，Si，Sn，Sb）等合金系列．

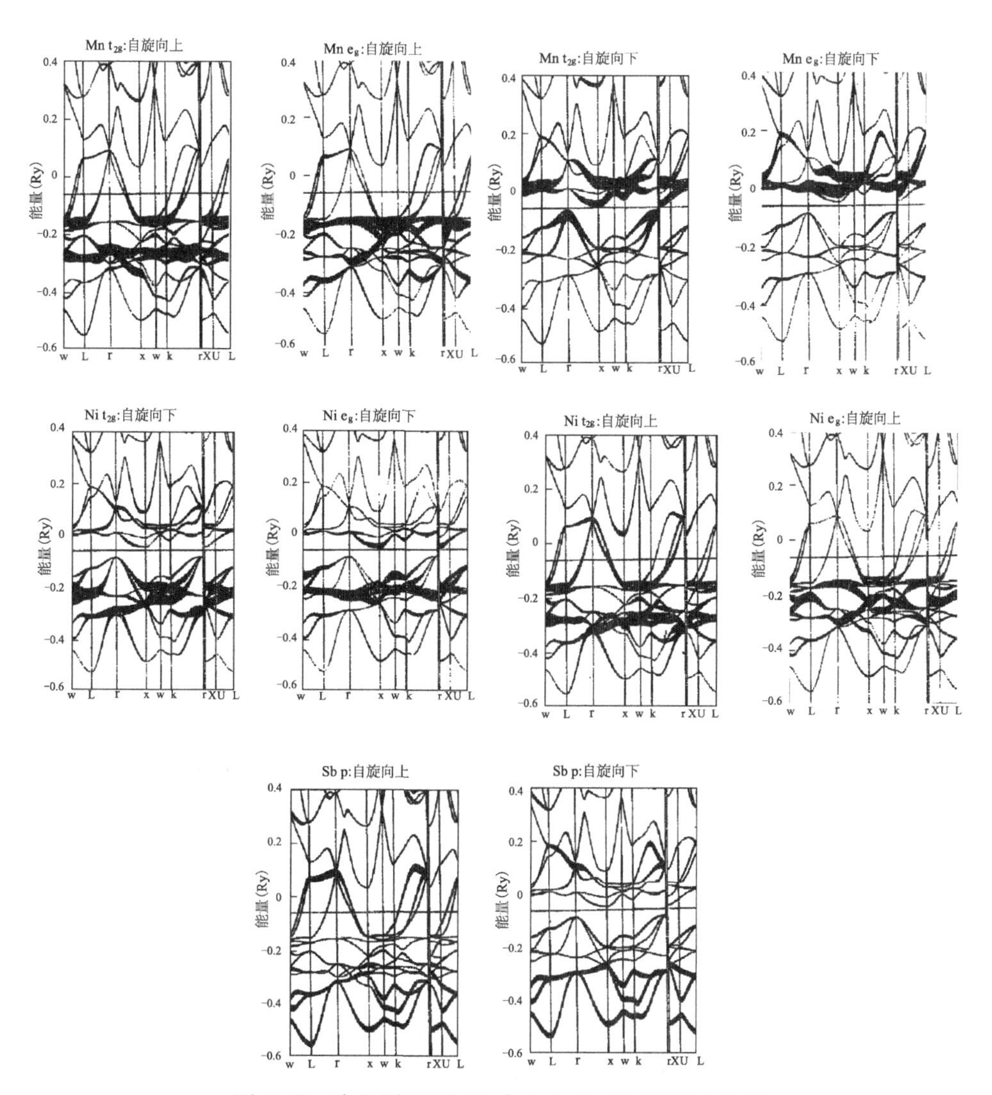

图 5.28 半金属 NiMnSb 合金中 Mn 和 Ni 的 d 电子，以及 Sb 原子中 sp 电子的多自旋和少自旋能带计算结果

上面和中间的图分别给出了 Mn 和 Ni 原子中 t_{2g}和 e_g轨道的电子自旋向上和向下的能带结构（粗线），具有明显的极化特征（铁磁性）. 在 W-L-Γ-X-W-K-Γ 连接线点 W（1/2，1，0），L(1/2，1/2，1/2)，Γ(0，0，0)，X(0，1，0)，K(1/4.3/4.0)；在 X-U-L 线上点 X(0，0，1)，U(1/4，1/4，1)，L(1/2，1/2，1/2)（图取自文献 [54]）

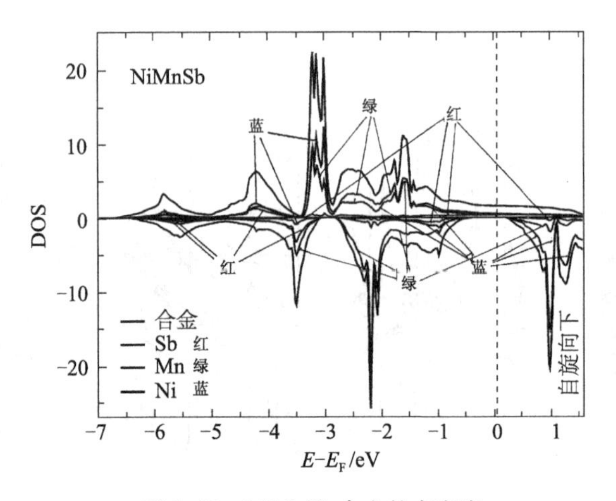

图 5.29 NiMnSb 合金的态密度

其中用绿，蓝，红分别为 Ni，Mn，Sb 原子的态密度，相加得到合金的态密度（取自文献［55］中图 19）

5.4.1.3 全 Heusler 半金属合金的能带结构

不少人自 1983 年后对全 Heusler 半金属合金能带结构进行了研究和计算[56]，发现有一些全 Heusler 合金的少自旋电子能带同样具有能隙，多自旋电子能带为金属性导电带．

Galanakis[50]按照类似于半 Heusler 合金的模式，以 Co_2MnGe 为例进行讨论．因为 Mn 和两个 Co 之间有 15 个 d 电子参与杂化，并形成很强的 σ 键合和反 σ 键合．为简单起见，只对 Γ 点的 d 电子共价键合进行讨论．

先看 Co 原子的情况．在 $L2_b$ 面心结构中它可以形成简单立方结构，而 Mn 和 Ge 分别处在该立方结构的中心，成为 Co 原子的最近邻，而 Co-Co 是次近邻．由于 Ge 的 s 和 p 电子能量比 d 电子低，Co 和 Mn 的键合比 Co 和 Ge 的耦合强得多．Co 原子的 3d 轨道分裂为 t_{2g}（三重简并：d_{xy}，d_{yz}，d_{zx}）和 e_g（二重兼并：$d_{x^2-y^2}$，d_{z^2}）轨道态．另外，Co-Co 的成键态在这类合金中很关键，是以 Co 成键以后的轨道态与 Mn 原子的 3d 轨道进行耦合，具体如图 5.30 所示．其中图（a）为 Co-Co 成键的示意结果，图（b）为 Co-Mn 成键的示意结果．图中 d1，d2，d3，d4 和 d5 分别表示五个 d 轨道的电子，前三个处在 t_{2g}轨道态，后两个处在 e_g轨道态．在杂化（成键）之前 e_g轨道态能量较高．在 Co-Co 成键后分别形成能量较低的 σ 键和能量较高的反 σ 键．

图 5.30（b）示出了以 Co-Co 成键后为一方、Mn 为另一方形成 Co-Mn 成键的结果．可以看到 d 电子各个轨道的能量相对高低，其中点线表示费米能级的位置，由于 Co 有 7 个 d 电子，而 Mn 只有 5 个 d 电子，所以费米能级 E_F处在 Co-Co的 t_{1u}和 e_u之间，并在 Mn 的少自旋电子轨道态之下．基于这种原子间的耦

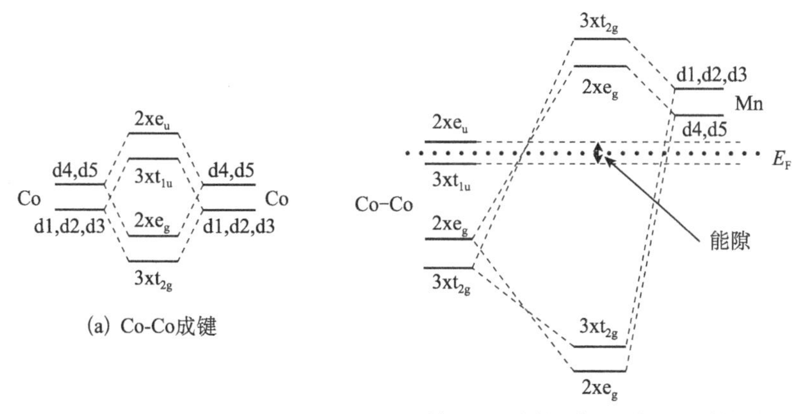

图 5.30　Co 的 t_{2g} 轨道态的电子 d_{xy}，d_{yz}，d_{zx} 用 d1，d2 和 d3 表示；e_g 轨道态的电子 d_{z^2}，$d_{x^2-y^2}$ 用 d4，d5 来表示．在 σ 成键态仍用 t_{2g} 和 e_g 表示，在形成反 σ 键态后用 t_{1u} 和 e_u 表示

合作用，再考虑到 Ge 的 sp 电子与 Co 和 Mn 的相互作用，用全势屏蔽 KKR（full-potential screen Korrings-Kohm-Rostoker）方法计算了 Mn 和 Co 原子的 3d 电子在整个合金的态密度的分布情况，具体结果见图 5.31 所示．

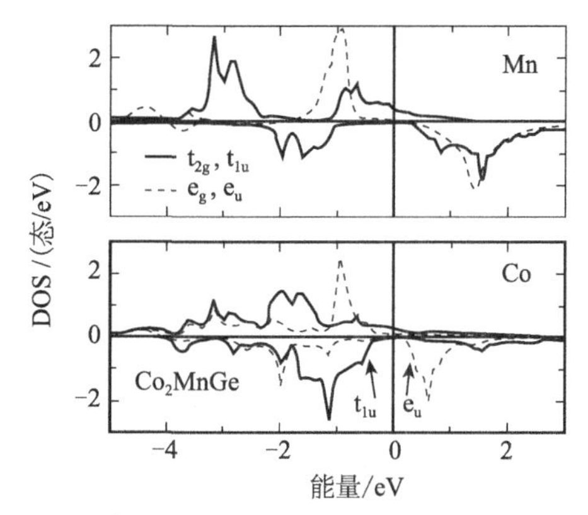

图 5.31　Co_2MnGe 半金属合金中 Mn 和 Co 原子及其轨道和对称分布的电子态密度，可以看到 Mn 在少自旋带有 5 个电子是空位，Co 的 e_u 为空位

考虑到 Ge 的 4 个 s^2p^2 电子都处在少自旋带能级很低（−4eV 以下）处，而有 8 个 Co 3d 电子处在少自旋带．另外，Co-Mn 成键的 10 个 d 电子处在多自旋带，还有 7 个电子也处在高自旋带，由于 Mn 原子具有很强的交换耦合，从而具有局域性，这样磁矩数 $M=Z_t-24=5\mu_B$. 其中 $Z_t=29$ 为价电子数（即 $s^2+p^2+2\times d^7s^2+d^5s^2$）．

Kurtulus 等[58]对不同原子形成的 X_2MnZ 全 Heusler 半金属化合物的磁矩和居里温度作了理论计算．交换作用可采用海森伯的哈密顿量描述和在密度泛函理论框架中进行计算，磁矩使用了紧束缚-局域糕饼轨道-原子球近似（TB-LMTO-ASA）方法进行计算，晶格常数取自实验值．计算结果与实验结果进行了比较，具体见表5.5，其中LWA为长波近似．

表5.5 X_2MnZ Heusler金属间化合物中各原子的磁矩和居里温度计算值[54]和实验数值[57]

化合物	a/a.u.	$\mu_{calc}(\mu_B)$			$\mu_{expt}(\mu_B)$	T_c/K		
		X	Mn	合金	合金	LWA	理论值	实验值
Co_2MnGa	10.904	0.73	2.78	4.13	4.05	635	807	694
Co_2MnSi	10.685	1.01	3.08	5.00	5.07	1251	1434	985
Co_2MnGe	10.853	0.97	3.14	5.00	5.11	1115	1299	905
Co_2MnSn	11.338	0.95	3.24	5.04	5.08	1063	1215	829
Rh_2MnGe	11.325	0.42	3.67	4.49	4.62	410	504	450
Rh_2MnSn	11.815	0.45	3.73	4.60	3.10	435	537	412
Rh_2MnPb	11.966	0.45	3.69	4.58	4.12	423	530	338
Ni_2MnSn	11.439	0.23	3.57	3.97	4.05	373	461	344
Cu_2MnSn	11.665	0.04	3.79	3.81	4.11	602	624	530
Pd_2MnSn	12.056	0.07	4.02	4.07	4.23	232	254	189

从实际已知的半金属合金和氧化物磁体的居里温度来看，以全Heuslar半金属化合物磁体的比较高，如表中所示的Co_2MnSi等．据已知结果，以Co_2FeSi的T_c=1100K最高[59]．由于Hesuler半金属化合物的电流的极化度受表面效应的影响不可能达到100%，以NiMnSb为例，在液氦温度下极化率为85%[60]．虽然钙钛矿结构的磁性氧化物在极低温具有100%极化率的导电电流，但随温度上升而降低．

Kurtulus等[58]由Co_2MnSi中不同原子之间的交换作用常数J_{ij}得出Co-Mn之间的作用最强（11mR_H），占整个合金的70%以上；而对于Ni_2MnSn来说，Mn-Mn的交换作用常数（=2.63mR_H）与Ni-Mn的（2.8mR_H）相近．而当X原子为Cu，Pd时，则以Mn-Mn交换作用占主导．

另外，有闪锌矿结构的半金属如MnAs，CrAs等XY（X=V，Cr和Mn；Y=As，Sb，Bi，S，Se和Te）二元合金在少自旋带也具有能隙，详细结果可参看文献[46]和[61]～[63].

5.4.2 氧化物型半金属合金的磁性和能带结构

5.4.2.1 半金属氧化物CrO_2

半金属氧化物以CrO_2最为引人瞩目．早在20世纪60年代就将它制成针状粉末颗粒，用作高质量的记录磁带和磁盘[64]．CrO_2为金红石型结构，如以Cr占长方形的顶角和体心的位置，O则以八面体的形状分布在Cr的周围，具体如图5.32所示．

在发现半Heusler半金属化合物之后，相继发现一些氧化物也具有半金属特

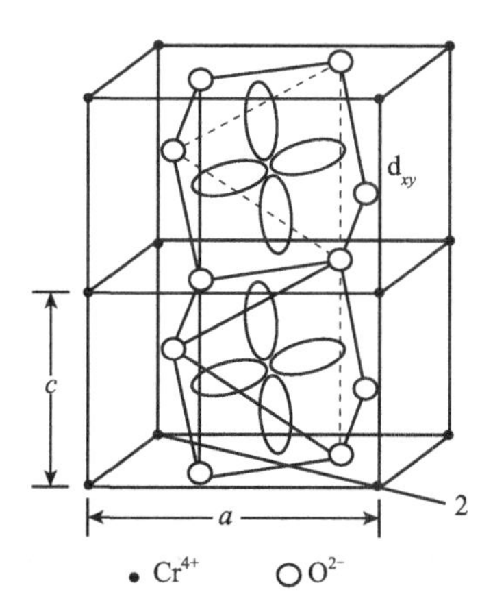

图5.32　CoO_2四方结构，$a=0.44218$nm，$c=0.2918$nm，Cr占据四方形的顶角和体心位置，氧离子的晶位是（u，u，0），（$\bar{u}$，$\bar{u}$，0），（$u-1/2$，$1/2-u$，1/2），（$1/2-u$，$u-1/2$，1/2），其中$u=0.301\pm0.04$，称为氧参数．中心的蝴蝶形为d电子的d_{xy}轨道

性[46]．其中因CrO_2居里温度合适（390K），极化率接近100%，性能稳定，引起人们极大的重视并进行了深入研究．

1986年有人预言了CrO_2具有半金属性质，Yamasaki[54]比较详细地计算了CrO_2的能带结构．由于离子Cr^{4+}和O^{2-}的特点，Cr只有两个3d电子，同时在氧离子组成的八面体中分裂成t_{2g}和e_g轨道态．前者为基态，两个3d电子填充在t_{2g}轨道态，由于八面体略有畸变，基态t_{2g}态进一步分裂，使d_{xy}为基态，另外两个轨道d_{yz}和d_{zx}为激发态．e_g轨道态能量高于t_{2g}态．基于双交换模型和洪德法则，基态d_{xy}电子是局域的，而两个激发态是巡游的．由于2p-3d电子之间的共价耦合而产生成键态和反成键态，使t_{2g}为多重态，其d_{yz}和d_{zx}的一半被反成键态推向能级较高处．

图5.33示出了CrO_2自旋极化的能带结构．在多自旋能带的费米面附近，t_{2g}态为多重态，因为能级分裂作用所致，e_g轨道态处在能量较高的上方．另外，由于交换劈裂，少自旋的d电子能带移到费米能级之上．

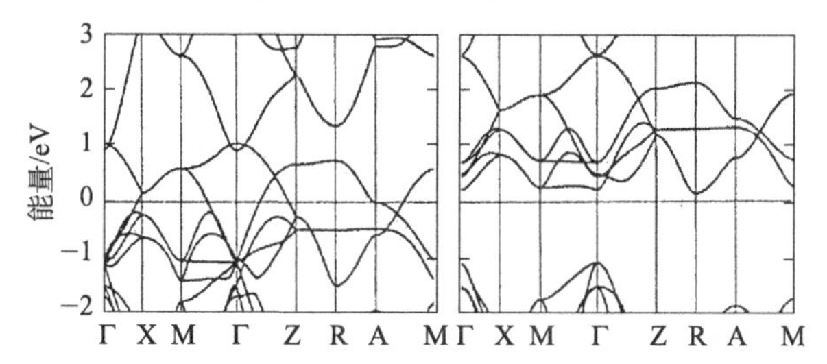

图5.33　CrO_2全基组自旋极化（铁磁）的能带

左边为多自旋、右边为少自旋带，高对称点为Γ(0，0，0)，X(0，1/2，0)，M(1/2，1/2，0)，Z(0，0，1/2)，R(0，1/2，1/2)，A(1/2，1/2，1/2)

用 NMTO（N 重糕饼轨道）方法计算了非极化的 CrO_2 的能带，具体如图 5.34所示．可以看到，Cr 的 e_g和 t_{2g}态，以及 O 的 p 态的能带分别处在 1.5～5eV，－1～1.5eV 和－7.5～－1.5 eV. 具体不同的能带分布见图题的说明．

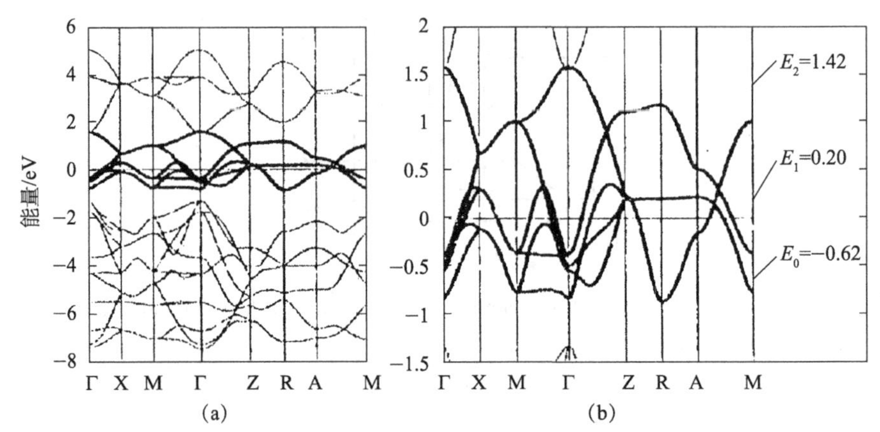

图 5.34 (a) 全基组计算的 CrO_2 的非自旋极化能带结构(细线)以及 NMTO 全基组计算的 Cr-t_{2g}能带（中间的粗线）；(b) 优化计算的能量网络，单位是 eV，零线对应为 E_F. 对称点为 Γ(0，0，0)，X(0，1/2，0)，M(1/2，1/2，0)，Z(0，0，1/2)，R(0，1/2，1/2)，A(1/2，1/2，1/2)

理论上给出半金属性，必须由实验验证，而电子自旋极化电导的极化率的实际磁量结果是一个很重要的判据之一．CrO_2 经超导点接触谱在 1.8K 测量的结果为，电子的极化率为 90％[65]，而在 300K 用自旋极化光电子谱测得在费米能级下 2eV 束缚能附近的极化率为 95％.

5.4.2.2 尖晶石结构的 Fe_3O_4

尖晶石结构的 Fe_3O_4 比较特殊．当温度降低到 120K 发生电阻率陡然升高两个量级，称为 Verwey 转变．在此温度伴随着导体-非导体转变，以及晶格结构由立方转变为单斜．它还具有较强的磁性，每个分子式有 $4\mu_B$磁矩，其居里温度为 T_c＝860K.

Fe_3O_4 也是半金属氧化物磁体．在低温下用自旋-能量-角分辨光电子谱方法测得外延 Fe_3O_4(111) 薄膜导电电子极化率高达 (80±5)％[66]. 有人认为在该结果中轨道磁矩有一定贡献，因在 Fe_3O_4(100) 薄膜测得的导电电子极化率只有(55±10)％[67]. 不同研究者的结果有区别．总的说来，从能带结构来看，Fe_3O_4 不是典型的磁性半金属氧化物，而且 Fe 的 3d 电子属于窄能带和强关联体．到目前为止，对它的磁性、电性和能带结构等方面尚未完全了解透彻．

自 20 世纪 30 年代，de Boer 和 Verwey，以及 Peierls 等[68]发现在 120K（常用 T_v 表示）附近存在铁磁↔顺磁性转变和电阻率陡然变化（低于转变温度变为绝缘体)，通常称之为 Verwey 转变．其转变的原因认为是电荷有序，即在八面体次晶位（用 B 表示）中的 Fe^{3+} 和 Fe^{2+} 的占位使电荷的分布表现有序的特性．根据 Anderson 判据[69]，电荷有序可以使离子所带的电荷之间的库仑排斥能降低．实际上 Verwey 转变比较复杂，在温度从高温降低到 T_v 以下，Fe_3O_4 的晶体结构由面心立方转变为 P2/c 单斜对称结构，这时单胞的边长为 $a=5.94437Å$，$b=5.92471Å$，$c=16.77512Å$（1Å=0.1nm），斜角 $\beta=90.2236°$. 有关结构的详细讨论参见文献［70］．

Leonov 等[70]和 Wright 等[71]根据结构的特点，在温度为 90K 时，Fe_3O_4 晶体结构现状下，用 LSDA(local spin density approximation，局域自旋密度近似）方法和 LSDA+U（U=5eV，J=1eV）方法自洽地计算了 Fe_3O_4 的能带结构．目的是研究晶格畸变使 B 次晶位中 Fe-O 的间距分成四类后，对电荷和轨道有序产生什么影响？这里我们只引用他们对 Fe_3O_4 的能带计算结果，继而了解其半金属磁性的特点．

在图 5.35 中示出了 Fe 离子的 3d 电子的少自旋和多自旋能带的结构．可以看到少自旋带被 Fe_A（表示占 A 位的 Fe 离子）3d 电子占满，并分布在 −0.5eV 以下．能量在 −0.5～1eV 的由 Fe_B（占 B 位的铁离子）的 t_{2g} 电子部分占满，e_g 电子轨道为空态．多自旋带中 Fe_A 电子为空带，Fe_B 的 t_{2g} 电子占据在 −2eV 以下的能带，Fe_B 的 e_g 电子占据从 −2eV 到 E_F 面之下的能带．O-2p 电子分布在 −3.5eV以下的能带中．一般说来 Fe 3d-O 2p 电子在立方晶场中总是形成 σ 和 π 键而杂化．即使晶格畸变，但四面体和八面体晶场效应仍然具有很大的影响．另外，多自旋带在费米面上下，Fe_B 的 e_g 态和 Fe_A 空态之间存在一个空白区间约1eV 宽度，这表明在 A 位和 B 位中的 Fe 离子一般很少发生电荷转移，对电导的贡献要比 B 位中 Fe 离子间的电荷转移小得多．

基于 LSDA 方法自洽计算的一个 Fe_3O_4 晶胞中各个晶位的磁矩结果是：Fe_A 为 $3.14\mu_B$，Fe_{Bi}（i=1，2，3，4）分别为 $3.30\mu_B$，$3.44\mu_B$，$3.27\mu_B$，$3.38\mu_B$，都不是整数，与实际 $4\mu_B$ 不一致．这可能是 B 位的 3d 电子处在畸变的氧组成的八面体中，使 t_{2g} 和 e_g 的简并度解除，而分裂成双轨道态和单轨道态，同时对各电子之间的强关联效应估计不足所致．

图 5.36 给出了用 LSDA+U 方法自洽计算的 Fe_3O_4 的能带结构．从该图上可看到，在多自旋带显示出较大的能隙，宽度约为 2eV，主要是 Fe_A 和 $Fe_B{}^{2+}$ 的 t_{2g} 能带之间的空隙造成的．在少自旋带通道的 M 点和 Γ 点间显示能隙，宽度为 0.18eV[70]，与 10K 温度时的实验结果 0.14eV 接近[72].

能带结构的最大特点是，Fe_A 和 $Fe_B{}^{2+}$ 的 e_g 多自旋带之间存在较大的能隙．考虑到 U 的作用前后其间距分别为 1eV 和 2eV，这比前面提到的 NiMnSb 半 Heusler 合金的能隙大得多（1 或 4 倍），可能属于金属-绝缘体转变的问题．而

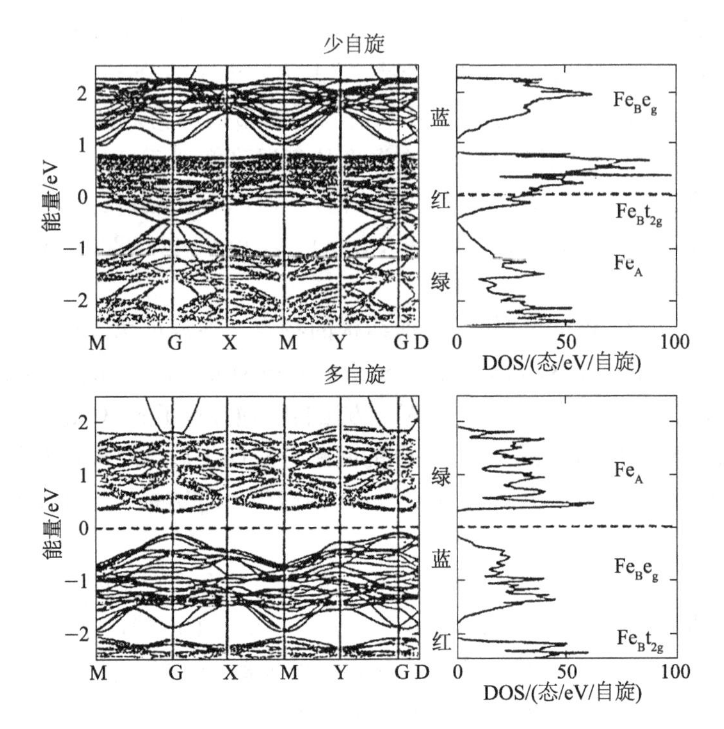

图 5.35 用 LSDA 方法自洽计算得到的 Fe_3O_4 晶体 P2/c 结构相的总态密度和能带结构

费米能级的能量用零点虚线表示，由 Fe_A3d 轨道态主导形成的能带用绿色（见图边的标示）线表示；Fe_B 的 t_{2g}和 e_g 态形成的能带分别用红色和蓝色表示，右边给出了上述三个态分别对 DOS 的贡献（扫描封底二维码可看彩图）

少自旋带的能隙比较窄，具有热激活导电的特性．在低温下 $T>T_v$ 后，因电荷有序转变的激活能较低而使电阻大幅下降．

另外考虑到结构的复杂性，能带计算很难与实际的能带准确相符．从作者运用其计算方法与一些试验结果比较大致相符来看，能带计算结果具有实际的参考意义．

5.4.2.3 其他半金属氧化物磁体

钙钛矿结构的 $La_{2/3}Sr_{1/3}O_3$，$La_{0.7}Sr_{0.3}O_3$ 等，双钙钛矿结构的 La_2VMnO_6，Sr_2FeMoO_6 等也具半金属特性．它们的导电电子极化率在很低温度下可达 100%，但一般居里温度都不高（3～400K），在温度升高过程中极化率会有所降低．少数硫化物，如 CoS_2，NiS_2 和氧化物 RbO_2，CsO_2 的能带在多自旋带具有能隙和铁磁性．前者的居里温度只有 120K，后者的为 300K.

总的说来，要达到自旋电子学器件实际应用的要求还有待进一步地改进和完善材料的极化率稳定性和材料的制备问题．

上面所讨论的半金属 Heusler 合金和氧化物的能带结构，除了在少自旋电子

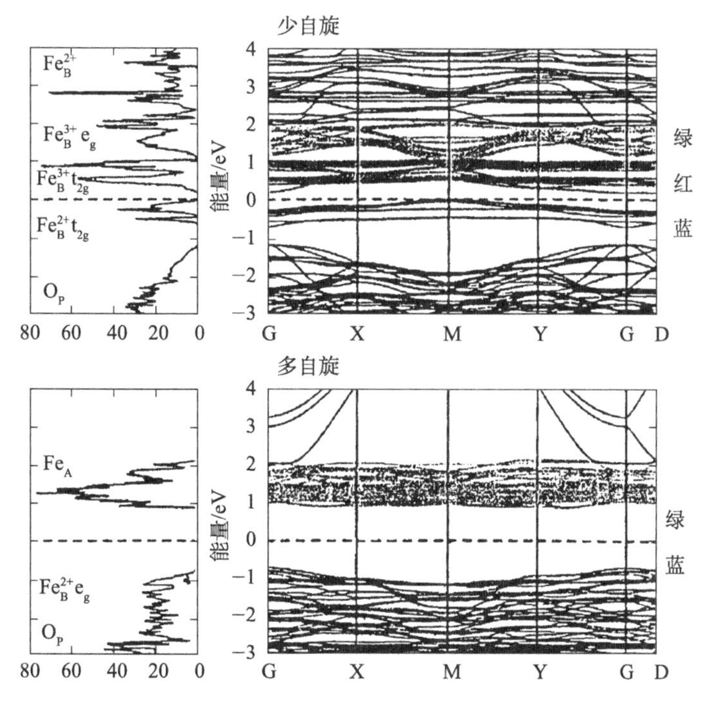

图 5.36 用 LSDA+U（U=5eV，J=1eV）自洽计算得出的 Fe_3O_4 晶体 P2/c 结构相的总 DOS 和能带结构

费米能级用虚线标示，在 M 和 Γ 对称点处的能隙为 0.18eV. Fe_B^{3+} t_{2g} 和 e_g 态主导形成的能带分布用红线和绿线表示，Fe_B^{2+} 的 t_{2g} 态能带用蓝线表示．在多自旋带中的能隙（E_F 上下空白部分）约为 2eV，并处在 Fe_A 态（绿）之下和 Fe_B^{2+} 的 e_g 态（蓝）之上．在少自旋带的最上面和多自旋带的最下面分别是 Fe_B^{2+} 和 O-2p 电子的能带．图的左边示出了各个态对总 DOS 的贡献（扫描封底二维码可看彩图）

能带具有能隙，有些在多自旋带形成能隙．所有这些半金属大都具有强的铁磁性或亚铁磁性，少数为反铁磁性．

5.4.3 铁磁性半金属合金化合物特性的实验测量

从磁性半金属合金和氧化物的实验研究及其应用来说，需要用实验方法测量该物体的磁矩数值和居里温度．有关这类磁性的测量技术和设备都比较成熟和方便，对被测量材料的样品制备都不难．例如，对于 NiMnSb 的磁性，测量出其单位体积的磁化强度 M 的数值，可换算到每个 Mn 原子的磁矩大小．不过要想进一步了解 Ni 究竟是否具有磁矩，就需要单独测量 Mn 和 Ni 的原子磁矩．这时所用的方法就可能要复杂些，如用核磁共振，或 X 射线磁圆二色性（X-ray magnetic circular dichroism）方法和技术设备．

第二类重要的实验测量技术是将材料的导电电子的极化率测量出来，以便实际判断理论计算结果的可靠性．具体常用的方法有以下几种：

（1）自旋极化光电子发射谱法．

要求被测材料具有良好的表面．例如，测量 Fe_3O_4 导电电子极化率的样品是在超高真空中制成 Fe(110) 超薄膜，然后在该真空室中氧化成 Fe_3O_4 膜，将紫外线（$h\nu$=21.2eV）照射在膜上，在一定磁场作用下接收和测量反射出的电子的极化率．这要求设备具有高的能量灵敏度和角分辨率[66]．

（2）隧道结法[73]．

需要制备出一个三明治形的薄膜，中间的膜为绝缘层，两边的一边镀上已知极化率为 P_1 的磁性膜，另一面镀上一层要测量的膜．这就制成了隧道结体系，在两面加上电压可以测出该三明治膜的隧道结磁电阻：

$$\mathrm{TMR}=\frac{2P_1P_2}{1+P_1P_2},$$

其中，P_1 已知就可以从测出的 TMR 数值算出极化率 P_2，即被测的半金属材料的极化率．这里因绝缘层的厚度对 TMR 大小有影响，外加电压的高低也会有影响，注意需要消除．

（3）安德烈也夫（Andreev）反射法[74]．

将被测材料的某一平面和一锥形超导金属（如 Nb）的尖端接触．在超导体端加一正电压，这时半金属材料中的电子进入 Nb 中，并形成库伯（Cooper）对，同时在 Nb 的一端反射出一空穴并进入薄膜中，这就是 Andreev 反射．具体的测量原理示意由图 5.37 给出．其中图（a）绘出了极化率 $P=0$ 金属（如 Cu）和超导体的 DOS，2Δ 表示能隙，对于 Nb 为 1.4eV. 在两个 DOS 之间上面的圆圈表示进入超导体的电子，下面的圆圈表示由超导体反射到金属的空穴．图（b）示出在 Cu-Nb 两面加 $\pm V$ 后测量的电导 $G(V)/G_n$ 和电流 I(mA)与外加电压的关系曲线．细点线表示 G/G_n 值，G_n 是外加电压大于能隙 2Δ（≈1.4mV）时的电导率．可以看到在 ±1.4mV 时有两个最低对称极小值，在 $V=0$ 时为极大值，而且曲线对称．虚线是正常的 I-V 关系，但因有空穴反射的 Cu 金属中，实际结果由直线上下的一条点线表示．图（c）是 $P=100\%$ 的半金属合金和 Nb 的 DOS，这时只有电子进入 Nb，而没有空穴反射到半金属合金．接触后的实验结果由图（d）示出．由于电导率降低，$G(V)/G_n$-V 的关系曲线与图（b）相反．在 $Z=0$ 时电导率与极化率的关系为

$$(\mathrm{d}I/\mathrm{d}V)/(G_n)=G(V)/G_n=2(1-P_c),$$

其中

$$P_c=[N_\uparrow(E_F)\nu_{F\uparrow}-N_\downarrow(E_F)\nu_{F\downarrow}]/[N_\uparrow(E_F)\nu_{F\uparrow}+N_\downarrow(E_F)\nu_{F\downarrow}],$$

$N_\uparrow(E_F)$ 和 $N_\downarrow(E_F)$ 是自旋向上和向下能带的态密度，$\nu_{F\uparrow}$ 和 $\nu_{F\downarrow}$ 是自旋上、下能带的费米速度．图 5.38 是用 Andreev 反射法对 Co，NiFe 合金和半金属 NiMnSb，LSMO 和 CrO_2 磁体的 $G(V)/G_n$ 的测量结果．经过计算可以得出各种

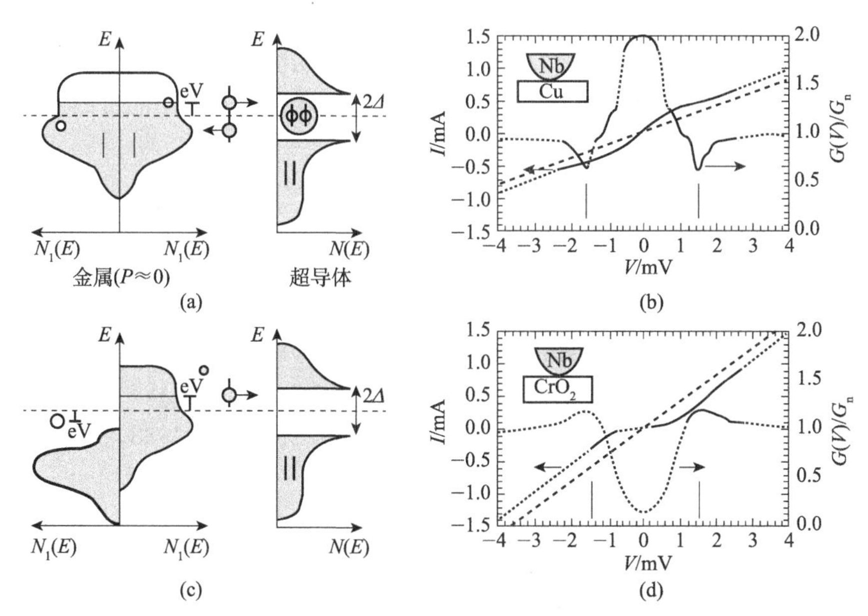

图 5.37　(a) 极化率 $P=0$ 金属（如 Cu）和超导体的 DOS，2Δ 表示能隙；(b) 在 Cu-Nb 两面加$\pm V$ 后测量电导 $G(V)/G_n$ 和 I(mA)与外加电压 V 的关系曲线，细点线是 G/G_n 值，可以看到在$\pm$1.4mV 时有两个最低值，而在 $V=0$ 时为极大，曲线对称；(c) $P=100\%$的半金属合金和 Nb 的 DOS，这时只有电子进入 Nb，而没有空穴反射到半金属合金两接触后的实验结果由(d)示出，由于电导率降低，$G(V)/G_n$-V 的关系曲线与(b)相反

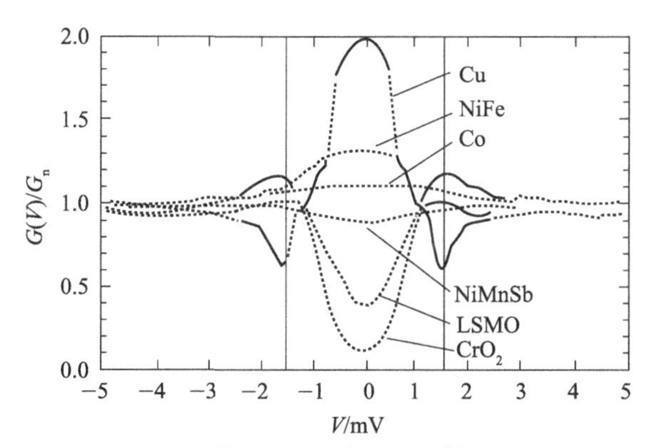

图 5.38　用 Andreev 反射法对几个半金属磁体测得的 $G(V)/G_n$ 结果

半金属磁体的电导电子极化率．这种方法虽然对样品表面要求不高，但它只能在低温下进行．总的说来，极化率的测量并不简单，各种方法都有一些局限和难点，这也是对当前的技术发展提出的更高要求．

第三个实际问题是如何从实验上直接测量出半金属的能带结构和能隙的宽

度，也就是能带结构的实验研究技术和设备，一般说来都比较复杂．但到目前为止对于简单金属和二元合金，可以给出一定的结构图像和能隙的宽度．对于三元和多元合金，以及氧化物而言，除可以给出能隙宽度外，对整个能带图像还很难给出较为一致的结果．

参考文献

[1] Blandin A. Magnetism. Selected Topics Ch. 1. Ed. Foner S. New York：Gordon and Breach Science，1976
[2] Kybo R，Nagamiya T. Solid State Physics，1960，595：609
[3] Shimizu M. Rept. Prog. Phys.，1981，44：329
[4] Stoner E C. Proc. Roy. Soc. London，1936，A154：656；1938，A165：372；Acta. Met.，1954，2：256
[5] Mott N F. Proc. Phys. Soc.，1935，47：57
[6] Slater J C. Phys. Rev.，1936，49：537
[7] Edwards D W. Phys. Lett.，1970，33A：183
[8] Saboh M，Edwards M D. Phys. Stat. Solid，1975，(b)70：611
[9] Moriya T，et al. J. Phys. Soc. Japan，1973，34：639；35：669
[10] Moriya T. J. Phys. Soc. Japan，1978，45：397
[11] Edwards D M，Hertz J A. J. Phys.，1973，F3：2191
[12] 黄昆原著，韩汝琦改编．固体物理学．第三章．北京：高等教育出版社，1988
[13] Krutter H M. Phys. Rev.，1935，48：664
[14] Gold A V. J. Low Temp. Phys.，1976，16：3
[15] Shimizu M. Physica，1977，91B+C：14
[16] Callaway J，Wang C S. Physica，1977，91B+C：337
[17] Ishida S. J. Phys. Soc. Japan，1972，33：369
[18] Connolly J W D. Phys. Rev.，1967，159：415
[19] Gunnarsson O. Physica，1977，91B+C：329
[20] Gunnarsson O. J. Phys.，1976，F6：587
[21] Wakoh S，Yamashita J. J. Phys. Soc. Japan，1966，21：1712
[22] 李正中．固体物理．第七章，第十章．北京：高等教育出版社，1985
[23] 谢希德，陆栋．固体能带理论．上海：复旦大学出版社，1998
[24] Hubband J. Proc. Roy. Soc.，1963，A276：238；A277：237；1964，A281：401；1965，A265：542；1966，A296：82，100
[25] Gutzwiller M C. Phys. Rev. Lett.，1963，10：159
[26] Kanamori J. Prog. Theor. Phys.，1963，30：275

[27] van Vleck J H. Rev. Mod. Phys.，1953，25：2
[28] Slater J C. Phys. Rev.，1951，81：385；82：538
[29] Slater J C. Quantum Theory of Moleculer and Solids. Vol. 4. New York：McGraw-Hill，1977
[30] Slater J C，Wilson T M，Wood T H. Phys. Rev.，1969，179：28
[31] von Barth U，Hedin L. J. Phys.，1972，C5：1629
[32] Gasper R. Acta Phys. Acad. Sci. Hungary，1954，3：263
[33] Kohn W，Sham Z J. Phys. Rev.，1965，140A：1133
[34] Stearns M B. Physica，1977，91B+C：37
[35] Duff K J，et al. Phys. Rev.，1971，B3：192，2293
[36] Friedel J. Advance Phys.，1954，3：446
[37] Beeby J L. Phys. Rev.，1964，135A：130
[38] Kanamori J，et al. Prog. Theor. Phys.，1969，41：1426
[39] Koster G F，Slater J C. Phys. Rev.，1954，96：1208
[40] Kanamori J，et al. Physica，1977，91B+C：153
[41] Terahura K，et al. Prog. Theor. Phys.，1976，46：1006
[42] Mott N F. Advance Phys.，1964，13：357
[43] Kanamori. 固体物理（日本），1977，12：2
[44] Heusler F. Verh. Dtsch. Phys. Ges.，1903，5：219
[45] de Croot R A，Mueller F M，van Engen P G，Buschow L H J. Phys. Rev. Lett.，1983，50：2024
[46] Katsnelson M I，V Yu. Irkhin. Chioncel L，Lichtenstein A I，de Croot R A. Rev. Mod. Phys.，2008，80：351
任尚昆，张凤鸣，都有为．物理学进展，2004，24：381-397
[47] 黄昆原著，韩如琦改编．固体物理学．第四章．北京：高等教育出版社，1988：10
[48] 近角聪信，等．铁磁性手册．中册．杨膺善，等译，第7.6节．北京：冶金工业出版社，1984
[49] Goodenough J B. Magnettism and Chemical Band. 第3.3节. New York，London：John Wiley & Sons，1963
[50] Galanakis I，Dederichs P H，Papanikolaou N. Phys. Rev. 2002，B66：134428
[51] Kurtulus Y，Dronskowski R，Samolyuk G D，Anttropov V P. Phys. Rev.，2005，B71：014425
[52] Miller S C，Love W F. Table of Irreducible Representations of Space Group and Co-representations of Magnetic Space Group. Pruett Press，Boulder，1967

[53] Kirilova M M, Mikhnev A A, Shreder E I, Dyakina V P, Gorina N B. Status Solidi, 1995, B187: 231
[54] Yamasaki A, Chioncel L, Lichtenstein A I, Anderson O K. Phys. Rev., 2006, B74: 024419
[55] Katsnelson M I, V Yu. Irkhin, Chioncel L, Lichtenstein A I, de Croot R A. Rev. Mod. Phys., 2008, 80 (Aprol-June): 315
[56] Kubler J, Williams A R, Sommers C B. Phys. Rev., 1983, B-28: 1435
Fujii S, Sugimura S, Ishida S, Asano S. J. Phys. Condens. Matter, 1990, 2: 8583
Fujii S, Ishida S, Asano S. J. Phys. Soc. Jpn, 1995, 64: 185
Ishida S, Fujii S, Kashiwagi S, Asano S, J. Phys. Soc. Jpn, 1995, 64: 2152
Ayuela A, Enkovaara J, UllAkko K, Niemenen R M. J. Phys. Condens. Matter, 1999, 11: 2017
Picozzi S, Continenza A, Freemsan A. J. Phys. Rev., 2002, B-66: 094421
GalanaKis I, Dederichs P H, Papanikolaus N. Phys. Rev., 2002, B-66: 174425
[57] Webster P J, Zieback K R A. Alloya and Compounds of d Elements. Part 2. Edited by Wijn H R J. Landolt-Bornstein, New Series, Group III Vol 29/c (Berlin: Springer, 1988: 75-184)
[58] Kurtulus Y, Dronskowski R, SAmoluy G D, Antropov V P. Phys. Rev., 2005, B-71: 0144325
[59] Wurmehl S, Fecher G H, Kandpal H C, Ksenofontov V, Fesler C, Lin H J, Morais J. Phys. Rev., 2005, B72: 184434
[60] de Teresa J M. Phys. Rev. Lett., 1999, 82: 4288
[61] Galanakis I, Mavropoulos P. Phys. Rev., 2003, B67: 104417
[62] Xu Y Q, Liu B C, Pittfor D C. Phys. Rev., 2002, B66: 184435
[63] Liu B G. Phys. Rev., 2003, B67: 172411
[64] 都有为，罗河烈．磁记录材料．第六章．北京：电子工业出版社，1992
[65] Soulen R J, Byers Jr J M, Osofscky M S, Nadgorny B, Ambrose T, Cheng S F, Broussard P R, Tananka C T, Nowak J, Moodera J S, Barry A, Coey J M D. Science, 1998, 282: 85
Ji Y, Strijkers G J, Yang F Y, Chien C H, Byers J M, Anguelench A, Xiao G, Gupta A. Phys. Rev. Lett., 2001, 86: 5585
[66] Dedkov Yu S, Rudiger U, Guntherodt G. Phys. Rev., 2002, B65: 064417
[67] Fonin M, Pentcheva R, Dedkov Y S, Sperlich M, Vyalikh D V, Rudiger

U，Unthherodt G G. Phys. Rev.，2005，B72：104436
[68] de Boer H，Verwey J W. Proc. Phys. Soc. London，1937，49：59
Peierls R. Proc. Phys. Soc. London，1937，49：72
[69] Anderson P W. Phys. Rev.，1956，102：1008
[70] Leonov I，Yaresko A N，Antonov V N，Anisimov V I. Phys. Rev.，2006，B74：165117
[71] Wright J P，Attfield J P，Radaelli R G. Phys. Rev.，2002，B66：214422
[72] Park S，Ishikawa T，Tokura Y. Phys. Rev.，1998，B58：1201
[73] 李伯藏．关于隧道磁电阻的讨论内容//几种新型薄膜材料，第四章．北京：北京大学出版社，1999
Tedrow P M，Meservey R. Phys. Report，1997，238：173
[74] Soulen Jr R J，Osofsky M S，Nadgorny B，Ambrose T，Broussard P，Cheng S F，Byers J，Tanaka C T，Nowack J，Mooders T S，Raprade G，Berry A，Coey M D. J. Appl. Phys.，1999，85：4589

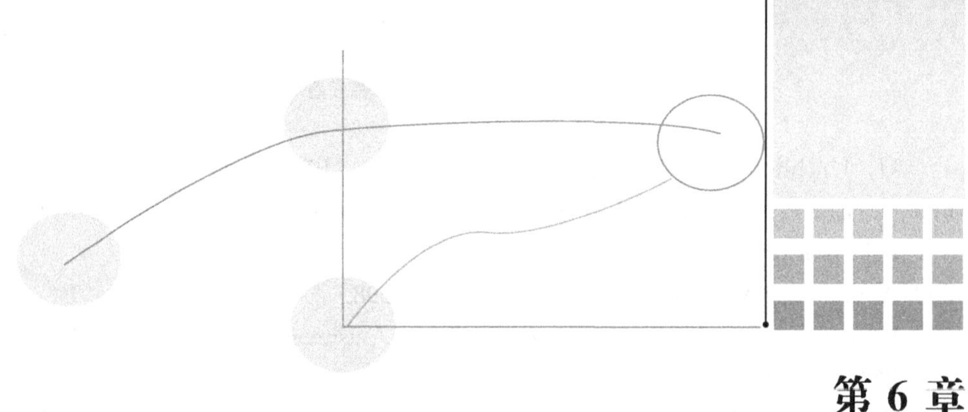

第6章 格林函数方法

前面几章的讨论表明，从海森伯交换作用模型出发，从理论上可以很好地解释铁磁物质的各种行为．但是那些理论并不是统一的，对于不同的温度范围需要采用不同的理论处理（图 6.1），即

在远高于 0K 和临界点的温度范围内，分子场理论可以得到很好的结果；

为了解释低温下的自发磁化行为，采用了自旋波理论；

为了讨论临界点附近的磁行为，需要采用小口理论和高温展开等方法．

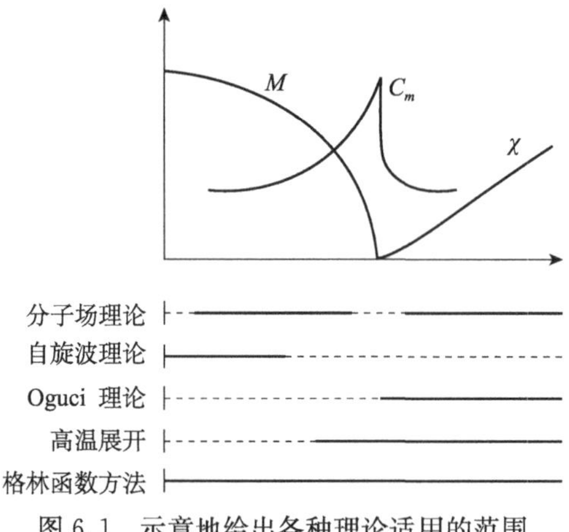

图 6.1　示意地给出各种理论适用的范围

在这一章中，我们将介绍一种新的理论方法，即格林函数方法[1]．这种方法可以从低温到高温统一地处理铁磁理论问题，因而具有更加惑人的吸引力．

格林函数理论是 20 世纪 50 年代到 60 年代初建立起来的．它将量子场论技术应用于统计物理中，成为研究多粒子的量子体系十分重要的理论工具．

首先，将热力学格林函数方法应用于铁磁理论的是博戈留玻夫（Боголюбов）和加布里柯夫（Тябликов）[2]，他们仅仅讨论了 $S=\frac{1}{2}$ 的情形（1959 年）．1962 年，塔依尔（Tahir）等[3,4]将这一方法推广到任意自旋的铁磁体系．1964 年我国学者蒲富恪和郑庆琪用格林函数方法处理了反铁磁体系[5]，并都获得了很好的结果.

本章以博戈留玻夫的工作为例，仅讨论自旋 $S=\frac{1}{2}$ 的体系．通过这样一个最简单的体系，我们可以大致了解格林函数处理铁磁理论所采用的基本方法及其功效．更一般、更详尽的论述可参阅有关的专著[1,6].

6.1　预备知识

在讨论格林函数方法之前，首先介绍一些必需的准备知识．

6.1.1　系综

对于一个具有大数自由度的体系，其宏观热力学性质可以将体系对时间求平均得到，也可以对系综求平均得到，所谓系综是指大数独立但又全同的系统的集合.

对于单一量子态的系综，所有的系统处于相同的量子态，波函数决定了在这一量子态中系统力学量的统计分布．这种量子系综称为纯系综．

我们将讨论的是混合系综，在这个系综中，各个系统分布在一系列的可能的量子态上．设第 m 个量子态 $|m\rangle$ 所包含的系统数为 n_m，则混合系综的系统总数为

$$n=\sum_m n_m.$$

如果用处于量子态 $|m\rangle$ 的相对概率 $\omega_m=\frac{n_m}{n}$ 来代替系统数 n_m，则有

$$\sum_m \omega_m = 1. \tag{6.1}$$

在量子态 $|m\rangle$ 中，力学量 $\hat{A}$ 的平均值为 $\langle m|\hat{A}|m\rangle$．对于混合系综，则需要按照各个态的概率分布再进行一次权重平均

$$\langle\hat{A}\rangle=\sum_m \omega_m\langle m|\hat{A}|m\rangle. \tag{6.2}$$

统计算符的定义如下：

$$\hat{\rho}=\sum_m |m\rangle\omega_m\langle m|. \tag{6.3}$$

选取希尔伯特空间的一组正交完备归一的基 $\{|i\rangle\}$，由正交归一性，有

$$\langle i|j\rangle=\delta_{ij}, \tag{6.4}$$

由正交完备性，有

$$\sum_i |i\rangle\langle i|=1. \tag{6.5}$$

在这组基所构成的表象中，算符 $\hat{A}$ 和 $\hat{\rho}$ 的矩阵元分别为

$$A_{ij}=\langle i|\hat{A}|j\rangle$$

$$\rho_{ij}=\langle i|\hat{\rho}|j\rangle=\sum_m\langle i|m\rangle\omega_m\langle m|j\rangle,$$

这样，式（6.2）可以改写为

$$\begin{aligned}\langle\hat{A}\rangle&=\sum_{ijm}\omega_m\langle m|j\rangle\langle j|\hat{A}|i\rangle\langle i|m\rangle\\&=\sum_{ijm}\langle i|m\rangle\omega_m\langle m|j\rangle\langle j|\hat{A}|i\rangle\\&=\sum_{ij}\rho_{ij}A_{ji}=\mathrm{Tr}(\hat{\rho}\hat{A}),\end{aligned}\tag{6.6}$$

其中，符号 Tr 表示矩阵对角元的求和，称为秩．

类似地，由式（6.3）可以得到

$$\mathrm{Tr}\hat{\rho}=1.\tag{6.7}$$

6.1.2 正则系综

考虑一个同恒温热库相接触的体系．体系同热库之间可以有能量的交换，但温度保持恒定，并且系统与外界无粒子数的交换．这一体系在平衡状态下的热力学性质可以用正则分布加以描述．

可以证明，正则分布的统计算符可以表示为

$$\hat{\rho}=Z^{-1}\exp(-\beta\hat{H}),\tag{6.8}$$

其中，$\beta=(k_{\mathrm{B}}T)^{-1}$，$\hat{H}$ 为体系的哈密顿量，正则配分函数由归一化条件（6.7）可以得到

$$Z=\mathrm{Tr}\exp(-\beta\hat{H}).\tag{6.9}$$

力学量 $\hat{A}$ 的平均值为

$$\langle\hat{A}\rangle=\frac{\mathrm{Tr}(\mathrm{e}^{-\beta\hat{H}}\hat{A})}{\mathrm{Tr}\mathrm{e}^{-\beta\hat{H}}}.$$

如果选取使哈密顿量 $\hat{H}$ 对角化的表象，即满足

$$\hat{H}|i,\alpha\rangle=E_i|i,\alpha\rangle,$$

其中，E_i 为 $\hat{H}$ 的本征值，相应的本征态为$|i,\alpha\rangle$，α 为其他量子数．

在这一表象中，式（6.9）可以简化为

$$Z=\sum_{(i,\alpha)}\exp(-\beta\hat{H}).\tag{6.10}$$

6.1.3 狄拉克 δ 函数

定义 δ 函数，$\delta(x)$满足

$$\begin{cases}\delta(x)=0, & x\neq 0,\\ \int_{-\infty}^{\infty}\delta(x)\mathrm{d}x=1.\end{cases}$$

从定义出发，不难看出，对于任意连续函数 $f(x)$，有

$$\int_{-\infty}^{\infty}f(x)\delta(x-a)\mathrm{d}x=f(a), \tag{6.11}$$

这是关于 δ 函数最重要的关系，x 和 a 可以推广到矢量和线性算符.

δ 函数还有如下性质：

(a) $\delta(-x)=\delta(x)$； (6.12)

(b) $x\delta(x)=0$； (6.13)

(c) $\delta(ax)=a^{-1}\delta(x),\quad a>0$； (6.14)

(d) $x\delta'(x)=-\delta(x)$； (6.15)

(e) $\delta(x)=\lim\limits_{q\to\infty}\dfrac{\sin qx}{\pi x}$；

(f) $\int_{-\infty}^{\infty}\mathrm{e}^{ik(x_1-x_2)}\mathrm{d}k=2\pi\delta(x_1-x_2)$； (6.16)

(g) $\dfrac{1}{x\pm\mathrm{i}0^+}=\mathscr{P}\dfrac{1}{x}\mp\mathrm{i}\pi\delta(x)$； (6.17)

(h) $\dfrac{1}{x+\mathrm{i}0^+}-\dfrac{1}{x-\mathrm{i}0^+}=-2\pi\mathrm{i}\delta(x)$， (6.18)

其中，性质（g）中的$\mathscr{P}$表示积分主值，其含义为除去奇点外的函数值. 若 a 为 $f(x)$的唯一奇点，则有

$$\mathscr{P}f(x)=\begin{cases}0, & x=a;\\ f(x), & x\neq a.\end{cases}$$

下面来证明式（6.18）的两边出现在积分号内的等价性. 假设 $F(x)$有很好的解析性，将实数自变量 x 延拓到复平面中去，有

$$\int_{-\infty}^{\infty}\mathrm{d}xF(x)\frac{1}{x+\mathrm{i}0^+}=\int_{-\infty+\mathrm{i}0^+}^{\infty+\mathrm{i}0^+}\mathrm{d}zF(z)\frac{1}{z},$$

被积函数仅在 $z=0$ 有一个奇点，如图 6.2 作积分围道，则围道积分为零，即有

$$\int_{-\infty+\mathrm{i}0^+}^{\infty+\mathrm{i}0^+}\mathrm{d}zF(z)\frac{1}{z}=\left[\int_{-\infty}^{-\delta}+\int_{\delta}^{\infty}+\int_{c\delta}\right]\mathrm{d}zF(z)\frac{1}{z}.$$

由主值定义

$$\lim_{\delta\to 0}\left[\int_{-\infty}^{-\delta}+\int_{\delta}^{\infty}\right]\mathrm{d}xF(x)\frac{1}{x}=\int_{-\infty}^{\infty}\mathrm{d}xF(x)\mathscr{P}\frac{1}{x},$$

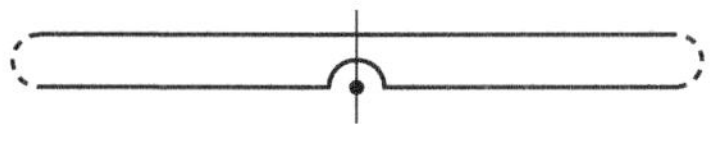

图 6.2

又

$$\lim_{\delta\to 0}\int_{c\delta}\mathrm{d}xF(x)\frac{1}{x}=\lim_{\delta\to 0}\int_{\pi}^{0}\frac{\mathrm{i}\delta\mathrm{e}^{\mathrm{i}\theta}}{\delta\mathrm{e}^{\mathrm{i}\theta}}F(\delta\mathrm{e}^{\mathrm{i}\theta})\mathrm{d}\theta,$$

其中，在半圆围道 $c\delta$ 上，$x=\delta\mathrm{e}^{\mathrm{i}\theta}$，再利用

$$\lim_{\delta\to 0}F(\delta\mathrm{e}^{\mathrm{i}\theta})=F(0),$$

$$\int_{\pi}^{0}\mathrm{i}\mathrm{d}\theta=-\mathrm{i}\pi,$$

$$F(0)=\int_{-\infty}^{\infty}F(x)\delta(x)\mathrm{d}x,$$

得到

$$\lim_{\delta\to 0}\int_{c\delta}\mathrm{d}xF(x)\frac{1}{x}=-\mathrm{i}\pi\int_{-\infty}^{\infty}F(x)\delta(x)\mathrm{d}x,$$

因此有

$$\int_{-\infty}^{\infty}\mathrm{d}xF(x)\frac{1}{x+\mathrm{i}0^{+}}=\int_{-\infty}^{\infty}\mathrm{d}xF(x)\left[\mathscr{P}\frac{1}{x}-\mathrm{i}\pi\delta(x)\right].$$

同样，可以证明

$$\int_{-\infty}^{\infty}\mathrm{d}xF(x)\frac{1}{x-\mathrm{i}0^{+}}=\int_{-\infty}^{\infty}\mathrm{d}xF(x)\left[\mathscr{P}\frac{1}{x}+\mathrm{i}\pi\delta(x)\right].$$

由此可见，在积分号内，$\frac{1}{x\pm\mathrm{i}0^{+}}$和$\mathscr{P}\frac{1}{x}\mp\mathrm{i}\pi\delta(x)$是等价的．

6.1.4 阶跃函数 $\theta(t)$

定义

$$\theta(t)=\begin{cases}1, & t>0,\\ 0, & t<0.\end{cases}$$

阶跃函数具有如下性质：

(a) $\theta(t)+\theta(-t)=1,$ (6.19)

(b) $\frac{\mathrm{d}\theta(t)}{\mathrm{d}t}=\delta(t),$ (6.20)

(c) $\int_{-\infty}^{\infty}\frac{\mathrm{e}^{-\mathrm{i}xt}}{x+\mathrm{i}0^{+}}\mathrm{d}x=-2\pi\mathrm{i}\theta(t),$ (6.21)

前两个性质是显然的．第三个性质可作如下的证明．

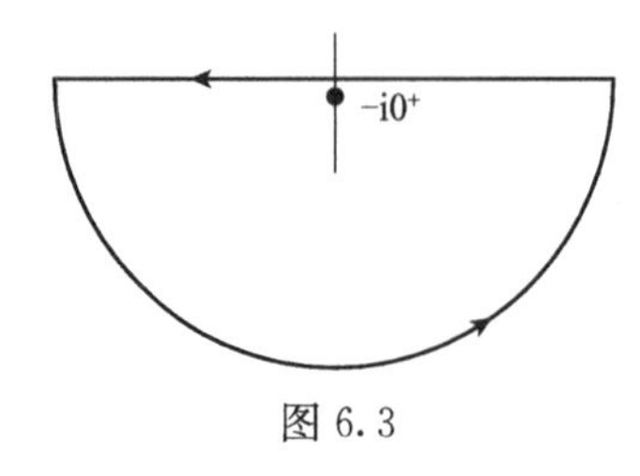

图 6.3

将积分变量延拓到复平面上，被积函数的奇点在下半平面的虚轴上，紧靠坐标原点的地方，$t=-\mathrm{i}0^{+}$(图 6.3)．

当 $t>0$ 时，x 的虚部在 $-\infty$ 时积分收敛．作下半平面的围道，当半径趋于无穷大时，沿圆弧部分的积分为零，因此有

$$\int_{\infty}^{-\infty}\frac{\mathrm{e}^{-\mathrm{i}xt}}{x+\mathrm{i}0^{+}}\mathrm{d}x=2\pi\mathrm{i}(\mathrm{e}^{-\mathrm{i}x(-\mathrm{i}0^{+})}).$$

当 $\mathrm{i}0^{+}\to 0$ 时，有

$$\int_{-\infty}^{\infty}\frac{\mathrm{e}^{-\mathrm{i}xt}}{x+\mathrm{i}0^{+}}\mathrm{d}x=-2\pi\mathrm{i}.$$

当 $t<0$ 时，x 的虚部在趋于∞时，积分收敛．作上半平面的围道，由于上半平面被积函数无奇点，得

$$\int_{-\infty}^{\infty}\frac{\mathrm{e}^{-\mathrm{i}xt}}{x+\mathrm{i}0^{+}}\mathrm{d}x=0,$$

与 $\theta(t)$ 的定义相比较，可得到式（6.21）．

6.1.5　三种绘景*

在量子力学中，一个物理量对应着一个厄米算符，体系的状态可用态矢量来描述．在某一个状态 $|\Phi\rangle$ 下，力学量 $\hat{A}$ 的观测值是与下述态空间中的内积相联系的.

$$\langle\hat{A}\rangle=\langle\Phi|\hat{A}|\Phi\rangle, \tag{6.22}$$

其中，假定态矢量是归一化了的．

为了讨论力学量 A 的观测值随时间的变化 $\langle\hat{A}\rangle_t$，可采用三种不同的方式来描述．这些描述的方式称为绘景．

6.1.5.1　薛定谔绘景

薛定谔绘景采用下标 s 表示．在这一绘景下，力学量 $\hat{A}_\mathrm{s}$ 与时间无关，系统随时间的变化完全由态矢量 $|\Phi_\mathrm{s}(t)\rangle$ 的时间行为来描述．态矢量满足运动方程

$$\mathrm{i}\frac{\partial}{\partial t}|\Phi_\mathrm{s}(t)\rangle=\hat{H}|\Phi_\mathrm{s}(t)\rangle, \tag{6.23}$$

这就是我们早已熟悉的薛定谔方程，它描述了量子体系的运动状态．

方程（6.23）的解为

$$|\Phi_\mathrm{s}(t)\rangle=\mathrm{e}^{-\mathrm{i}\hat{H}t}|\Phi_\mathrm{s}(0)\rangle. \tag{6.24}$$

力学量 $\hat{A}$ 的平均值为

$$\begin{aligned}\langle\hat{A}\rangle_t&=\langle\Phi_\mathrm{s}(t)|\hat{A}_\mathrm{s}|\Phi_\mathrm{s}(t)\rangle\\&=\langle\Phi_\mathrm{s}(0)|\mathrm{e}^{\mathrm{i}\hat{H}t}\hat{A}_\mathrm{s}\mathrm{e}^{-\mathrm{i}\hat{H}t}|\Phi_\mathrm{s}(0)\rangle.\end{aligned} \tag{6.25}$$

---

* 在本章中，一律取 $\hbar=1$.

6.1.5.2 海森伯绘景

海森伯绘景采用下标 H 表示．在这一绘景下，取态矢量与时间无关，认为系统随时间的变化完全由力学量的时间行为来表征．

取

$$|\Phi_{\mathrm{H}}\rangle=|\Phi_{\mathrm{s}}(0)\rangle, \tag{6.26}$$

根据式（6.25），应当有

$$\hat{A}_{\mathrm{H}}(t)\ =\mathrm{e}^{\mathrm{i}\hat{H}t}\hat{A}_{\mathrm{s}}\mathrm{e}^{-\mathrm{i}\hat{H}t}, \tag{6.27}$$

相应的运动方程为

$$\mathrm{i}\,\frac{\partial\hat{A}_{\mathrm{H}}(t)}{\partial t}=[\hat{A}_{\mathrm{H}}(t),\hat{H}], \tag{6.28}$$

这一方程称为海森伯方程，它是与经典力学中的哈密顿方程相对应的．利用这一对应关系可以很方便地对场进行量子化描述．因此，这一绘景在场量子化描述中特别有用．

6.1.5.3 相互作用绘景

常常有这样一种情况，即哈密顿量可以分为两个部分

$$\hat{\mathscr{H}}=\hat{\mathscr{H}}_0+\hat{\mathscr{H}}', \tag{6.29}$$

其中

$$\hat{\mathscr{H}}_0=\sum_{ij}a_i^+\langle i|\hat{T}|j\rangle a_j$$

为自由哈密顿；而

$$\hat{\mathscr{H}}'=\frac{1}{2}\sum_{ijkl}a_i^+a_j^+\langle ij|\hat{V}|kl\rangle a_k a_l$$

为相互作用哈密顿．

这时，可以将式（6.25）改写为下列形式：

$$\langle\hat{A}\rangle=\langle\Phi_{\mathrm{s}}(t)|\,\mathrm{e}^{-\mathrm{i}\hat{H}_0t}\mathrm{e}^{+\mathrm{i}\hat{H}_0t}\hat{A}_{\mathrm{s}}\mathrm{e}^{-\mathrm{i}\hat{H}_0t}\mathrm{e}^{+\mathrm{i}\hat{H}_0t}\,|\Phi_{\mathrm{s}}(t)\rangle.$$

令

$$|\Phi_{\mathrm{I}}(t)\rangle=\mathrm{e}^{+\mathrm{i}\hat{H}_0t}|\Phi_{\mathrm{s}}(t)\rangle, \tag{6.30}$$

$$\hat{A}_{\mathrm{I}}(t)=\mathrm{e}^{+\mathrm{i}\hat{H}_0t}\hat{A}_{\mathrm{s}}\mathrm{e}^{-\mathrm{i}\hat{H}_0t}, \tag{6.31}$$

这样就得到了用下标 I 表征的新的描述方式，称为相互作用绘景．在这一绘景下，系统随时间的变化由态矢量和力学量的时间行为共同分担．

不难看出，式（6.30）和式（6.23）存在如下关系：

$$\mathrm{i}\,\frac{\partial}{\partial t}|\Phi_{\mathrm{I}}(t)\rangle=[-\hat{H}_0\mathrm{e}^{\mathrm{i}\hat{H}_0t}+\mathrm{e}^{\mathrm{i}\hat{H}_0t}\hat{H}]|\Phi_{\mathrm{s}}(t)\rangle$$

$$=[-\hat{H}_0+e^{i\hat{H}_0t}(\hat{H}_0+\hat{H}')e^{-i\hat{H}_0t}]e^{i\hat{H}_0t}|\Phi_s(t)\rangle,$$

注意到 $[\hat{H}_0, e^{i\hat{H}_0t}]=0$ 和 $\hat{H}'_I(t)=e^{+i\hat{H}_0t}\hat{H}'e^{-i\hat{H}_0t}$，得到如下运动方程：

$$i\frac{\partial}{\partial t}|\Phi_I(t)\rangle=\hat{H}'_I(t)|\Phi_I(t)\rangle. \tag{6.32}$$

上述关系表明，在相互作用绘景下，力学量的时间行为仅由自由系统的哈密顿量所决定．相互作用的复杂性不出现在算符的变化中，这对于描述包含相互作用的体系常常是方便的．

6.2 格林函数与关联函数

在本章的讨论中，仅采用海森伯绘景，即力学量是时间的函数，态矢量与时间是无关的．

6.2.1 问题的提出

对于铁磁性物质，我们首先关心的是对磁性有贡献的自旋 S 在某一方向投影的平均值 $\langle S^z\rangle$，这是因为磁化强度为

$$M=Ng\mu_B\langle S^z\rangle^*, \tag{6.33}$$

铁磁性来源于自旋之间的相互关联，格林函数的任务就是寻找自旋关联同系综平均值 $\langle S_z\rangle$ 之间的联系．

设第 i 个格点的自旋为 $\hat{\boldsymbol{S}}_i$，其量子数 S 可以是整数或半整数．令

$$\hat{S}^{\pm}=\hat{S}^x\pm i\hat{S}^y,$$

在第4章中曾给出了自旋算符所满足的对易关系

$$[S_i^x, S_j^y]=iS_i^z\delta_{ij},$$
$$[S_i^y, S_j^z]=iS_i^x\delta_{ij},$$
$$[S_i^z, S_j^x]=iS_i^y\delta_{ij},$$
$$[S_i^+, S_j^-]=2S_i^z\delta_{ij},$$
$$[S_i^{\pm}, S_j^z]=\mp S_i^{\pm}\delta_{ij}$$

和

$$\begin{aligned}\boldsymbol{S}_i\cdot\boldsymbol{S}_i&=(S_i^x)^2+(S_i^y)^2+(S_i^z)^2\\&=\frac{1}{2}(S_i^+S_i^-+S_i^-S_i^+)+(S_i^z)^2\\&=S_i^-S_i^++S_i^z+(S_i^z)^2.\end{aligned}$$

又由于

* 同第4章一样，这里的磁矩 μ 和 S 假定具有相同的方向．

$$\boldsymbol{S}_i \cdot \boldsymbol{S}_i = S(S+1),$$

所以得到

$$S_i^- S_i^+ = S(S+1) - S_i^z - (S_i^z)^2. \tag{6.34}$$

如果 $S=\frac{1}{2}$，S_i^z 的本征值为$\pm\frac{1}{2}$，因此有$(S_i^z)^2=\frac{1}{4}$，式 (6.34) 可以简化为

$$S_i^- S_i^+ = \frac{1}{2} - S_i^z. \tag{6.35}$$

至此，我们建立了 S_i^z 和两个算符的乘积 $S_i^- S_i^+$ 之间的联系．求磁化强度的问题归结为求解系综的平均值 $\langle S_i^- S_i^+ \rangle$，即

$$M = Ng\mu_B \left(\frac{1}{2} - \langle S_i^- S_i^+ \rangle \right). \tag{6.36}$$

6.2.2 格林函数

对于两个算符 $\hat{A}(t)$ 和 $\hat{B}(t')$，定义推迟格林函数为

$$\begin{aligned} G_{AB}^r(t-t') &= \langle\langle \hat{A}(t); \hat{B}(t') \rangle\rangle_r \\ &= -\mathrm{i}\theta(t-t')\langle \hat{A}(t)\hat{B}(t') - \hat{B}(t')\hat{A}(t) \rangle, \end{aligned} \tag{6.37a}$$

定义超前格林函数为

$$\begin{aligned} G_{AB}^a(t-t') &= \langle\langle \hat{A}(t); \hat{B}(t') \rangle\rangle_r \\ &= \mathrm{i}\theta(t'-t)\langle \hat{A}(t)\hat{B}(t') - \hat{B}(t')\hat{A}(t) \rangle, \end{aligned} \tag{6.38a}$$

其中，算符

$$\hat{A}(t) = \mathrm{e}^{\mathrm{i}\hat{H}t} \hat{A} \mathrm{e}^{-\mathrm{i}\hat{H}t},$$

$$\langle \hat{F} \rangle = \mathrm{Tr}(\mathrm{e}^{-\beta\hat{H}} \hat{F}) \mathrm{Tr}\ \mathrm{e}^{-\beta\hat{H}}.$$

6.2.3 关联函数

算符 $\hat{A}(t)$ 和 $\hat{B}(t')$ 乘积的系综平均值称为时间关联函数

$$F_{BA}(t'-t) = \langle \hat{B}(t')\hat{A}(t) \rangle, \tag{6.39}$$

$$F_{AB}(t-t') = \langle \hat{A}(t)\hat{B}(t') \rangle. \tag{6.40}$$

显然，推迟和超前格林函数可改写为

$$G_{AB}^r(t-t') = -\mathrm{i}\theta(t-t')(F_{AB}(t-t') - F_{BA}(t'-t)), \tag{6.37b}$$

$$G_{AB}^a(t-t') = \mathrm{i}\theta(t'-t)(F_{AB}(t-t') - F_{BA}(t'-t)). \tag{6.38b}$$

这里很自然地产生一个问题，关联函数 $F_{BA}(t'-t)$ 和 $F_{AB}(t-t')$ 之间存在什么联系呢?

矩阵理论告诉我们，关于矩阵的秩有性质

$$\mathrm{Tr}(ABC)=\mathrm{Tr}(CAB)=\mathrm{Tr}(BCA),$$

因此，有

$$\begin{aligned}F_{BA}(t'-t)&=\langle\hat{B}(t')\hat{A}(t)\rangle\\&=\frac{\mathrm{Tr}(\mathrm{e}^{-\beta\hat{H}}\cdot\mathrm{e}^{\mathrm{i}\hat{H}t'}\hat{B}\mathrm{e}^{-\mathrm{i}\hat{H}t'}\cdot\mathrm{e}^{\mathrm{i}\hat{H}t}\hat{A}\mathrm{e}^{-\mathrm{i}\hat{H}t})}{\mathrm{Tr}\ \mathrm{e}^{-\beta\hat{H}}}\\&=\frac{\mathrm{Tr}(\mathrm{e}^{-\beta\hat{H}}\mathrm{e}^{\beta\hat{H}}\cdot\mathrm{e}^{\mathrm{i}\hat{H}t}\hat{A}\mathrm{e}^{-\mathrm{i}\hat{H}t}\cdot\mathrm{e}^{-\beta\hat{H}}\cdot\mathrm{e}^{\mathrm{i}\hat{H}t'}\hat{B}\mathrm{e}^{-\mathrm{i}\hat{H}t'})}{\mathrm{Tr}\ \mathrm{e}^{-\beta\hat{H}}}\\&=\frac{\mathrm{Tr}(\mathrm{e}^{-\beta\hat{H}}\hat{A}(t-\mathrm{i}\beta)\hat{B}(t'))}{\mathrm{Tr}\ \mathrm{e}^{-\beta\hat{H}}}\\&=\langle A(t-\mathrm{i}\beta)B(t')\rangle=F_{AB}(t-t'-\mathrm{i}\beta).\end{aligned}\tag{6.41}$$

到此，我们完成了关联函数中算符的位置互换，但时间宗量还相差一个 $(-\mathrm{i}\beta)$．为了进一步给出两者之间的关系，可以采用傅里叶变换，将因子 $(-\mathrm{i}\beta)$ 放到指数肩膀上去．

6.2.4　傅里叶变换

将关联函数作傅里叶展开，令

$$F_{AB}(t-t')=\int_{-\infty}^{\infty}\frac{\mathrm{d}\omega}{2\pi}J(\omega)\mathrm{e}^{-\mathrm{i}\omega(t-t')},\tag{6.42}$$

则由式 (6.41)，有

$$\begin{aligned}F_{BA}(t'-t)=F_{AB}(t-t'-\mathrm{i}\beta)&\\=\int_{-\infty}^{\infty}\frac{\mathrm{d}\omega}{2\pi}J(\omega)\mathrm{e}^{-\mathrm{i}\omega(t-t'-\mathrm{i}\beta)}&\\=\int_{-\infty}^{\infty}\frac{\mathrm{d}\omega}{2\pi}J'(\omega)\mathrm{e}^{-\mathrm{i}\omega(t-t')}.&\end{aligned}\tag{6.43}$$

式 (6.42) 和 (6.43) 称为时间关联函数的谱表示式．展开系数 $J(\omega)$ 和 $J'(\omega)$ 称为谱强度，两者存在如下关系

$$J'(\omega)=\mathrm{e}^{-\beta\omega}J(\omega).\tag{6.44}$$

再对推迟格林函数作傅里叶变换，在这里将宗量 ω 换成 E.

$$G_{AB}^{r}(t-t')=\int_{-\infty}^{\infty}\frac{\mathrm{d}E}{2\pi}G_{AB}^{r}(E)\mathrm{e}^{-\mathrm{i}E(t-t')},\tag{6.45}$$

其中

$$\begin{aligned}G_{AB}^{r}(E)&=\int_{-\infty}^{\infty}\mathrm{d}t\ G_{AB}^{r}(t-t')\mathrm{e}^{\mathrm{i}E(t-t')}\\&=-\mathrm{i}\int_{-\infty}^{\infty}\mathrm{d}t\mathrm{e}^{\mathrm{i}E(t-t')}\theta(t-t')\left(F_{AB}(t-t')-F_{BA}(t'-t)\right).\end{aligned}$$

将式 (6.21)，(6.42) 和 (6.43) 代入上式中，得到

$$G_{AB}^{r}(E)=-\mathrm{i}\int_{-\infty}^{\infty}\mathrm{d}t\mathrm{e}^{\mathrm{i}E(t-t')}\cdot\frac{\mathrm{i}}{2\pi}\int_{-\infty}^{\infty}\frac{\mathrm{e}^{-\mathrm{i}x(t-t')}}{x+\mathrm{i}0^{+}}\mathrm{d}x$$
$$\times\frac{1}{2\pi}\int_{-\infty}^{\infty}[J(\omega)-J'(\omega)]\mathrm{e}^{-\mathrm{i}\omega(t-t')}\mathrm{d}\omega$$
$$=\frac{1}{2\pi}\iint_{-\infty}^{\infty}\mathrm{d}x\mathrm{d}\omega\frac{[J(\omega)-J'(\omega)]}{x+\mathrm{i}0^{+}}\frac{1}{2\pi}\int_{-\infty}^{\infty}\mathrm{d}t\mathrm{e}^{\mathrm{i}(E-x-\omega)(t-t')}.$$

利用式（6.14）和（6.44），得到

$$G_{AB}^{r}(E)=\frac{1}{2\pi}\iint_{-\infty}^{\infty}\mathrm{d}x\mathrm{d}\omega\delta(E-x-\omega)\frac{J(\omega)(1-\mathrm{e}^{-\beta\omega})}{x+\mathrm{i}0^{+}}$$
$$=\frac{1}{2\pi}\int_{-\infty}^{\infty}\frac{J(\omega)(1-\mathrm{e}^{-\beta\omega})}{E-\omega+\mathrm{i}0^{+}}\mathrm{d}\omega. \tag{6.46}$$

同样，对于超前格林函数，有

$$G_{AB}^{a}(t-t')=\int_{-\infty}^{\infty}\frac{\mathrm{d}E}{2\pi}G_{AB}^{a}(E)\mathrm{e}^{-\mathrm{i}E(t-t')}, \tag{6.47}$$

$$G_{AB}^{a}(E)=\frac{1}{2\pi}\int_{-\infty}^{\infty}\mathrm{d}\omega\cdot\frac{J(\omega)(1-\mathrm{e}^{\beta\omega})}{E-\omega-\mathrm{i}0^{+}}. \tag{6.48}$$

在上述推导过程中，均将 E 看作是实数．如果将 E 看成是复数，则可将 $G^{a}(E)$ 和 $G^{r}(E)$ 从实轴延拓到 E 的复平面上去．不难看出，$G^{r}(E)$ 是在上半平面解析的，$G^{a}(E)$ 是在下半平面解析的．由此，可定义格林函数

$$G_{AB}(E)=\frac{1}{2\pi}\int_{-\infty}^{\infty}\mathrm{d}\omega\frac{J(\omega)(1-\mathrm{e}^{-\beta\omega})}{E-\omega}, \tag{6.49}$$

其中，在上半平面上，$G_{AB}(E)$ 就是 $G_{AB}^{r}(E)$，有

$$G_{AB}^{r}(E)=G_{AB}(E+\mathrm{i}0^{+}); \tag{6.50}$$

在下半平面上，$G_{AB}(E)$ 就是 $G_{AB}^{a}(E)$，有

$$G_{AB}^{a}(E)=G_{AB}(E-\mathrm{i}0^{+}). \tag{6.51}$$

6.2.5 谱定理和色散关系

式（6.42）表明，求解关联函数的问题可归结为求谱强度 $J(\omega)$．下面我们将指出，如何由格林函数来求 $J(\omega)$．

利用 δ 函数的性质（6.17），有

$$G_{AB}^{r}(E)-G_{AB}^{a}(E)=\frac{1}{2\pi}\int_{-\infty}^{\infty}\mathrm{d}\omega J(\omega)(1-\mathrm{e}^{-\beta\omega})\left[\frac{1}{E-\omega+\mathrm{i}0^{+}}-\frac{1}{E-\omega-\mathrm{i}0^{+}}\right]$$
$$=\frac{1}{2\pi}\int_{-\infty}^{\infty}\mathrm{d}\omega J(\omega)(1-\mathrm{e}^{-\beta\omega})[-2\pi\mathrm{i}\delta(E-\omega)]$$
$$=-\mathrm{i}J(E)(1-\mathrm{e}^{-\beta E}),$$

得到

$$J(E)=\mathrm{i}\frac{G_{AB}^{r}(E)-G_{AB}^{a}(E)}{1-\mathrm{e}^{-\beta E}}$$

$$=\mathrm{i}\,\frac{G_{AB}(E+\mathrm{i}0^+)-G_{AB}(E-\mathrm{i}0^+)}{1-\mathrm{e}^{-\beta E}},\tag{6.52}$$

将这一关系代入到式（6.42）中，有

$$\begin{aligned}F_{AB}(t-t')&=\frac{\mathrm{i}}{2\pi}\int_{-\infty}^{\infty}\mathrm{d}\omega\mathrm{e}^{-\mathrm{i}\omega(t-t')}\\&=\frac{G_{AB}(\omega+\mathrm{i}0^+)-G_{AB}(\omega-\mathrm{i}0^+)}{1-\mathrm{e}^{-\beta\omega}}.\end{aligned}\tag{6.53}$$

式（6.53）建立了格林函数和关联函数的联系．如果求得了格林函数 $G_{AB}(E)$，利用式（6.53）可以计算出关联函数，从而求得相应物理量的系综平均值．

利用式（6.46）和（6.48），δ 函数的性质（6.17），可以证得格林函数的实部和虚部满足下述关系：

$$\mathrm{Re}\,G_{AB}^{r,a}(E)=\pm\frac{\mathscr{P}}{\pi}\int_{-\infty}^{\infty}\frac{\mathrm{Im}G_{AB}^{r,a}(\omega)}{\omega-E}\mathrm{d}\omega,\tag{6.54}$$

这一关系称为格林函数的色散关系．它描述了格林函数的解析性质．

6.2.6 格林函数的运动方程

为简化问题，取 $t'=0$，则推迟格林函数为

$$\begin{aligned}G_{AB}^{r}(t)&=-\mathrm{i}\theta(t)\langle\langle A(t);B(0)\rangle\rangle\\&=-\mathrm{i}\theta(t)\langle[A(t),B(0)]\rangle,\end{aligned}$$

由关系

$$\mathrm{i}\,\frac{\partial\hat{A}(t)}{\partial t}=[\hat{A}(t),\hat{H}],$$

$$\frac{\mathrm{d}\theta(t)}{\mathrm{d}t}=\delta(t),$$

得到格林函数的运动方程

$$\begin{aligned}\mathrm{i}\,\frac{\mathrm{d}}{\mathrm{d}t}G_{AB}^{r}(t)&=\delta(t)\langle[A(t),B(0)]\rangle-\mathrm{i}\theta(t)\left\langle\left[\mathrm{i}\,\frac{\mathrm{d}A(t)}{\mathrm{d}t},B(0)\right]\right\rangle\\&=\delta(t)\langle[A(t),B(0)]\rangle-\mathrm{i}\theta(t)\langle[[A(t),\hat{H}],B(0)]\rangle.\end{aligned}\tag{6.55}$$

只要这个方程可以求解出格林函数 $G_{AB}(t)$，那么在原则上，这个问题就解决了．具体的做法是：根据问题的需要选择算符 $A(t)$，$B(t')$；由运动方程（6.55）求解格林函数 $G_{AB}(t-t')$；作傅里叶变换求解格林函数 $G_{AB}(E)$；再由式（6.53）得到关联函数 $F_{AB}(t-t')$．

6.3 $S=\frac{1}{2}$铁磁体系的磁化强度

有了前面的一些知识，我们已经能够采用格林函数方法讨论铁磁物质的自发

磁化行为了．

6.3.1 运动方程

选择算符

$$\hat{A}(t)=\hat{S}_i^+(t),\quad \hat{B}(0)=\hat{S}_j^-(0), \tag{6.56}$$

由式（6.38）构成格林函数

$$\begin{aligned} G_{ij}^r(t) &= \langle\langle \hat{S}_i^+(t);\hat{S}_j^-(0)\rangle\rangle \\ &= -\mathrm{i}\theta(+t)\langle \hat{S}_i^+(t)\hat{S}_j^-(0)-\hat{S}_j^-(0)\hat{S}_i^+(t)\rangle. \end{aligned} \tag{6.57}$$

由于第 i 个格点的哈密顿量

$$\begin{aligned} \hat{\mathscr{H}}_i =& -g\mu_\mathrm{B}H\hat{S}_i^z(t)-2A\sum_\rho\Big[S_i^z(t)S_{i+\rho}^z(t) \\ &+\frac{1}{2}(S_i^+(t)S_{i+\rho}^-(t)+S_i^-(t)S_{i+\rho}^+(t))\Big], \end{aligned} \tag{6.58}$$

利用自旋算符的对易关系，得到

$$\begin{aligned} \mathrm{i}\frac{\mathrm{d}S_i^+(t)}{\mathrm{d}t} &= [S_i^+(t),\hat{H}_i] \\ &= g\mu_\mathrm{B}HS_i^+(t)-2A\sum_\rho[\hat{S}_i^z(t)S_{i+\rho}^+(t)-S_{i+\rho}^z(t)\hat{S}_i^+(t)], \end{aligned} \tag{6.59}$$

代入到运动方程式(6.55)，得出

$$\begin{aligned} \mathrm{i}\frac{\mathrm{d}}{\mathrm{d}t}G_{ij}^r(t) &= \delta(t)\langle[S_i^+(t),S_j^-(0)]\rangle-\mathrm{i}\theta(t)\langle[\hat{S}_i^+(t),\hat{H}_i],\hat{S}_j^-(0)\rangle \\ &= 2\delta(t)\langle S^z\rangle\delta_{ij}+g\mu_\mathrm{B}H\langle\langle S_i^+(t);S_j^-(0)\rangle\rangle \\ &\quad -2A\sum_\rho\Big(\langle\langle S_i^z(t)S_{i+\rho}^+(t);S_j^-(0)\rangle\rangle \\ &\quad -\langle\langle S_{i+\rho}^z(t)S_i^+(t);S_j^-(0)\rangle\rangle\Big). \end{aligned} \tag{6.60}$$

在方程中出现了由三个算符组成的格林函数，求这些三阶格林函数的运动方程，将得到更高阶的格林函数．如此下去，将得到各阶格林函数组成的运动方程链．为了求解方程链，可以采用切断近似的方法．

在这里，将算符 $S_i^z(t)$ 近似用系综的平均值 $\langle S_i^z(t)\rangle$ 代替．再考虑对于一个均匀的平衡体系，$\langle S_i^z(t)\rangle=\langle S^z\rangle$是与时间 t 和格点位置 i 无关的．于是，存在如下的近似关系

$$\begin{aligned} &\langle\langle S_i^z(t)S_{i+\rho}^+(t);S_j^-(0)\rangle\rangle\approx\langle S^z\rangle\langle\langle S_{i+\rho}^+(t);S_j^-(0)\rangle\rangle, \\ &\langle\langle S_{i+\rho}^z(t)S_i^+(t);S_j^-(0)\rangle\rangle\approx\langle S^z\rangle\langle\langle S_i^+(t);S_j^-(0)\rangle\rangle, \end{aligned} \tag{6.61}$$

代入到式（6.60），三阶格林函数被切断成为两个算符的低阶格林函数．这一近似在实质上将格点 i 与其最近邻格点（$i+\rho$）之间的自旋关联用系综平均来代替.

运动方程可简化为

$$\left(\mathrm{i}\frac{\mathrm{d}}{\mathrm{d}t}-g\mu_{\mathrm{B}}H\right)\langle\langle S_i^+(t),S_j^-(0)\rangle\rangle$$
$$=2\delta(t)\delta_{ij}\langle S^z\rangle-2A\langle S^z\rangle\sum_{\rho}\langle\langle S_{i+\rho}^+(t)-S_i^+(t);S_j^-(0)\rangle\rangle. \tag{6.62}$$

6.3.2 时间傅里叶变换

为了消除时间变量 t，首先将方程各项对时间 t 进行傅里叶变换

$$\langle\langle S_i^+(t);S_j^-(0)\rangle\rangle=\int_{-\infty}^{\infty}\frac{\mathrm{d}E}{2\pi}G_{ij}(E)\mathrm{e}^{-\mathrm{i}Et}, \tag{6.63a}$$

$$G_{ij}(E)=\int_{-\infty}^{\infty}\mathrm{d}t\langle\langle S_i^+(t);S_j^-(0)\rangle\rangle\mathrm{e}^{\mathrm{i}Et}. \tag{6.63b}$$

类似地，有

$$\langle\langle S_{i+\rho}^+(t);S_j^-(0)\rangle\rangle=\int_{-\infty}^{\infty}\frac{\mathrm{d}E}{2\pi}(G_{i+\rho,j}(E)\mathrm{e}^{-\mathrm{i}Et}), \tag{6.64a}$$

$$G_{i+\rho,j}(E)=\int_{-\infty}^{\infty}\mathrm{d}t\langle\langle S_{i+\rho}^+(t);S_j^-(0)\rangle\rangle\mathrm{e}^{\mathrm{i}Et}. \tag{6.64b}$$

再利用

$$2\delta(t)\delta_{ij}\langle S^z\rangle=\int_{-\infty}^{\infty}\frac{\mathrm{d}E}{2\pi}2\delta_{ij}\langle S^z\rangle\mathrm{e}^{-\mathrm{i}Et}, \tag{6.65a}$$

$$2\delta_{ij}\langle S^z\rangle=2\int_{-\infty}^{\infty}\mathrm{d}t\delta(t)\delta_{ij}\langle S^z\rangle\mathrm{e}^{\mathrm{i}Et} \tag{6.65b}$$

和

$$\mathrm{i}\frac{\mathrm{d}}{\mathrm{d}t}\langle\langle S_i^+(t);S_j^-(0)\rangle\rangle=\mathrm{i}\int_{-\infty}^{\infty}\frac{\mathrm{d}E}{2\pi}G_{ij}(E)\frac{\mathrm{d}}{\mathrm{d}t}\mathrm{e}^{-\mathrm{i}Et}$$
$$=E\int_{-\infty}^{\infty}\frac{\mathrm{d}E}{2\pi}G_{ij}(E)\mathrm{e}^{-\mathrm{i}Et}, \tag{6.66}$$

即

$$EG_{ij}(E)=\int_{-\infty}^{\infty}\mathrm{d}t\left(\mathrm{i}\frac{\mathrm{d}}{\mathrm{d}t}\langle\langle S_i^+(t);S_j^-(0)\rangle\rangle\right)\mathrm{e}^{\mathrm{i}Et}.$$

将式 (6.63)～(6.66) 代入式 (6.62) 得到

$$(E-g\mu_{\mathrm{B}}H)G_{ij}(E)=2\delta_{ij}\langle S^z\rangle-2A\langle S^z\rangle\sum_{\rho}(G_{i+\rho,j}(E)-G_{ij}(E)). \tag{6.67}$$

6.3.3 空间傅里叶变换

方程 (6.67) 中，格林函数的坐标指数不相同．对于一个均匀体系，$G_{ij}(E)$ 仅为格点间相对位移矢量 ($\boldsymbol{i}-\boldsymbol{j}$) 的函数，因而可作进一步的傅里叶变换，从坐标空间变换到倒格矢空间中去．

$$G_{ij}(E)=\frac{1}{N}\sum_{k}G_k(E)\mathrm{e}^{\mathrm{i}\boldsymbol{k}\cdot(\boldsymbol{i}-\boldsymbol{j})}, \tag{6.68a}$$

$$G_k(E) = \sum_i G_{ij}(E)\mathrm{e}^{-\mathrm{i}\boldsymbol{k}\cdot(\boldsymbol{i}-\boldsymbol{j})}, \tag{6.68b}$$

式中，N 为格点的总数，对 $\boldsymbol{k}$ 求和仅限于第一布里渊区．同时有

$$\delta_{ij}\langle S^z\rangle = \frac{1}{N}\sum_k \langle S^z\rangle \mathrm{e}^{\mathrm{i}\boldsymbol{k}\cdot(\boldsymbol{i}-\boldsymbol{j})}, \tag{6.69a}$$

$$\sum_i \delta_{ij}\langle S^z\rangle \mathrm{e}^{-\mathrm{i}\boldsymbol{k}\cdot(\boldsymbol{i}-\boldsymbol{j})} = \langle S^z\rangle. \tag{6.69b}$$

又

$$\begin{aligned} G_{i+\rho,j}(E) &= \frac{1}{N}\sum_k G_k(E)\mathrm{e}^{\mathrm{i}\boldsymbol{k}\cdot(\boldsymbol{i}+\boldsymbol{\rho}-\boldsymbol{j})} \\ &= \frac{1}{N}\sum_k G_k(E)\mathrm{e}^{\mathrm{i}\boldsymbol{k}\cdot\boldsymbol{\rho}}\mathrm{e}^{\mathrm{i}\boldsymbol{k}\cdot(\boldsymbol{i}-\boldsymbol{j})}. \end{aligned} \tag{6.70}$$

将式（6.68）～（6.70）代入方程（6.67），得到 $\boldsymbol{k}$ 空间中的运动方程形式

$$\begin{aligned} (E-g\mu_{\mathrm{B}}H)G_k(E) &= 2\langle S^z\rangle - 2A\langle S^z\rangle\sum_\rho G_k(E)(\mathrm{e}^{\mathrm{i}\boldsymbol{k}\cdot\boldsymbol{\rho}}-1) \\ &= 2\langle S^z\rangle + 2A\langle S^z\rangle G_k(E)\left(z-\sum_\rho \mathrm{e}^{\mathrm{i}\boldsymbol{k}\cdot\boldsymbol{\rho}}\right), \end{aligned} \tag{6.71}$$

这里求和 $\sum\limits_\rho$ 只对最近邻格点进行．

取

$$\gamma_k = \frac{1}{z}\sum_\rho \mathrm{e}^{\mathrm{i}\boldsymbol{k}\cdot\boldsymbol{\rho}},$$

$$E(\boldsymbol{k}) = g\mu_{\mathrm{B}}H + 2zA\langle S^z\rangle(1-\gamma_k), \tag{6.72}$$

得到方程

$$(E-E(\boldsymbol{k}))G_k(E) = 2\langle S^z\rangle. \tag{6.73}$$

方程（6.73）的通解为

$$G_k(E) = \frac{2\langle S^z\rangle}{E-E\langle\boldsymbol{k}\rangle} + C(E)\delta(E-E(\boldsymbol{k})), \tag{6.74}$$

其中，$C(E)$为无奇异性的函数．利用色散关系式（6.54），可以得到 $C(E)=0$，即

$$G_k(E) = \frac{2\langle S^z\rangle}{E-E\langle\boldsymbol{k}\rangle}, \tag{6.75}$$

由此可见，格林函数的色散关系在确定运动方程解的过程中，起着“边值”的作用．

格林函数的极值点决定了准粒子的能谱．在式(6.75）中，$G_k(E)$ 的极值点为 $E=E(\boldsymbol{k})$．因此，式(6.72）描述了自旋波的能谱，其中第一项是由外磁场引起的塞曼能；第二项是波矢为 $\boldsymbol{k}$ 的自旋波的色散关系．

6.3.4 计算关联函数

前面，我们在引入了格林函数 $G_{ij}(t)$ 以后，先对时间 t 作傅里叶变换，得到

了 $G_{ij}(E)$，然后又对空间作傅里叶变换，得到了 $G_k(E)$．最后通过关于 $G_k(E)$ 的运动方程求得了格林函数的解式(6.75)．

现在则按照相反的顺序倒转回去，即从求得的 $G_k(E)$ 出发，求得 $G_{ij}(E)$，然后通过式(6.53)，得到所需要的关联函数 $\langle S_i^+(t), S_j^-(0)\rangle$．

将式(6.75) 代入到式(6.68)，得到坐标空间的格林函数

$$G_{ij}(E)=\frac{2\langle S^z\rangle}{N}\sum_k\frac{1}{E-E(\boldsymbol{k})}\mathrm{e}^{\mathrm{i}\boldsymbol{k}\cdot(\boldsymbol{i}-\boldsymbol{j})},\tag{6.76}$$

自然有

$$\left.\begin{aligned}G_{ij}(E+\mathrm{i}0^+)&=\frac{2\langle S^z\rangle}{N}\sum_k\frac{1}{E-E(\boldsymbol{k})+\mathrm{i}0^+}\mathrm{e}^{\mathrm{i}\boldsymbol{k}\cdot(\boldsymbol{i}-\boldsymbol{j})},\\G_{ij}(E-\mathrm{i}0^+)&=\frac{2\langle S^z\rangle}{N}\sum_k\frac{1}{E-E(\boldsymbol{k})-\mathrm{i}0^+}\mathrm{e}^{\mathrm{i}\boldsymbol{k}\cdot(\boldsymbol{i}-\boldsymbol{j})}.\end{aligned}\right\}\tag{6.77}$$

利用式 (6.41)，将式 (6.77) 代入式 (6.53)，得到

$$\begin{aligned}\langle S_j^-(0)S_i^+(t)\rangle&=F_{ji}(0-t)=F_{ij}(t-\mathrm{i}\beta)\\&=\frac{\mathrm{i}}{2\pi}\int_{-\infty}^{\infty}\mathrm{d}E\,\mathrm{e}^{-\mathrm{i}E(t-\mathrm{i}\beta)}\,\frac{G_{ij}(E+\mathrm{i}0^+)-G_{ij}(E-\mathrm{i}0^+)}{1-\mathrm{e}^{-\beta E}}\\&=\frac{\mathrm{i}\langle S^z\rangle}{\pi N}\int_{-\infty}^{\infty}\mathrm{d}E\,\frac{\mathrm{e}^{-\mathrm{i}Et}}{\mathrm{e}^{\beta E}-1}\sum_k\Big(\frac{1}{E-E(\boldsymbol{k})+\mathrm{i}0^+}\\&\quad-\frac{1}{E-E(\boldsymbol{k})-\mathrm{i}0^+}\Big)\mathrm{e}^{\mathrm{i}\boldsymbol{k}\cdot(\boldsymbol{i}-\boldsymbol{j})},\end{aligned}$$

再利用 δ 函数的性质，将求和与积分的次序交换，得到

$$\begin{aligned}\langle S_j^-(0)S_i^+(t)\rangle&=\frac{2\langle S^z\rangle}{N}\int_{-\infty}^{\infty}\mathrm{d}E\,\frac{\mathrm{e}^{-\mathrm{i}Et}}{\mathrm{e}^{\beta E}-1}\times\sum_k\delta(E-E(\boldsymbol{k}))\mathrm{e}^{\mathrm{i}\boldsymbol{k}\cdot(\boldsymbol{i}-\boldsymbol{j})}\\&=\frac{2\langle S^z\rangle}{N}\sum_k\frac{\mathrm{e}^{-\mathrm{i}E(\boldsymbol{k})t}}{\mathrm{e}^{\beta E(\boldsymbol{k})}-1}\mathrm{e}^{\mathrm{i}\boldsymbol{k}\cdot(\boldsymbol{i}-\boldsymbol{j})}.\end{aligned}\tag{6.78}$$

如果不计入两个自旋间的关联，也不考虑不同时刻的关联，可令 $i=j$，$t=0$，则有

$$\langle S_i^-S_i^+\rangle=\frac{2\langle S^z\rangle}{N}\sum_k(\mathrm{e}^{\beta E(\boldsymbol{k})}-1)^{-1}.\tag{6.79}$$

6.3.5　自发磁化强度

令

$$\Phi\Big(\frac{1}{2}\Big)=\frac{1}{N}\sum_k(\mathrm{e}^{\beta E(\boldsymbol{k})}-1)^{-1},\tag{6.80}$$

则式 (6.79) 可简写为

$$\langle S_i^-S_i^+\rangle=2\langle S^z\rangle\Phi\Big(\frac{1}{2}\Big),$$

由式 (6.35) 又有关系

$$\langle S^z \rangle = \frac{1}{2} - \langle S_i^- S_i^+ \rangle .$$

上两式联立，得到

$$\langle S^z \rangle = \frac{1}{2}\left[1 + 2\Phi\left(\frac{1}{2}\right)\right]^{-1}, \tag{6.81}$$

根据上述结果可得到磁化强度的表达式

$$M = Ng\mu_B \langle S^z \rangle = \frac{1}{2} Ng\mu_B \left[1 + 2\Phi\left(\frac{1}{2}\right)\right]^{-1}. \tag{6.82}$$

必须注意的是，方程右边的 $\Phi\left(\frac{1}{2}\right)$为 $E(\boldsymbol{k})$ 的函数，而

$$E(\boldsymbol{k}) = g\mu_B H + 2zA\langle S^z \rangle (1 - \gamma_k),$$

这样，方程(6.81) 和(6.82) 实际上是关于 $\langle S^z \rangle$ 的超越方程．对于具体的情况，还要作适当的近似才能得解析解．

另一点需要说明的是，$\Phi\left(\frac{1}{2}\right)$是在 $S = \frac{1}{2}$的假设下得到的．因此，式(6.81)和式(6.82)也只适用于 $S = \frac{1}{2}$的自旋体系．对于任意 S 的铁磁自旋体系，同样可以证明

$$\Phi(S) = \frac{1}{N}\sum_k (e^{\beta E(\boldsymbol{k})} - 1)^{-1}, \tag{6.83}$$

$$E^s(\boldsymbol{k}) = g\mu_B H + 2zA\langle S^z \rangle (1 - \gamma_k), \tag{6.84}$$

$$\langle S^z \rangle_S = \frac{[S - \Phi(S)][1 + \Phi(S)]^{2S+1} + [S + 1 + \Phi(S)][\Phi(S)]^{2S+1}}{[1 + \Phi(S)]^{2S+1} - [\Phi(S)]^{2S+1}}. \tag{6.85}$$

6.4 不同温度范围的磁特性

6.4.1 实验规律

在第 2、3 章中已经指出，在不同温度范围内，铁磁性物质的磁特性遵从如下的实验规律：

(1) 低温下 ($T \ll T_c$)，自发磁化强度 $M(T)$ 服从 $T^{3/2}$定律，即

$$\frac{M(0) - M(T)}{M(0)} = aT^{3/2}. \tag{6.86}$$

(2) 在居里点 T_c 附近，自发磁化强度为

$$M(T) = \begin{cases} \alpha\sqrt{1 - \dfrac{T}{T_c}}, & T \leqslant T_c; \\ 0, & T > T_c. \end{cases} \tag{6.87}$$

(3) 温度高于 T_c 时，磁化率 χ (T) 满足居里-外斯定律，即

$$\chi(T)=\left.\frac{\mathrm{d}M(T,H)}{\mathrm{d}H}\right|_{H\to 0}=\frac{C}{T-\theta_c}. \tag{6.88}$$

为了同实验结果进行比较，下面将分三个温度范围来讨论方程 (6.82) 的解 .

6.4.2　低温下的自发磁化

在低温下，$T\to 0,\beta\to\infty$. 可将式(6.80)中的求和改为积分

$$\begin{aligned}\Phi\left(\frac{1}{2}\right)&=\frac{1}{N}\sum_k(\mathrm{e}^{\beta E(k)}-1)^{-1}\\&\approx\frac{V}{(2\pi)^3N}\cdot 4\pi\int_0^{\infty}k^2\,\mathrm{d}k(\mathrm{e}^{\beta E(k)}-1)^{-1}.\end{aligned} \tag{6.89}$$

在无外磁场的情况下，考虑到晶格的对称性，有

$$E(\boldsymbol{k})=2zA(1-\gamma_k)\langle S^z\rangle\approx Dk^2, \tag{6.90}$$

代入到式 (6.89)，得到

$$\Phi\left(\frac{1}{2}\right)=\frac{V}{2\pi^2N}\int_0^{\infty}k^2\,\mathrm{d}k(\mathrm{e}^{D\beta k^2\langle S^z\rangle}-1)^{-1}. \tag{6.91}$$

这样的积分我们在 4.4 节中曾碰到过，利用黎曼 ζ 函数，得到

$$\Phi\left(\frac{1}{2}\right)=\frac{1}{f}\zeta\left(\frac{3}{2}\right)\left(\frac{k_BT}{8\pi A\langle S^z\rangle}\right)^{3/2}+O(T^{5/2}),$$

将这一结果代入到式 (6.81)，并注意到 $T\to 0$，有 $\Phi\left(\frac{1}{2}\right)\ll 1$，得到

$$\begin{aligned}\langle S^z\rangle&=\frac{1}{2}\left(1+2\Phi\left(\frac{1}{2}\right)\right)^{-1}\\&\approx\frac{1}{2}\left(1-2\Phi\left(\frac{1}{2}\right)\right)\\&=\frac{1}{2}-\zeta\frac{1}{f}\left(\frac{3}{2}\right)\left(\frac{3k_BT}{2\pi fzA}\right)^{3/2}+O\ (T^{5/2}),\end{aligned}$$

其中，将等式右边的$\langle S^z\rangle$近似用$\frac{1}{2}$取代 . 这一结果同自旋波理论是相一致的

$$\begin{aligned}\frac{M(0)-M(t)}{M(0)}&=\frac{S-\langle S^z\rangle}{S}\\&\approx\frac{1}{fS}\zeta\left(\frac{3}{2}\right)\left(\frac{k_BT}{4\pi A}\right)^{3/2}+O(T^{5/2}).\end{aligned} \tag{6.92}$$

6.4.3　相变点附近的自发磁化

由式(6.81)，得

$$\frac{1}{2\langle S^z\rangle}=1+2\Phi\left(\frac{1}{2}\right)$$

$$= 1 + \frac{2}{N}\sum_{k}(e^{\beta E(k)} - 1)^{-1}$$

$$= \frac{1}{N}\sum_{k}(e^{\beta E(k)} + 1)(e^{\beta E(k)} - 1)^{-1}$$

$$= \frac{1}{N}\sum_{k}\operatorname{cth}\left(\frac{1}{2}\beta E(\boldsymbol{k})\right). \tag{6.93}$$

利用 $x \ll 1$ 时，cth x 的展开式

$$\operatorname{cth} x = \frac{1}{x} + \frac{x}{3} - \frac{1}{45}x^3 - \cdots$$

和外磁场 $H=0$ 时，$E(\boldsymbol{k})$的表达式(6.90)，当 $T \to T_c$ 时，可将式(6.93)按$\langle S^z \rangle$展开

$$\frac{1}{2\langle S^z \rangle} = \frac{1}{N}\sum_{k}\left[\frac{1}{\beta z J\langle S^z \rangle(1-\gamma_k)} + \frac{\beta z A\langle S^z \rangle(1-\gamma_k)}{3} - O\left(\langle S^z \rangle^3\right)\right], \tag{6.94}$$

再利用 $\gamma_k = \frac{1}{z}\sum_{\rho}^{z} e^{ik\cdot\rho}$，

$$\frac{1}{N}\sum_{k}^{N}\gamma_k = \frac{1}{z}\sum_{\rho}^{z}\frac{1}{N}\sum_{k}^{N}e^{ik\cdot\rho} = \frac{1}{z}\sum_{\rho}^{z}\delta_{0,\rho} = 0,$$

$$\frac{1}{N}\sum_{k}^{N}\gamma_k^2 = \frac{1}{z^2}\sum_{k}^{N}\frac{1}{N}\sum_{\rho_1\rho_2}^{z}e^{ik\cdot(\rho_1+\rho_2)}$$

$$= \frac{1}{z^2}\sum_{\rho_1\rho_2}^{z}\delta_{(\rho_1+\rho_2,0)} = \frac{1}{z},$$

有

$$\frac{1}{N}\sum_{k}(1-\gamma_k) = 1 = F(1), \tag{6.95}$$

$$\frac{1}{N}\sum_{k}(1-\gamma_k)^2 = 1 + \frac{1}{z} = F(2), \tag{6.96}$$

$$\frac{1}{N}\sum_{k}(1-\gamma_k)^{-1} = F(-1). \tag{6.97}$$

表 6.1 列出了 $F(1)$，$F(2)$，$F(-1)$ 和 z 在三种立方晶格中的数值.

表 6.1

	简立方 s. c.	体心立方 b. c. c.	面心立方 f. c. c.
z	6	8	12
$F(1)$	1	1	1
$F(2)$	7/6	9/8	13/12
$F(-1)$	1.51638	1.39320	1.34466

将式（6.95），（6.97）代入到式（6.94），并忽略高次项得到

$$\frac{1}{2\langle S^z\rangle}=\frac{F(-1)}{\beta zA\langle S^z\rangle}+\frac{1}{3}\beta zA\langle S^z\rangle. \tag{6.98}$$

解方程（6.98），得到

$$\langle S^z\rangle=\sqrt{\left[\frac{1}{2}-\frac{1}{\beta zA}F(-1)\right]\frac{3}{\beta zA}}.$$

当$\langle S^z\rangle=0$时，自发磁化消失．利用$\beta=\frac{1}{k_B T}$，求得居里温度

$$T_c=\frac{zA}{2k_B F(-1)}. \tag{6.99}$$

将 T_c 的表达式代入到上式中，有

$$\langle S^z\rangle=\sqrt{\frac{3k_B T}{2zA}\left(1-\frac{T}{T_c}\right)},$$

当 $T\simeq T_c$ 时，可近似表达为

$$\langle S^z\rangle\approx\sqrt{\frac{3k_B T_c}{2zA}\left(1-\frac{T}{T_c}\right)}, \tag{6.100}$$

与实验公式(6.88)相比，有系数

$$\alpha=\sqrt{\frac{3k_B T_c}{2zA}}. \tag{6.101}$$

6.4.4　顺磁相的磁化率

温度高于居里点 T_c 时，自发磁化已消失，只有加上外磁场才会发生磁化，因此需采用 $H\neq0$ 的 $E(\boldsymbol{k})$表达式

$$E(\boldsymbol{k})=g\mu_B H+2zA\langle S^z\rangle(1-\gamma_k).$$

设

$$K(\boldsymbol{k})=\text{th}[\beta zA\langle S^z\rangle(1-\gamma_k)], \tag{6.102}$$

$$h(H)=\text{th}\left(\frac{1}{2}\beta g\mu_B H\right), \tag{6.103}$$

则

$$\text{cth}\left[\frac{1}{2}\beta E(\boldsymbol{k})\right]=\text{cth}\left[\frac{1}{2}\beta g\mu_B H+\beta zA\langle S^z\rangle(1-\gamma_k)\right]. \tag{6.104}$$

利用关系

$$\text{cth}(x+y)=\frac{1+\text{th}x\cdot\text{th}y}{\text{th}x+\text{th}y}, \tag{6.105}$$

代入到式（6.93），有

$$1+2\Phi\left(\frac{1}{2}\right)=\frac{1}{N}\sum_k\frac{1+Kh}{K+h}$$

$$=\frac{1}{N}\sum_k h\left(\frac{1}{h^2}+\frac{K}{h}\right)\Big/\left(1+\frac{K}{h}\right)$$

$$=\frac{h}{N}\sum_k\left(\frac{1}{h^2}+\frac{K}{h}\right)\left[1-\frac{K}{h}+\left(\frac{K}{h}\right)^2-\cdots\right]$$

$$=\frac{1}{Nh}\sum_k\left[1+(1-h^2)\sum_{n=1}^{\infty}(-1)^n\left(\frac{K}{h}\right)^n\right]. \tag{6.106}$$

在居里点以上，$\beta=\frac{1}{k_B T}\ll 1$，有$\langle S^z\rangle\ll 1$，因此$K\ll 1$. 将$K$对$\beta\langle S^z\rangle$作泰勒展开. 由

$$K=\text{th}\, u=u-\frac{u^3}{3}+\frac{2}{15}u^5-\cdots, \tag{6.107}$$

有

$$\sum_{n=1}^{\infty}(-1)^n\left(\frac{K}{h}\right)^n=-\left(\frac{K}{h}\right)+\left(\frac{K}{h}\right)^2-\left(\frac{K}{h}\right)^3+\cdots$$

$$=-\frac{1}{h}\left(u-\frac{u^3}{3}+\frac{2}{15}u^5-\cdots\right)+\frac{1}{h^2}\left(u^2-\frac{2}{3}u^4+\cdots\right)$$

$$-\frac{1}{h^3}\left(u^3-\frac{2}{3}u^5+\cdots\right)+\cdots$$

$$=-\frac{u}{h}+\frac{u^2}{h^2}+\left(\frac{1}{3h}-\frac{1}{h^3}\right)u^3+\cdots. \tag{6.108}$$

对比式(6.102)和(6.107)，上式中的$u=\beta zA\langle S^z\rangle(1-\gamma_k)$，再利用式(6.95)和式(6.96)，得到

$$\frac{1}{N}\sum_k\sum_{n=1}^{\infty}(-1)^n\left(\frac{K}{h}\right)^n=-\frac{1}{h}\beta zA\langle S^z\rangle F(1)$$

$$+\frac{1}{h^2}\beta^2 z^2A^2\langle S^z\rangle^2F(2)+O\big(\langle S^z\rangle^3\big),$$

代入到式(6.106)，得到

$$\frac{1}{2\langle S^z\rangle}=1+2\Phi\left(\frac{1}{2}\right)$$

$$=\frac{1}{h}\left\{1+(1-h^2)\left[-\frac{1}{h}\beta zA\langle S^z\rangle\right.\right.$$

$$\left.\left.+\left(\frac{1}{h}\beta zA\langle S^z\rangle^2F(2)+O(\langle S^z\rangle^3)\right)\right]\right\}. \tag{6.109}$$

当$T>T_c$时，β很小，有$h\to 0$，$\langle S^z\rangle\to 0$. 因此

$$h\approx\frac{1}{2}\beta g\mu_B H,$$

$$\Phi\left(\frac{1}{2}\right)\gg 1.$$

对于顺磁相，

$$\frac{\beta zJ\langle S^z\rangle}{h}=\frac{2zA\langle S^z\rangle}{g\mu_{\rm B}H}\ll 1,$$

所以存在如下近似式：

$$2\Phi\left(\frac{1}{2}\right)=\frac{1}{h}\left[1-\frac{1}{h}\beta zA\langle S^z\rangle+\left(\frac{1}{h}\beta zA\langle S^z\rangle\right)^2F(2)\right].$$

注意到 $F(2)=\dfrac{z+1}{z}$，利用泰勒展开，得到

$$\langle S^z\rangle\approx\frac{1}{4\Phi\left(\frac{1}{2}\right)}\approx\frac{h}{2}\left[1+\frac{1}{h}\beta zA\langle S^z\rangle+\frac{z-1}{z}\left(\frac{1}{h}\beta zA\langle S^z\rangle\right)^2\right].$$

再将近似表达式 $\langle S^z\rangle\approx\dfrac{h}{2}$ 迭代到上式中去，则可将上式进一步简化为

$$\langle S^z\rangle\approx\frac{h}{2}\left[1+\frac{1}{2}\beta zA+\frac{z-1}{z}\left(\frac{1}{2}\beta zA\right)^2\right].$$

当 $H\to 0$ 时，可得到磁化率的表达式为

$$\begin{aligned}\chi_0&=g\mu_{\rm B}\frac{{\rm d}\langle S^z\rangle}{{\rm d}H}=g\mu_{\rm B}\frac{{\rm d}\langle S^z\rangle}{{\rm d}h}\cdot\frac{{\rm d}h}{{\rm d}H}\\&\approx\frac{\beta g^2\mu_{\rm B}^2}{4}\left[1+\frac{1}{2}\beta zA+\frac{z-1}{z}\left(\frac{1}{2}\beta zA\right)^2\right].\end{aligned}$$

最后，利用上一节得到的 $T_{\rm c}$ 表达式（6.99）可得到

$$\chi_0\approx\frac{\beta g^2\mu_{\rm B}^2}{4}\left[1+F(-1)\frac{T_{\rm c}}{T}+\frac{z-1}{z}\left(F(-1)\frac{T_{\rm c}}{T}\right)^2\right].$$

如果近似地取$\dfrac{z-1}{z}\simeq 1$，则上式可写成

$$\chi_0\approx\frac{g^2\mu_{\rm B}^2}{4k_{\rm B}}\cdot\frac{1}{T-F(-1)T_{\rm c}}.$$

在形式上，只要取$\dfrac{g^2\mu_{\rm B}^2}{4k_{\rm B}}=C$，并令 $F(-1)T_{\rm c}=\theta_{\rm c}$，就同实验公式(6.88)相一致了.

6.4.5　任意自旋的铁磁体系

利用式(6.83)～(6.85)，可得出在上述三个温度范围内，任意自旋的铁磁体系所具有的性质如下：

(1) 低温下的自发磁化．当 $H=0$，$T\to 0$ 时，

$$\begin{aligned}\langle S^z\rangle=&S-\zeta\left(\frac{3}{2}\right)\tau^{3/2}-\frac{3\pi}{4}f\zeta\left(\frac{5}{2}\right)\tau^{5/2}-\pi^2\omega^2f^2\zeta\left(\frac{7}{2}\right)\tau^{7/2}\\&-\frac{3}{2S}\zeta^2\left(\frac{3}{2}\right)\tau^3-\frac{3\pi}{S}f\zeta\left(\frac{3}{2}\right)\zeta\left(\frac{5}{2}\right)\tau^4-\cdots,\end{aligned}$$

其中

$$\tau = 3k_B T / 4\pi f z A S.$$

如果改进切断近似，可以消除 τ^3 项，τ^4 项的系数也相应得到改进．

（2）相变点附近的磁行为

$$\langle S^z \rangle = \left[\frac{\frac{5}{9} S^2 (S+1)^3}{\frac{5}{12} F(-1) - \frac{1}{4} + \frac{1}{3} S(S+1)} \left(1 - \frac{T}{T_c}\right) \right]^{1/2},$$

其中

$$T_c = \frac{2zA}{3F(-1)} S(S+1).$$

（3）顺磁相的磁化率

$$\chi_0 = \frac{g^2 \mu_B^2 S(S+1)}{3[T - F(-1) T_c]},$$

此结果表明，对于任意自旋的铁磁体系，其理论与实验规律同样符合得相当好．

参考文献

[1] 蔡建华，等．量子统计的格林函数理论．北京：科学出版社，1982
[2] Н. Н. Боголюбов，С. В. Тябликов. ДАН，СССР，1959，126：53
[3] Tahir-Kheli R，ter Haar D. Phys. Rev.，1962，127：88
[4] Callen H B. Phys. Rev.，1963，130：890
[5] 郑庆琪，蒲富恪．物理学报，1964，20：624
[6] Domb C，Green M S. Phase，Transitions and Critical Phenomena，1976，5B：259

附　　录

一、几个常用磁学单位的由来和换算

1. 从安培定律来定义磁场

$$\mathrm{d}\boldsymbol{H}=k\ [I\mathrm{d}\boldsymbol{l}\times\boldsymbol{r}/r^3],$$

这里因电流 I 的单位不同而有以下三种情况.

(1) 如取 $k=1$，则电流 I 的单位是 EMU（电磁单位）. 电流 I 用 emu 作单位，对于一个圆环形线圈，通过电流 I，在圆环中心产生的磁场为

$$H=2\pi I/r, \tag{S-1}$$

其中，$r=1\mathrm{cm}$，$I=1\mathrm{emu}$，$H=1\mathrm{Oe}$（奥斯特）.

(2) 如 $k=1/c$，c 为光速，I 的单位是 ESU（静电单位），这个单位很小，很少用.

(3) 用 MKSA（国际单位，即 SI）制单位定义电流 I，得到电流单位为安培，1emu=10A. 这样 $\boldsymbol{B}=\mu_0 I/2r$，就有 $k=\mu_0/4\pi$，μ_0 为真空磁导率（$=4\pi\times10^{-7}\mathrm{H/m}$）.

由常见的 Biot-Savart 公式来定义真空磁场

$$\mathrm{d}B=\left(\frac{\mu_0}{4\pi}\right)I\mathrm{d}\boldsymbol{l}\times\boldsymbol{r}/r^3, \tag{S-2}$$

$$B=\left(\frac{\mu_0}{4\pi}\right)\oint c\left[I\mathrm{d}\boldsymbol{l}\times\frac{\boldsymbol{r}}{r^3}\right], \tag{S-3}$$

它的特例就是无限长直导线的磁场公式，由上述式（S-1）和（S-3）的定义，可以得到无限长直导线对距离为 R_0 的点 P 产生的磁场：

MKSA 制	$B_0=I/2\pi R_0$	Ampare/meter（安/米）
EMU（CGS）制	$H'=2I'/R'_0$（$=B_0$）	Oersted（奥斯特）

其中，I 的单位为 A，而 I' 的单位为 emu，$I'=10I$（A）；R 的单位为 m，R' 的单位为 cm. 因此，两者的关系成反比，所以有

$$H(\mathrm{SI}):H(\mathrm{emu})=\frac{2I'}{R'_0}:\frac{I}{2\pi R_0},$$

由此得到

$$1\mathrm{Oe}=[I/2R_0]/[2\pi I'/R'_0]\mathrm{A/m}=[1000/4\pi]\mathrm{A/m}=79.6\mathrm{A/m}\approx80\mathrm{A/m}.$$

2. 磁矩和磁化强度

(1) 磁矩：$\boldsymbol{m}=IS\tilde{\boldsymbol{n}}$，电流 I 流经一回路面积 S 产生的磁矩，$\tilde{\boldsymbol{n}}$ 表示法线方向.

MKAS 制中，I 单位为 A，S 单位为 m^2，磁矩单位为 $\mathrm{A\cdot m^2}$.

CGS 制中，将磁矩单位直接定义为 emu，因此有 $1A \cdot m^2 = 10^3 emu$.

磁化强度为单位体积的磁矩：$\boldsymbol{M}=\boldsymbol{m}/V$（$V$ 为磁体体积）.

MKSA 制中，V 单位为 m^3，M 的单位为 A/m（磁化强度单位）.

CGS 制中，V 单位为 cm^3，M 的单位为高斯（Gauss），简写成 Gs. $1Gs=10^3 A/m$.

注意：1Gs＝1Oe，①磁场：$1Oe=10^3/4\pi(A/m)$；②磁化强度：$1Gs=10^3 A/m$.

（2）磁（感应）通量：$\phi=BS$.

MKSA 制中，ϕ 单位为韦伯（Wb），其中，B 的单位为 T，S 的单位为 m^2.

CGS 制中，ϕ 单位为麦克斯韦（Mx），其中，B 单位为 Gs，S 单位为 cm^2，$1Wb=10^8 Mx$.

（3）磁通量密度 $\boldsymbol{B}$（或叫磁感应强度，单位面积上的磁化强度）.

MKSA 制中，B 单位为韦伯/米平方（Wb/m^2），用特斯拉（Tesal）表示，简写为 T.

CGS 制中，B 单位定义为高斯，英文缩写为 Gs，$1T=10^4 Gs$.

B 和 M 的关系：CGS 制：$B=H+4\pi M$；MKSA 制：$B=\mu_0(H+M)$.

（1）MKSA 制中 μ_0 为真空磁导率（$=4\pi\times10^{-7}H/m$），在长直导线中流经 1A 电流时对 1 米处所产生的磁化的比值，即 $\mu_0=B_0/H$，B_0 为真空的磁感应值，或磁通密度值.

（2）CGS 制中无单位 $\mu_0=1$，真空中 $B_0=H_0$.

（3）对于磁介质，MKSA 制：$B=\mu_0(H+M)$；CGS 制：$B=(H+4\pi M)$，如 $M\neq0$.

3. 最大磁能积 $(BH)_m$

MKSA 制中，单位体积磁能积：$BH\rightarrow1$（T）.（A/m）$=1J/m^3$. CGS 制中，$BH\rightarrow1GsOe$，$1J/m^3=4\pi\times10GsOe/cm^3$. 实际上用 MGOe 为计量基准，因而 $1MGOe=(100/4\pi)$ kJ/m^3［注意：M 为兆，k 为 10^3］. 而 MKSA 制中常用 kJ/m^3 为计量基准. 单位来源：①$B=\mu_0(H+M)$，μ_0 的单位为亨利/米，②亨利是原于自感定义：$LdI/dt\rightarrow$自感电动势，（$LdI/dt=V$，单位为 V，因此 $L=Vdt/dI$），③所以亨利的单位为 V·s/A，以及 H 和 M 单位为 A/m. 由 $BH=\mu_0(H+M)H$，给出的单位为 Vt/Am（A/m＋A/m）$A/m\rightarrow AVt/m^3$，④AVt 表示功或能量，单位为焦耳 J，因此 BH 的单位为 J/m^3.

4. 磁极化强度 $J=\mu_0 M$

MKSA 制中，单位：Tesla；CGS 制中，单位：Gs.

饱和磁化强度 M_s（s 代表饱和：satulation），自发磁化强度 M_s（s 代表 spontaneous）.

由于一些体积很小的材料或薄膜的体积很难测准，把单位重量（可看成单位质量）的磁矩，称为比磁化强度，用“σ”表示，也就是磁化强度除以密度．它不算是正规的磁学单位量，但比饱和磁化强度 σ_s，比自发磁化强度 σ_s 等，都是重要的磁学量．

二、磁学中常用的磁学量单位和量纲

磁学量	MKSA 单位名称	符号	量纲	CGS 单位名称	符号	量纲*
磁场强度 H	安培每米	A/m	$L^{-1}I$	奥斯特	Oe	$L^{-1/2}M^{1/2}T^{-1}$
磁通量 ϕ	韦伯	Wb	$L^2MT^{-1}I$	马克士威	Mx	$L^{3/2}M^{1/2}T^{-1}$
磁感应强度 B	特斯拉	T	$MT^{-1}I$	高斯	Gs	$L^{-1/2}M^{1/2}T^{-1}$
磁极强度 m	韦伯	Wb	$L^2MT^{-1}I$	电磁单位	CGSM	$L^{3/2}M^{1/2}T^{-1}$
磁偶极矩 p_m	韦伯米	Wb・m	$L^3MT^{-1}I$	电磁单位	CGSM	$L^{5/2}M^{1/2}T^{-1}$
磁极化强度 J	特斯拉	T	$MT^{-1}I^{-1}$	高斯	Gs	$L^{-1/2}M^{1/2}T^{-1}$
磁矩 M_m	安培平方米	A・m²	L^2I	电磁单位	CGSM	$L^{5/2}M^{1/2}T^{-1}$
磁化强度 M	安培每米	A/m	$L^{-1}I$	高斯	Gs	$L^{-1/2}M^{1/2}T^{-1}$
磁阻 R_m	每亨利	H^{-1}	$L^{-2}M^{-1}T^2I^2$	电磁单位	CGSM	L^{-1}
磁导 Λ	亨利	H	$L^2MT^{-2}I^{-2}$	电磁单位	CGSM	L
磁导率 μ	亨利每米	H/m	$LM^{-1}T^{-2}I^{-2}$	电磁单位	CGSM	无
旋磁化 γ_m	米每安培秒	m/(A・s)	$LT^{-1}I^{-1}$	每奥斯特秒	$(Oe\cdot s)^{-1}$	$L^{1/2}M^{1/2}$
磁晶各向异性常数 K		J/m^3	$L^{-1}MT^{-1}$		erg/cm^3	$L^{-1/2}MT^{-2}$
磁能积 BH		J/m^3			erg/cm^3	$L^{-1/2}MT^{-2}$

* 国际通用符号：L 为长度，M 为质量和 T 为时间的量纲．

三、常用磁学量 SI 单位和 CGS 单位的换算

物理量	SI 单位	CGS 单位	数值换算关系
磁场强度 H	安培每米（A/m）	奥斯特（Oe）	$1A/m=4\pi\times10^{-3}Oe$
磁感应通量 ϕ	韦伯（Wb）	马克士威（Mx）	$1Wb=10^8Mx$
磁感应强度 B	特斯拉（T）	高斯（Gs）	$1T=10^4Gs$
磁化强度 M	安培每米（A/m）	高斯（Gs）	$1A/m=4\pi\times10^{-3}Gs$
真空磁导率 μ_0	亨利每米（H/m）	电磁单位（CGSM）	$1H/m=4\pi\times10^{-7}CGSM$
磁矩 M_m	安培平方米（A・m²）	电磁单位（CGSM）	$1A/m^2=10^{-3}CGSM$

四、几种能量单位之间的换算

焦耳/J	温度/K	波数/（cm^{-1}）	电子伏特/eV	μ_B/H	卡/cal
1	0.72426×10^{23}	0.50341×10^{23}	0.62415×10^{19}	8.5806×10^{22}	2.3900×10^{-1}
1.38071×10^{-33}	1	0.69506	0.86177×10^{-4}	1.18473	3.2999×10^{-24}
1.98646×10^{-23}	1.43872	1	1.23985×10^{4}	1.70450	4.7476×10^{-24}
1.60218×10^{-19}	1.1604×10^{4}	8.0655×10^{3}	1	1.37477×10^{4}	3.8292×10^{-20}
1.16542×10^{-23}	0.84707	0.58668	7.27396×10^{-5}	1	2.7854×10^{-24}
4.1840	3.03040×10^{23}	2.10631×10^{23}	2.61151×10^{19}	3.5901×10^{23}	1

表中数据取自：近角聪信著的《铁磁性物理》，附录二．葛世慧译，兰州：兰州大学出版社，2002. 其中 H 为磁场，单位是 A/m. 因 $k_B K=1.380662\times10^{-23}J$，K 为绝对温标，因此可视为能量单位．

名词索引

Z

其他